Springer-Lehrbuch

Robert F. Schmidt (Hrsg)

Hans-Georg Schaible (Hrsg)

Neuro- und Sinnes-physiologie

Mit Beiträgen von N. Birbaumer, V. Braitenberg, H. Brinkmeier,

J. Dudel, U. Eysel, H.O. Handwerker, H. Hatt, M. Illert, H. Jänig,

J.P. Kuhtz-Buschbeck, R. Rüdel, H.-G. Schaible, R.F. Schmidt, A. Schüz,

H.P. Zenner

5., neu bearbeitete Auflage

Mit 170 vierfarbigen Abbildungen und 12 Tabellen

 Springer

Professor Dr. Dr. h.c. F. Schmidt
Universität Würzburg
Physiologisches Institut
Röntgenring 9
97070 Würzburg

Professor Dr. H.-G. Schaible
Univeristät Jena
Institut für
Physiologie/Neurophysiologie
Teichgraben 8
07740 Jena

Bibliografische Information Der Deutschen Bibliothek
Die Deutsche Bibliothek verzeichnet diese Publikation in der Deutschen
Nationalbibliografie;
detaillierte bibliografische Daten sind im Interner über http://dnb.ddb.de abrufbar.

ISBN-10 3-540-25700-4
ISBN-13 978-3-540-25700-4
Springer Medizin Verlag Heidelberg

Springer Medizin Verlag
Ein Unternehmen von Springer Science+Business Media
springer.de
© Springer Medizin Verlag Heidelberg 1993, 1995, 1998, 2001, 2006
Printed in Germany

Produkthaftung: Für Angaben über Dosierungsanweisungen und Applikationsformen kann vom Verlag keine
Gewähr übernommen werden. Derartige Angaben müssen vom jeweiligen Anwender im Einzelfall anhand
anderer Literaturstellen auf ihre Richtigkeit überprüft werden.

Die Wiedergabe von Gebrauchsnamen, Warenbezeichnungen usw. in diesem Werk berechtigt auch ohne besondere Kennzeichnung nicht zu der Annahme, dass solche Namen im Sinne der Warenzeichen- und Marken-
schutzgesetzgebung als frei zu betrachten wären und daher von jedermann benutzt werden dürfen.

Planung: Martina Siedler, Heidelberg
Projektmanagement: Rose-Marie Doyon, Heidelberg
Copyediting: Dr. Gabriele Dieudonné
Umschlaggestaltung & Design: deblik Berlin
SPIN 10854011
Satz: Fotosatz-Service Köhler GmbH, Würzburg
Druck- und Bindearbeiten: Stürtz, Würzburg

Gedruckt auf säurefreiem Papier.   15/2117 rd – 5 4 3 2 1 0

Vorwort zur fünften Auflage

Die Autoren und Herausgeber dieses Buches und der Springer-Verlag freuen sich, vier Jahre nach dem Erscheinen der vierten Auflage die fünfte Auflage vorlegen zu können. Es bleibt der Anspruch dieses Buches, Grundlagenwissen der Neurowissenschaft in knapper und dennoch erklärender Form darzustellen und gleichzeitig neues Wissen aufzunehmen. Die Neurowissenschaft ist ein faszinierendes wissenschaftliches Gebiet, weil sie sich vom einzelnen Molekül bis zum komplexen neuronalen System erstreckt und auf jeder Ebene interessante Fakten und Zusammenhänge beschreibt. Um einige Beispiele zu nennen: wir haben inzwischen ein tiefgehendes Wissen über die Funktionsweise von Ionenkanälen, die an der Erregung der Nerven- und Muskelzellen beteiligt sind, wir haben besonders in den letzten Jahren vieles gelernt über die molekularen Grundlagen der Kodierung von Sinnesreizen, wir haben detaillierte Kenntnisse über den Aufbau und die Funktionsweise des motorischen und des vegetativen Nervensystems gewonnen, und wir haben sogar weit reichende Einblicke in so komplexe Funktionen wie Gedächtnisbildung, Bewusstsein und in die neuronalen Grundlagen unseres Verhaltens bekommen. Dem Leser wird in diesem Buch eine Einführung in die gesamte Breite der aktuellen Neurowissenschaft geboten.

Alle Autoren, die an der vierten Auflage mitgearbeitet haben, waren zu unserer Freude bereit, auch bei der fünften Auflage mitzuwirken. Es bleibt damit gewährleistet, dass die Kapitel von Autoren verfasst sind, die ihr Gebiet aus jahrelanger Forschung und Lehre exzellent beherrschen und wesentlich zum internationalen Schrifttum in diesem Gebiet beigetragen haben. Die Kapitel wurden inhaltlich überarbeitet, modernisiert und vom Layout her geändert. Als Lernhilfen wurden am Ende der Abschnitte Merksätze eingebracht, und es wurden zahlreiche Boxen eingefügt, die klinische Bezüge der neurowissenschaftlichen Grundlagen beschreiben.

Das Buch ist geeignet für alle Leser, die sich fachliches Grundwissen über den Aufbau und die Funktion des peripheren und zentralen Nervensystems und der Sinnesorgane aneignen wollen, also Studierende der Fachrichtungen Medizin, Zahnmedizin, Psychologie, Zoologie, Biologie, Pharmazie und Naturwissenschaftler mit Physiologie bzw. Neurowissenschaft im Nebenfach. Auch die Schülerinnen und Schüler entsprechender Leistungskurse an Gymnasien werden aus der Lektüre dieses Buches großen Nutzen ziehen.

Herausgeber und Autoren danken allen, die an dieser Neuauflage mitgearbeitet haben. Insbesondere haben wir dem Lektorat Lehrbuch Medizin des Springer-Verlags, in erster Linie Frau Martina Siedler und ihrer Mitarbeiterin Frau Rose-Marie Doyon für das große Engagement und den ununterbrochenen Einsatz bei der Planung, Organisation und Herstellung zu danken. Frau Dr. Gabriele Dieudonné danken wir für das mit viel Einfühlungsvermögen durchgeführte Lektorat, Frau Ursula Illig für das Sachverzeichnis, dem Atelier BITmap für die mit großer Präzision überarbeiteten und für die neu angefertigten Abbildungen.

Hans-Georg Schaible
Robert F. Schmidt
Jena und Würzburg, im August 2005

Biographie

Robert F. Schmidt

studierte Humanmedizin in Heidelberg. Der dortigen Promotion zum Dr. med. schloss sich eine klinische Tätigkeit und ein zweijähriger Forschungsaufenthalt mit der Promotion zum Ph. D. im neurophysiologischen Laboratorium des Nobelpreisträgers Sir John C. Eccles in Canberra/ Australien an. Nach der Habilitation 1964 und einigen Jahren als Dozent und Professor in Heidelberg leitete er 1971–1982 das Physiologische Institut der Universität Kiel und 1982–2000 das Physiologische Institut der Universität Würzburg. Seither ist er als Professor emeritus an der Universität Würzburg, als Honorarprofessor an der Universität Tübingen und als Investigador Visitante am Instituto de Neurociencias der Universidad Miguel Hernández in Alicante, Spanien, tätig. Zahlreiche, z.T. längere Forschungsaufenthalte in Australien, Japan, Mexiko und den USA, mehrere Ehrenmitgliedschaften in- und ausländischer wissenschaftlicher Gesellschaften sowie zahlreiche Auszeichnungen – wie 1987 die Wahl zum ordentlichen Mitglied der Akademie der Wissenschaften und der Literatur, Mainz, 1991 der Max-Planck-Forschungspreis, 1994 der Deutsche Schmerzpreis, 1996 die Ehrendoktorwürde der University of New South Wales in Sydney/ Australien und 2000 die Verleihung des Bundesverdienstkreuzes I. Klasse – zeugen von seinem wissenschaftlichen Engagement.

Hans-Georg Schaible

studierte Humanmedizin in Tübingen und Hamburg. Nach der Promotion an der Universität Tübingen wurde er 1979 wissenschaftlicher Assistent am Physiologischen Institut der Universität Kiel und 1982 akademischer Rat auf Zeit am Physiologischen Institut der Universität Würzburg. Nach der Habilitation 1986 wurde er Heisenberg-Stipendiat in Edinburgh und Würzburg. 1991 wurde er zum C3-Professor am Physiologischen Institut der Universität Würzburg berufen. 1997 wurde er zum C4-Professor und Direktor am Institut für Physiologie/Neurophysiologie der Friedrich-Schiller-Universität in Jena ernannt. Er erhielt 1986 den zum ersten Mal verliehenen »Deutschen Förderpreis für Schmerzforschung und Schmerztherapie«.

Neuro- und Sinnesphysiologie: Das neue Layout

Leitsystem:
Orientierung über die Sektionen

Einleitung:
Thematischer Einstieg ins Kapitel

Inhaltliche Struktur:
klare Gliederung durch alle Kapitel

Tabelle: die wichtigsten Fakten übersichtlich dargestellt

Klinik: Pathophysiologie in Boxen hervorgehoben. **Prüfungsrelevante klinische Begriffe** markiert

---

2 Innerneurale Homöostase und Kommunikation, Erregung

 Einleitung

Physiologie ist die Lehre von den Funktionsweisen der Lebewesen. »Lebewesen« sind zur Selbstorganisation und -reproduktion fähige Einheiten, die mit ihrer Umgebung Stoffe, Energie und Informationen austauschen. Im Nervensystem der Tiere sind die kleinsten solcher Einheiten die Nervenzellen oder Neurone. Die wichtigsten auf die Funktion dieser Zellen gerichteten Austauschprozesse, die Informationsvermittlung, sollen in Kapitel 2 besprochen werden.

2.1   Zellmembran und Membranpotential

Aufbau der Zellmembranen

Zellen sind von Membranen umschlossene Funktionsräume. Neben den Zellorganellen enthalten sie eine wässrige Salzlösung (◘ Tabelle 2.1). Die Ionen und die Zellorganellen bewegen sich rasch im Intrazellulärraum, sie *diffundieren* oder sie werden *aktiv transportiert*. Ihre Bewegungen werden eingeengt durch die Zellmembran.

Die Zellmembran besteht aus einer Doppelschicht von Lipiden, meist Phospholipiden (◘ Abb. 2.1 A). Diese Moleküle enthalten eine polare, hydrophile Kopfgruppe, an die sich hydrophobe Fettsäureketten anschließen. In wässriger Lösung bilden sie spontan Doppelschichten, in denen die hydro-

◘ **Tabelle 2.1. Intra- und extrazelluläre Ionenkonzentrationen bei einer Warmblütermuskelzelle.** *A* bezeichnet »große Anionen«

Ion	Intrazellulär	Extrazellulär
Na⁺	12 mmol/l	145 mmol/l
K⁺	155 mmol/l	4 mmol/l
Ca²⁺	10^{-8}–10^{-7} mol/l	2 mmol/l Andere Kationen: 5 mmol/l
Cl⁻	4 mmol/l	120 mmol/l
HCO₃⁻	8 mmol/l	27 mmol/l
A⁻	155 mmol/l	27 mmol/l
Ruhepotential	–90 mV	0 mV

--- Klinik ---

Toxine und G-Protein vermittelte Reaktionen. In ◘ Abbildung 2.5 A ist eine Reihe von Stoffen eingezeichnet, die bestimmte Reaktionsschritte aktivieren oder hemmen. So wirkt ❸ *Choleratoxin*, indem es das Abschalten von G_s verhindert; ❸ *Pertussis* (Keuchhusten-)Toxin, indem es die Hemmung von AC durch G_i verhindert, und ❸ *Koffein* hemmt den Abbau von cAMP. Diese Substanzen sind wichtige Werkzeuge der Forschung; ihr Wirkungsort, die cAMP-Steuerung, macht jedoch auch die Wichtigkeit dieses Mechanismus deutlich.

Navigation:
Seitenzahl und Kapitel-
nummer für die schnelle
Orientierung

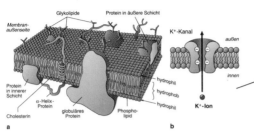

a   b

Über 170 **farbige Ab-
bildungen** veranschau-
lichen komplizierte und
komplexe Sachverhalte

◻ **Abb. 2.1. Schema der Plasmamembran. A** In eine Phospholipiddoppelschicht sind Proteine eingelagert, die teils die Lipiddoppelschicht ganz durchqueren, teils nur in der Außen-
oder Innenschicht verankert sind. **B** Schema eines K⁺-Kanal-Proteins, das in die Lipiddoppelschicht der Plasmamembran eingelagert ist. In der »Wand« des Kanals sind 4 negative Ladungen fixiert (Mod. nach Alberts et al. 1983)

elektrische Aufladung wirkt der Diffusion der K^+ entlang ihres Konzentrationsgradienten entgegen. Die negative Aufladung des Zellinneren kommt zum Stillstand, wenn sie den »Diffusionsdruck« des Konzentrationsgradienten für K^+
gerade aufhebt; im Zustand des Fließgleichgewichts passieren auswärts und einwärts gleich viele K^+-Ionen die Kanäle. Die entsprechende Aufladung, das
Gleichgewichtspotential, wird durch die Nernst-Gleichung angegeben:

$$E_{ion} = \frac{RT}{zF} \ln \frac{[Ion]_{außen}}{[Ion]_{innen}}$$ (2.1)

R = Gaskonstante, T = absolute Temperatur, z = Ladungszahl des Ions (negativ
für Anionen), F = Faradaykonstante, [Ion] = betreffende Ionenkonzentration.

Für Körpertemperatur (T = 310 K) wird daraus das K^+-*Gleichgewichtspotential* (E_K):

$$E_K = -61 \text{ mV } \log \frac{[K^+]_i}{[K^+]_a}$$ (2.2)

Schlüsselbegriffe
sind fettkursiv hervor-
gehoben

Für $[K^+]_i / [K^+]_a = 39$ (◻ Tabelle 2.1) ergibt sich E = – 61 mV × 1,59 = – 97 mV.
Tatsächlich wird z. B. an Muskelzellen ein *Membranruhepotential* von etwa
–90 mV gemessen (◻ Abb. 2.3 A). Dieses stellt sich ein, weil die ruhende Nerven-
und Muskelzelle im Wesentlichen nur geöffnete K^+-Kanäle enthält, sie ist für K^+
permeabel; dazu bestehen die in ◻ Tabelle 2.1 angegebenen Konzentrationsgradienten. Erhöht man die extrazelluläre K^+-Konzentration, so wird das Membranpotential entsprechend Gl. 2 weniger negativ, die Membran wird »depolarisiert«.

Verweise auf Abbildungen und Tabellen:
deutlich herausgestellt
und leicht zu finden

Merke

Die Zellmembran ist eine molekulare *Doppelschicht von Lipiden* mit einge-
lagerten Proteinmolekülen. Letztere bilden u.a. Ionenkanäle. Die ungleichen
Verteilungen der Na^+ und K^+ innerhalb und außerhalb der Zelle und *selektive
Permeabilitäten* der Ionenkanäle erzeugen das Membranpotential.

Merke: zum Repetieren
– das Wichtigste auf den
Punkt gebracht

7. Wie haben Sie von diesem Buch erfahren?

E-Mail Alert

Internetrecherche

Besprechung/Rezension

Werbeanzeige

im Buchhandel

Werbebrief

Empfehlung, durch:

sonstiges:

8. Welche Berufsausbildung (Fachgebiet) haben Sie?

zurzeit Student/in der Medizin
im ___ . Fachsemester.

zurzeit Student/in der Psychologie
im ___ . Fachsemester.

Ihr Beruf (Fachgebiet):

Ihr Berufsjahr:

9. Wo sind Sie überwiegend beschäftigt?
Sind Sie ...

niedergelassen / Praxis

in Klinik

in Behörde / Körperschaft

sonstiges:

10. Freiwillige Angaben für Rückfragen
und Verlosungsteilnahme:

Name:

Vorname, Titel, Alter:

Straße, Hausnummer:

PLZ, Wohnort:

Telefon/Telefax:

E-Mail:

Sie können uns gerne auch über das Internet erreichen:
springer.de (Medizin) oder per E-Mail an: feedbackmedi@springer-sbm.com

Bitte
freimachen

Antwort
Springer Medizin Verlag

Frau Silvana Kiesinger

Postfach 10 52 80

69042 Heidelberg

Springer

Ihre Meinung ist gefragt!

**Liebe Leserin,
lieber Leser,**

wir freuen uns, dass Sie sich für unser Buch entschieden haben. Sie helfen uns mit der Beantwortung der Fragen, die Bücher noch besser Ihren Bedürfnissen anzupassen.

Sie können alternativ zur Karte auch ein elektronisches Formular unter: **springer.de** (Medizin) ausfüllen.

1. Welchem Buch (Titel, Auflage) haben Sie diese Karte entnommen?

Autor

Titel

Auflage

2. Wie gefällt Ihnen das Buch insgesamt?

ausgezeichnet

in Ordnung

schlecht

3. Was gefällt Ihnen an diesem Buch?

4. Was gefällt Ihnen nicht?

5. Welche Inhalte vermissen Sie? Haben Sie Verbesserungsvorschläge?

6. Wie beurteilen Sie das Buch anand der folgenden Eigenschaften? Sagen Sie uns bitte auch, ob die jeweilige Eigenschaft für Sie wichtig ist.

	ausgezeichnet	in Ordnung	schlecht	Diese Eigenschaft ist für mich wichtig.
Inhalt				
Umschlag				
Innengestaltung				
Verständlichkeit				
Gliederung				
Nützlichkeit				

7. Wie haben Sie von diesem Buch erfahren?

E-Mail Alert

Internetrecherche

Besprechung/Rezension

Werbeanzeige

im Buchhandel

Werbebrief

Empfehlung, durch:

sonstiges:

8. Welche Berufsausbildung (Fachgebiet) haben Sie?

zurzeit Student/in der Medizin
im ____ . Fachsemester.

zurzeit Student/in der Psychologie
im ____ . Fachsemester.

Ihr Beruf (Fachgebiet):

Ihr Berufsjahr:

Sie können uns gerne auch über das Internet erreichen:
springer.de (Medizin) oder per E-Mail an: feedbackmedi@springer-sbm.com

9. Wo sind Sie überwiegend beschäftigt? Sind Sie ...

niedergelassen / Praxis

in Klinik

in Behörde / Körperschaft

sonstiges:

10. Freiwillige Angaben für Rückfragen und Verlosungsteilnahme:

Name:

Vorname, Titel, Alter:

Straße, Hausnummer:

PLZ, Wohnort:

Telefon/Telefax:

E-Mail:

Bitte
freimachen

Antwort
Springer Medizin Verlag

Frau Silvana Kiesinger

Postfach 10 52 80

69042 Heidelberg

Springer

Ihre Meinung ist gefragt!

**Liebe Leserin,
lieber Leser,**

wir freuen uns, dass Sie sich für unser Buch entschieden haben. Sie helfen uns mit der Beantwortung der Fragen, die Bücher noch besser Ihren Bedürfnissen anzupassen.

Sie können alternativ zur Karte auch ein elektronisches Formular unter: **springer.de** (Medizin) ausfüllen.

1. Welchem Buch (Titel, Auflage) haben Sie diese Karte entnommen?

Autor

Titel

Auflage

2. Wie gefällt Ihnen das Buch insgesamt?

ausgezeichnet

in Ordnung

schlecht

3. Was gefällt Ihnen an diesem Buch?

4. Was gefällt Ihnen nicht?

5. Welche Inhalte vermissen Sie? Haben Sie Verbesserungsvorschläge?

6. Wie beurteilen Sie das Buch anhand der folgenden Eigenschaften?
Sagen Sie uns bitte auch, ob die jeweilige Eigenschaft für Sie wichtig ist.

	ausgezeichnet	in Ordnung	schlecht	Diese Eigenschaft ist für mich wichtig.
Inhalt				
Umschlag				
Innengestaltung				
Verständlichkeit				
Gliederung				
Nützlichkeit				

Inhaltsverzeichnis

1	Allgemeine Neuroanatomie	2
	V. Braitenberg, A. Schüz	
1.1	Nervensystem und Verhalten: allgemeinste Formulierung	2
1.2	Zellen des Nervengewebes	5
1.3	Bautypen der grauen Substanz	9
2	Innerneurale Homöostase und Kommunikation, Erregung	14
	J. Dudel	
2.1	Zellmembran und Membranpotential	14
2.2	Transporte über die Zellmembran	18
2.3	Intrazelluläre Transporte	20
2.4	Intrazelluläre Botenstoffe	22
2.5	Erregung, Aktionspotential	26
2.6	Fortleitung des Aktionspotentials	35
2.7	Auslösung von Impulsserien	41
3	Synaptische Übertragung	43
	J. Dudel	
3.1	Chemische synaptische Übertragung	43
3.2	Mikrophysiologie der chemischen synaptischen Übertragung	51
3.3	Integrative synaptische Prozesse	57
4	Muskelphysiologie	65
	R. Rüdel, H. Brinkmeier	
4.1	Aufbau und Funktion der Skelettmuskulatur	65
4.2	Die elektromechanische Kopplung	72
4.3	Formen der Muskelkontraktion	77
4.4	Der Energieumsatz des Muskels	84
4.5	Die glatte Muskulatur	87
5	Motorisches System	94
	M. Illert, J. P. Kuhtz-Buschbeck	
5.1	Die Komponenten der Motorik	94
5.2	Die motorischen Kortizes	96

5.3 Deszendierende Trakte aus Kortex und Hirnstamm 103
5.4 Das Rückenmark 107
5.5 Die Basalganglien 117
5.6 Das Kleinhirn 120
5.7 Haltung, Stand, Lokomotion 125

6 **Vegetatives Nervensystem** 132
   W. Jänig
6.1 Allgemeine Funktionen und Anatomie 132
6.2 Der glatte Muskel: ein Effektor des peripheren vegetativen
    Nervensystems 143
6.3 Synaptische Übertragung im peripheren vegetativen Nervensystem . 147
6.4 Spinaler vegetativer Reflexbogen und Harnblasenregulation 156
6.5 Genitalreflexe 161
6.6 Regulation von Blutdruck und Blutflüssen 166
6.7 Hypothalamus: die Regulation des inneren Milieus 172

7 **Allgemeine Sinnesphysiologie** 182
   H. O. Handwerker
7.1 Sensoren und Sinnessysteme 182
7.2 Gemeinsame Eigenschaften zentraler sensorischer Systeme 189
7.3 Verarbeitung von Sinneserregung in zentralen sensorischen
    Systemen 192
7.4 Sinnesphysiologie und Wahrnehmungspsychologie 195

8 **Somatosensorik** 203
   H. O. Handwerker
8.1 Tastsinn 203
8.2 Tiefensensibilität und Propriozeption 215
8.3 Temperatursinn 216
8.4 Viszerale Rezeption, Enterozeption 220
8.5 Somatosensorische Systeme 221

9 **Nozizeption und Schmerz** 229
   H. O. Handwerker, H.-G. Schaible
9.1 Nozizeption und Schmerz bei Reizeinwirkung 229
9.2 Das periphere nozizeptive System 230
9.3 Das zentralnervöse nozizeptive System 235

9.4   Endogene Schmerzhemmung 238
9.5   Klinisch bedeutsame Schmerzen 239

10   Sehen 243
      U. Eysel
10.1 Auge und dioptrischer Apparat 243
10.2 Augenbewegungen 252
10.3 Augenhintergrund, Netzhaut und Signaltransduktion 256
10.4 Neuronale Signalverarbeitung in der Netzhaut 263
10.5 Die zentrale Sehbahn 269

11   Hören 287
      H. P. Zenner
11.1 Der Schall 287
11.2 Das Mittelohr 291
11.3 Das Innenohr 293
11.4 Auditorische Signalverarbeitung im Zentralnervensystem 304

12   Gleichgewicht 312
      H. P. Zenner
12.1 Die Gleichgewichtssinnesorgane 312
12.2 Zentrales vestibuläres System 321

13   Geschmack 328
      H. Hatt
13.1 Bau der Geschmacksorgane und ihre Verschaltung 328
13.2 Geschmackswahrnehmung 331

14   Geruch 340
      H. Hatt
14.1 Bau der Geruchsorgane 340
14.2 Geruchswahrnehmung 343

15   Untersuchung der Hirnaktivität des Menschen 353
      N. Birbaumer, R. F. Schmidt
15.1 Kortikale Neurone 353
15.2 Das Elektroenzephalogramm, EEG, und das Magnetoenzephalo-
      gramm, MEG 354

15.3 Ereigniskorrelierte Hirnpotentiale (EKP) 362
15.4 Magnetische und elektrische Reizung des menschlichen Gehirns . . . 365
15.5 Bildgebende Verfahren zur Messung von Hirnstoffwechsel
        und Hirndurchblutung 367

16   **Wachen, Aufmerksamkeit und Schlafen** 374
        N. Birbaumer, R. F. Schmidt
16.1 Psychophysiologie von Bewusstsein und Aufmerksamkeit 374
16.2 Die physiologische Architektur des Schlafes 391
16.3 Die Bedeutung von Schlaf und Traum 399

17   **Lernen und Gedächtnis** 402
        N. Birbaumer, R. F. Schmidt
17.1 Neuronale Entwicklung und Plastizität 402
17.2 Neuropsychologie des Gedächtnisses – Gedächtnissysteme 407
17.3 Zelluläre und molekulare Mechanismen 413

18   **Motivation und Emotion** 424
        N. Birbaumer, R. F. Schmidt
18.1 Homöostatische Triebe: Durst und Hunger 424
18.2 Nichthomöostatische Triebe: Reproduktion und Sexualverhalten . . . 432
18.3 Annäherung: Freude, positive Verstärkung und Sucht 436
18.4 Vermeidung: Angst und Soziopathie 442

19   **Kognitive Funktionen und Denken** 449
        N. Birbaumer, R. F. Schmidt
19.1 Zerebrale Asymmetrie 449
19.2 Neuronale Grundlagen von Kommunikation und Sprache 454
19.3 Die präfrontalen Assoziationsareale des Neokortex:
        exekutive Funktionen 459

Anhang 466

A1   **Quellenverzeichnis** 467

A2   **Weiterführende Literatur** 473

A3   **Sachverzeichnis** 485

I Allgemeine Physiologie

1 Allgemeine Neuroanatomie – 2
   V. Braitenberg, A. Schüz

2 Innerneurale Homöostase und Kommunikation,
   Erregung – 14
   J. Dudel

3 Synaptische Übertragung – 43
   J. Dudel

4 Muskelphysiologie – 65
   R. Rüdel, H. Brinkmeier

5 Motorisches System – 94
   M. Illert, J. P. Kuhtz-Buschbeck

1   Allgemeine Neuroanatomie

V. Braitenberg, A. Schüz

❯ ❯ **Einleitung**

In dieser anatomischen Einleitung zur Neurophysiologie soll die Frage im Vordergrund stehen, die in der bloß benennenden Formenlehre oft zu kurz kommt: **Welchen funktionellen Sinn kann man den Strukturen zuweisen,** die wir durch das histologische Studium des Nervengewebes kennen gelernt haben? Wir werden am Ende zugeben müssen, dass dieses Ablesen von Funktion aus Struktur eine noch unvollständige Kunst ist, aber eine, die sich – besonders dank der Computer-Gehirn-Analogie – in raschem Fortschritt befindet. Was wir erreichen wollen:

- die Lektüre von ausführlicheren Texten der Neuroanatomie schmackhafter zu machen,
- Aspekte der Strukturforschung zu betonen, die für ein physiologisch orientiertes Lehrbuch besonders relevant sind.

1.1   Nervensystem und Verhalten: allgemeinste Formulierung

Leben ohne Nervensystem

Würde man sich das Nervensystem wegdenken, so wäre das **Verhalten** eines Tieres **äußerst beschränkt.** Die Einwirkungen verschiedener Art, seien sie chemisch, wie Nährstoffe und Gifte, oder physikalisch, wie Strahlung, Druck oder Temperatur, könnten sich nur auf die unmittelbare Umgebung des Ortes auswirken, an dem sie auf den Organismus treffen.

So ein **Tier ohne Gehirn** und **ohne Nerven** könnte zwar Pseudopodien in Richtung auf einen interessanten Stoff ausstrecken, könnte vielleicht ein Teilchen durch Einstülpung aufnehmen, könnte schrumpfen oder quellen, aber keine koordinierten Geh- oder Schwimmbewegungen ausführen. Noch weniger könnte es Gestalten unterscheiden und darauf auf spezielle Weise reagieren.

Leben mit Nervensystem

Das, was man **Verhalten** nennt, beginnt also erst, wenn besondere Stellen der Körperoberfläche, die auf gewisse Reize reagieren, durch Leitungsbahnen mit besonderen kontraktilen Elementen verknüpft werden. Diese Elemente sind so angeordnet, dass aus ihrer Kontraktion Bewegung entsteht. Im Prinzip könnte die Verknüpfung bestimmter Sinneszellen mit bestimmten kontraktilen Elementen über chemische Botenstoffe geschehen, und die Wirkung mancher Hormone auf glatte Muskulatur (▶ Kap. 6.3) zeigt, dass dies gelegentlich auch der Fall ist.

Sehr viel effizienter ist aber offenbar die Verknüpfung durch fadenförmige Gebilde, die **Nervenfasern.** Sie können sich im ganzen Körper verteilen, sich beliebig zu Bündeln anordnen, sich durchkreuzen oder auch verzweigen, sodass von einer Stelle aus mehrere Ziele erreicht werden können. Im Gegensatz zur chemischen Übermittlung ist dabei die besondere Beziehung eines Ortes mit einem oder mehreren anderen durch Anfangs- und Endpunkt der Faser genau festgelegt. Damit ist die Möglichkeit gegeben, dass bestimmte Reizmuster, die die Sinnesorgane treffen, bestimmte Kombinationen elementarer Bewegungen auslösen, oder, in der Redeweise der Psychologie, dass **Gestalten** Verhaltensweisen hervorrufen. Es ist dann bloß eine Frage der Komplexität des Fasergeflechts, wie detailliert, wie zweckentsprechend, wie undurchschaubar das Verhalten eines Tieres erscheint.

Dabei ist allerdings zu bedenken, dass auch recht *einfache Faserstrukturen* unvermutet *komplexes Verhalten* erzeugen können. Noch allgemeiner heißt das, dass man Verhalten in seiner Komplexität überschätzt, solange man noch keinen Mechanismus erfunden hat, der solches Verhalten leistet. Man kann sich davon überzeugen, indem man extrem einfache »Tiere« konstruiert und dann ihre Bewegungen beobachtet. So kann man z. B. ein Paar von Sinnesorganen vorn mit einem Paar von vorwärts bewegenden Motoren hinten verbinden (◼ Abb. 1.1). Die Verbindungen können entweder *gekreuzt* oder *ungekreuzt* sein und außerdem »*erregend*« oder »*hemmend*«. In Anwesenheit einer Reizquelle entstehen dabei Verhaltensweisen, die wie Zuwendung oder Abwendung, Furcht oder Aggression erscheinen.

Die Verhaltensschemata von ◼ Abbildung 1.1 haben ihre Entsprechung in der Anatomie. Gekreuzte und ungekreuzte Beziehungen zwischen Sinnesorganen und motorischen Zentren gibt es in allen Gehirnen. Das komplizierte Muster der Faserbündel (der sog. *Tractus)* im Hirnstamm mit ihren Kreuzungen *(Dekussationen)* lässt sich vermutlich letztlich auf solche einfachen

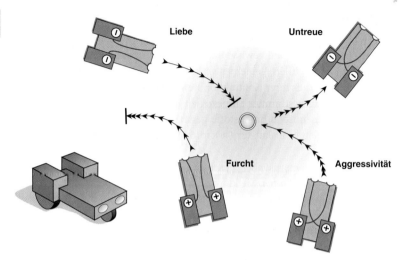

◘ **Abb. 1.1. Verknüpfungen zwischen Sensoren und Motoren.** Einfache Verknüpfungen *(rot)* zwischen zwei Sensoren vorn und zwei Motoren hinten können zu sehr verschieden interpretierbaren Verhaltensweisen führen. Im Zentrum sei z. B. eine Lichtquelle, die Sensoren seien lichtempfindlich und würden ihren jeweiligen Motor umso stärker erregen (+) bzw. hemmen (–), je mehr Licht auf sie fällt. Das Vehikel *rechts unten* wird sich der Lichtquelle zuwenden, immer schneller werden und dann die Quelle zerstören. Das Vehikel *links oben* wird sich der Quelle ebenfalls zuwenden, dann aber zum Stehen kommen und »anbetend« vor ihr verharren. Das Vehikel *links unten* wird sich dagegen abwenden, von der Quelle wegstreben und in sicherem Abstand zum Stehen kommen. Dasjenige *rechts oben* wendet sich ebenfalls ab und wird – je weniger Licht es bekommt – sich umso schneller entfernen

Schemata zurückführen. Auch die sonderbare Tatsache der **gekreuzten Dar-**
stellung der Welt im Gehirn (rechte Gesichtsfeld- bzw. Körperhälfte links im
Gehirn, linke Gesichtsfeld- und Körperhälfte rechts im Gehirn) geht ursprünglich wohl auf solche Verhaltensschemata zurück. An der Basis der Rechts-links-
Verkabelung des Gehirns der heutigen Vertebraten dürfte die gekreuzte Beziehung zwischen olfaktorischem Eingang und motorischem Ausgang gestanden
haben.

> **Merke**
>
> Gehirne bestehen im Wesentlichen aus **Fasern**. Sie verbinden die Gehirn-
> zellen untereinander, sowie diese mit den Sinnesorganen und dem Muskel-
> system. Komplexes **Verhalten**, z. B. Zuwendung oder Flucht, lässt sich manch-
> mal auf einfache **Verknüpfungsmuster** zurückführen.

1.2   Zellen des Nervengewebes

Bauplan der Neurone (Nervenzellen)

Die Nervenzelle, auch **Neuron** genannt, besteht aus dem Zellkörper oder **Soma**
und in den allermeisten Fällen aus 2 Arten von Fortsätzen: den **Dendriten** und
dem **Axon** (◘ Abb. 1.2). Meist gehen mehrere Dendriten vom Zellkörper ab und
verzweigen sich wie die Äste eines Baumes. Das Axon entspringt dagegen nur
an einer Stelle aus dem Zellkörper. Es unterscheidet sich von den Dendriten
durch einen meist geringeren Durchmesser und ein andersartiges Verzweigungs-

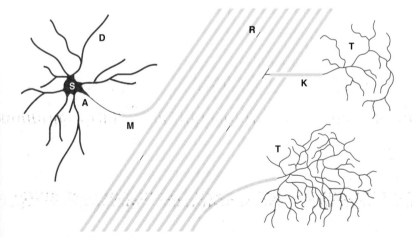

◘ **Abb. 1.2. Bauplan von Neuronen.** Dendritenbaum *(D)* und Soma *(S) blau*, Axon *rot*, Markscheide *gelb*. *K* Kollaterale, *T* Terminalverzweigungen des Axons, *A* Axonhügel. Das Axon kann
von einer Markscheide *(M)* umgeben sein; sie ist an manchen Stellen, den Ranvier-Schnürringen *(R)*, unterbrochen. Dass das Axon viel länger sein kann als die Dendriten, ist durch die
nebeneinander liegenden Axonstücke angedeutet (Mod. nach Braitenberg 1977)

muster. Das Axon kann Seitenzweige, *Kollateralen,* abgeben, die sich ihrerseits wieder verzweigen können. Es kann erstaunliche Längen erreichen und dadurch weit entfernte Teile des Nervensystems miteinander verbinden.

Die *Dendriten* sind diejenigen Fortsätze, die die Erregung von anderen Nervenzellen aufnehmen und zum Zellkörper hinleiten. Das *Axon* dagegen leitet die Erregung vom Zellkörper fort und gibt sie über spezialisierte Kontaktstellen, die *Synapsen* (▶ Kap. 3.1) an die Dendriten oder Somata nachgeschalteter Nervenzellen weiter (entweder als Erregung oder als Hemmung). Die Axone sind es auch, die die Erregung an die *Effektoren,* also Muskel- oder Drüsenzellen, weiterleiten. Bei den Dendriten gilt in den meisten Fällen das Prinzip »je mehr desto mehr«, d. h. die einlaufenden Signale werden dort, wo sie zusammenkommen, also z. B. im Soma, aufsummiert. Das Axon hingegen ist der Ausläufer, an dessen Ursprung, dem *Axonhügel,* die Entscheidung fällt, ob das Neuron das aufsummierte Signal weitergibt oder nicht. Nur wenn dieses einen bestimmten Schwellenwert überschreitet, wird es als *Aktionspotential* fortgeleitet. Das Aktionspotential folgt dem *Alles-oder-Nichts-Gesetz.* Es entsteht entweder gar nicht oder in voller Stärke, und es behält diese dann auch bis zum Ende des Axons bei (▶ Kap. 2.5).

Neurone im zentralen und im peripheren Nervensystem

Es gibt einige interessante Unterschiede zwischen den Neuronen des Zentralnervensystems und manchen Neuronen des peripheren Nervensystems. Unter dem *Zentralnervensystem (ZNS)* versteht man Gehirn und Rückenmark, unter dem *peripheren Nervensystem* alle übrigen Teile des Nervensystems. Bei denjenigen Neuronen zum Beispiel, die Information von der Haut zum Rückenmark leiten, befindet sich der Zellkörper im *Spinalganglion* neben dem Rückenmark, und der zellkörperwärts leitende Fortsatz hat axonale Eigenschaften. Er ist lang, z. T. sogar sehr lang (z. B. von der Haut des Fußes bis zum Rückenmark) und leitet Aktionspotentiale. Es ist Geschmackssache, ob man diesen Fortsatz als Dendrit bezeichnet, weil er der signalempfangende Teil des Neurons ist, oder als Axon wegen seiner Eigenschaft, lang zu sein und Aktionspotentiale zu leiten. Der Ausdruck »Nervenfaser« bezieht sich auf beides: die zentralnervösen Axone und die langen Fortsätze der peripheren Nervenzellen.

Sowohl Axone als auch die zellkörperwärts leitenden langen Fortsätze des peripheren Nervensystems können von einer isolierenden Hülle umgeben sein, der *Mark-* oder *Myelinscheide.* Sie bewirkt eine wesentlich raschere Fortleitungsgeschwindigkeit des Aktionspotentials und isoliert Fasern elektrisch voneinander. An den *Ranvier-Schnürringen* ist die Markscheide unterbrochen (▶ Kap. 2.6).

> **Merke**
>
> Vom Zellkörper *(Soma)* eines Neurons entspringen ein *Axon* und meist mehrere *Dendriten*. Dendriten und Soma empfangen *erregende* oder *hemmende Signale (Aktionspotentiale)* von anderen Nervenzellen. Das Axon gibt über seine Synapsen die Alles-oder-Nichts-Erregung des Neurons an andere Neurone oder an Muskel- oder Drüsenzellen weiter.

Gliazellen

Die Markscheide wird von *Gliazellen* gebildet. Gliazellen sind diffus ins Nervengewebe eingestreute Zellen, die verschiedene Hilfsfunktionen ausüben. Im Zentralnervensystem unterscheidet man Astroglia, Oligodendroglia und Mikroglia. Die *Astroglia* füllt mit ihren sternförmig abstrahlenden Fortsätzen die Zwischenräume zwischen den Nervenzellfortsätzen aus, liefert ihnen Nährstoffe und ist an der Erhaltung des Ionengleichgewichts beteiligt. Die *Mikroglia* ist an der Reparatur von Gehirnschäden beteiligt und scheint im gesunden Nervengewebe kaum vorzukommen. Die *Oligodendroglia-Zellen* bilden die Markscheiden, indem ihre Fortsätze sich zu riesigen Lappen vergrößern. Jeder dieser Lappen windet sich in mehreren Schichten spiralig um ein Axonstück. Die Markscheide besteht dann aus vielen Lagen von Zellmembran; das Zytoplasma der Oligodendrogliazellen geht nicht mit in die Markscheide ein. Die Markscheiden des *peripheren* Nervensystems werden von sog. *Schwann-Zellen* gebildet.

> **Merke**
>
> In Gehirn und Rückenmark üben *Astro-, Mikro- und Oligodendroglia-Zellen* verschiedene Funktionen aus (z. B. Ernährung, Stützfunktion, Beteiligung am Erhalt des extrazellulären Ionengleichgewichts). Die *Markscheiden* der Nervenfasern werden von der Oligodendroglia bzw. den Schwann-Zellen gebildet.

Färbemethoden in der Neuroanatomie

Wie in ◘ Abbildung 1.3 illustriert, lassen sich die einzelnen Anteile eines Neurons durch spezielle Färbemethoden darstellen. So stellt man Zellkörper mithilfe der *Nissl-Methode* dar. Dabei reagieren basische Farbstoffe mit den reichlich im Zellkörper vorhandenen Nukleinsäuren. Axone kann man durch Metalle darstellen; meist verwendet man *Silbermethoden.* Markscheiden lassen sich mit bestimmten

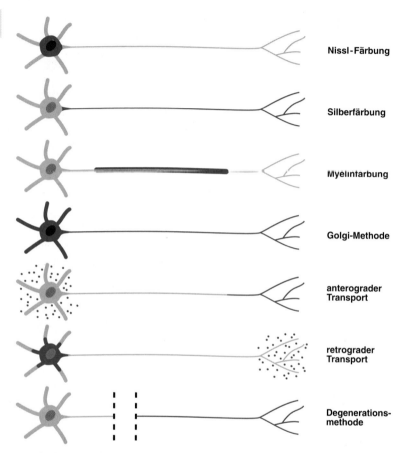

▣ **Abb. 1.3. Färbemethoden in der Neuroanatomie.** Die mit der jeweiligen Methode darstellbaren Bestandteile des Neurons sind *blau* hervorgehoben, die ungefärbten *gelb*

fettlöslichen Farbstoffen anfärben. Die Verzweigungsform von Neuronen untersucht man am besten mit der **Golgi-Methode.** Sie greift willkürlich einzelne Zellen heraus, färbt diese dann aber mit all ihren Fortsätzen an. Ähnliche Ergebnisse bekommt man mit intrazellulären Injektionen bestimmter Farbstoffe.

Tracer-Methoden geben Auskunft darüber, wohin ein Nerv oder ein bestimmtes Areal im Zentralnervensystem projiziert. Man injiziert dafür Stoffe, die von den Nervenzellen aufgenommen und das Axon entlang transportiert werden und die man farblich nachweisen kann (axonaler Transport) (► Kap. 2.3). Manche Stoffe werden eher *anterograd* transportiert, also vom Soma zu den Axonendigungen, manche eher *retrograd,* von den Axonendigungen zum Soma (◘ Abb. 1.3). Im letzteren Fall erfährt man, von woher der Injektionsort Projektionen erhält.

Eine andere Möglichkeit, Projektionen nachzuweisen, sind die *Degenerationsmethoden:* Vom Zellkörper abgetrennte Axone degenerieren und können durch spezielle Färbemethoden dargestellt werden (unten in ◘ Abb. 1.3). Bei den *immunohistochemischen Methoden* werden bestimmte Stoffe, z. B. manche Transmitter (► Kap. 3.1), durch Anwendung von spezifischen Antikörpern sichtbar gemacht.

> **Merke**
>
> Verschiedene Bestandteile des Nervengewebes und den Verlauf der Axone kann man durch Färbe-, Tracer- und Degenerationsmethoden gesondert sichtbar machen.

1.3 Bautypen der grauen Substanz

Graue und weiße Substanz

Auf frischen Schnitten durchs Gehirn sieht man rötlichgraue Gebiete, die *graue Substanz,* und weißliche Gebiete, die *weiße Substanz.* Der Unterschied ist durch eine unterschiedliche Verteilung der Nervenzellfortsätze gegeben. In der *grauen* Substanz liegen Zellkörper, Dendriten und Axone, wobei es sich bei letzteren hauptsächlich um unmyelinisierte axonale Aufzweigungen handelt. Die *weiße* Substanz enthält nur Axone, und zwar zu einem großen Anteil myelinisierte Axone (Axone mit Markscheiden). Da Myelinscheiden aus Zellmembranen bestehen (► oben) und Zellmembranen Lipide enthalten, haben Gegenden mit vielen myelinisierten Axonen einen höheren Fettanteil und erscheinen deshalb weißlich.

> **Merke**
>
> Die *graue Substanz* ist der Ort, an dem die *Signale* verschiedener Nervenzellen miteinander *verrechnet* werden. Die *weiße Substanz* stellt die *Verkabelung* zwischen entfernt liegenden Gebieten grauer Substanz her.

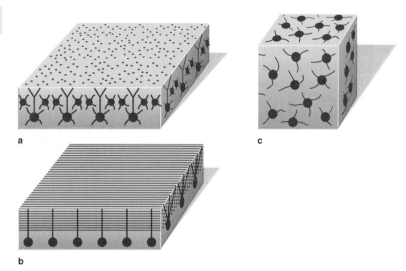

◘ Abb. 1.4. Verschiedene Bauprinzipien der grauen Substanz. a Flächige Anordnung von Neuronen und Schichtung parallel zur Fläche (Kortex). **b** Kortex, der in den zwei Dimensionen seiner Fläche verschieden gestaltet ist. **c** Anordnung von Neuronen, die in allen Schnittrichtungen dasselbe Bild liefert

Struktur und Funktion neuronaler Netzwerke

Im Gehirn der Säuger erscheint es sinnvoll, nach *allgemeinen Bauprinzipien von Netzwerken* zu suchen. Manche dieser Bauprinzipien kann man sogar direkt auf die Funktion übertragen.

Wenn die Neurone als *Kortex flächig angeordnet* sind (◘ Abb. 1.4 a), mit einer Schichtung, die sich durch das ganze Gebilde hindurchzieht, legt das eine Grundoperation nahe, die über die ganze Fläche auf dieselbe Weise angewandt wird, wie man es z. B. bei der Bearbeitung eines zweidimensionalen Bildes erwarten würde. Tatsächlich gibt es solche Kortizes bei den verschiedensten Tierarten im Zusammenhang mit dem Auge, das im Gehirn ein zweidimensionales Bild des Sehraums entwirft.

Ist in einem solchen Kortex *eine Richtung* der Fläche *besonders ausgezeichnet* (◘ Abb. 1.4 b), wie im Falle der Kleinhirnrinde, wo die weitaus größte Zahl von Fasern (die Parallelfasern) in der laterolateralen Richtung angeordnet sind, so denkt man nicht an einen Computer, der zweidimensionale Bilder verrech-

◻ Abb. 1.5. Bauprinzip des Hippocampus. Die Hippocampus-formation ist ein aufgerolltes Stück Kortex, in dem die Anordnung bestimmter Axone eine zyklische Erregungsausbreitung nahe legt

net, sondern eher an eine Verrechnung, die *in eindimensionalen Zeilen* geschieht.

Auch bei einem speziellen Teil der Großhirnrinde, der *Hippocampusformation* (◻ Abb. 1.5), folgt aus der Anordnung der Fasern eine allgemeine Aussage über die Art der Informationsverarbeitung. Dort gibt es eine Unterabteilung, die über Scharen von parallel angeordneten Fasern Signale an eine weitere Unterabteilung abgibt. Von dort geht es über andere Fasern zu einer dritten Unterabteilung und endlich zu einer Vierten, die dann wieder auf die erste Stufe projiziert. Es folgt daraus mit großer Wahrscheinlichkeit eine irgendwie *zyklische Funktionsweise.*

Merke

Aus den verschiedenen *Anordnungen der Neurone* in der grauen Substanz lassen sich *Funktionsprinzipien* ablesen. Eine flächige Anordnung spricht für eine zweidimensionale Verarbeitung, die Betonung einer Flächenrichtung für eine eindimensionale. *Kreisförmig-rückläufige Projektionen*, wie z. B. im Hippokampus, lassen auf eine zyklische Funktionsweise schließen.

Ganz anders sind die Verhältnisse in jenen Teilen des Gehirns, in denen die Neurone in *dreidimensionalen Netzwerken* ohne eine ins Auge springende Geometrie angeordnet sind, sodass ein beliebig orientierter histologischer Schnitt immer ungefähr dasselbe Bild ergibt. Das trifft für viele sog. *Kerne* zu (◻ Abb. 1.4 c), z. B. für Teile des Thalamus und für manche Kleinhirnkerne. Die

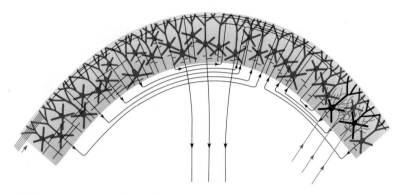

◻ **Abb. 1.6. Bauprinzip der Großhirnrinde** (schematisiert). In allen Schichten überwiegen die hier dargestellten Pyramidenzellen. Sie sind miteinander überall durch Axonkollateralen (hier nur durch kurze Striche angedeutet) oder – über größere Entfernungen – über Assoziationsfasern durch die weiße Substanz *(unten)* verbunden. Efferenzen zu anderen Teilen des Zentralnervensystems und spezifische Afferenzen *(rot)* machen nur einen geringen Prozentsatz der Verbindungen aus. Die Letzteren strahlen in die mittlere (4. Schicht) des Kortex ein, mit Ausnahme der olfaktorischen Afferenzen *(linker Bildrand, rot)*, die in die äußerste Schicht (Schicht I) eintreten (Mod. nach Braitenberg 1977)

Funktionsweise ist dort sicher anders als in jenen Stücken der grauen Substanz, deren Architektonik offenbar die Koordinaten des Raumes widerspiegelt, auf den sich die Signalverarbeitung bezieht.

Die *Großhirnrinde* (◻ Abb. 1.6) und die *Kleinhirnrinde* (◻ Abb. 1.7) sind nicht nur die größten, sondern auch die am gründlichsten untersuchten Teile des menschlichen Gehirns. Beim Vergleich zwischen den beiden kann sich der Leser in der Kunst üben, aus verschiedenen anatomischen Strukturen auf unterschiedlichste Funktionsweisen zu schliessen. Die Gedanken, die ihm dabei kommen, werden ihm beim Lesen der späteren Kapitel nützlich sein, wo die beiden Kortizes aus physiologischer Sicht dargestellt werden.

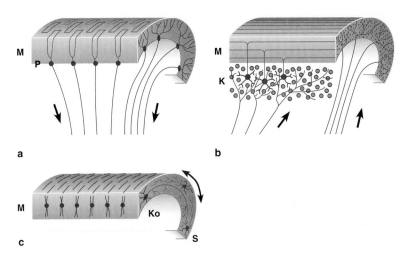

☐ **Abb. 1.7. Bauprinzip der Kleinhirnrinde.** Illustriert an einem Stück einer Rindenfalte. Die Rechts-links-Richtung entspricht der Laterolateral-Richtung des Kleinhirns. *M* Molekularschicht, *P* Purkinje-Zellschicht, *K* Körnerzellschicht. **a** Purkinje-Zellen. Ihr Dendritenbaum *(rot)* ist quer zur Faltung des Kleinhirns spalierartig abgeplattet. Ihre Axone *(Pfeile)* bilden den einzigen Ausgang aus der Kleinhirnrinde. **b** Moosfasern, Kletterfasern und Körnerzellen. Die Moosfasern *(links)* bringen Information von anderen Teilen des ZNS an die klauenförmigen Dendriten der Körnerzellen *(rot)*. Die Axone der Körnerzellen steigen in die Molekularschicht auf, verzweigen sich T-förmig und verlaufen alle als Parallelfasern parallel zu den Falten der Kleinhirnrinde. Der zweite Eingang sind die Kletterfasern *(rechts)*, die sich entlang der Purkinje-Zelldendriten verzweigen. **c** Hemmende Neurone. Dendriten- und Axonbäume dieser Zellen sind quer zur Falte ausgerichtet. Die Axone *(rot)* der Korbzellen *(Ko)* bilden Körbe um die Zellkörper der Purkinje-Zellen, die der Sternzellen *(S)* verzweigen sich weiter oben in der Molekularschicht

2   Innerneurale Homöostase und Kommunikation, Erregung

J. Dudel

 **Einleitung**

Physiologie ist die Lehre von den Funktionsweisen der Lebewesen. »Lebewesen« sind zur Selbstorganisation und -reproduktion fähige Einheiten, die mit ihrer Umgebung Stoffe, Energie und Informationen austauschen. Im Nervensystem der Tiere sind die kleinsten solcher Einheiten die Nervenzellen oder Neurone. Die wichtigsten auf die Funktion dieser Zellen gerichteten Austauschprozesse, die Informationsvermittlung, sollen in Kapitel 2 besprochen werden.

2.1   Zellmembran und Membranpotential

Aufbau der Zellmembranen

Zellen sind von Membranen umschlossene Funktionsräume. Neben den Zellorganellen enthalten sie eine wässrige Salzlösung (◘ Tabelle 2.1). Die Ionen und die Zellorganellen bewegen sich rasch im Intrazellulärraum, sie *diffundieren* oder sie werden *aktiv transportiert*. Ihre Bewegungen werden eingeengt durch die Zellmembran.

Die Zellmembran besteht aus einer Doppelschicht von Lipiden, meist Phospholipiden (◘ Abb. 2.1 a). Diese Moleküle enthalten eine polare, hydrophile Kopfgruppe, an die sich hydrophobe Fettsäureketten anschließen. In wässriger Lösung bilden sie spontan Doppelschichten, in denen die hydrophilen Kopfgruppen dem Wasser zugekehrt sind, während die Fettsäureketten eine innere, hydrophobe Phase bilden. Die *Lipiddoppelschichten der Membran* sind für viele Stoffe ein *Diffusionshindernis,* v. a. für geladene Teilchen, die Ionen. Die Membranen haben deshalb auch einen hohen elektrischen Widerstand. Wassermoleküle und Stoffe, die sich in Lipiden lösen, können Lipidmembranen relativ gut permeieren. Die Lipidmoleküle und eingelagerte Stoffe können sich innerhalb der Lipiddoppelschicht ziemlich frei bewegen.

⬛ Tabelle 2.1. Intra- und extrazelluläre Ionenkonzentrationen bei einer Warmblüter-muskelzelle. *A* bezeichnet »große Anionen«

Ion	Intrazellulär	Extrazellulär
Na^+	12 mmol/l	145 mmol/l
K^+	155 mmol/l	4 mmol/l
Ca^{2+}	10^{-8}–10^{-7} mol/l	2 mmol/l Andere Kationen: 5 mmol/l
Cl^-	4 mmol/l	120 mmol/l
HCO_3^-	8 mmol/l	27 mmol/l
A^-	155 mmol/l	27 mmol/l
Ruhepotential	–90 mV	0 mV

In die Lipiddoppelschicht der Membran sind als Träger verschiedenster Funktionen *Proteinmoleküle* eingebettet (⬛ Abb. 2.1 a). Diese Proteine können mit intra- oder extrazellulären Substanzen reagieren und damit z. B. Zell-Zell-Kontakte, immunologische oder enzymatische Reaktionen bewirken. Für die Funktionen der Nervenzellen sind besonders *Kanalmoleküle* wichtig (⬛ Abb. 2.1 b). Sie enthalten eine mit Wasser gefüllte Pore, durch die Ionen, z. B. K^+-Ionen, diffundieren können. Ähnliche Membraneiweiße transportieren Stoffe unter Energieaufwand durch die Membran. Die Struktur vieler dieser Membranproteine ist bekannt, und daraus ergeben sich Ansätze zum Verständnis ihrer Funktionen.

Diffusionspotentiale

Während die Salzlösung in der Zelle viele K^+-Ionen und wenige Na^+- und Cl^- Ionen enthält, sind außerhalb der Zelle die Na^+- und Cl^--Konzentrationen hoch und die K^+-Konzentrationen niedrig (⬛ Tabelle 2.1). Aneinandergrenzende *unterschiedliche Ionenkonzentrationen streben den Ausgleich durch Diffusion an*, wobei der Stofffluss proportional zur Konzentrationsdifferenz, zur Grenzfläche und zur Permeabilität der Grenzmembran ist. Die in der Zelle hochkonzentrierten K^+ können durch die K^+-Kanäle (⬛ Abb. 2.1 b) hinausdiffundieren. Dabei entfernen sie jedoch positive Ladungen aus der Zelle, das Zellinnere bekommt relativ zum Außenmedium eine negative elektrische Aufladung. Diese negative elektrische Aufladung wirkt der Diffusion der K^+ entlang ihres Konzentrations-

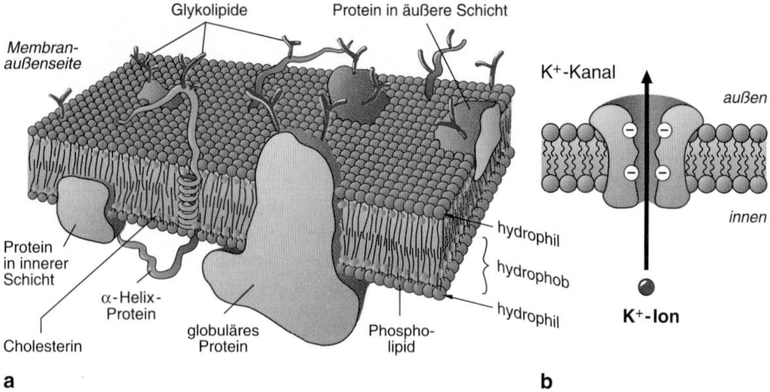

□ **Abb. 2.1. Schema der Plasmamembran. a** In eine Phospholipiddoppelschicht sind Proteine eingelagert, die teils die Lipiddoppelschicht ganz durchqueren, teils nur in der Außen- oder Innenschicht verankert sind. **b** Schema eines K-Kanal-Proteins, das in die Lipiddoppelschicht der Plasmamembran eingelagert ist. In der »Wand« des Kanals sind 4 negative Ladungen fixiert (Mod. nach Alberts et al. 1983)

gradienten entgegen. Die negative Aufladung des Zellinneren kommt zum Stillstand, wenn sie den »Diffusionsdruck« des Konzentrationsgradienten für K$^+$ gerade aufhebt; im Zustand des Fließgleichgewichts passieren auswärts und einwärts gleich viele K$^+$-Ionen die Kanäle. Die entsprechende Aufladung, das Gleichgewichtspotential, wird durch die Nernst-Gleichung angegeben:

$$E_{ion} = \frac{RT}{zF} \ln \frac{[Ion]_{außen}}{[Ion]_{innen}} \tag{2.1}$$

R = Gaskonstante, T = absolute Temperatur, z = Ladungszahl des Ions (negativ für Anionen), F = Faradaykonstante, [Ion] = betreffende Ionenkonzentration.

Für Körpertemperatur (T = 310 K) wird daraus das *K$^+$-Gleichgewichtspotential (E$_K$)*:

$$E_K = -61 \text{ mV} \log \frac{[K^+]_i}{[K^+]_a} \tag{2.2}$$

Für [K$^+$]$_i$/[K$^+$]$_a$ = 39 (□ Tabelle 2.1) ergibt sich E = − 61 mV × 1,59 = − 97 mV. Tatsächlich wird z. B. an Muskelzellen ein *Membranruhepotential* von etwa

−90 mV gemessen (■ Abb. 2.3 a). Dieses stellt sich ein, weil die ruhende Nerven- und Muskelzelle im Wesentlichen nur geöffnete K^+-Kanäle enthält, sie ist für K^+ permeabel; dazu bestehen die in ■ Tabelle 2.1 angegebenen Konzentrations- gradienten. Erhöht man die extrazelluläre K^+-Konzentration, so wird das Mem- branpotential entsprechend Gl. 2 weniger negativ, die Membran wird »depola- risiert«.

Der **K^+-Kanal** ist **selektiv permeabel** für K^+-Ionen, d. h. er lässt K^+ hin- durchtreten, verhindert jedoch fast vollständig die Permeation der ebenso gela- denen und in ihrer Größe kaum verschiedenen Na^+. Ähnlich sind andere Typen von Membrankanälen hochselektiv für Na^+-, Ca^{2+}- oder Cl^--Ionen. Im Falle des K^+-Kanals wird die Selektivität gegenüber Anionen durch die 4 negativen La- dungen innerhalb des Kanals gewährleistet (■ Abb. 2.1 b). Die K^+ binden wäh- rend der Passage kurzzeitig an diese negativ geladenen Wandstellen. Die Bin- dung ist offenbar für K^+ besser als für Na^+, was Grundlage der Selektivität des Kanals ist. Die Kanalmoleküle ändern spontan und mit hoher Frequenz ihre räumliche Gestalt, ihre Konformation. Dabei öffnen sich die Kanäle spontan für jeweils einige Millisekunden, wobei ein K^+-Strom von etwa 2 pA (2×10^{-12} A) fließt (■ Abb. 2.7). Während einer solchen Kanalöffnung strömen somit einige 10 000 K^+ durch den Kanal.

Die **Na^+-Permeabilität** der ruhenden Membran ist **gering**; es sind nur we- nige Na^+-Kanäle geöffnet. Aufgrund des einwärts gerichteten Konzentrations- gradienten und begünstigt durch das Ruhepotential strömen jedoch Na^+ in die Zelle und stören das Gleichgewicht (▶ Kap. 2.2). Die Cl^--Permeabilität der meisten Nervenzellen ist klein, relativ hoch jedoch an Muskelzellen. Die Zellen enthalten viele hochmolekulare Anionen, die die Membran praktisch nicht pas- sieren können; dementsprechend ist die intrazelluläre Cl^--Konzentration klein. Sie stellt sich in den meisten Zellen so ein, dass $[Cl^-]_a/[Cl^-]_i$ ungefähr gleich $[K^+]_i/[K^+]_a$, d. h. dass das Gleichgewichtspotential für Cl^- beim Ruhepotential liegt. Wenn $[Cl^-]_i$ von dieser Gleichgewichtsbedingung abweicht, muss ein ak- tiver Transport (▶ Kap. 2.2) mitwirken.

Merke

Die Zellmembran ist eine molekulare **Doppelschicht von Lipiden** mit einge- lagerten Proteinmolekülen. Letztere bilden u.a. Ionenkanäle. Die ungleichen Verteilungen der Na^+ und K^+ innerhalb und außerhalb der Zelle und **selektive Permeabilitäten** der Ionenkanäle erzeugen das Membranpotential.

2.2   Transporte über die Zellmembran

Die Na⁺-K⁺-Pumpe

Die extrazellulären Ionenkonzentrationen sind vorgegeben. Bei Meerestieren entsprechen sie den Salzkonzentrationen des Meerwassers, und bei Landtieren werden (auf niedrigerem Niveau) im Blut ähnliche Konzentrationsverhältnisse im Wesentlichen über die Nierenfunktion hergestellt. Die gegenüber den Außenkonzentrationen innen sehr niedrige Na^+- und hohe K^+-Konzentrationen sind spezifische Leistungen der Zelle. In die Zellmembran mit hoher Dichte eingelagert finden sich Na^+-K^+-Pumpmoleküle. Diese spalten intrazelluläres *Adenosintriphosphat* (ATP), eine vom Zellstoffwechsel bereitgestellte »Energiemünze«, und verwenden die gewonnene Energie, um in einem Pumpzyklus 3 Na^+ aus der Zelle heraus und 2 K^+ in die Zelle hineinzuschaffen (◘ Abb. 2.2 a). Die Koppelung von K^+-Einstrom und Na^+-Ausstrom vermindert den für den Transport von Ladungen notwendigen Energieaufwand. Trotzdem wird mehr als 1/3 des Energieverbrauches der Zelle für die Na^+-K^+-Pumpe aufgewandt. Die Aktivität der Pumpe wird reguliert durch die Na^+-Innenkonzentration. Erreicht diese den »Normalbereich« um 10 mmol/l, so wird die Pumpe ineffek-

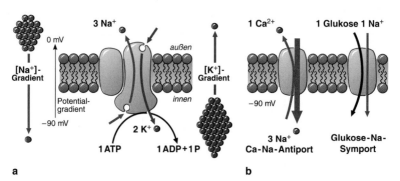

a   **b**

◘ **Abb. 2.2. Schema der Na-K-Pumpe. a** Eine ATPase in der Lipiddoppelschicht der Plasmamembran, die in einem Pumpzyklus 3 Na^+ gegen den Konzentrationsgradienten und Potentialgradienten aus der Zelle entfernt und 2 K^+ aufnimmt. Dabei wird ein ATP in ADP und Phosphat, P, gespalten. Die ATPase ist als Dimer aus einer großen (Funktions)einheit und einer kleinen Einheit gezeichnet, sie liegt in der Membran als Tetramer aus 2 großen und 2 kleinen Einheiten vor. **b** Membranproteine, eingelagert in die Lipiddoppelschicht der Membran, die angetrieben durch den extra- bzw. intrazellulären Na^+-Gradienten einen Glukose-Na-Symport in die Zelle sowie einen Ca-Na-Antiport vermitteln (Mod. nach Dudel 2000)

tiv. Die Na^+-K^+-Pumpe verschiebt netto positive Ladungen aus der Zelle. Dieser Pumpstrom trägt mit -10 bis -20 mV zum Ruhepotential bei. Wird die Na^+-K^+-Pumpe durch Digitalisglykoside blockiert, so wird das Membranpotential um diesen Betrag positiver.

Die niedrigen Na^+-Konzentrationen und hohen K^+-Konzentrationen sind Vorbedingungen für die Potentiale der Zellen und ihrer Änderungen. Der über die Na^+-K^+-Pumpe hergestellte *Na^+-Gradient* über der Zellmembran wird zusätzlich für den *Antrieb anderer Transportvorgänge* genutzt. So wird der Verlust an potentieller Energie durch Einstrom von $3\,Na^+$-Ionen in einem Ca^{2+}-Pumpmolekül dazu genutzt, um jeweils $1\,Ca^{2+}$ aus der Zelle zu schaffen (◘ Abb. 2.2 b). Dies geschieht gegen einen hohen Konzentrationsgradienten und gegen das Membranpotential: Die freie Ca^{2+}-Konzentration beträgt intrazellulär etwa $0{,}1\,\mu mol/l$ und extrazellulär etwa $2\,mmol/l$. Ähnlich gibt es auch verschiedene Transportmoleküle für Zucker und Aminosäuren, die in einem *Kotransport* den Einstrom des Zuckers oder der Aminosäure durch den Energiegewinn des Einstromes von Na^+ ermöglichen (◘ Abb. 2.2 b).

Gleichgewicht der Flüsse durch Ionenkanäle und Pumpen

Die wichtigsten Charakteristika der ruhenden Zelle sind in ◘ Abbildung 2.3 b zusammengefasst. Das Membranruhepotential $E_m = -90$ mV ist etwas positiver als das Kaliumgleichgewichtspotential $E_K = -97$ mV. Deshalb strömen K^+ durch den K^+-Kanal aus. Das Natrium- gleichgewichtspotential (▶ Gl. 2.1) $E_{Na} = +60$ mV und der Konzentrationsgradient führen trotz geringer Na^+-Permeabilität der Membran zu einem Na^+-Einstrom. K^+-Ausstrom und Na^+-Einstrom werden durch die Na^+-K^+-Pumpe kompensiert. Die Cl^--Ströme sind beim Membranpotential -90 mV im Gleichgewicht.

Merke

Die *Na^+-K^+-Pumpe* stellt, mit Hilfe aus der Spaltung von ATP gewonnener Energie, die niedrige intrazelluläre Na^+-Konzentration ein. Damit kompensiert sie den Ruhe-Einstrom von Na^+ und bringt die *Ionenflüsse ins Gleichgewicht*. Kotransport von Na^+ und anderen Molekülen nutzt den eingestellten Na^+-Gradienten als Energiequelle.

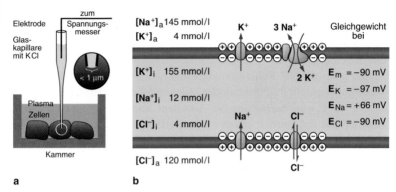

a   **b**

◙ Abb. 2.3. Intrazelluläre Membranpotentialmessung. a Messanordnung: Die Zelle liegt in dem mit physiologischer Lösung gefüllten, geerdeten Extrazellulärraum. Eine Glaskapillarelektrode ist in eine Zelle eingestochen. **b** Schema der Konzentrationen von Na^+, K^+ und Cl^- in und außerhalb der Zelle und deren Stoffaustausch über die Plasmamembran durch Na^+-, K^+- und Cl^--Kanäle sowie durch die Na-K-Pumpe. Bei den betreffenden Konzentrationsgradienten stellen sich Gleichgewichtspotentiale E_{Na}, E_K und E_{Cl} ein, und das Membranpotential ist $E_m = -90$ mV (Mod. nach Dudel 2000)

2.3   Intrazelluläre Transporte

Intrazellulärer Stofftransport in Vesikeln

Die intrazellulären Organellen nehmen etwa die Hälfte des Innenraums ein. Neben verschiedenen Formen von Röhrchen (Tubuli) und Fasern (Fibrillen) sind die meisten Organellen von Membranen mit ähnlichem Aufbau wie die äußere Zellmembran umgeben. Diese Organellen bewegen sich dauernd relativ zum Zytoskelett der Mikrotubuli und -fibrillen. Im Bereich des Kerns und dem assoziierten endoplasmatischen Reticulum erzeugte Eiweiße werden in verschiedenen Formen von *Vesikeln* weiterverarbeitet und an ihre Bestimmungsorte transportiert (◙ Abb. 2.4). Zu degradierende Proteine, aber auch an der Zellmembran aufgenommene Stoffe (z. B. Lipide) werden in Vesikeln zum Kernbereich transportiert. Große Eiweißmoleküle, die sich unter Energieumsatz (ATP-Verbrauch) kontrahieren können, wie Aktin, Myosin, Kinesin oder Dynein (▶ Kap. 4.3) heften sich an Strukturen des Zytoskeletts und die Vesikel und bewegen diese in wiederholten, kleinen Rucken schließlich zu ihrem jeweiligen Bestimmungsort.

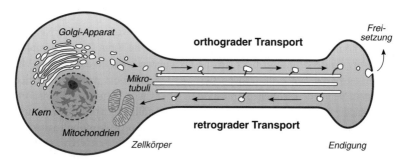

Abb. 2.4. Schema des axonalen Transports. Vom Golgi-Apparat des Zellkerns trennen sich Vesikel ab. Diese und andere Organellen werden mit dem orthograden Transport zur Endigung bewegt, indem sie sich mit kontraktilen Eiweißbrücken repetitiv an Mikrotubuli anheften. Mit ähnlichen Mechanismen werden auch Vesikel und Organellen von der Nervenendigung retrograd zum Zellkörper transportiert

Axonaler Transport

Am besten und quantitativ studiert wurden die intrazellulären Transporte in lang gestreckten peripheren Axonen, der *axonale Transport*. Werden solche Axone durch einen Faden eingeschnürt, so bildet sich zentral von der Einschnürung eine Auftreibung, die den Anstau von peripherwärts transportiertem Material sinnfällig macht. Injiziert man radioaktiv gemachte Aminosäuren in die Zellkörper solcher Axone, so bewegt sich eine Front von Radioaktivität mit einer Geschwindigkeit von etwa 410 mm/Tag im Axon zur Peripherie. Dieser *schnelle axonale Transport* bewegt unterschiedliche Eiweiße, aber auch Lipide und Zucker, mit etwa gleicher Geschwindigkeit. Die unterschiedlichen Stoffe müssen deshalb in einem einheitlichen Transportmedium, in Vesikel verpackt, in die Peripherie bewegt werden (▪ Abb. 2.4). Mit demselben Transportsystem laufen aber auch größere Organellen wie Mitochondrien. Der »Massentransport« zur Peripherie ist notwendig, weil die Struktur- und Funktionselemente der Zelle begrenzte Lebensdauern von Stunden bis Wochen haben und weil viele dieser Elemente nur im Kernbereich synthetisiert werden können. Passive Diffusion eines größeren Eiweißes über Entfernungen bis zu 1 m würde Jahre dauern.

Mit etwas geringerer Geschwindigkeit als der orthograde axonale Transport findet auch ein *retrograder Transport* von großen Vesikeln statt (▪ Abb. 2.4), die »verbrauchte« Stoffe zum Zellkörper zurücktransportieren. Dieser retrograde Transport gibt aber auch Informationen an den Zellkörper weiter, z. B. die Botschaft, dass das periphere Ende des Axons verletzt worden ist. Die Nervenenden können in der Peripherie auch Fremdstoffe wie Viren (Herpes simplex, Tollwut, Kinderlähmung) oder Toxine (Wundstarrkrampf) aufnehmen, die dann retrograd zur Zelle transportiert werden und dort pathogen werden können. Neben den schnellen Transporten gibt es auch langsamere Transportformen, die nur Geschwindigkeiten von wenigen Millimetern pro Tag erreichen. Diese scheinen mit dem gerichteten An- und Abbau von Mikrotubuli assoziiert zu sein.

Die Bewegung von größeren Zellelementen kann heute mit Videomikroskopie in der lebenden Zelle sichtbar gemacht werden. 410 mm/Tag entsprechen einer Durchschnittsgeschwindigkeit von 5 µm/s. Da diese Bewegung ungleichförmig ist, bewegen sich die Teilchen im Röhren- und Fasergewirr des Mikroskeletts mit eindrucksvoll schnellen Rucken durch das Gesichtsfeld. Ein solcher Seheindruck unterstreicht die hohe Dynamik der Zelle.

> **Merke**
>
> Innerhalb der Zellen werden Stoffe häufig in Vesikel verpackt transportiert. Der schnelle *axonale Transport* bewegt *Vesikel zur Peripherie* mit einer Durchschnittsgeschwindigkeit von 410 mm/Tag, oder etwas langsamer retrograd von der Peripherie zur Zelle.

2.4   Intrazelluläre Botenstoffe

Steuerung der Zellfunktionen durch Botenstoffe

Wie alle Zellen haben Neurone mannigfache Funktionszustände. Sie sind im Ruhezustand, »erregt« oder »gehemmt« (▶ unten), sie wachsen, sie bauen ihren Dendritenbaum um, sie verlängern ihre Axone, sie bewegen sich relativ zu anderen Zellen, oder sie tauschen die Funktionseiweiße ihrer Membranen aus. Dies geschieht durch Änderungen der *Genexpression* im Zellkern, der Zahl und Aktivität von Organellen, Transport von Organellen u. ä. Um diese Funktionen anzustoßen und zu koordinieren, bedient sich die Zelle *intrazellulärer Botenstoffe* (*messenger*), deren Freisetzung entweder endogen – aufgrund von intrazellulären Ereignissen – oder exogen – durch einen von außen auf die Zelle wirkenden Reiz – veranlasst wird.

Ein solcher Steuermechanismus ist das *Membranpotential,* das z. B. über die transversalen Tubuli der Muskelzellen (◘ Abb. 4.3) auch in die Zelle fortgeleitet werden kann und intrazelluläre Organellenfunktionen steuert. Ein Steuerstoff im engeren Sinne ist die freie *intrazelluläre Ca^{2+}-Konzentration.* Diese liegt in Ruhe bei etwa 10^{-7} mol/l; sie kann sich durch Kalziumeinstrom durch Membrankanäle oder durch Entleerung von intrazellulären Ca^{2+}-Speichern erhöhen und ermöglicht dann verschiedenste Reaktionen, z. B. die Öffnung von Ca-abhängigen K$^+$-Kanälen der Membran oder Aktivierung von Proteinkinasen oder die Kontraktion des Myosin-Aktin-Komplexes (◘ Abb. 4.5) oder die Ausschüttung von Vesikeln an der Nervenendigung (◘ Abb. 3.6).

G-Protein gekoppelte Rezeptoren

Die in ◘ Abbildung 2.5 dargestellten Mechanismen werden ausgelöst durch die Reaktion eines externen Signals mit einem Rezeptorprotein R der Außenseite der Zellmembran. Diese extrazellulären Signale können ganz verschiedenen Stoffgruppen angehören: synaptische Überträgerstoffe (◘ Abb. 3.4), Hormone, lokale Wirkstoffe. Der aktivierte *Rezeptor* aktiviert wiederum ein »*G-Protein*« an der Innenseite der Membran, das daraufhin mit *Guanosintriphosphat* (GTP) aus dem Zellinneren reagiert. (GTP ist eine energiereiche Verbindung, die dem Adenosintriphosphat, ATP, nahe verwandt und immer im Zellinneren vorhanden ist.)

Im Mechanismus der ◘ Abbildung 2.5 a aktiviert der G-Protein-GTP-Komplex an der Innenseite der Membran eine *Adenylylzyklase* (AC), die die Umwandlung von ATP in zyklisches Adenosinmonophosphat (cAMP) katalysiert. Das wasserlösliche *cAMP* ist der Botenstoff oder *second messenger.* Er diffundiert in das Zellinnere und kann dort mit einer cAMP-abhängigen Proteinkinase (A-Kinase) reagieren, die eine katalytische Untereinheit (C) abspaltet, die schließlich die Phosphorylierung von Proteinen katalysiert. Die Reaktionskaskade enthält mehrere enzymatische Schritte: die aktivierte Adenylatzyklase katalysiert die Bildung vieler cAMP, und die Untereinheit C katalysiert die Phosphorylierung vieler Proteinmoleküle. Die Enzymkaskade hat also einen enormen Verstärkereffekt.

Neben dem erregenden R$_S$ kommt in vielen Zellen der hemmende Rezeptor R$_i$ vor. Seine Aktivierung hemmt im Endeffekt die Adenylylzyklase und damit die Bildung von cAMP.

Klinik

Toxine und G-Protein vermittelte Reaktionen. In ◘ Abbildung 2.5 a ist
eine Reihe von Stoffen eingezeichnet, die bestimmte Reaktionsschritte aktivieren oder hemmen. So wirkt ➋ *Choleratoxin*, indem es das Abschalten
von G_S verhindert, ➋ *Pertussis* (Keuchhusten-)Toxin, indem es die Hemmung von AC durch G_i verhindert, und ➋ *Koffein* hemmt den Abbau von
cAMP. Diese Substanzen sind wichtige Werkzeuge der Forschung; ihr Wirkungsort, die cAMP-Steuerung, macht jedoch auch die Wichtigkeit dieses
Mechanismus deutlich.

Ein weiterer Botenstoff ist *IP3*. Die Aktivierung dieses Systems (◘ Abb. 2.5 b)
erfolgt ähnlich wie die des cAMP-Systems. Das G-Protein aktiviert an der Innenseite der Membran eine Phospholipase C (PLC). Diese katalysiert die Zerlegung
eines Phospholipids der Zellmembran, des *Phosphaditylinositols (PI)* in Ino-
sitolphosphate, u. a. Inositoltriphosphat (IP_3) sowie Diacylglycerol. IP_3 ist ein
Botenstoff, der in das Zellinnere diffundiert und dort hauptsächlich Ca^{2+} aus
intrazellulären Speichern freisetzt. Die Ca^{2+}-Konzentrationserhöhung hat – wie
oben besprochen – ebenfalls Steuerfunktion.

◘ **Abb. 2.5. Reaktionskette des intrazellulären Botenstoffes cAMP** (zyklisches Adeno- ▶
sinmonophosphat). **a** Erregende oder hemmende externe Signale aktivieren Membranrezeptoren R_S bzw. R_i. Diese steuern G-Proteine, die mit intrazellulärem *GTP* (Guanosintriphosphat)
reagieren können und intrazelluläre Adenylylzyklase *(AC)* stimulieren oder hemmen. Das Ver-
stärkerenzym AC konvertiert Adenosintriphosphat *(ATP)* in cAMP. cAMP wird durch Phosphodiesterase zu AMP abgebaut. Freies cAMP diffundiert in der Zelle und aktiviert Adenylatkinase
(A-Kinase) und setzt daraus die katalytische Untereinheit C frei, die die Phosphorylierung von
intrazellulären Proteinen katalysiert und damit die »Wirkungen« der extrazellulären Reize
auslöst. An den verschiedenen Reaktionen sind Pharmaka bzw. Toxine vermerkt, die diese
fördern (+) oder hemmen (–). **b** Reaktionskette des intrazellulären Botenstoffes IP_3 (Inositoltriphosphat). Das extrazelluläre Signal wird wie beim cAMP-System über ein G-Protein vermittelt, das Pospholipase C *(PLC)* aktiviert. Diese spaltet Phosphaditylinosindiphosphat *(PIP_2)*
der Plasmamembran in IP_3 und Diacylglycerin *(DG)*, wobei IP_3 ins Zytoplasma diffundiert.
Dort setzt es Ca^{2+} aus dem endoplasmatischen Retikulum frei, und die Erhöhung von $[Ca^{2+}]_i$
aktiviert eine Proteinkinase, die ein Funktionsprotein phosphoryliert und damit aktiviert. Das
Spaltprodukt DG bleibt in der Membran und aktiviert eine C-Kinase (Kofaktor Phosphatidyl-
Serin, *PS*). Auch diese C-Kinase phosphoryliert Funktionsproteine und vermittelt ebenfalls
die spezifische Wirkung der Stimulation des externen Rezeptors R. Die Reaktionszweige über
IP_3 und DG können getrennt durch Ionomycin bzw. Phorbolester aktiviert werden (Mod.
nach Berridge 1985)

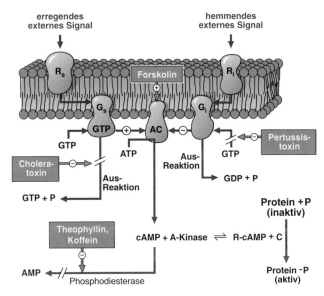

a

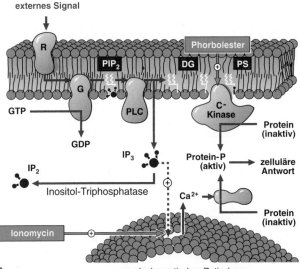

b   *endoplasmatisches Reticulum*

Das zweite Spaltprodukt des PI, **Diacylglycerol (DG)**, diffundiert innerhalb der Zellmembran zu einer membranständigen Proteinkinase C (C-Kinase) und aktiviert sie. Die aktivierte C-Kinase katalysiert die Phosphorylierung von Proteinen und ändert damit deren Funktionszustand. Es gibt viele Isoformen der **C-Kinase** mit verschiedener Proteinspezifität, was das Wirkungsspektrum der Steuerung durch DG erweitert. Die C-Kinase kann durch **Phorbolester** direkt aktiviert werden. Diese Substanzen sind u. a. hochpotente Kanzerogene, was wiederum die Wichtigkeit der Steuerung über die C-Kinase unterstreicht.

Mit einem ähnlichen Mechanismus, wie dem in ◘ Abb. 2.5 b gezeigten, kann statt PLC auch eine Phospholipase A_2 aktiviert werden, die aus Phosphoinositol der Membran **Arachidonsäure** abspaltet. Diese ist ein weiterer Botenstoff, der im Zellinneren durch verschiedene Enzyme in hochwirksame Metaboliten zerlegt wird, u. a. Leukotriene, Prostaglandine und Thromboxane, die auch auf benachbarte Zellen einwirken können.

Die 3 hier geschilderten Botenstoffsysteme sind vernetzt, sie wirken aufeinander hemmend und erregend ein; dazu ist das intrazelluläre Ca^{2+} in das komplexe intrazelluläre Regulationsnetzwerk einbezogen.

> **Merke**
>
> Vielfältige Funktionen der Zelle und ihrer Organellen werden durch **intrazelluläre Botenstoffe** oder *messengers* gesteuert. Das sind u. a. die intrazelluläre Ca^{2+} Konzentration sowie über G-Proteine und Enzymreaktionen erzeugte Moleküle wie cAMP, IP3, Diazylglyzerol und Arachidonsäure, deren Wirkungen miteinander vernetzt sind.

2.5   Erregung, Aktionspotential

Die Hauptaufgabe des Nervensystems ist die Koordinierung der Aktivitäten der verschiedenen Organe und der Reaktionen des Körpers auf die Umwelt. Dies geschieht vornehmlich durch Änderungen des Potentials von Nervenzellen, die als Aktionspotentiale über größere Entfernungen fortgeleitet werden.

Ruhe- und Aktionspotential

Alle Zellen haben ein **Ruhepotential**, das bei Nerven- und Muskelzellen meist Werte zwischen −90 und −70 mV hat. Das Potential kann mit **intrazellulären**

Elektroden gemessen werden (◙ Abb. 2.3 a). Das sind mit leitender Salzlösung (KCl) gefüllte Glaskapillaren, die zu Spitzen mit Durchmessern <1 μm ausgezogen wurden. Diese Spitzen können durch die Zellmembran geschoben werden, ohne diese wesentlich zu verletzen. Die so hergestellte leitende Verbindung zum Zellinneren kann an ein Messinstrument angeschlossen werden, das die über die Membran abfallende Spannungsdifferenz, das Membranpotential, anzeigt.

Vom Ruhepotential ausgehend, zeigen Nervenzellen schnelle Potentialänderungen, die ***Aktionspotentiale***. Diese haben an verschiedenen Zelltypen einen verschiedenen ***Zeitverlauf*** (◙ Abb. 2.6 a). Der Sprung vom Ruhepotential zur Spitze bei etwa +30 mV, die Depolarisationsphase, dauert bei Warmblütern gewöhnlich weniger als 1 ms. An den meisten Nervenzellen ist die Rückkehr zum Ruhepotential, die Repolarisation, fast so schnell wie die Depolarisation, sodass das ganze Aktionspotential nur etwa 1 ms dauert. An Muskelzellen ist die Repolarisation etwas länger, sehr lang jedoch an Herzmuskelzellen, wo sie 150–300 ms dauern kann. In wenigen Minuten können viele tausend solcher Aktionspotentiale mit völlig gleichem Verlauf gemessen werden. Sie heißen Aktionspotentiale, weil mit ihnen ***Aktivität*** einhergeht. Jede Zuckung einer Muskelfaser wird durch ein Aktionspotential in der Muskelfasermembran eingeleitet, jede Reaktion einer Sinneszelle auf einen Sinnesreiz wird zum Zentrum durch Aktionspotentiale weitergegeben.

Erregung, Reiz, Schwelle und Refraktärität

Beim Ruhepotential befinden sich alle Membranströme im Gleichgewicht (◙ Abb. 2.3). Wenn jedoch das Membranpotential durch einen zusätzlichen Membranstrom, der z. B. durch einen äußeren Einfluss in die Zelle gelangt, schnell um etwa 20 mV positiver gemacht wird als das Ruhepotential, so beginnt ein Aktionspotential. Ein solcher depolarisierender Membranstrom wird auch ein ***Reiz*** genannt. Das Auslösepotential für das Aktionspotential heißt ***Schwelle***. An der Schwelle ändert sich das Gleichgewicht der Membranströme. Es treten für kurze Zeit zusätzliche Membranströme auf, die die Membran depolarisieren. Man nennt diesen Zustand auch ***Erregung***.

Wird kurz nach einem Aktionspotential die Membran depolarisiert, so kann die normale Schwelle weit überschritten werden, ohne dass ein Aktionspotential ausgelöst wird (◙ Abb. 2.6 b). Für 1–2 ms ist kein Aktionspotential auslösbar, d. h. die Zelle ist ***absolut refraktär***. Danach kehrt die Schwelle von einem hohen Wert zurück. In der ***relativen Refraktärphase*** können nur im

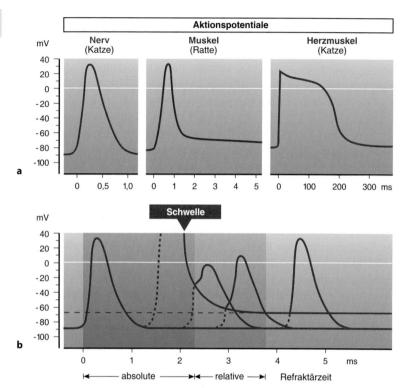

□ Abb. 2.6. Aktionspotentiale verschiedener Warmblütergewebe. a Schematisiert. *Ordinate:* intrazelluläres Membranpotential; *Abszisse:* Zeit nach Beginn des Aktionspotentials. Die Zeitmaßstäbe sind für die verschiedenen Aktionspotentiale sehr unterschiedlich. **b** Refraktärität nach einer Erregung. Aktionspotential eines Warmblüternervs, nach dem zu verschiedenen Zeiten weitere Erregungen ausgelöst wurden. *Rot* ausgezogen das Schwellenpotential. Die Depolarisation der Faser bis zur Schwelle ist jeweils *blau gestrichelt* dargestellt. Die Faser ist in der absoluten Refraktärphase unerregbar, in der relativen Refraktärphase mit erhöhter Schwelle erregbar (Mod. nach Dudel 2000)

Vergleich zum Normalwert überschwellige Depolarisationen Aktionspotentiale auslösen, deren Amplituden vermindert sind.

Die Refraktärität begrenzt die maximale Frequenz von Aktionspotentialen, sie liegt bei den verschiedenen Zelltypen bei 50–500 Hz, im Extremfall (N. acusticus) bei bis zu 1000 Hz. Da die Information im Nervensystem frequenzkodiert weitergegeben wird, begrenzt die Maximalfrequenz der Aktionspotentiale in einer Nervenfaser auch die Kapazität dieser Faser zur Informationsvermittlung. Andererseits verhindert die lange Dauer des Aktionspotentials des Herzens (◨ Abb. 2.6 a) zu kurz aufeinander folgende Erregungen.

Auslösung des Aktionspotentials durch Depolarisation und Na⁺-Einstrom

Bei Ruhepotential sind in der Membran im Wesentlichen nur K^+-Kanäle geöffnet; jedenfalls ist der Anteil der offenen Na^+-Kanäle sehr klein (▶ oben). In Na^+-freier extrazellulärer Lösung können keine Aktionspotentiale ausgelöst werden. Daraus wurde schon früh geschlossen, dass während der Depolarisationsphase des Aktionspotentials die Membranpermeabilität für Na^+ ansteigt, und der entsprechende *Na⁺-Einstrom* die selbsttätige *Depolarisation* bis zur Spitze des Aktionspotentials bewirkt.

Mit der von den Nobelpreisträgern für Physiologie des Jahres 1991, Neher und Sakmann, entwickelten *patch clamp* (Membran-Fleck-Klemme) können die Ströme durch einzelne Membrankanäle gemessen werden. Eine mit extrazellulärer Lösung gefüllte Glaskapillare mit einer 1 μm weiten, glatt abgeschmolzenen Öffnung wird auf die Zellmembran aufgesetzt (◨ Abb. 2.7 a). Wird leichter Unterdruck an die Kapillare angelegt, so kann sich die Membran eng mit der Kapillaröffnung verbinden und eine Dichtung *(seal)* mit einem elektrischen Widerstand von mehr als 1 GΩ ausbilden. Damit wird der die Kapillaröffnung verschließende Membranfleck *(patch)* elektrisch von seiner Umgebung isoliert, und es können mit einer Spannungsregelschaltung *(clamp)* die Ströme gemessen werden, die durch den Membranfleck fließen.

Will man die *Ströme* durch einen *Na⁺-Kanal* messen, so muss man einen Membranfleck finden, in dem nur ein oder wenige Na^+-Kanäle vorhanden sind. Andere Kanäle, v. a. K^+-Kanäle, werden in solchen Experimenten ausgeschaltet, indem man sie pharmakologisch blockiert. Beim Ruhepotential beobachtet man gewöhnlich keine Ströme durch Na^+-Kanäle. Wird der Membranfleck über den Verstärker (◨ Abb. 2.7 a) für 14 ms um 40 mV depolarisiert, so sieht man meist einen Stromstoß von durchschnittlich 1 ms Dauer und einer Amplitude von –1,6 pA. ◨ Abbildung 2.7 b zeigt in den unteren Spuren 10 Wiederholungen dieses Versuches. Die Kanalströme treten gehäuft unmittelbar nach Beginn der Depolarisation auf; ihre Dauer schwankt statistisch um einen Mittelwert. Summiert man viele Experimente dieser Art, so ergibt sich der *Summenstrom i_{Na}*, die Summe der Öffnungen vieler Kanäle während eines Depolarisationspulses.

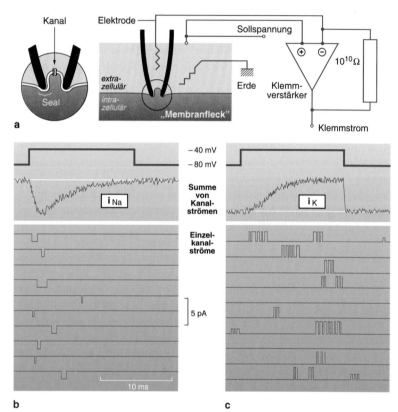

b   **c**

◻ Abb. 2.7. Schema der »Membranfleckklemme« (*patch clamp*). **a** *Schwarz* ein Schnitt durch die Messpipette, die mit ihrer Öffnung von etwa 1 μm Durchmesser auf der Membran sitzt. Wenn die Elektrodenspitze absolut staubfrei und die Zelloberfläche von Bindegewebs-fibrillen und Ähnlichem frei ist, kann sich beim Anlegen von Unterdruck eine Dichtung (*seal*) bilden, die auf dem Membranfleck in der Elektrodenspitze liegende Kanäle elektrisch vom Rest der Zellmembran isoliert (Einsatzfigur). Die Kanalströme können dann mit einem »Klemmverstärker« gemessen werden, der an die Salzlösung in der Pipette angeschlossen wird (Nach Hamill et al. 1981). Ströme durch Natrium- (**b**) und Kaliumkanäle (**C**), schemati-siert. Das Membranpotential wird in einer Membranfleckklemme für 14 ms von –80 mV auf –40 mV verstellt *(oben);* dieser Spannungssprung wird häufig wiederholt. Dabei werden die *unten* dargestellten Membranströme gemessen. Diese Einzelkanalströme erscheinen irgend-wann während der Depolarisation und haben verschiedene Dauer. Summiert man, synchron zum Spannungssprung, viele der gemessenen Einzelkanalströme, so ergeben sich die *oben* gezeichneten Summenströme i_{Na} bzw. i_K. Ihr Zeitverlauf zeigt, dass bei den Na-Kanälen die

Der ***Summenstrom*** $\boldsymbol{i_{Na}}$ steigt nach Depolarisation steil an und erreicht ein Maximum innerhalb weniger als 1 ms. Danach fällt er trotz anhaltender Depolarisation wieder ab, und am Ende des Depolarisationspulses erreicht er einen sehr kleinen Wert. Nach dem Depolarisationspuls ist i_{Na} Null; es treten keine Na^+-Kanalöffnungen mehr auf. Der Zeitverlauf von i_{Na} hängt von der Größe der Depolarisation ab. Kleine Depolarisationen verlangsamen den Zeitverlauf, große machen ihn schneller. Kleine Depolarisationen öffnen ferner weniger Kanäle als große. i_{Na} hat alle die Eigenschaften, die für eine Stromkomponente, die die Depolarisationsphase des Aktionspotentials leisten kann, gefordert werden müssen. i_{Na} wird durch Depolarisation ausgelöst und erreicht schnell einen maximalen Wert (Schwelle, schnelle Depolarisationsphase). Der folgende Abfall von i_{Na} entspricht der Inaktivation oder Refraktärität. Die Na^+-Kanäle öffnen sich nur für eine kurze Zeitspanne nach dem Depolarisationsschritt (Inaktivation). Wenn i_{Na} danach abgefallen ist, kann auch eine größere Depolarisation keine Na^+-Kanalöffnungen mehr auslösen (Refraktärität). Das Membranpotential muss für kurze Zeit in den Bereich des Ruhepotentials zurückgeführt werden, damit nach einer Depolarisation wieder Na^+-Kanalöffnungen ausgelöst werden können.

Dieses Verhalten kann im Konzept der ***Zustände des*** $\boldsymbol{Na^+}$***-Kanals*** in ◘ Abb. 2.8 a zusammengefasst werden: Aus einem geschlossenen, aktivierbaren Zustand wird nach Depolarisation ein Offenzustand erreicht, aus diesem wiederum wird ein geschlossener inaktivierter Zustand. Aus dem inaktivierten Zustand kommt der Kanal nur nach Repolarisation zurück.

Das Schema der ◘ Abbildung 2.8 a kann als vereinfachte Fassung einer zyklischen chemischen Reaktion gesehen werden, in der die Reaktionsraten potentialabhängig sind. Bei einer präziseren Beschreibung muss eine größere Anzahl von Schritten angenommen werden, z. B. 3 bis 4 Reaktionsschritte vom geschlossenen zum offenen Zustand.

Wie bei vielen Proteinen der Zellmembran ist die chemische Primärstruktur der Na^+-Kanäle bekannt. ◘ Abbildung 2.8 b gibt mehr ein funktionelles Modell, das jedoch in vielen Details mit den Strukturdaten übereinstimmt. Die Selek-

◄ Öffnung kurz nach dem Spannungssprung am wahrscheinlichsten ist, und dass nach etwa 1 ms die Öffnungen seltener werden und schließlich ganz ausbleiben (Inaktivation). Die Kaliumkanäle öffnen sich dagegen im Mittel mit Verzögerung nach dem Spannungssprung, dann stellt sich jedoch eine mittlere Häufigkeit von Öffnungen ein, die konstant bleibt, solange die Depolarisation anhält (Mod. nach Dudel 2000)

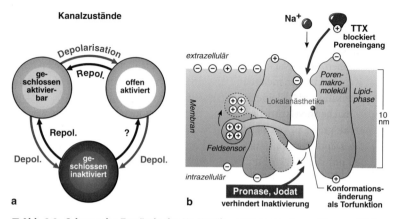

◻ Abb. 2.8. Schema der Zustände der Na-Kanäle. a Der Zustand »geschlossen aktivierbar« kann bei Depolarisation in die Zustände »offen aktiviert« oder »geschlossen inaktiviert«
übergehen. Auch aus dem »offen aktivierten« Zustand fördert anhaltende Depolarisation
den Übergang in den »geschlossen inaktivierten« Zustand. Nur durch Repolarisation kann
der Kanal schließlich in den »geschlossen aktivierbaren« Zustand zurückkehren. (Realisti-
schere Modelle enthalten 3 »geschlossen aktivierbare« und 4 »geschlossen inaktivierte« Zustände in Serie. **b** Modellschema eine Na⁺-Kanals der Membran. Die Größenverhältnisse der
Membrankomponenten und der Ionen sind etwa maßstabsgerecht. Neben den die Pore per-
meierenden Na⁺-Ionen sind mit *Pfeilen* die Hemmstoffe Tetrodotoxin (TTX, blockiert Poren-
eingang) und Pronase bzw. Jodat (verhindert Inaktivierung) eingezeichnet (Mod. nach Hille
1984 und nach Dudel 2000)

tivität des Na^+-Kanals für Na^+ wird v. a. durch einen engen Kanaleingang
(0,5 nm Durchmesser) und eine dort lokalisierte negative Ladung erreicht. Der
Kanal ist beim Ruhepotential fast immer geschlossen; nur nach Depolarisation
öffnet er sich intermittierend und lässt kurze Strompulse passieren (◻ Abb. 2.7 b).
Die depolarisationsabhängige Kanalöffnung wird durch eine den weiten Teil des
Kanals verschließende Proteinkonformation angedeutet, die *»Torfunktion«*.
Das Tor öffnet sich, wenn die Depolarisation 4 mit dem Tor verbundene Ladun-
gen verschiebt. Diese Ladungsverschiebungen kann man als Torstrom messen.
Im Kanalmolekül entspricht diesem Tor wahrscheinlich eine α-Helix von
Aminosäuren in der Kanalwand, die regelmäßig verteilt 4 positiv geladene
Argininreste enthält. Die Depolarisation wirkt auf diese Ladungen, torsiert
die Helix, und die Ionenpassage durch den Kanal wird für kurze Zeit freige-
geben.

Klinik

Lokalanästhetika. In das Modell der ◙ Abbildung 2.8 b sind einige weitere Eigenheiten des Na$^+$-Kanals eingezeichnet. Ein positiv geladenes Toxinmolekül, Tetrodotoxin (TTX, ein Fischgift), kann mit hoher Affinität den Kanaleingang verschließen. ⊜**Lokalanästhetika** werden medizinisch zur **Blockade der Nervenfunktion** eingesetzt, indem man sie z. B. in die Umgebung eines von den Zähnen kommenden Nervs einspritzt. Diese Lokalanästhetika (z. B. Novocain) binden zwischen Kanaleingang und Tor jeweils nur für Bruchteile von Millisekunden. Dadurch wird der Kanaleingang verschlossen (ähnlich die K$^+$-Kanalströme; ◙ Abb. 2.7 c), und seine Öffnung durch Depolarisation lässt nur verkleinerte, zerhackte Na$^+$-Ströme fließen. Molekülanteile, die die Beendigung der Kanalöffnungen nach der Depolarisation, die Inaktivation, kontrollieren, sitzen an der Membraninnenseite. Die Inaktivation kann dort durch Jodat oder Pronase, aber auch durch Pharmaka, aufgehoben werden.

Repolarisation durch verzögerte Öffnung von K$^+$-Kanälen und K$^+$-Ausstrom

Das Aktionspotential des Nervs wird nach der Depolarisationsspitze schnell wieder repolarisiert. Die **Repolarisation** wird im Wesentlichen durch den **Ausstrom von K$^+$-Ionen** geleistet. Blockiert man K$^+$-Kanäle durch Pharmaka oder Toxine, wird die Repolarisation stark verlangsamt. Messungen der Kanalströme (◙ Abb. 2.7 c) zeigen, dass auch die am Aktionspotential beteiligten K$^+$-Kanäle potentialabhängig sind. Der K$^+$-Kanal öffnet sich zwar mit geringer Frequenz auch beim Ruhepotential, wird die Membran jedoch depolarisiert, so erhöht sich die Frequenz der Kanalöffnungen. Im Vergleich zum Verhalten der Na$^+$-Kanäle erfolgt die depolarisationsbedingte Öffnung langsam, mit Verzögerung. Im Falle eines Aktionspotentials setzt also die erhöhte K$^+$-Permeabilität der Membran erst nach der Spitze des Aktionspotentials ein und bewirkt die schnelle Repolarisation.

Die **Summenströme** i_k durch die K$^+$-Kanäle (◙ Abb. 2.7 c) steigen nach der Depolarisation langsam an und erreichen schließlich einen Endwert. Diesen Endwert würden sie unbegrenzt halten, solange die Depolarisation andauert. Im Gegensatz zu den Na$^+$-Kanalströmen zeigen somit diese **K$^+$-Kanalströme keine Inaktivation.**

Die einzelnen K$^+$-Kanalströme in ◙ Abb. 2.7 c haben die Eigenheit, dass sie jeweils aus Gruppen (*bursts*) von sehr kurzen Einzelöffnungen bestehen. Diese entsprechen schnellen Konformationsänderungen des Kanalmoleküls, in denen es zwischen Geschlossen- und Offenzuständen oszilliert. Ähnliches zeigen auch viele überträgerstoffgesteuerte Kanäle (◨ Abb. 3.7).

◨ Abbildung 2.7 c zeigte das Verhalten des wichtigsten an der Repolarisation beteiligten K^+-Kanals, der potentialabhängig ist und nicht inaktiviert. Zurzeit sind noch etwa 20 andere K^+-Kanaltypen bekannt. Sie haben andere oder keine Potentialabhängigkeiten, sie inaktivieren oder nicht, sie hängen von der Ca^{2+}-Innenkonzentration ab oder werden durch Überträgerstoffe, G-Proteine oder intrazelluläre Botenstoffe gesteuert. Die **Besetzung verschiedener Zelltypen** – oder spezialisierter Membrananteile an Zellen – **mit verschiedenen K^+-Kanaltypen** trägt beträchtlich zur spezifischen **Funktionsweise dieser Zelltypen** oder Membrananteile bei.

Um einem verbreiteten Irrtum vorzubeugen, soll hier betont werden, dass die Ionenflüsse durch die Membran, die das Aktionspotential hervorrufen, quantitativ außerordentlich klein sind relativ zur Zahl der Ionen in der Außen- und Innenlösung. An einem Membranfleck von 1 μm^2 kann die bei einer durchschnittlichen Kanalöffnung verschobene Ladung die Membran schon um 100 mV depolarisieren (10^{-15} Ampèresekunde auf eine Kapazität von 10^{-14} F/μm^2). Dieser verschobenen Ladung entsprechen 6000 Na^+. In 1 μm^3 der intrazellulären, dem Membranfleck anliegenden Lösung sind etwa 6 000 000 Na^+. Ihre Konzentration wird also durch den Na^+-Einstrom während eines Aktionspotentials um nur 1/1000 vergrößert. Auch ohne dass die Na^+ durch die Na^+-K^+-Pumpe wieder aus der Zelle geschafft werden, können Tausende von Aktionspotentialen ohne wesentliche Änderungen der Bedingungen ablaufen.

Merke

Aktionspotentiale sind vom negativen Ruhepotential ausgehende schnelle Depolarisationen bis zu positiven Potentialen, die nach Auslösung mit festem Zeitverlauf ablaufen und selbsttätig zum Ruhepotential repolarisieren. Sie werden durch Depolarisation der Membran vom Ruhepotential zu einem etwa 20 mV positiveren Schwellenwert ausgelöst. Oberhalb der Schwelle öffnen Na^+-Kanäle, und der folgende Na^+-Einstrom depolarisiert weiter, bis Inaktivation die Depolarisationsphase des Aktionspotentials beendet. Die **schnelle Repolarisation** des Aktionspotentials wird durch **verzögerte Öffnung von K^+-Kanälen und K^+-Ausstrom** bewirkt. Nach einem Aktionspotential ist die Membran für Millisekunden **refraktär**, es kann kein neues Aktionspotential ausgelöst werden.

2.6 Fortleitung des Aktionspotentials

Kleine Strompulse erzeugen passive elektrotonische Potentiale

Sticht man in eine lang gestreckte Zelle, z. B. eine Muskelfaser, eine Mikroelektrode ein und appliziert durch diese einen (unterschwelligen) positiven Strompuls in die Faser, so misst man an der Strominjektionsstelle eine Depolarisation der Membran (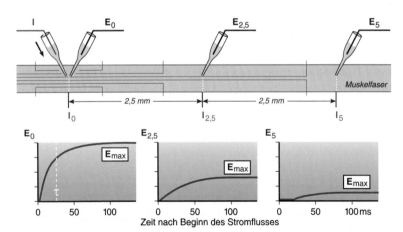 Abb. 2.9). Die Potentialänderung steigt anfangs proportional dem Strom und der Membrankapazität. Innerhalb weniger Millisekunden verlangsamt sich jedoch die Potentialänderung, und das *elektrotonische Potential* läuft schließlich in einen Endwert (E_{max}) aus. Die Verlangsamung der Potentialänderung wird verursacht durch die Störung des Gleichgewichts der Ionenströme beim Ruhepotential. Bei Depolarisation werden vermehrt K^+ aus der Zelle ausfließen und dadurch den injizierten Strom kompensieren. Umgekehrt werden bei Hyperpolarisation K^+ vermindert ausfließen, und der Na^+-Einstrom wird ansteigen. Als passive Antwort der Membranen auf Stromfluss sind die durch positive und negative Strompulse gleicher Amplitude erzeugten elektrotonischen Potentiale spiegelsymmetrisch. Das Verhältnis von E_{max} zum applizierten Strom gibt den Eingangswiderstand der Faser an.

◨ **Abb. 2.9. Elektrotonische Potentiale in einer lang gestreckten Zelle.** *Oben:* Applikation des Stromes I in eine Muskelzelle und Messung der elektrotonischen Potentiale im Abstand 0 mm (E_0), 2,5 mm und 5 mm ($E_{2,5}$ und E_5). *Unten:* Zeitverlauf der elektrotonischen Potentiale E_0, $E_{2,5}$ und E_5, die jeweils einen Endwert E_{max} erreichen (Mod. nach Dudel 2000)

Wird das Membranpotential in einiger Entfernung von der Injektion des Strompulses gemessen, so wird mit *zunehmender Entfernung* das elektrotonische Potential *kleiner*, und sein *Anstieg wird langsamer* (◻ Abb. 2.9). Der injizierte Strom kreuzt die Membran nahe der Injektion mit größerer Dichte als in größerer Entfernung; Ursache dafür ist der Innenlängswiderstand der Faser, der sich mit steigender Entfernung zunehmend zum Membranwiderstand addiert. Entsprechend nimmt die Amplitude E_{max} des elektrotonischen Potentials mit der Entfernung ab. Der Abfall wird gekennzeichnet durch die *Membranlängskonstante* λ, die Entfernung, bei der das elektrotonische Potential auf $l/e = 37\%$ abgefallen ist. λ hat in ◻ Abbildung 2.9 den für eine Muskelfaser typischen Wert von 2,5 mm; an Nervenfasern nimmt es Werte von 0,1–5 mm an. Dünnere Fasern haben kürzere Membranlängskonstanten, da bei diesen das Verhältnis von Membranwiderstand zu Faserinnenwiderstand für die Stromausbreitung innerhalb der Faser ungünstiger ist. Die passive Ausbreitung von Potentialänderungen und Strömen innerhalb von Nerven- und Muskelzellen ist also auf wenige Millimeter begrenzt. Nerven benötigen aber für die Informationsvermittlung über größere Entfernungen einen aktiven Prozess, das Aktionspotential.

Mechanismus der Fortleitung des Aktionspotentials

Ist an einer Stelle einer Nerven- oder Muskelfaser ein Aktionspotential entstanden, so besteht zwischen dieser auf Werte über 0 depolarisierten Stelle und einer benachbarten, unerregten mit z. B. –90 mV Ruhepotential eine Spannungsdifferenz, die einen Strom entlang der Faser von der erregten zur unerregten Stelle treibt. Dieser Strom erzeugt an der unerregten Stelle ein depolarisierendes, elektrotonisches Potential. Wenn dieses Potential die Schwelle erreicht, so wird aus der passiven, stromgetriebenen Potentialänderung eine *aktive*. Die Na^+-Kanäle der Membran öffnen sich, Na^+ strömen in die Faser ein und depolarisieren sie weit über die Schwelle hinaus: ein neues Aktionspotential entsteht, und der Prozess kann sich in weitere, noch unerregte Faseranteile fortpflanzen.

Wird ein Aktionspotential mit diesem Mechanismus über eine Faser mit konstantem Durchmesser hinweggeleitet, so ist dies ein an allen Stellen gleichförmiger, kontinuierlicher Prozess (◻ Abb. 2.10 a). Die Ströme und Potentiale in ◻ Abbildung 2.10 a können deshalb ebenso als Zeitablauf an einer Membranstelle wie auch als räumliches Muster der Stromverteilung gesehen werden. Bei einer Leitungsgeschwindigkeit von z. B. 100 m/s würde sich der *Zeitablauf des Aktionspotentials* von etwa 1 ms Dauer auf etwa 10 mm Faserlänge projizieren. Die senkrechte gestrichelte Linie bezeichnet das Maximum der Erregung, an

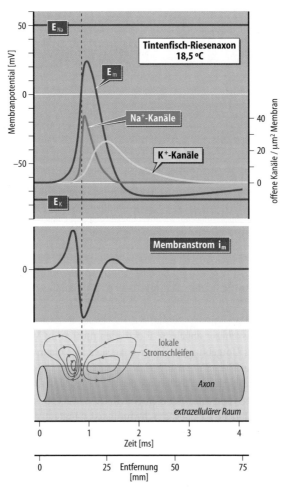

☐ Abb. 2.10a. Fortleitung des Aktionspotentials. *Oben:* Zeitverläufe des Membranpotentials E_m *(blau),* der Offenwahrscheinlichkeit der Membrankanäle für Na^+ *(grün)* und K^+ *(gelb)* sowie des Membranstoms i_m *(rot). Unten:* die Stromlinien durch die Zellmembran und innerhalb und außerhalb der Faser; die Dichte der Stromlinien entspricht i_m

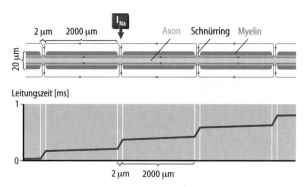

□ **Abb. 2.10b.** Saltatorische Erregungsleitung. Schematischer Längsschnitt durch eine markhaltige Nervenfaser, mit übertriebener Faserdicke. Die Stromlinien *(rot)* zeigen die Na$^+$-Ströme zu Beginn eines Aktionspotentials an. Darunter die Leitungszeit eines von links nach rechts über das Axon fortgeleiteten Aktionspotentials (Nach Dudel 2000)

dem von beiden Seiten Strom in die Faser einfließt. Die links vom Maximum dicht gedrängt ausfließenden Stromschleifen depolarisieren die Membran schnell zur Schwelle, und dorthin verschiebt sich dann das Maximum des Na$^+$-Einstroms: Das Aktionspotential wird fortgeleitet. *Extrazellulär* an eine Nerven- oder Muskelfaser angelegte Elektroden messen im Wesentlichen die Stromdichte in der Umgebung der Faser; man sieht also einen *dreiphasischen, positiv-negativ-positiven Potentialverlauf.*

Die *Geschwindigkeit der Fortleitung* des Aktionspotentials ist bei verschiedenen Nervenfasertypen sehr unterschiedlich; sie reicht von weniger als 1 m/s bis zu 120 m/s (□ Tabelle 2.2). Die Geschwindigkeit hängt im Wesentlichen von der Höhe und dem Zeitverlauf des Na$^+$-Einstroms sowie von der Kapazität und dem Widerstand eines Membranabschnittes und dem Innenlängswiderstand der Faser ab. Die Kapazität und der Widerstand einer Einheitsmembranfläche wie auch die Dichte der Na$^+$-Kanäle in den Membranen sind relativ konstant. Deshalb wird die Leitungsgeschwindigkeit weitgehend *durch den Faserdurchmesser bestimmt*.

Wie schon für den Elektrotonus ausgeführt, nimmt der Innenlängswiderstand relativ zum Membranwiderstand ab, wenn der Faserdurchmesser größer wird (der Innenlängswiderstand ist umgekehrt proportional zum Quadrat des Faserdurchmessers, während Membranwiderstand und -kapazität dem Faserdurchmesser umgekehrt proportional bzw. proportional sind). Bei dickeren

⊡ Tabelle 2.2. Klassifikation der Nervenfasern. (nach Erlanger/Gasser)

Faser-typ	Funktion z. B.	Mittlerer Faser-durchmesser [µm]	Mittlere Leitungs-geschwindigkeit [m/s]
Aα	Primäre Muskelspindelafferenzen, motorisch zu Skelettmuskeln	15	100 (70–120)
Aβ	Hautafferenzen für Berührung und Druck	8	50 (30–70)
Aγ	Motorisch zu Muskelspindeln	5	20 (15–30)
Aδ	Hautafferenzen für Temperatur und Nozizeption	<3	15 (12–30)
B	Sympathisch präganglionär	3	7 (3–15)
C	Hautafferenzen für Nozizeption, sympathische postganglionäre Efferenzen	1	1 (0,5–2)

Fasern greifen deshalb die elektrotonischen Ströme, die das Überspringen der Erregung vom erregten in den unerregten Faserabschnitt vermitteln, weiter aus. Die Schwelle wird im unerregten Bereich schneller erreicht; dies beschleunigt die Fortleitung.

Saltatorische Fortleitung in markhaltigen Nervenfasern

Das bisher zur Fortleitung Besprochene galt streng nur für gleichmäßige Fortleitung in einer über größere Entfernung gleichförmigen Faser. Wirbeltiere besitzen viele markhaltige (myelinisierte) Nervenfasern, bei denen kurze myelinfreie Abschnitte, die **Ranvier-Schnürringe**, mit millimeterlangen myelinumhüllten **Internodien** abwechseln (⊡ Abb. 2.10 b). Nur die Membran der Schnürringe enthält Na^+-Kanäle hoher Dichte. In den Internodien vergrößert das aufgelagerte Myelin, das im Wesentlichen aus einer dichten Packung von Zellmembranen besteht, den Membranwiderstand und verringert die Kapazität. Die Folge ist, dass der Erregungsprozess nur an den Schnürringen stattfindet. An einem erregten Schnürring strömt Na^+ in die Faser; dieser Strom fließt fast verlustlos, elektrotonisch mit großer Längskonstante λ, durch die Faser im Internodium und depolarisiert den nächsten, unerregten Schnürring. Dort wird die Schwelle erreicht und ein neues Aktionspotential ausgelöst. Die elektrotonische Ausbreitung der Depolarisation über das Internodium erfolgt fast ohne Zeitverlust: nur an den Schnürringen muss die Depolarisation jeweils die Schwelle erreichen und Na^+-Einstrom auslösen, was jeweils etwa 0,1 ms benötigt (■ Abb. 2.10 b). Die Erregung springt also von Schnürring zu Schnürring, man sagt die *Fortleitung* im markhaltigen Axon sei *saltatorisch*.

Die *Myelinisierung* mit der saltatorischen Fortleitung *beschleunigt die Erregungsleitung* ungemein. Bei Wirbeltieren sind alle Axone, die schneller als mit 3 m/s leiten, markhaltig (■ Tabelle 2.2). Die schnellstleitenden marklosen Fasern von Wirbellosen erreichen 20 m/s bei einem Durchmesser von 1 mm, man nennt sie »Riesenaxone«. ■ Tabelle 2.2 zeigt, dass schon 5 μm dicke markhaltige Axone mit 20 m/s leiten. Auf dem Querschnitt des marklosen Riesenaxons können also 40 000 gleichschnell leitende markhaltige Fasern untergebracht werden. Die Myelinisierung der schnell leitenden Nervenfasern ist die Grundlage für die hohe Dichte, Effizienz und Differenzierung der Nervensysteme der Wirbeltiere.

Klinik

Demyelinisierung. Demyelinisierende Prozesse an Nervenfasern wie z. B. die ❺*multiple Sklerose* blockieren die schnelle Fortleitung des Aktionspotentials und führen zu Funktionsverlusten.

Merke

Ein in eine langgestreckte Zelle eingespeister Strompuls erzeugt ein elektrotonisches Potential, dessen Amplitude mit der Entfernung abfällt. Ein in einer Nervenfaser entstandenes Aktionspotential speist depolarisierenden Strom in benachbarte, noch unerregte Faserbezirke ein und depolarisiert diese elektrotonisch zur Schwelle. Das Aktionspotential wandert also in benachbarte Faserteile weiter, es wird fortgeleitet. Die Geschwindigkeit der Fortleitung steigt mit dem Faserdurchmesser. In *markhaltigen Nervenfasern* springt das Aktionspotential *saltatorisch* von Internodium zu Internodium, mit großem Gewinn an Fortleitungsgeschwindigkeit.

2.7 Auslösung von Impulsserien

Langdauernde Depolarisationen lösen Serien von Aktionspotentialen aus

Erregung wird an Synapsen (▶ Kap. 3.1) oder sensorischen Zellen (▶ Kap. 7.1) durch langdauernde Depolarisationen kodiert, deren Amplitude die Intensität und deren Dauer den Zeitverlauf der Erregung bezeichnen. Zur Fortleitung dieser Erregungen an Zentren oder Effektoren (Muskeln, Drüsen) müssen die Depolarisationen in Aktionspotentiale umgesetzt werden. ◙ Abbildung 2.11 zeigt, dass schwache Depolarisation einer Nervenzelle durch 1 nA eingespeisten Strom eine Serie von 3 Aktionspotentialen, eine Depolarisation mit 4 nA eine Serie von 8 Aktionspotentialen erzeugt.

Sehr vereinfacht kommen solche Aktionspotentialserien dadurch zustande, dass am Ende eines Aktionspotentials noch für einige Millisekunden ein K^+-

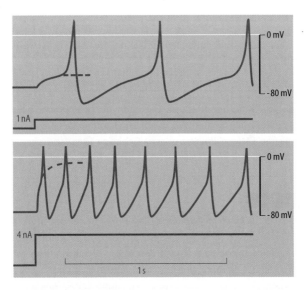

◙ **Abb. 2.11. Rhythmische Impulsbildung durch einen andauernden Reizstrom** *(rot)* von 1 bzw. 4 nA. Der depolarisierende Strom in ein Neuron erzeugt ein elektrotonisches Potential, das in eine Dauerdepolarisation *(gestrichelte blaue Linie)* ausmünden würde, wenn nicht die Schwelle zur Auslösung eines Aktionspotentials überschritten würde. Die Aktionspotentiale wiederholen sich rhythmisch, solange der Stromfluss anhält (Nach Dudel 2000)

Strom fließt (☐ Abb. 2.10 a), dessen Abflauen die Membran langsam depolarisiert. Dazu depolarisiert noch eine Na^+-Strom-Komponente, die durch die Hyperpolarisation der Membran am Ende des Aktionspotentials ausgelöst wird. Die langsamen Depolarisationen nach dem Aktionspotential können an manchen Zelltypen die Schwelle erreichen; solche Zellen sind dann spontan rhythmisch aktiv, z. B. im Sinusknoten des Herzens, wo der Rhythmus des Herzschlages erzeugt wird. An der spontan nicht aktiven Nervenzelle der ☐ Abbildung 2.11 muss Reizstrom (oder synaptische oder sensorische Ströme) injiziert werden, damit die langsamen Depolarisationen nach den Aktionspotentialen die Schwelle erreichen, und dies geschieht um so schneller, je größer die Dauerdepolarisation ist.

Umkodierung von Impulserien in dauernde Depolarisationen an Synapsen

Mit der Bildung von Impulsserien wird Dauerdepolarisation umkodiert in Aktionspotentialfrequenz. An der folgenden Synapse summieren sich frequenzabhängig die synaptischen Ströme und Potentiale (☐ Abb. 3.10 b) und bilden damit neuerlich eine anhaltende Depolarisation, die wiederum in eine Impulsserie umkodiert werden kann.

Klinik

Pathologische Rhythmenbildung. Die automatische Rhythmusbildung kann außer Kontrolle geraten, z. B. durch Sauerstoffmangel. Dann kann es zum tödlichen ➍*Herzflimmern* oder im Gehirn zu ➍*epileptischen Anfällen* kommen.

Merke

In Nervenzellen können *langdauernde Depolarisationen* Serien von Aktionspotentialen auslösen, deren Frequenz der Stärke der Depolarisation entspricht. Wenn die Zelle ausreichend depolarisiert ist, kann nach einem Aktionspotential das Abflauen des repolarisierenden K^+-Stroms, sowie weitere durch Hyperpolarisation ausgelöste Stromkomponenten eine ansteigende Depolarisation erzeugen, welche die Schwelle für ein weiteres Aktionspotential erreichen kann.

3 Synaptische Übertragung

J. Dudel

 **Einleitung**

Nervenzellen sind Bausteine eines Funktionsverbandes, des Nervensystems, das an reizaufnehmende Zellen, die Sinneszellen (► Kap. 7.1), und an effektorische Zellen, z. B. Muskelzellen, angrenzt. Nervenzellen sind deshalb untereinander und mit anderen Zelltypen durch **Synapsen** verknüpft. Diese Synapsen sind nicht bloße Kontaktstellen, sie sind die eigentlichen Rechenelemente des Computers Nervensystem. Der interessantere Synapsentyp, die **chemischen** Synapsen (► Kap. 3.1) sind ferner die Hauptangriffspunkte für die auf das Nervensystem wirkenden Pharmaka. Bei **elektrischen** Synapsen sind die Zellen durch molekulare Kanäle, **Konnexone**, elektrisch leitend verbunden. Durch sie wird die elektrische Aktivität in Zellverbänden mit vermutlich gemeinsamer Funktion synchronisiert. Die elektrischen Synapsen können hier nicht weiter diskutiert werden.

3.1 Chemische synaptische Übertragung

Ein Aktionspotential wird im Axon bis zur Nervenendigung geleitet. Diese bildet eine Synapse mit einer *»postsynaptischen Zelle«*, und unter diesem Aspekt wird die Nervenendigung *»präsynaptisch«* genannt (■ Abb. 3.1). Die Depolarisation der Nervenendigung veranlasst die Ausschüttung eines Überträgerstoffes. Dieser diffundiert über den synaptischen Spalt zu einer postsynaptischen Region der nächsten Zelle und kann dort an Rezeptormoleküle der Membran binden. Die Rezeptoren öffnen Ionenkanäle, der Stromfluss ändert das postsynaptische Membranpotential und gibt damit die Information weiter.

Endplattenpotential, erregendes postsynaptisches Potential

Die Synapsen zwischen motorischen Nerven und Muskelfasern, die Endplatten, sind relativ leicht zu untersuchen; ihre Funktionsweise ist deshalb am besten bekannt. Misst man das Membranpotential der Muskelfaser an der Endplatte und erregt das motorische Axon, so erscheint ein depolarisierendes *End-*

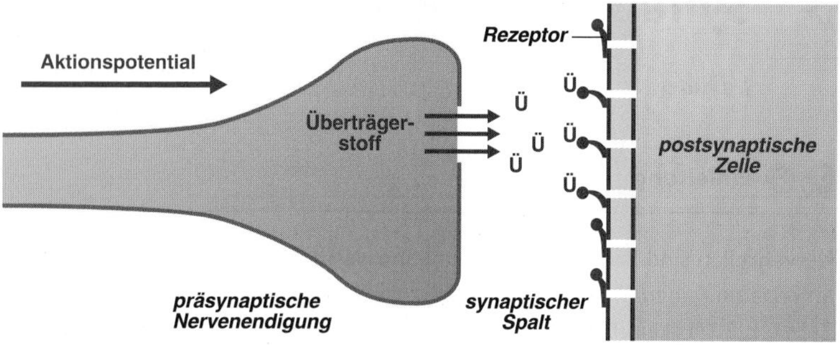

□ Abb. 3.1. Schema der chemischen synaptischen Übertragung. Das Aktionspotential in der Nervenfaser depolarisiert die präsynaptischen Nervenendigungen. Dadurch wird die Freisetzung eines Überträgerstoffes *(Ü)* ausgelöst, der durch den synaptischen Spalt diffundiert und sich an Rezeptoren in der Membran der postsynaptischen Zelle binden kann. Die Bindung veranlasst die Öffnung von Membrankanälen, durch die spezifische Ionen fließen und eine postsynaptische Potentialänderung erzeugen können (Mod. nach Schmidt, Thews, Lang 2000)

plattenpotential. Dieses steigt innerhalb von weniger als 1 ms zu einem Spitzenwert und fällt innerhalb von 10–20 ms zum Ruhepotential zurück. Das Endplattenpotential in □ Abbildung 3.2 ist durch partielle Ausschaltung der Rezeptoren verkleinert (□ Abb. 3.5); ohne diese partielle Blockade würde es einen Spitzenwert nahe – 20 mV erreichen. Dann löst es allerdings an der Schwelle ein Aktionspotential aus, das über die Muskelfaser fortgeleitet wird und sie zur Zuckung bringt. Bei dieser normalen Funktionsweise des Endplattenpotentials wird es also durch ein Aktionspotential überlagert.

Unter dem Endplattenpotential ist in □ Abbildung 3.2 der *Endplattenstrom* eingezeichnet. Dieser ist kürzer als das Endplattenpotential. Der Endplattenstrom ist ein Einwärtsstrom; er hat ein Gleichgewichtspotential (▶ Kap. 2.1) bei etwa – 10 mV und wird durch Kationen, ein Gemisch von Na^+-, K^+- und Ca^{2+}-Ionen, getragen.

Der Endplattenstrom fließt nur an der Endplatte in die Muskelfaser (□ Abb. 3.2). Außerhalb des Endplattenbereiches fließt ein kleiner Auswärtsstrom, der elektrotonisch das Endplattenpotential auf einen Bereich von einigen Millimetern um die Endplatte ausbreitet. Alle synaptischen Potentiale und Ströme sind *lokale Ereignisse* an der Synapse, die sich nur elektrotonisch ausbreiten.

Endplattenpotentiale

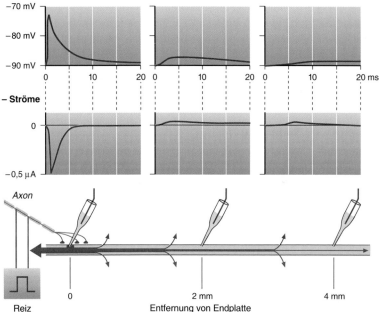

□ **Abb. 3.2. Endplattenpotentiale und -ströme in verschiedener Entfernung von der Endplatte**. Im Bereich der Endplatte wird nach Nervenreiz ein schnell ansteigendes Endplattenpotential und ein noch kürzerer, negativer (Einstrom positiver Ionen in die Faser) Endplattenstrom registriert; in 2 bzw. 4 mm Entfernung von der Endplatte sind die Endplattenpotentiale zunehmend verkleinert und verzögert, und die Ströme sind positiv. Dies zeigt, dass der Endplattenstrom nur im Endplattenbereich in die Faser fließt, und dass sich die Potentialänderung elektrotonisch über einige Millimeter um die Endplatte ausbreitet (Mod. nach Schmidt, Thews, Lang 2000)

Nach Erregung des motorischen Axons kann an den Nervenendigungen die Freisetzung des *Überträgerstoffs Acetylcholin (Ach)* gemessen werden. An die Muskelfasern im Endplattenbereich appliziertes ACh erzeugt dort dieselbe Depolarisation wie das Endplattenpotential, und dieser Effekt reagiert auf Pharmaka auf gleiche Weise wie das Endplattenpotential. ACh ist somit der Überträgerstoff an der Endplatte.

Das Endplattenpotential ist ein Beispiel für ein chemisch übertragenes *erregendes postsynaptisches Potential (EPSP)*. Es wird erregend genannt, weil es postsynaptisch Erregung auslöst oder zumindest dazu beiträgt. EPSP haben Gleichgewichtspotentiale um Null oder bei positiven Potentialen. Die Endplatte hat ein extrem großes EPSP, das regelmäßig Aktionspotentiale auslöst. An den meisten Synapsen liegen einzelne EPSP im Millivoltbereich, und nur die Summe vieler EPSP (▶ Kap. 3.3) kann die Schwelle für die Auslösung einer Erregung erreichen.

Synaptische Hemmung

Mindestens so häufig wie erregende Synapsen sind im Nervensystem die hemmenden. Das *inhibitorische synaptische Potential* (IPSP) ist oft leicht hyperpolarisierend, kann aber auch um wenige Millivolt depolarisieren. Der entsprechende Strom (IPSC, C steht für *current*) ist positiv oder sehr klein und negativ (◘ Abb. 3.3). Charakteristisch für Hemmung ist, dass – wenn ein EPSP und IPSP an einer postsynaptischen Zelle zusammentreffen – die Potentialsumme weit weniger depolarisiert, als es der Summe von EPSP und IPSP entsprechen würde (◘ Abb. 3.3). Auch ein Aktionspotential würde durch ein IPSP unverhältnismäßig stark verkleinert werden. Das IPSP hemmt so effektiv, weil während des IPSP der *Membranwiderstand stark abnimmt*. Der erregende Strom depolarisiert die Membran proportional zum Membranwiderstand, und die Hemmung schließt praktisch diesen erregenden Strom durch Widerstandsabnahme kurz.

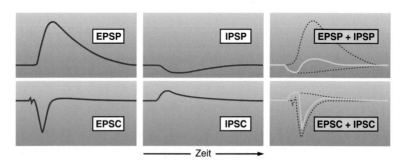

◘ **Abb. 3.3. Erregende und hemmende postsynaptische Potentiale.** *EPSP* bzw. *IPSP* und Ströme *(EPSC* und *IPSC)* sowie deren Überlagerung, bei der sich EPSC und IPSC summieren, EPSP und IPSP zusammen jedoch eine kleinere Depolarisation, als ihrer Summe entspräche, erzeugen

Während der chemischen synaptischen Hemmung steigt postsynaptisch die **Membranpermeabilität für K⁺ oder Cl⁻**. Diese Ionen haben ihre Gleichgewichtspotentiale nahe dem Ruhepotential (▸ Kap. 2.1). Erhöhung der K^+- oder Cl^--Permeabilität der Membran stabilisiert das Ruhepotential und vermindert die depolarisierende Wirkung von EPSP und Aktionspotentialen.

Synaptische Überträgerstoffe und Rezeptoren

Wir haben ACh als erregenden Überträgerstoff an der Endplatte kennen gelernt. ACh kann an anderen Synapsen, z. B. denen des N. vagus am Herzmuskel, ein hemmender Überträgerstoff sein; ACh erhöht dort die K^+-Permeabilität der Membran. Der Überträgerstoff ACh ist spezifisch für **ACh-Rezeptoren**. Diese Rezeptoren können in verschiedenen Zellmembranen mit spezifischen Kanalmolekülen für ein Gemisch von Na^+-, K^+- und Ca^{2+}-Ionen gekoppelt sein, dann ergibt sich ein EPSP. Der Rezeptor kann aber nach Bindung von ACh bei anderen Zellen auch K^+- oder Cl^--Kanäle öffnen, dann ergibt sich Hemmung. Der **Überträgerstoff** ist also nur ein **Schlüssel**, der ein spezifisches Schloss schließt. Die durch das Schloss gesicherte Tür kann sich zur Erregung oder zur Hemmung öffnen.

Es gibt neben ACh viele andere Überträgerstoffe (◻ Abb. 3.4). Die **klassischen Überträgerstoffe** sind relativ kleine Moleküle, die mit häufig im Stoffwechsel vorkommenden Verbindungen nahe verwandt sind. Die Aminosäuren **γ-Aminobuttersäure (GABA)** und **Glyzin** sind die wichtigsten hemmenden Überträgerstoffe, und **Glutamat** ist der wichtigste erregende Überträgerstoff im Zentralnervensystem.

Die Monoamine **Dopamin, Noradrenalin, Adrenalin und Serotonin** sind nahe verwandt und können an verschiedenen Zellen erregende oder hemmende Überträgerstoffe sein. Wahrscheinlich gibt es noch einige mehr dieser kleinmolekularen Überträgerstoffe, z. B. Histamin.

Die klassischen Überträgerstoffe reagieren meist mit **Rezeptoren,** die an einen Ionenkanal gekoppelt bzw. selbst **Kanalmoleküle** sind. Diese Überträgerstoffe können jedoch auch mit **G-Protein-gekoppelten Rezeptoren** reagieren (◻ Abb. 2.5), über einen intrazellulären Botenstoff (*second messenger*) wiederum Kanäle öffnen, und/oder auch andere Funktionen wie die Erhöhung der intrazellulären Ca^{2+}-Konzentration oder die Phosphorylierung von Funktionsproteinen anstoßen.

Nach den klassischen Überträgerstoffen sind viele Peptidüberträgerstoffe entdeckt worden, ◻ Abbildung 3.4 zeigt Beispiele. Die **Enkephaline** binden an

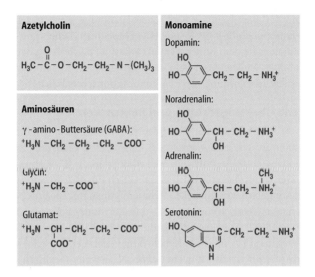

Peptide

Met-Enkephalin:
Tyr – Gly – Gly – Phe – Met

Leu-Enkephalin:
Tyr – Gly – Gly – Phe – Leu

Substanz P:
Arg – Pro – Lys – Pro – Gln – Gln – Phe –
Phe – Gly – Leu – Met – NH₂

◨ **Abb. 3.4. Die wichtigeren synaptischen Überträgerstoffe**. *Oben:* »Klassische« Überträgerstoffe, Acetylcholin, Aminosäuren und Monoamine. *Unten:* Peptide

Morphinrezeptoren und sind u. a. an Übertragungen im nozizeptiven System beteiligt. **Substanz P** ist wichtig für erregende Übertragung im sensorischen System des Rückenmarks. Sie sind oft nur *modulierend* an der synaptischen Übertragung beteiligt: sie erhöhen oder vermindern die Wirksamkeit eines klassischen Überträgerstoffes. Es fällt auf, dass viele der Peptidüberträgerstoffe auch aus anderen Funktionskreisen bekannt sind. Einige sind lokale Hormone im Magen-Darm-Kanal, andere wie Somatostatin oder LHRH sind Kontrollfaktoren für die Hormonausschüttung.

Ein neuer Wirkstofftyp ist das **Stickstoffmonoxid (NO)**, das sehr schnell diffundiert, im Plasma aber nur eine sehr kurze Lebensdauer hat. NO kann von spezifischen Zellen, gesteuert z. B. durch die intrazelluläre Ca^{2+}-Konzentration, schnell aus Arginin synthetisiert werden. Es diffundiert zu benachbarten Zellen und kann dort die Konzentration des intrazellulären Botenstoffes cGMP heraufsetzen. Dieser wiederum steuert verschiedene Zellfunktionen (■ Abb. 2.5).

Überträgerstoff-Agonisten und -Antagonisten

Für fast jeden Überträgerstoff gibt es Ersatzstoffe, die an dieselben Rezeptoren binden und dieselben postsynaptischen Wirkungen zeigen. Diese »*Agonisten*« reagieren aber oft nicht oder nicht gleich gut mit allen Rezeptoren für den betreffenden Überträgerstoff. Deshalb kann man verschiedene solcher Agonisten zur Charakterisierung von Rezeptoruntertypen verwenden (Beispiel nikotinische und muskarinische ACh-Rezeptoren). Die unterschiedliche Spezifität von Agonisten kann aber auch zur Beeinflussung spezifischer Funktionen eingesetzt werden.

Substanzen, die an einen Rezeptor binden, ohne die folgende Funktion – z. B. die Kanalöffnung – auszulösen, wirken antagonistisch auf die synaptische Übertragung, denn sie verhindern die Bindung des Überträgerstoffes. Ein altbekannter Antagonist der ACh-Wirkung ist ❸ *Curare,* das wirksame Prinzip der indianischen Pfeilgifte. Curare blockiert ACh-Rezeptoren der Endplatte und verkleinert dadurch das Endplattenpotential (■ Abb. 3.5). Curare ist ein *Wettbewerbs-* oder *kompetitiver Antagonist.* Seine Bindung an den Rezeptor dauert jeweils nur kurze Zeit, dann diffundiert es ab und muss neu binden. Bei der Neubindung hat auch anwesendes ACh eine Bindungschance, es herrscht Wettbewerb. Erhöht man die ACh-Konzentration, so gewinnt ACh den Wettbewerb, und der Antagonist kann verdrängt werden. *Nichtkompetitive Antagonisten* binden oft irreversibel an den Rezeptor (Beispiel das Schlangengift Bungarotoxin an der Endplatte), oder sie blockieren die Rezeptorfunktion durch Bindung an das Rezeptormolekül an einer Stelle, die nicht mit der Überträgerstoffbindungsstelle identisch ist (*allosterischer Block;* Beispiel Pikrotoxin an GABA-Rezeptoren).

Abbau der Überträgerstoffe im synaptischen Spalt

Von der Nervenendigung ausgeschütteter Überträgerstoff verweilt im synaptischen Spalt meist nur einige Millisekunden oder kürzer. Er diffundiert heraus, oder er wird auch durch spezifische Enzyme zerstört oder durch Pumpen in die umliegenden Zellen aufgenommen. All diese Prozesse können pharmakologisch blockiert werden. Das bekannteste System ist die *Acetylcholinesterase,* die bei ACh-Synapsen in hoher Konzentration im synaptischen Spalt liegt und

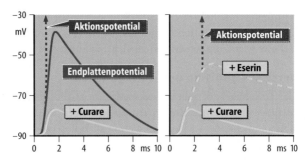

◧ Abb. 3.5. Wirkung von Curare und Eserin auf das Endplattenpotential. Das Endplattenpotential löst bei Depolarisation auf – 60 mV ein Aktionspotential *(gestrichelt)* aus. In Gegenwart von Curare wird das Endplattenpotential verkleinert und erreicht die Schwelle für die Auslösung von Aktionspotentialen nicht mehr; der Muskel ist gelähmt. Wird zusätzlich zum Curare der Cholinesterasehemmer Eserin gegeben, so wird das Endplattenpotential vergrößert und verlängert und erreicht wieder die Schwelle zur Auslösung von Aktionspotentialen

das ausgeschüttete ACh innerhalb von weniger als 1 ms abbaut; *Cholinesterasehemmer* blockieren dieses Enzym. Ein solcher Hemmer ist Eserin (◧ Abb. 3.5); es erhöht die Größe und die Dauer der ACh-Konzentration, die die postsynaptischen Rezeptoren erreicht, und vergrößert und verlängert dadurch das Endplattenpotential.

Klinik

Cholinesterasehemmer. Ist das Endplattenpotential durch Curare verkleinert (◧ Abb. 3.5), so kann Eserin durch Erhöhung der wirksamen ACh-Konzentration den ❸*Curareblock* aufheben. Ebenso können ❸Cholinesterasehemmer auch bei unzureichender Rezeptorfunktion an den Endplatten, bei ❸*Myasthenie*, die Kontrolle der Muskeln dramatisch verbessern. Starke Hemmung der Cholinesterase führt zu allgemeiner Überfunktion der ACh-Synapsen, zu Krämpfen und Tod. Dies ist der Wirkungsmechanismus vieler *Insektizide*, aber auch *chemischer Kampfstoffe*. Es gibt eine Vielzahl weiterer Einwirkungsmöglichkeiten auf die Synapsenfunktion, z. B. auf die Überträgerstoffspeicherung oder -freisetzung. Derartige Einwirkungsmöglichkeiten werden in der Arzneimitteltherapie genutzt.

> **Merke**
>
> Bei der chemischen synaptischen Übertragung vermittelt ein von der prä- zur postsynaptischen Seite diffundierender Überträgerstoff die Information. Z. B. schüttet die motorische Nervenendigung des Muskels nach Erregung **Acetylcholin** aus, das postsynaptisch mit Membranrezeptoren reagiert und ein Endplattenpotential erzeugt, ein erregendes postsynaptisches Potential (EPSP*)*. Synaptische Hemmung, z. B. ebenfalls durch Acetylcholin am Herzen, öffnet K^+- oder Cl^--Kanäle der Membran und schließt erregende Ströme kurz. Weitere wichtige Überträgerstoffe sind **γ-Amino-Buttersäure (GABA), Glutamat und Noradrenalin.** Die Mannigfaltigkeit der Überträgerstoffe ermöglicht die Steuerung verschiedener **spezifischer Funktionen** in einer Zelle oder Zellverbänden. Die Überträgerstoffe sind Angriffspunkte pharmakologischer Einwirkungen auf das Nervensystem.

3.2 Mikrophysiologie der chemischen synaptischen Übertragung

Überträgerstoffvesikel und Quantenströme

Chemische Synapsen sind durch eine Anhäufung von **synaptischen Vesikeln** in der Nervenendigung gekennzeichnet. Die spezielle Situation in der motorischen Endplatte zeigt ◘ Abbildung 3.6 a. Diese Vesikel enthalten den Überträgerstoff in hoher Konzentration, im Falle der Endplatte das ACh. Ein kleiner Teil der Vesikel ist an die synaptischen Kontaktstellen, an die Freisetzungsorte angelagert, im Falle der Endplatte in Doppelreihen an die »aktiven Zonen«. Wird die präsynaptische Membran depolarisiert, so verschmelzen einige der Vesikel mit der Zellmembran, sie öffnen sich nach außen und entleeren durch **Exozytose** ihren Inhalt in den synaptischen Spalt. Im Falle der Endplatte entleert ein Vesikel etwa 10 000 ACh-Moleküle.

Die diskontinuierliche Freisetzung von Überträgerstoff in »Vesikelpackungen« ist in den postsynaptischen Strömen und Potentialen als Quantelung sichtbar, wenn man die Messung auf einen kleinen Teil der Synapse beschränkt. Nach der Depolarisation der präsynaptischen Membran in ◘ Abbildung 3.6 b erscheinen erst 2 »**Quantenströme**«, dann 1 Quant, 3 Quanten, kein Quant. Die Quantenzahl schwankt statistisch um einen mittleren Wert, die Freisetzungs-

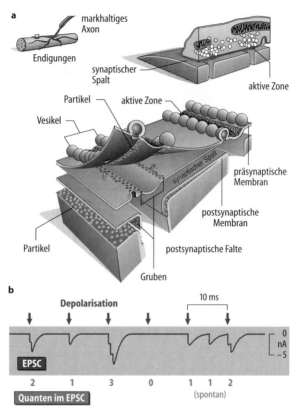

Abb. 3.6. Aufbau und Funktion der Endplatte. a Feinstruktur der neuromuskulären Synapse (Endplatte). *Oben links:* Endigungen auf einer Muskelfaser, *daneben* vergrößert der Bereich des Nervenendes mit der darunter liegenden gefalteten Muskelfasermembran. *Darunter:* weiter vergrößert, die präsynaptische Nervenmembran mit den auseinander gefalteten, inneren und äußeren Membranschichten *(innen rot)* und *darunter* die entsprechenden Schichten der darunter liegenden, synaptischen Muskelmembran. Die Partikel in der Membran entsprechen Acetylcholinrezeptoren und Cholinesterasemolekülen. (Nach Nicholls et al. 1992). **b** Freisetzung von Quanten von Überträgerstoff, sichtbar als »Quantelung« der EPSC. Bei den *Pfeilen* wurde jeweils kurz die Nervenendigung depolarisiert. Postsynaptisch werden daraufhin EPSC gemessen, die aus 2, 1, 3 Quanten, wie unter dem EPSC angegeben, bestehen. Zwischen den durch Depolarisation »evozierten« EPSC erscheint ein spontanes, das die gleiche Quantengröße hat

wahrscheinlichkeit. Zwischen den Depolarisationen wird gelegentlich 1 Quant spontan freigesetzt. Einem solchen Quantenstrom entspricht im Falle der Endplatte die Öffnung von einigen tausend Membrankanälen, an anderen Synapsen sind es einige hundert Kanäle. Ein Endplattenpotential enthält etwa 400 Quantenströme. An der Mehrzahl der anderen, nicht so effektiven Synapsen besteht das EPSP aus im Mittel nur wenigen Quanten.

Steuerung der Überträgerstoffausschüttung

Das zur Nervenendigung geleitete Aktionspotential öffnet durch die Depolarisation Ca^{2+}-Kanäle der Membran, Ca^{2+} strömen ein und erhöhen die intrazelluläre Ca^{2+}-Konzentration. Die erhöhte intrazelluläre Ca^{2+}-Konzentration ist ein Signal für die Exozytose von Überträgerstoffvesikeln. Außerdem ist die Depolarisation selbst Bedingung für eine schnelle Vesikelfreisetzung. Die Bereitstellung von Vesikeln nahe der Zellmembran und die Verschmelzung von Vesikel- und Zellmembran wird durch den **Exozytose-Komplex** von Proteinen der Vesikel- und Zellmembranen sowie des Intrazellulärraumes bewerkstelligt. Die Reaktionen einiger dieser Proteine sind Ca^{2+}- oder Potential abhängig; sie laufen in weniger als 1 ms ab.

Postsynaptische Membrankanäle

Die Öffnung von überträgerstoffkontrollierten Membrankanälen kann am besten in der »patch clamp« (◻ Abb. 2.7 a) analysiert werden, bei der ein Fleck synaptischer Membran aus der Zellmembran herausgezogen und mit der Außenseite nach außen gerichtet in der Elektrodenspitze liegt. Erhöht man an so einem Membranfleck schnell die Überträgerstoffkonzentration (ACh) auf 1 mmol/l, so öffnen sich sofort Membrankanäle, meist in kurzen Serien mit etwa 1 ms Dauer der Einzelöffnungen (◻ Abb. 3.7). Die Summe der Kanalöffnungen erreicht einen Maximalwert innerhalb von weniger als 0,3 ms und fällt dann schnell ab. Der Abfall heißt **Desensitisierung;** diese ist ein Äquivalent der Inaktivation der Na^+-Kanäle (◻ Abb. 2.7 b und 2.8). Niedrige ACh-Konzentrationen (0,001 mmol/l) öffnen Kanäle nur selten. Die Öffnungswahrscheinlichkeit steigt zwischen 0,001 und 0,1 mmol/l steil an; auch der Anstieg der Kanalöffnungen und die Desensitisierung werden schneller. Desensitisierung tritt an fast allen überträgerstoffkontrollierten Membrankanälen auf, sie scheint die Dauer der im Übermaß gefährlichen Öffnung von Membrankanälen bei langer Anwesenheit des Überträgerstoffes zu beschränken.

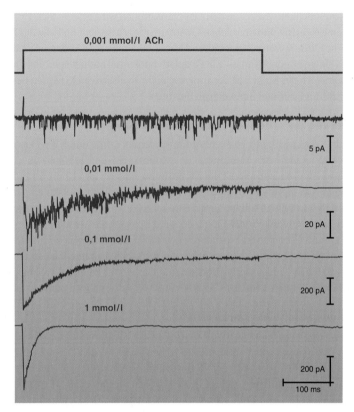

▫ Abb. 3.7. Aktivierung nikotinischer ACh-erger Rezeptoren/Kanäle auf einem Membranfleck (*outside-out patch*) aus Mausmuskel. Die Kanäle wurden durch 0,5 s Pulse mit ACh-Konzentrationen von 0,001 bis 1 mmol/l überspült. Bei 0,001 mmol/l ACh öffnet meist nur ein (bis zu 3) Kanal gleichzeitig; bei 1 mmol/l ACh öffnen fast alle der etwa 250 Kanäle des Membranflecks innerhalb von 1 ms (Mod. nach Franke et al. 1991)

Das Verhalten der ACh-kontrollierten Membrankanäle bei Pulsen von verschiedenen ACh-Konzentrationen kann durch ein zyklisches **Reaktionsschema** beschrieben werden:

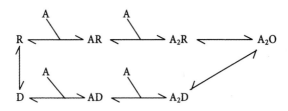

Dabei ist R der geschlossene Rezeptorkanal, der den Überträgerstoff ACh (A) in 2 Stufen zu AR und A_2R bindet. Von A_2R kann sich der Kanal zu A_2O öffnen. Dies ist eine spontane **Konformationsänderung des Kanalmoleküls**, die weniger als 1 ms stabil ist; dann fällt sie kurz nach A_2R zurück, und die Öffnung kann sich wiederholen. Dieses Schwanken zwischen einem angeregten Geschlossen- und dem Offenzustand ist für Kanalmoleküle charakteristisch; sie ist z. B. auch für depolarisationsabhängige K^+-Kanäle (◨ Abb. 2.7 c) typisch. Von A_2O kann der Kanal jedoch auch – mit einer geringeren Rate – in den desensitisierten Zustand A_2D übergehen. Unter Lösung der Bindungen zu A kann von A_2D der einfach desensitisierte Zustand D erreicht werden, der mit dem freien Rezeptor R im Gleichgewicht steht.

■ ■ ■ Im Reaktionsschema sind sämtliche Ratenkonstanten für die Übergänge zwischen den Zuständen aus Kanalstrommessungen wie in ◨ Abbildung 3.7 bekannt. Die Bindung von **ACh an R** hat relativ **niedrige Affinität**; die Gleichgewichtkonzentration K_d (Hälfte der Rezeptoren gebunden) für die einzelnen Bindungsschritte liegt bei 0,1 mmol/l ACh. Deshalb können nur millimolare ACh-Konzentrationen die Kanäle schnell und mit hoher Wahrscheinlichkeit öffnen. Die Bindung von ACh an D hat dagegen viel höhere Affinität, mit K_d um 1 µmol/l ACh. Dies führt dazu, dass derart niedrige ACh-Konzentrationen zwar nur wenige Kanäle öffnen, aber diese voll desensitisieren können. Die hohe Affinität der Bindungen an D hat auch zur Folge, dass bei hohen ACh-Konzentrationen schnell fast alle Kanäle im desensitisierten Zustand A_2D gefangen werden.

Wird der ACh-Puls beendet, so fällt die ACh-Konzentration auf 0, und alle Bindungsraten werden ebenfalls 0. Die Kanäle kehren dann über die D-Zustände schnell nach R zurück und stehen nach weniger als 1 s wieder voll für eine neue Reaktion mit ACh zur Verfügung.

Die Bindung von jeweils 2 ACh bis zur Kanalöffnung hat zur Folge, dass bei niedrigen ACh-Konzentrationen eine solche 2fache Bindung sehr unwahrscheinlich wird und dass die Öffnungswahrscheinlichkeit über 0,001 mmol/l ACh sehr steil ansteigt. Das macht den Kanalöffnungsmechanismus unempfindlich gegen kleine Überträgerstoffkonzentrationen und hoch empfindlich für ACh-Konzentrationen, wie sie während der Übertragung im synaptischen Spalt herrschen.

Abfolge der Schritte der synaptischen Übertragung

Die zeitliche Abfolge der chemischen synaptischen Übertragung ist in ◘ Abbildung 3.8 zusammengefasst. Die präsynaptische Depolarisation erzeugt Ca^{2+}-Einstrom, und Depolarisation und erhöhte intrazelluläre Ca^{2+}-Konzentration ermöglichen die Ausschüttung von überträgerstoffgefüllten Vesikeln. Die Überträgerstoffkonzentration an den postsynaptischen Rezeptoren steigt schnell an und veranlasst nach Bindung des Überträgerstoffes Kanalöffnungen. Der

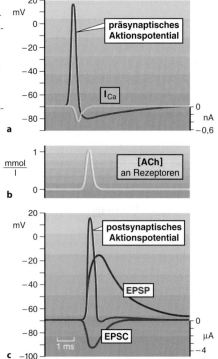

◘ **Abb. 3.8. Schritte der synaptischen Übertragung. a** Präsynaptisch: Zeitverlauf des Aktionspotentials und des ausgelösten Ca-Einstroms in die Nervenendigung, I_{Ca}. **b** Synaptischer Spalt. ACh-Konzentration *(ACh)* an den Rezeptoren. **c** Postsynaptisch: Der postsynaptische Strom *(EPSC)*, das postsynaptische Potential *(EPSP)* und das durch dieses ausgelöste Aktionspotential (Mod. nach Llinás 1982)

resultierende synaptische Strom (EPSC) erzeugt ein EPSP, und dieses, wenn es überschwellig wird, ein Aktionspotential. Die Latenz zwischen dem präsynaptischen und dem postsynaptischen Aktionspotential, die *synaptische Verzögerung,* beträgt 0,5 bis einige Millisekunden.

Merke

Überträgerstoffe sind in den Nervenendigungen in Vesikeln gespeichert und diese werden nach *Depolarisation* und *Ca²⁺-Einstrom* durch Exozytose in den synaptischen Spalt entleert. Den Vesikelinhalten entsprechen Quanten des postsynaptischen Stroms oder Potentials. Bis zu millimolare Überträgerstoffkonzentrationen reagieren dann mit den postsynaptischen Rezeptoren und öffnen Membrankanäle für Ionen oder steuern intrazelluläre Prozesse. Die Verzögerung zwischen prä- und postsynaptischer Erregung ist etwa 1 ms.

3.3 Integrative synaptische Prozesse

In diesem Abschnitt sollen Prozesse besprochen werden, die an den Synapsen durch zeitlich schnell aufeinander folgende oder gleichzeitig an verschiedenen Synapsen einer Zelle ablaufende Übertragungen ausgelöst werden. Diese Prozesse sind Elemente der »Rechenoperationen« der Synapsen an einer Zelle.

Synaptische Bahnung

◻ Abbildung 3.9 zeigt ein Beispiel einer *Doppelpulsbahnung.* An der betreffenden Synapse schüttet ein einzelnes präsynaptisches Aktionspotential durchschnittlich 1 Quant Überträgerstoff aus. Folgt auf das erste Aktionspotential ein zweites mit 5 ms Latenz, so ist die durchschnittliche Quantenausschüttung nach dem zweiten Aktionspotential 3-mal so hoch wie nach dem Ersten. Das Ausmaß der Doppelpulsbahnung nimmt mit wachsendem Reizintervall ab; nach etwa 100 ms ist sie in ◻ Abbildung 3.9 auf unter 10% gesunken.

Die synaptische *Bahnung* wird noch effektiver, wenn eine größere Zahl von Pulsen aufeinander folgt. Solche Aktionspotentialserien hoher Frequenz kommen in Axonen des Nervensystems häufig vor. Selbst wenn die Doppelpulsbahnung an einer Synapse viel kleiner ist als in ◻ Abbildung 3.9, so wird sie für Pulsserien beträchtlich. An vielen Synapsen ist das EPSP (oder IPSP) nach einer

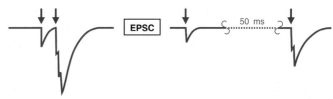

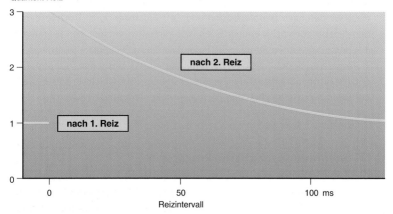

Quanten/Reiz

◘ Abb. 3.9. Synaptische Bahnung. Doppelreize mit verschiedenen Intervallen *(Abszisse)* führen zur Bahnung des zweiten EPSC. Während das erste EPSC im Durchschnitt ein Quant enthält, enthält das Zweite bei kurzem Abstand 3 Quanten (▶ auch oben links, rot), und bei längerem Abstand weniger Quanten (z. B. *oben rechts, rot,* 50 ms Reizintervall) (Mod. nach Dudel 2000)

Aktivierung kaum messbar, es wird funktionell wirksam erst durch Bahnung in einer Pulsserie.

Während eines präsynaptischen Aktionspotentials strömt Ca^{2+} ein und erhöht die intrazelluläre Ca^{2+}-Konzentration (◘ Abb. 3.8). Das intrazelluläre Kalzium wird durch Pumpen, z. B. den Ca^{2+}-Na^+-Antiport (▶ Kap. 2.2), zum niedrigen Normalwert zurückgeführt, doch dies dauert bis zu 1 s. Ein weiteres Aktionspotential in diesem Zeitraum bringt neuen Ca^{2+}-Einstrom, der sich zum *Restkalzium* des vorhergehenden Aktionspotentials addiert. Da die Überträgerstofffreisetzung von der 4. Potenz der Ca^{2+}-Konzentration abhängt, kann die Freisetzung nach dem 2. Reiz auf ein Vielfaches der nach dem 1. Reiz ansteigen (◘ Abb. 3.9).

Zeitliche und räumliche Summation synaptischer Potentiale

Nimmt man eine Synapse ohne Bahnung an, so haben mit z. B. 2 ms Latenz aufeinander folgende synaptische Ströme (EPSC) die gleichen Amplituden (◐ Abb. 3.10 b). Wenn das erste EPSC beendet ist, dann geht danach die Potentialänderung, das EPSP, langsam zum Ruhewert zurück. Das zweite EPSC erzeugt dann ein EPSP, das von einem positiveren Ausgangspotential startet und insgesamt eine größere Depolarisation erreicht als das Erste. Dies wird *zeitliche Summation* genannt, weil Vorbedingung dafür die nahe Aufeinanderfolge der EPSP ist. Die zeitliche Summation ist ein postsynaptischer Prozess, während die mit ähnlichen Pulsabständen ausgelöste Bahnung ein präsynaptischer Prozess ist.

Nervenzellen haben auf ihren Zellkörpern und Dendriten Tausende von erregenden und hemmenden Synapsen. In ◐ Abbildung 3.10 a sind 2 davon eingezeichnet. EPSC 1 schickt depolarisierenden Strom in die Zelle, der überall an der Zellmembran ausfließen kann. Da die Zelldurchmesser in der Regel kleiner als 100 µm sind, ist die Stromverteilung innerhalb des Zellkörpers ziemlich gleichmäßig, das EPSP 1 hat überall die gleiche Größe. Das gleiche gilt für ein EPSP 2, das an einer anderen Synapse ausgelöst wird. Sind EPSP 1 und 2 gleichzeitig, so addieren sich an jeder Stelle des Zellkörpers die Ströme und damit auch die Potentiale. Diese Summation der EPSP wird *räumliche Summation* genannt, weil sie durch räumlich verschiedene Synapsen geleistet wird. Auch Synapsen auf den Dendriten können zur räumlichen Summation am Zellkörper beitragen, wenn auch ihre EPSP über die Länge des Dendriten einen Größenverlust erleiden.

Der Ort der Summenbildung in ◐ Abbildung 3.10 a ist einerseits willkürlich gewählt – die räumliche Summation der EPSP tritt gleichermaßen an allen Stellen des Zellkörpers ein. Funktionell ist jedoch der Austritt des Axons am *Axonhügel* der wesentliche *Summationsort*. Am Axonhügel beginnt das Axon mit seiner hohen Dichte von Na^+-Kanälen. An dieser Stelle erreichen Depolarisationen der Zelle zuerst die Schwelle für Aktionspotentiale, die im Axon weitergeleitet werden und die in der Regel die einzige nach außen wirkende Folge vieler erregender und hemmender synaptischer Potentiale sind. Aber auch an manchen Dendriten können synaptisch Aktionspotentiale ausgelöst werden, die dann das betreffende Signal verstärkt an den Axonhügel weiterleiten.

Hemmende postsynaptische Ströme und Potentiale bahnen und summieren in gleicher Weise wie die erregenden. Hemmende Synapsen am Zell-

a räumliche Summation

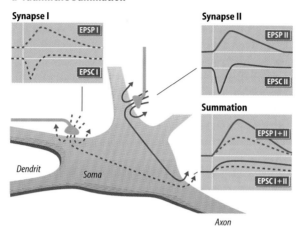

b zeitliche Summation

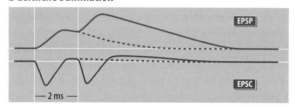

◻ **Abb. 3.10. Räumliche und zeitliche Summation an einem Neuron. a** Räumliche Summation: An 2 Dendriten einer Nervenzelle liegen die Synapsen I und II die jeweils erregende synaptische Ströme bzw. Potentiale, EPSC bzw. EPSP erzeugen. Die jeweiligen Ströme (*rot*) breiten sich elektronisch aus, und treten u. a. am Axonhügel aus. Bei gleichzeitiger Aktivierung von Synapse I und Synapse II summieren sie sich, z. B. am Axonhügel, zu »Summen-EPSC I + II« und »Summen-EPSP I + II«. **b** Zeitliche Summation: Erfolgen EPSC an einer Synapse mit kurzem Abstand summieren sich die EPSP teilweise. Ein erstes EPSC bzw. EPSP würde sich wie gestrichelt gezeichnet fortsetzen. Ein mit 1 ms Verzögerung ausgelöstes zweites EPSC und EPSP an der gleichen Stelle addiert sich zum ersten, und beide EPSP zusammen erreichen eine fast doppelt so große Depolarisation wie das erste EPSP alleine

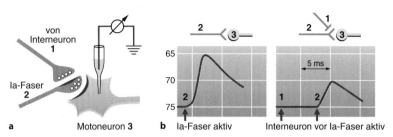

a Motoneuron **3**   **b** Ia-Faser aktiv   Interneuron vor Ia-Faser aktiv

■ **Abb. 3.11. Präsynaptische Hemmung. a** Versuchsanordnung zum Nachweis präsynaptischer Hemmung eines monosynaptischen EPSP eines Motoneurons. **b** EPSP nach Reizung der homonymen 1a Fasern ohne *(links)* und mit vorhergehender Aktivierung präsynaptisch hemmender Interneurone (Mod. nach Schmidt u. Thews 1993)

körper können die EPSP sehr effektiv kurzschließen (■ Abb. 3.3), indem sie den Membranwiderstand des Zellkörpers herabsetzen. Das Resultat der EPSP vieler Synapsen der Dendriten und des Zellkörpers kann durch hemmende Synapsen in der Nähe des Axonhügels kontrolliert werden.

Präsynaptische Hemmung

Im Rückenmark und Gehirn sieht man zwischen den Synapsen von Nervenzellkörpern und Dendriten mit afferenten Axonen viele axoaxonale Synapsen. ■ Abbildung 3.11 illustriert den wichtigen Fall einer hemmenden Synapse auf einer präsynaptischen Nervenendigung an einem motorischen Neuron. Die erregende Afferenz des Motoneurons (2, Ia-Faser) erzeugt im Motoneuron ein EPSP. Wird die von einem Interneuron kommende hemmende Faser (1) vor der erregenden (2) aktiviert, so wird das EPSP verkleinert. Die Hemmung erfolgt durch Verminderung der Überträgerstofffreisetzung aus der Nervenendigung (2). Diese *präsynaptische Hemmung* kann sehr effektiv sein und einige 100 ms andauern. Sie ist ein sehr selektiver Hemmmechanismus, der von den vielfältigen synaptischen Eingängen einer Zelle nur wenige, vermutlich mit gemeinsamer Funktion, blockieren kann.

Langzeit-Potenzierung und -Depression

In einem Kern des Gehirns, dem Hippocampus (CA 1-Region), der wahrscheinlich an Gedächtnisfunktionen beteiligt ist (▶ Kap 17.3), wurde das Phänomen der *Langzeitpotenzierung* (LTP, *long term potentiation*) entdeckt. Die großen Pyramidenzellen dieses Bereichs können über spezifische Afferenzen und erregende Synapsen aktiviert werden. Erregt man eine dieser Afferenzen für kurze Zeit mit hoher Frequenz, so sind danach die EPSP, die durch Einzelreize ausgelöst werden, für lange Zeit (bis zu Tagen) vergrößert. Diese Langzeitpotenzierung einer synaptischen Verbindung hat großes Interesse gefunden, weil sie ein Modell für einen *Lernvorgang* im Gehirn darstellen könnte.

Uns interessiert hier der synaptische Mechanismus dieser Potenzierung. Die *Synapsen* liegen an den Pyramidenzellen *auf Dornfortsätzen der Dendriten*. Der erregende Überträgerstoff ist Glutamat (◘ Abb. 3.4). Es gibt einige Typen von Glutamatrezeptoren, die durch spezifische Agonisten charakterisiert werden können. Die *AMPA*- (Quisqualatat) und die *Kainattypen* (◘ Abb. 3.12) der *Glutamatrezeptoren* sind funktionell den oben besprochenen ACh-Rezeptoren sehr ähnlich. Nach Bindung des Glutamats öffnen sie Kanäle für Na^+-, K^+- und Ca^{2+}-Ionen, und die postsynaptische Membran, hier der Dornfortsatz, wird depolarisiert.

Der *N-Methyl-D-Aspartat-Typ der Rezeptoren* (◘ Abb. 3.12) öffnet sich nach Bindung von Glutamat nur, wenn das Membranpotential positiv ist. Dieser Kanal ist bei negativen Potentialen durch Mg^{2+}-Ionen, die im Kanal gebunden sind, blockiert; die Mg^{2+} verlassen diese Bindung bei positiven Potentialen. Der NMDA-Rezeptor-assoziierte Kanal hat ferner die Eigenart, dass seine Öffnung bevorzugt Ca^{2+} passieren lässt. Aktivierung des NMDA-Rezeptors bewirkt somit neben dem EPSP eine relativ große Erhöhung der intrazellulären Ca^{2+}-Konzentration.

Der NMDA-Kanal kann nur öffnen, wenn das Membranpotential positiv ist. Folglich wird er bei Einzelreizen, die über die Öffnung von Q/K-Kanälen nur kleine EPSP erzeugen, nicht aktiviert. Eine kurze Serie von Erregungen, wie sie zur Induktion der LTP eingesetzt wird, führt durch Bahnung und Summation zu sehr großen EPSP, deren Strom durch die Q/K-Kanäle fließt. Diese EPSP können positive Potentialwerte erreichen und dadurch den Mg^{2+}-Block der NMDA-Kanäle aufheben. Glutamat öffnet nun auch die NMDA-Kanäle, das EPSP vergrößert sich, und der Ca^{2+}-Einstrom erhöht die intrazelluläre Ca^{2+}-Konzentration auf einen kritisch hohen Wert (◘ Abb. 3.12).

Die Erhöhung der intrazellulären Ca^{2+}-Konzentration hat intrazelluläre Botenstoff- (*second messenger*) Funktion (◘ Abb. 2.5 b). Sie ist jedenfalls Voraussetzung dafür, dass Langzeitpotenzierung auftritt. Wie dies im Einzelnen bewirkt wird, ist noch strittig. Eine Möglichkeit sind Erhöhungen der postsynaptischen Rezeptordichte oder der Größe und Zahl von dendritischen Dornfortsätzen, die entsprechende Synapsen bilden. Es scheint jedoch auch – oder

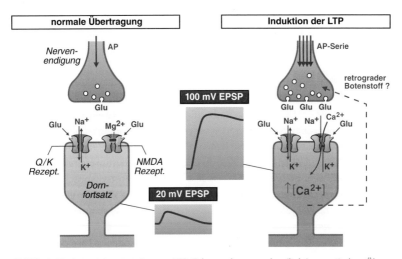

◻ Abb. 3.12. Langzeitpotenzierung, LTP. Schema der normalen *(links)* synaptischen Übertragung nach einem präsynaptischen Aktionspotential sowie *(rechts)* der Induktion von LTP durch eine Serie von Aktionspotentialen, an einer Pyramidenzelle der CA 1-Region des Hippocampus. Die Nervenendigung schüttet Glutamat *(Glu)* als Überträgerstoff aus. Die postsynaptische Struktur ist ein Dornfortsatz eines Dendriten der Pyramidenzelle, der Rezeptoren/Kanäle für Glutamat des Quisqualat/Kainat (Q/K)-Typs sowie des NMDA-Typs enthält. Ein präsynaptisches Aktionspotential (AP, *links*) setzt wenig Glutamat frei, dieses öffnet Q/K-Kanäle, was zu einem postsynaptischen Potential (EPSP) von 20 mV Amplitude führt. Der NMDA-Kanal bleibt geschlossen, weil er bei negativen Potentialen durch Mg^{2+} blockiert ist. Eine Serie von präsynaptischen Aktionspotentialen *(rechts)* setzt viel Glutamat frei. Dies öffnet die Q/K-Kanäle so häufig, dass positive Potentiale erreicht werden. Dann öffnen auch die NMDA-Kanäle, durch die relativ viel Ca^{2+} in den Dornfortsatz einströmt und die Ca^{2+}-Konzentration erhöht ($[Ca^{2+}]$). Die Erhöhung der $[Ca^{2+}]$ kann postsynaptisch wie auch präsynaptisch (retrograder Botenstoff) Änderungen bewirken, die für Tage die synaptische Übertragung verbessern

allein – bei der LTP die präsynaptische Überträgerstofffreisetzung verbessert zu sein. Für einen solchen Effekt müsste die präsynaptisch erhöhte Ca^{2+}-Konzentration die Freisetzung eines »retrograden Botenstoffs« (◻ Abb. 3.12) bewirken, der zur präsynaptischen Nervenendigung diffundiert, von ihr aufgenommen wird und die Verbesserung der Überträgerstofffreisetzung einleitet. Der retrograde Botenstoff ist wahrscheinlich Stickoxid, NO (▶ Kap. 3.1 und 4.7), das im Dornfortsatz nach Aktivierung von NO-Synthase durch erhöhte Ca^{2+}-Konzentration aus Arginin gebildet wird.

An vielen Zelltypen des Gehirns kann längere und hochfrequente synaptische Erregung Tage auch anhaltende *Depression* der Impulsauslösung bewirken. Auch diese LTD kann als Äquivalent eines Lernvorgangs angesehen werden.

Merke

Folgen an einer Synapse zwei präsynaptische Aktionspotentiale kurz aufeinander, so ist die Überträgerstoffausschüttung nach der zweiten Aktivierung meist größer als nach der ersten. Diese *synaptische Bahnung* beruht auf noch von der Voraktivierung verbliebenem Restkalzium. Serien von präsynaptischen Aktivierungen können die Überträgerstoffausschüttung vervielfachen. Neben diesem präsynaptischen Prozess gibt es die postsynaptische *räumliche oder zeitliche Summation von EPSP oder IPSP*. EPSP fallen relativ langsam ab, und während des Abfalls kann ein folgendes EPSP summiert werden. Auch an verschiedenen Synapsen einer Zelle gleichzeitig auftretende synaptische Potentiale können sich am Zellsoma addieren oder im Falle der Hemmung subtrahieren. Bei der präsynaptishen Hemmung vermindert eine hemmende Synapse an einer Nervenendigung deren Überträgerstoffausschüttung. An Zellen des Gehirns kann starke Aktivierung eines synaptischen Eingangs bis zu tagelange *Langzeitpotenzierung (LTP)* der über einen anderen Eingang erzeugten synaptischen Potentiale hervorrufen – ein mögliches Korrelat von Lernvorgängen. Ähnlich kommen auch *Langzeitdepressionen (LTD)* zustande.

4 Muskelphysiologie

R. Rüdel, H. Brinkmeier

  Einleitung

Die Bewegung ist eines der wichtigsten Kennzeichen des Lebens. Aus primitiven Anfängen heraus haben sich im Laufe der Evolution immer spezialisiertere und schnellere Bewegungsformen entwickelt. In den hoch entwickelten Lebewesen, also auch beim Menschen, sind verschiedene Mechanismen zu finden, z. B. die amöboide Bewegung der Leukozyten im Gewebe, die höher entwickelte Form der Bewegung durch Geißeln der männlichen Samenzellen und die Bewegung mithilfe spezialisierter Zellen, der Muskelzellen. Auch innerhalb der verschiedenen Muskelgewebe gibt es Entwicklungsstufen, die sich anatomisch deutlich unterscheiden. Bei der Muskulatur des Menschen unterscheidet man histologisch und funktionell zwischen **Skelettmuskeln, glatten Muskeln** und **Herzmuskel.**

Dieses Kapitel behandelt die ersten beiden Muskeltypen; zum Herzmuskel siehe (Schmidt, Lang, Thews 2005).

4.1 Aufbau und Funktion der Skelettmuskulatur

Die Funktion der Skelettmuskulatur im Körper

Die **Skelettmuskulatur** macht etwa 40% des Körpergewichtes aus. Der Mensch besitzt über 400 Skelettmuskeln, die Kräfte entwickeln und diese über Sehnen auf das Skelett übertragen, wobei meist mechanische Arbeit geleistet wird. Als Nebenprodukt fällt Wärme an. Zu jedem Muskel zieht zumindest eine Arterie für die Zufuhr von Sauerstoff und Nährstoffen, eine Vene für den Abtransport von Metaboliten und Wärme sowie ein Nerv mit den efferenten motorischen Fasern, den afferenten Fasern aus den Muskel- und Sehnenspindeln und anderen Sensoren sowie Fasern des autonomen Nervensystems. Die histologischen Zelleinheiten der Skelettmuskeln sind die zylindrischen Fasern (◘ Abb. 4.1), vielkernige Synzytia, die sich im Embryonalstadium durch Fusion aus einkernigen Vorläuferzellen, den **Myoblasten,** bilden.

Muskeln können nur ziehen, nicht schieben. Für die Bewegung eines Körperteils in mehrere Richtungen müssen daher mehrere Muskeln vorhanden

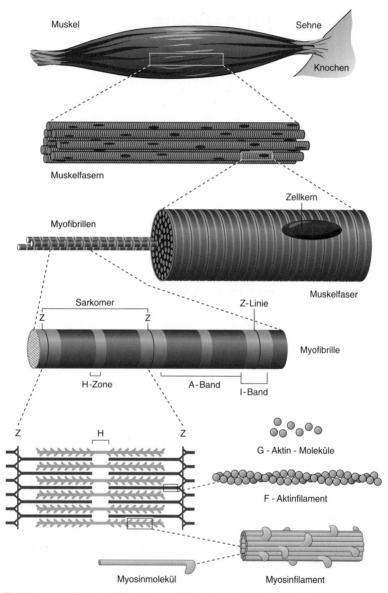

□ **Abb. 4.1. Aufbau des Skelettmuskels** (Mod. nach Bloom u. Fawcett 1986)

sein. Sie wirken teils als *Synergisten* miteinander, teils als *Antagonisten* gegeneinander. Nahezu alle Muskeln unserer Gliedmaßen überspannen mehr als ein Gelenk, sodass bei ihrer Betätigung, je nachdem welches Gelenk seine Stellung ändert, ganz unterschiedliche Bewegungen zustande kommen. Die Auswahl der richtigen Bewegung trifft das Zentralnervensystem (ZNS), indem es die unerwünschten Bewegungen durch die Aktivierung der entsprechenden Antagonisten unterbindet. Für die Bewegung unserer Glieder werden daher immer ganze Gruppen von Muskeln entweder gleichzeitig oder in genauer Folge mit abgestimmter Kraft aktiviert (▶ Kap. 5.2).

■■■ **Elektromyographie, EMG.** Die Aktivität eines Muskels kann man durch extrazelluläre Ableitung der Muskelaktionspotentiale bestimmen. Diese Technik wird als diagnostisches Hilfsmittel bei Verdacht auf neuromuskuläre Krankheiten angewendet. Dazu wird eine **konzentrische** Ableitelektrode wiederholt an verschiedenen Stellen des untersuchten Muskels eingestochen. Die maximale Amplitude des Aktionspotentials einer motorischen Einheit beträgt etwa 1 mV. Vergrößerte Werte deuten auf pathologischen Ausfall von Motoneuronen und kompensatorische Vergrößerung motorischer Einheiten hin.

Merke

Skelettmuskeln können Kräfte entwickeln und diese über Sehnen auf das Skelett übertragen. Die funktionellen zellulären Grundeinheiten der Skelettmuskeln sind die zylindrischen Muskelfasern.

Die zentralnervöse Regelung der Kontraktion

Das ZNS erhält für die Regelung der Kraft der einzelnen Muskeln kontinuierlich Rückmeldungen aus den in den Muskeln, den Sehnen und den Gelenken vorhandenen Sensoren, und zwar sowohl über Kräfte als auch über Gelenkstellungen und Bewegungsabläufe. In allen Skelettmuskeln gibt es spezialisierte Muskelfasern als Längenfühler (*Muskelspindeln*), in den Sehnen befinden sich Sehnenorgane als Kraftmesser (▶ Kap. 5.4).

Die Befehle zur Kontraktion erfolgen über die motorischen Nerven, die – ausgehend von den Vorderhörnern der Medulla oblongata und des Rückenmarks – zu allen Skelettmuskeln ziehen. Jedes Motoaxon verzweigt sich in seinem Muskel und innerviert eine Vielzahl von Muskelfasern. Man nennt ein Motoneuron mit allen Muskelfasern, die es innerviert, eine *motorische Einheit*. Die Größe einer motorischen Einheit, d. h. die Anzahl ihrer Muskelfasern, variiert von ca. 10 Fasern bei den äußeren Augenmuskeln bis zu mehr als 1000 in der Rückenmuskulatur.

Der weitaus wichtigere und effizientere Mechanismus ist die *Rekrutierung* motorischer Einheiten, d. h. je mehr Kraft und Verkürzung gewünscht sind, desto mehr Einheiten werden aktiviert. Dabei folgt das ZNS einem Größenprinzip: Zuerst werden die kleinsten Einheiten rekrutiert; für mehr Kraft werden zusätzlich größere Einheiten aktiviert.

Die zweite Form der Kraftregelung ist dem ZNS über eine *Steigerung der Aktionspotentialsrate* der Motoneurone gegeben. Eine Frequenzsteigerung von 8 auf 30 s^{-1} entspricht dem Übergang vom unvollkommenen zum vollkommenen Tetanus, wobei die Kraft auf das rund 10fache ansteigt. Der Frequenzbereich zwischen 30 und 120 s^{-1} dient zur Variation der Verkürzungsgeschwindigkeit, wobei Erregungsraten zwischen 80 und 120 s^{-1} nur für etwa 10 ms während ballistischer Bewegungen (Wurf, Sprung) vorkommen. Die maximale Frequenz, mit der wir bei repetitiver antagonistischer Muskelaktivierung die Finger hin- und herbewegen können, liegt bei 8 s^{-1}.

> **Merke**
>
> Die Regelung der Kontraktionskraft verläuft über 2 Mechanismen, die Rekrutierung motorischer Einheiten und die Höhe der Reizfrequenz.

Aufbau und Zusammensetzung des Skelettmuskels

Muskelfasern sind aus dicht gepackten Fibrillen von polygonalem Querschnitt mit 1 µm Durchmesser aufgebaut. Die *Myofibrillen* erstrecken sich durch die gesamte Faserlänge (◐ Abb. 4.1) und sind die kontraktilen Bausteine der Faser. Sie nehmen etwa 80% des Faservolumens ein. Jede Fibrille ist umgeben vom *sarkoplasmatischen Retikulum,* einer spezialisierten Form des endoplasmatischen Retikulums. Außer den kontraktilen Strukturen sind Mitochondrien und Glykogengranula in das *Sarkoplasma,* die intrazelluläre Flüssigkeit, eingebettet. Die Mitochondrien sind die Kraftwerke der Zellen: Sie bauen durch Oxidation der Nährstoffe ATP auf. Der Muskel benötigt sie in großer Anzahl, da Energieumsatz seine Hauptaufgabe ist. Die Kerne der Muskelfasern liegen meist in Längsreihen dicht unter der Oberflächenmembran, dem *Sarkolemma.*

Aufgrund dieser Ausrichtung erscheint die ganze Faser im Polarisationsmikroskop quer gestreift, was diesem Typ von Muskulatur seinen Namen gegeben hat.

Die Querstreifung teilt die Faser der Länge nach in Einheiten auf, die *Sarkomere.* Es wechselt jeweils eine das Licht stark doppelbrechende *A-Bande* (anisotrope Bande) mit einer schwach doppelbrechenden *I-Bande* (isotrope Bande). Die A-Bande zeigt in ihrer Mitte eine Aufhellung, die *H-Zone*. In der Mitte der I-Bande liegt eine dunklere schmale Scheibe, die *Z-Scheibe*. Z-Scheiben betrachtet man auch als die Grenzen zwischen benachbarten Sarkomeren, die funktionelle Einheit ist jedoch das Halbsarkomer von einer Z-Scheibe bis zur Mitte der H-Zone (◻ Abb. 4.1 und 4.2).

Feinstruktur und molekulare Ausstattung der Muskelfasern

Die Feinstruktur der *Myofibrille* wurde mithilfe der Elektronenmikroskopie aufgeklärt (◻ Abb. 4.2). Die regelmäßige Sarkomerenfolge der Fibrille ergibt sich aus ihrem Aufbau aus den lang gestreckten Proteinfäden der dicken und dünnen Filamente. Die *dicken Filamente* bestehen aus Myosinmolekülen und sind ausschließlich in der A-Bande lokalisiert. Die *dünnen Filamente* bestehen aus der doppelten F-Aktinkette, an die der *Tropomyosin-Troponin-Komplex* angelagert ist. Die dünnen Filamente erstrecken sich, ausgehend von einer Z-Scheibe, in die anliegenden Halbsarkomere, d. h. sie reichen durch die halbe I-Bande in die A-Bande hinein, bis zum Beginn der H-Zone. Manchmal erscheint in der Mitte der H-Zone eine dunklere *M-Linie*. Sie wird durch Struktureiweiße verursacht und dient der Verankerung der dicken Filamente. Ein drittes Fila-

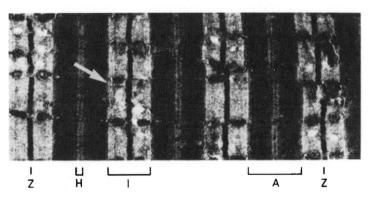

◻ **Abb. 4.2. Präparat aus einem Warmblüterskelettmuskel.** Elektronenmikroskopische Aufnahme eines Längsschnittpräparates aus einem Warmblüterskelettmuskel (Längsachse horizontal). Dreieinhalb Sarkomere von 4 übereinander liegenden Myofibrillen sind dargestellt. Für die unten angegebenen Bezeichnungen der Banden ▶ Text. Die membranösen Strukturen sind Anteile des sarkoplasmatischen Retikulums. Der Pfeil zeigt den Kontakt mit dem tubulären System, die sog. Triade (Mod. nach Rüdel 1985)

mentsystem, bestehend aus den **Titinfilamenten**, durchzieht das gesamte Sarkomer von Z-Scheibe zu Z-Scheibe.

■ ■ ■ Räumlich gesehen bilden die dünnen und dicken Filamente in den Myofibrillen jeweils ein hexagonales Gitter. Im Überlappungsbereich der Filamentsätze ist dabei jedes dicke Filament von 6 dünnen und jedes dünne von 3 dicken Filamenten umgeben.

Muskelproteine. Der kontraktile Apparat der Myofibrillen, das Sarkoplasma und die extrazelluläre Matrix bestehen im Wesentlichen, abgesehen von Wasser und Elektrolyten, aus Protein. Davon entfallen ca. 40% auf Myosin, 20% auf Aktin und 10% auf Titin. **Aktin** ist ein globuläres Protein mit einer Molekülmasse von 42 kDa (G-Aktin). Die G-Aktinmoleküle können zu langen Ketten von F-(fibrösem) Aktin polymerisieren (■ Abb. 4.1). Die Aktinmoleküle eines F-Aktins sind helikal angeordnet, sodass die Kette wie 2 gegeneinander verdrillte Perlschnüre aussieht. F-Aktin ist der Hauptbestandteil der dünnen Filamente einer Muskelfaser. **Titin** ist mit 3000–3800 kDa das größte bekannte Molekül des Menschen. Es bindet an Z-Scheiben, an Proteine der M-Linie und an Myosinfilamente. Titin hat eine Gerüstfunktion und wirkt wie eine elastische Feder im Sarkomer. Hauptbestandteil der dicken Filamente ist das **Myosin**. Myosinmoleküle sind ATPasen und in der Lage, einen Teil der im ATP gespeicherten chemische Energie in mechanische Energie umzuwandeln. Muskuläres Myosin hat eine Molekülmasse von 490 kDa und besteht aus 2 schweren Peptidketten (je 205 kDa) und 2×2 leichten Ketten (je ca. 20 kDa). Im elektronenmikroskopischen Bild erkennt man am Myosinmolekül einen dichten »Kopf« und einen langen »Schwanz«. Die Schwanzregion eines Myosinmoleküls lagert sich mit ca. 150 weiteren zum Myosinfilament zusammen. Die Köpfe der Myosinmoleküle ragen dabei seitlich aus dem Filament heraus. Im Filament findet man eine bipolare Anordnung der Myosinmoleküle (■ Abb. 4.1).

■ ■ ■ Mischt man Lösungen von Aktin und Myosin, so verbinden sich die Proteine zu Aktomyosin, und die Lösung wird hochviskös. Myosin behält seine ATPase-Eigenschaften, sodass bei Zugabe von ATP und Ca^{2+} ATP hydrolysiert wird. Dieser Vorgang ist das **in-vitro-Korrelat** zur Muskelkontraktion. Andererseits kann man durch Zugabe einer Ca^{2+}-bindenden Substanz (sog. Chelator, z. B. EGTA) die freie Kalziumkonzentration auf unter 10^{-7} mol/l senken. Dann dissoziiert das Aktomyosin in seine beiden Komponenten, und die Viskosität der Lösung fällt. Dieser Vorgang ist das Korrelat der Relaxation. Es gibt auch einen hochviskösen Zustand, wenn man der Mischung kein ATP zufügt. Er entspricht der ❸ Totenstarre. **Rigor mortis** tritt ein, wenn beim Tod die Erzeugung von ATP aufgehört hat und die Muskeln das vorhandene ATP aufgebraucht haben.

Ein Teil der Proteine des Muskelgewebes befindet sich extrazellulär. Kollagen, Elastin und Laminin sind Bestandteile der sog. extrazellulären Matrix. Ein Verbindungsprotein zwischen Myofibrillen und extrazellulärer Matrix stellt das Zytoskelettprotein *Dystrophin* dar. Dystrophin liegt auf der Innenseite des Sarkolemmas und verbindet Aktin mit einem Membranprotein, dem Dystroglykan, welches seinerseits an Laminin im Extrazellulärraum bindet. Dadurch wird eine Verankerung der Muskelfasern in ihrer Umgebung erreicht und eine Vernetzung von Myofibrillen, Plasmamembran und extrazellulärer Matrix.

Klinik

Ausfall des Dystrophins. Patienten mit ❷ *Duchenne Muskeldystrophie* leiden unter Zerstörung von Muskelgewebe, Fibrose und fortschreitender Muskelschwäche. Ursache ist der genetisch bedingte *Ausfall des Dystrophins*.

Ein großer Teil der gelösten Proteine sind Enzyme, die in den Muskelzellen die gleichen Aufgaben übernehmen wie in anderen Zellen auch: Bereitstellung von Energie durch den Abbau von Fettsäuren und Glykogen. Muskelspezifisch ist das *Myoglobin,* ein dem Hämoglobin verwandtes Protein, das der O_2-Aufnahme in die Zellen dient.

Veränderungen im Sarkomer bei der Muskeldehnung. Die Länge eines Sarkomers beträgt bei ungedehntem Muskel 2,2 µm, wobei die A-Bande 1,6 µm breit ist, die I-Bande 0,5 µm, die H-Zone 0,45 µm und die Z-Scheibe 0,05 µm (❑ Abb. 4.8 a). Mikroskopische Beobachtung zeigt, dass bei Muskeldehnung alle Sarkomere proportional gedehnt werden, jedoch bleiben A-Banden und Z-Scheiben in ihrer Länge unverändert, während I-Banden und H-Zonen zunehmen. Diese Erkenntnis führte zu der heute allgemein akzeptierten *Theorie der gleitenden Filamente:* Die dicken und dünnen Filamente besitzen konstante, von der Muskellänge unabhängige Ausdehnung. Bei Längenänderung des Muskels gleiten beide Sätze von Filamenten aneinander vorbei. Bei ungedehntem Muskel sind die Sätze so weit ineinander geschoben, dass nur die Mitte der dicken Filamente nicht von dünnen Filamenten überlappt wird (schmale H-Zone). Bei Dehnung vergrößern sich gleichmäßig I-Bande und H-Zone.

Merke

Muskelfasern besitzen eine Strukturierung, die sich in Längsrichtung wiederholt. Die Strukturen, **Sarkomere**, bestehen abwechselnd aus Bündeln von
Aktin- und Myosinfilamenten, die bei Längenänderung aneinander vorbei
gleiten. Nebeneinander liegende Myofibrillen sind ausgerichtet, ein Effekt,
der die charakteristischen **Querstreifung** der Muskelfasern ergibt. Neben Aktin und Myosin sind weitere Proteine für Struktur und Funktion des Muskels
von wichtiger Bedeutung.

4.2   Die elektromechanische Kopplung

Aktionspotentiale der Muskelfasern

Die **Erregung** der Skelettmuskelfasern erfolgt nach den gleichen Prinzipien wie
die der Nervenzellen (▶ Kap. 3.2). Das Ruhepotential menschlicher Skelettmus-
kelzellen beträgt etwa –80 mV. Der Spike des Muskelaktionspotentials hat eine
Dauer von etwa 1 ms, wird von einer kurzen Hyperpolarisation gefolgt und
einer anschließenden Nachdepolarisation. Das Aktionspotential breitet sich mit
einer Geschwindigkeit von etwa 6 m/s entlang der Faser aus. Die Erregung der
Skelettmuskelfasern wird durch das Öffnen und Schließen von spannungsgesteuerten Na^+-, K^+-, und Cl^--Kanälen kontrolliert (◘ Abb. 4.3) Die Membrandepolarisation ist das Auslösesignal für die Kontraktion.

┌─ **Klinik** ───────────────────────────

Störungen der Erregbarkeit. Mutationen in den Genen, die für den skelett-
muskulären Na^+-Kanal oder den Cl^--Kanal kodieren, können zu **erhöhter Erregbarkeit** führen, zu **Muskelsteifigkeit** oder **Paralyse**. Die entsprechenden
Krankheitsbilder beim Menschen heißen ❽Myotonien und ❽Periodische
Paralysen.

▪▪▪ Nicht nur das Aktionspotential, sondern jede Form der Membrandepolarisation bewirkt
eine Kontraktion, wenn sie einen Schwellenwert übersteigt. Jede nicht durch Aktionspotentiale
ausgelöste Kontraktion nennt man eine **Kontraktur.** Kontrakturen können u. a. durch Verlet-
zung, durch Stromfluss, durch Säure- oder Baseneinwirkung hervorgerufen werden. In allen
Fällen liegt das Schwellenpotential **(mechanische Schwelle)** bei –45 mV.

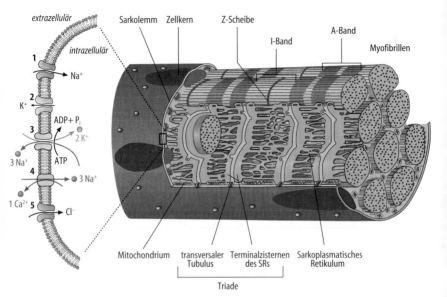

◘ Abb. 4.3. Ausschnitt aus einer menschlichen Skelettmuskelfaser (schematisch). Auf der linken Seite sind wichtige Ionenkanäle bzw. -ströme am Sarkolemm aufgeführt: *(1)* spannungsgesteuerter Natriumkanal; *(2)* Kalium-Auswärtsstrom; *(3)* Na^+/K^+-ATPase; *(4)* Na^+/Ca^{2+}-Austauscher Na^+/Ca^{2+}-Antiport); *(5)* Chlorid-Einwärtsstrom

Kalzium-Freisetzung und Aktivierung des Querbrückenzyklus

Da Diffusion von Ca^{2+} aus dem Extrazellulärraum in die relativ dicken Muskelfasern zu langsam wäre, besitzt die Skelettmuskelfaser ein intrazelluläres Ca-Speichersystem, das mit der Zelloberfläche über ein Informationsleitungssystem verbunden ist: In regelmäßigen Abständen entlang der Faser ziehen – vom Sarkolemma ausgehend – feine Röhren (Tubuli) in das Faserinnere, deren Lumina gegenüber dem Extrazellulärraum offen sind (◘ Abb. 4.3). Die Tubuli verlaufen transversal, d. h. senkrecht zur Faserachse und bilden pro Sarkomer 2 etwa in der Höhe des Übergangs von A- in I-Banden gelegene Netzwerke. Diese Netzwerke nennt man das *transversale tubuläre System (TTS)*. Das TTS leitet die elektrische Erregung des Sarkolemmas ins Faserinnere.

Das eigentliche Ca-Speichersystem wird von einem zweiten intrazellulären Netzwerk, dem *sarkoplasmatischen Retikulum (SR),* gebildet. Es besteht aus einem intrazellulären Membransystem, hüllt die einzelnen Myofibrillen auf ihrer ganzen Länge ein und bildet in jedem Sarkomer mit dem TTS enge Kontakte. Die Kontaktstelle besteht aus einem Komplex von Membranproteinen, der auf der Seite des TTS aus einem spannungsgesteuerten Ca^{2+}-Kanal besteht und auf der Seite des SR aus einem Ca^{2+}-Freisetzungskanal, dem Ryanodinrezeptor (RyR). Wird über das TTS ein Aktionspotential geleitet, so wird durch Konformationsänderungen der RyR geöffnet und Ca^{2+} aus dem Speicher freigesetzt.

Klinik

Entgleisung des Ca^{2+}-Stoffwechsels. Mutationen im RyR-Gen können zu erleichterter Ca^{2+}-Freisetzung im Muskel von Patienten führen. Insbesondere unter Anästhesie kann es zu einer lebensgefährlichen Entgleisung des Ca^{2+}-Stoffwechsels kommen, die als ❸*Maligne Hyperthermie* bezeichnet wird.

Die SR-Membran besitzt *Ca-Pumpen,* die unter ATP-Verbrauch Ca^{2+} aus dem Sarkoplasma ins Innere des Retikulums pumpen. Das intrazelluläre Ca^{2+} wird durch diese Pumpen »kompartimentiert«, d. h. in einem kleinen Zellbereich hoch angereichert, wobei der Rest der Zelle verarmt. Dies erklärt die Tatsache, dass man eine Gesamtkonzentration an Ca^{2+} von etwa 3 mmol/l im Muskel findet, jedoch die freie Ca^{2+}-Konzentration im Sarkoplasma, $[Ca^{2+}]_i$, zu $<10^{-7}$ mol/l bestimmt. Diese niedrige $[Ca^{2+}]_i$ liegt aber nur in Ruhe vor. Mit jedem Aktionspotential steigt die $[Ca^{2+}]_i$ an (bei repetitiver Reizung bis auf 10^{-5} mol/l) und fällt aufgrund der Pumpwirkung der SR-Membran schnell wieder ab. Dieser Vorgang schaltet den Kontraktionsmechanismus an bzw. wieder ab.

Im Ruhezustand ist der kontraktile Apparat reaktionsbereit. Jedoch ist – wie bei einem geladenen, aber gesicherten Gewehr – eine Sperre eingelegt, die die Aktion verhindert. Diese Sperre wird durch Ca^{2+} auf folgende Weise aufgehoben: Die dünnen Filamente enthalten außer dem F-Aktin zusätzlich in regelmäßiger Anordnung die sog. regulatorischen Eiweiße *Troponin* und *Tropomyosin.* Troponin besteht aus 3 Komponenten, von denen eine, das Troponin C, reversibel Ca-Ionen binden kann (◘ Abb. 4.4). Diese Bindung bewirkt eine Konformationsänderung des am Troponin angelagerten Tropomyosins, das damit die Blockade der Interaktion zwischen dünnen und dicken Filamenten aufhebt.

Es werden Querbrücken geschlagen und gelöst. Sobald die Blockade aufgehoben ist, beginnt der **Querbrückenzyklus.** Im Ruhezustand hat das Myosinköpfchen bereits ein ATP-Molekül gebunden und zu ADP und P_i (Adenosindi-

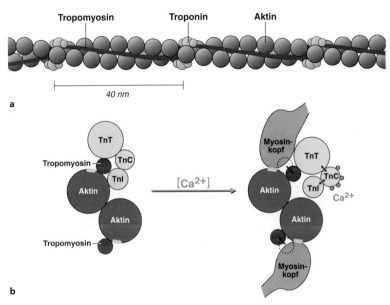

a

b

Abb. 4.4. Elektromechanische Kopplung. a Details des Aufbaus des dünnen Filaments aus Aktin, Tropomyosin und Troponin. **b** Interaktion des Myosinköpfchens mit dem dünnen Filament (schematische Querschnittzeichnung). In der Abwesenheit von Ca^{2+} ist die Konfiguration des Komplexes aus Tropomyosin und den 3 Untereinheiten des Troponin (TnT, TnI und TnC) derart, dass der Querbrückenzyklus zwischen dünnem Filament und Myosinköpfchen blockiert ist. Bei Bindung von Ca^{2+} an TnC wird die Blockade aufgehoben

phosphat und anorganischem Phosphat) hydrolysiert, ohne dass sich dabei die Produkte ablösen. Als Erstes verbindet sich dieses Myosinköpfchen mit seinem gebundenen ADP-P_i-Komplex mit einer nun freigegebenen Bindungsstelle am Aktin (Querbrückenschlag zur Aktomyosinformation). Dann wird der ADP-P_i-Komplex als P_i und ADP vom Aktomyosin freigesetzt. Man nimmt an, dass dann durch eine Rotationsbewegung des Myosinköpfchens eine zur Sarkomermitte gerichtete Kraft entsteht. Schließlich folgt eine Anbindung von ATP an das Myosinköpfchen; dadurch wird dieses vom Aktin abgelöst und rotiert in die Ausgangsstellung zurück. Mit der Hydrolyse des gebundenen ATP zum ADP-P_i-Komplex durch die ATPase-Wirkung des Myosins ist die Ausgangssituation wiederhergestellt. Der Querbrückenzyklus wiederholt sich, solange die $[Ca^{2+}]_i$ hoch genug ist und genügend ATP vorhanden ist (■ Abb. 4.5).

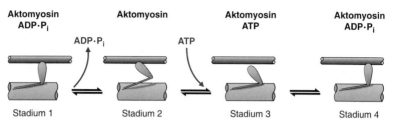

Aktomyosin ADP·P$_i$ **Aktomyosin**   **Aktomyosin ATP**   **Aktomyosin ADP·P$_i$**

ADP·P$_i$ ATP

Stadium 1   Stadium 2   Stadium 3   Stadium 4

◼ **Abb. 4.5. Derzeitige Vorstellung über den Querbrückenzyklus.** Im Stadium 1 ist das Myosinköpfchen (mit seinem ADP-P$_i$-Komplex) an Aktin gebunden. Beim Übergang zum Stadium 2 werden ADP und P$_i$ abgespalten, und es erfolgt die Kraft und Verkürzung erzeugende Rotation. Nachdem ein ATP an das Köpfchen gebunden ist, kann Stadium 3 eintreten, die Lösung des Köpfchens vom Aktin. Im Stadium 4 ist das Köpfchen wieder in Normalstellung und das ATP bereits zu ADP und P$_i$ hydrolysiert. Dies ist die Stellung, in der der Zyklus bei Muskelrelaxation unterbrochen wird. Man nimmt an, dass im Rigor mortis (ATP-Mangel) der Zyklus im Stadium 2 stehen bleibt

Der gesamte Ablauf von Erregung, Kontraktion und Relaxation lässt sich in 15 Schritte auflösen, wobei auf die Phase Erregung und Kopplung (1–6) die Kontraktion (7–10) und schließlich Relaxation (11–15) folgt.

Schrittfolge:

1. Depolarisation der Endplattenmembran.
2. Auslösung des Aktionspotentials (AP) und Fortleitung des AP über die gesamte Faseroberfläche.
3. Ausbreitung des AP ins Faserinnere entlang dem TTS, Aktivierung des Ca^{2+}-Kanals und des Ryanodinrezeptors.
4. Freisetzung von Ca^{2+} aus den dem SR, dadurch Erhöhung der [Ca^{2+}]$_i$ und Diffusion von Ca^{2+} zu den kontraktilen Filamenten.
5. Bindung von Ca^{2+} an das Troponin der dünnen Filamente.
6. Konformationsänderung des Ca^{2+}-Troponin-Tropomyosin-Aktin-Komplexes und Aufhebung der Blockade des Querbrückenzyklus.
7. Querbrückenschlag zur Aktomyosinformation.
8. Entwicklung einer zur Sarkomermitte gerichteten Kraft durch Rotation der Myosinköpfchen.
9. Anbindung eines ATP-Moleküls und dadurch Ablösung der Myosinköpfchen vom Aktin und Rückrotation in die Ausgangsstellung.
10. Hydrolyse des gebundenen ATP zum ADP-P$_i$-Komplex durch die ATPase-Wirkung des Myosins.

11. Aufnahme von Ca^{2+} ins SR, dadurch Absenkung der $[Ca^{2+}]_i$.
12. Lösung des Ca^{2+} vom Troponin C, Rückdiffusion zum SR und Wiederaufnahme ins SR.
13. Wiederherstellung der Blockierung des Querbrückenzyklus durch Konformationsänderung des Troponin/Tropomyosin-Komplexes.
14. Abnahme der Kraft in dem Maß, wie die aufbrechenden Querbrücken nicht mehr neu geschlagen werden.
15. Die Myosinköpfchen bleiben vom Aktin losgelöst. Ihr ATP ist zum ADP-P_i-Komplex hydrolysiert und sie sind für die nächste Kontraktion bereit.

Merke

Den Signalprozess, der die elektrische Erregung des Sarkolemmas mit der Kontraktion verbindet, nennt man *elektromechanische Kopplung*. Der Botenstoff für die Kopplung ist das *Ca^{2+}-Ion*. Zur Regelung der Kontraktion befinden sich auf den dünnen Filamenten Proteine, die vom Ca^{2+} beeinflusst werden. Der eigentliche Kraft erzeugende Vorgang besteht in zyklischen Verbindungen von Myosinköpfchen und dünnen Filamenten.

4.3 Formen der Muskelkontraktion

Antworten des Skelettmuskels auf elektrische Reizung

Zum Verständnis der Muskelkontraktion untersucht man isolierte Tiermuskeln. Dabei reizt man entweder den motorischen Nerv (*indirekte Reizung*) oder die Muskelzellen selbst (*direkte Reizung*). Der Verlauf der Zuckung hängt von den experimentellen Bedingungen ab: Sind beide Sehnenenden fest eingespannt, erzeugt der Muskel nur Kraft ohne Verkürzung. Man nennt diese Antwort (etwas widersinnig) eine *isometrische Kontraktion.* Ist der Muskel mit einem Gewicht belastet, das er zu heben imstande ist, verkürzt er sich. Man nennt diese Antwort bei gleich bleibender Last eine *isotone Kontraktion.* In vivo sind diese Idealformen der Kontraktion praktisch nie verwirklicht. Selbst bei einer gleich bleibenden Last verändert sich die Belastung eines Muskels, da sich durch seine Verkürzung die Gelenkstellung und die Hebelarme verändern. Einige besondere Fälle von Kontraktionsbedingungen haben spezielle Namen erhalten:

Eine Unterstützungskontraktion läuft beim Aufheben eines schweren Gegenstandes ab, wenn der Muskel erst isometrisch die dem Gewicht des Gegenstandes entsprechende Kraft erzeugen muss, bevor er sich isotonisch verkürzt. Eine Anschlagskontraktion liegt vor, wenn ein Gegenstand erst isotonisch gehoben, dann isometrisch gegen einen Anschlag gedrückt wird, wie z. B. der Unterkiefer beim Kieferschluss.

Repetitive Reizung. Der elektrische Reiz ist viel kürzer als die mechanische Antwort, sodass man während der Antwort einen zweiten Reiz setzen kann. Es kommt dann zu einer vergrößerten Antwort, einer *Summation* (□ Abb. 4.6). Reizt man repetitiv, kommt es zu einer lang dauernden großen Antwort, die je nach Reizfrequenz noch Schwankungen im Reizakt zeigt oder einen Plateauwert annimmt. Man spricht von einem unvollkommenen bzw. vollkommenen *Tetanus.* Der physiologische Tetanus darf nicht mit den pathologischen Zuständen einer durch Ca-Mangel bewirkten ✪ Tetanie oder des durch Tetanusbakterientoxin hervorgerufenen ✪ Wundstarrkrampfes verwechselt werden. Unvollkommene Tetani sind die physiologische Kontraktionsweise der Muskulatur in vivo. Die Kraft im vollkommenen Tetanus ist etwa 10fach höher wie die der Einzelzuckung.

Langsame Muskeln haben vornehmlich Haltefunktion (z. B. Rumpfmuskulatur, M. soleus), während *schnelle Muskeln* die ballistischen Bewegungen der Gliedmaßen bewirken (M. biceps brachii). Es sind nicht die Muskeln an sich, die schnell oder langsam sind, vielmehr gibt es 2 Haupttypen (und mehrere Untertypen) von Muskelfasern: schnelle und langsame. Kein einziger menschlicher Muskel enthält nur einen der beiden Fasertypen, sondern ein schneller

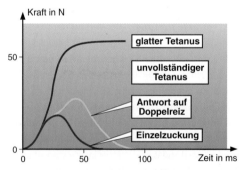

□ **Abb. 4.6. Steigerung der Muskelkraft durch Erhöhung der Reizfrequenz.** Die Kraft eines Muskels (oder auch einer Einzelfaser) steigt durch Erhöhung der Reizfrequenz; Antworten auf Einzelreiz und Doppelreiz sowie unvollständiger und glatter Tetanus

Muskel hat vornehmlich schnelle Fasern und umgekehrt. Die beiden Fasertypen unterscheiden sich außer in ihrer Zuckungsgeschwindigkeit in vielen biochemischen Eigenschaften: Die langsamen Fasern enthalten mehr Myoglobin und sind deshalb dunkelrot, die schnellen enthalten wenig Myoglobin und sind deshalb blassrot. Man spricht von **roten** und **weißen Fasern.** Die langsamen Fasern enthalten in großer Menge Enzyme des oxidativen Nährstoffabbaus, während schnelle Fasern in der Regel Enzyme für die anaerobe Glykolyse enthalten. Der aerobe Nährstoffabbau ist weit ökonomischer als der anaerobe. Die Natur hat also für 2 Extreme möglichst optimale Lösungen entwickelt. Langsame Fasern in Haltemuskeln, die dauernd gebraucht werden, nutzen die Nährstoffe gut aus. Sie ermüden kaum, aber diese Vorteile werden mit geringem Arbeitstempo erkauft. Schnelle Fasern in Muskeln für schnelle Bewegungen ermüden so schnell, dass sie für kontinuierliche Arbeit nicht eingesetzt werden können. Die Differenzierung in Fasertypen ist bei Geburt noch nicht vorhanden. Sie bildet sich erst im Lauf des Lebens unter dem Einfluss der Aktivierung durch Motoneurone.

Merke

Muskeln antworten auf elektrische Strompulse mit Zuckungen. Repetitive Reizung kann die Antwort verstärken bis zum **Tetanus**. Die verschiedenen Muskeln des Körpers unterscheiden sich durch ihre **Kontraktionsgeschwindigkeit**, die wiederum ihre Funktion bestimmt.

Die Kraft-Längenbeziehung der Kontraktion

Die Abhängigkeit der isometrisch gemessenen maximalen tetanischen Kraft von der Muskellänge wird durch die sog. *Kurve der isometrischen Maxima* gegeben. Man bestimmt sie an einem isolierten Muskel oder – noch besser – an einer Einzelfaser. In einem Vorexperiment wird das passive Dehnungsverhalten des Muskels bestimmt, indem dieser – ausgehend von seiner Ruhelänge (l_0) – um gleiche Längenänderungen (Δl) gedehnt und die dafür nötige Kraft gemessen wird. Der Dehnungswiderstand ist v. a. auf Eigenschaften der elastischen und kollagenen Fasern zurückzuführen, die die Muskelfasern miteinander vernetzen, denn bei einer Einzelfaser ist er relativ klein.

Ruhedehnungskurve. Allen Muskeln ist gemeinsam, dass mit zunehmender Vordehnung eine zunehmend größere Kraft aufgewendet werden muss, um den

Muskel um jeweils gleiche Beträge Δl weiter zu dehnen. Die Ruhedehnungskurve verläuft nicht linear, sondern gekrümmt: Muskeln gehorchen nicht dem Hooke-Gesetz, wie z. B. eine Metallfeder. Dehnungen auf das 1,6-fache der Ruhelänge übersteht der Muskel ohne Faserrisse; allerdings kehrt er nach Entlastung passiv nicht mehr ganz auf seine ursprüngliche Länge zurück (sog. *Hysterese*); diese wird erst wieder durch eine aktive Verkürzung nach Reizung erreicht.

Das eigentliche Experiment besteht nun darin, dass der Muskel bei jeder Muskellänge zwischen l_0 und $1,6\,l_0$ (in Schritten Δl) unter isometrischen Bedingungen tetanisch gereizt und die jeweils auf dem Plateau des glatten Tetanus erreichte maximale Gesamtkraft bestimmt wird (isometrisches Maximum). Alle diese Werte sind in ◘ Abbildung 4.7 durch die Kurve IM verbunden (für Längen $<l_0$ bestimmt man die maximale Kraft in Anschlagszuckungen; die minimale Muskelverkürzung liegt bei einer Länge von etwa $0,6\,l_0$). Subtrahiert man von der Kurve IM die Ruhedehnungskurve RD, so erhält man die Längenabhängigkeit der aktiv entwickelten Maximalkraft: Die aktiv im Tetanus erzeugbare Kraft ist 0 bei $0,6\,l_0$. Mit zunehmender Muskellänge steigt sie auf einen

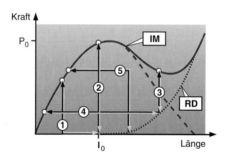

◘ **Abb. 4.7. Zuckungsformen.** Die mit RD bezeichnete (*gepunktete*) Ruhedehnungskurve beschreibt die Kraft, die aufgewendet werden muss, um den Muskel passiv auf die jeweilige Länge zu dehnen, bei der man den Muskel einen Tetanus ausführen lässt. Die Zahlen bezeichnen: *1* Anschlagszuckung; *2* isometrische Kontraktion bei Ruhelänge l_0; *3* isometrische Kontraktion bei Vordehnung; *4* isotonische Kontraktion bei der gleichen Vordehnung; *5* Unterstützungszuckung. *Gelb eingezeichnet:* die jeweiligen Relaxationskurven; die *ausgezogene*, mit IM bezeichnete Kurve verbindet die isometrischen Maxima; sie gibt die maximale (aktive + passive) Kraft an, die der tetanisch gereizte Muskel bei der jeweiligen Länge erreicht. Die *gestrichelte* Kurve stellt die dabei vom Muskel aktiv erzeugte Kraft dar; sie wird durch Subtraktion von RD von IM erhalten

Maximalwert P_0 bei der Ruhelänge l_0. Bei weiter zunehmender Vordehnung fällt sie wieder, um bei einer Länge von etwa 1,6 l_0 wieder auf 0 abzunehmen.

Die Kraft-Länge-Kurve im Licht der Querbrückentheorie. Die Querbrückentheorie der Muskelkontraktion sagt aus, dass bei der Krafterzeugung die von den Myosinfilamenten abstehenden Köpfchen zyklische Brückenschläge zu den nächstliegenden Aktinfilamenten vornehmen, die in einer Anbindung, d. h. einem Zug des Aktinfilaments in Richtung Sarkomermitte, und einer darauf folgenden Ablösung bestehen. Die Zyklen der einzelnen Köpfchen sollen dabei voneinander unabhängig sein. Man sieht sofort, dass bei einer bestimmten Zyklusfrequenz die entwickelte Kraft von der Anzahl der verfügbaren Brücken abhängt. Dabei addieren sich die Kräfte der Sarkomere aller Myofibrillen, die auf einem identischen Faserquerschnitt liegen, während in jeder Fibrille alle in Längsrichtung aufeinander folgenden Sarkomere die gleiche Kraft erzeugen müssen, wie auch in einer gespannten Kette jedes Glied die gleiche Kraft aushalten muss.

Der geschilderte Verlauf der Kraft-Länge-Kurve bekommt eine einleuchtende Erklärung, wenn man auf der Abszisse statt der Muskellänge die Sarkomerlänge aufträgt (die ja der Muskellänge proportional ist) und die bei den verschiedenen Sarkomerlängen entwickelte Kraft mit den Lagebeziehungen der dicken und dünnen Filamente in Relation bringt, wie dies in ◻ Abbildung 4.8 geschehen ist.

Neben dem Kraft-Längen-Diagramm sind die Lagebeziehungen der Filamente bei 6 Sarkomerlängen dargestellt, die sich durch besondere Gegebenheiten auszeichnen. Bei Punkt 1 mit der großen Sarkomerlänge (SL) von 3,6 µm sind die beiden Sätze von Filamenten so weit auseinander gezogen, dass keine Überlappung stattfindet. Es können deshalb auch keine Querbrücken geschlagen werden; deshalb kann die Faser bei dieser Dehnung keine Kraft erzeugen. Bei kürzeren Ausgangslängen nimmt mit zunehmender Überlappung die Zahl der möglichen Querbrückenschläge linear zu und so auch die Kraft. Bei SL = 2,25 µm (Punkt 2) können alle vorhandenen Querbrücken geschlagen werden; hier ist die Kraft maximal. Bei kleineren Längen ist die Kraft geringer, da nun weitere Effekte ins Spiel kommen: Bei SL = 2,05 µm (Punkt 3) beginnen sich die dünnen Filamente gegenseitig zu behindern, bei SL = 1,80 µm (Punkt 4) stoßen sie auf falsch polarisierte Querbrücken des benachbarten Halbsarkomers, bei SL = 1,65 µm (Punkt 5) stoßen die dicken Filamente an die Z-Scheiben. Bei SL = 1,05 µm (Punkt 6) schließlich würden auch die dünnen Filamen-

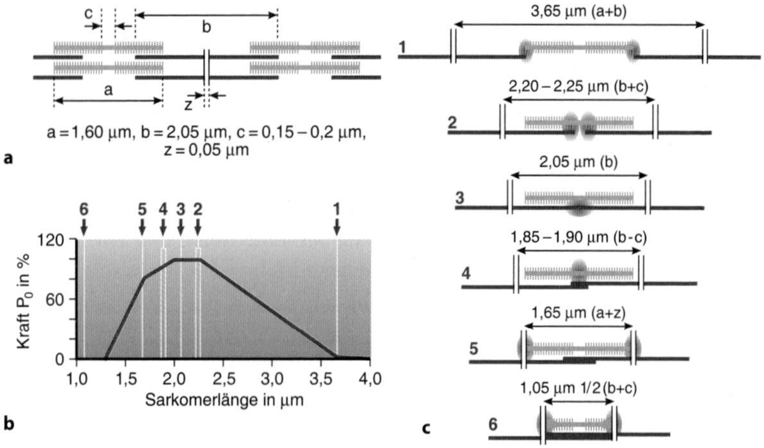

◘ Abb. 4.8. Abhängigkeit der Kraft von der Sarkomerlänge in einer Einzelfaser. a Längenangaben der Bausteine eines Sarkomers. **b** Kraft-Länge-Diagramm einer Einzelfaser (aktive Kraft). **c** Darstellung von 6 Filamentkonfigurationen bei Sarkomerlängen, die in b durch *Pfeile* markiert sind. Sie sind durch die angegebenen Bausteinkonfigurationen ausgezeichnet. Die bei zunehmender Verkürzung die Kurve der aktiven Kraft bestimmenden Filamentkonstellationen sind jeweils *rot gepunktet* und im Text beschrieben (Mod. nach Carlson u. Wilkie 1971)

te an den Z-Scheiben anstoßen. Der Muskel leistet aber schon bei SL = 1,3 µm keine aktive Kraft mehr.

▪▪▪ Wie wichtig die Kurve der isometrischen Maxima vom theoretischen Standpunkt aus ist, so wenig Bedeutung hat sie für die Muskelfunktion *in vivo*, da sich Muskeln physiologisch nicht mehr als um 10% ihrer Ruhelänge verkürzen können oder dehnen lassen. Die außerhalb dieses Bereiches erzeugte Kraft eines aktivierten Muskels *in situ* ist wesentlich kleiner als die eines exzidierten Muskels bei gleicher Länge, weil dort die Muskel- und Sehnensensoren die Aktivität der Motoneurone reflektorisch stark hemmen.

Die Geschwindigkeit-Last-Beziehung

Die Bestimmung der Geschwindigkeit-Last-Beziehung bei verschiedenen (isotonischen) Belastungen ist ein weiteres Grundexperiment der Muskelphysiologie. Mit zunehmender Belastung beginnt die Verkürzung später, verläuft langsamer und ist insgesamt kleiner. Trägt man die maximale Verkürzungsgeschwindigkeit gegen die Last auf, erhält man eine Kurve, die sich durch eine

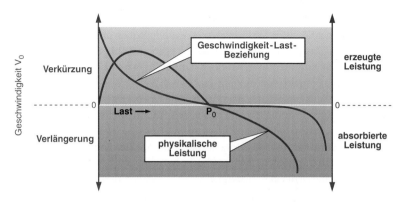

□ Abb. 4.9. Beziehung zwischen Verkürzungsgeschwindigkeit und Last. Bei Last 0 wird die maximale endliche Verkürzungsgeschwindigkeit V_0 erreicht (*rote* Kurve); die Last, bei der der Muskel sich nicht mehr verkürzen kann (V=0), entspricht der maximalen isometrischen Kraft P_0. Zwischen diesen beiden Extremen verläuft die Geschwindigkeit-Last-Beziehung in Form einer Hyperbel. Übersteigt die Last P_0, so verlängert sich der aktive Muskel, zunächst nur langsam, bei großer Überlast dann sehr schnell. Die *blaue* Kurve zeigt an, wie viel physikalische Leistung ein Muskel bei verschiedener Belastung durch aktive Verkürzung abgeben kann bzw. bei Verlängerung während der Aktivierung aufnimmt (Mod. nach Carlson u. Wilkie, 1971)

Hyperbelgleichung beschreiben lässt (□ Abb. 4.9). Der hyperbolische Verlauf der Geschwindigkeit-Last-Beziehung beruht wahrscheinlich darauf, dass die chemischen Reaktionen bei der Muskelkontraktion von der Belastung abhängen. Die Kurve läuft nicht asymptotisch an die Achsen, sondern schneidet diese, denn selbst bei der Last 0 hat die Verkürzungsgeschwindigkeit einen endlichen Maximalwert. Bei der Verkürzungsgeschwindigkeit 0 wird eine endliche maximale isometrische Kraft P_0 erzeugt. Übersteigt die Last die Maximalkraft P_0, wird die Verkürzungsgeschwindigkeit negativ, d. h. der aktivierte Muskel wird gedehnt. Dieser Teil des Diagramms ist physiologisch sehr bedeutungsvoll, da wir unsere Muskeln nicht nur benutzen, um Bewegungen zu erzeugen, sondern auch um Bewegungen abzubremsen. Das Diagramm zeigt, dass ein Muskel schon Dehnungen mit kleinen Geschwindigkeiten das Doppelte seiner maximalen isometrischen Kraft entgegensetzen kann.

Aus der Geschwindigkeit-Last-Relation kann man die mechanische Leistung ersehen, die ein Muskel herzugeben imstande ist. Die Leistung ist das Produkt aus Geschwindigkeit und Kraft. Da ein Produkt Null wird, wenn einer seiner Faktoren Null ist, gibt ein Muskel weder bei isometrischer Kontraktion noch bei seiner höchsten Verkürzungsgeschwindigkeit im physikalischen Sinne Leistung ab. Das Maximum der Leistungsabgabe (◧ Abb. 4.9) liegt zwischen diesen beiden Extremen, etwa bei einem Drittel der maximalen Last und einem Drittel der maximalen Verkürzungsgeschwindigkeit. Für eine maximale Leistungsabgabe muss man daher einen Muskel mit einem Drittel seiner maximalen Verkürzungsgeschwindigkeit arbeiten lassen. Wird z. B. beim Radfahren am Berg die Tretgeschwindigkeit zu langsam, setzt man sie mit einer Gangschaltung hinauf und kann somit wieder bei optimaler Verkürzungsgeschwindigkeit den Muskel zu maximaler Leistungsabgabe bringen.

Der untere Teil der ◧ Abbildung 4.9 zeigt schließlich, dass ein Muskel bereits bei relativ geringer Dehnungsgeschwindigkeit eine erhebliche Leistung absorbieren kann.

Merke

Die Kraft eines Muskels hängt von seiner aktuellen Länge oder Vordehnung ab. Dabei ist der **Überlappungsgrad** der Aktin- und Myosinfilamente entscheidend. Die Verkürzungsgeschwindigkeit eines Muskels hängt in charakteristischer Weise von der zu hebenden Last ab.

4.4   Der Energieumsatz des Muskels

Energiequellen der Muskelarbeit

Sowohl in Ruhe als auch bei stationärer Arbeit wird der Energiebedarf zu etwa 75% aus Fettsäuren gedeckt, der Rest aus Kohlenhydraten. Nur bei kurzdauernden Hoch- und Höchstleistungen dreht sich das Verhältnis um. Protein spielt als Energieträger keine nennenswerte Rolle.

Die unmittelbare Energie wird durch Hydrolyse von Adenosintriphosphat (ATP) gewonnen, das die Mitochondrien der Muskelzelle aus den Energieträgern erzeugen. ATP ist stets nur in relativ geringer Konzentration (ca. 5 mol/l) in den Fasern vorhanden. Bei Muskelarbeit muss es somit schnell nachgeliefert werden. Dies geschieht zunächst aus dem sog. Phosphokreatinspeicher, der Energie für ca. 100 Zuckungen enthält. Dieser Speicher wird bei geringer Belastung unter Hydrolyse von ATP wieder aufgebaut. Bei längerer Belastung wird ein weiterer Energiespeicher des Muskels entleert: Glykogen wird aerob

– oder bei sehr starker Belastung auch anaerob – zur ATP-Synthese herangezogen.

■ ■ ■ Die Nachlieferung von ATP aus dem Kreatinphosphatspeicher (CrP) geschieht gemäß:

$$ADP + CrP \leftrightarrow ATP + Cr \tag{4.1}$$

Dabei katalysiert das Enzym Kreatinkinase (CK) die Reaktion in beide Richtungen. Die Gleichgewichtskonstante K der »Lohmann-Reaktion« ist so groß (K=20), dass Adenosin weit mehr in phosphorylierter Form vorliegt als Kreatin. Bei ATP-verbrauchender Muskelarbeit sinkt die CrP-Konzentration im Muskel sehr weit ab, bevor die ATP-Konzentration merklich abnimmt. Eine Abnahme der ATP-Konzentration muss ja auch wegen der wichtigen Weichmacherwirkung des ATP vermieden werden, d. h. würde ATP absinken, träte Rigor mortis ein. Um das möglichst zu verhindern, gibt es in der Muskelzelle 2 weitere Reaktionen, die an der schnellen ATP-Restitution beteiligt sind:

$$2\,ADP \leftrightarrow ATP + AMP \quad und \quad AMP \rightarrow IMP + NH_3 \tag{4.2}$$

Die zweite Reaktion sorgt durch Entfernung von AMP dafür, dass die erste Reaktion von links nach rechts läuft, also ADP entfernt und ATP erzeugt wird. Diese Reaktionen sind bei anstrengender Arbeit sehr wichtig. Für die Restitution des verbrauchten CrP muss erst auf anderem Wege ATP im Überschuss erzeugt werden, sodass die Lohmann-Reaktion von rechts nach links ablaufen kann. Dieser andere Weg ist normalerweise die Oxidation der Abbauprodukte von Fettsäuren und Glukose über den Zitratzyklus.

Der Zitratzyklus und die folgende Oxidation des abgespaltenen Wasserstoffs können natürlich nur vor sich gehen, wenn über das Blut genügend Sauerstoff herbeigeschafft wird. Bei Sauerstoffmangel steigt die NADH-Konzentration und es kommt zur Laktatproduktion. Bei der **anaeroben Glykolyse zu Laktat** wird zwar sehr viel weniger ATP erzeugt als bei der Oxidation, bei Spitzenbelastung ist dieser Weg der ATP-Erzeugung jedoch sehr wichtig, weil er eben ganz ohne O_2-Verbrauch auskommt. Er kann allerdings nicht lange beschritten werden, da der Skelettmuskel das Laktat nicht weiter verarbeiten kann und die dadurch bewirkte Ansäuerung die weitere Energiebereitstellung hemmt. Laktat muss vom Blut abtransportiert werden; es wird dann in anderen Organen (Leber, Herz) oxidiert und verbrannt.

Wirkungsgrad und Wärmeproduktion

Wie bei jeder Maschine interessiert auch beim Muskel der **Wirkungsgrad** (A/E…100 %), mit dem die chemische Energie (E) in mechanische Arbeit (A) umgewandelt wird. Er liegt bei 20–25%. Allerdings sind in dem Verlustanteil von 75–80% nicht nur die Verluste beim eigentlichen Kontraktionsvorgang enthalten, sondern auch die, die bei den rein chemischen Vorgängen der Erholung auftreten.

Wie alle Gewebe hat auch der Muskel einen Ruheumsatz. Die *Ruhewärme*produktion geschieht ausschließlich aus oxidativen Prozessen; sie kommt völlig zum Erliegen, wenn die O_2-Zufuhr unterbunden wird. Bei Muskelaktivierung unterscheidet man 2 deutlich abgrenzbare Prozesse der zusätzlichen Wärmeproduktion: Die Erzeugung von *Initialwärme,* die während der Muskelkontraktion geschieht und die mit abgeschlossener Relaxation endet. Die Erzeugung von *Erholungswärme,* die auf jede Kontraktion folgt und bei kräftiger Muskelarbeit viele Minuten andauert. Die Rate der auf die Muskelkontraktion folgenden Erholungswärmeproduktion ist viel kleiner als die der Produktion von Initialwärme; die Wärmemengen sind aber etwa gleich groß. Die Erholungswärme ist etwa gleich der Summe aus der während der Kontraktion erzeugten Initialwärme und der geleisteten Arbeit. Die Erholungswärme ist eine Begleiterscheinung der oxidativen Prozesse, die die Aufladung der anaeroben Kurzzeitspeicher bewirken.

Muss ein Muskel wiederholt physikalische Arbeit leisten, wird die Hubhöhe zunehmend kleiner. Die *Ermüdung* setzt umso früher ein, je größer die Belastung ist und je schneller die Hübe ausgeführt werden. Muskeln ermüden auch, wenn sie nur Haltearbeit – also keine Arbeit im physikalischen Sinne – leisten müssen. Die schnelle Ermüdung bei willkürlicher Aktivierung ist bei guter Muskeldurchblutung nicht durch Energiemangel oder Metabolitenanhäufung im Muskel bedingt. Bei elektrischer Reizung des motorischen Nervs gibt der Muskel nämlich wieder seine volle Leistung. Es ermüden als Erste die motorischen Zentren des ZNS, nicht die motorischen Nerven oder die Muskeln. Reizt man ein isoliertes Nerv-Muskel-Präparat *indirekt,* so findet man bei hoher Reizfrequenz Ermüdungserscheinungen, die auf einem zunehmenden Block der neuromuskulären Übertragung beruhen. Bei *direkter* Reizung gibt der Muskel wieder seine volle Kraft. Als Zweite ermüden also die neuromuskulären Synapsen.

Bei niederfrequenter (<3 Hz), direkter Reizung ist ein Muskel praktisch nicht ermüdbar, wenn eine ausreichende Versorgung mit Sauerstoff und Nährstoffen sowie für den Abtransport der Metaboliten erfolgt. Bei schlechter Durchblutung bewirkt der durch die Muskelarbeit ansteigende Laktatspiegel einen Abfall des pH-Wertes, wodurch die weitere Energiebereitstellung gehemmt wird. Erstes Zeichen eines Abfalls der intrazellulären ATP-Konzentration ist eine Abnahme der Erschlaffungsgeschwindigkeit; später entwickelt sich eine Kontraktur.

> **Merke**
>
> Die Skelettmuskulatur verwendet neben Fettsäuren Kohlenhydrate zur *Energiegewinnung*, d. h. zur ATP-Synthese. Auch bei Sauerstoffmangel kann ATP gewonnen werden indem Glukose anaerob zu Laktat abgebaut wird. Der Wirkungsgrad der Muskelarbeit beträgt 20–25%, sodass ein Großteil der Nahrungsenergie in Wärme umgesetzt wird, ein wichtiger Faktor im Wärmehaushalt des Körpers.

4.5 Die glatte Muskulatur

Aufbau und Funktionsweise glatter Muskelzellen

Die glatte Muskelzelle besitzt nicht den geordneten Aufbau der Skelettmuskelfaser; eine Querstreifung ist nicht erkennbar. Glatte Muskelzellen sind klein (50–200 μm, im schwangeren Uterus bis 500 μm lang) und spindelförmig (größter Durchmesser 10 μm). Sie besitzen nur einen elliptischen, zentralen Zellkern. Sie liegen dicht und mit geringer Isolierung aneinander. Die Membran weist dem T-System der quer gestreiften Muskulatur analoge Invaginationen auf. Kontraktile Proteine haben einen mengenmäßig geringeren Anteil als beim Skelettmuskel.

Der kontraktile Apparat besteht aus dicken Myosinfilamenten und aus dünnen Aktinfilamenten, die an Verdickungen der Innenseite der Zellmembran, den sog. *dense bodies* (dichten Körpern), fixiert sind. Die *dense bodies* entsprechen den Z-Scheiben der quer gestreiften Muskelfasern. Trotz Fehlens eines systematischen Aufbaus ist auch hier das Prinzip der Verkürzung ein Aneinandergleiten von Aktin- und Myosinfilamenten. Dabei werden die *dense bodies* nach innen gezogen, und die Zelle verkürzt sich (◼ Abb. 4.10).

Bei sehr langsamer Dehnung entwickelt der glatte Muskel kaum Widerstand. Seine plastische Formbarkeit kann so ausgeprägt sein, dass er nach einer Dehnung spontan nicht mehr zur Ausgangslänge zurückkehrt. Erst durch eine aktive Kontraktion wird die ursprüngliche Form wiederhergestellt. Umgekehrt kann ein kontrahierter glatter Muskel in diesem Zustand ohne weitere aktive Tätigkeit lange verharren. Das Fehlen einer exakten Beziehung zwischen Länge

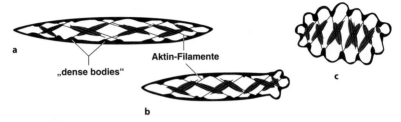

◘ Abb. 4.10.   Glatte Muskelzelle bei verschiedenen Kontraktionszuständen. Schematische Darstellung; **a** relaxiert. **b** lokale Kontraktion *rechts.* **c** im Ganzen kontrahiert. *Rot* eingezeichnet, Myosin

und Spannung ist für die Physiologie des glatten Muskels von großer Bedeutung: Infolge ihrer Dehnbarkeit zeigen Hohlmuskeln, wie die Blase, bei langsamer Füllung erst spät eine Drucksteigerung. Stark variierende Volumina können so gespeichert und nach Aktivierung der Muskulatur entleert werden.

Das Membranpotential glatter Muskelzellen beträgt durchschnittlich ca. –60 mV, ist also kleiner als das der quer gestreiften Muskelfaser. Charakteristisch ist die Instabilität des Membranpotentials: Es fluktuiert rhythmisch um einen Mittelwert. Erreicht die spontane Depolarisation einen charakteristischen Schwellenwert, so wird ein *spike* ausgelöst, ein Aktionspotential von rund 50 mV Amplitude, das manchmal sogar einen geringen *overshoot* besitzt. Die schnellsten Fluktuationsphänomene erfolgen etwa im Sekundenrhythmus; häufig gibt es Minutenperiodik. Man bezeichnet sie als **basale organeigene Rhythmik** der verschiedenen Organe. Auch Stundenrhythmik und Tagesschwankungen werden beobachtet. Die Dauer der Spikes variiert in den verschiedenen glatten Muskeln; sie beträgt 10–100 ms.

Im Single-Unit-Typ (◘ Tabelle 4.1) bestehen zwischen benachbarten Zellen Brücken (*gap junctions*), an denen die Membranen zwar nicht verschmelzen, aber eng benachbart sind. Durch die Connexone, spezielle Membranporen, der *gap junctions* werden Erregungen von einer Zelle zur nächsten fortgeleitet. Abhängig von den lokalen Bedingungen erfolgt die Fortleitung nicht über das ganze Organ, oft ersterben die Erregungen schon nach einer kurzen Strecke. Dies hängt von der Konzentration erregungsfördernder oder -hemmender Substanzen ab wie Ionen, Transmitter, Hormone, Stoffwechselprodukte u. a. Wichtig ist dabei der Dehnungszustand des Muskels. Darm und Gefäße sind besonders dehnungsempfindlich, v. a. auf rasche Dehnung. Dehnung depolari-

◻ Tabelle 4.1. Übersicht über Gemeinsamkeiten und Unterschiede der verschiedenen Muskeltypen

Anatomische Einteilung	Skelett-muskel	Glatte Muskel		Herzmuskel
Brennstoff	ATP	ATP		ATP
kontraktile Eiweiße	Aktomyosin	Aktomyosin		Aktomyosin
Struktur	streng geordnet in Sarkomeren	ungeordnet		geordnet in Sarkomeren
Kraft als Funktion der Länge	Abb. 4.8b	nicht genau definiert		Starling-Gesetz
Verkürzungsgeschwindigkeit*	schnell 15–60 ms	langsam 2–20 s		mittel 200–300 ms
Elektromechanische Kopplung	innere Speicher werden über T-System aktiviert	Ca^{2+} von außen und innen, kein T-System		innere Speicher und äußeres Ca^{2+} kompliziert verkoppelt
Physiologische Einteilung	Multi-Unit-Typ	Single-Unit-Typ		
Beispiele	Skelettmuskel	innere Augenmuskulatur Pilomotoren Vas deferens	Darm Uterus Ureter Gefäße	Herz
Aufbau	viele motorische Eineiten Zellen separat	eine funktionelle Einheit enger Kontakt (*gap junctions*)		
Erregung	neurogen nur vom ZNS gesteuert	myogen (Nerven modulieren)		
		viele Schrittmacher, begrenzte Fortleitung	ein Hauptschrittmacher, Fortleitungssystem	
Kraft	abstufbar über Rekrutierung und Frequenz	Alles-oder-Nichts-Gesetz		
Nervenversorgung	nur erregend	erregend und hemmend		
Transmitter	Azetylcholin	Darm: erregend: Azetylcholin; hemmend: Noradrenalin	Herz: erregend: Noradrenalin; hemmend: Azetylcholin	
Synapsen	enger Kontakt, hoher Sicherheitsfaktor	loser Kontakt		

* Einzelzuckungsdauer.

siert die Zellmembran und bewirkt so eine hohe Spikefrequenz. Einer Zunahme der elektrischen Aktivität entspricht eine Verstärkung der mechanischen Aktivität. Dieser Mechanismus ist für die Darmmotorik von Bedeutung, ferner liegt er der vasalen Autoregulation der Durchblutung von Organen zugrunde, die besonders bei der Niere ausgeprägt ist.

Der Multi-Unit-Typ (❑ Tabelle 4.1) der glatten Muskulatur zeigt kaum Spontanaktivität und ist nicht sehr dehnungsempfindlich. Er lässt kein ausgeprägtes synzytiales Verhalten bezüglich der Erregungsausbreitung erkennen. Die Muskelzellen werden über ihre reichlich vorhandenen vegetativen Nervenfasern in kleineren Einheiten lokal erregt, die Nervenendverzweigungen erreichen dabei fast jede Zelle. Die Kontraktion des ganzen Muskels ist daher fein abstufbar, wie dies die Aufgabe solcher Muskeln (z. B. Iris) erfordert. Die neuromuskuläre Kontaktstelle ist jedoch nicht so kompakt lokalisiert wie bei der Skelettmuskulatur. Die vegetativen Axone laufen hier zwischen den Muskelzellen mit mehr oder weniger Berührung hindurch; ihr Überträgerstoff gelangt durch Diffusion an die benachbarten Zellen, wobei offenbar die ganze Zelloberfläche reizempfindlich ist. Auch Hormone und andere Botenstoffe können die Aktivität der Multi-Unit-Zellen erheblich beeinflussen. Die großen Diffusionswege der Transmitter tragen mit dazu bei, dass die Latenzzeit und die Verkürzungsdauer vergrößert sind. Für die längere Kontraktionsdauer (10- bis mehrere 100-mal länger als beim Skelettmuskel) ist auch der langsame Abbau der Transmitter bzw. seine Wiederaufnahme in die Nervenendigungen verantwortlich. Daher ähnelt die Reizantwort glatter Muskeln mehr einem unvollkommenen Tetanus als einer Einzelzuckung.

Merke

Die glatte Muskulatur besitzt nicht den geordneten Aufbau der Skelettmuskulatur. Typisch für die glatte Muskulatur ist eine besondere mechanische Eigenschaft, die **plastische Formbarkeit**. Die elektrische Aktivität der Zellmembran ist durch langsame Schwankungen und schnelle Aktionspotentialfolgen gekennzeichnet. Funktionell kann ein »Single-Unit-Typ« von einem »Multi-Unit-Typ« unterschieden werden.

Neuronale und hormonelle Steuerung der glatten Muskulatur

Die Innervierung der glatten Muskulatur durch das vegetative Nervensystem dient nicht so sehr der Auslösung, als vielmehr der **Modifikation** einer bestehenden Grundaktivität. Wie die Namen ausdrücken, wirken die Nerven über unterschiedliche Überträgerstoffe: *Adrenalin/Noradrenalin* bzw. *Azetylcholin*. Adrenalin kann auch als Nebennierenhormon über das Blut direkt auf die glatte Muskulatur einwirken.

Die Wirkung der beiden Systeme ist oft antagonistisch: Für den Darm gilt z. B., dass Adrenalin oder Sympathikusaktivität hemmen und relaxieren, Azetylcholin oder Parasympathikusaktivität erregen und verkürzen. An anderen glattmuskulären Systemen (Gefäßen, Sphinkteren im Verdauungstrakt) übt der Sympathikus den erregenden und der Parasympathikus den hemmenden Einfluss aus. Man erklärt dieses unterschiedliche Antwortverhalten durch verschiedene Rezeptoren in den Muskelzellmembranen, die nach Bindung der Transmitter unterschiedliche intrazelluläre Wirkungen hervorrufen. Adrenalin-Rezeptoren kann man grob in *α- und β-Rezeptoren* einteilen: α-Rezeptor-Aktivierung fördert entweder den Ca-Einstrom in die Zelle oder, durch Freisetzung des intrazellulären Botenstoffs *(second messengers)* **Inositoltriphosphat** (IP_3), die Ca-Freisetzung aus dem sarkoplasmatischen Retikulum (◘ Abb. 4-11). Ein anderer Subtyp von α-Rezeptoren hemmt das Enzym *Adenylatzyklase* und senkt so den Spiegel des *second messenger cAMP*. Die β-Rezeptoren wirken entgegengesetzt, sie stimulieren die Adenylatzyklase, erhöhen den intrazellulären cAMP-Spiegel und wirken dadurch relaxierend. So vermitteln z. B. α-Rezeptoren die Vasokonstriktion in den Venen, β-Rezeptoren die Dilatation in anderen Gefäßsystemen (Arteriolen der Skelettmuskulatur, Koronargefäße).

Viel mehr als die Skelettmuskulatur kann glatte Muskulatur über eine Reihe von *Hormonen* und anderen Mediatoren beeinflusst werden (◘ Abb. 4.11). So wirken Angiotensin II und Serotonin aktivierend, Histamin und Bradykinin relaxierend auf die Muskulatur vieler Gefäße. Oxytozin wirkt aktivierend auf die Uterusmuskulatur und die glatte Muskulatur der Brustdrüse der Frau. Generell gelten IP_3 und Ca^{2+} als aktivierende *second messenger*, cAMP und cGMP als relaxierende. Ein weiterer bedeutender relaxierender Faktor für die glatte Muskulatur ist der lokal produzierte, membrangängige Mediator **Stickstoffmonoxid** (NO). Die *second messenger* wirken entweder auf die elektrische Aktivität der Plasmamembran, d. h. auf Ionenkanäle, oder auf den Ca-Haushalt oder den kontraktilen Apparat der glatten Muskelzellen. Durch den unterschiedlichen Besatz mit Rezeptoren und die verschiedenen intrazellulären Signalwege besitzt die glatte Muskulatur eine große Vielfalt an Aktivierungsmöglichkeiten.

Anders als bei den relativ großen Skelettmuskelfasern kann bei den dünnen glatten Muskelzellen extrazelluläres Ca^{2+} genügend schnell von außen nach

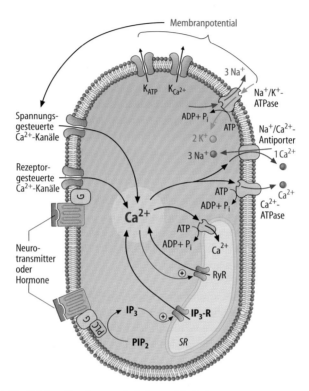

◘ Abb. 4.11. Calzium-Homöostase der glatten Muskulatur. Die zytosolische Ca^{2+}-Kon-
zentration wird erhöht, wenn Spannungs- oder Rezeptor-gesteuerte Ca^{2+}-Kanäle der Zellmembran öffnen. Erregende Agonisten führen außerdem IP_3-vermittelt zur Freisetzung von
Ca^{2+} aus dem sarkoplasmatischen Retikulum. Zusätzlich kann Ca^{2+} über die Ca^{2+}-induzierte
Ca^{2+}-Freisetzung über den Ryanodin-Rezeptor (RyR) zum Anstieg des Ca^{2+} im Myoplasma
führen. Die Lage des Membranpotentials wird durch verschiedene K^+-Kanäle und die elek-
trogene Na^+/K^+-Pumpe bestimmt. Ca^{2+}-Pumpen im sarkoplasmatischen Retikulum und in
der Plasmamembran sowie der membranständige Na^+/Ca^{2+}-Austauscher entfernen Ca^{2+} aus
dem Myoplasma. Ein Abfall der zytosolischen Ca^{2+}-Konzentration kann auch durch Öffnen
von K^+-Kanälen, die die Membran hyperpolarisieren und dadurch zum Verschließen von
spannungsgesteuerten Ca^{2+}-Kanälen führen, erfolgen

innen dringen. In der Membran befinden sich Ca-Kanäle, die bei Depolarisation oder nach Aktivierung durch Überträgerstoffe Ca^{2+} passieren lassen. Aber auch glatte Muskelzellen besitzen intrazelluläre Ca-Speicher. Die Abgabe von Ca^{2+} ins Sarkoplasma wird u. a. durch IP_3 vermittelt. Die Aktivierung der Aktin-Myosin-Interaktion durch Ca^{2+} hat beim glatten Muskel eine Besonderheit. Während sie bei Herz- und Skelettmuskel durch Bindung von Ca^{2+} an das Troponin C der dünnen Filamente bewirkt wird, findet beim glatten Muskel Bindung von Ca^{2+} an einen im Sarkoplasma gelösten Ca-Rezeptor statt, das sog. *Calmodulin*. Der Ca-Calmodulin-Komplex aktiviert wiederum eine Proteinkinase, die *Myosin-leichte-Ketten-Kinase*, die ihrerseits die leichten Ketten am Myosinköpfchen phosphoryliert. Dadurch wird schließlich die Aktin-Myosin-Interaktion ermöglicht.

Die Dephosphorylierung der leichten Ketten durch eine Phosphatase bewirkt Relaxation. Diese *Myosin-leichte-Ketten-Phosphatase* kann wiederum durch Kinasen beeinflusst werden. Die Hemmung der Phosphatase durch die so genannte Rho-Kinase macht das kontraktile System der glatten Muskelzelle sensibler gegen Ca-Erhöhungen. Man spricht daher von einer *Ca-Sensibilisierung*. Die *second messenger* cAMP und cGMP und NO wirken relaxierend, indem sie über Aktivierung von Kinasen die Myosin-leichte-Ketten-Phosphatase aktivieren, ein Effekt, der als *Ca-Desensibilisierung* bezeichnet wird. Es ist dies ein Weg, auf dem die Katecholamine die Kontraktionskraft von Gefäßmuskeln verringern können. Fehlregulationen der Leichte-Ketten-Phosphatase werden für manche Formen von Bluthochdruck und Vasospasmus verantwortlich gemacht. Das bei der Aktivierung angestiegene sarkoplasmatische Ca^{2+} wird schließlich durch membrangebundene Ca-ATPasen der Plasmamembran und des sarkoplasmatischen Retikulums wieder nach außen bzw. in die internen Ca-Speicher befördert.

Merke

Die glatte Muskulatur besitzt oftmals eine sympathische (*adrenerge*) und eine parasympathische (*cholinerge*) Innervierung und wird durch **Hormone** und andere *Mediatoren* (Botenstoffe) beeinflusst. Das Grundprinzip der Kraftregulation lautet beim glatten Muskel wie beim Skelettmuskel: Erhöhung der freien $[Ca^{2+}]_i$ bewirkt Kontraktion.

5   Motorisches System

M. Illert, J. P. Kuhtz-Buschbeck

❯❯ Einleitung

Greifen, Laufen und **Stehen** sind Grundkomponenten der Motorik. Geplant und organisiert, d. h. aufgebaut, werden sie in einem räumlich verteilten motorischen System, das auf verschiedenen Stufen des Zentralnervensystems lokalisiert ist. In diesem System wird ein Handlungsantrieb in ein Programm der Bewegung umgesetzt, also in ein »neuronales Bild« des Bewegungsablaufs. Dieses Programm aktiviert über deszendierende Trakte neuronale Systeme im Hirnstamm und im Rückenmark, in denen die Bewegung der Gelenke aufgebaut wird. Hier erfolgen die Abstimmung der ein Gelenk überspannenden Muskeln sowie die Koordination zwischen benachbarten Gelenken.

Bewegung vollzieht sich in allen Lebensbereichen, beim Sport, in der Kunst, am Arbeitsplatz, bei Krankheiten. Im Gegensatz zu einem Motor, der in maschinenartiger Monotonie seine Arbeit verrichtet, ist die Motorik der Menschen und der Tiere lebend und im Lösen neuer Bewegungsaufgaben innovativ und kreativ. Motorik muss erlernt sein, wir lernen durch Bewegung und wir bewegen uns so gut, wie wir es gelernt haben.

5.1   Die Komponenten der Motorik

Motorik ist zielgerichtet

Der Körper führt sie als Antwort auf eine Vielzahl von Signalen durch, die von »außen« (z. B. Ton einer Autohupe) oder von »innen« (z. B. impulsiver Gedanke) kommen können. Der Handlungsantrieb, der am Beginn einer Bewegung steht, mag bewusst (z. B. Greifen nach einem Glas Wasser) oder unbewusst sein (z. B. Wegziehen der Hand von einer heißen Herdplatte). Das »Wissen« um die Bewegung entwickelt sich in vielen Fällen auch erst während ihres Verlaufs. Jede Bewegung ist aber Teil eines persönlichen, kontextabhängigen Verhaltens. Ein intaktes und funktionstüchtiges Zentralnervensystem (ZNS) ist die Voraussetzung dafür, dass die Motorik für die Umgebung und im Verhaltenskontext adäquat ist.

Am Beginn einer Bewegung steht der **Handlungsantrieb**, der bei »innerer« Motivation u. a. auf die Aktivität limbischer und frontaler Kortexgebiete zurückgeht. Dieser Antrieb setzt eine Folge ineinandergreifender, sequenziell und parallel ablaufender neuronaler Prozesse in Gang. In der **Entschlussphase** realisiert das ZNS den Handlungsantrieb und entwickelt eine Strategie, um ihn durchzuführen. In der **Programmierungsphase** wird diese von den sensomotorischen Kortexgebieten, den Basalganglien und dem Kleinhirn in ein Bewegungsprogramm umgesetzt. Das Programm, die neuronale Repräsentation der geplanten Bewegung, spricht mit seinen Signalen die Effektoren an, synchronisiert diese und legt Ausmaß und Zeitdauer ihrer Aktivierung fest. Während der **Bewegungsdurchführung** werden die ausgewählten Neuronensysteme aktiviert. Die Motoneurone bringen die jeweiligen Muskelgruppen in Aktion und koordinieren sie zu einer abgestimmten Kontraktion oder Erschlaffung. Parallel wird die Übertragung in den afferenten sensorischen Systemen kontrolliert. Die zielgerichtete Motorik baut auf einer stabilen Körperhaltung auf, die vor allem durch Zentren des Hirnstamms gesichert wird.

Sensorische Rückmeldung als Bestandteil der Motorik

Zur Messung des Bewegungsablaufes und der Erfassung der Stellung des Körpers im Raum ist der Organismus mit Sinnessystemen und ihren spezifischen afferenten Verschaltungen ausgestattet (▶ Kap. 7.1). Der Aktivitätszustand der eine Bewegung programmierenden und durchführenden Neurone wird außerdem über interneuronale Verschaltungen erfasst, die die Aktivität untergeordneter motorischer Zentren messen und nach zentral melden. Beide Rückmeldesysteme informieren das ZNS fortlaufend über die Programmierung und die Entwicklung der Bewegung. Dies wird als **Rückkoppelung** oder **Reafferenz** bezeichnet. In Abgrenzung dazu werden sog. **Exafferenzen** nicht durch die eigene Bewegung, sondern durch äußere Einwirkungen verursacht. Mit der Einstellung der Reafferenz greift das ZNS korrigierend in den Aufbau der Steuersignale ein und führt während des Bewegungsablaufs optimierende Korrekturen durch. Die Bewegungsprogramme steuern also nicht nur Effektoren an, sondern stellen auch die Übertragung der Reafferenz ein. Sinneskanäle, die den Bewegungsverlauf messen und nach zentral übertragen, werden auf maximale Empfindlichkeit eingestellt; Sinneskanäle, die daran nicht beteiligt sind, werden in ihrer Empfindlichkeit reduziert.

Das Ausmaß der Steuerung einer Bewegung durch die Reafferenz ist unterschiedlich. Das Schreiben auf einem rutschenden Papier oder das »Herausklauben« einer bestimmten Münze aus einer Geldbörse sind hochgradig von dieser Reafferenz abhängig. Im Gegensatz dazu nutzen sehr schnelle, vorprogrammierte oder *ballistische Bewegungen* wie z. B. der brüske Tritt auf das Bremspedal eines Autos in einer Notsituation (Reifenquietschen und Blockieren der Räder) die Reafferenz von den Sensoren der Sinnessysteme sehr wenig.

Merke

Handlungsantrieb, Entschlussphase und Programmierungsphase führen zur Durchführung einer Bewegung. Sequentiell und parallel werden *kortikale und subkortikale Neuronensysteme* aktiviert, die letztlich die spinalen Motoneurone erregen oder hemmen. Die sensorische Rückmeldung, deren Übertragung aktiv gesteuert wird, ist für das Gelingen der meisten Bewegungen notwendig.

5.2 Die motorischen Kortizes

Primäre und sekundäre motorische Rindenfelder

Vier Kortexgebiete sind durch ihre efferenten Projektionen direkt an der Entwicklung und Durchführung der Motorik beteiligt (◘ Abb. 5.1), und zwar der *primäre motorische Kortex* (MI, Area 4 nach Brodmann), und drei sekundäre motorische Gebiete: der *prämotorische Kortex* (PM, lateraler Teil der Area 6), die *supplementär-motorische Region* (SMA, medialer Teil der Area 6) und die *zinguläre motorische Region* (CMA, Area 24). Elektrische Reizung dieser Gebiete löst Muskelkontraktionen und Bewegungen aus. Sowohl SMA als auch CMA liegen auf der medialen Fläche der Hirnhälften, verborgen im Interhemisphärenspalt. In allen vier Gebieten finden sich *somatotopisch geordnete Repräsentationen* des Körpers. Im primär motorischen Kortex ist die kontralaterale Körperhälfte so repräsentiert, dass Bein und Rumpf nahe der Mantelkante vertreten sind, während Arm, Hand und Gesicht auf der Konvexität des Kortex nach lateral unten folgen. Ähnlich wie beim somatosensorischen »Homunkulus« (► Kap. 8.5, Abb. 8.11) beanspruchen Hand-, Gesichts- und Sprechmuskeln besonders große Repräsentationsfelder.

Durch *reziproke Verbindungen* sind die vier motorischen Kortizes innerhalb jeder Hemisphäre eng miteinander verknüpft, und über kommissurale Systeme bestehen Projektionen zu den entsprechenden Arealen der kontralate-

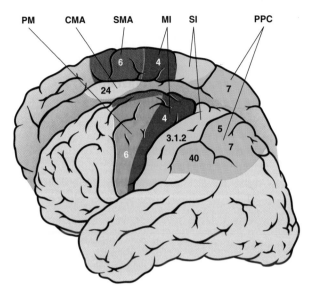

□ **Abb. 5.1. Sensomotorische Hirnrindenfelder.** Motorische Kortexgebiete sind der primär motorische Kortex *MI* (Area 4 nach Brodmann), der prämotorische Kortex *PM* (laterale Area 6), die supplementär-motorische Area *SMA* (mediale Area 6), und die zinguläre motorische Area *CMA* (Area 24). Kaudal der Zentralfurche liegen der primär sensorische Kortex *SI* (Areae 1, 2, 3) und der posterior-parietale Assoziationskortex *PPC*

ralen Hirnhälfte. Über kortikokortikale Verbindungen erhalten die motorischen Gebiete Eingänge aus den sensorischen Kortizes. *Thalamokortikale Projektionen* übermitteln bereits vorverarbeitete Informationen aus den Basalganglien und dem Zerebellum sowie somatosensorische Signale aus der Körperperipherie. Ferner ist der prämotorische Kortex eng mit dem posteriorparietalen und dem präfrontalen Kortex verknüpft. *Efferente Projektionen* ziehen zu subkortikalen Kernen und zum Rückenmark. Alle vier motorischen Kortizes sind Ursprungsgebiete kortikospinaler Bahnen.

Die Aktivität der motorischen Kortizes bei Willkürbewegungen lässt sich mit *bildgebenden Verfahren* (z. B. funktionelle Kernspintomographie) (► Kap. 15.4) untersuchen. Diese messen die bei erhöhter Aktivität kortikaler Neuronengruppen auftretende lokale Steigerung von Durchblutung und Metabolismus. Während der Durchführung von Bewegungen zeigt sich charakteristischerweise keine »Alles-oder-Nichts-Antwort« einzelner umschriebener Gebiete, sondern eine parallele, graduell abgestufte Aktivität mehrerer motorischer und sensorischer Kortizes, polymodaler parietaler Assoziationsareale, der Basalganglien und des Zerebellums.

Handmotorik: Greifen, Fassen und Tasten

Beim *zielgerichteten Ergreifen* eines Gegenstandes werden Informationen verschiedener Sinneskanäle integriert und in ein Bewegungsprogramm umgesetzt. Das Objekt wird zunächst visuell fixiert und in seiner Form und räumlichen Lage relativ zum Körper erkannt. In die Planung der Zielbewegung geht die Ausgangsstellung von Arm und Hand ein, die durch propriozeptive Afferenzen gemeldet wird. Das motorische Kommando steuert die Bewegungen von Schulter- und Ellenbogengelenk, um die Hand auf einer leicht gebogenen Bewegungsspur zum Objekt zu führen, während sich gleichzeitig die Finger vorbereitend zu einem Griff formen, welcher der Größe und Gestalt des Gegenstandes optimal angepasst ist (◻ Abb. 5.2 a).

Mehrere Kortexgebiete sind an dieser *visuomotorischen* Koordinationsleistung beteiligt. Benutzt wird ein Verarbeitungsweg, der von der Sehrinde ausgeht, den *posterior-parietalen* mit dem *prämotorischen* Kortex verbindet, und zum primär motorischen Kortex führt (◻ Abb. 5.2 b). Der posterior-parietale Kortex arbeitet afferente Zuströme aus dem primären somatosensorischen Kortex und den visuellen Arealen so auf, dass sie von den motorischen Kortizes zur Programmierung der Bewegung genutzt werden können. So ist die Wahl eines zum Objekt passenden Griffes eine Bewegungskomponente, die sich im Entladungsverhalten prämotorischer und parietaler Neurone widerspiegelt. Der *primäre Motorkortex*, dessen Neurone über keinen direkten visuellen Eingang verfügen, verwendet die vorverarbeitete Information für die Ausgestaltung des Kommandos zu den Motoneuronen der kontralateralen Arm- und Handmuskeln.

Die Doppelfunktion der Hand als »Sinnesorgan und Werkzeug« erfordert den engen Informationsaustausch und die gemeinsame Aktivität sensorischer und motorischer Kortizes. Beim Fassen und Hantieren von Objekten werden zahlreiche Sensoren der Haut der Fingerbeeren erregt (Mechanosensoren) (▶ Kap. 8.1). Die Wechselwirkung zwischen somatosensorischem afferentem Zustrom und efferentem Kommando gewährleistet eine aufgabengerechte *Abstimmung der Griffkraft* der Finger, sodass glatte Gegenstände fester gefasst werden als solche mit rauer, griffiger Oberfläche. Störungen der taktilen und propriozeptiven Sensibilität beeinträchtigen Kraftanpassung und Geschicklich-

a

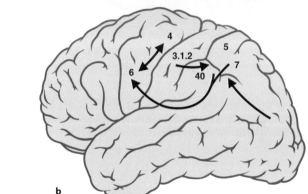

b

▪ **Abb. 5.2. Ziel- und Greifbewegung. a** Formierung des Griffs bei Annäherung der Hand an das Objekt. **b** Kortikaler Verarbeitungsweg: Der posterior-parietale Kortex erhält Informationen aus den visuellen und somatosensorischen Kortizes. Er projiziert zum prämotorischen Kortex, der wiederum eng mit dem primär motorischen Kortex verknüpft ist (Mod. nach Jeannerod et al. 1995)

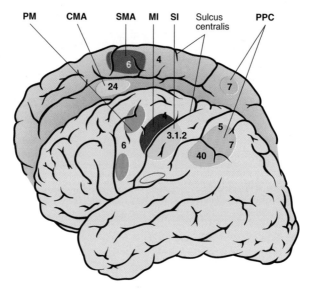

■ **Abb. 5.3. Kortikale Aktivität beim Ertasten von Objekten.** Benutzt wird die rechte Hand. Lateralansicht der linken Hemisphäre; deren mediale Fläche wird wie in einem Spiegel betrachtet. Beteiligt sind der primäre motorische (*MI*) und somatosensorische (*SI*) Kortex, ventrale und dorsale Bezirke des prämotorischen Kortex (*PM*), *SMA* und *CMA*, der sekundär somatosensorische Kortex *SII* (im parietalen Operculum; violett umrandet), sowie der posterior-parietale (*PPC*) Kortex (Mod. nach Binkofski et al. 1999)

keit. Eine anspruchsvolle Aufgabe, die motorische, sensorische und räumlich-konstruktive Elemente enthält, ist das ***Ertasten komplexer Formen*** (z. B. verschiedener Schlüssel). Geschieht dies mit der rechten Hand, so sind alle motorischen Kortizes und der sensorische Kortex der linken Hemisphäre, der posterior-parietale Kortex bilateral, der rechte, ipsilaterale prämotorische Kortex, die Basalganglien und das Zerebellum gemeinsam aktiv (■ Abb. 5.3).

Nicht nur bei der Durchführung, sondern auch während der ***Planung*** von Bewegungen sind motorische Kortexgebiete tätig. Etwa eine Sekunde vor einer Bewegung beginnt ein ***Bereitschaftspotential***, das mit elektroenzephalographischer Methodik abgeleitet werden kann. Dieses Potential entsteht wahrscheinlich durch die Aktivität von Neuronen der SMA und verschiedener Assoziationskortizes während der Bewegungsvorbereitung. Selbst während der ***Imagination*** wiederholter Handbewegungen (z. B. Kippen eines Hebels), die jedoch nicht ausgeführt werden, sind die SMA, CMA und Teile des prämotorischen Kortex als Ausdruck der Planung mental vorgestellter Bewegungen aktiv; der primäre Motorkortex bleibt hingegen inaktiv.

Funktionen der motorischen Rindenfelder

Spezifische Funktionen einzelner Gebiete werden durch ihre besondere Aktivität während spezieller Aufgaben und anhand der Folgen umschriebener Läsionen deutlich. Den direktesten Zugang zur motorischen Endstrecke hat der *primär motorische Kortex* (MI) wegen seiner starken kortikospinalen Projektion zu den Motoneuronen, einschließlich der direkten *monosynaptischen* Verbindungen, die für die Steuerung *differenzierter Fingerbewegungen* verantwortlich sind. In der fünften Schicht von MI befinden sich zahlreiche efferente Neurone des Kortikospinaltraktes, unter anderem die Betz-Riesenzellen. Die Richtung z. B. einer Zeigebewegung wird durch die graduell abgestufte Aktivität vieler Neurone im Arm- und Handareal von MI kodiert. Einzelne Muskeln sind oft mehrfach in verschiedenen neuronalen Ensembles vertreten, die jeweils für bestimmte Bewegungen genutzt werden.

Die *supplementär-motorische Region* (SMA) ist an der *Bewegungsplanung*, besonders an der Programmierung willkürlich initiierter Bewegungssequenzen und ihrer Wiedergabe aus der Erinnerung beteiligt. Sowohl SMA als auch CMA sind während komplexer Bewegungsabläufe deutlich stärker aktiv als bei einfachen Bewegungen. Elektrische Reizung der SMA löst zusammengesetzte Bewegungen mit Einbeziehung verschiedener Muskelgruppen aus (z. B. Heben der Hand mit gleichzeitiger Kopfdrehung). Einseitige Läsionen verursachen eine vorübergehende Bewegungsarmut der kontralateralen Körperhälfte. Die SMA hat außerdem Bedeutung für die *Koordination beidhändiger Bewegungen*. Nach Läsionen ist die Durchführung von asymmetrischen, gegenläufigen Bewegungen beider Hände beeinträchtigt (z. B. Schließen und Spreizen der Finger im gegenläufigen Takt).

Der *prämotorische Kortex* organisiert die Planung und Initiierung *sensorisch ausgelöster Bewegungsabläufe*. Er ist bei feinmotorischen Aufgaben (z. B. Präzisionsgriff) und beim Erlernen der Kombination von Auslösereizen mit spezifischen Bewegungen besonders aktiv, wenn etwa verschiedene Lichtsignale mit jeweils einer bestimmten Armbewegung beantwortet werden oder wenn verschiedene Gegenstände jeweils eine bestimmte Formung der greifenden Hand erfordern. Umschriebene Läsionen beeinträchtigen die Entwicklung einer optimalen Strategie für zielorientierte Bewegungen im Raum (◘ Abb. 5.2).

Schädigungen nahe des Broca-Areals betreffen das motorische Programm für Schreibbewegungen; es resultiert eine motorische ➍*Agraphie*. Ein weiteres Symptom, die sog. ➍*gliedkinetische Apraxie*, besteht in einer Schwäche proximaler Gelenkbewegungen mit Unbeholfenheit der Koordination beim gleichzeitigen Bewegen beider Arme (Windmühlenbewegung) oder beider Beine.

Merke

Motorische Rindenfelder sind neben dem primär motorischen Kortex (MI) die supplementär- und zingulär-motorischen Areale (SMA, CMA) sowie der prämotorische Kortex (PM) als sekundäre motorische Gebiete. Alle vier Areale entsenden **kortikospinale Projektionen**. Die sekundären motorischen Gebiete sind vorwiegend an Planung und Initiierung von Bewegungen beteiligt, MI an der Durchführung.

Obwohl der **posterior-parietale Kortex** nicht zu den motorischen Hirngebieten zählt, ist er doch wesentlich in die sensomotorische Integration und Programmierung von Bewegungsabläufen einbezogen. Läsionen des posterior-parietalen Kortex führen zu komplexen motorischen Symptomen. Schädigungen der **linken**, sprachdominanten Seite verursachen ➍*Apraxien*, d. h. Störungen des zweckmäßigen Bewegungsablaufes, die nicht auf eine Schwäche, eine Sensibilitätsstörung, oder eine Ataxie zurückzuführen sind. Bei der **ideomotorischen Apraxie** kommt es aufgrund eines gestörten Bewegungsentwurfes zur falschen Auswahl der Elemente einer Bewegung oder deren falscher sequenzieller Anordnung in einer Handlungsfolge. Wird z. B. das Schneiden von Brot pantomimisch dargestellt, so wirkt diese Geste inadäquat mit gekrümmten, variablen Bewegungsspuren der Hand statt einer geraden Hin- und Herbewegung. Vornehmlich nach Läsionen des **rechten** posterior-parietalen Kortex tritt eine als ➍*Neglekt* bezeichnete Verhaltensstörung auf, die durch das Nichtbeachten von Reizen auf der zur Läsion kontralateralen Seite gekennzeichnet ist. Die Patienten können einen Nichtgebrauch, eine Vernachlässigung ihrer kontralateralen Extremitäten aufweisen, die manchmal als Hemiparese fehlgedeutet wird. Außer im motorischen Bereich zeigt sich diese Störung auch im somatosensorischen, visuellen und auditiven Bereich.

Die kortikale Repräsentation motorischer Funktionen ist nicht statisch festgelegt, sondern veränderlich. Als Zeichen solcher **kortikalen Plastizität** konnten mit bildgebenden Verfahren die Veränderungen des Aktivitätsmusters beim *motorischen Lernen* gezeigt worden. So führte das Erlernen einer komplizierten Sequenz von Fingerbewegungen nach mehrwöchigem täglichem Üben zu einer Ausbreitung des Gebietes des primär motorischen Kortex, welches während der Aufgabe aktiv war. Andererseits nimmt bei zunehmender Automatisierung erlernter Bewegungsabläufe die aufmerksamkeitsgebundene Aktivierung präfrontaler Kortexgebiete ab. Plastizitätsvorgänge sind auch bei *Schlaganfall-Patienten* mit einseitigen Läsionen des primären motorischen Kortex und angrenzender Gebiete nachgewiesen worden. Nach Funktionserholung war während willkürlicher Bewegungen der betroffenen Hand eine Verlagerung der neuronalen Aktivität in Randgebiete um die Läsion herum erkennbar, mit vermehrter Beteiligung intakt gebliebener supplementär- und prämotorischer Areale. Besonders ausgeprägt ist die kortikale Plastizität im Kindesalter.

5.3 Deszendierende Trakte aus Kortex und Hirnstamm

Kortikale Efferenzen und Pyramidenbahn

Bahnsysteme aus allen motorischen Kortizes projizieren in einem mächtigen Faserbündel in die subkortikalen motorischen Gebiete und in das Rückenmark (◘ Abb. 5.4 a). In vielen Fällen erreicht ein Axon dabei über Kollateralen mehrere Kerngebiete, deren Aktivität durch das Bewegungssignal dann aufeinander abgestimmt wird. Diese subkortikalen Kerngebiete, die weitere efferente Projektionen aufbauen, generieren ihrerseits Signalsequenzen, die das Bewegungsprogramm weiter differenzieren. Zahlreiche Efferenzen der motorischen Kortizes enden in supraspinalen Gebieten, z. B. den Basalganglien, dem Thalamus, pontinen Kernen, und den Kernen der Hinterstränge (◘ Abb. 5.4 a), und nur ein kleiner Teil erreicht das Rückenmark. Neben der *direkten* kortikospinalen Projektion bestehen also *indirekte Verbindungen* zum Rückenmark über die motorischen Zentren des Hirnstamms, z. B. über den Nucleus ruber (kortikorubrospinal) und die Formatio reticularis (kortikoretikulospinal). Diese Verbindungen wurden früher als extrapyramidales System bezeichnet. Der *kortikonukleäre Trakt* erreicht Kerngebiete der Hirnnerven.

Derjenige Teil der kortikalen Efferenz, der durch die *medulläre Pyramide* verläuft, wird als *Pyramidenbahn* bezeichnet (◘ Abb. 5.4 a). Die Pyramide enthält etwa eine Million Axone, die Mehrzahl von ihnen mit dünnem Durchmesser und langsamer Leitungsgeschwindigkeit (90% dünner als 4 µm; nur 2% mit Durchmesser zwischen 10–20 µm). Die Pyramidenbahn ist also kein schneller

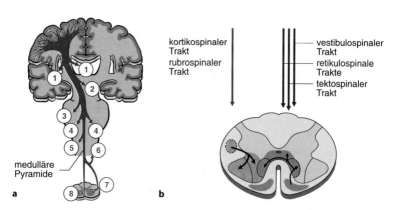

kortikospinaler Trakt
rubrospinaler Trakt

vestibulospinaler Trakt
retikulospinale Trakte
tektospinaler Trakt

medulläre Pyramide

a   **b**

◘ **Abb. 5.4. Projektionen aus Kortex und Hirnstamm. a** Die kortikalen Efferenzen ziehen als dickes Faserbündel durch die Capsula interna in die subkortikalen Gebiete des Hirnstamms und in das Rückenmark. Dabei nimmt die Zahl der Axone ab. Die aufgeführten Trakte bezeichnen die Projektionsgebiete der kortikalen Efferenzen: 1, kortikostriatal und kortiko-thalamisch; 2, kortikorubral; 3, kortikopontin; 4, kortikoretikulär; 5, kortikoolivär; 6, kortikocuneatus und kortikogracilis; 7, kortikospinalis lateralis; 8, kortikospinalis ventralis. (Mod. nach Phillips & Porter 1977). **b** Mediale und laterale Bahnsysteme. Auf der linken Seite ist das laterale Bahnsystem im dorsolateralen Funikulus schematisiert dargestellt. Diese Trakte kreuzen im Hirnstamm. Die Axone treten in den lateralen Teil des intermediären Rückenmarksgraus ein und innervieren die dort liegenden Interneurone sowie die Motornuklei zur Extremitätenmuskulatur (zur Vereinfachung ist die Projektion in das Hinterhorn weggelassen). Auf der rechten Seite ist das mediale Bahnsystem in seinem Verlauf im ventralen Funikulus schematisiert dargestellt. Die Axone treten von medial in das Vorderhorn ein und innervieren die dort gelegenen Interneurone, sowie die Motornuklei zur Stammmuskulatur. Sie kreuzen zum Teil auf die kontralaterale Seite

Trakt mit vorwiegend dicken Axonen. Allerdings liegen zahlreiche Informationen zur Funktion der dicken Axone bei der Steuerung der Motorik vor, und nur wenige zur Aufgabe der dünnen. Wahrscheinlich ist auch ein großer Teil der dünnen Axone an der Kontrolle der Motorik beteiligt, da sie mit spinalen Motoneuronen und Interneuronen verschaltet sind. Über 90% aller Fasern kreuzen zur Gegenseite und bilden den *lateralen kortikospinalen Trakt*, die anderen ziehen ipsilateral als *ventraler kortikospinaler Trakt* in das Rückenmark.

Laterales und mediales Bahnsystem

Die in das Rückenmark deszendierenden Trakte werden in zwei große Bahnsysteme eingeteilt, die funktionell untereinander durchaus verwoben sind

---

Klinik

Läsion der Capsula interna beim Schlaganfall. Isolierte Läsionen der medullären **Pyramide**, also der Pyramidenbahn, sind selten. Sie führen ebenso wie umschriebene Läsionen von MI zur Schwäche kontralateraler Muskeln bei nur geringfügiger Spastik. Während sich die Bewegungen rumpfnaher Gelenke meist erholen, bleibt die **differenzierte Feinmotorik** der Finger gestört. Weit häufiger sind **Läsionen der kortikalen Efferenzen einer Hemisphäre** durch ischämische Infarkte oder Gefäßrupturen in der ❽ **Capsula interna.** In der inneren Kapsel verlaufen efferente und afferente Bahnen dicht gedrängt. Daher sind neben der Pyramidenbahn auch die Verbindungen der Hemisphäre zu den subkortikalen Kerngebieten sowie aufsteigende thalamokortikale Fasern betroffen. Entsprechend schwer ist die Symptomatik eines solchen ❾ Capsula-interna-Syndroms: **spastische Lähmung** der kontralateralen Extremitäten (Bein in Extensions-, Arm in Flexionshaltung), gesteigerte Muskeldehnungsreflexe und Auftreten pathologischer Reflexe. Eine **zentrale Fazialisparese** (Lähmung des VII. Hirnnerven) durch einseitige Schädigung des Tractus corticonuclearis kommt hierbei häufig vor und betrifft die kontralateralen mimischen Muskeln (»hängender Mundwinkel«) mit Ausnahme der Stirnmuskulatur. Diese wird nämlich von beiden Großhirnhälften, also über ipsi- und kontralaterale kortikonukleäre Bahnen, innerviert.

(❏ Abb. 5.4 b). Das *laterale* Bahnsystem verläuft im dorsolateralen Teil des Rückenmarks und beeinflusst bevorzugt die neuronalen Systeme zu den Extremitäten (Zielmotorik). Das *mediale* Bahnsystem verläuft im ventromedialen Teil des Rückenmarks. Es steuert vor allem die neuronalen Systeme der Rumpfmuskulatur und der Halte- und Stützmotorik.

Zum *lateralen Bahnsystem* gehören der *laterale kortikospinale Trakt* als wichtigste Bahn und der *rubrospinale Trakt,* der beim Menschen wenig ausgebildet ist. Der Kortikospinaltrakt entstammt aus motorischen und sensorischen Kortexgebieten (Areae 4 und 6; parietaler Kortex; Areae 1, 2, 3; CMA). Die Axone enden im Rückenmark *in drei Gebieten* der grauen Substanz: (1) im Hinterhorn stellen sie an den Interneuronen der sensorischen Übertragung die Rückmeldung aus der Körperperipherie ein; (2) im intermediären Bereich kontrollieren sie die Interneurone der spinalen Reflexwege zu Motoneuronen und aszendierenden Trakten; (3) im Vorderhorn enden sie an α- und γ-Motoneuronen, und zwar bevorzugt zu den Muskeln, welche die Motorik der distalen Extremitäten steuern. So ermöglicht das laterale Bahnsystem das manipulatorische Repertoire von Fingern, Hand und Unterarm, wie z. B. beim Greifen, Schreiben und der Exploration von Gegenständen (dem »Erfassen«).

Die meisten kortikospinalen Axone des lateralen Bahnsystems enden an Interneuronen, die Teile von Reflexwegen zu Motoneuronen sind. Zusätzlich zu dieser überwiegenden polysynaptischen Projektion hat sich bei Primaten eine *monosynaptische Projektion* entwickelt, mit der die Motoneurone direkt, unter Umgehung der Reflexwege, aktiviert werden können. Mit der Entstehung der phylogenetisch jungen monosynaptischen Projektion wurde die differenzierte Steuerung der Bewegungen einzelner Finger möglich. Diese direkte Projektion stellt sicher, dass das neuronale Kommando die Zielneurone *unverändert* zum geplanten Zeitpunkt erreicht.

Das *mediale Bahnsystem* besteht aus den *vestibulospinalen Trakten,* dem medialen *retikulospinalen Trakt*, dem *tektospinalen* und dem *ventralen kortikospinalen* Trakt. Diese Bahnen enden im Rückenmark vorwiegend an ventromedial gelegenen Interneuronen und Motoneuronen, welche die Rumpf- und die proximale Extremitätenmuskulatur innervieren (◘ Abb. 5.4 b). Das mediale System ist phylogenetisch älter als das laterale System. Es ist wesentlich an der Aufrechterhaltung von Gleichgewicht und Haltung des Körpers beteiligt. Es stellt die wichtigen neuronalen Mechanismen der Stützmotorik bereit, auf denen aufbauend differenzierte zielmotorische Bewegungen organisiert werden können. Das mediale Bahnsystem wirkt vorwiegend erregend auf die Extensormuskulatur, während über das laterale Bahnsystem eher die Flexoren aktiviert werden.

Merke

Deszendierende Bahnen projizieren aus den motorischen Kortizes zu subkortikalen Kerngebieten, zum Hirnstamm, und in das Rückenmark. Über das *laterale Bahnsystem* des Rückenmarks (u. a. lateraler Kortikospinaltrakt) werden vor allem Zielmotorik und Feinmotorik der Extremitäten gesteuert, über das *mediale Bahnsystem* (u. a. vestibulospinale Trakte) vorwiegend die Halte- und Stützmotorik.

5.4 Das Rückenmark

Prinzipien der motorischen Steuerung

Rückenmark und Hirnstamm steuern die Extremitäten, den Rumpf und die Gesichtsmuskulatur nach vergleichbaren Prinzipien. Die Neurone des Rückenmarks werden eingeteilt in *Motoneurone,* die zu den motorischen und vegetativen Effektoren ziehen, *Traktneurone,* die Information zu supraspinalen Gebieten weitergeben, und *Interneurone* als Integrationsorte neuronaler Information. Die Neurone sind in *spinalen funktionellen Einheiten* verschaltet, welche »*Bausteine von Bewegungen*« bilden. So ist eine Vielzahl von Bewegungskomponenten in entsprechenden funktionellen Einheiten organisiert, z. B. die Hemmung zwischen den antagonistischen Muskeln an einem Gelenk, die Regulation der Muskellänge und Muskelspannung, und sogar die Generierung einfacher rhythmischer Bewegungen. Solche »Bausteine von Bewegungen« werden durch die motorischen Kommandos supraspinaler Areale ausgewählt, kombiniert und zum richtigen Zeitpunkt in der gewünschten Stärke aktiviert.

Gleichzeitig sind die spinalen funktionellen Einheiten ein *Ort der Interaktion* zwischen dem deszendierenden Bewegungskommando und der sensorischen Rückmeldung über den Fortgang der Bewegung. Afferenzen verschiedener Sensoren können die Übertragung des Bewegungskommandos verändern, es abschwächen oder verstärken. Über diesen Weg haben die Afferenzen gleichzeitig Einfluss auf die Motoneurone. Andererseits wird die Übertragung von den Sensoren zu den Motoneuronen von den deszendierenden Programmen kontrolliert. Die *Interaktion zwischen sensorischer Afferenz und deszendierendem Bewegungsprogramm* ermöglicht ein sehr variables und flexibles motorisches Repertoire.

Reflexe sind unwillkürliche, automatische motorische oder vegetative Reaktionen des Organismus auf sensible Reize. Ein *Reflexweg* ist aus Sensoren, einem im ZNS gelegenen Verarbeitungssystem, und den Motoneuronen zu den Effektoren aufgebaut (◘ Abb. 5.5). Der einfachste Reflexweg ist die unmittelbare Verbindung von Afferenz und Motoneuron, der *monosynaptische Reflexbogen.* Die meisten Reflexwege sind jedoch *polysynaptisch* und umfassen mehrere zwischengeschaltete Interneurone. Bei *Eigenreflexen* liegen Sensor und Effektor im gleichen Organ, bei *Fremdreflexen* sind sie räumlich getrennt. Die *Reflexantwort* ist in Latenz, Stärke und Muster eng an die Intensität der Sensorerregung gekoppelt. Supraspinale Zentren nutzen die Reflexwege für die Steuerung der Motorik und passen die neuronale Verarbeitung in spinalen Reflex-

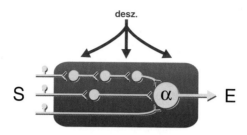

◘ Abb. 5.5. Aufbau eines Reflexweges. Er besteht aus Sensoren (*S*), einem zentralen Verarbeitungssystem und Effektoren (*E*). Das zentrale Verarbeitungssystem *(blau)* besteht aus Interneuronen. Die untere Verschaltung skizziert das Muster eines monosynaptischen Reflexes, die mittlere einen disynaptischen, die obere einen polysynaptischen Reflex. Deszendierende Systeme steuern die Verarbeitung in dem Reflexsystem durch Konvergenz auf die Interneurone

wegen an den aktuellen Bewegungs- und Verhaltenskontext an. Reflexe sind daher durchaus variabel und nicht stereotyp festgelegt.

Sensoren informieren über die Bewegung

Die relevanten Sensoren sind *Längensensoren* zur Messung und Regulation der Muskellänge, *Golgi-Sehnenorgane* zur Registrierung der Muskelspannung, und *Flexorreflexafferenzen* zum Aufbau der motorischen Komponenten des nozizeptiven Beugereflexes.

Die *Längensensoren* sind in Muskelspindeln lokalisiert, die in praktisch jedem Skelettmuskel vorhanden sind, und zwar in besonders großer Dichte in der Nacken- und Fingermuskulatur. Die *Muskelspindeln* liegen *parallel zur Arbeitsmuskulatur*, d. h. zu den extrafusalen Muskelfasern. Sie enthalten die drei Komponenten, die für die Erfassung und Regulation der Muskellänge entscheidend sind (◘ Abb. 5.6): Spezialisierte *intrafusale Muskelfasern* nehmen die Längenänderungen auf; *sensorische Axone* der Gruppen I und II (primäre und sekundäre Muskelspindlafferenzen) messen die Länge und übertragen die Information zum ZNS; *γ-Motoneurone* stellen die Empfindlichkeit der Sensoren ein. Die Längensensoren werden in zwei Gruppen eingeteilt, die Kernsack-(*nuclear-bag-fibers*) und die Kernkettenfasern (*nuclear-chain-fibers*). Adäquater Reiz ist eine Längenzunahme der Äquatorialregion der Sensoren. Das Sensorverhalten ist proportional-differentiell, sodass die Sensoren die Länge (statisch) und die Längenänderung (dynamisch) erfassen. Das proportionale Verhalten ist in den *Kernkettenfasern* besonders entwickelt, das differentielle in den

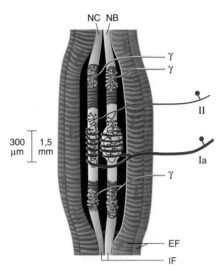

◘ Abb. 5.6. Aufbau einer Muskelspindel. Zwischen den extrafusalen Fasern (*EF*) der Arbeitsmuskulatur und mit ihnen verankert liegen Bindegewebskapseln (Muskelspindeln), in denen die intrafusalen Muskelfasern (*IF*), die Längensensoren, lokalisiert sind. Die *IF* unterteilen sich in polare Anteile, die aus Muskulatur bestehen, und einen äquatorialen Anteil, der leicht dehnbar ist. Jede Spindel enthält durchschnittlich zwei *nuclear-bag-fibers* (*NB*), die im Äquatorialbereich eine Ansammlung von Zellkernen haben, und bis zu zehn *nuclear-chain-fibers* (*NC*), deren Zellkerne kettenartig hintereinander liegen. Zwei Typen afferenter Axone fassen die Längeninformation der Sensoren einer Spindel zusammen. Die Ia-Faser misst die Längenänderungen im Äquatorialbereich, die Gruppe II-Faser am Übergang zum Polbereich. Die intrafusale Muskulatur der Sensoren wird von γ-Motoneuronen innerviert. Die Zeichnung gibt die wahren Längenverhältnisse verzerrt wieder. Die linke Längenskalierung betrifft den Äquatorialbereich, die rechte die gesamte Muskelspindel. Danach können Längenrezeptoren bis zu 12 mm lang werden (Mod. nach Matthews 1972)

Kernsackfasern. Die dynamische Komponente wird vornehmlich durch Ia-Afferenzen zum ZNS geleitet, die statische durch Gruppe II-Afferenzen.

Die intrafusalen Muskelfasern werden an ihren Polen von *γ-Motoneuronen* innerviert (◘ Abb. 5.6), die in den Vorderhörnern des Rückenmarks zwischen den α-Motoneuronen in den spinalen Motornuklei der einzelnen Muskeln liegen. Bei den γ-Motoneuronen ist der Durchmesser der Somata kleiner und die Leitungsgeschwindigkeit der Axone geringer als bei den α-Motoneuronen. Die Aktivierung der γ-Motoneurone führt zu einer tonischen Kontraktion der intrafusalen Muskulatur. Die daraus resultierende Dehnung des Äquatorialbereichs der Sensoren erregt die Muskelspindelafferenzen. Über diesen Mechanismus hat das ZNS direkten Einfluss auf die Sensoren (◘ Abb. 5.8).

Die ***Golgi-Sehnenorgane*** liegen am Übergang der Muskelfasern in die Sehne, also ***seriell zur Arbeitsmuskulatur***. Adäquater Reiz ist die bei einer Kontraktion oder durch Dehnung entwickelte ***Muskelspannung***. Die Sensoren haben eine hohe Empfindlichkeit: Ein Sehnenorgan kann durch die Kontraktion einer einzelnen motorischen Einheit aktiviert werden. Das Sensorverhalten ist proportional-differentiell mit starker Ausprägung der proportionalen Komponente. Die Information über den Spannungszustand des Muskels (bzw. über die Kontraktionskraft) wird über Afferenzen der Gruppe I, die Ib-Fasern, zum ZNS vermittelt.

Die ***Afferenzen des Beugereflexes*** (syn. Flexorreflexafferenzen) stammen von den Nozizeptoren und Thermosensoren, und umfassen ferner hochschwellige Afferenzen der Gruppen III und IV (▶ Kap. 2.6, Tabelle 2.2). Daneben haben diese Sensoren noch weitere Verschaltungen, deren Aktivierung zu spezifischen, lokalen Reflexantworten führt.

Der Muskeldehnungsreflex steuert die Muskellänge

Wird ein Muskel gedehnt, z. B. ein Extensor durch die auf den Körper einwirkende Schwerkraft (»Einknicken« des Gelenks), so führt dies reflektorisch zur Kontraktion des gedehnten Muskels und seiner Synergisten. Dieser ***Muskeldehnungsreflex*** ist ein Bewegungsbaustein, der die Länge des gedehnten Muskels steuert und die Interaktion mit den Synergisten koordiniert. Supraspinale und spinale Zentren haben über das γ-System Zugriff auf die Sensoren des Reflexes und steuern seine Einbindung in das geplante motorische Verhalten.

Die Verschaltung der primären Muskelspindelafferenzen bildet einen ***längenstabilisierenden Regelkreis*** (»Reflexbogen«). Die Ia-Fasern projizieren monosynaptisch auf die α-Motoneurone des sensortragenden Muskels ***(homonyme Verschaltung)*** sowie auf die Motoneurone der Synergisten ***(heteronyme Verschaltung)***. Nimmt, wie in ◘ Abbildung 5.7, die Länge der Ellenbogenflexoren zu, z. B. durch eine externe Last, so werden die homonymen und heteronymen α-Motoneurone über die Ia-Afferenzen depolarisiert. ***Die Erregung der Muskelspindelafferenzen rekrutiert α-Motoneurone.*** Die synaptische Aktivierung der Motoneurone ist umso stärker, je größer die Längenzunahme der Sensoren ist. Die rekrutierten motorischen Einheiten erzeugen Kontraktionskraft, das Gelenk wird dadurch in seine Ausgangsstellung zurückgeführt.

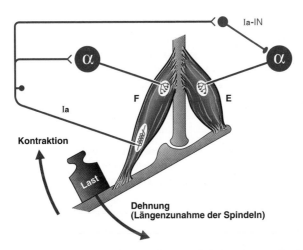

□ Abb. 5.7. Der Muskeldehnungsreflex als längenstabilisierender Regelkreis. An dem schematisierten Gelenk werden die Flexormuskeln (*F*) durch eine externe Last gedehnt. Dadurch werden ihre Längensensoren gedehnt und in den Ia-Fasern Aktionspotentiale generiert. Die monosynaptische, erregende Projektion rekrutiert homonyme Motoneurone (die synchron rekrutierten heteronymen Motoneurone sind nicht gezeigt). Kollateralen der Ia-Fasern aktivieren parallel inhibitorische Interneurone (*Ia-IN*), die in den antagonistischen Motoneuronen zur Extensormuskulatur (*E*) eine reziproke Hemmung auslösen. Durch diese Verschaltung wird das Gelenk auf seine Ausgangstellung zurückgeführt und die Muskellänge konstant gehalten. In der schematisierenden Skizze sind die Verschaltungen der Gruppe II-Afferenzen zur Vereinfachung weggelassen. Eine vergleichbare Verschaltung ist für die Extensoren vorhanden

Der Muskeldehnungsreflex hat viele Funktionen in der Motorik. Als *Antischwerkraftreflex* hält er den Körper gegen die ständig einwirkende Schwerkraft aufrecht. Er ist auch bei der *Lokomotion* wirksam. Zu Beginn der Standphase (Übertragung des Körpergewichtes auf den Boden) verhindert er eine zu starke Beugung der Gelenke. In diese Funktionen sind auch die sekundären Muskelspindelafferenzen und andere polysynaptische Verschaltungen einbezogen. Die sekundären Muskelspindelafferenzen sind über fördernde und hemmende polysynaptische Wege mit praktisch allen Motornuklei der Extremität verschaltet.

Ein leichter Schlag mit dem Reflexhammer auf die Sehne eines Muskels dehnt dessen Längensensoren und löst eine schnelle Kontraktion aus. Die Bezeichnung *Sehnenreflex* für diese Kontraktion ist irreführend, da sich die Sensoren nicht in der Sehne befinden. Der Reflex wird vielmehr durch die kurzfristige Dehnung der Äquatorialregionen der Muskelspindeln (◗ Abb. 5.6) mit Erregung der Ia-Afferenzen ausgelöst. Die elektrische Reizung der Ia-Fasern ist ein anderer methodischer Ansatz. Der so ausgelöste monosynaptische Reflex wird zu Ehren des Erstbeschreibers der Methode als *Hoffmann-Reflex* bezeichnet (oder H-Reflex).

Klinik

Prüfung der Muskeldehnungsreflexe. In der Klinik haben die Muskeldehnungsreflexe (»Sehnenreflexe«) eine große diagnostische Bedeutung. Läsionen des Reflexweges, also der Ia-Afferenzen oder der α-Motoneurone einschließlich ihrer Axone führen zur Abschwächung der Reflexe und zu einer Kraftminderung *(❽ periphere Parese)* mit Abnahme des Muskeltonus. So führt ein Bandscheibenvorfall mit Kompression der Spinalnervenwurzeln des spinalen Segments L4 zu einem abgeschwächten Patellarsehnenreflex. Läsionen der Efferenzen der motorischen Kortizes (z. B. bei Blutung in die Capsula interna) führen hingegen meist zu einer Kraftminderung *(❽ zentrale Parese)* mit Zunahme des Muskeltonus *(Spastik)*. Die Muskeldehnungsreflexe sind hierbei gesteigert, da die deszendierende Hemmung der Reflexübertragung gestört ist. Zusätzlich treten pathologische Fremdreflexe als Hinweis auf eine Läsion des Kortikospinaltraktes auf, z. B. das *Babinski-Zeichen* (fächerartiges Spreizen der Zehen mit Dorsalflexion der Großzehe beim festen Bestreichen der lateralen Fußsohle).

Funktionen der γ-Innervation

Bei einer isolierten Erregung der γ-Motoneurone werden die Äquatorialbereiche der Längensensoren im Vergleich zur extrafusalen Muskellänge vorgedehnt. Damit registrieren sie Längenänderungen der Arbeitsmuskulatur empfindlicher: *Die γ-Innervation steuert die Empfindlichkeit der Sensoren.* Die Messeigenschaften der Sensoren werden auf eine optimale Erfassung der während einer Bewegung erwarteten Längenänderungen eingestellt. Eine Gruppe von γ-Motoneuronen erhöht die Empfindlichkeit für die dynamischen Aspekte der Längenänderung, eine andere für die statischen *(dynamische/statische γ-Motoneurone)*.

Die Muskelspindeln sind bindegewebig an der Arbeitsmuskulatur befestigt. Eine isolierte Verkürzung der extrafusalen Muskulatur würde deswegen die

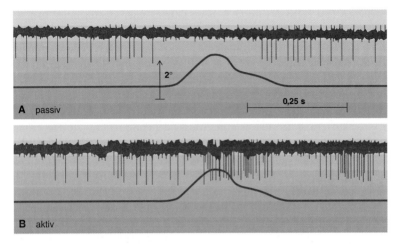

□ **Abb. 5.8. α-γ-Koaktivierung.** Ableitung einer Ia-Afferenz eines Affen aus dem M. masseter *(obere Spur)* während einer Schließbewegung des Kiefers *(untere Spur, Schließen nach oben)*. **a** Mit einem Motor wird von außen ein Kieferschluss durchgeführt. Bei dieser »passiven« Bewegung schweigt die Ia-Afferenz, weil die Längenrezeptoren aufgefaltet werden. **b** Die Ia-Afferenz wird während der Kontraktion des M. masseter aktiviert. Dies geht auf eine Kokontraktion der intra- und extrafusalen Muskulatur zurück (Mod. nach Taylor & Davey 1968)

intrafusalen Längensensoren auffalten, womit sie nicht mehr arbeitsfähig wären. Dies ist in □ Abbildung 5.8 a gezeigt, in der die Aktivität der Ia-Faser während einer Verkürzung der extrafusalen Muskellänge (aufgezwungener Kieferschluss) ausfällt. *Die γ-Innervation sichert die Messeigenschaften der Sensoren während einer Kontraktion.* Sie verhindert die Auffaltung der Sensoren, da bei einer vom ZNS gesteuerten Bewegung eine Aktivierung der α-Motoneurone mit einer Aktivierung der entsprechenden γ-Motoneurone verbunden ist (*α-γ-Koaktivierung*). Dies führt zur gemeinsamen Verkürzung der intrafusalen und extrafusalen Muskulatur, wodurch sich am Äquatorialbereich des Sensors der Längenzustand nicht ändert. Entsprechend bleibt die Aktivität der Ia-Fasern bei dem zentralnervös intendierten Kieferschluss erhalten (□ Abb. 5.8 b).

Als integraler Bestandteil des kortikalen Bewegungsprogramms verkürzt die *α-γ-Koaktivierung* die intra- und extrafusalen Muskellängen auf den richtigen *Sollwert*. Bleibt dabei die Verkürzung der extrafusalen Muskellänge hinter dem Sollwert zurück, weil ein Gelenk während einer Bewegung mit einer zusätzlichen Last beladen wird (z. B. beim Öffnen einer klemmenden Tür), so dehnt die durch die γ-Motoneurone verursachte, fortdauernde Kontraktion der intrafusalen Muskulatur den Äquatorialbereich des Sensors. Dadurch werden die Muskelspindelafferenzen erregt und generieren ein *Differenzsignal*, das dem Unterschied zwischen Ist- und Solllänge entspricht. Die Erregung der Ia-Fasern rekrutiert zusätzliche α-Motoneurone, wodurch sich die Kontraktionskraft erhöht und das Hindernis überwunden werden kann. Mithin nutzt die α-γ-Koaktivierung den Baustein des Muskeldehnungsreflexes zur Steuerung der Kontraktionskraft bei wechselnden Lasten *(Lastkompensationsreflex)*, die bei natürlichen Bewegungen häufig vorkommen.

Merke

Änderungen der Muskellänge werden von Muskelspindeln gemessen und über Ia- und II-Afferenzen ans ZNS gemeldet. Die Innervation der Längensensoren durch γ-Motoneurone sichert deren Messfunktion. Die Erregung von Ia-Afferenzen bei Dehnung des Muskels aktiviert monosynaptisch α-Motoneurone, sodass die Arbeitsmuskulatur kontrahiert (Muskeldehnungsreflex).

Reziproke, rekurrente, und autogene Hemmung

Die *reziproke Hemmung* koordiniert die *Aktivität der Synergisten und Antagonisten*. Eine Gelenkbewegung kann dann optimal durchgeführt werden, wenn die Antagonisten (Gegenspieler) der kontrahierenden Muskeln gehemmt werden. Im Reflexsystem der reziproken Hemmung erregen die primären Muskelspindelafferenzen die homonymen Motoneurone und, über Kollateralen, *hemmende Ia-Interneurone* (◘ Abb. 5.7). Durch Auslösung inhibitorischer postsynaptischer Potentiale (IPSPs) hemmen diese Interneurone die Motornuklei zu den antagonistischen Muskeln.

Dauer und Tiefe der *reziproken Hemmung* sind nicht konstant. In bestimmten Situationen muss die Hemmung maximal sein (z. B. während alternierender Gelenkbewegungen beim Laufen). Wenn hingegen eine gleichzeitige Kontraktion antagonistischer Muskelpaare im Vordergrund steht (z. B. zur Stabilisierung eines Gelenkes beim Stehen), muss sie vermindert werden. Die Regulation der reziproken Inhibition erfolgt durch die Konvergenz deszendierender und afferenter Systeme auf die Ia-Interneurone. Eine weitere Regelung erfolgt über das *Renshaw-System*. Axonkollaterale der α-Motoneurone erregen inhibitorische Interneurone, die Renshaw-Zellen. Diese hemmen rückläufig die Motoneurone (*rekurrente Inhibition*; Transmitter: Glycin) sowie die inhibitorischen Ia-Interneurone, wodurch die reziproke Hemmung vermindert wird.

Der polysynaptische Reflexweg der *autogenen Hemmung* geht von den Ib-Afferenzen der *Golgi-Sehnenorgane* aus, welche die Muskelspannung messen. Erregung der Sensoren bei Kontraktion oder Dehnung des Muskels wirkt über di- oder trisynaptische Wege *hemmend auf die homonymen Motoneurone* des sensortragenden Muskels und seiner Synergisten, während die Motoneurone der *Antagonisten erregt* werden (◘ Abb. 5.9 A). Die Verschaltung ist gewissermaßen spiegelbildlich zur reziproken Hemmung aufgebaut; die homonymen Motoneurone werden bei Zunahme der Muskelspannung gehemmt, die Antagonisten aktiviert.

Das Ib-Reflexsystem informiert die homonymen Motoneurone kontinuierlich über die Kontraktionskraft des sensortragenden Muskels *(Spannungskontrollsystem)*, wobei die niedrige Schwelle der Sehnenorgane die Messung auch kleinster Änderungen ermöglicht. Diese werden an den Motoneuronen mit den

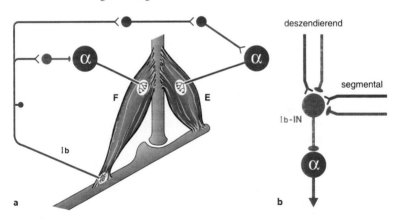

◘ **Abb. 5.9. Reflexsystem der Golgi-Sehnenorgane. a** Verschaltung der Ib-Afferenzen mit den Motoneuronen einer Extremität. (*E*: Extensormuskel; *F*: Flexormuskel). **b** Konvergenz von segmentalen afferenten und deszendierenden Systemen auf die Interneurone der autogenen Hemmung. Die segmentalen Konvergenzen kommen von den Muskelspindeln, Golgi-Sehnenorganen, nieder- bzw. hochschwelligen Hautafferenzen, Gelenkrezeptoren; die deszendierenden Systeme umfassen den kortikospinalen Trakt, den rubrospinalen Trakt, retikulospinale Trakte usw. Die Gesamtpopulation der Ib-Interneurone zerfällt in Untergruppen mit spezifischen, eingeschränkten Konvergenzmustern. Jedes der konvergierenden Systeme kann, abhängig von dem zentralen Bewegungssignal, die Ib-Interneurone erregen oder hemmen (Mod. nach Illert 1999 und Schomburg 1990)

Signalen über die Muskellänge (Spindelsystem) verrechnet und die Kontraktionskraft wird entsprechend eingestellt. Mit den Motornuklei zu den Muskeln anderer Gelenke der Extremität werden parallele, fördernde und hemmende Wege aufgebaut. Hierbei stehen die Erregung der physiologischen Extensoren und die Hemmung der physiologischen Flexoren im Vordergrund. Die Verteilung von Erregung und Hemmung ist variabel und wird durch deszendierende Trakte effizient an den Bewegungskontext angepasst.

Alle Ib-Wege sind polysynaptisch aufgebaut und durch eine ausgeprägte *Konvergenz von afferenten und deszendierenden Systemen* charakterisiert (◘ Abb. 5.9 b). Auf der Basis einer andauernden unterschwelligen Erregung (kontinuierliche Rückmeldung über die Kontraktionskraft) arbeiten die Ib-Interneurone als *multisensorische Integrationszentren*, die alle Informationen zu einem Bewegungsverlauf sammeln und danach die entsprechenden Motoneurone an- oder abschalten. Der Einbau dieser Integrationsfunktion in den Bewegungskontext erfolgt durch deszendierende Trakte.

Der Beugereflex

Der nozizeptive Beugereflex (syn. Flexorreflex) ist ein polysynaptischer Reflex, der durch schmerzhafte Reize, aber auch durch Aktivierung anderer hochschwelliger Afferenzen der Gruppen III und IV ausgelöst wird. Als *nozizeptiver Schutzreflex* führt er zu einem Verhalten, das *eine Schädigung des Körpers zu verhindern* sucht. Abhängig von Art, Stärke und Lokalisation des Reizes kann sich die Reflexanwort über eine gesamte Extremität erstrecken, die kontralaterale Extremität einbeziehen und zusätzlich weitere Extremitäten und Rumpfmuskulatur erfassen. Man unterteilt das Reflexgeschehen in:

- *Beugereflex* (Beugung der gereizten Extremität durch Aktivierung der ipsilateralen Flexoren und Hemmung der ipsilateralen Extensoren);
- *gekreuzter Streckreflex* (Streckung der kontralateralen Extremität durch Aktivierung der kontralateralen Extensoren, Hemmung der Flexoren).

Die schmerzhafte Reizung eines Fußes z. B. beim Tritt auf einen Glassplitter führt also zur Beugung des betroffenen Beines und zur Streckung des gegenseitigen Beines, das den Rumpf abstützt. Es handelt sich hierbei um einen *Fremdreflex*, da Sensor (Haut) und Effektor (Beinmuskeln) unterschiedliche Lokalisationen haben.

Das Verarbeitungssystem des Beugereflexes besteht aus polysynaptisch verschalteten Ketten von Interneuronen, welche die koordinierte Aktivierung und

Hemmung der Flexoren und Extensoren ermöglichen. Der Baustein der reziproken Hemmung wird dabei genutzt und stimmt die Aktivität der Synergisten und Antagonisten ab. Das Reflexsystem steht unter **supraspinaler Kontrolle**. Bei Fluchtverhalten kann die Übertragung im System erleichtert werden (z. B. Abnahme der Reaktionszeiten bei Gefahr für die Integrität des Körpers). Teile des Reflexsystems werden gezielt in die Willkürmotorik integriert, z. B. während der Lokomotion. Bei einer spinalen Querschnittsläsion führt der Verlust der deszendierenden Hemmung der Reflexwege nach einigen Monaten zu einer **Querschnittshyperreflexie** mit gesteigerten Beugereflexen.

Merke

Die **reziproke Hemmung** koordiniert über inhibitorische Ia-Interneurone das Wechselspiel zwischen agonistischen und antagonistischen Muskeln. Zunahme der Muskelspannung (Sensor: Golgi-Sehnenorgane) führt zur **autogenen Hemmung** der Motoneurone des sensortragenden Muskels. Der **nozizeptive Beugereflex** schützt vor Schädigungen. Alle diese Verschaltungen sind polysynaptisch.

5.5 Die Basalganglien

Kerngebiete und kortikothalamokortikale Schleife

Neben der Steuerung der Extremitäten- und Augenmotorik sind die Basalganglien an der Verarbeitung und Wertung sensorischer Informationen beteiligt sowie an der Anpassung des Verhaltens an den emotionalen und motivationalen Kontext. Mehrere Kerngebiete gehören zu diesem System: Das **Corpus striatum** (kurz: Striatum) setzt sich aus den funktionell einheitlichen **Nucleus caudatus** und **Putamen** und sowie dem ventralen Striatum (u. a. Ncl. accumbens) zusammen. Die beiden Segmente des **Globus pallidus, pars interna** und **pars externa,** sind an verschiedenen Funktionen beteiligt. Weiterhin gehören der **Nucleus subthalamicus** und die **Substantia nigra** mit ihren funktionell unterschiedlichen Kompartimenten, **pars compacta** und **pars reticulata,** zu den Basalganglien. ◻ Abbildung 5.10 zeigt die Kerngebiete der Basalganglien, die wesentlichen Verschaltungen sowie die Transmittersysteme.

Da die Basalganglien Afferenzen vom Kortex erhalten und über den Thalamus zu diesem zurück projizieren, sind sie Teil einer kortikothalamokortika-

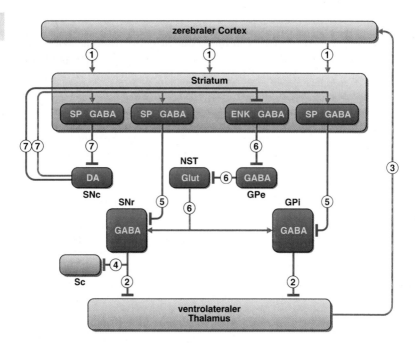

◨ Abb. 5.10. Verschaltungen der Basalganglien. Die Projektionswege vom Corpus striatum auf die Ausgangskerne der Basalganglien unterscheiden sich durch die Transmittersys-
teme. Das Diagramm baut die verschiedenen Kerne in die Projektionen ein und gibt die wesentlichen Transmitter/Kotransmittersysteme (gelb) an. Die Nummern bezeichnen die im
Text beschriebenen Projektionswege. *SP*: Substanz P; *GABA*: Gamma-amino-buttersäure;
ENK: Enkephalin; *Glut*: Glutamat; *DA*: Dopamin; *SNc*: Substantia nigra pars compacta; *SNr*:
Substantia nigra pars reticulata; *Sc*: Colliculus superior; *NST*: Nucleus subthalamicus; *GPe*:
Globus pallidus pars externa; *GPi*: Globus pallidus pars interna. Die roten Wege sind aktivie-
rend, die blauen hemmend (Mod. nach Albin et al. 1989)

len Schleife. **Eingangsstation** für alle Projektionen ist das **Striatum**, das als
wichtigste Afferenz die **kortikostriatale Projektion** (◨ Abb. 5.10) aus dem gesamten zerebralen Kortex erhält. Weil funktionell verschiedene Kortexgebiete
jeweils eigene striatale Kompartimente erregen, werden skelettomotorische,
okulomotorische, präfrontale und limbische Schleifenanteile unterschieden.
Weitere Afferenzen zum Striatum stammen aus den intralaminären Thalamuskernen, dem Mittelhirn und den Raphekernen des Hirnstamms.

Die *Ausgangskerne* der Basalganglien sind der *Globus pallidus, pars interna*, und die *Substantia nigra, pars reticulata*. Sie projizieren *hemmend* zu den motorischen Thalamuskernen (◼ Abb. 5.10, Weg 2). Die thalamischen Kerne (Ncl. ventralis anterior und lateralis) senden wiederum erregende Projektionen zu den vier motorischen Kortizes und dem präfrontalen Kortex (◼ Abb. 5.10, Weg 3). Damit haben die Basalganglien mittelbar Zugriff auf die efferenten kortikalen Bahnen. Zusätzlich können sie das Rückenmark über den Nucleus pedunculopontinus auch unter Umgehung des Kortex beeinflussen. Die Projektion von der Substantia nigra, pars reticulata, zum *Colliculus superior* (◼ Abb. 5.10, Weg 4) ist an der Kontrolle der Augenmotorik beteiligt.

Direkter und indirekter Projektionsweg

Innerhalb der Basalganglien benutzen die Verschaltungswege unterschiedliche Transmitter- und Kotransmittersysteme (◼ Abb. 5.10 und ▶ Kap. 3). Zwei Wege übertragen die striatale Signalsequenz zu den beiden Ausgangskernen:

Der *direkte Weg* (◼ Abb. 5.10) ist die hemmende Projektion vom Striatum auf den Globus pallidus, pars interna, und die Substantia nigra, pars reticulata (primärer Transmitter: GABA, Kotransmitter: Substanz P). Der *indirekte Weg* (◼ Abb. 5.10) besteht aus drei hintereinandergeschalteten Systemen. Er beginnt mit der hemmenden Projektion des Striatums auf den Globus pallidus, pars externa (primärer Transmitter: GABA, Kotransmitter: Enkephalin). Dieser hemmt den Nucleus subthalamicus (Transmitter: GABA), der wiederum den Globus pallidus, pars interna, und die Substantia nigra, pars reticulata aktiviert (Transmitter: Glutamat).

Eine *interne Schleife* kontrolliert die Verarbeitung in diesen beiden Systemen (◼ Abb. 5.10). Striatale Neurone (GABA/Substanz P) projizieren hemmend auf die Neurone der Substantia nigra, pars compacta. Deren Axone wiederum projizieren in das Corpus striatum (Transmitter: *Dopamin*). Die striatalen Neurone des *direkten Weges* (GABA/Substanz P) werden wahrscheinlich über D1-Dopaminrezeptoren aktiviert, die des *indirekten Weges* (GABA/Enkephalin) über D2-Rezeptoren gehemmt. Ferner besitzt das Striatum modulierende cholinerge Interneurone.

Die *hemmenden Ausgangskerne* der Basalganglien (GPi, SNr; Transmitter: GABA) haben eine hohe Spontanaktivität, welche den Thalamus und somit die aktivierende thalamokortikale Übertragung hemmt (◼ Abb. 5.10). Die Regulation dieser Inhibition des Thalamus erfolgt über den direkten und den indirekten Weg. Wenn eine striatale Signalsequenz über den *direkten Projektionsweg* die Ausgangskerne hemmt, dann resultiert eine *Disinhibition,* da sich die tonische Hemmung des Thalamus vermindert. *Im Ergebnis wird die thalamokortikale Übertragung gefördert.* Die Verschaltung über den *indirekten Projektionsweg* ist komplexer. Der Nucleus subthalamicus erregt die Neurone der Ausgangskerne, wird aber seinerseits aber vom Globus pallidus, pars externa, tonisch gehemmt. Wenn eine striatale Signalsequenz die Zellen des Globus pallidus, pars externa hemmt, so vermindert sich deren hemmende Wirkung auf den Nucleus subthalamicus. Dieser disinhibierte Kern kann nun die hemmenden Ausgangskerne der Basalganglien vermehrt aktivieren. Im Ergebnis wird die *thalamokortikale Übertragung gehemmt.*

Merke

Die Basalganglien erhalten ihre Afferenzen vom zerebralen Kortex und projizieren über den Thalamus auf diesen zurück. Eingangsstation ist das Striatum. Die Ausgangskerne (u. a. Globus pallidus, pars interna) kontrollieren die *thalamokortikale Übertragung.* Die Aktivität der Ausgangskerne wird über *direkte und indirekte Projektionswege* geregelt.

Die Aktivität der Ausgangskerne hängt also von ihrer *Hemmung über den direkten Weg* und ihrer *Aktivierung über den indirekten Weg* ab. Die Übertragung in beiden Wegen wird von der internen Schleife über die *Substantia nigra (pars compacta)* und vom Kortex eingestellt. *Dopamin* wirkt fördernd auf den direkten und hemmend auf den indirekten Projektionsweg, und fördert damit die Motorik. Störungen führen zu einem Ungleichgewicht der Wirkung beider Wege auf die Ausgangskerne und damit zu charakteristischen Bewegungsstörungen. Neben der Motorik betreffen Erkrankungen der Basalganglien auch vegetative, kognitive und emotionale Funktionen.

5.6   Das Kleinhirn

Eingangs- und Ausgangssysteme des Zerebellums

Das Kleinhirn (Zerebellum) ist an Planung, Durchführung und Kontrolle von Bewegungen beteiligt. Es sorgt für die *Koordination* der Ziel- und Stützmotorik und für die *Feinabstimmung von Bewegungen,* indem es den präzisen räumlich-zeitlichen Einsatz von Muskeln und Muskelgruppen regelt. Ihm kommt

---

Klinik

Erkrankungen der Basalganglien. *Hypokinetische Bewegungsstörungen* bei Erkrankungen der Basalganglien sind durch *Hypokinese* (Bewegungsarmut), *Bradykinese* (verlangsamte Bewegungen), *Rigor* (wächserne Erhöhung des Muskeltonus) und *Ruhetremor* gekennzeichnet. Eine typische Krankheit ist der ⊕ *Morbus Parkinson*, bei dem die Degeneration der dopaminergen Neurone der Substantia nigra (pars compacta) die Aktivierung der beiden striatalen Projektionswege verändert. Durch den *Dopaminmangel* wird im *direkten Weg* die Aktivität der striatalen GABA/Substanz P-Neurone vermindert, während die striatalen GABA/Enkephalin-Neurone des *indirekten Weges* disinhibiert werden. Beides führt zu erhöter Aktivität der Ausgangskerne, welche die thalamischen Zielzellen hemmen. Als Folge der *gehemmten thalamokortikalen Übertragung* können die kortikalen Bewegungsprogramme nicht mehr in ihrer optimalen zeitlichen Abfolge selektiert und abgearbeitet werden.

Hyperkinetische Bewegungsstörungen sind eine Folge der verminderten Hemmung der thalamokortikalen Übertragung. Typisch ist ein Bewegungsüberschuss mit unkontrollierbaren und oft relativ schnellen Bewegungen. Die Störungen treten in der Regel bei pathologischen Prozessen innerhalb des *indirekten Projektionsweges* auf, z. B. beim ⊕ *Hemiballismus* (Schleuderbewegungen bei Degeneration des Ncl. subthalamicus) oder der ⊕ *Chorea Huntington* (Degeneration der striatalen GABA/Enkephalin-haltigen Neurone). Es ist beiden Situationen gemeinsam, dass die Aktivierung der Ausgangskerne abnimmt. Daher werden die *thalamischen Zielkerne disinhibiert* und die Kontrolle der thalamokortikalen Wege vermindert, wodurch ein verstärkter und ungeordneter Zustrom neuronaler Information zum Kortex entsteht. Die unerwünschte Aktivierung motorischer Programme führt zu Störungen, die unkoordiniert in den normalen Bewegungsfluss einschießen (Chorea, Hemiballismus) oder ihn verzerren, was zu bizarren Bewegungen und Haltungen führen kann (*Athetose, Dystonie*).

---

beim *motorischen Lernen*, bei der Stabilisierung von *Körperhaltung und Gleichgewicht* und bei der Kontrolle von Augenbewegungen eine wichtige Rolle zu. Die Zytoarchitektonik der Kleinhirnrinde und das Verschaltungsprinzip der Afferenzen und Efferenzen sind in allen Abschnitten des Zerebellums gleichartig.

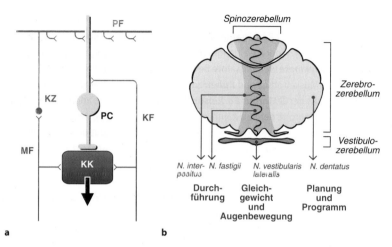

a   b

◼ **Abb. 5.11. Projektionswege des Kleinhirns. a** Schematische Darstellung der Verschaltung der Purkinje-Zellen und der zerebellären Afferenzen. *PC*: Purkinje-Zelle; *KK*: Kleinhirnkerne; *KF*: Kletterfaser; *MF*: Moosfaser; *KZ*: Körnerzelle; *PF*: Parallelfaser. Die Darstellung deutet die ausgeprägte Divergenz der Parallelfasern an, die in mediolateraler Richtung mit mehreren Hundert Purkinje-Zellen Kontakt aufnehmen. **b** Funktionelle Einteilung des Kleinhirns in Vestibulozerebellum, Spinozerebellum und Zerebrozerebellum (Mod. nach Ghez & Thach 2000)

Das Kleinhirn erhält afferente Information von allen Teilen des ZNS. Das *Moosfasersystem* ist das größere der beiden Eingangssysteme. Moosfasern sind Axone von Neuronen des Hirnstamms und des Rückenmarks. Sie vermitteln Information aus der Peripherie (spinozerebelläre und spinoretikulozerebelläre Trakte), aus verschiedenen Sinnessystemen (vestibulär, visuell, akustisch) und aus der Großhirnrinde (über pontine Kerne). Während der Bewegungsplanung und -durchführung werden sie aktiviert und erregen ihrerseits die *Körnerzellen* (◼ Abb. 5.11 a). Deren Axone steigen an die Kortexoberfläche des Kleinhirns auf, wo sie sich in mediolateral verlaufenden Kollateralen, die *Parallelfasern,* aufteilen. Diese durchqueren die flachen Dendritenscheiben vieler Hundert *Purkinje-Zellen*, an denen sie jeweils aktivierende Synapsen bilden. Das Moosfasersystem unterhält eine tonische Aktivierung der Purkinje-Zellen (50–100 Aktionspotentiale/s), die bei Bewegungen deutlich moduliert wird. Hemmende Interneurone des zerebellären Kortex (*Stern-, Korb- und Golgizellen*) steuern die Übertragung der Moosfaserinformation und prägen ihr räumliche und zeitliche Muster auf (► Kap. 1.2).

Das zweite zerebelläre Eingangssystem, das *Kletterfasersystem*, projiziert aus der unteren Olive direkt auf die proximalen Dendriten der Purkinje-Zellen (■ Abb. 5.11a). Die untere Olive erhält Zuflüsse vom Rückenmark (Tractus spinoolivaris), verschiedenen Sinnessystemen und vom Kortex. Die Kletterfasern winden sich wie Efeu um die Dendriten der Purkinje-Zellen und erregen diese mit niedriger Frequenz (1/s), allerdings jeweils mit einer kurzen hochfrequenten Salve. Das Kletterfasersystem arbeitet als *Fehlererkennungssystem* und misst den korrekten Ablauf der geplanten Bewegung. Sobald dieser gestört ist (z. B. durch eine nicht vorhergesehene Last), nimmt die niedrige Aktivität des Kletterfasersystems erheblich zu. Daraufhin reduziert sich die Entladungsfrequenz des *Moosfasersystems*, als Folge verbessert sich die Bewegungsdurchführung. Parallel dazu geht die Aktivität des Kletterfasersystems langsam wieder auf den Ausgangswert zurück. Die Erhaltung und Anpassung alter und die Schaffung neuer Bewegungsstrategien *(motorisches Lernen)* ist eine der Hauptfunktionen des Kleinhirns.

Die *Purkinje-Zellen* als einzige Ausgangsstation des zerebellären Kortex sind hemmend, ihr Transmitter ist GABA. Sie hemmen direkt die *Kleinhirnkerne*, die wiederum zu definierten Gebieten projizieren. Da andererseits die Kleinhirnkerne über Kollateralen beider Eingangssysteme erregt werden (■ Abb. 5.11a), verursachen die Purkinje-Zellen eine inhibitorische Modulation der Aktivität der Kleinhirnkerne. Die Projektion der Purkinje-Zellen folgt einem topographischen Prinzip (■ Abb. 5.11 b). Die Zellen der lateralen Hemisphärenanteile sind mit dem *Nucleus dentatus* verschaltet, die der medialen Hemisphärenabschnitte mit dem *Nucleus interpositus* (Ncl. globosus und emboliformis), die des Vermis und des Lobus flocculonodularis mit dem *Nucleus fastigii* und dem Nucleus vestibularis lateralis. In Kleinhirnrinde und -kernen ist der Körper *mehrfach somatotopisch repräsentiert*. Weil die Myotome der »Homunkuli« entlang des Verlaufs der Parallelfasern angeordnet sind, könnte ein Parallelfaser-Strahl mit den nachgeschalteten Purkinje-Zellen und Kleinhirnkernen ein neuronales Ensemble bilden, das Bewegungen benachbarter Gelenke zeitlich und räumlich koordiniert (► Kap. 1.6).

Funktionelle Gliederung des Zerebellums

Entsprechend der Herkunft der Afferenzen und der Zielgebiete der efferenten Projektionen wird das Kleinhirn in drei funktionell unterschiedliche Abschnitte unterteilt: das Vestibulozerebellum, das Spinozerebellum und das Zerebrozerebellum (■ Abb. 5.11 b).

Hauptbestandteil des **Vestibulozerebellums** ist der Lobus flocculonodularis, der aus dem Vestibularorgan und dem visuellen System über die Position des Körpers im Raum informiert wird. Die efferente Projektion verläuft zu den **Vestibulariskernen**. Dort werden Gleichgewicht und die Koordination zwischen Kopf- und Augenbewegungen reguliert, und es besteht Zugriff auf die vestibulospinalen Trakte.

Das **Spinozerebellum** setzt sich aus dem Vermis (Kleinhirnwurm) und den medialen Abschnitten der Kleinhirnhemisphären (Pars intermedia) zusammen. Es erhält afferente Zuflüsse aus dem **Rückenmark**, die über **Bewegungsprogrammierung** (Trakte von den spinalen interneuronalen Systemen) und **Bewegungsdurchführung** (somatosensorische Afferenzen) informieren. Der **Vermis** erhält außerdem vestibuläre, visuelle und akustische Informationen. Efferent beeinflusst er über den **Ncl. fastigii** und das mediale Bahnsystem die Stützmotorik. Die **Pars intermedia** kontrolliert die Durchführung ablaufender Bewegungen. Sie erhält über pontine Kerne eine Kopie der Bewegungsprogramme der motorischen Kortizes (**Efferenzkopie**) und vergleicht sie mit den durch die Bewegung ausgelösten afferenten Rückmeldungen. Sobald die Bewegung vom geplanten Verlauf abweicht, werden aus diesem Vergleich Korrektursignale erarbeitet (**Reafferenzprinzip**). Die Pars intermedia projiziert efferent zum **Ncl. interpositus** und erreicht über weitere Stationen (Thalamus, motorischer Kortex; Ncl. ruber) das laterale Bahnsystem, sodass distale Extremitätenmuskulatur und Zielmotorik beeinflusst bzw. korrigiert werden.

Das **Zerebrozerebellum** (syn. Pontozerebellum) besteht aus den lateralen Abschnitten der Hemisphären. Es erhält über kortikopontine Bahnen Informationen aus den Arealen des Großhirns, die den Handlungsantrieb aufgreifen und die Bewegungsstrategie entwickeln. Über den Ncl. dentatus und ventrolaterale Thalamuskerne sind die lateralen Kleinhirnhemisphären efferent mit dem jeweils kontralateralen motorischen Kortizes verschaltet. Durch diese kortikozerebellothalamokortikale Schleife ist das Zerebrozerebellum an der **Planung und Programmierung einer Bewegung** beteiligt (◻ Abb. 5.11 b). Programme schneller ballistischer Zielbewegungen, die keine Zeit für Korrekturen durch Rückkoppelung lassen, werden über diese Schleife optimiert.

Klinik

Symptome der Kleinhirnschädigung. Die nach Läsionen auftretenden Symptome verdeutlichen die Aufgaben der funktionellen Abschnitte des Kleinhirns. Läsionen des Vestibulozerebellums führen zu ❸ **Gleichgewichtsstörungen**, Schwindel, und gestörten Augenbewegungen (❸ **Nystagmus**). Läsionen des Vermis beeinträchtigen die Stützmotorik und führen zu ❸ **Stand- und Gangataxie** (Schwanken, Torkeln), besonders wenn die visuelle Kontrolle fehlt. Läsionen der Hemisphären beeinträchtigen die Zielmotorik und führen bei Bewegungen zu ❸ **Asynergie** (fehlende Koordination von Muskelgruppen), ❸ **Intentionstremor** (während der Bewegung zunehmendes Zittern) und zu einem **Hypotonus** der Muskulatur. ❸ **Dysdiadochokinese** (Störung rascher Wechselbewegungen wie Pro-Supination) und ❸ **Dysmetrie** (Bewegungen geraten zu lang oder zu kurz) sind Ausdruck der Asynergie. Wegen der neuroanatomischen Verschaltung treten diese Symptome bei einseitigen Schädigungen vor allem ipsilateral auf. Das motorische Lernen ist nach Kleinhirnläsionen beeinträchtigt; ferner kommt es zu Störungen der Sprachmelodie (Dysarthrie, skandierendes Sprechen).

Merke

Das Kleinhirn vergleicht die afferente Rückmeldung mit dem geplanten Programm einer Bewegung. Aus der Differenz werden Korrektursignale erarbeitet, um die Bewegungsdurchführung und -planung zu optimieren. **Moos- und Kletterfasern** bilden die afferenten Eingänge des Kleinhirns. Efferent hemmen die Purkinje-Zellen die Kleinhirnkerne. Man unterscheidet **Vestibulo-, Spino- und Zerebrozerebellum**.

5.7 Haltung, Stand, Lokomotion

Posturale Reaktionen, Stell- und Haltereflexe

Voraussetzung jeder gezielten Motorik ist die stabile Haltung des Körpers im Raum und die koordinierte Position der Extremitäten zueinander. Anpassungen der Haltung sind bei Bewegungen notwendig und werden mit dem Bewegungsfortlauf abgestimmt. Sie halten Kopf und Körper gegen die Schwerkraft und andere externe Kräfte aufrecht, positionieren den Körperschwerpunkt über die Standfläche, und stabilisieren während einer Bewegung die stützenden Gliedmaßen. Feedforward- und Feedback-Regulationen arbeiten zusammen, um diese Haltungsanpassungen zu realisieren.

Feedforward-Regulationen kompensieren Haltungsstörungen, die während einer kommenden Bewegung auftreten werden. Wenn zum Beispiel ein Kellner ein volles Glas von einem Tablett hebt, das er mit der Linken hält, so wird die Kraft des Haltearms kurz vor und während des Anhebens so geregelt, dass sich das Tablett während der Gewichtsentlastung kaum bewegt. Diese *vorausschau-ende Haltungskorrektur* ist nicht möglich, wenn eine andere Person das Glas unvermutet wegnimmt. Solche Korrekturen werden in den kortikalen Arealen bereits während der Entwicklung der Bewegungsprogramme initiiert, und durch Erfahrung und Übung modifiziert und verbessert.

Feedback-Regulationen werden durch eingetretene Haltungsänderungen und Haltungsverluste angeregt. Hierbei werden Sensoren aktiviert, die ihrerseits *posturale Reaktionen* zur Aufrechterhaltung von Haltung und Stand auslösen. Diese Reaktionen haben einen stereotypen räumlich-zeitlichen Aufbau, und werden mit kurzer Latenz schnell durchgeführt. Eine posturale Reaktion findet beispielsweise statt, wenn der Körper beim Stehen aus der Senkrechten abgelenkt wird (Ruck beim Anfahren im Bus). Die Korrekturbewegung beginnt mit der Kontraktion der Muskeln, die das Sprunggelenk stabilisieren. In einer festen Sequenz werden dann nacheinander verschiedene Muskelgruppen aktiviert, die die einzelnen Gelenke von distal nach proximal stabilisieren, zuerst das Kniegelenk, dann das Hüftgelenk, zuletzt den gesamten Körperstamm. Diese Abfolge führt den Körper in die vertikale Position zurück. Ausgelöst werden solche posturalen Reaktionen vor allem durch die Sensoren des *Vestibularorgans* (▶ Kap. 12.1) und der *Propriozeption*. Eine posturale Reaktion ist eine koordinierte Abfolge von Elementen der Halte- und Stützmotorik, die von einem zentralen Programm aufgerufen wird. Dem Zerebellum und dem medialen Bahnsystem kommen bei der Durchführung eine wichtige Rolle zu.

Zu den posturalen Subprogrammen gehören die *Stell- und Haltereflexe*. Durch *Stellreflexe* wird der Körper in die Normalstellung, d. h. gegen die Schwerkraft, aufgerichtet. Ein Beispiel ist die Regulation der Position des Kopfes, der unabhängig von der Lage des Körpers gegen die Schwerkraft aufgerichtet wird. Nachdem die Kopfhaltung orientiert ist, folgt die Aufrichtung des Körpers. Informationen verschiedener Sinnessysteme ergänzen sich hierbei. Dazu gehören der Vestibularapparat, die Propriosensoren der Halsmuskulatur und des Bindegewebsapparates der Wirbelsäule, sowie das visuelle System. Das

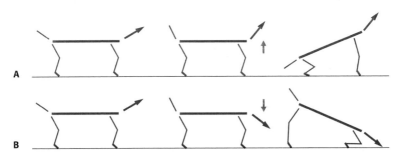

◻ **Abb. 5.12. Haltereflexe.** Die Körperhaltung wird entsprechend der Kopfneigung auf die nächste Bewegung vorbereitet. **a** Passive Beugung des Kopfes nach oben (*Pfeil*) vermindert den Tonus der Extensoren der hinteren Extremitäten,»das Tier richtet sich auf«. **b** Passive Beugung des Kopfes nach unten (*Pfeil*) hat den umgekehrten Effekt (Mod. nach Schmidt 1987)

zentrale Verarbeitungssystem der Kopfstabilisierung liegt in der Formatio reticularis. *Haltereflexe* regeln die Verteilung des Muskeltonus von Rumpf und Extremitäten und dienen der Anpassung der Haltung bei Lageänderungen des Kopfes im Verhältnis zum umgebenden Raum (Sensor: Vestibularorgan) oder im Verhältnis zum Körper (Sensor: Propriosensoren des Halses). Entsprechend werden sie tonische *Labyrinthreflexe* oder tonische *Hals*- bzw. *Nackenreflexe* genannt. Die ◻ Abbildung 5.12 zeigt Haltereflexe, welche die Körperhaltung entsprechend der Kopfneigung ändern und so auf die nächste Bewegung vorbereiten. Solche Reflexe sind im täglichen Leben unbewusst in das normale motorische Verhalten integriert.

Der Hirnstamm als Zentrum der Halte- und Stützmotorik

Die posturalen Synergien werden auf allen Stufen des Nervensystems organisiert, aber dem *Hirnstamm* kommt eine entscheidende Rolle zu. Hier findet die Integration von propriozeptiven, visuellen und vestibulären Informationen statt. Stell- und Haltereflexe sind als Leistungen der Hirnstamm-Motorik auch an Tieren nachweisbar, denen alles Hirngewebe rostral des Mittelhirns entfernt wurde. Über absteigende Trakte des *medialen Bahnsystems* hat der Hirnstamm monosynaptischen Zugriff auf die Motoneurone der Rumpfmuskulatur und der Antischwerkraftmuskeln der Extremitäten. Diese Verschaltung garantiert, dass ein im Hirnstamm ausgearbeitetes Haltungssignal direkten und unveränderten Zugang zu den Motoneuronen hat. Zusätzlich enthält die *Formatio reticularis* des Hirnstamms neuronale Systeme, die über oligosynaptische Bahnen das Erregungsniveau der Antischwerkraftmuskeln einstellen. Es handelt sich um ein *pontines, extensorförderndes* und ein *bulbäres, extensorhemmendes System*.

Das extensorfördernde System wird von Kollateralen aller aszendierenden somatosensorischen Trakte tonisch aktiviert, das extensorhemmende System von kortikalen Gebieten. Die Aktivität beider Systeme wird vom Zerebellum koordiniert. Diese Verschaltungen sind die Grundlage für das Zusammenspiel von posturalen Reaktionen und Willkürmotorik. Störungen führen zu drastischen Fehlregulationen. Ein Beispiel dafür ist die *Dezerebrierungsstarre*, bei der auf Grund einer Schädigung oder Durchtrennung des Mittelhirns die Wirkung des extensorfördernden Systems verstärkt ist. Dies verursacht u. a. über vestibulospinale Trakte eine tonische Aktivierung der Extensormuskulatur, verbunden mit einer Steigerung der Muskeldehnungsreflexe. Das klinische Bild ist gekennzeichnet durch eine Extension der Extremitäten und eine Überstreckung von Rücken und Nacken.

Lokomotion

Die *Lokomotion*, d. h. die Fortbewegung durch rhythmisches Gehen, Laufen oder Schwimmen, ist ein koordinierter Ablauf, in dem spinale Reflexe, Haltung und deszendierende Kontrolle in einem einheitlichen Geschehen zusammenwirken. Tierexperimente haben gezeigt, dass neuronale Verschaltungen des Rückenmarks das rhythmische Grundmuster der Lokomotion erzeugen können. So ist die abwechselnde Aktivierung von Extensoren und Flexoren im System des *spinalen Lokomotionsgenerators* organisiert (◘ Abb. 5.13). Dieser ist wahrscheinlich aus polysynaptischen Reflexwegen zusammengesetzt, welche »Halbzentren« für die Flexion und Extension bilden. Jede Extremität besitzt wahrscheinlich ein eigenes »Zentrum«, das mit denen der anderen Extremitäten wechselseitig verbunden ist, um die Bewegungen zu koordinieren.

Die Tätigkeit des Lokomotionsgenerators ist von einem erregenden Zustrom über *aktivierende Systeme* abhängig. Hauptsächlich kommt dieser von einer *pontinen* und einer *mesenzephalen lokomotorischen Region* (◘ Abb. 5.13). Die entsprechenden noradrenergen, serotoninergen und glutamatergen Neuronensysteme projizieren polysynaptisch über ventrolaterale Rückenmarksbahnen auf die Neurone des Generators. Ein weiterer aktivierender Zustrom kommt von hochschwelligen segmentalen Afferenzen. Untersuchungen an Querschnittgelähmten weisen auch beim Menschen auf die Existenz spinaler Rhythmusgeneratoren hin. Deren Aktivierung z. B. durch Laufbandtraining

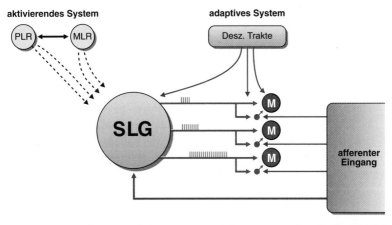

□ **Abb. 5.13. Lokomotionsgenerator.** Schematische Darstellung seiner Aktivierung und Adaptation. *SLG*: spinaler Lokomotionsgenerator; *M*: Motoneurone; *PLR*: pontine lokomotorische Region; *MLR*: mesenzephale lokomotorische Region; Desz. Trakte: deszendierende Trakte. Der *SLG* aktiviert (rot) Motoneurone und Interneurone mit zentral programmierten Abfolgen von Aktionspotenzialen (Mod. nach Illert 1999)

oder elektrische Reizung eröffnet neue Ansätze der neurologischen Rehabilitation.

Dem spinalen Generator fehlen allerdings wesentliche Voraussetzungen, die für die natürliche Fortbewegung nötig sind. Die Kontrolle von Muskeltonus und Gleichgewicht, die vorausschauende Anpassung an Störungen und der willkürliche Einsatz der Lokomotion zum Erreichen eines Zieles sind nicht möglich. Diese Aufgaben werden von deszendierenden Systemen übernommen, die den spinal programmierten Schritt an diese Funktionen adaptieren. Zu diesen *adaptiven Systemen* (□ Abb. 5.13) gehören die großen motorischen Trakte, die im Rahmen der Willkürmotorik aktiv sind (retikulo-, rubro-, vestibulo- und kortikospinale Trakte). Sie projizieren auf die Motoneurone, auf die Reflexwege zwischen dem Generator und den Motoneuronen und auf den spinalen Generator selbst. Die Lokomotion reagiert auf periphere Störungen, z. B. beim Berühren eines Steines während der Schwungphase eines Schrittes. Korrekturmechanismen werden von peripheren Sensorsystemen aktiviert und sind als Reflexe auf spinaler Ebene organisiert. Eine entscheidende Rolle bei der Adaptation der Lokomotion kommt schließlich den Sensoren zu, welche die Stellung der großen rumpfnahen Extremitätengelenke, z. B. der Hüfte, messen.

> **Merke**
>
> Propriozeptive, vestibuläre und visuelle Sinnesinformationen werden im Hirnstamm integriert und für die Steuerung der **Halte- und Stützmotorik** verwendet. Neuronale Verschaltungen des Rückenmarks generieren den **Grundrhythmus der Lokomotion** mit alternierender Flexor- und Extensoraktivierung.

II Allgemeine und Spezielle Sinnesphysiologie

6   Vegetatives Nervensystem   – 132
    W. Jänig

7   Allgemeine Sinnesphysiologie   – 182
    H. O. Handwerker

8   Somatosensorik   – 203
    H. O. Handwerker

9   Nozizeption und Schmerz   – 229
    H. O. Handwerker und H.-G. Schaible

10 Sehen   – 243
    U. Eysel

11 Hören   – 287
    H. P. Zenner

12 Gleichgewicht   – 312
    H. P. Zenner

13 Geschmack   – 328
    H. Hatt

14 Geruch   – 340
    H. Hatt

6   Vegetatives Nervensystem

W. Jänig

❯❯ Einleitung

Das vegetative Nervensystem ist zentral und peripher repräsentiert und innerviert mit seinen peripheren efferenten Anteilen, mit wenigen Ausnahmen, alle Gewebe. Es ermöglicht unserem Körper, in Umwelten zu agieren, die sowohl physisch als auch psychisch herausfordernd sind. Alle motorischen Akte oder intendierten Akte werden von Anpassungsreaktionen des Körpers begleitet, die vom Gehirn über das vegetative Nervensystem aktiv gesteuert werden und integrale Bestandteile von Verhaltensweisen sind. Beispiele aus dem täglichen Leben sind Anstieg von Herzzeitvolumen und von Durchblutung der Skelettmuskulatur bei einem Kurzstreckenläufer vor dem Start, die Speichel- und Magensaftsekretion bei der Ansicht und Vorstellung von Speisen im hungrigen Zustand und die Veränderungen der primären und sekundären Sexualorgane bei der Ansicht oder Vorstellung eines nahe stehenden Mitgliedes des anderen Geschlechtes.

6.1   Allgemeine Funktionen und Anatomie

Vegetatives Nervensystem und zentralnervöse Regulationen

Der Organismus kommuniziert mit der Umwelt über sein *somatisches* Nervensystem. Er empfängt Nachrichten aus ihr mit seinen sensorischen Systemen (▶ Kap. 8.5) und kontrolliert seine Körperhaltungen und Bewegungen mit seinen nervösen motorischen Systemen (▶ Kap. 7.3). Die Prozesse im somatischen Nervensystem unterliegen z. T. dem Bewusstsein und der willkürlichen Kontrolle.

Das *vegetative* Nervensystem passt die Prozesse im Körperinneren bei Belastung des Organismus an. Es regelt die lebenswichtigen Funktionen des Kreislaufes, der Verdauung, der Entleerung, des Stoffwechsels, der Sekretion, der Körpertemperatur und der Fortpflanzung und unterliegt nicht der direkten willkürlichen Kontrolle. Es wird deshalb auch *autonomes Nervensystem* genannt. Die Wirkungen des vegetativen und des somatischen Nervensystems laufen meistens gleichzeitig ab. Beide Systeme sind miteinander integriert und können deshalb zentral häufig nicht voneinander getrennt werden.

Die Bedeutung des vegetativen Nervensystems im Verhältnis zum neuroendokrinen System, zu sensorischen Systemen, zum somatomotorischen System und zu den verschiedenen Hirnbereichen ist in ◘ Abbildung 6.1 schematisch dargestellt. Der Organismus agiert in der Umwelt über seine Skelettmuskulatur, deren Kraftentwicklung vom somatomotorischen System geregelt wird. Die Programme und Strategien, von denen diese Regelung abhängt, sind im Rückenmark, Hirnstamm, Hypothalamus, Zerebellum und im Großhirn gespeichert. Diese Hirnbereiche bekommen auf allen Ebenen *Rückmeldungen* über die sensorischen Systeme aus der Umwelt und aus dem Körperinneren (◘ Abb. 6.1).

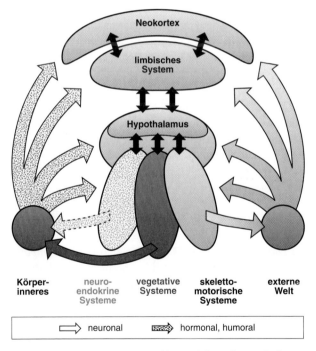

◘ **Abb. 6.1. Vegetatives Nervensystem, Gehirn und Organismus.** *Rechts:* somatisches Nervensystem und Umwelt; links: vegetatives Nervensystem, Endokrinium und Körperorgane; in der *Mitte:* Rückenmark, Hirnstamm, Hypothalamus und Endhirn. Die afferenten Rückmeldungen aus dem Körper sind neuronal, hormonell und humoral (z. B. die Konzentration von Glukose und Ionen [Osmolalität]) und anderer Natur (z. B. Temperatur des Blutes)

Damit der Organismus optimal in der Umwelt unter verschiedensten Bedingungen agieren kann (z. B. bei körperlicher Arbeit, thermischer Belastung, psychischer Belastung), muss die Versorgung von Skelettmuskeln, Gehirn, Herz und anderen Geweben mit Sauerstoff und Nährstoffen in jedem Moment gewährleistet sein. Hierfür sind verschiedene Regulationen notwendig:

- Regulation des kardiovaskulären Systems (arterieller Blutdruck und Blutflüsse durch Organsysteme),
- Regulation der Flüssigkeitsmatrix (Volumen-, Osmoregulation),
- Regulation des Gasaustausches mit der Umwelt (Regulation des Atemwegswiderstandes und der pulmonalen Zirkulation),
- Regulation der Körpertemperatur (Wärmeproduktion und Wärmeabgabe),
- Regulation der Aufnahme und Abgabe von Nährstoffen, Mineralien, Abfallprodukten und Wasser und
- Regulation der Körperabwehr (einschließlich des Immunsystems).

An diesen Regulationen der Körperfunktionen ist das vegetative Nervensystem beteiligt (◻ Abb. 6.1). Das vegetative Nervensystem hat periphere und zentrale Repräsentationen. Diese Repräsentationen erhalten fortlaufend Rückmeldungen von den Organen des Körpers und aus der Umwelt und stehen wie das somatomotorische System auch unter der Kontrolle des Großhirns. Die zentrale Integration vegetativer Regulationen ist die Voraussetzung für die präzise Anpassung der Organfunktionen an das Verhalten des Organismus.

Allgemeine Struktur des peripheren vegetativen Nervensystems

Das periphere vegetative Nervensystem besteht aus *Sympathikus*, *Parasympathikus* und *Darmnervensystem* (◻ Abb. 6.2 und 6.3). Der *Sympathikus* entspringt dem Brustmark und den oberen 2–3 Segmenten des Lumbalmarks; er wird deshalb auch *thorakolumbales System* genannt. Der *Parasympathikus* entspringt dem Hirnstamm und dem Sakralmark und wird deshalb auch *kraniosakrales System* genannt. Die Endneurone von Sympathikus und Parasympathikus liegen außerhalb des ZNS und innervieren die Effektororgane des vegetativen Nervensystems (glatte Muskulatur verschiedener Organe, Drüsen, Herzmuskelzellen usw.) (◻ Tabelle 6.1). Diese Neurone werden *postganglionäre Neurone* genannt; ihre Zellkörper liegen in den *vegetativen Ganglien*. Neurone, die ihre Zellkörper im Rückenmark und Hirnstamm haben und mit ihren Axonen in diesen Ganglien synaptisch auf den Zellkörpern der postganglionä-

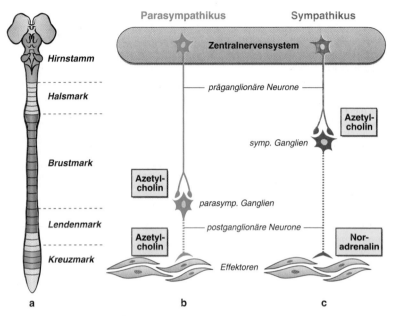

Parasympathikus **Sympathikus**

Zentralnervensystem

Hirnstamm

präganglionäre Neurone

Halsmark

Azetyl-cholin

symp. Ganglien

Brustmark

Azetyl-cholin

parasymp. Ganglien

Lendenmark

postganglionäre Neurone

Azetyl-cholin **Nor-adrenalin**

Kreuzmark

Effektoren

a   b   c

▱ **Abb. 6.2. Ursprung und Aufbau des peripheren vegetativen Nervensystems. a** Lage der Zellkörper präganglionärer Neurone des Sympathikus *(rot)* und des Parasympathikus *(grün)* in Hirnstamm und Rückenmark. **b, c** Schematische Darstellung prä- und postgang-lionärer sympathischer und parasympathischer Neurone mit Überträgerstoffen

ren Neurone enden, nennt man *präganglionäre Neurone* (▱ Abb. 6.2 b, c). Die Neurone des Darmnervensystems liegen in den Wänden des Gastrointestinaltraktes.

Prä- und postganglionäre Neurone bilden Neuronenketten, über die die Impulsaktivität vom Rückenmark oder Hirnstamm zu den Effektororganen übertragen wird. Diese Neuronenketten sind die *motorischen Endstrecken* von Sympathikus und Parasympathikus und entsprechen im Großen und Ganzen funktionell den Motoneuronen des somatomotorischen Systems. Jede Klasse von Effektororganen wird von postganglionären Neuronen einer oder zweier »vegetativen motorischen Endstrecken« innerviert.

■■■ **Peripherer Sympathikus.** Die Zellkörper aller präganglionären sympathischen Neurone liegen in der intermediären Zone im Brustmark und oberen Lendenmark (▱ Abb. 6.2 a, rot). Die Axone dieser Neurone (▱ Abb. 6.3) verlassen das Rückenmark über die Vorderwurzeln und ziehen durch die weißen Rami zu den außerhalb des ZNS liegenden vegetativen Ganglien. Die sympathischen Ganglien sind im Bereich der Brust-, Lenden- und Kreuzwirbelsäule rechts und links segmental angeordnet und von oben nach unten durch Nervenstränge miteinander verbunden sind. Diese Strukturen werden **Grenzstränge** genannt und die Ganglien **paravertebrale Ganglien**. Im Bereich der Halswirbelsäule gibt es nur ein Ganglion (Ganglion cervicale superius), in dem sich die postganglionären Neurone zum Kopf und zum oberen Halsbereich befinden. Im oberen Teil des thorakalen Grenzstranges liegt das **Ganglion stellatum**, das aus den thorakalen Grenzstrangganglien T1-T2 (T3) besteht und in dem sich die postganglionären Neurone zur Vorderextremität, zu Herz und Lunge befinden. Die postganglionären Neurone zur unteren Extremität befinden sich in den Grenzstrangganglien $L_4 - S_1$. Außer den paaren Grenzstrangganglien gibt es im Bauch- und Beckenraum unpaare prävertebrale Ganglien (**Ganglion coeliacum, Ganglion mesentericum superius et inferius**), zu denen Axone präganglionärer Neurone aus beiden Rückenmarkhälften ziehen (□ Abb. 6.3). Die postganglionären Neurone

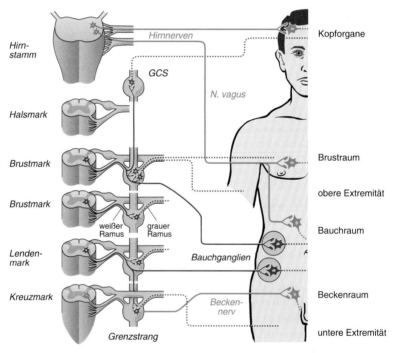

□ **Abb. 6.3. Aufbau und Innervationsgebiet von Sympathikus** (rote Neurone) **und Para-sympathikus** (grüne Neurone). Die postganglionären Axone sind gepunktet. Die vegetativen Ganglien und Nerven sind im Vergleich zu den Rückenmarksegmenten zu groß gezeichnet. **GCS** Ganglion cervicale superius (Mod. nach Netter 1972)

dieser prävertebralen Ganglien projizieren zum Magen-Darm-Trakt, zur Milz, zum Urogenitaltrakt und z. T. zu den viszeralen Blutgefäßen.

Die präganglionären sympathischen Fasern sind dünn myelinisiert (2–4 μm dick, Leitungsgeschwindigkeit <20 m/s) oder unmyelinisiert. Die postganglionären Fasern sind unmyelinisiert (C-Fasern, <1 μm dick, ≤1 m/s) (◘ Tabelle 2.2 a). Die Axone der postganglionären Neurone (◘ Abb. 6.3) treten aus den Ganglien aus und innervieren die Erfolgsorgane (auch Effektoren genannt) des Sympathikus. Sie projiziere einerseits durch die grauen Rami zu den Spinalnerven und von hier durch die verschiedenen somatischen Nerven zu den Effektoren des Rumpfes und der Extremitäten und andererseits durch die Eingeweidenerven zu den Organen in den Körperhöhlen. Die postganglionären Neurone, auf die präganglionäre Neurone aus dem Brustmark konvergieren, innervieren die Kopforgane, den Brust- und Bauchraum und die oberen Extremitäten. Die postganglionären Neuronen, auf die präganglionäre Neuronen aus dem Lendenmark konvergieren, innervieren den Beckenraum und die unteren Extremitäten (◘ Abb. 6.3). Da die Ganglien des Sympathikus relativ weit entfernt von den Erfolgsorganen liegen, sind die postganglionären sympathischen Axone meist sehr lang (◘ Abb. 6.2 c und 6.3).

Erfolgsorgane des Sympathikus. Erfolgsorgane sind die glatte Muskulatur aller Organe (Gefäße, Eingeweide, Ausscheidungsorgane, Haare, Pupillen), der Herzmuskel (Herzschrittmacherzellen, Vorhof- und Kammermuskulatur) und manche Drüsen (Schweiß-, Speichel-, Verdauungsdrüsen). Aktivierung sympathischer Neurone wirkt erregend auf die glatte Muskulatur der Gefäße, der Haare, der Schließer von Darm und Harnblase, der Pupillen und der inneren Sexualorgane, auf das Herz, auf die Schweißdrüsen und in schwächerem Maße auf die Speicheldrüsen und hemmend auf die glatte Muskulatur der Eingeweide (über das Darmnervensystem, ▶ unten) und vielleicht der Luftröhren. Die wichtigsten Effektorantworten sind in ◘ Tabelle 6.1 aufgeführt.

Peripherer Parasympathikus. Die Zellkörper der **präganglionären Neurone** des peripheren parasymphatischen Nervensystems liegen im Kreuzmark und im Hirnstamm. Die präganglionären parasympathischen Fasern sind myelinisiert oder unmyelinisiert und sehr lang (◘ Abb. 6.2 b), da die parasympathischen Ganglien verstreut in den Wänden oder in der Nähe der Erfolgsorgane liegen. Die **postganglionären parasympathischen Fasern** (grün gepunktet in ◘ Abb. 6.3) sind deshalb sehr kurz. Die parasympathischen Axone aus dem Hirnstamm projizieren durch die **Nn. vagi** zu den Organen in der Brust- und Bauchhöhle (◘ Abb. 6.3) und durch andere Hirnnerven zu den Organen im Kopfbereich. Die Fasern aus dem Kreuzmark projizieren durch die Beckennerven zu den Organen im Beckenraum (◘ Abb. 6.3).

Parasympathisch innervierte Organe. Organe wie z. B. Harnblase, Enddarm (Beckenraum), Magen-Darm-Trakt (Bauchraum), Herz, Lunge (Brustraum) und Speicheldrüsen (Kopfbereich), werden sowohl von **parasympathischen** als auch von **sympathischen Fasern** innerviert. Dagegen werden nicht alle sympathisch innervierten Organe (z. B. fast alle Arterien und Venen) durch den Parasympathikus innerviert. Aktivierung parasympathischer Neurone wirkt erregend auf Harnblase, Pupille, Speicheldrüsen, Magen-Darm-Trakt (über das Darmnervensystem) und auf die glatte Muskulatur der Luftröhren und hemmend auf Herzschrittmacherzellen, Herzvorhöfe und Rankengefäße des erektilen Gewebes der Sexualorgane. Die wichtigsten Effektorantworten sind in ◘ Tabelle 6.1 aufgeführt.

▫ Tabelle 6.1. Effekte der Aktivierung von Sympathikus und Parasympathikus auf einzelne Organe

Organ oder Organsystem	Aktivierung des Parasympathikus	Aktivierung des Sympathikus	Adreno-zeptoren
Herzschrittmacher	↓ Herzfrequenz	↑ Herzfrequenz	β_1
Herzmuskel	↓ Kontraktilität (nur Vorhöfe)	↑ Kontraktilität	β_1
Arterien, Venen	0	Vasokonstriktion	α_1
Rankenarterien (Genitalorgane)	Dilatation	(Vasokonstriktion)	
Magen-Darm-Trakt:			
Motilität (Über Darmnervensystem)	↑	↓	α_2, β_1
Verdauungsdrüsen (Über Darmnervensystem)	↑ Sekretion	↓ Sekretion	?
Schließer			
Harnblase:			
Detrusor vesicae	Kontraktion	Erschlaffung	β_1
Trigonum vesicae (Spincter internus)	0	Kontraktion	α_1
Innere Genitalorgane	0	Kontraktion	α_1
Auge:			
M. dilatator pupillae	0	Kontraktion (Öffnung)	α_1
M. sphincter pupillae	Kontraktion	0	
M. ciliaris	Kontraktion	?	
Luftröhrenmuskulatur	Kontraktion	Erschlaffung (?)	β_2
Haarbalgmuskulatur	0	Kontraktion	α_1
Speicheldrüsen	Sekretion	Sekretion (schwach)	α_1
Tränendrüsen	Sekretion	0	
Schweißdrüsen	0	Sekretion	
Stoffwechsel:			
Leber	0	Glykogenolyse, Glukoneogenese	β_2
Fettzellen	0	Lipolyse (↑ freier Fettsäuren im Blut)	β_2
Insulinsekretion (aus β-Zellen)	0	Abnahme	α_2

Darmnervensystem

Das Darmnervensystem ist im Grunde das »eigentliche autonome Nervensystem«. Dieses Nervensystem funktioniert auch ohne zentralnervöse Einflüsse, die über Sympathikus und Parasymphatikus vermittelt werden. Es ist in der Lage, die vielfältigen Bewegungen des Darmschlauches zur Durchmischung und zum Weitertransport des Darminhaltes und die Sekretionsvorgänge zu regeln. Es besteht aus Ansammlungen von Nervenzellen (kleinen Ganglien), die zwischen der glatten Längsmuskulatur und der glatten Ringmuskulatur im *Plexus myentericus* und innerhalb der Ringmuskulatur im *Plexus submucosus* liegen. Die Neurone des Darmnervensystems sind:

- *sensorische Neurone*, die auf Dehnung und Kontraktion der Darmwand oder durch intraluminale chemische Reize erregt werden,
- *motorische Neurone*, die die glatte Ring- und Längsmuskulatur, die Drüsenzellen und endokrine Zellen innervieren, und
- *Interneurone*, die zwischen afferenten und motorischen Neuronen geschaltet sind.

Man könnte das Darmnervensystem auch als das »Gehirn des Darmes« bezeichnen

Die Funktionen des Darmnervensystems werden über das sympathische und parasympathische Nervensystem an das Verhalten des Organismus angepasst. Präganglionäre parasympathische Neurone innervieren Motoneurone und Interneurone des Darmnervensystems. Die Übertragung auf die Neurone ist erregend. Postganglionäre sympathische Neurone in den prävertebralen Ganglien beeinflussen das Darmnervensystem prä- und postsynaptisch hemmend. Nur die glatte Muskulatur der Sphinkteren wird direkt erregt von postganglionären sympathischen Neuronen.

Motorische Endstrecken des vegetativen Nervensystems

Sympathikus und Parasympathikus bestehen nach der großen Zahl von Effektororganen, die sie innervieren, aus vielen *motorische Endstrecken* (◘ Tabelle 6.1). Die Impulsübertragung in den Ganglien und von den Terminalen der postganglionären Axone auf die Effektororgane über neuroeffektorische Synapsen ist *spezifisch* für jede Klasse von Effektororganen. Das bedeutet, dass die zentral erzeugte Impulsaktivität zuverlässig über diese *neuronalen Kanäle* auf die Effektororgane übertragen wird. Die prä- und postganglionären Neurone dieser Endstrecken können deshalb nach ihrer Funktion als *Muskelvasokon-*

striktor-, *Hautvasokonstriktor-*, *Muskelvasodilatator-*, *Sudomotor-* (Schweiß-drüsen), *Pilomotorneurone* (Haarbalgmuskulatur) usw. bezeichnet werden.

Vegetative Ganglien

In den meisten vegetativen Ganglien divergiert ein präganglionäres Axon auf viele postganglionäre Zellen und konvergieren viele präganglionäre Axone auf eine postganglionäre Zelle. In ◘ Abbildung 6.4 a sind als Beispiele die Divergenz des präganglionären Axons *1* auf die postganglionären Zellen *A*, *B* und *C* (obe-res Ganglion) und die Konvergenz der drei präganglionären Axone *2*, *3* und *4* auf das postganglionäre Neuron *D* (unteres Ganglion) dargestellt. Divergenz und Konvergenz finden wahrscheinlich nur zwischen Neuronen in der *gleichen* vegetativ-motorischen Endstrecke statt und nicht zwischen funktionell ver-schiedenen Neuronen.

Die *Divergenz* präganglionärer Axone auf postganglionäre Neurone ge-währleistet, dass die Aktivität in einer relativ kleinen Zahl von präganglionären

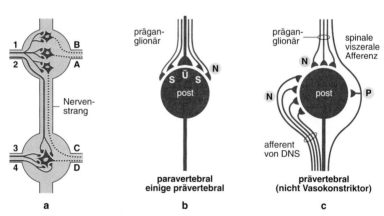

◘ **Abb. 6.4. Impulsübertragung in sympathischen Ganglien. a** Divergenz (Axon 1 auf Neurone *A*, *B* und *C*) und Konvergenz (Axone *2*, *3* und *4* auf Neuron *D*) präganglionärer Axone auf postganglionäre Neurone in Grenzstrangganglien. **b** Relaisfunktion in paravertebralen (Grenzstrang)-Ganglien und einigen prävertebrale postganglionären Neuronen (z. B. zu Blut-gefäßen); *S* schwache Synapsen mit unterschwelligen postsynaptischen Potentialen; *Ü* »star-ke« Synapse mit überschwelligen postsynaptischen Potentialen. **c** Integration von synapti-schen Eingängen zu vielen postganglionären Neuronen in prävertebralen Ganglien: von präganglionären sympathischen Neuronen; von intestinofugalen Neuronen des Darmner-vensystems (DNS); von Kollateralen spinaler viszeraler Afferenzen. *N* cholinerg nikotinerge synaptische Übertragung; *P* peptiderge synaptische Übertragung

Neuronen auf eine große Zahl postganglionärer Neurone verteilt wird *(Verteilungsfunktion vegetativer Ganglien)*. So ist z. B. die Zahl der postganglionäre Neurone im Ganglion cervicale superius des Menschen etwa 200-mal höher als die Zahl der präganglionäre Neurone, die zu diesem Ganglion projizieren. Große Unterschiede bestehen zwischen funktionell verschiedenen postganglionären Neuronen im *Grad der Konvergenz*: Auf postganglionäre Neurone, die die Weite der Pupille regulieren, konvergieren nur wenige präganglionäre Neurone und auf postganglionäre sympathische Neurone, die die Weite von Blutgefäßen regulieren, sehr viele.

In den *paravertebralen sympathischen Grenzstrangganglien*, auf viele Neurone in den prävertebralen Ganglien und in den *parasympathischen Ganglien* werden die Impulse nach Art einer *Relaisstation* übertragen, ohne modifiziert zu werden. Ein oder zwei der konvergierenden präganglionären Axone bilden Synapsen mit den postganglionären Neuronen in diesen Ganglien, die bei Aktivierungen immer überschwellige erregende postsynaptische Potentiale erzeugen (ähnlich wie bei der neuromuskulären Endplatte) und auf diese Weise die Entladungen der postganglionären Neurone bestimmen (◨ Abb. 6.4 b). Die Funktion der konvergierenden präganglionären Axone, die bei Erregung nur kleine unterschwellige synaptische Potentiale erzeugen und »schwache« Synapsen bilden, ist unbekannt. Viele postganglionäre Neurone in *prävertebralen Ganglien* haben aber auch *integrative Funktion*: Diese Neurone erhalten nicht nur synaptische Eingänge von präganglionären Neuronen, sondern auch von peripheren intestino-fugalen oder afferenten Neuronen, die ihre Zellkörper im Darmnervensystem haben, und von Kollateralen spinaler viszeraler afferenter Neurone (◨ Abb. 6.4 c).

Wirkungen von Sympathikus und Parasympathikus auf die Effektororgane

Die Reizung von Sympathikus und Parasympathikus hat auf eine ganze Reihe von Effektororganen *antagonistische* (entgegengesetzte) Wirkungen. Diese Beobachtungen haben dazu geführt, die beiden vegetativen Systeme als Antagonisten zu beschreiben und ihnen entsprechende globale antagonistische Funktionen zuzuordnen. Die Betrachtungsweise ist zu einfach und verzerrend. Die ◨ Tabelle 6.1 zeigt folgendes:

- Die meisten Erfolgsorgane reagieren unter physiologischen Bedingungen überwiegend nur auf ein vegetatives System.
- Wenige Erfolgsorgane reagieren auf beide vegetative Systeme (z. B. Herz, Harnblase, Iris).

- Antagonistische Antworten sind mehr die Ausnahme als die Regel.
- Die meisten Antworten bestehen aus Erregung (Aktivierung); Hemmung (z. B. Erschlaffung oder Abnahme von Sekretion) ist selten.

Vagale und sakrale viszerale Afferenzen

Etwa 85% der Axone in den Nervi vagi und bis zu 50% der Axone in den spinalen Eingeweidenerven sind afferent. Diese viszeralen Afferenzen kommen von Rezeptoren in den inneren Organen. Ihre Zellkörper liegen in den Ganglien des X. und XI. Hirnnerven und in den Spinalganglien der Segmente, in denen die präganglionären Neurone liegen. Die meisten viszeralen Afferenzen sind unmyelinisiert, einige sind dünn myelinisiert. Die Unterteilung in »sympathische« und »parasympathische« Afferenzen ist nicht möglich und nicht sinnvoll.

Vagale viszerale Afferenzen von der Lunge, vom kardiovaskulären System und vom Gastrointestinaltrakt projizieren zum Nucleus tractus solitarii des unteren Hirnstamms und *sakrale viszerale Afferenzen* von den Ausführungsorganen und den Reproduktionsorganen zum Sakralmark. Die meisten dieser Afferenzen werden durch Kontraktion und Dehnung dieser Organe erregt. Ihre Sensoren messen intraluminale Drücke (z. B. die arteriellen Barorezeptoren, Afferenzen von der Harnblase) oder Volumen (z. B. Afferenzen des Verdauungstraktes, der Herzvorhöfe und der Lunge). Einige Afferenzen sind chemosensibel (arterielle Chemosensoren in der arteriellen Ausflussbahn des Herzens, Chemosensoren in der Mukosa des Verdauungstraktes) oder osmosensibel. Die meisten vagalen Afferenzen sind mit wenigen Ausnahmen nicht nozizeptiv. Sakrale viszerale Afferenzen sind auch nozizeptiv und verantwortlich für die Auslösung viszeraler Schmerzen der *Beckenorgane.*

Thorakolumbale viszerale Afferenzen projizieren durch die weißen Rami und die Hinterwurzeln ins Hinterhorn des Rückenmarks. Ihre Sensoren liegen in der Serosa, den Mesenterien und den Wänden einiger viszeraler Organe. Die meisten dieser Afferenzen sind mechanosensibel; einige sind auch chemosensibel und werden durch Entzündung und Ischämie aktiviert. Sie sind eingebunden in (1) organspezifische Reflexe (z. B. kardiokardiale und renorenale Reflexe) und (2) in Schmerz aller viszeralen Organe.

> **Merke**
>
> Das vegetative Nervensystem passt die Prozesse im Körperinneren bei Belastung des Organismus an. Es besteht aus 3 verschiedenen Systemen: **Sympathikus, Parasympathikus und Darmnervensystem**. Sympathikus und Parasympathikus bestehen in der Peripherie aus funktionell verschiedenen vegetativen motorischen Endstrecken. Afferente Neurone, die durch Eingeweidenerven zum Rückenmark und zum unteren Hirnstamm projizieren, werden als **viszerale Afferenzen** bezeichnet.

6.2 Der glatte Muskel: ein Effektor des peripheren vegetativen Nervensystems

Da das vegetative Nervensystem nahezu die gesamte glatte Muskulatur des Organismus innerviert, ist es notwendig, einige Merkmale dieser Muskulatur, die in ihrem Aufbau und in der Eigenart ihrer Zellmembranen begründet sind, zu beschreiben. Durch diese Merkmale kann man die Funktionsweisen vieler vegetativ innervierter Organe besser verstehen (▶ Kap. 4.8).

Die Zellen der meisten glatten Muskelzellverbände (z. B. der **Blutgefäße**, des **Magendarmtraktes**, des **Uterus**) sind über sog. **Nexus** (oder *gap junctions*) miteinander verbunden. Diese Verbindungen bilden Brücken niedriger elektrischer Widerstände zwischen den Zellen. Auf diese Weise können sich Depolarisationen, die in wenigen Zellen eines Muskelzellverbandes stattfinden, über den gesamten Zellverband ausbreiten. Die Entfernung der Ausbreitung einer Depolarisation hängt dabei von den passiven elektrischen Eigenschaften des Muskelzellverbandes ab (Widerstände und Kapazitäten von Membranen und Zytoplasma). Die Vernetzung der glatten Muskelzellen über die Nexus gewährleistet, dass der glatte Muskelzellverband einheitlich auf Reize (humorale Reize, neuronale Reize; ▶ unten) reagiert. Er verhält sich wie ein **funktionelles Synzytium** und gehört deshalb zum *Single-Unit-Typ* (▶ Kap. 4.8).

Myogene Aktivität und Membranpotential

Wie bei der Skelettmuskelfaser, wird die Aktivierung der kontraktilen Strukturen (Aktin und Myosin) in der glatten Muskulatur durch die **intrazelluläre Kalziumkonzentration** geregelt (▶ Kap. 4.8). Drei physiologische Mechanismen führen zur Kontraktion der glatten Muskulatur über verschiedene intrazelluläre Signalwege. Alle drei Mechanismen können am gleichen Muskelzellverband stattfinden:

- Viele glatte Muskelzellen (z. B. der Arteriolen, des Magen-Darm-Traktes) erzeugen Aktionspotentiale, die die Kontraktion auslösen (*elektromechanische Kopplung*). Diese Aktionspotentiale sind ≥1 s lang und werden durch Einstrom von Kalzium erzeugt.
- Graduierte Depolarisation des Membranpotentials kann eine graduierte Kontraktion auslösen (z. B. Pulmonalarterie, *elektromechanische Kopplung*).
- Zirkulierende Substanzen (z. B. *Hormone*) können Kontraktionen auslösen ohne Änderung des Membranpotentials. In diesem Falle wird die Erhöhung der intrazellulären Kalziumkonzentration nicht elektrisch vermittelt. Über diesen Mechanismus wirken viele Pharmaka (*pharmakomechanische Kopplung*).

Viele glatte Muskeln (z. B. des Magen-Darm-Traktes, der Blutgefäße und der Blase) können sich ohne neuronale Einwirkung phasisch-rhythmisch oder tonisch *spontan kontrahieren*. Diese Kontraktionen werden durch Aktionspotentiale in einer Gruppe elektrisch gekoppelter glatter Muskelzellen des Präparates, die eine besonders niedrige Erregungsschwelle haben und sich von Zelle zu Zelle über die Nexus im Muskel ausbreiten, ausgelöst. Die Aktionspotentiale entstehen durch spontane langsame Depolarisationen in dem Muskelzellverband. Diese Muskelzellen sind **Schrittmacher** für ihre Umgebung. Elektrische und mechanische Aktivität des Präparates bleiben nach Vergiftung der Neurone in der Wand der glatten Muskulatur bestehen und sind deshalb myogenen Ursprungs (*myogene Aktivität*).

Die elektrische und myogene Aktivität der glatten Muskulatur kann durch eine Vielzahl biologischer Substanzen (z. B. Transmitterstoffe des vegetativen Nervensystems, Hormone, lokal freigesetzte Substanzen) und Pharmaka beeinflusst werden. *Azetylcholin* erniedrigt z. B. die Schwelle zur spontanen Depolarisation eines *Darmmuskelpräparates* und erhöht die Kraft, die solch ein Präparat bei Dehnung entwickelt. *Noradrenalin* erhöht die Schwelle zur spontanen Depolarisation durch Hyperpolarisation der Muskelzellen und führt zur Erschlaffung des Präparates. Beide Substanzen haben auf die *glatte Gefäßmuskulatur* umgekehrte Wirkungen (Azetylcholin – Erschlaffung; Noradrenalin – Kontraktion). Diese Wirkungen werden durch entsprechende Rezeptoren in den Membranen der glatten Muskelzellen vermittelt.

Außer der spontan tätigen glatten Muskulatur vom Single-Unit-Typ gibt es einige glatte Muskeln, deren Zellen im allg. nicht spontan tätig sind (z. B. die glatten Muskeln der Haare, glatte Augenmuskulatur, der Samenleiter). Diese Muskeln können nur über ihre vegetativen Nerven aktiviert werden und gehören z. T. zum sog. Multi-Unit-Typ (▶ Kap. 4.8).

Kontraktion der glatten Muskulatur: Zeitverlauf und Kraftentwicklung auf Dehnung

Einzelne Erregungen eines Darmmuskelpräparates lösen Kontraktionen aus, die in etwa 1–2 s ansteigen und in etwa 5–10 s wieder abfallen (◘ Abb. 6.5 a). Im Vergleich zum Skelettmuskel läuft die Kontraktion des glatten Muskels also etwa *20- bis 50-mal langsamer* ab. Dieser langsame Zeitverlauf ist größtenteils durch das langsame Übereinandergleiten der dicken und dünnen Myofilamente bedingt (▶ Kap. 4.8).

Um eine anhaltende, gleichmäßige Kontraktion des Skelettmuskels *(Tetanus)* zu erzeugen, muss man den Muskel mit etwa 20–80 Reizen/s erregen (◘ Abb. 4.6). Bei dem langsamen Zeitverlauf der Einzelkontraktion des glatten Muskels sind erheblich niedrigere Impulsfrequenzen von etwa 0,5–3 Hz nötig, um eine gleichmäßige Kontraktion zu erzeugen. In ◘ Abbildung 6.5 d entlädt der glatte Muskel mit einem Aktionspotential pro Sekunde. Bei dieser Entladungsfrequenz verschmelzen die Einzelkontraktionen des glatten Muskels fast vollständig zu einer Dauerkontraktion. Daraus folgt, dass schon relativ geringe Frequenzen von weniger als einem Aktionspotential pro Sekunde in erregenden efferenten postganglionären Fasern, die die glatten Muskeln innervieren, genügen, um eine anhaltende gleichmäßige Kontraktion auszulösen.

Viele glatte Muskeln vom Single-Unit-Typ reagieren auf passive Dehnung mit einer Depolarisation ihrer Fasermembranen und mit Kontraktionen. Mit zunehmender Dehnung nehmen die Entladungsfrequenz und die Kraft, die diese Muskulatur entwickelt, graduiert zu (◘ Abb. 6.5). Die zunehmende Erregbarkeit, herbeigeführt durch die Dehnung der glatten Muskelzellen, ist für die Hohlorgane des Körpers, wie z. B. Darm, Gefäße, Harnblase, von großer Bedeutung. Jede vermehrte Füllung eines Hohlorgans hat eine vermehrte Aktivität seiner Wandmuskulatur zur Folge. So entleert sich z. B. eine Harnblase, deren nervöse Regelung durch Kreuzmarkzerstörung ausgefallen ist, bei vermehrter Füllung spontan, wenn auch sehr unvollständig. Die spontane Erregungsbildung der glatten Muskulatur und ihre Modifizierung durch mechanische Dehnung befähigen die Hohlorgane, ohne nervöse Kontrolle ihre Funktionen in

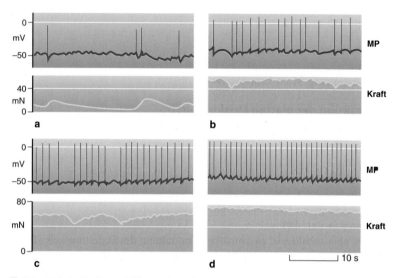

■ **Abb. 6.5A–D. Kraftentwicklung eines glatten Muskelzellverbandes mit zunehmender Dehnung** (in Schritten von etwa 0,5 mm). Das Membranpotential *(MP)* einer einzelnen glatten Muskelzelle wurde intrazellulär mit einer Mikroelektrode gemessen. Die Kraft, die das ganze Präparat entwickelt, wurde mit einem Dehnungsmessstreifen gemessen. Darmmuskelpräparat (Taenia coli von 5 mm Länge) vom Meerschweinchen. (Mod. nach Bülbring 1962)

beschränktem Maße auszuüben. Man spricht in diesem Zusammenhang von der *myogenen Autonomie* der vegetativ innervierten Organe.

Merke

Glatte Muskelzellen kommunizieren miteinander über Nexus und verhalten sich wie funktionelle Synzytien. Glatte Muskeln kontrahieren sich langsam und benötigen deshalb niedrige Impulsfrequenzen in den postganglionären Neuronen.

6.3 Synaptische Übertragung im peripheren vegetativen Nervensystem

Die synaptische Übertragung von den präganglionären Axonen auf die post-ganglionären Neurone im Parasympathikus und Sympathikus ist *cholinerg* (◘ Abb. 6.2 b, c). Die meisten postganglionären sympathischen Neurone über-tragen ihre Aktivität auf die Effektoren durch Freisetzung von *Noradrenalin* und die postganglionären parasympathischen Neurone durch Freisetzung von *Azetylcholin* (◘ Abb. 6.2 b, c). Nur wenige postganglionäre sympathische Neu-rone benutzen Azetylcholin als Überträgerstoff (z. B. Schweißdrüsenneurone). *Adrenalin* wird in der Peripherie bei Säugern nicht als Überträgersubstanz be-nutzt (jedoch bei Amphibien und Vögeln); es stammt aus dem Nebennieren-mark.

Azetylcholin, nikotinerge und muskarinerge Übertragung

Azetylcholin reagiert mit cholinergen Rezeptoren in den Membranen der post-ganglionären Neurone und der Effektorzellen. Diese Reaktion von Azetylcholin führt zum Anstieg der Leitfähigkeit für kleine Kationen durch die Membranen und damit zu postsynaptischen Potentialen. Zwei große Gruppen von choliner-gen Rezeptoren, die in ihren molekularen Strukturen und Funktionen verschie-den sind, werden unterschieden:

- Die Übertragung der Impulsaktivität in *vegetativen Ganglien* wird durch *nikotinische cholinerge Rezeptoren* vermittelt, die Ähnlichkeit haben mit den entsprechenden cholinergen Rezeptoren der neuromuskulären End-platte (► Kap. 3.2). Diese Wirkung wird (wie an der neuromuskulären End-platte) durch Nikotin simuliert und durch Curare geblockt.
- Die zweite Gruppe besteht aus *muskarinischen cholinergen Rezeptoren.* Alle parasympathischen Effektorantworten und einige (cholinerge) sympa-thische Effektorantworten werden durch diese Rezeptoren vermittelt. Die cholinergen muskarinischen Wirkungen werden durch Muskarin, ein Gift des Fliegenpilzes, simuliert und durch *Atropin*, ein Gift der Tollkirsche, selektiv geblockt. Die molekulare Grundstruktur dieses cholinergen Rezep-toren besteht (wie diejenige der Adrenozeptoren) aus einem transmembra-nalen Protein mit 7 Helixstrukturen.

Noradrenalin, Adrenalin: das α-β-Adrenozeptorenkonzept

Die Wirkungen von Noradrenalin und Adrenalin auf die Organe werden über spezifische molekulare Strukturen in den Zellmembranen der Organe, den *Adrenozeptoren*, vermittelt. Man unterscheidet nach pharmakologischen und molekularen Kriterien *α*- und *β-Adrenozeptoren* und entsprechend α- und β-adrenerge Wirkungen von Adrenalin und Noradrenalin. Diese Wirkungen können durch Pharmaka, die wir *α-Blocker* oder *β-Blocker* nennen, weitgehend selektiv verhindert werden.

Die meisten Organe und Gewebe, die durch Adrenalin und Noradrenalin beeinflusst werden, enthalten sowohl α- als auch β-Adrenozeptoren in ihren Membranen. α- und β-Adrenozeptoren vermitteln meist entgegengesetzte Wirkungen; jedoch hängt die Antwort eines Organs auf die adrenergen Substanzen unter physiologischen Bedingungen davon ab, ob die α- oder β-rezeptorischen Wirkungen überwiegen. ◻ Tabelle 6.1 zeigt die Reaktionen verschiedener Organe auf Noradrenalin und Adrenalin unter physiologischen Bedingungen.

▪ ▪ ▪ Die *molekularen Strukturen der Adrenozeptoren* sind weitgehend aufgeklärt. Es handelt sich um *transmembranale Proteine mit 7 Helixstrukturen* in den Membranen der Effektorzellen sowie Schleifen und je einer Endkette auf der extrazellulären Seite (Rezeptor) und auf der intrazellulären Seite (für die Kopplung an die intrazellulären Signalwege). Man unterscheidet mehrere Typen von α- und β-Adrenozeptoren. Für praktisch alle Adrenozeptoren sind die Gene bekannt. Die *biologische Funktion* der Unterteilung der Adrenozeptoren ist nur für $α_1$- und $α_2$-Adrenozeptoren und $β_1$- und $β_2$-Adrenozeptoren einigermaßen klar (◻ Tabelle 6.1).

Klinik

β-Blocker. Durch systematische Abwandlung der Struktur des Noradrenalinmoleküls wurden verschiedenste Pharmaka entwickelt, die vorzugsweise an bestimmten Organen oder Organgruppen α- oder β-adrenozeptorische Wirkungen auslösen. Diese Pharmaka spielen in der therapeutischen Medizin eine bedeutende Rolle. So ist es z. B. gelungen, durch Ersatz des Methylrestes am Stickstoff des Adrenalinmoleküls (◻ Abb. 6.6) durch eine Propylgruppe eine Substanz zu erzeugen, die nur β-adrenerge Wirkungen hat. Diese Substanz wird *Isoproterenol* genannt. Sie wird vom Asthmatiker in seinem Aerosol-Spray benutzt, um die glatte Trachealmuskulatur zur Erschlaffung zu bringen (◻ Tabelle 6.1). Die Abwandlung dieser reinen β-adrenergen Substanz wiederum – durch Ersatz der beiden OH-Gruppen am Benzolring durch Chloratome (◻ Abb. 6.6) – ergibt eine Substanz, die die β-rezeptorische Wirkung selektiv blockiert (⊖*β-Blocker*).

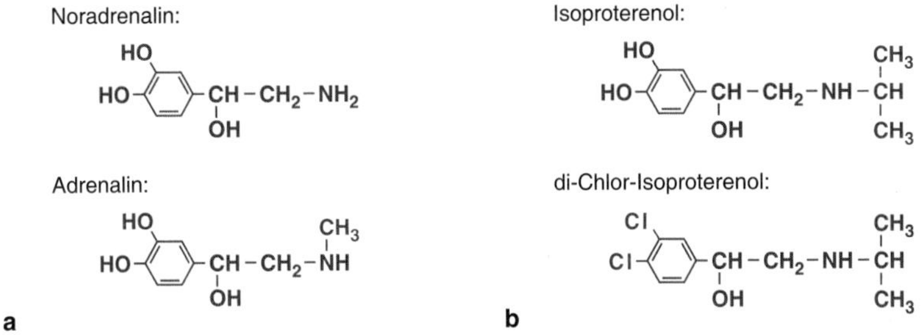

Noradrenalin:

HO
HO—◯—CH–CH$_2$–NH$_2$
            |
            OH

Isoproterenol:

                          CH$_3$
                          |
HO
HO—◯—CH–CH$_2$–NH–CH
            | |
            OH   CH$_3$

Adrenalin:

HO   CH$_3$
                  |
HO—◯—CH–CH$_2$–NH
            |
            OH

a

di-Chlor-Isoproterenol:

Cl   CH$_3$
                          |
Cl—◯—CH–CH$_2$–NH–CH
            | |
            OH   CH$_3$

b

◘ Abb. 6.6. Adrenerge Substanzen. A Die Katecholamine Noradrenalin und Adrenalin. **B** Isoproterenol (künstliche β-adrenerge Substanz) und di-Chlor-Isoproterenol (β-Adrenozeptor-Blocker)

Das Nebennierenmark

Das Mark der Nebenniere ist ein *umgewandeltes sympathisches Ganglion* und besteht aus Zellen, die durch präganglionäre Axone synaptisch aktiviert werden. Bei Erregung dieser präganglionären Neurone schütten die Nebennierenmarkzellen beim Menschen ein Gemisch von etwa *80% Adrenalin* und *20% Noradrenalin* in den Kreislauf aus. Adrenalin ist ein *Stoffwechselhormon*. Die Freisetzung von Adrenalin führt zur Mobilisation von oxidablen Substanzen wie Glukose und freien Fettsäuren aus den Glykogen- und Fettdepots (◘ Tabelle 6.1) und sorgt für eine *schnelle Bereitstellung von Brennstoffen*. Dieser Prozess hat besondere Bedeutung, wenn der Organismus unter Belastung steht, z. B. bei extremer körperlicher Anstrengung, Erschöpfung oder psychischer Überlastung. Das Noradrenalin im Blut stammt zu 95% aus den Terminalen postganglionärer Axone und nur zu 5% aus dem Nebennierenmark. Die Funktion des zirkulierenden Noradrenalins ist unbekannt.

Merke

Die Überträgerstoffe im peripheren vegetativen Nervensystem Azetylcholin und Noradrenalin vermitteln ihre Wirkungen über cholinerge Rezeptoren und Adrenozeptoren. Zirkulierendes Adrenalin aus dem Nebennierenmark ist ein Stoffwechselhormon.

Neuroeffektorische Übertragung

Die Mechanismen der neuroeffektorischen Übertragung auf vegetative Effektorzellen sind sehr variabel und erst an wenigen Effektororganen experimentell untersucht worden (z. B. kleine Blutgefäße, Herzzellen, Samenleiter). Die postganglionären Axone verzweigen sich in den Effektororganen und bilden viele kleine Auftreibungen *(Varikositäten)* aus, in denen sich der Überträgerstoff befindet. Ein postganglionäres Vasokonstriktoraxon hat z. B. bis zu 10 000 Varikositäten in seinen Endverzweigungen (◘ Abb. 6.7 a, b).

In den meisten Effektororganen bilden viele Varikositäten der postganglionären Axone enge Kontakte mit den Effektorzellen aus. Diese vegetativen neuroeffektorischen Kontakte haben histologisch und physiologisch die *Merkmale konventioneller Synapsen* (◘ Abb. 6.7 d). Die chemische Signalübertragung vom postganglionären Neuron auf die Effektorzellen geschieht im Wesentlichen (aber nicht ausschließlich) über diese Synapsen. Bei Erregung des postganglionären Neurons wird der Überträgerstoff aus den Varikositäten ausgeschüttet. Ein Aktionspotential führt zur Freisetzung des Inhaltes eines Vesikels (eines Quantums) aus einer Varikosität und erzeugt kurzzeitig eine hohe Konzentration von Transmitter(n) im synaptischen Spalt, einen kurzzeitigen synaptischen Strom durch die postsynaptische Membran und ein kleines postsynaptisches Potential. Das resultierende postsynapische Gesamtpotential, welches intrazellulär im glatten Muskelzellverband gemessen werden kann, ist das Ergebnis der räumlichen Summation der postsynaptischen Potentiale unter vielen Varikositäten und hängt in seiner Dauer und Größe von den passiven elektrischen Eigenschaften des elektrisch gekoppelten Effektorzellverbandes (*funktionelles Synzytium*, ▶ o.) ab. Repetitive Aktivierung der postganglionären Neurone führt zur zeitlichen Summation der postsynaptischen Ereignisse und wenn überschwellig zu Aktionspotentialen. Die Aktionspotentiale breiten sich über den Verband der Effektorzellen aus und erzeugen durch Öffnung von potentialgesteuerten *Kalziumkanälen* und *Mobilisation von Kalzium* aus den intrazellulären Speichern die Effektorantwort (z. B. Kontraktion glatter Muskulatur, Sekretion von Drüsen). Im Folgenden wird die neuroeffektorische Übertragung an zwei Beispielen ausführlicher beschrieben.

Große und kleine *Arteriolen* erhalten eine dichte Innervation durch postganglionäre Vasokonstriktoraxone (◘ Abb. 6.7 a, b). Nur glatte Gefäßmuskelzellen, die an die Adventitia grenzen, sind innerviert. Viele Varikositäten, die nicht vom Schwann-Zellzytoplasma vollständig umgeben sind, bilden *enge synaptischen Kontakte* mit glatten Muskelzellen aus (◘ Abb. 6.7 c, d). Die synap-

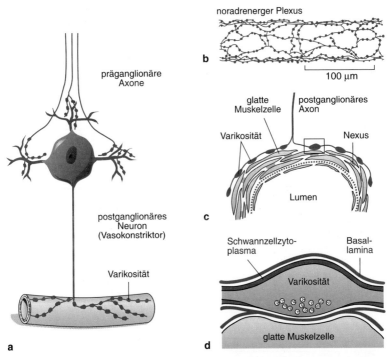

Abb. 6.7. Morphologie des noradrenergen Neurons und der neuroeffektorischen Synapse. a Postganglionäres Neuron und sein Effektor (hier Blutgefäß). **b** Anordnung noradrenerger postganglionärer Axone um ein Widerstandsgefäß (Arteriole, Aufsicht). **c** Querschnitt durch ein Widerstandsgefäß. Nur die äußeren Muskelschichten sind innerviert. Innen Endothelzellen und Basilarmembran *(blau gepunktet)*. Nexus zwischen glatten Muskelzelle *grün*. **d** Neuroeffektorische Synapse. Vergrößerte Darstellung eines Anschnittes durch eine Varikosität und ihren engen Kontakt mit einer glatten Muskelzelle *(► Kästchen in **c**)*. Die synaptischen Bläschen sind an der präsynaptischen Membran konzentriert

tischen Bläschen, die Noradrenalin enthalten, sind in der Nähe dieser synaptischen Kontakte konzentriert (◻ Abb. 6.7 d).

Elektrische Reizung der postganglionären Axone erzeugt erregende postsynaptische Ereignisse im Synzytium, die entweder unterschwellig oder überschwellig sind und zu Aktionspotentialen führen (◻ Abb. 6.8 b). Die schnellen postsynaptischen Ereignisse werden an vielen Blutgefäßen durch den **Transmitter Adenosintriphosphat** (ATP) und über Purinorezeptoren (P_{2X}-Rezeptoren)

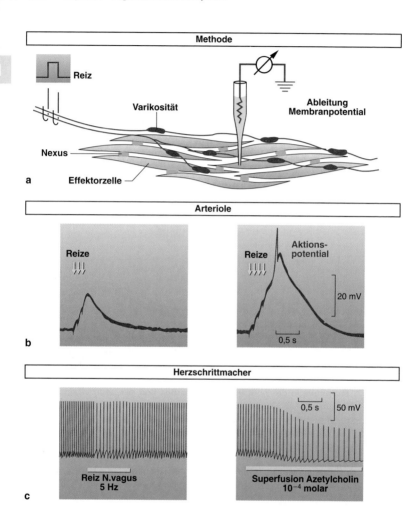

Methode

Reiz

Varikosität

Ableitung
Membranpotential

Nexus

a Effektorzelle

Arteriole

Reize

Reize

Aktions-
potential

20 mV

b 0,5 s

Herzschrittmacher

0,5 s 50 mV

Reiz N.vagus
5 Hz

Superfusion Azetylcholin
10^{-4} molar

c

■ **Abb. 6.8. Die neuroeffektorische Übertragung in der Peripherie des vegetativen Nervensystems. a** Versuchsanordnung zur Registrierung des Membranpotentials von Effektorzellen und zur elektrischen Reizung der Innervation. **b** Intrazelluläre Ableitung von glatten Muskelzellen einer Arteriole. *Links:* postsynaptisches Potential auf elektrische Reizung der Innervation mit drei Reizen (10 Hz); Summation der postsynaptischen Potentiale, ohne überschwellig zu werden. *Rechts:* Reizung der Innervation mit 4 Reizen (10 Hz); Summation der postsynaptischen Potentiale und Entstehen eines Aktionspotentials. (Mod. nach Hirst 1977). **c** Intrazelluläre Ableitung von einer Herzschrittmacherzelle. *Links:* Repetitive elektri-

in den postsynaptischen Membranen vermittelt (sie können nicht durch einen Adrenozeptorblocker verhindert werden, jedoch durch Blockade der Purinozeptoren). *ATP* ist mit *Noradrenalin* in den *synaptischen Vesikeln* kolokalisiert. In anderen Blutgefäßen (z. B. Venen und großen Arterien) werden diese postsynaptischen Potentiale durch Noradrenalin und über α_1-Adrenozeptoren vermittelt. Das Noradrenalin, welches bei Erregung aus den Varikositäten freigesetzt wird, reagiert vor allem mit extrasynaptisch vorkommenden α-Adrenozeptoren. Dieses führt G-Protein-gekoppelt über einen intrazellulären Signalweg zur Erhöhung der intrazellulären Kalziumkonzentration. Auf welche Weise die subsynaptisch und extrasynaptisch vermittelte Signalübertragung an kleinen Blutgefäßen in der Regulation der Kontraktilität unter biologischen Bedingungen integriert werden, ist noch unbekannt.

Reizung der präganglionären Kardiomotoraxone im N. vagus senkt die Herzfrequenz. Die Erregung dieser präganglionären Axone wird auf postganglionäre parasympathische Neurone synaptisch umgeschaltet. Die Varikositäten postganglionärer *Kardiomotoraxone* bilden *Synapsen mit den Schrittmacherzellen* und setzen aus ihren synaptischen Endigungen Azetylcholin frei und hemmen die spontane Aktivität der *Schrittmacherzellen* im *Sinus venosus* des Herzens. Superfusion der Schrittmacherzellen mit einer Azetylcholinlösung erzeugt ebenfalls eine Hemmung der Schrittmacherzellen und eine Abnahme der Herzfrequenz. Seit *Otto Loewi*, der die chemische Übertragung im peripheren vegetativen Nervensystem am Herzen entdeckt hat, wird geglaubt, dass die Mechanismen des physiologischen Effektes der Vagusreizung und des superfundierten Azetylcholins gleich sind. Die neurophysiologischen Untersuchungen der neuroeffektorischen Übertragung auf die Schrittmacherzellen zeigen jedoch, dass das nicht der Fall ist. Elektrische Reizung des N. vagus reduziert die Frequenz der Depolarisationen der Schrittmacherzellen oder hemmt sie vollständig (so dass ein Herzstillstand erzeugt wird) ohne das Membranpotential zu hyperpolarisieren und ohne die Aktionspotentiale zu verändern (durch Abnahme der Natriumleitfähigkeit) (◻ Abb. 6.8 c). Superfundiertes Azetylcholin reagiert mit extrasynaptisch lokalisierten Azetylcholinrezeptoren und hy-

◀ sche Reizung des N. vagus mit Pulsen von 5 Hz. Abnahme der Frequenz der Entladung ohne Abnahme der Größe der Aktionspotentiale und ohne Hyperpolarisation. *Rechts:* Superfusion des Präparates mit einer Azetylcholinlösung. Abnahme der Frequenz der Entladung mit Hyperpolarisation und Abnahme von Größe und Dauer der Aktionspotentiale. (Mod. nach Campbell et al. 1989)

perpolarisiert die Schrittmacherzellen durch Erhöhung der Kaliumleitfähigkeit und verkürzt die Aktionspotentiale (◘ Abb. 6.8 c). Die synaptischen und extrasynaptischen Mechanismen der Azetylcholinwirkung sind verschieden, obwohl beide Wirkungen durch Atropin geblockt werden können und somit cholinerg muskarinisch sind. Synaptische und extrasynaptische Azetylcholinrezeptoren öffnen über verschiedene intrazelluläre Signalwege verschiedene Ionenkanäle. Die Funktion der extrasynaptisch lokalisierten Azetylcholinrezeptoren ist unbekannt.

Beide beschriebenen Beispiele können verallgemeinert werden (◘ Abb. 6.9):

- Die *neuroeffektorische Übertragung auf viele Effektorzellen im peripheren vegetativen Nervensystem ist spezifisch.* Sie ähnelt der neuromuskulären Übertragung im Skelettmuskel. Diese spezifische neuroeffektorische Übertragung ist die Grundlage für eine zeitlich und räumlich geordnete neuronale Regulation vegetativer Effektorgane (z. B. Regulation des arteriellen Blutdrucks, Thermoregulation, Regulation der Entleerungsorgane, Regulation des Pupillendurchmessers usw.).

- Exogen applizierte Überträgerstoffe des vegetativen Nervensystems wirken über *extrasynaptische Rezeptoren.* Bei vielen Effektoren sind diese Rezeptoren entweder verschieden von den *subsynaptischen Rezeptoren* und/oder vermitteln ihre Wirkungen über verschiedene intrazelluläre Signalwege. Die über extrasynaptische Rezeptoren erzeugten Wirkungen müssen von den durch Nervenreizung erzeugten physiologischen Wirkungen unterschieden werden und sind häufig pharmakologischer (d. h. nicht physiologischer) Natur. Welche Rolle die extrasynaptischen Rezeptoren unter biologischen Bedingungen in vielen dicht innervierten vegetativen Effektororganen (z. B. den Arteriolen und den Herzschrittmacherzellen) spielen, ist unbekannt.

In den Varikositäten vieler vegetativer postganglionärer Neurone sind Neuropeptide mit den klassischen Transmittern kolokalisiert. So sind z. B. in cholinergen Neuronen zu Schweißdrüsen (Sudomotoneurone, sympathisch), zu Speicheldrüsen (parasympathisch) und zu den Rankenarterien des erektilen Gewebes der Genitalorgane (Vasodilatatorneurone, parasympathisch) Azetylcholin und das Peptid *vasoactive intestinal peptide (VIP)* kolokalisiert, in postganglionären noradrenergen Neuronen zu Blutgefäßen Noradrenalin und das Peptid **Neuropeptid Y (NPY)** und in noradrenergen Neuronen zum Plexus submucosus Noradrenalin und das Peptid **Somatostatin**. Peptide und klassische Überträgerstoffe sind in den großen Vesikeln kolokalisiert (◘ Abb. 6.9).

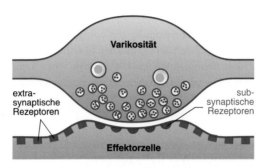

◻ **Abb. 6.9. Schema der neuroeffektorischen Übertragung.** Übertragung auf kleine Arterien und auf das Herz im peripheren vegetativen Nervensystem. Die subsynaptischen Rezeptoren vermitteln die Wirkung der (des) Überträgerstoffe(s), der (die) unter physiologischen Bedingungen aus der Varikosität ausgeschüttet wird (werden). Extrasynaptische Rezeptoren für diesen Transmitter sind entweder verschieden oder mit verschiedenen intrazellulären Signalwegen verknüpft. Große Bläschen enthalten auch Neuropeptide *(grün)*. Die physiologische Funktion der extrasynaptischen Rezeptoren ist für viele vegetative Effektororgane unklar

Folgende Befunde sprechen dafür, dass die *Peptide als Transmitter* wirken können:

- Sie werden aus den Varikositäten bei Nervenreizung freigesetzt, besonders bei höheren Frequenzen und bei gruppierten Entladungen der Neurone.
- Sie haben meistens die gleichen Effekte auf die Effektororgane wie die kolokalisierten klassischen Transmitter. In den Speicheldrüsen und um die Schweißdrüsen sollen sie eine Vasodilatation erzeugen.
- Pharmakologische Blockade der klassischen Transmitterwirkung beeinträchtigt die Wirkung der Peptide nicht.

Es wird vermutet, dass die Neuropeptide die Wirkungen der klassischen Transmitter verstärken und besonders in der *Aufrechterhaltung tonischer Effektorantworten* bei lang anhaltender neuronaler Aktivierung der Neurone wirksam werden (z. B. lang anhaltende Vasokonstriktionen von Widerstandsgefäßen, Vasodilatationen der Arterien im erektilen Gewebe der Genitalorgane, Vasodilatationen um die Azini von Speichel- und Schweißdrüsen). In keinem Experiment ist es bisher geglückt, dieses unter biologischen Bedingungen zweifelsfrei nachzuweisen.

> **Merke**
>
> Die **neuroeffektorische Übertragung** von postganglionären Neuronen auf vegetative Zielorgane ähnelt der chemischen Übertragung an einer konventionellen Synapse. Neuropeptide sind mit den klassischen Transmittern Azetylcholin und Noradrenalin in den Varikositäten postganglionärer Axone kolokalisiert.

6.4 Spinaler vegetativer Reflexbogen und Harnblasenregulation

Vegetativ innervierte Organe werden durch Sympathikus und Parasympathikus in ihrer Aktivität gehemmt oder gefördert. Diese Wirkungen stehen im Dienste lebenswichtiger Funktionen, wie z. B. der Regulation der Verdauung, des Kreislaufes, der Entleerungsorgane, der Sexualorgane oder der Körpertemperatur. Die neuronalen Bereiche in Hirnstamm und Rückenmark, von denen diese Regulationen ausgehen, werden global und etwas ungenau *Zentren* genannt (z. B. Kreislaufzentrum, Blasenentleerungszentrum, Atmungszentrum).

Der spinale vegetative Reflexbogen

Die einfachste Verschaltung zwischen Afferenzen und vegetativen Efferenzen finden wir auf der Ebene des Rückenmarks. Man nennt diesen Neuronenkreis den spinalen vegetativen Reflexbogen. ◨ Abbildung 6.10 zeigt in einem Rückenmarquerschnitt links den vegetativen Reflexbogen und rechts den einfachsten somatischen Reflexbogen (*monosynaptischer Dehnungsreflex*). Die afferenten Fasern des vegetativen Reflexbogens sind sowohl viszeral als auch somatisch. Sie treten in den Hinterwurzeln in das Rückenmark ein. Zwischen afferentem Neuron und postganglionärem Neuron sind mindestens 2 Neurone geschaltet: ein Interneuron (◨ Abb. 6.10) und das präganglionäre Neuron. Der *einfachste vegetative Reflexbogen* hat also *mindestens zwei Synapsen* im Rückenmarkgrau und eine Synapse im Ganglion zwischen prä- und postganglionärem Neuron. Der *einfachste somatische Reflexbogen* hat dagegen nur *eine Synapse*.

Bei krankhaften Prozessen im Eingeweidebereich (z. B. bei Gallenblasen- und Magenschleimhautentzündung) kann man beobachten, dass die Bauchwandmuskulatur über dem Krankheitsherd gespannt ist und das Hautareal

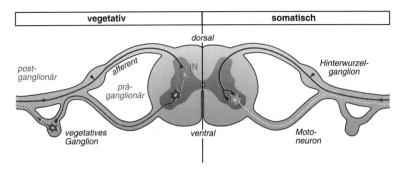

Abb. 6.10. Vegetativer Reflexbogen *(links)* **im Vergleich zum monosynaptischen Dehnungsreflexbogen** *(rechts).* *IN* Interneuron

(⊜ Dermatom), das durch dasselbe Rückenmarksegment innerviert wird wie die erkrankten Eingeweide, gerötet ist. Die »Bauchschmerzen«, die ihre Ursache in krampfartigen Bewegungen oder Entzündungen der Eingeweide haben, können durch Änderung der Hauttemperatur des Dermatoms (z. B. durch Umschläge) gelindert oder sogar beseitigt werden. Aus diesen Beobachtungen wird geschlossen, dass viszerale und somatische Afferenzen mit den sympathischen Neuronen und Motoneuronen auf *segmentaler Ebene des Rückenmarks miteinander synaptisch verschaltet sind.* In ◻ Abbildung 6.11 sind in einem Rückenmarkquerschnitt die Reflexbögen eingezeichnet, die diese Beobachtungen erklären können:

- **Viszerokutaner Reflex** (Reflex *1*): Reflektorische Hemmung der Aktivität in den Hautvasokonstriktorneuronen mit Vasodilatation und Rötung in der Haut.
- **Viszerosomatischer Reflex** (Reflex *2*): Reflektorische Erregung der Motoneurone zur Bauchmuskulatur über den erkrankten Eingeweiden.
- **Kutiviszeraler Reflex** (Reflex *3*): Hemmung der Darmbewegungen und Nachlassen des Schmerzes durch reflektorische Aktivierung von sympathischen Neuronen, die das Darmnervensystem hemmen.
- **Intestinointestinaler Reflex** (Reflex *4*): Reflektorische Erregung sympathischer Neurone zum Darm (und Hemmung des Darmnervensystems) durch viszerale nozizeptive Afferenzen vom Darm. Dieser Reflex spielt in der Bauchchirurgie eine besondere Rolle, weil er einen unerwünschten *postoperativen Darmstillstand* nach einer Bauchoperation verursachen kann.

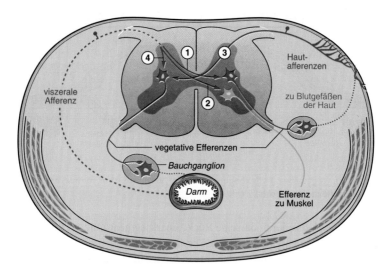

□ **Abb. 6.11. Synaptische Verknüpfung vegetativer und somatischer Efferenzen** mit somatischen und viszeralen Afferenzen im Rückenmark zu Reflexkreisen. ① Viszerokutaner Reflex; ② Viszerosomatischer Reflex; ③ Kutiviszeraler Reflex; ④ Intestinointestinaler Reflex. Interneurone im Rückenmark wurden nicht eingezeichnet

── Klinik ──────────────────────────────

Spinale vegetative Reflexe. Die *spinalen vegetativen Reflexe* treten besonders deutlich bei Menschen auf, deren Rückenmark durch einen Unfall durchtrennt worden ist (❂Querschnittgelähmte) (▶ Kap. 5). Etwa zwei Monate und länger nach dem Unfall können bei Reizung viszeraler sakraler Afferenzen (z. B. von der Harnblase bei Blasenentleerung) *reflektorisch Vasokonstriktionen* in Haut, Muskulatur und Eingeweiden und starke Schweißsekretionen ausgelöst werden. Die Reflexbögen im Rückenmark, die diese Reaktionen vermitteln, unterliegen bei Gesunden dauernder Hemmung durch absteigende Bahnen von höheren Zentren.

Merke

Die spinale Organisation der vegetativen Systeme ist die Basis für die Organisation vieler vegetativer Reflexe und vegetativer Regulationen.

Neuronale Regulationen der Harnblasenentleerung

Die Wand der Harnblase und ihr innerer Schließmuskel bestehen aus glatter Muskulatur. Zusätzlich hat die Blase noch einen willkürlich kontrollierbaren, quergestreiften (äußeren) Schließmuskel (◘ Abb. 6.12). Die nervöse Regulation der Harnblase geschieht im Wesentlichen über den *sakralen Parasympathikus*. Die Reflexzentren des Blasenentleerungsreflexes liegen im *Kreuzmark* und in der vorderen Brückenregion des Hirnstammes (◘ Abb. 6.12). Die spinale Regulation herrscht wahrscheinlich noch im Säuglingsalter vor. Mit der Reifung der ZNS läuft die neuronale Regulation der Blasenentleerung über die vordere Brückenregion ab.

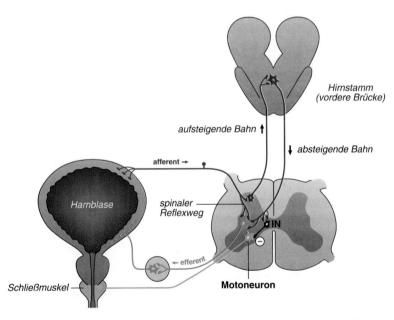

◘ **Abb. 6.12. Neuronale Regulation der Blasenentleerung.** Der parasympathische Blasenentleerungsreflexbogen läuft beim hirnintakten Tier über die vordere Brücke ab. Beim chronisch spinalisierten Tier oder beim querschnittsgelähmten Menschen wird die Blase über den spinalen Reflexbogen geregelt. Die Bahnen im Rückenmark sind nicht lateralisiert. Der Übersichtlichkeit wegen wurden keine Interneurone eingezeichnet. Die sympathische Innervation der Blasenmuskulatur, die den ersten beiden Lendenmarksegmenten entspringt, wurde auch nicht eingezeichnet. (Mod. nach de Groat 1975)

In der Blasenwand befinden sich *Mechanosensoren*, die die Dehnung oder Kontraktion der Wand messen. Die viszeralen Afferenzen dieser Sensoren leiten die Erregung zum *Kreuzmark* fort. Vom Kreuzmark wird die Erregung in Sekundärneuronen über eine spinale aufsteigende Bahn zum »*Blasenentleerungszentrum*« in der *vorderen Brücke* übertragen. Von hier werden über eine absteigende spinale Bahn die präganglionären parasympathischen Neurone im Kreuzmark erregt. Von diesen Neuronen wird die Aktivität über die postganglionären Neurone, deren Zellkörper in den Beckenganglien liegen, auf die Blasenwandmuskulatur übertragen. Daraufhin kontrahiert die glatte Muskulatur der Blasenwand, der Blasenhals erweitert sich durch Verkürzung der Harnröhre und gleichzeitig erschlafft der äußere Schließmuskel durch Hemmung der Motoneurone, die ihn innervieren, über inhibitorische Interneurone (◘ Abb. 6.12).

Klinik

Blasenentleerung über spinalen Reflexweg. Wird bei einem Menschen durch einen Unfall das Rückenmark oberhalb des Kreuzmarkes durchtrennt, sodass es zur ⊗*Querschnittlähmung* kommt, ist die Harnblase zuerst gelähmt. Mehrere Wochen nach der Rückenmarkdurchtrennung beginnt sich die Blase nach Füllung automatisch zu entleeren. Die *Entleerung* wird jetzt *reflektorisch über das Rückenmark* ausgelöst (spinaler Reflexweg in ◘ Abbildung 6.12). Die Kontraktion der Blasenwandmuskulatur und die Erschlaffung des Blasenhalses sind jetzt allerdings nicht mehr richtig koordiniert.

Die glatte Muskulatur der Blase wird noch zusätzlich durch den *Sympathikus* innerviert, der dem oberen Lendenmark entspringt (nicht eingezeichnet, ◘ Abb. 6.12). Diese sympathischen Neurone wirken hemmend auf die glatte Muskulatur der Blasenwand und erregend auf die glatte Muskulatur von Blasenboden und innerem Schließmuskel. Es wird angenommen, dass die sympathische Innervation funktionell eine Bedeutung für die Speicherung von Urin hat (*Kontinenzfunktion der Harnblase*).

Die *willkürliche Steuerung der Blasenentleerung* erfolgt über absteigende hemmende und erregende Bahnen vom *Kortex*, die auf das pontine Blasenentleerungszentrum, die sakralen präganglionären Neurone und die Motoneurone zum äußeren Schließmuskel wirken. Die Regelung der Blasenentleerung ist stufenartig (hierarchisch) organisiert ist: *Organebene, segmentale Ebene, Hirn-*

stammebene, kortikale Ebene. Mit jeder differenzierteren Stufe der Regelung kann die Blasenentleerung den jeweiligen Bedürfnissen des Organismus besser angepasst werden. Die Regelung auf der Ebene der Brücke z. B. bewirkt bei voller Blase stets eine volle Entleerung. Höhere Zentren können in diese Regelung eingreifen und die Blasenentleerung aufschieben oder beschleunigen.

> **Merke**
>
> Die Regulation von Entleerung und Speicherung der Harnblase hängt vom sakralen parasympathischen Nervensystem ab und steht fast ausschließlich unter neuronaler Kontrolle des ZNS. Ähnlich wird der Enddarm geregelt.

6.5 Genitalreflexe

Der Reaktionszyklus bei der Kohabitation des Menschen kann in 4 Phasen eingeteilt werden: *Erregungs-, Plateau-, Orgasmus- und Rückbildungsphase* (■ Abb. 6.13). Der zeitliche Ablauf dieses Reaktionszyklus ist interindividuell sehr verschieden. Erregungs- und Rückbildungsphase dauern am längsten, während Plateau- und Orgasmusphase meist schnell ablaufen. Der Reaktionszyklus läuft beim Mann meist stereotyp ab; der Rückbildungsphase folgt eine Refraktärzeit, in der kein Orgasmus erreicht werden kann. Der Reaktionszyklus der Frau ist dagegen sehr variabel. Sie ist zu multiplen Orgasmen fähig.

Die neuronalen spinalen Prozesse, die bei diesem Reaktionszyklus ablaufen, bestehen aus komplexen Reflexfolgen, an denen parasympathische, sympathi-

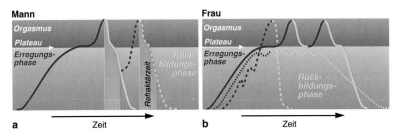

■ **Abb. 6.13. Sexuelle Reaktionszyklen von Mann (a) und Frau (b).** Dauer *(Abszisse)* und Stärke *(Ordinate)* der verschiedenen Phasen sind interindividuell sehr variabel. (Mod. nach Masters und Johnson 1970)

sche und motorische Efferenzen sowie viszerale und somatische Afferenzen teilnehmen.

Genitalreflexe beim Mann

Der sexuelle Reaktionszyklus beim Manne besteht physiologisch aus den aufeinander folgenden Phasen der *Erektion* des Gliedes, der *Emission* von Samen und Drüsensekreten in die Harnröhre und der *Ejakulation*. Der Orgasmus beginnt mit oder vor der Emission und endet mit der Ejakulation.

Die *Erektion* des Penis wird durch Dilatation der Arterien und Sinusoide in den Schwellkörpern mit nachfolgender praller Füllung der Venen und Druckanstieg in ihnen erzeugt. Der venöse Abfluss ist durch die kräftige bindegewebige Hülle des Penis gedrosselt. Die arterielle Dilatation wird *aktiv* durch *Erregung parasympathischer Efferenzen* aus dem Sakralmark bewirkt (◻ Abb. 6.14). Die parasympathischen Neurone werden einerseits *reflektorisch* durch Afferenzen vom Penis und von den umliegenden Geweben, die im Nervus pudendus laufen, und andererseits *psychogen* von höheren Hirnstrukturen über spinale deszendierende Bahnen aktiviert. Die Mechanorezeptoren in der Glans penis werden durch gleitende und massierende Scherbewegungen erregt.

Emission und *Ejakulation* sind der Höhepunkt des männlichen Sexualaktes (*Orgasmus*). Die Reizung der Afferenzen von den inneren und äußeren Sexualorganen (◻ Abb. 6.14) während des Sexualaktes löst *reflektorisch* über das Thorakolumbalmark eine *Erregung sympathischer Efferenzen* aus. Dies führt zu Kontraktionen von Nebenhoden, Samenleiter, Prostata und Samenbläschen. Samen und Drüsensekrete werden in den inneren Teil der Harnröhre befördert. Um einem Rückfluss in die Harnblase zu verhindern, wird die Harnröhre an ihrem Ansatz (innerer Schließmuskel) reflektorisch verschlossen. Nach der Emission wird durch Erregung der Afferenzen von den Genitalorganen der Samen durch rhythmische Kontraktionen der Beckenbodenmuskulatur und der Skelettmuskulatur, die den hinteren Teil der Schwellkörper umschließt, aus der Harnröhre herausgeschleudert (Ejakulation). Dieser Vorgang läuft reflektorisch über das *Sakralmark* ab (◻ Abb. 6.14). Er wird von rhythmischen Kontraktionen der Beckengürtel- und Rumpfmuskulatur begleitet. Während der Ejakulationsphase sind parasympathische und sympathische Neurone zu den Geschlechtsorganen maximal erregt.

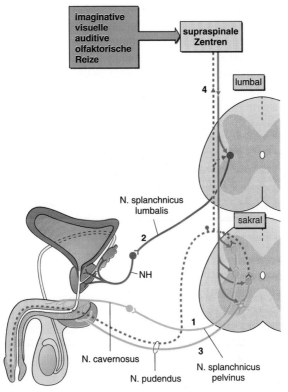

Abb. 6.14. Innervation und spinale Reflexbögen zur Regulation männlicher Geschlechtsorgane. *1*, parasympathische Neurone zu erektilem Gewebe; *2*, sympathische Neurone zu Samenleiter, Prostata, Samenbläschen und Blasenhals. *3*, Motoaxone; *4*, aszendierende und deszendierende Bahnen. Interneurone im Rückenmark sind z. T. weggelassen worden. *NH, N.* hypogastricus

Genitalreflexe bei der Frau

Dauer und Intensität der einzelnen Phasen im Reaktionszyklus des Sexualverhaltens sind interindividuell sehr unterschiedlich. Reizung der Mechanosensoren in den und um die weiblichen Genitalorgane, deren Axone durch den **N. pudendus zum Sakralmark** projizieren, führt reflektorisch zu Veränderungen der äußeren und inneren Geschlechtsorgane. Die gleichen Veränderungen können auch psychogen erzeugt werden.

Die großen Schamlippen weichen auseinander, verschieben sich nach vorne seitlich und schwellen bei fortgesetzter Erregung durch **venöse Blutstauung** an. Die kleinen Schamlippen nehmen durch Blutfüllung um das 2- bis 3fache zu und schieben sich zwischen die großen Schamlippen. Sie ändern ihre Farbe von rosa zu hellrot. Die **Klitoris** schwillt an, nimmt an Länge zu und wird an den Rand des Schambeines gezogen. Diese Vergrößerung der äußeren Genitalien ist auf eine vermehrte Blutfüllung der Organe zurückzuführen. Sie wird durch **vasodilatatorisch wirkende parasympathische Efferenzen** aus dem Sakralmark, die in den Beckennerven laufen, erzeugt (◘ Abb. 6.15).

Die **inneren Geschlechtsorgane** erfahren ebenfalls bemerkenswerte Änderungen. Der Vaginalschlauch verlängert und erweitert sich. Auf der Oberfläche des vaginalen Plattenepithels erscheint schleimige Flüssigkeit, die die Gleitfähigkeit in der Vagina erhöht und Voraussetzung für die adäquate Reizung der Mechanorezeptoren des Penis während des Geschlechtsaktes ist. Mit zunehmender Erregung bildet sich im äußeren Drittel der Vagina durch venöse Stauung die **orgastische Manschette** aus (◘ Abb. 6.15). Diese Manschette kontrahiert sich während des Orgasmus. Der **Uterus** richtet sich während der sexuellen Erregung so auf, dass sich sein Hals von der hinteren Vaginalwand entfernt und dadurch im inneren Drittel der Vagina ein freier Raum zur Aufnahme des Samens entsteht. Gleichzeitig vergrößert und kontrahiert sich der Uterus während des Orgasmus. Alle Veränderungen werden wahrscheinlich reflektorisch durch Erregung parasympathischer Neurone aus dem Sakralmark und/oder sympathischer Neurone aus dem Thorakolumbalmark ausgelöst (◘ Abb. 6.15).

Extragenitale Veränderungen

Der Orgasmus ist eine Reaktion des ganzen Körpers. Er besteht aus den neurovegetativ hervorgerufenen Reaktionen der Genitalorgane, allgemeinen vegetativen Reaktionen und einer starken zentralnervösen Erregung, die zu intensiven Empfindungen führt. Die komplexen spinalen Reflexkreise, die im sexuellen Reaktionszyklus aktiviert werden, stehen unter der Kontrolle supraspinaler Zentren. Alle Veränderungen, die man an den Sexualorganen beobachtet, können auch durch imaginative, visuelle, auditive etc. Reize ausgelöst werden (◘ Abb. 6.14 und 6.15).

■■■ Während des sexuellen Reaktionszyklus nehmen **Herzfrequenz, Blutdruck** und **Atemfrequenz** zu. Die Brust der Frau zeigt infolge Vasokongestion eine Zunahme der Venenzeichnung und der Größe. Die Brustwarzen sind erigiert und die Warzenhöfe angeschwollen. Diese Reak-

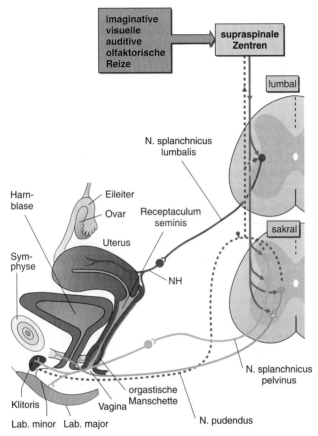

□ **Abb. 6.15. Innervation der weiblichen Genitalorgane.** Interneurone zwischen Afferenzen und efferenten Neuronen im Rückenmark sind nicht eingezeichnet. Weitere Einzelheiten, □ Abbildung 6.14

tionen der Brust können auch beim Manne auftreten, sind aber bei weitem nicht so deutlich ausgeprägt. Bei vielen Frauen und manchen Männern kann man die »Sexualröte« der Haut beobachten. Sie beginnt typischerweise in der späten Erregungsphase im Bereich des Oberbauches und breitet sich mit zunehmender Erregung über Brüste, Schultern, Abdomen und u. U. auf den ganzen Körper aus. Die Skelettmuskulatur kontrahiert sich willkürlich und unwillkürlich. Es kommt zu nahezu krampfartigen häufig der willkürlichen Kontrolle entzogenen Kontraktionen von mimischer Muskulatur, Bauch- und Zwischenrippenmuskulatur.

> **Merke**
>
> Die Genitalreflexe laufen über verschiedene vegetative Reflexwege ab, die im sakralen und lumbalen Rückenmark organisiert sind und unter supraspinaler Kontrolle stehen.

6.6   Regulation von Blutdruck und Blutflüssen

Die neuronale Regulation des arteriellen Blutdruckes, der Atmung und des Magendarmtraktes (mit Ausnahme der Regulation des Enddarmes) bestehen aus multiplen Einzelreflexen und sind im *unteren Hirnstamm* organisiert. Über das *kardiovaskuläre System* werden Atemgase, Nahrungsstoffe, Abfallprodukte und andere Stoffe transportiert. Über die *Atmung* werden Atemgase zwischen Kreislauf und Umwelt ausgetauscht. Über den *Magendarmtrakt* werden Aufnahme, Verdauung und Resorption von Nahrungsstoffen reguliert. Diese lebenswichtigen globalen Regulationen sind zeitlich und räumlich eng miteinander koordiniert, um sie an die externen und internen Belastungen des Körpers anzupassen. Regulation von Atmung und kardiovaskulärem System sind koordiniert, um den Transport von Sauerstoff und Kohlendioxid in der Lunge und zu als auch von den Geweben anzupassen. Aufnahme von Flüssigkeit und Nahrung sind mit der Atmung koordiniert, um zu verhindern, dass beide in die Luftröhre gelangen. Verdauung und Resorption von energiereichen Stoffen im Magendarmtrakt sind mit der Regulation des Blutflusses durch diesen Trakt koordiniert, um die Transporte zur Leber, zu den peripheren Geweben und die Durchblutung durch die Mukosa zu gewährleisten. Im Folgenden werden einige Merkmale der neuronalen Kreislaufregulation beschrieben als Beispiel für eine homöostische Regulation durch den unteren Hirnstamm.

Komponenten und Funktion des Kreislaufes

▪▪▪ Das *arterielle System* des Körperkreislaufes besteht aus dem linken Herzen und den großen und kleinen Arterien: das *Herz* ist der Motor, der das Blut in die *Arterien* befördert; der Abfluss aus diesem System in die Kapillarbetten erfolgt über die kleinen Arterien. In diesem System herrscht bei einem jungen gesunden Menschen ein mittlerer Blutdruck von etwa 100 mm Hg. Dieser Druck ist notwendig, um die Gewebe über die Kapillaren mit genügend Blut zu versorgen. Im *Kapillargebiet* finden der Austausch der Atemgase (Sauerstoff, Kohlendioxid) sowie der Nähr- und Abfallstoffe statt. Über die *Venen* wird das Blut zum rechten Herzen zurücktransportiert. Der Druck in ihnen beträgt etwa ein Zehntel des arteriellen Druckes. Venen haben sehr weiche, elastische Wände; deshalb enthält das venöse System etwa 80% des gesamten Blutvolumens. Das rechte Herz drückt das Blut durch die Lungenarterien in die **Lunge**, in der es wieder mit Sauerstoff aufgeladen wird und Kohlendioxid abgibt, bevor es über die Lungenvenen zum linken Herzen zurückgelangt. Herz, Arterien und Venen sind vegetativ innerviert; sie sind die Effektoren der neuronalen **Kreislaufregulation.**

Der Hirnbereich, der den Blutdruck regelt, liegt in der Medulla oblongata. Er wird deshalb auch global *Kreislaufzentrum* genannt. Dieses Zentrum funktioniert auch ohne die modifizierenden Einflüsse höherer Hirnzentren. Die afferenten Eingänge zum Kreislaufzentrum projizieren zum *Nucleus tractus solitarii* (NTS in ◘ Abb. 6.16). Die efferenten Ausgänge des Kreislaufzentrums für Herz- und Blutgefäße liegen im *Nucleus ambiguus* (◘ Abb. 6.16) und in der *rostralen ventrolateralen Medulla* (◘ Abb. 6.16). Die einfachste Reflexverschaltung für die Pressorezeptorreflexe zwischen den arteriellen Pressoafferenzen und den präganglionären parasympathischen Kardiomotoneuronen ist *disynaptisch* (◘ Abb. 16.6) und *trisynaptisch* zu präganglionären sympathischen Kardiomotoneuronen und Vasokonstriktorneuronen (◘ Abb. 16.6).

> **Merke**
>
> Der Blutkreislauf ist das Transportsystem des Organismus; er besteht aus dem Lungenkreislauf (kleiner Kreislauf) und dem Körperkreislauf (großer Kreislauf).

Die Pressorezeptorreflexe

Änderungen der Lage des Körpers im Schwerefeld der Erde und physische, thermische und psychische Belastungen verändern den arteriellen Blutdruck. Die phasischen Anstiege und Abfälle des arteriellen Blutdruckes werden über die Pressorezeptorreflexe schnell gegenreguliert. Informationen über die Höhe des Blutdruckes erhält das Kreislaufzentrum über die *Pressorezeptoren* in der arteriellen Ausflussbahn des Herzens (◘ Abb. 6.16). Diese Rezeptoren messen über den Dehnungszustand der Blutgefäßwände sowohl die momentane *mittlere Höhe* als auch die *pulsatilen Schwankungen des Blutdruckes*. Bei Erhöhungen des mittleren arteriellen Druckes als auch der Pulsamplitude nimmt die Impulsrate in den Afferenzen der Pressorezeptoren zu, bei Erniedrigung des Mitteldruckes und der Pulsamplitude nimmt die Impulsrate ab (◘ Abb. 6.17 b).

Die für die arterielle Blutdruckregulation wichtigsten *Efferenzen* innervieren das *Herz* und die *kleinen Arterien* (◘ Abb. 6.16). Diese Efferenzen senden

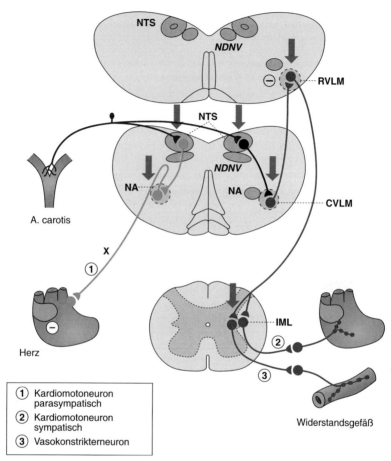

① Kardiomotoneuron
   parasympathisch
② Kardiomotoneuron
   sympatisch
③ Vasokonstrikterneuron

Widerstandsgefäß

◨ **Abb. 6.16. Die Pressorezeptorreflexwege.** Arterielle pressorezeptorische Eingänge (afferent, *blau*) von der arteriellen Ausflussbahn des Herzens zu und neuronale Ausgänge (efferent) aus der Medulla oblongata. Parasympathischer Reflexweg zum Schrittmacher des Herzens *grün*. Sympathische Reflexwege zum Herzen und zu den Blutgefäßen *rot*. Alle synaptischen Übertragungen der Pressorezeptorreflexwege können von anderen »Zentren« (in der Medulla oblongata, supramedullär) synaptisch beeinflusst werden *(graue Pfeile).* ⊖ Hemmung (in der RVLM, im Herzen). *NTS* Nucleus tractus solitarii; *NDNV* Nucleus dorsalis nervi vagi. *NA* Nucleus ambiguus; *CVLM* caudale ventrolaterale Medulla; *RVLM* rostrale ventrolaterale Medulla; *IML* Nucleus intermediolateralis; *X* N. Vagus. (Mod. nach Guyenet und Spyer 1990)

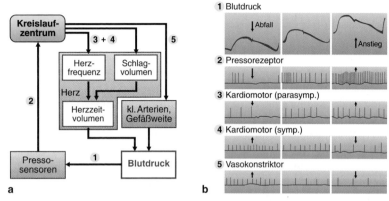

Abb. 6.17. Blutdruckregulation und Pressorezeptorreflexe. A Blockschaltbild der Regulation des Blutdruckes. Mit *Schlagvolumen* wird die Blutmenge, die das Herz bei einer Kontraktion auswirft, bezeichnet. Das *Herzzeitvolumen* ist die Blutmenge, die das Herz in einer bestimmten Zeit (z. B. einer Minute) auswirft. Die Zahlen beziehen sich auf **B** (Mod. nach T. Ruch und H. Patton, Physiology and Biophysics, Philadelphia und London: Saunders Company, 1965). **B** Aktivitäten einer typischen Pressorezeptorafferenz 2, eines parasympathischen Kardiomotoneurons 3, eines sympathischen Kardiomotoneurons 4 und eines Vasokonstriktorneurons 5 während normalem, erhöhtem und erniedrigtem arteriellen Blutdruck 1. Anstieg oder Abfall der Aktivitäten sind durch Pfeile angegeben. (Mod. nach Rushmer 1972)

fortlaufend Impulse zu ihren Erfolgsorganen, sie sind *tonisch* aktiv. Die Schlagfrequenz des Herzens wird durch Abnahme der Impulsaktivität in parasympathischen Kardiomotoneuronen erhöht und durch Zunahme der Impulsaktivität in diesen Neuronen erniedrigt durch Hemmung der Herzschrittmacherzellen (■ Abb. 6.8 c). Die Schlagfrequenz und Kontraktionskraft des Herzens werden durch die Aktivität in den sympathischen Kardiomotoneuronen erhöht (■ Tabelle 6.1). Erhöhung der Aktivität in den sympathischen Vasokonstriktorneuronen verengt die Gefäße; Erniedrigung der Aktivität erweitert die Gefäße. In ■ Abbildung 6.17 a sind die wichtigsten Bestandteile der arteriellen Blutdruckregulationen in einem *Regelschema* dargestellt. Anhand dieses Schemas kann man sich das Prinzip der arteriellen Blutdruckregulation klarmachen. Die Impulsaktivitäten in einer Pressorezeptorafferenz (2), einer Herzvagusfaser (3), einer Herzsympathikusfaser (4) und einer Vasokonstriktorfaser (5) bei erniedrigtem und erhöhtem arteriellen Blutdruck (1) sind in ■ Abbildung 6.17 b dargestellt. Die Hemmung der sympathischen kardiovaskulären Neurone bei Reizung der arteriellen Barorezeptoren findet in der RVLM über den Transmit-

ter γ-Amino-Buttersäure (GABA) statt (◘ Abb. 6.16). Ansonsten ist Glutamat
der Transmitter an allen anderen (erregenden) Synapsen der Barorezeptor-
reflexwege.

Die neuronale Kreislaufregulation besteht nicht nur aus der Regulation des
arteriellen Blutdrucks, sondern aus einer Vielzahl miteinander verknüpfter Re-
gelvorgänge, die im Dienste verschiedener Funktionen des Organismus stehen,
wie z. B. der Regelung des *extrazellulären Flüssigkeitsvolumens*, der *Körpertemperatur* und der *Verdauung* (▶ Kap. 6.1). Deshalb spielen andere Afferenzen (z. B. von Volumensensoren, Thermosensoren, arteriellen Chemosensoren
und Sensoren aus dem Magendarmtrakt), andere Effektoren (z. B. das Venen-
system, und die Niere) und andere Hirnbereiche (z. B. der obere Hirnstamm
und der Hypothalamus) in diesen Regelungen eine Rolle. Die tonische Langzeitregulation der Höhe des arteriellen Blutdruckes ist nicht direkt an die arteriellen Barorezeptorreflexe gebunden. Sie geschieht über die Regulation des
Salz-Wasser-Haushaltes, an der besonders die Nieren und das Renin-Angioten-
sin-Aldosteron-System beteiligt sind.

> **Merke**
>
> Phasische Änderungen des arteriellen Blutdruckes werden über die Pressore-
> zeptorreflexe schnell gedämpft.

Regulation von Blutflüssen während Arbeit

Wie in der Einleitung zu diesem Abschnitt erwähnt, sind die neuronalen Regulationen von *Atmung* und Kreislauf besonders eng miteinander gekoppelt. Die
Regulation der Atmung ist unwillkürlich und besteht aus den drei Phasen *Inspiration*, *Postinspiration* und *Exspiration*. Dieser rhythmische Atemzyklus
wird durch das neuronale *respiratorische Netzwerk* in der Medulla oblongata
erzeugt. Die Neurone dieses Netzwerkes sind mit den Neuronen der kardiovaskulären Regulation in der Weise synaptisch verknüpft, dass jede Mehrversor-
gung der Peripherie des Körpers mit Sauerstoff durch den Kreislauf sofort zur
neuronal gesteuerten Anpassung des Gastransportes durch die Atmung führt.
Im Folgenden werden als Beispiel die schnellen Änderungen der Blutflüsse
durch die Organe, des Herzzeitvolumens und der Atmung während Muskelarbeit beschrieben.

In Ruhe fließen etwa 20% des Herzzeitvolumens durch die Skelettmuskulatur, 50% durch den Viszeralbereich (inklusive Nieren), 15% durchs Gehirn, 5%

durch den Koronarkreislauf und 10 % durch die Haut und die übrigen Gewebe (□ Abb. 6.18, links). Bei Muskelarbeit finden folgende Änderungen statt (□ Abb. 6.18):

- Das Herzzeitvolumen erhöht sich auf das maximal 5fache.
- Die Durchblutungen von Viszeralbereich, Haut und übrigen Organen nehmen ab (die Hautdurchblutung nimmt aus thermoregulatorischen Gründen bei mittlerer Arbeit zu; nicht berücksichtigt in □ Abb. 6.18).
- Die Durchblutung des Gehirns ändert sich nicht.
- Die Durchblutung des Herzens (Koronarkreislauf) nimmt bis zum 4fachen zu.
- Der Blutfluss durch die Skelettmuskulatur nimmt bis zum 20fachen zu.

Von diesen Änderungen ist die Zunahme von Muskeldurchblutung und Herzzeitvolumen bei weitem am größten. Diese kardiovaskulären Veränderungen sind mit einer Zunahme der Atmung korreliert (vermehrter Transport von Sauerstoff in die Lunge). Es ist bemerkenswert, dass diese *Anpassungen von Kreislauf und Atmung* während Muskelarbeit innerhalb weniger Sekunden nach Arbeitsbeginn einsetzen.

Obwohl diese wichtigen *Anpassungsreaktionen* seit langer Zeit bekannt sind, weiß man bis heute nicht genau, wie sie zustande kommen. Initial werden

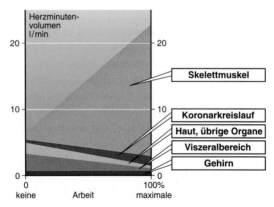

□ **Abb. 6.18. Durchblutung verschiedener Organe und Organsysteme vor und während körperlicher Arbeit.** Die thermoregulatorisch bedingte Zunahme der Hautdurchblutung während leichter bis mittelschwerer Arbeit wurde nicht berücksichtigt. (Mod. nach Best & Taylor 1979)

die Anpassungen von Kreislauf und Atmung sicherlich gleichzeitig mit den Skelettmuskelkontraktionen zentralnervös in der Medulla oblongata ausgelöst. Es wird angenommen, dass eine »*Kopie*« *des efferenten Signals* vom Kortex zu den Motoneuronen auch zu den »vegetativen Zentren« (Kreislauf, Atmung) geht. Um diese Anpassungsreaktionen aufrechtzuerhalten, ist es weiterhin wahrscheinlich, dass die Aktivität in dünnen Muskelafferenzen, die die metabolischen Veränderungen im Muskel messen, als afferente Rückmeldung wichtig ist.

Merke

Bei Muskelarbeit wird das Blut schnell zugunsten der Skelettmuskulatur umverteilt und gleichzeitig werden Herzzeitvolumen, Koronardurchblutung und Atmung erhöht. Diese Regulation ist neuronal und geht von der Medulla oblongata aus.

6.7 Hypothalamus: die Regulation des inneren Milieus

Ein hoch entwickeltes Leben ist nur möglich, wenn die inneren Bedingungen im Körper, das sog. *innere Milieu*, in sehr eng gesteckten Grenzen variieren. Hierunter versteht man z. B. die Körpertemperatur, die Konzentration der Ionen, das Flüssigkeitsvolumen im Extrazellulärraum und die Konzentration des Zuckers im Blut. Die Erzeugung des Gleichgewichtszustandes, der bei der Konstanthaltung des inneren Milieus zwischen den Funktionen und chemischen Bestandteilen eintritt, wird *Homöostase* bezeichnet. Qualitativ kann man hierzu folgenden Vergleich anstellen: Der Organismus trägt sein Milieu mit sich herum, wie der Raumfahrer in seinem Raumanzug oder in der Raumkapsel das Erdmilieu mit sich herumträgt (Partialdruck von Sauerstoff und Kohlendioxid, Luftdruck usw.).

Die wichtigste Hirnregion für die Erhaltung der Homöostase ist der *Hypothalamus*. Er ist entwicklungsgeschichtlich ein alter Teil des Gehirns, der in seinem Aufbau im Laufe der Entwicklung der Tiere relativ konstant geblieben ist. Er liegt etwa in der Mitte des Gehirns und ist das *Zentrum der Regulation aller vegetativen Prozesse im Körper*. Hypothalamische Funktionen integrieren spinale Reflexe und die vegetativen Regulationen, die vom Hirnstamm ausgehen und schließen auch das somatische Nervensystem und neurohormonelle Systeme mit ein. Ein großhirnloses Tier ist nicht besonders schwer am Leben zu erhalten, während ein Tier ohne Hypothalamus äußerster Pflege bedarf, um am Leben zu bleiben. Die vielfältigen Funktionen des Hypothalamus werden normalerweise unter verschiedenen Teilgebieten der Physiologie abgehandelt, wie z. B. Temperaturregelung, Regelung des Elektrolythaushaltes, Regelung der endokrinen Organe und Physiologie der Emotionen.

> **Merke**
>
> Der Hypothalamus organisiert vegetative Regulationen höherer Ordnung, neuroendokrine Regulationen und elementare Verhaltensweisen.

▪▪▪ **Anatomie des Hypothalamus.** ▢ Abbildung 6.19 a zeigt das Gehirn von medial. Der Hypothalamus (gelb) liegt zusammen mit dem Thalamus zwischen Großhirn und Mittelhirn, daher der Begriff *Zwischenhirn*. Außerdem liegt der Hypothalamus *unterhalb* des Thalamus, daher das Wort *Hypo*thalamus. Eine besondere Beziehung hat der Hypothalamus zur *Hypophyse* (Hirnanhangdrüse) (▢ Abb. 6.19 a). Sie besteht aus dem *Hypophysenvorlappen (Adenohypophyse)* und dem *Hypophysenhinterlappen (Neurohypophyse)*. Diese Drüse produziert Hormone, über die u. a. hormonproduzierende (endokrine) Drüsen in der Peripherie des Körpers, wie

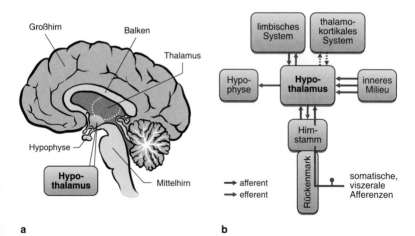

a   b

▢ **Abb. 6.19. Anatomie des Hypothalamus. a** Topographische Lage des Hypothalamus im Gehirn *(gelb)*. **b** Afferente und efferente neuronale und humorale Verbindungen des Hypothalamus. Die afferenten Verbindungen sind *blau*, die efferenten Verbindungen sind *rot* eingezeichnet

z. B. Schilddrüsen, Nebennierenrinde und Sexualdrüsen, geregelt werden oder Organe direkt beeinflusst werden (■ Tabelle 6.2). Der Hypothalamus ist der Hirnanhangdrüse funktionell übergeordnet.

In ■ Abbildung 6.19 b sind die wichtigsten afferenten (blaue Pfeile) und efferenten (rote Pfeile) Verbindungen des Hypothalamus schematisch dargestellt. Anhand dieser Verbindungen wird die zentrale Lage des Hypothalamus im Gehirn noch deutlicher hervorgehoben als in ■ Abb. 6.19 a. Der Hypothalamus ist mit allen übergeordneten und untergeordneten Bereichen des ZNS efferent und afferent nervös verschaltet. Die zwei großen übergeordneten Bereiche sind das *limbische System* und das *thalamokortikale System*. Die dem Hypothalamus z. T. untergeordneten Bereiche des ZNS sind der *Hirnstamm* und das *Rückenmark*. Wichtige afferente Informationen erhält der Hypothalamus aus der Umwelt über Sinnesorgane (Gehörs-, Gesichts-, Geruchs-, Geschmackssinn und Somatosensorik) und aus dem Eingeweidebereich über die viszeralen Afferenzen. Besondere afferente Eingänge erhält der Hypothalamus aus dem *inneren Milieu* über Neurone, die die Temperatur des Blutes, die Salzkonzentration der extrazellulären Flüssigkeit oder die Konzentrationen der Hormone endokriner Drüsen im Blut messen. Wichtige *hormonale* efferente Ausgänge besitzt der Hypothalamus zum Hypophysenvorderlappen (■ Abb. 6.21 a) und *neuronale* zum Hypophysenhinterlappen (Neurohypophyse). Über diese Verbindungen wird die Ausschüttung von Hormonen aus der Hypophyse reguliert.

Regulation der Körpertemperatur

Ein Beispiel für die übergeordnete Regelung durch den Hypothalamus ist die *Konstanthaltung* der *Körpertemperatur* bei Säugetieren. Diese Konstanz ist Voraussetzung für das Funktionieren des Organismus, weil die Geschwindigkeit aller chemischen Reaktionen im Körper temperaturabhängig ist und diese daher in quantitativ genügendem Maße nur bei hohen Temperaturen ablaufen (etwa 37 °C beim Menschen und bis zu 40 °C bei Vögeln).

Bei Warmblütern muss man zwischen der *Kerntemperatur* im Körperinneren, z. B. im Brustraum und Gehirn, und der *Schalentemperatur* in der Körperperipherie (Extremitäten, Haut) unterscheiden. Die Schalentemperatur schwankt in Abhängigkeit von der Umgebungstemperatur beträchtlich (denken Sie an Ihre kalten Finger im Winter), während die Kerntemperatur fast konstant gehalten wird. Die Kerntemperatur wird über *Wärmeproduktion* und *Wärmeabgabe* auf Konstanz geregelt:

- Thermoregulatorische Wärmebildung geschieht beim erwachsenen Menschen hauptsächlich über das somatomotorische System durch *Muskelzittern*, beim Neugeborenen auch durch Steigerung der Stoffwechselvorgänge (Abbau von Fetten im braunen Fettgewebe) über die Aktivierung des sympathischen Nervensystems (*zitterfreie Thermogenese*).

- Die Wärmeabgabe reguliert der Organismus über die *Hautdurchblutung* und über *Schwitzen*. Die im Körper gebildete Wärme wird mit dem Blutstrom in die Haut transportiert und an die Umgebung abgegeben. Die Durchblutung der Finger z. B. kann im Verhältnis von 1:600 geändert werden, entsprechend auch der Wärmetransport. Ein wichtiger Mechanismus der Wärmeabgabe – besonders bei höheren Umgebungstemperaturen – ist die *Verdunstung von Schweiß* auf der Körperoberfläche. Jeder Liter Schweiß, der vollständig verdunstet, entzieht dem Körper eine Wärmeenergie von 2400 kJ; das entspricht etwa einem Viertel der Energiemenge, die man täglich mit der Nahrung zu sich nimmt.

Über diese Mechanismen hinaus erzeugen die *Kalt- und Warmempfindungen* thermoregulatorische Verhaltensweisen, die im weiteren Sinne auch Regelmechanismen zum Schutze vor Auskühlung und Überhitzung sind (z. B. An- und Ablegen von Kleidung).

Sensoren, die die Kern- und Schalentemperatur messen, gibt es v. a. im vorderen Bereich des Hypothalamus und in der Haut des Organismus. Im vorderen Hypothalamus befinden sich spezialisierte Neurone (◙ Abb. 6.20 a), die v. a. die Zunahme der Kerntemperatur messen (*Warmneurone*). Einige hypothalamischen Neurone werden auch bei Abnahme der Kerntemperatur aktiviert. Die thermoregulatorisch wichtigen Messfühler in der Haut sind *Kaltsensoren* (◙ Abb. 6.20 a), die die Abnahme der Schalentemperatur registrieren. Die Afferenzen dieser Kaltsensoren melden die Schalentemperatur nach zentral, bevor die Kerntemperatur abfällt. Warmsensoren der Haut spielen wahrscheinlich keine wichtige Rolle in der Thermoregulation.

Besonders vom hinteren Hypothalamus aus werden Wärmeproduktion und Wärmeabgabe geregelt *(Regelzentrum)* (◙ Abb. 6.20 a). Hier werden die Informationen von den *Warmneuronen* im vorderen Hypothalamus und den Kaltsensoren in der Haut verarbeitet. Zerstört man diesen Bereich des Hypothalamus, so wird der Organismus wechselwarm (poikilotherm), d. h. er kann seine Kerntemperatur nicht mehr unabhängig von der Umgebungstemperatur auf Konstanz regeln.

In ◙ Abbildung 6.20 b ist das Prinzip der Regelung der *Kerntemperatur* in einem Blockschaltbild dargestellt. Die Kerntemperatur wird unter Ruhebedingungen im Körper auf 37 °C geregelt. Die Erregung von den Warmsensoren wird auf Neurone im hinteren Hypothalamus übertragen (◙ Abb. 6.20 a), der die Wärmeproduktion und -abgabe regelt. Bei Erhöhung der Kerntemperatur werden die Durchblutung der Haut und die Schweißproduktion erhöht. Beide Mechanismen der Wärmeabgabe werden über den Sympathikus geregelt: Die

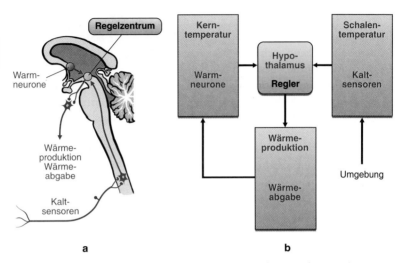

a   b

◨ **Abb. 6.20. Regulation der Körpertemperatur. a** Die wichtigsten Elemente der Temperaturregulation in halbanatomischer Darstellung. **b** Blockschaltbild der Regulation der Körpertemperatur. Begriffe in *rot*

Sudomotoneurone werden aktiviert (Aktivierung der Schweißdrüsen) und die *Hautvasokonstriktorneurone* in ihrer Aktivität gehemmt (Vasodilatation). Die Informationen von den Kaltsensoren in der Haut, die die Abkühlung der Haut durch die Umgebung messen, werden auch vom Regler im hinteren Hypothalamus verarbeitet. Bei Erregung dieser Sensoren steigt die Wärmeproduktion des Organismus durch *Erhöhung des Stoffwechsels* an und die Wärmeabgabe nimmt durch *Erniedrigung der Hautdurchblutung* ab. Auch andere Hirnstrukturen, wie z. B. das Rückenmark und der Hirnstamm, haben thermorezeptive und thermoregulatorische Funktionen. Diese sind dem Hypothalamus untergeordnet.

Merke
Das Leben von Säugern und Vögeln in Klimata von −50° bis +50°C wird ermöglicht durch die *Regulation der Kernkörpertemperatur* auf einen konstanten Wert von ≥37 °C.

Das hypothalamohypophysäre System

Im Körper kommen Drüsen vor, die keine Ausführungsgänge haben und ihre Sekrete direkt in die Blutbahn ausschütten. Wir nennen diese Drüsen **endokrine Drüsen** und die Sekrete, die sie ausschütten, *Hormone.* Diese Hormone beeinflussen Organe und Organsysteme:

- Sie regeln die körperliche, sexuelle und geistige Entwicklung.
- Sie fördern die Leistungsanpassung des Organismus.
- Sie regeln die Konstanz physiologischer Größen.

Dieses hormonale Kommunikationssystem ist über den Hypothalamus an das Zentralnervensystem gekoppelt. Im Folgenden wird das Prinzip der Regelung der endokrinen Drüsen durch *Hypothalamus* und *Hypophysenvorderlappen* (*HVL*) dargestellt.

Der *HVL* setzt Hormone frei, die die Produktion und Ausschüttung von Hormonen endokriner Drüsen *(Nebennierenrinde, Schilddrüse* und *Keimdrüsen)* (◘ Abb. 6.21 a) regeln oder Organe direkt beeinflussen (Knochenwachstum, Brustdrüse) (◘ Abb. 6.21 a). Die Ausschüttung dieser *HVL-Hormone* selbst wird durch Hormone aus dem Hypothalamus gesteuert, die *Releasinghormone (RH)* genannt werden. Sie werden von Neuronen im Hypothalamus produziert und in ein spezielles Gefäßsystem, die **hypothalamischen Portalgefäße,** sezerniert. Über die Portalgefäße gelangen die Releasinghormone zum HVL. Für jedes HVL-Hormon gibt es ein spezielles Releasinghormon (RH). Für einige HVL-Hormone sind auch **inhibitorische** *Releasinghormone* (IRH) bekannt, die die Freisetzung von HVL-Hormonen hemmen (◘ Tabelle 6.2).

Die Regelung der endokrinen Drüsen durch den Hypothalamus geschieht nach Art eines *Regelkreises mit negativer Rückkopplung* (◘ Abb. 6.21 b und ► Kap. 7.4). Die Hormone der endokrinen Drüsen wirken zurück auf die Neurone im Hypothalamus. Diese Wirkung der Hormone wird durch spezifische Rezeptoren in den zentralen Neuronen vermittelt. Ein Absinken der Konzentration eines endokrinen Hormons im Blut führt zur vermehrten Produktion und Freisetzung des betreffenden RH/IRH. Dieses bewirkt über eine vermehrte Freisetzung von HVL-Hormon einen Wiederanstieg des endokrinen Hormons im Blut. Die Rückkopplungssysteme zwischen Hypothalamus, HVL und endokrinen Drüsen (◘ Abb. 6.21 b) funktionieren auch ohne die neuronalen Einflüsse anderer Hirnbereiche, z. B. in Tieren, bei denen der Hypothalamus vom übrigen Gehirn isoliert wurde.

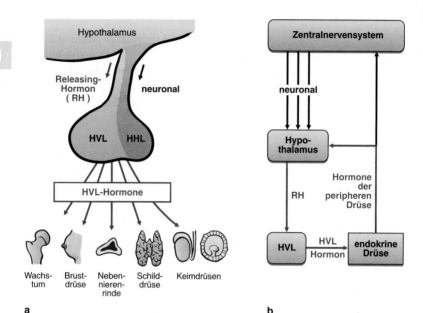

a   **b**

◘ **Abb. 6.21. Regulation der endokrinen Drüsen. a** Halbanatomische Darstellung. *HVL* Hypophysenvorderlappen (Adenohypophyse). *HHL* Hypophysenhinterlappen (Neurohypophyse). **b** Regulation der Konzentration eines endokrinen Hormons im Blut durch den Hypothalamus *(rote Pfeile)* und die neuronale Beeinflussung dieser Regulation durch andere ZNS-Bereiche *(schwarze Pfeile)*. Beachte, dass periphere Hormone auch zentrale Neurone außerhalb des Hypothalamus beeinflussen. *RH* Releasing-Hormon, *HVL-Hormon* Hypophysenvorderlappenhormon

Die hypothalamohypophysären hormonalen Regelkreise werden neuronal durch das ZNS an die inneren und äußeren Bedürfnisse des Organismus angepasst (◘ Abb. 6.21 b). Diese *Anpassungsprozesse* dokumentieren sich z. B.

— in einer Aktivierung der Schilddrüse bei lang anhaltender Kältebelastung,
— in einer Aktivierung der Nebennierenrinde bei jeder Art von körperlicher oder seelischer Belastung (Stress) oder
— in der Steuerung der Keimdrüsen bei der Sexualreifung.

Die neuronalen Mechanismen dieser Anpassungsprozesse kennen wir im Einzelnen noch nicht. Man kann jedoch nachweisen, dass die Neurone in verschiedenen ZNS-Bereichen spezifisch auf bestimmte Hormone endokriner Drüsen

◻ Tabelle 6.2. Hypophysenvorderlappenhormone und ihre hypothalamischen Releasing- und Inhibiting-Hormone (RH, IRH)

Hormon		Releasing-Hormon Inhibiting-Hormon		Wirkung auf
Glandotrope Hormone				
Adreno**c**ortico**t**ropes **H**ormon (syn. Cortico-tropin)	ACTH	**C**orticotropin-**R**eleasing-Hor-mon	CRH	Nebennieren-rinde
Thyreoidea-**s**timulie-rendes **H**ormon (syn. Thyreotropin)	TSH	**T**hyreotropin-**R**eleasing-Hor-mon	TRH	Schilddrüse (Thyreoidea)
Follikel-**s**timulierendes **H**ormon	FSH	**G**onadotropin-**R**eleasing-**H**ormon (syn. LH-Releasing-Hormon)	GnRH (LHRH)	Sexualdrüsen (Gonaden)
Luteinisierendes **H**ormon	LH	**G**onadotropin-**R**eleasing-**H**ormon (syn. LH-Releasing-Hormon)	GnRH (LHRH)	Sexualdrüsen (Gonaden)
Nicht-glandotrope Hormone				
Wachstumshormon (**G**rowth-**H**ormone)	GH	**G**rowth **H**ormone-**R**eleasing-**H**ormone **G**rowth **H**ormone-**I**nhibiting-**H**ormone	GHRH GHIH	Alle Körperzellen (z. B. Knochen)
Prolaktin		**P**rolaktin **R**eleasing-Hormon **P**rolaktin **I**nhibiting-Hormon	PRH PIH	Viele Körperzel-len (z. B. Mamma, Gonaden)

reagieren. Es ist deshalb anzunehmen, dass die ZNS-Bereiche, die das hypotha-lamohypophysäre System steuern, auch Rückmeldungen von den endokrinen Drüsen über die Hormone auf dem Blutwege erhalten (◻ Abb. 6.21 b).

Merke

Das hypothalamohypophysäre System ist das »*Interface*« zwischen neuro-nalen und humoralen Regulationen.

Regulation der Osmolalität des extrazellulären Milieus

Übermäßige Wasseraufnahme führt sehr schnell zur vermehrten Urinproduktion. Diese schnelle Flüssigkeitsausscheidung ist Ausdruck einer erfolgreichen Regelung des Wassergehaltes der Gewebe und der Osmolalität im Extrazellulärraum, um eine Verdünnung des Blutes und Gewebssaftes zu verhindern. Wird lange Zeit nichts getrunken, so produziert die Niere nur noch wenig Urin. Der Organismus versucht, so wenig Wasser wie möglich zu verlieren.

Im vorderen Hypothalamus gibt es spezialisierte Neurone (*osmosensible Neurone*), die die Salzkonzentration (im Wesentlichen von *Natriumchlorid*) im Blut und in dem umgebenden Extrazellulärraum messen. Bei Erhöhung oder Erniedrigung der Salzkonzentration (*Osmolalität*), die man erzeugen kann durch Aufnahme von Kochsalz oder Wasser, erhöht oder erniedrigt sich die Aktivität dieser Neurone. Ihre Aktivität wird synaptisch auf Neurone im *Nucleus paraventricularis* und *supraopticus* übertragen, die in den *Hypophysenhinterlappen* (*HHL* ◻ Abb. 6.21 a) projizieren und aus den Endigungen ihrer Axone ein Hormon, das *antidiuretische Hormon* (*ADH, Adiuretin*) bei Erregung in die Blutbahn freisetzen. Die Kommunikation zwischen Hypothalamus und Hypophysenhinterlappen geschieht also nicht auf hormonalem Wege mit Releasinghormonen wie beim Hypophysenvorderlappen (◻ Abb. 6.21), sondern *neuronal* (daher der Name Neurohypophyse). Die Neurone, deren Axone in den HHL hineinprojizieren, regeln die Produktion, Speicherung und Freisetzung von Adiuretin.

Bei *hoher Adiuretinkonzentration* wird wenig Wasser ausgeschieden, weil Adiuretin in der Niere die Durchlässigkeit der distalen Tubuli und Sammelrohre für Wasser durch Einbau von Wasserkanälen erhöht. Als Folge davon diffundiert Wasser entlang des osmotischen Gradienten aus den Lumina in das Interstitium der Niere. Ist der Wassergehalt hoch, bzw. die Salzkonzentration niedrig, so wird wenig Adiuretin aus dem HHL abgegeben und viel verdünnter Urin durch die Niere ausgeschieden (◻ Abb. 6.22 a). Aktivierung der osmorezeptiven Neurone löst auch *Durstempfindung* aus.

In ◻ Abbildung 6.22 b ist die Regulation der Osmolalität der extrazellulären Flüssigkeit im *Blockschaltbild* dargestellt, um an den Beispielen der Wasseraufnahme und der Wasserabgabe (z. B. bei starkem Schwitzen während thermischer Belastung) zu erklären, wie der Wassergehalt im Körper konstant gehalten wird. Diese hormonelle Regelung ist sehr schnell und setzt innerhalb von 15 Minuten ein. Das Blockschaltbild macht klar, wie sich in diesen beiden Beispielen der Wassergehalt (bzw. die Osmolalität) des Extrazellulärraumes, die Aktivität

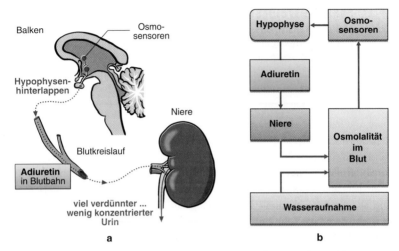

Abb. 6.22. Regulation der Osmolalität des extrazellulären Flüssigkeitsraumes.
a Halbanatomische Darstellung. **b** Darstellung im Blockdiagramm

der Osmosensoren, die Adiuretinkonzentration im Blut und die Wasseraus-
scheidung der Nieren ändern.

Die Regelung der Osmolalität der Flüssigkeit des Extrazellulärraumes ist mit
der *Regelung des extrazellulären Flüssigkeitsvolumens* eng verknüpft. Erregung von Sensoren, die das Flüssigkeitsvolumen im venösen Niederdrucksys-
tem (rechter Vorhof des Herzens, große Hohlvene) messen, erzeugt reflektorisch eine Verminderung der Adiuretinausschüttung aus dem HHL und als
Folge davon eine vermehrte Ausscheidung verdünnten Urins.

Merke
Zelluläre Prozesse laufen nur geordnet ab, wenn die Osmolalität und Zusam-
mensetzung der Ionen im extrazellulären Flüssigkeitsraum auf Konstanz ge-
regelt werden.

7   Allgemeine Sinnesphysiologie

H. O. Handwerker

 Einleitung

Tiere und Menschen brauchen Sinne, um Information aus der Umwelt aufzunehmen und um den Zustand ihres Organismus zu kontrollieren. Die einzelnen Sinnesfühler, die oft in größeren Sinnesorganen zusammengeschlossen sind, wurden traditionellerweise *Rezeptoren* genannt. Mittlerweile hat sich der Rezeptorbegriff in Medizin und Biologie aber gewandelt; wir verstehen darunter heute meist Molekülkomplexe an Zelloberflächen, an die spezifische Moleküle anbinden – so etwa bei den Rezeptoren für Hormone oder für Transmittersubstanzen. Wenn es gilt, den »molekularen Rezeptor« vom »Sinnes-Rezeptor« zu unterscheiden, kann man für letzteren den Begriff *Sensor* verwenden. Dieser Begriff wird auch in Technik und Physik auf die künstlichen Sinnesorgane von Maschinen angewandt.

7.1   Sensoren und Sinnessysteme

Im menschlichen und tierischen Organismus kann ein einzelner Sensor* entweder aus einer Zelle bestehen oder aus einem Zellteil, der für die Aufnahme von bestimmten Reizen spezialisiert ist. Physikochemisch gesehen gibt es vier verschiedene Typen von Sensoren:

- Sensoren, die *mechanische* Deformationen registrieren, z. B. in Haut, Muskel, Ohr und Gleichgewichtsorganen.
- Sensoren, die Änderungen der *Temperatur* (Abkühlung oder Erwärmung) registrieren.
- Sensoren, die auf *chemische Reize* reagieren, z. B. die Geschmacks- und Geruchsrezeptoren, aber auch viele Sensoren, die durch körpereigene Stoffe erregt werden.
- Sensoren, die auf *Photonen* reagieren, die Stäbchen und Zapfen der Retina.

---

* Im folgenden Text wird der Begriff Sensor verwandt, nur in zusammengesetzten Begriffen bleibt es beim »Rezeptor« (z. B. Geschmacksrezeptor, Nozizeptor)

Viele Sensoren sind hochsensitiv für bestimmte Reizarten, auf deren Rezeption sie sich im Verlaufe der Evolution spezialisiert haben; für andere Reizarten sind sie hingegen recht unempfindlich. Die Stäbchen und Zapfen der Retina werden z. B. durch **Photonen**, d. h. elektromagnetische Schwingungen bestimmter Wellenlängen (400–800 nm), erregt. Dabei kann die Energie einiger weniger Photonen ausreichen, eine messbare Erregung hervorzurufen. Durch thermische Reize werden diese Sensoren dagegen offenbar nicht erregt, wenigstens nicht in dem Temperaturbereich, der üblicherweise auf das Auge einwirkt. Wie steht es mit mechanischen Reizen? Wenn wir bei geschlossenen Augenlidern den Bulbus kräftig massieren, sehen wir farbige Ringe. Ein kräftiger Schlag auf den Kopf lässt uns sternartige Gebilde sehen. Die Sensoren der Retina sind also für starke mechanische Reize nicht völlig unempfindlich. Wir bezeichnen Reize, für die ein Sensor besonders empfindlich ist, als **adäquate Reize,** andere als **inadäquate.** Für die Sensoren der Retina sind Photonen adäquate, Faustschläge inadäquate Reize.

Das eben erwähnte Beispiel zeigt noch etwas anderes: Die Empfindung, die durch einen Reiz hervorgerufen wird, hängt offenbar nicht von der Art der zugeführten Energie ab, sondern von der Art des erregten Sinnesorganes. Elektromagnetische Schwingungen und mechanische Reize führen im Auge zu »Sehempfindungen«. Andererseits werden sowohl die Haarzellen in der Cochlea als auch die Mechanorezeptoren der Haut durch mechanische Reizung erregt, vermitteln aber ganz verschiedene Empfindungen. Solche Beobachtungen führten bereits im 19. Jahrhundert Johannes Müller (1801–1858) zur Formulierung des **Prinzips der spezifischen Sinnesenergien.** Heute lässt sich dieses Prinzip folgendermaßen formulieren: Wir haben verschiedene Arten von Empfindungen, die von verschiedenen Sinnessystemen vermittelt werden: Hören, Sehen, Schmecken, Riechen usw. Wir nennen diese Grundtypen der Empfindung **Sinnesmodalitäten.** Innerhalb einer Sinnesmodalität werden wiederum verschiedene **Qualitäten** unterschieden, z. B. Rot- oder Grünsehen.

Empfindungen haben ihren Ausgangspunkt in Erregungen der Sensoren unserer Sinnesorgane durch physikochemische Reize. Diese vermitteln ihre Erregung an Nervenfasern, die natürlich keine qualitativen Merkmale übertragen, sondern nur Aktionspotentialfolgen. Die Eigenart einer Sinnesmodalität muss also dadurch bedingt sein, dass diese Nervenfasern in ganz bestimmten zentralnervösen Bahnen geordnet sind und an bestimmten für die Vermittlung dieser Sinnesmodalität zuständigen Neuronengruppen im Hirn enden. Eine Sinnesmodalität wird somit nicht direkt durch den Reiz bestimmt, sondern durch die Erregung eines Systems von Neuronen, bestehend aus Sinnesbahn und spezifischen sensorischen Hirnzentren.

> **Merke**
>
> Modalität (Art) und Qualität unserer Empfindungen sind nicht durch einwirkende physikochemische Reize determiniert, sondern durch die zentralnervösen Verbindungen des betreffenden Sinnessystems.

Funktionsprinzipien von Sensoren und afferenten Nervenfasern

Nicht immer sind Sensoren ganze Sinneszellen, bei denen die Anatomen je nach embryonaler Herkunft primäre (aus neuralen Zellen) und sekundäre (aus Zellen nicht-neuralen Ursprungs) unterscheiden. Gerade in der Somatosensorik sind die Sensoren in Zellabschnitten lokalisiert, in den peripheren Axonausläufern oder *Axonterminalen*. In Sensoren führen Reize zu Änderungen des Membranpotentials. Diesen Vorgang nennen wir *Transduktion.* Dabei kann z. B. ein mechanischer Reiz die Zellmembran deformieren und dadurch Ionenkanäle öffnen; oder ein chemischer Reiz kann an Membranrezeptoren anbinden, die wiederum Ionenkanäle kontrollieren; oder die Temperatur kann die Membranpermeabilität verändern; oder Photonen können chemische Prozesse auslösen, die Membrankanäle kontrollieren (bei den Stäbchen und Zapfen in der Retina).

Sensorpotential

Die Potentialänderung, die an einem Sensor durch einen Reiz ausgelöst wird, nennen wir Sensorpotential (Rezeptorpotential). Die reizinduzierten Potentialänderungen sind meist *depolarisierend;* d. h. sie verschieben das Membranpotential in Richtung des Gleichgewichtspotentials von Natrium. Häufig wird das Rezeptorpotential allerdings nicht durch spezifische Na^+-Kanäle vermittelt, sondern durch Kanäle, durch die außer Na^+ auch andere Kationen mehr oder minder gut passieren können. Die hyperpolarisierenden Rezeptorpotentiale von Stäbchen und Zapfen sind ein Sonderfall (▶ Kap. 10.6).

Kodierung der Reizstärke

◨ Abbildung 7.1 zeigt schematisch Sensorpotentiale bei verschiedenen Reizstärken. Es könnte sich dabei z. B. um einen Mechanosensor handeln, dessen Membranoberfläche unterschiedlich stark deformiert wird. In ◨ Abbildung 7.1 a

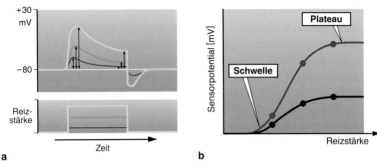

Abb. 7.1. Schematische Darstellung von typischen Rezeptorpotentialen *(oben)* **auf verschiedene Reizstärken** *(unten)*. **a** Die *Pfeile* geben an, an welchen Stellen die dynamischen bzw. statischen Reizantworten gemessen werden können. **b** Statische und dynamische Kennlinie eines Sensors. Solche Kennlinien werden aus einer großen Zahl von Messungen gewonnen

sind die resultierenden Rezeptorpotentiale übereinander gezeichnet, in ◨ Abbildung 7.1 b sind die maximalen Amplituden dieser Rezeptorpotentiale gegen die Reizstärke aufgetragen. Legt man eine Kurve durch die Messpunkte, resultiert eine **Sensorkennlinie.** Die hier dargestellte Kennlinie zeigt folgende typische Eigenschaften:

— Der Sensor spricht auf einen Reiz erst dann an, wenn die Reizstärke eine Schwelle überschritten hat.

— Von einer gewissen Reizstärke an wird das Rezeptorpotential nicht mehr größer (bei manchen Sensoren lösen sehr starke Reize sogar wieder kleinere Rezeptorpotentiale aus).

Sensoren kodieren also nur einen bestimmten Intensitätsbereich ihres adäquaten Reizes. In diesem Bereich steigt die Kennlinie stetig an (linear oder in einer gekrümmten Funktion).

Kodierung der Geschwindigkeit von Reizänderungen

Ebenso wichtig wie die Kodierung der Reizintensität ist die des Zeitverlaufs von Reizen. Wirkt z. B. ein mechanischer Reiz, dessen Reizstärke zunächst ansteigt und dann über längere Zeit konstant bleibt, auf die Membran eines Mechanorezeptor ein, dann wird man oft finden, dass das Rezeptorpotential bei steil ansteigender Reizamplitude höher ausfällt als bei flach ansteigender. Nach Beendigung eines Reizes gibt es bei diesem Sensortyp oft eine überschießende *Membranhyperpolarisation,* v. a. wenn der Reiz sehr schnell aufhört (◼ Abb. 7.1 a). In der Sinnesphysiologie nennen wir die geschwindigkeitsabhängige Antwort auf eine Reizänderung *phasische* oder *dynamische* Reizantwort. Das Rezeptorpotential ist bei einer solchen phasischen Antwort nicht einfach eine Funktion der Reizstärke R, sondern eine Funktion der Reizstärkenänderung pro Zeiteinheit t, d. h. des *Differentialquotienten dR/dt.* Um Sensoren mit ausgeprägter dynamischer Antwort zu charakterisieren, sprechen wir daher auch von »D«-Sensoren (für Differenzialquotient).

Adaptation

Wird ein Reiz für längere Zeit konstant gehalten, dann bleibt das Rezeptorpotential meist nicht konstant, sondern es fällt mehr oder minder rasch auf das Ruhepotenzial zurück; der Sensor *adaptiert* an den Reiz. Je nach Adaptationsgeschwindigkeit spricht man von *sehr rasch, rasch* oder *langsam adaptierenden Sensoren.* Die Geschwindigkeit der Adaptation drückt man dadurch aus, dass man die Zeit bestimmt, in der das Rezeptorpotential (oder die Frequenz der Aktionspotentiale im afferenten Axon, ▶ unten) um $1/\tau$ (63%) abfällt. Diese Zeitspanne heißt *Zeitkonstante.* Das Rezeptorpotential bei einem langdauernden konstanten Reiz bezeichnet man als *tonische* oder *statische* Reizantwort des Sensors. Man nennt diese Antwort auf einen Reiz auch »P«-Antwort (= proportionale Antwort). Falls eine phasische Antwort vorliegt, kann die tonische Reizantwort erst nach deren Abklingen erfasst werden. Mechanismen der Adaptation werden beispielhaft in Kapitel 7.1 beschrieben.

Sehr rasch adaptierende Sensoren, also solche mit einer kurzen Zeitkonstante, zeigen nur eine phasische Antwort. Sie vermitteln ausschließlich Information über die Reizänderungsgeschwindigkeit. Langsam adaptierende Sensoren, die eine phasische und eine tonische Antwort zeigen, treffen wir in vielen Sinnessystemen an. Sie heißen *PD-Sensoren* (= proportional-differentiale Sensoren) und kodieren sowohl Reizänderungsgeschwindigkeiten als auch Reizintensitäten.

Rezeptorpotentiale sind lokale Potentialänderungen der Membran der jeweiligen Sinneszelle. Dem Zentralnervensystem (ZNS) werden sie nur vermittelt, wenn sie vorher in Aktionspotentialsequenzen eines afferenten Axons transformiert wurden, die dann ins ZNS fortgeleitet werden können. In der Regel ist der Ort der Entstehung der Aktionspotentiale nicht identisch mit dem der Sensorpotentiale. Die Information, die in der Amplitude der Depolarisation des Sensors steckt, wird als Frequenz von Aktionspotentialen des afferenten Axons dem ZNS gemeldet. Man nennt diese Umkodierung der **Größe** der Depolarisation am Sensor in Aktionspotentialfrequenzen **Transformation.**

Merke

Sensoren können die Reizstärke und die Geschwindigkeit der Reizänderung kodieren. Viele Sensoren adaptieren während langdauernder Reize. Transduktion schließt somit Prozesse der Informationsverarbeitung ein. In den afferenten Axonen wird die Amplitude der Sensorpotentiale **in Aktionspotentialfrequenzen transformiert.**

Beispiel eines Sensors: das Vater-Pacini-Körperchen

Im Folgenden soll das Vater-Pacini-Körperchen als Beispiel eines Sensors dargestellt werden. Vater-Pacini-Körperchen finden sich in der Subkutis, also in tieferen Hautschichten, aber auch im Inneren des Körpers, z. B. an großen Sehnenplatten, im Retroperitonealraum und im Gewebe um die Harnblase. Der Sensor wird von der marklosen Terminalen einer dicken markhaltigen Nervenfaser gebildet. Dieses Terminale wird von einer zwiebelartigen Struktur umhüllt. Das Gebilde hat einen Durchmesser von mehreren hundert Mikrometern und lässt sich elektrophysiologisch **in vitro**, also in einem Gewebebad, untersuchen. Vater-Pacini-Körperchen sind Mechanorezeptoren, die recht unempfindlich für gleich bleibenden Druck sind. Sie reagieren hingegen sehr empfindlich auf die Beschleunigung, mit der sich der Druck ändert (dv/dt = Geschwindigkeitsänderung pro Zeiteinheit). Wir werden uns im nächsten Kapitel mit der Bedeutung dieses Sensors für die Somatosensorik befassen.

◻ Abbildung 7.2 stellt ein solches Vater-Pacini-Körperchen als Sensor dar. Durch mechanische Reize aktivierbare Kanäle, welche für das Rezeptorpotential verantwortlich sind, finden sich im marklosen Nervenende. Ein Rezeptorpotential, das sich hier bildet, breitet sich elektrotonisch bis zum ersten Schnürring aus, wo bei ausreichender Depolarisation, also bei Überschreiten einer Schwelle, spannungsabhängige Natriumkanäle geöffnet werden und Aktionspotentiale entstehen, die dann ins Zentralnervensystem fortgeleitet werden.

Im Fall des Vater-Pacini-Sensors werden die Kanäle, die zum Rezeptorpotential beitragen, mechanisch aktiviert, bei anderen Sensoren z. B. chemisch oder thermisch. Die Na^+-Kanäle, deren Aktivierung zur Bildung von Aktionspotentialen führt, sind bekanntlich potenzialabhängig (▶ Kap. 2.5). Auch die

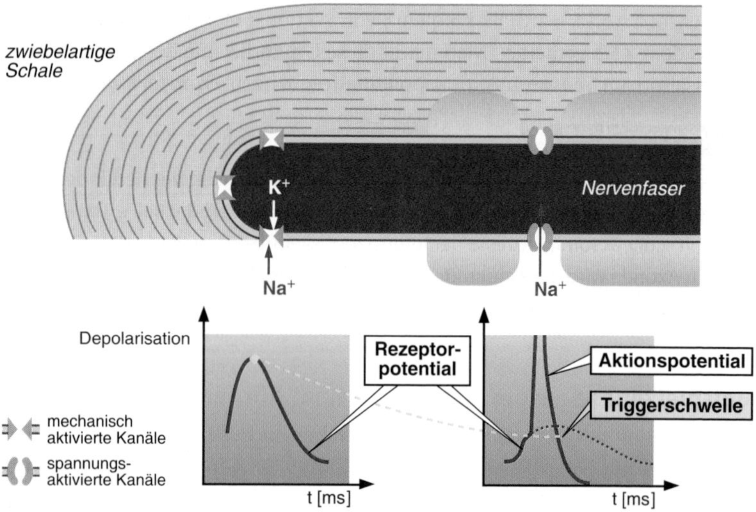

Abb. 7.2. Transduktion und Transformation am Vater-Pacini-Körperchen, das in der *oberen Hälfte* der Abbildung schematisch dargestellt ist. Die Kurven in der *unteren Hälfte* der Abbildung zeigen ein Rezeptorpotential und ein Aktionspotential, das durch dieses Rezeptorpotential ausgelöst wurde. Die gestrichelte gelbe Kurve deutet die Amplitude des Rezeptorpotentials an verschiedenen Stellen der Membran an. Da sich dieses Potenzial elektrotonisch ausbreitet, fällt die Amplitude exponentiell vom Entstehungsort zum ersten Schnürring ab

pharmakologischen Eigenschaften unterscheiden sich: Substanzen, die die »schnellen« potenzialabhängigen Na^+-Kanäle blockieren, z. B. Tetrodotoxin (TTX) und Lokalanästhetika, blockieren zwar die Aktionspotentiale, nicht aber Rezeptorpotentiale.

In ihrer Funktion ähneln Rezeptorpotentiale den ***erregenden postsynaptischen Potentialen*** (EPSP) (► Kap. 3.1), die ebenfalls lokal auftreten und an einer anderen Stelle der Neuronmembran in Aktionspotentiale umkodiert werden. Bei manchen Sensoren, wie z. B. den Stäbchen und Zapfen in der Retina, sind allerdings zusätzlich synaptische Prozesse zwischen die Rezeptorpotentiale und die Entstehung von Aktionspotentialen in den Retinaganglienzellen zwischengeschaltet.

Beim Vater-Pacini-Körperchen ist die sehr kurze Zeitkonstante der Adaptation folgenden Mechanismen zuzuschreiben:

- Einer Filterwirkung der zwiebelartigen Endstruktur, die selbst nicht direkt zur Entstehung des Rezeptorpotentials beiträgt. Trägt man diese Struktur ab, dann verwandelt sich der extrem rasch adaptierende Beschleunigungs-(D-)Sensor in einen langsam adaptierenden. Man kann daraus schließen, dass die harte zwiebelförmige Struktur um das Nervenende dafür sorgt, dass gleichmäßiger Druck nicht auf die druckempfindliche Membran des Sensors übertragen wird, sondern nur rasche Druckänderungen (mechanischer Hochpass).

- Andererseits scheint aber auch der Transformationsprozess an der Schnürringmembran zur extrem raschen Adaptation des Vater-Pacini-Sensors beizutragen. Wenn man dieser Membran im Experiment eine langdauernde Depolarisation aufzwingt (die etwa einem langdauernden Rezeptorpotential entsprechen würde), dann werden nur für relativ kurze Zeit Aktionspotentiale gebildet. Hingegen lässt sich diese Inaktivierung der Na^+-Kanäle bei langsam adaptierenden Sensoren nicht beobachten.

> **Merke**
>
> Der Sensor eines *Vater-Pacini-Körperchens* ist die Membran des Nervenendes; die Transformation erfolgt am ersten Schnürring des markhaltigen Axons. Die Reizkodierung findet überwiegend bei der Transduktion ins Rezeptorpotential statt. Membrankanäle, die Rezeptorpotentiale hervorrufen, unterscheiden sich in ihren Eigenschaften von denen, durch deren Aktivierung Aktionspotentiale entstehen. Der Tranformationsprozess bestimmt die Adaptationsgeschwindigkeit mit.

7.2 Gemeinsame Eigenschaften zentraler sensorischer Systeme

Funktionelle Organisation von Sinnesbahnen

Eingangs wurde dargestellt, dass Sinnessysteme nicht nur durch die Sensoren, sondern v. a. auch durch ihre zentralnervösen Systeme charakterisiert sind. Obgleich jedes zentralnervöse Sinnessystem eine eigene Aufgabe hat, gibt es doch einige generelle Prinzipien der funktionellen Organisation, die sich in fast allen Sinnessystemen finden. Teilweise resultieren diese gemeinsamen Züge aus der Entwicklungsgeschichte (Phylogenie) des ZNS.

Neben diesen auf wenige Stationen beschränkten und daher »oligosynaptischen«, spezifischen Bahnen, wird die Erregung von Sinneszellen auch in polysynaptischen unspezifischen Systemen verarbeitet.

Primäre Afferenzen bilden synaptische Kontakte mit Neuronen im ZNS, den sekundären sensorischen Neuronen. Von diesen wiederum gehen Axone aus, die gebündelt in **sensorischen Bahnen** zu höheren Neuronengruppen ziehen. Dabei wird jeweils in einer Hirnhälfte v. a. die Information einer Körperseite verarbeitet. Charakteristischerweise **kreuzen** die sensorischen Bahnen ganz oder teilweise zur jeweils anderen Hirnseite hinüber und enden schließlich im kontralateralen sensorischen **Projektionskern des Thalamus.** Diese sensorischen Kerngebiete des Thalamus liegen in einer lateralen Kerngruppe. Die Axone der sensorischen thalamischen Neurone projizieren dann in das entsprechende **kortikale sensorische Projektionsfeld.** Die Information erreicht in den sensorischen Bahnen die Hirnrinde über eine Neuronenkette aus wenigen Gliedern, die mindestens aus folgenden Elementen besteht (◘ Abb. 7.3): 1. primär afferentes Neuron, 2. sekundäres Neuron, 3. thalamisches Neuron und 4. kortikales Neuron. Neben dieser spezifischen Sinnesbahn, die vermutlich für die präzise Übermittlung der Sinnesinformation zuständig ist, gibt es in allen Sinnessystemen noch weitere polysynaptische Projektionen zu höheren Hirnregionen.

Dieses Grundschema findet sich im auditorischen, somatosensorischen und gustatorischen System wieder, mit kleinen Abwandlungen auch im visuellen. Eine Ausnahme bildet aus entwicklungsgeschichtlichen Gründen der Geruchssinn, der anders organisiert ist (▶ Kap. 14.1). Die Einzelheiten der sensorischen Projektionen werden in den betreffenden Kapiteln zu den einzelnen Sinnessystemen dargestellt.

Organisation korticaler Projektionsareale

In den thalamischen Projektionskernen und in den kortikalen Projektionsarealen enden die aufsteigenden Axone in einer räumlichen Anordnung, die der ihrer peripheren Sensoren entspricht. Dies ist deutlich am Beispiel des somatosensorischen Kortex zu erkennen, auf dem die Körperoberfläche **somatotop** abgebildet ist. Aber auch die Sehinformation ist im visuellen Kortex in topologischer Weise repräsentiert (▶ Kap. 10.6), im akustischen Kortex gibt es eine Art »Tonotopie« (▶ Kap. 11.4).

Eine weitere Eigenheit scheint den verschiedenen sensorischen kortikalen Projektionsarealen gemeinsam zu sein: Die Information wird dort in einer Art

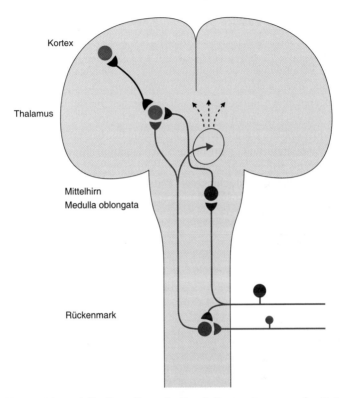

Kortex

Thalamus

**Mittelhirn
Medulla oblongata**

Rückenmark

◻ **Abb. 7.3. Schematische Darstellung der Verschaltungen im neuronalen Netzwerk eines Sinnessystems** (des somatoviszeralen Systems). Die Hinterstrangbahn ist blau, die spinothalamische Bahn *rot* eingezeichnet. *gelb:* unspezifische (polysynaptische) Projektionen

von *Modulen* verarbeitet, die typischerweise aus einer Neuronengruppe bestehen, wie sie in Kapitel 1 beschrieben wird. Man hat diese Module als kortikale *Projektionssäulen* bezeichnet, da sie senkrecht zur Kortexoberfläche organisiert sind. Besonders gut bekannt ist die Säulenorganisation im visuellen Kortex (▶ Kap. 10.6). Es ist charakteristisch für das zentralnervöse Netzwerk, dass jede periphere Afferenz in viele solche Module projiziert, in denen unterschiedliche Informationen aus dem Erregungseinstrom extrahiert werden.

Die kortikalen Projektionsareale machen in der embryonal- und frühkindlichen Entwicklung einen faszinierenden Reifungsprozess durch, bei dem das

Funktionieren einer intakten peripheren Innervation für die Ausreifung der kortikalen Organisation verantwortlich ist. Wie in anderen Hirnregionen, ist offenbar auch in den sensorischen Systemen die Ausbildung spezifischer synaptischer Verbindungen von trophischen Faktoren abhängig, die von kontaktsuchenden Axonen abgegeben werden, wenn sie in ausreichendem Maß von den Sensoren in den Sinnesorganen aktiviert werden. Bei der Besprechung des somatosensorischen Systems werden konkrete Beispiele dieser kortikalen Organisation unter dem Einfluss der peripheren Funktion beschrieben (► Kap. 8.5). Diese Organisation unter dem Einfluss der Funktion findet in bestimmten *»Zeitfenstern«*, also in bestimmten Entwicklungsabschnitten in der postnatalen Periode statt, die wir als *vulnerable Phasen* bezeichnen. Spätere Störungen der peripheren Innervation beeinflussen die kortikale Organisation dann nicht mehr in gleichem Ausmaß.

Merke

Die spezifische Sinnesinformation wird im ZNS in gekreuzten Sinnesbahnen geleitet, die aus hintereinander geschalteten Neuronen bestehen, deren Zellkörper in Kerngebieten angeordnet sind. In den thalamischen und kortikalen Projektionszentren wird die Sinnesinformation in *topologisch geordneter Weise* verarbeitet. In den kortikalen Projektionsarealen wird die Information in Funktionseinheiten verarbeitet, die als *Säulen* bezeichnet werden. Die funktionelle Organisation der kortikalen Projektionsfelder setzt geordneten Erregungsstrom in einer kritischen Phase der Hirnentwicklung voraus.

7.3 Verarbeitung von Sinneserregung in zentralen sensorischen Systemen

Im vorigen Abschnitt wurden die Prinzipien der Verarbeitung von Sinnesinformation in kortikalen Projektionsarealen und in den vorgeschalteten thalamischen Projektionskernen angesprochen. Die wiederum dem Thalamus vorgeschalteten sekundären Neurone, die sich z. B. beim somatosensorischen System im Hinterhorn des Rückenmarks und in den Hinterstrangkernen finden, tragen ebenfalls zur Informationsverarbeitung bei, d. h. sie sind weit mehr als einfache Signalleitungen. Charakteristisch sind v. a. die Verzweigung der Information in einem neuronalen Netzwerk, Verstärkung, Abschwächung und zeitliche Begrenzung der Erregung in Rückkopplungskreisen und die Kontrastverstärkung durch laterale Hemmung.

Konvergenz und Divergenz an zentralen Neuronen: Neuronale Netze

Einzelne afferente Nervenfasern sind niemals nur mit einem einzigen zentralen Neuron verbunden, das dann sozusagen »linear« wieder zu höheren Zentren projiziert. Vielmehr verzweigen sich die zentralen Enden jedes afferenten Axons und bilden Synapsen mit sehr vielen sekundären Neuronen, z. B. im Rückenmark. Diese **Divergenz** ist aus folgenden Gründen wichtig:

- Sie trägt zur **Redundanz** und damit zur Sicherheit der Informationsübermittlung in vielen Millionen parallelen Kanälen im ZNS bei.
- Dank der Divergenz wird die Information in verschiedene Arten zentralnervöser Kanäle eingespeist. So gelangt z. B. die Information aus Muskel- und Gelenksensoren in mehrere Zielgebiete des Hirns: in die **somatosensorischen Projektionsgebiete** (▶ Kap. 8.5), ins **Kleinhirn** (▶ Kap. 5.6) und in die Neuronengruppen der **Formatio reticularis** im Hirnstamm (▶ Kap. 16.2).

Andererseits gilt auch für sekundäre und höhere Neurone eines Sinnessystems im ZNS, dass sie niemals nur mit einer einzigen afferenten Nervenfaser verbunden sind. Die Projektion vieler afferenter Nervenfasern auf Einzelne zentrale Neurone nennt man **Konvergenz**. Die Bedeutung der Konvergenz liegt auf der Hand: Sie trägt zur »Datenübertragungssicherheit« bei.

Zusammen betrachtet führen Konvergenz und Divergenz dazu, dass die Information im ZNS in einer Art Maschenstruktur aus Neuronen, in **neuronalen Netzwerken,** übertragen wird.

Positive und negative Rückkopplung

In diesen Netzwerken spielt neben synaptischer Erregung auch synaptische Hemmung eine große Rolle. Rückkopplungskreise können die sensorische Information in mannigfaltiger Weise verändern. Positive Rückkopplung kann dazu dienen, ein Signal zu verstärken und zu verlängern; negative Rückkopplung kann es abschwächen oder zeitlich verkürzen. Ein wichtiges Beispiel negativer Rückkopplung ist die **primär afferente Depolarisation** (PAD), die man im Hinterhorn des Rückenmarks an den somatosensorischen Afferenzen beobachten kann. Die sekundären Neuronen, die von diesen afferenten Nervenfasern erregt werden, geben die Information auch an Interneurone weiter, die wiederum an denselben primären Afferenzen eine *präsynaptische Hemmung* (▶ Kap. 3.3) ausüben. Mit der primär afferenten Depolarisation (PAD) begrenzt sich offenbar die eintreffende Erregung selbst. Aber auch von verschiedenen Hirnzentren ins Rückenmark projizierende Axone können eine hemmende oder verstärkende Wirkung auf die synaptische Übertragung der Impulse primärer Afferenzen ausüben.

Kontrastverstärkung durch laterale Hemmung

Ein interessanter Typ von Hemmung im neuronalen Netzwerk von Sinnessystemen ist die *laterale Hemmung*. Sie besteht typischerweise darin, dass afferente Nervenfasern bestimmte Neurone im zentralen Netzwerk erregen und gleichzeitig über Interneurone solche Neurone hemmen, die von benachbarten afferenten Nervenfasern innerviert werden. Der Vorgang ist schematisch in ◘ Abbildung 7.4 an einem einfachen Modell dargestellt. In diesem Modell können zwei benachbarte Reize (symbolisiert durch Blitze), durch die Erregungen der primären Afferenzen nicht getrennt werden, wohl aber von »höheren« Elementen des Netzwerkes. Die laterale Hemmung führt also dazu, dass die Kontrastwahrnehmung verschärft wird. Nachgewiesen ist laterale Hemmung z. B. bei den Ganglienzellen der Retina. Sie führt im visuellen System zu einem Sinnesphänomen, das man leicht an sich selbst beobachten kann, den *Mach-Bändern*. An der Grenze zwischen einer hellen und dunklen Fläche erscheint uns ein Band, das heller ist, als die restliche helle Fläche. Entsprechend erscheint auf der dunklen Seite der Grenze ein schmales, besonders dunkles Band. Auch andere Kontrastphänomene lassen sich durch laterale Hemmung erklären (▶ Kap. 10.5 und 10.6).

Merke

Durch Konvergenz und Divergenz im Zentralnervensystem wird erreicht, dass Reize immer *neuronale Netzwerke* erregen. Die Verarbeitung der Reize wird durch positive (verstärkende) und negative (abschwächende) Rückkopplung modifiziert. Durch laterale Hemmung werden Kontraste verstärkt.

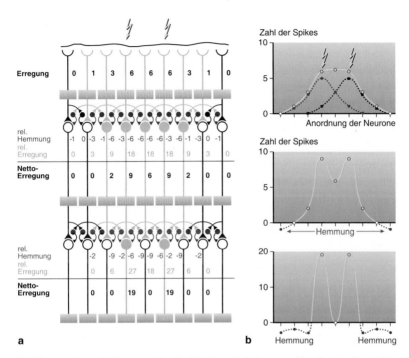

◘ Abb. 7.4. Laterale Hemmung im Modell eines einfachen neuralen Netzwerkes. a Die beiden *Pfeile am oberen Rand* der Abbildung deuten zwei eng benachbarte Reize an, darunter ist die Matrix des Netzwerks angedeutet. Die Zahlenangaben und die *blauen* Kästchen mit den Aktionspotentialen in *Gelb* erläutern die Erregungsverhältnisse, wenn angenommen wird, dass auf jeder Stufe Erregungen dreifach verstärkt werden, während die Hemmungen mit einfacher Verstärkung wirken. Die resultierenden Nettoerregungen ergeben sich aus Subtraktion der Hemmwerte von den Erregungswerten. **b** Darstellung der Nettoerregung auf verschiedenen Ebenen des Netzwerks (Mod. nach Handwerker 1990)

7.4 Sinnesphysiologie und Wahrnehmungspsychologie

Psychophysik und Wahrnehmungspsychologie

Bisher wurde in diesem Kapitel die Sinnesphysiologie unter physiologischen Gesichtspunkten betrachtet. Um die Leistungen ganzer menschlicher Sinnessysteme zu erforschen, muss man aber auch die von ihnen vermittelten Empfindungen quantitativ untersuchen. Da hierzu die *physikochemische Welt der*

Reize mit der *subjektiven Welt der Wahrnehmungen* in Beziehung gesetzt werden, nennt man diese Forschungsrichtung *Psychophysik.* Diese nimmt wissenschaftstheoretisch eine Sonderstellung innerhalb der Physiologie ein, da sie sich nicht nur mit physikochemischen Prozessen (den *Reizen* und den Reaktionen des Organismus) befasst, sondern auch mit Bewusstseinsvorgängen, den *Empfindungen.* Heute betrachtet man das Gebiet der Psychophysik, das sich im vorigen Jahrhundert als wichtiger Teil der Sinnesphysiologie entwickelt hat, meist als Teilgebiet der *Wahrnehmungspsychologie.*

Bei der Beschäftigung mit der Psychophysik darf ein psychologisches Problem nicht übersehen werden: Empfindungen sind nicht etwa die primären Elemente unserer Bewusstseinsinhalte, sondern Abstraktionen, die v. a. in der künstlichen Reizwelt des Laboratoriums vorgenommen werden. Ein einfaches Beispiel soll dies erläutern: Wenn wir die Augen aufschlagen und vor uns eine blaue Fläche mit weißen Flecken darin sehen, dann nehmen wir weiße Wolken am blauen Himmel wahr oder Schaumkronen auf den blauen Wellen eines Sees oder ein blaues Tuch mit weißen Mustern usw. Diesen komplexen Bewusstseinsinhalt nennen wir *Wahrnehmung.* Wahrnehmungen sind einerseits durch den Sinneseindruck, andererseits aber auch durch unsere Erfahrungen, also durch Lernvorgänge, bestimmt. Aus der Wahrnehmung können wir dann erst die *Empfindung* (z. B. »blau«) abstrahieren. Wahrnehmungen unterliegen vielen extrasensorischen Einflüssen. Sie können durch Fokussierung der *Aufmerksamkeit* verstärkt oder abgeschwächt werden und unterliegen der *Habituation*, d. h. einer zentralnervös bedingten Abschwächung bei monotonen Reizeinwirkungen. Die Untersuchung der Determinanten der Wahrnehmung ist Gegenstand der Wahrnehmungspsychologie.

■■■ Im 19. Jahrhundert machten Forscher psychophysische Experimente meist im Selbstversuch und verglichen dann ihre eigene Wahrnehmung mit der Reizgröße. Heute wird allgemein gefordert, dass ein Proband unvoreingenommen, d. h. ohne eigene Erwartungen über den Ausgang an ein Experiment herangeht. Psychophysische Experimente werden daher am besten an Versuchspersonen vorgenommen, denen die Hypothesen des jeweiligen Forschers nicht bekannt sind. Zur Erfassung der Sinnesleistung wird dann die Mitteilung des Probanden herangezogen, die auf verschiedene Weise erfolgen kann. Hinzu kommt, dass es wegen der Variabilität der Sinnesleistungen nicht genügt, die Reaktion eines Probanden zu messen, man muss vielmehr eine möglichst repräsentative Stichprobe erfassen. Ganz ähnliche experimentelle Techniken lassen sich auch im Tierversuch anwenden. Wenn etwa Tiere trainiert werden, auf einen Sinnesreiz mit einem bestimmten Verhalten zu antworten, tritt diese Verhaltensänderung an die Stelle menschlicher Mitteilung. Eine Voraussetzung dieses Ansatzes ist, dass sich die subjektiven Wahrnehmungen und Mitteilungen in irgendeiner Weise quantifizieren lassen.

> **Merke**
>
> Als Psychophysik bezeichnet man eine wissenschaftliche Disziplin, die sich mit den quantitativen Beziehungen von Reizintensität und Empfindungsstärke befasst.

Sinnesschwellen, Schwellenmessungen

Die einfachste Form einer solchen Quantifizierung ist die Messung einer *Sinnesschwelle.* Der Vorteil der Schwellenmessung besteht darin, dass der Proband keine quantitativen Angaben machen muss, sondern nur eine Ja-nein-Entscheidung trifft (Empfindung vorhanden oder nicht vorhanden).

Schwellenmessungen werden nicht nur eingesetzt, um etwas über minimale Reizstärken zu erfahren, sondern auch für die Beurteilung von komplexen qualitativen und quantitativen Sinnesphänomenen. Für diese Einführung in die Sinnesphysiologie beschränken wir uns aber der Einfachheit halber auf die Intensitätsdimension.

Die Reizschwelle (RL für Reizlimen) ist abhängig von der *Art des Sinnessystems,* von der *Reizdauer* und anderen Reizeigenschaften. So ist z. B. die Sehschwelle für bestimmte Frequenzen elektromagnetischer Schwingungen niedriger als für andere, bei Hörschwelle und Berührungsschwelle gibt es entsprechend unterschiedliche Empfindlichkeiten für verschiedene Frequenzen mechanischer Schwingungen. Die praktische Bestimmung der Reizschwellen ist nicht so einfach, wie das Konzept erscheint. Bei genauer Betrachtung der Wahrscheinlichkeit, dass ein schwacher Reiz eine Empfindung hervorruft, wird man finden, dass es keine scharfe Grenze von »wahrnehmbar« zu »nicht wahrnehmbar« gibt. Vielmehr findet man in der Regel im kritischen Reizstärkenbereich eine s-förmige Wahrscheinlichkeitskurve, wie in ◨ Abbildung 7.5 dargestellt. Diese Kurve heißt *psychometrische Funktion.* Als Schwelle muss ein Punkt auf dieser Kurve definiert werden. Üblicherweise nimmt man dabei den Punkt, bei dem die Wahrscheinlichkeit, dass ein Reiz wahrgenommen wird, 50 % beträgt. Exakte Schwellenbestimmungen sind aufwendig; es wurden daher verschiedene Methoden beschrieben, mit denen die Reizschwelle rasch – aber dafür etwas ungenauer – bestimmt werden kann.

▪▪▪ Da die s-förmige psychometrische Funktion dem Integral einer Gauß-Zufallsverteilung entspricht, deutet ihr Verlauf darauf hin, dass bei der Wahrnehmung schwellennaher Reize Zufallsprozesse mitwirken. Eine wichtige Theorie der Psychophysik betrachtet Sinnessysteme als Nachrichtenkanäle, in denen Signale durch Rauschen überlagert sind. Wenn es darum geht, ein

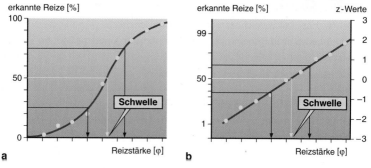

Abb. 7.5. Psychometrische Funktion, a wie sie sich ergibt, wenn bei verschiedenen schwachen Reizen die Häufigkeit gemessen wird, mit der diese Reize erkannt werden. **b** Die s-förmige psychometrische Funktion entspricht meist dem Integral einer Normalverteilungskurve (Ogive). Die Kurve wird zur Geraden, wenn man die Werte auf der *Ordinate* in Einheiten der Standardabweichung (Z-Werte) darstellt (Mod. nach Handwerker 1990)

schwaches Signal in einem derartigen System zu entdecken, dann muss eine Entscheidung getroffen werden, welche Zustände bereits als Signal und welche noch als Rauschen angesehen werden. Man nennt diese Theorie *Signal-Entdeckungs-Theorie (SDT)* oder auch *sensorische Entscheidungstheorie.* Für die Sinnesphysiologie ist diese Theorie deshalb wichtig, weil sie erklärt, wie die Neigung eines Probanden (oder Versuchstiers), im Zweifelsfall einen bestimmten Zustand seines sensorischen Systems noch als »Rauschen« oder bereits als Reiz zu betrachten, die Schwelle beeinflusst *(bias)*. Soll eine Reizschwelle genau bestimmt werden, dann muss der *bias* berücksichtigt werden. Allgemein gilt, dass Probanden mit »liberaler« Einstellung (d. h. solche, die im Zweifelsfall vom Vorhandensein eines Reizes ausgehen) eine niedrigere Schwelle, aber eine höhere Fehlerrate haben, während Probanden mit »konservativer« Einstellung (solche, die im Zweifelsfall einen Reiz ausschließen) umgekehrt eine höhere Schwelle, aber eine niedrigere Fehlerrate aufweisen.

Früher wurde dieser Reizzuwachs als *Differenzlimen* (DL) bezeichnet; heute wird häufig die englische Abkürzung *JND (just noticable difference)* verwendet. Mit dem Konzept der Unterschiedsschwelle lassen sich Schwellenuntersuchungen auch in den Bereich der überschwelligen Reize und Wahrnehmungen ausdehnen. Um die Mitte des 19. Jahrhunderts konnte E. H. Weber bei sinnesphysiologischen Untersuchungen feststellen, dass in einem weiten Bereich von Ausgangsreizstärken der Reizzuwachs einen bestimmten Bruchteil des Ausgangsreizes betragen muss, um das DL zu überschreiten. Die Unterschiedsschwelle lässt sich daher mit der Formel beschreiben:

$$\Delta R/R = c. \tag{7.1}$$

Man nennt diese Beziehung *Weber-Gesetz* oder *Weber-Regel* und den Quotienten *c,* um den ein Reiz stärker werden muss, damit er eben merklich stärker empfunden wird, den *Weber-Quotienten.* Bei verschiedenen Sinnessystemen liegt dieser Weber-Quotient oft zwischen 0,07 und 0,12; d. h. es bedarf eines Reizzuwachses von etwa 7–12%, um einen Reiz eben merklich stärker erscheinen zu lassen. Das Weber-Gesetz gilt allerdings nur für Reize im mittleren Intensitätsbereich, nicht für sehr schwache Reize nahe der Reizschwelle.

Merke

Die *Reizschwelle* wird definiert als kleinste Intensität eines Reizes bestimmter Qualität, die gerade noch eine Empfindung hervorruft. Die *Unterschiedsschwelle* ist der Reizzuwachs, der nötig ist, um eine Empfindung bei überschwelligem Reiz merklich stärker erscheinen zu lassen.

Psychophysische Beziehungen

Im vorigen Abschnitt haben wir gesehen, dass Schwellenbetrachtungen mit der Unterschiedsschwelle praktisch über den ganzen Empfindungsbereich ausgedehnt werden können. G. T. Fechner (1801–1887) ging noch einen Schritt weiter: Er benutzte die Unterschiedsschwelle und den Weber-Quotienten zur Definition einer psychophysiologischen Skala der Empfindungsstärke. Dem liegt folgender Gedankengang zugrunde: Die schwächstmögliche Empfindung ist die bei RL erzeugte. Die nächstgrößere Empfindung ist um eine Unterschiedsschwelle stärker, da das DL definitionsgemäß der kleinstmögliche Empfindungszuwachs ist. Die nächststärkere Empfindung liegt wieder ein DL höher usw. Nun ist aber der Reizzuwachs für die Überschreitung eines DL durch Webers Formel definiert (dabei bleibt unberücksichtigt, dass dieses Gesetz bei Reizen nahe RL nicht gilt). Man muss also einen konstanten Bruchteil des Ausgangsreizes hinzufügen, um eine Stufe in der Skala der Empfindungsintensität höher zu steigen. Um die Beziehung zwischen Empfindungsstärke und Reizstärke zu bestimmen, muss man somit über den Weber-Quotienten $\Delta R/R$ integrieren. Man erhält dann *Fechners psychophysische Beziehung.*

$$E \sim \log R \text{ oder } E = k \cdot \log (R/R_0), \tag{7.2}$$

wobei E und R Empfindungs- und Reizstärken sind, die einander entsprechen; R_0 ist die Reizstärke bei RL.

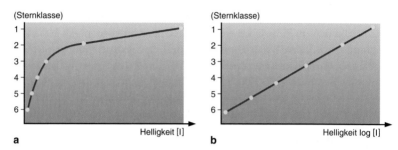

Abb. 7.6. Mittlere Häufigkeit der Sterne verschiedener Klassen. Bei **a** linearer und **b** logarithmischer Auftragung der Helligkeit auf der *Abszisse* (Daten von Jastrow; nach Stevens 1975)

Es gibt eine Art Großexperiment, das über viele Jahrhunderte geführt wurde und das Fechners theoretische Überlegungen bestätigt. Bei der Einteilung der Helligkeit der Sterne in Klassen haben die Astronomen traditionellerweise die schwächsten, eben sichtbaren Sterne in die Klasse 6 eingeordnet, eben merklich hellere Sterne in die Klasse 5 usw., bis zu den hellsten Sternen, die in Klasse 1 eingeordnet wurden. In ◘ Abbildung 7.6 ist die mittlere Leuchtdichte von Sternen in den einzelnen Klassen, also die Reizstärke, gegen diese Rangskala der Sterne aufgetragen. Es resultiert eine logarithmische Beziehung. Trägt man die Messpunkte in ein Koordinatensystem ein, bei dem auf der Abszisse bereits der Logarithmus der Reizstärke aufgetragen ist, dann resultiert eine lineare Beziehung. Auf diese Weise kann man belegen, dass die Sternklassen 6–1 tatsächlich einer logarithmischen Zunahme der Leuchtintensität entsprechen.

> **Merke**
>
> Der Weber-Quotient ist nach G. T. Fechner Grundlage einer allgemeinen psychophysischen Beziehung. Eine *logarithmische Zunahme der Reizintensität* führt zu einer *linearen Zunahme der Empfindungsstärke*, wenn diese indirekt, über die Unterschiedsschwellen bestimmt wird.

Fechners logarithmische Beziehung und Stevens Potenzfunktion

Nach Fechner wird die Empfindungsstärke über Unterschiedsschwellen indirekt bestimmt. Im 20. Jahrhundert wurden v. a. von S. Stevens Methoden entwickelt, mit denen man die Empfindungsstärke direkt quantitativ abschätzen kann. Bei der von ihm begründeten *direkten Psychophysik* kommt es nicht auf die Unterscheidbarkeit an, sondern auf eine Angabe über die subjektive Intensität der Empfindung. Dabei soll der Proband Konzepte verwenden wie »doppelt so stark« oder »halb so stark«. Die Skala ist damit keine einfache Rangskala wie bei Fechner, sondern gewinnt den Charakter einer Rationalskala. Damit ist nicht gesagt, dass Messungen mit Stevens Methoden genauer sind als Messungen nach Fechner, sondern nur, dass diese Skala anderen Voraussetzungen folgt. So kann man an Messergebnissen nach Stevens eine größere Bandbreite von Rechenoperationen einsetzen (z. B. Multiplikationen) als an denen, die mit Fechners Ansatz erzielt wurden.

Bei Messungen mit Stevens Methoden ist die Beziehung zwischen Empfindungs- und Reizstärke am besten mit einer Potenzfunktion zu beschreiben:

$$E \sim R^n \quad \text{oder} \quad E = k \supseteq (R - R_0)^n. \tag{7.3}$$

■ ■ ■ E und R sind wieder einander entsprechende Empfindungs- und Reizstärken; R_0 ist die Reizstärke bei RL, k eine Konstante und n der Exponent.

Nimmt die Empfindungsstärke rascher zu als die Reizstärke, was z. B. bei der Wahrnehmung elektrischer Hautreize gefunden wurde, dann resultiert ein Exponent n>1. Meist findet man aber, dass umgekehrt die Reizstärke rascher zunimmt als die Empfindungsstärke, wie z. B. bei der Wahrnehmung der Helligkeit eines Lichtflecks. In diesem Fall ist n<1. Ein Exponent n=1 zeigt eine lineare Beziehung an. Stevens Exponenten liegen oft zwischen 0,3 und 1,0. Kleine Exponenten findet man v. a. dann, wenn sich die Bandbreite der Reize, die von einem Sinnessystem verarbeitet werden, über einen großen Intensitätsbereich erstreckt, z. B. beim Gehör, wo bei mittleren Frequenzen die unterschiedlich laut wahrgenommenen Schalldrücke über einen Bereich von $1 : 10^6$ variieren.

Will man prüfen, ob sich ein Datensatz durch eine Potenzfunktion beschreiben lässt, trägt man die Daten in doppelt logarithmischem Maßstab auf, da eine logarithmierte Potenzfunktion eine lineare Funktion ergibt, wobei die Steigung der Geraden dem *Exponenten n* entspricht.

Stevens war der Ansicht, dass seine neue Psychophysik den alten Ansatz von Fechner ablösen würde. Heute werden beide noch angewandt – bei verschiedenen Fragestellungen.

In diesem Kapitel wurde gezeigt, dass den beiden psychophysischen Beziehungen unterschiedliche Skalen der Empfindungsstärke zugrunde liegen:

- Nach Fechners Ansatz erfasst man die **Unterscheidbarkeit** verschiedener Empfindungsstärken.
- Stevens Methoden zielen auf eine Erfassung der direkten **subjektiven Einschätzung** von Empfindungsstärke.

Untersucht man Fragen der sog. objektiven Sinnesphysiologie, also z. B. Sensorkennlinien, dann können je nach Reizparametern beide psychophysischen Gesetze brauchbare Interpretationen liefern.

Merke

Nach S. S. Stevens lässt sich die Beziehung zwischen Reiz- und Empfindungsstärke mit einer Potenzfunktion beschreiben, wenn die Empfindungsstärke vom Probanden direkt auf einer Skala geschätzt wird.

8 Somatosensorik

H. O. Handwerker

  Einleitung

Unter Somatosensorik fasst man Empfindungen zusammen, die durch Reizungen verschiedenartiger Sensoren unseres Körpers hervorgerufen werden. Ausgenommen sind lediglich die »spezifischen« Sinnesorgane, die allesamt im Kopf lokalisiert sind, nämlich die für Sehen, Hören, Schmecken, Riechen und den Gleichgewichtssinn. Die Somatosensorik umfasst folgende Bereiche:

- Sensorik der Körperoberfläche (Ekterozeption, Hautsensibilität),
- Sensorik des Bewegungsapparates (Propriozeption)
- Sensorik der inneren Organe (Enterozeption).

Auch der Schmerz (▶ Kap. 9) wird zur Somatosensorik gerechnet. Das Gesamtgebiet wird auch als ***somatoviszerale Sensibilität*** bezeichnet. In älteren Lehrbüchern findet sich auch die Bezeichnung »niedere Sinne«. Diese Bezeichnung ist schon deswegen unzutreffend, weil z. B. der Tastsinn zu unseren differenziertesten und wichtigsten Sinnen gehört.

8.1 Tastsinn

Der Tastsinn trägt wesentlich zur ***Gestaltwahrnehmung*** von Gegenständen bei. Um eine klare Vorstellung von einem Gegenstand zu erhalten, führen wir die Finger über seine Oberfläche. Wenn wir z. B. den Inhalt unserer Hosentasche betasten, dann unterscheiden wir mit Leichtigkeit einen Schlüssel von einem Taschenmesser. In der Dunkelheit erhalten wir durch Betasten eine Vorstellung des umgebenden Raumes. Diese Fähigkeit ist besonders wichtig für Blinde, wahrscheinlich trägt sie aber bei allen Menschen während der frühkindlichen Entwicklung wesentlich zur Entstehung der ***Raumvorstellung*** bei.

Man bezeichnet die Fähigkeit der Gestalt- und Raumwahrnehmung durch Betasten als ***Stereognosie***. Der Verlust dieser Fähigkeit heißt ***Astereognosie*** oder ***taktile Agnosie***. Die Hand ist somit eines der wichtigsten Sinnesorgane unseres Körpers. Genauer gesagt ist das wichtigste Tastorgan die Haut an der Palmarseite der Hand; das beste Auflösungsvermögen findet sich an den Fingerspitzen.

Das setzt voraus:

- empfindliche Mechanosensoren (früher Mechanorezeptoren)
- die Fähigkeit unseres Zentralnervensystems (ZNS), die Information aus benachbarten Sensoren zu differenzieren, um ein räumliches Muster zu erfassen. Wenn z. B. ein Blinder die erhabenen Punkte der Blindenschrift ertastet, dann berühren verschiedene Punkte gleichzeitig die Haut der Fingerspitze. Das ZNS muss den Input von verschiedenen Mechanosensoren auseinander halten.
- die Fähigkeit des ZNS, den sensorischen Einstrom mit der Tastmotorik zu verrechnen und die Vorstellung der Gestalt eines Gegenstandes zu erzeugen. Um bei dem oben erwähnten Beispiel zu bleiben: der Blinde führt die Fingerspitzen über die Zeile Blindenschrift, dabei werden nacheinander verschiedene Mechanosensoren erregt, in Abhängigkeit von der Geschwindigkeit der Bewegung. Um die Schrift zu lesen, muss das ZNS die Motorik mit dem Input von den Mechanosensoren verrechnen.

Untersuchungsmethoden

Untersuchungen an Hautsensoren gelangen zunächst an narkotisierten Versuchstieren, bei denen die Aktionspotentiale einzelner Nervenfasern abgeleitet wurden, die man unter dem Mikroskop aus einem Hautnerv präpariert hatte. Mittlerweile ist es aber auch möglich, entsprechende Untersuchungen an Nerven wacher menschlicher Probanden vorzunehmen (*Mikroneurographie*). Dabei wird eine Mikroelektrode durch die Haut in einen Nerv eingestochen. Sobald sich die Aktionspotentiale einer einzelnen Nervenfaser messen lassen, wird die Hautstelle aufgesucht, von der aus sich diese Afferenz z. B. durch mechanische Reize erregen lässt. Man bezeichnet dieses Hautareal als **rezeptives Feld** der betreffenden afferenten Nevenfaser. Meist kann man durch elektrische Reizpulse vom rezeptiven Feld aus die betreffende Nervenfaser mit konstanter Latenz erregen. Teilt man die Leitungsstrecke, also die Distanz zwischen Reiz- und Ableitelektrode, durch die Latenzzeit, erhält man die durchschnittliche *Leitungsgeschwindigkeit* des betreffenden Axons (◘ Abb. 8.1).

Den Sensortyp kann man bestimmen, indem man kontrollierte mechanische Reize auf das rezeptive Feld appliziert und prüft, auf welche Reize die betreffende Nervenfaser antwortet. Dazu verwendet man z. B. einen elektromagnetisch gesteuerten Reizstempel, der aus einer Ausgangsposition, bei der er die

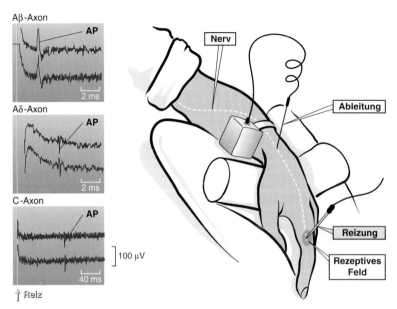

Abb. 8.1. Leitungsgeschwindigkeit verschiedener Axone. *Rechts* im Bild ist die Methode der Mikroneurographie dargestellt, *links* Originalableitungen der Aktionspotentiale verschiedener Nervenfasern, die durch transkutane elektrische Reizung im rezeptiven Feld hervorgerufen wurden. Beachte die verschiedenen Zeitskalen bei den Ableitungen markhaltiger und markloser Fasern. *AP* = Aktionspotential. Zwei aufeinander folgende Reize induzieren Aktionspotentiale nach gleicher Latenzzeit. Die erste Auslenkung in der Ableitung – beginnend mit dem Reiz – ist jeweils das Reizartefakt (Mod. nach Handwerker, 1984)

Hautoberfläche gerade eben berührt, mit konstanter Geschwindigkeit in die Haut eindrückt und dann in einer Endposition stehen bleibt (■ Abb. 8.2). Dieser Reizverlauf enthält eine Phase, bei der die Haut mit konstanter *Geschwindigkeit* eingedrückt wird (dS/dt), gefolgt von einem Dauerreiz mit einer konstanten Hautdeformation (S). An den Übergängen vom ruhenden Stößel zur Bewegung und umgekehrt ändert sich die Geschwindigkeit – dort treten also positive und negative *Beschleunigungen* auf (d^{2}S/dt^2; 2. Ableitung des Weges S nach der Zeit).

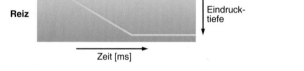

Abb. 8.2. Kodierungseigenschaften verschiedener Mechanosensoren der Haut.
Rechts: Kodierungsfunktionen (*S* Reizstärke, *t* Zeit, *dS/dt* Differenzialquotient, entspricht der Geschwindigkeit). *SA II* und *I* langsam adaptierende Mechanosensoren (*»slowly adapting«*), Typ II und *I. RA* rasch adaptierende Mechanosensoren; *PC* Vater-Pacini-Sensoren

Sensoren des Tastsinnes

Die für den Tastsinn wichtigen Sensoren sind recht empfindlich und können schon auf Verformungen der Hautoberfläche in der Größenordnung von Bruchteilen eines Millimeters antworten. ◘ Abbildung 8.2 zeigt die Afferenzen, die man in der Haut der menschlichen Handfläche mit einer solchen Indentation erregen kann. Zwei Sensortypen reagieren auf Dauerdeformation (S). Diese langsam adaptierenden Sensoren werden als **SA I** und **SA II** (SA = *slowly adapting*) bezeichnet. SA I-Sensoren antworten allerdings mit einer höheren Entladungsrate, wenn der Reiz rascher zunimmt, sie sind also PD-Sensoren (▶ Kap. 7.1). Der **RA-Sensor** (*rapidly adapting*) ist hingegen ein reiner Geschwindigkeitsdetektor und somit ein D-Sensor (▶ Kap. 7.1).

◘ Abbildung 8.3 a stellt die statische Kennlinie (▶ Kap. 7.1) eines SA I-Sensors der Kennlinie eines RA-Sensors gegenüber. Verschiedene Aktionspotentialfrequenzen einer SA I-Afferenz signalisieren verschiedene Eindrucktiefen des Reizstößels (◘ Abb. 8.2), bei RA-Afferenzen (◘ Abb. 8.3 b) hingegen Eindruck-

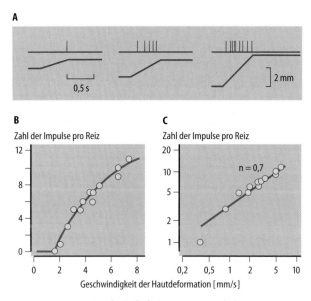

Abb. 8.3. RA-Sensor, ein Geschwindigkeitssensor. a Entladungsmuster eines RA-Sensors der Katzenhaut (*obere* Registrierungen) bei verschiedenen schnell ansteigenden Hautdeformationen (*untere* Registrierungen), die mit einem elektromechanischen Stimulator erzeugt wurden. **b** Zahl der Aktionspotentiale in der afferenten Faser in Abhängigkeit von der Geschwindigkeit der Hautdeformation. **c** Wie B, jedoch doppelt-logarithmisches Koordinatensystem. Aus der Steigung der eingezeichneten Gerade wurde der angegebene Exponent n der Potenzfunktion bestimmt (Nach Zimmermann in Porter 1978)

geschwindigkeiten (dS/dt). Ein weiterer Sensortyp, das bereits beschriebene *Vater-Pacini-Körperchen* (▶ Kap. 7.1), reagiert überwiegend auf die Beschleunigungsphasen von Reizen. Man kann ihn daher näherungsweise als Beschleunigungsdetektor (d^2S/dt^2) betrachten.

Funktion und Morphologie

Merkel-Zellen. Liegen an der Epidermis-Dermis-Grenze und zeichnen sich durch einen gelappten Kern aus. Sie haben viele Mitochondrien und Vesikel, die Neuropeptide enthalten. Mit ihnen nehmen Axone Kontakt auf, die von markhaltigen Nervenfasern ausgehen. Jede dieser SA I-Afferenzen teilt sich in mehrere Äste auf, die jeweils an einer Merkelzelle enden (**Abb. 8.4**). Die funktio-

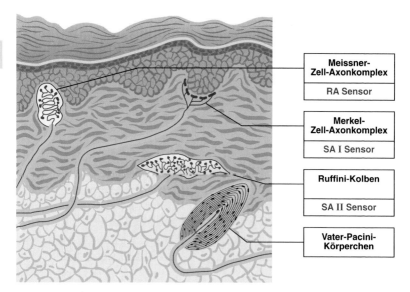

□ Abb. 8.4. Darstellung der wichtigsten Mechanosensortypen. Gezeigt ist die schematische Darstellung der unbehaarten Haut des Menschen und anderer Säugetiere (Mod. nach Kandel 1981)

nelle Bedeutung der Apposition des Axons an die Merkelzelle ist noch nicht aufgeklärt.

Ruffini-Kolben. Sind spindelförmige Gebilde, ähnlich den Sehnenspindeln. In diesen kolbenförmigen Körperchen, die man u. a. in den oberen Dermisschichten findet, endet jeweils eine markhaltige Nervenfaser, deren Ende sich in der Spindel verzweigt und SA II-Sensoreigenschaften besitzt (□ Abb. 8.4).

Meissner-Zellkomplexe. Liegen ebenfalls an der Epidermis-Dermis-Grenze. Der RA-Sensor wird vom Ende einer markhaltigen Nervenfaser gebildet, deren Ende sich in diesem komplexen Gebilde aus Epithelzellen verzweigt (□ Abb. 8.4).

Vater-Pacini-Körperchen. Findet man in der Subcutis, deutlich tiefer als Meissner- und Merkel-Zellen.

Es gibt noch eine Reihe weiterer Endkörperchen an markhaltigen afferenten Nervenfasern, die zwar histologisch beschrieben wurden, aber noch nicht eindeutig einem funktionell charakterisierten Sensortypen zugeordnet werden können (■ Abb. 8.2).

Sensortyp und primäre rezeptive Felder

Sensoren sind letztlich molekulare Strukturen in den Endigungen (Terminalen) der afferenten Nervenfasern. Da diese sich verzweigen, hat jede Nervenfaser mehrere Terminale. Das ZNS, das die Impulse aus diesen Nervenfasern erhält, »merkt nicht« aus welchem dieser Terminale ein Impuls stammt. Es erhält die Impulse aus einem »*rezeptiven Feld*« (primäres rezeptives Feld), in dem sich die Endigungen einer Nervenfaser verteilen. SAI- und RA-Sensoren haben kleine, scharf begrenzte rezeptive Felder und eine hohe Innervationsdichte an den Fingerspitzen. Vater-Pacini- und SA II-Sensoren haben große rezeptive Felder und eine niedrige Innervationsdichte.

Die großen, unscharf begrenzten rezeptiven Felder der Vater-Pacini-Afferenzen sind dadurch zu erklären, dass dieser Sensortyp erstaunlich empfindlich auch auf die Vibrationen ferner liegender Hautstellen reagiert. Bei den SA II-Sensoren sind die großen Felder durch deren Empfindlichkeit für kleine seitliche Hautverschiebungen bedingt.

Welche Sensortypen sind für den Tastsinn besonders wichtig? Für die Klärung dieser Frage ist nicht nur die absolute Empfindlichkeit der einzelnen Sensoren bedeutsam, sondern auch ihre Fähigkeit zur *räumlichen Diskrimination.* Je höher die Sensorendichte und je kleiner die rezeptiven Felder der afferenten Nervenfasern, umso wahrscheinlicher werden die betreffenden Afferenzen Informationen über gleichzeitig auftretende kleinflächige Reize auch getrennt ins ZNS übermitteln. Man muss also annehmen, dass SA I- und RA-Sensoren wegen der Kleinheit ihrer rezeptiven Felder und der großen Innervationsdichte an den Fingerspitzen für den Tastsinn besonders wichtig sind (■ Abb. 8.5).

Merke

Die wichtigsten *Mechanosensoren* in der Haut der Handfläche und an den Fingerspitzen sind: RA-Sensoren, Vater-Pacini-Sensoren, SA I- und SA II-Sensoren. Morphologisch können den SA I-Sensoren die Merkel-Zell-Axonkomplexe, den SA II-Sensoren die Ruffini-Kolben und den RA-Sensoren die Meissner-Zell-Axonkomplexe zugeordnet werden.

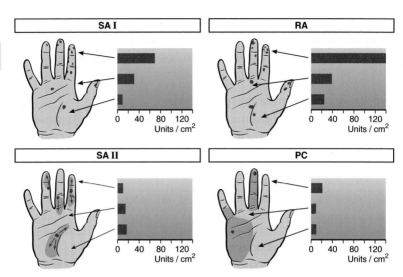

□ Abb. 8.5. Rezeptive Felder und Häufigkeitsdiagramme von 4 Mechanosensortypen in der Handfläche. Die rezeptiven Felder und die relativen Häufigkeiten der einzelnen Sensortypen wurden aus mikroneurographischen Experimenten bestimmt, die absoluten Häufigkeiten mithilfe histologischer Faserzählungen ermittelt. In den schematischen Handdarstellungen sind die rezeptiven Felder als rote Flecken oder Felder eingezeichnet. Bei SA II und PC-Sensoren stellen die rosa gefärbten Flächen rezeptive Felder dar, die Punkte geben die Stellen mit der maximalen Empfindlichkeit an (Mod. nach Vallbo u. Johansson 1984)

Primäre rezeptive Felder und räumliches Auflösungsvermögen

Auch bei kleinen *primären rezeptiven Feldern* und hoher Innervationsdichte von Hautafferenzen wäre allerdings keine differenzierte Auflösung von Tastempfindungen zu erwarten, wenn der Einstrom aus einer weit ausgedehnten Population von Sensoren auf die zuständigen Neurone im ZNS konvergieren würde, d. h. wenn die entsprechenden Neurone im zentralen somatosensorischen System nicht ebenfalls kleine *sekundäre und tertiäre rezeptive Felder* hätten. Für die räumliche Auflösung des Tastsinnes besonders wichtig sind die Neurone im somato-sensorischen Projektionsfeld (▶ Kap. 8.8). Auch dort haben die Neurone mit Input aus den Fingerspitzen besonders kleine rezeptive Felder.

SAI- und RA-Afferenzen der Fingerspitzen projizieren auf eine überproportional große Neuronenpopulation mit kleinen rezeptiven Feldern im somatosensorischen Projektionsareal der Hirnrinde. Dadurch kommt es zu einem besonders hohen räumlichen Auflösungsvermögen. In einem späteren Abschnitt über die Eigenschaften des kortikalen somatosensorischen Projektionsfeldes werden wir sehen, dass dort ein besonders großer Bereich für die Finger- und Mundrepräsentation zur Verfügung steht.

Bei der neurologischen Untersuchung kann man einen einfachen Test verwenden, um das räumliche Auflösungsvermögen verschiedener Hautstellen zu messen: Man setzt gleichzeitig beide Spitzen eines Zirkels auf die Haut und prüft, bei welchem Abstand der beiden Zirkelspitzen die Empfindung durch die beiden punktförmigen Reize zu der eines Reizes verschmilzt. Man nennt diese Schwelle *Zweipunktschwelle* oder *simultane Raumschwelle*. ◻ Abbildung 8.6 zeigt die simultanen Raumschwellen verschiedener Körperregionen. An den Fingerspitzen, Lippen und der Zungenspitze beträgt sie etwa 1 mm. In der Handfläche haben wir bereits eine simultane Raumschwelle von etwa 3–5 mm, schließlich am Rücken eine von mehreren Zentimetern. Dieses unterschiedliche räumliche Auflösungsvermögen verschiedener Hautregionen spiegelt die Innervationsdichte der Sensoren in der Haut und die Kleinheit der rezeptiven Felder der Neurone im somatosensorischen Projektionsareal der Hirnrinde wider. Das sehr unterschiedliche Auflösungsvermögen verschiedener Körperregionen belegt aber auch die unterschiedliche Bedeutung verschiedener Regionen für den Tastsinn.

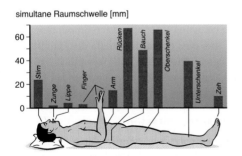
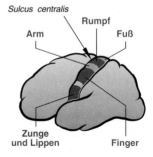

◻ **Abb. 8.6. Simultane Raumschwellen** (Zweipunktschwellen). Simultane Raumschwellen verschiedener Körperregionen und Repräsentation der betreffenden Hautregionen im somatosensorischen Kortex *(S I)*. Die *Ordinate* im *linken* Diagramm gibt den minimalen Abstand zweier Zirkelspitzen wider, bei dem diese beim gleichzeitigen Aufsetzen auf die Haut noch als getrennte Reize wahrgenommen werden

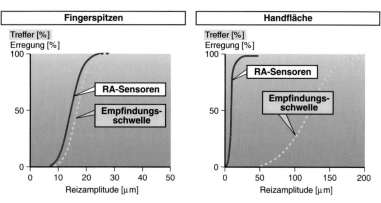

◻ Abb. 8.7. Schwellenkurven von RA-Sensoren. Vergleich der Empfindungsschwellen und der durchschnittlichen Schwellen von RA-Sensoren an Fingerspitzen und Handfläche (Mod. nach Vallbo u. Johansson 1984)

Eine weitere wichtige Voraussetzung für eine hohe Auflösung des Tastsinnes ist eine möglichst verlustfreie synaptische Übermittlung der sensorischen Information im ZNS. Mikroneurographische Untersuchungen haben gezeigt, dass auch in dieser Hinsicht die Haut der Fingerspitzen besonders ausgezeichnet ist (◻ Abb. 8.7). Die Schwellenkurven von RA-Sensoren in der Haut der Fingerkuppen und des Handballens sind zwar vergleichbar, aber bei den Fingerspitzen entspricht die Sensorschwelle der Wahrnehmungsschwelle, während am Handballen höhere Reizstärken für die Erzeugung einer bewussten Empfindung benötigt werden. Das deutet darauf hin, dass bereits innerhalb der Handfläche (und noch deutlicher an stammnäheren Hautflächen) eine wesentliche größere räumliche Bahnung der zentralen Neurone erforderlich ist als bei den Fingerspitzen, um eine Empfindung auszulösen.

Erkennen von Gegenständen durch Betasten

Die Wahrnehmung und das Erkennen von Gegenständen durch Betasten ist eine höhere Leistung unseres ZNS. In Kapitel 19 wird dargestellt, dass sich in der Hirnrinde Assoziationsfelder neben den Projektionsfeldern identifizieren lassen, die für solche synthetischen Leistungen der Hirnrinde zuständig sind (▶ Kap. 17). Im Falle des Tastsinnes ist dafür das *parietale Assoziationsfeld* zuständig, das sich dorsal an das somatosensorische Projektionsfeld im Gyrus postcentralis anschließt (▶ Kap. 19.3). Ein Ausfall des somatosensorischen Projektions- oder Assoziationsfeldes führt zur ❸*taktilen Agnosie.*

Beim Betasten von Gegenständen mit der Hand ist eine Verrechnung der Information vieler **Mechanosensoren** mit der motorischen Innervation der Handmuskulatur erforderlich. Das wichtigste Tastorgan ist die Haut an der Palmarseite der Hand; das beste Auflösungsvermögen findet sich an den Fingerspitzen. Die wichtigsten Mechanosensoren in der Haut der Handfläche sind: RA-Sensoren, Vater-Pacini-Sensoren, SA I- und SA II-Sensoren.

Druck, Berührung und Vibration

Die Mechanozeption, d. h. die Wahrnehmung mechanischer Reize, die auf die Haut einwirken, dient nicht nur dem Tastsinn im engeren Sinne (▶ vorhergehender Abschnitt). Auch Körperregionen, die sich kaum zum Betasten von Gegenständen eignen, sind mit ganz ähnlichen Mechanosensoren ausgestattet wie die Handfläche. In der mehr oder minder behaarten Haut der Arme und vergleichbarer Körperregionen gibt es allerdings kaum RA-Sensoren. Ihre Funktion wird von Afferenzen erfüllt, die an Haarfollikeln enden, den *Haarfollikelsensoren.*

Die Rolle der SA II-Sensoren bei der Wahrnehmung mechanischer Reize ist unklar. An den Fingern tragen sie vielleicht zur Wahrnehmung der Gelenkstellung bei.

Berührungs- und Vibrationssinn haben die Fähigkeit, unterschiedliche Frequenzen mechanischer Schwingungen zu differenzieren. Die Empfindlichkeit dieses Sinnes lässt sich mit kontrollierten Reizen eines elektromagnetisch bewegten Reizstempels demonstrieren, der sinusförmige Reize auf die Haut appliziert. Durch Veränderung der Amplitude kann man die Erregungsschwelle der verschiedenen Sensor-Klassen bestimmen. ◘ Abbildung 8.8 zeigt die Abhängigkeit der Schwelle von RA- und Vater-Pacini-Afferenzen von der Reizfrequenz. Schwache niederfrequente Vibrationen erregen v. a. RA-Sensoren. Bei einer Frequenz von 10–30 Hz werden praktisch nur RA-Sensoren erregt. In diesem Frequenzbereich ist daher die Empfindungsschwelle in der Hand fast mit der Schwelle der RA-Sensoren identisch. Im Bereich von 100–300 Hz genügen hingegen Eindrucktiefen von 1–2 mm, um Vater-Pacini-Afferenzen zu erregen und eine Vibrationsempfindung hervorzurufen. Frequenzen in diesem Bereich kön-

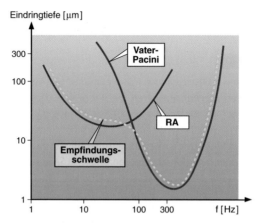

◨ Abb. 8.8. Abhängigkeit der Schwelle von der Reizfrequenz. Empfindlichkeit von RA-
und Vater-Pacini-Sensoren für Sinusschwingungen verschiedener Frequenz, verglichen mit
der Empfindungsschwelle von Probanden (Sensorkennlinien nach Daten von Talbot)

nen wir auch mit dem Gehör wahrnehmen; der Vibrationssinn kann aber je
nach mechanischer Ankopplung in diesem Frequenzband empfindlicher sein.
Wegen ihrer hohen Empfindlichkeit und der großen und unscharf begrenzten
rezeptiven Felder eignen sich die Vater-Pacini-Sensoren offenbar eher zur Ent-
deckung als zum Lokalisieren von Vibrationen. Auf der anderen Seite haben wir
im letzten Abschnitt gesehen, dass RA-Sensoren wegen ihrer kleinen rezeptiven
Felder erheblich besser zur Bestimmung von Reizorten geeignet sind als die
Vater-Pacini-Afferenzen. Ähnliches gilt von Haarfollikelsensoren, die häufig
durch Berühren eines einzelnen Körperhaares erregt werden.

■ ■ ■ Spekulieren wir ausnahmsweise einmal über den biologischen Nutzen dieser beiden Sinne
während der stammesgeschichtlichen Entwicklung, dann kann man die rasch adaptierenden
Haarfollikelsensoren vielleicht als Insektendetektoren interpretieren, da sie optimal auf Insek-
tenbeine reagieren, die sich mit mäßiger Geschwindigkeit über die Hautoberfläche bewegen.
Die Vater-Pacini-Afferenzen hingegen haben sicher dazu beigetragen, dass unsere Vorfahren
mit ihren nackten Fußsohlen oder ihrem Gesäß auf dem Steppenboden Vibrationen registrieren
konnten, die von entfernten Büffelherden (o. ä.) hervorgerufen wurden.

> **Merke**
>
> SA I-Sensoren vermitteln den Drucksinn; RA- und Haarfollikelsensoren die Berührungsempfindungen und die Vater-Pacini-Afferenzen den Vibrationssinn.

Mechanosensoren der Mundhöhle. Vor allem die Zungenhaut enthält eine dichte Innervation mit Mechanosensoren. Das räumliche Auflösungsvermögen ist hier besonders fein. Dies führt dazu, dass man mit der Zunge kleinste Unebenheiten in der Mundhöhle ertasten kann. In den Zahnhalteapparaten finden sich Mechanosensoren mit markhaltigen Afferenzen (z. B. vom Ruffini-Typ), welche die Zähne zu empfindlichen Tastorganen machen.

8.2 Tiefensensibilität und Propriozeption

Drückt man kräftiger auf die Haut, dann werden nicht nur die empfindlichen Mechanosensoren der Haut erregt, sondern auch tiefer liegende Sensortypen, v. a. langsam adaptierende und z. T. hochschwellige Mechanosensoren in der Unterhaut, aber auch die Mechanosensoren in Muskeln, Sehnen und im periartikulären Gewebe. Die *Tiefensensibilität* ist kein einheitlicher Sinn.

Unter *Propriozeption* fasst man Sinneseindrücke zusammen, die durch Reizung von Muskeln, Sehnen- und Gelenkmechanosensoren zustande kommen. Diese Sinnesmodalität dient dem *Kraftsinn* und der Wahrnehmung von Stellung (Positionssinn) und Bewegungen (Kinästhesie) einzelner Teile unseres Körpers. Einen wichtigen Beitrag zur Propriozeption leistet das Vestibularogan (▶ Kap. 12.2).

Der Kraftsinn erlaubt es uns, z. B. die Schwere gehobener Gewichte mit etwa 3–10% Genauigkeit abzuschätzen (▶ Kap. 7.4). Hautsensoren scheinen bei dieser Sinnesleistung eine geringe Rolle zu spielen, da die Schätzung schlechter wird, wenn man die Gewichte auf die Hand legt, während sie auf einer Unterlage ruht. Auch für die Kinästhesie sind Hautsensoren nicht wichtig, da Lokalanästhesie der Haut über den Gelenken diesen Sinn kaum beeinflusst. Propriozeptive Afferenzen sind folglich unter den Muskel- und Sehnenafferenzen zu finden (▶ Kap. 5). Sensoren aus den Gelenken selbst melden nur extreme Gelenkstellungen und gehören zum überwiegenden Teil zur Gruppe der Nozizeptoren. Es ließ sich auch zeigen, dass Injektion eines Lokalanästhetikums in ein Gelenk den Positionssinn kaum beeinflusst. Auch die Implantation künstlicher

Hüftgelenke verändert die Wahrnehmung der Position des Beines nur wenig. Zur Kinästhesie tragen *Sehnensensoren vom Golgi-Typ* und periartikuläre Sensoren bei, die z. B. *Ruffini-Kolben* aufweisen.

Besonders wichtig für die Kinästhesie sind die Muskelspindelsensoren mit Ia-Afferenzen. Das lässt sich folgendermaßen experimentell belegen:

Wirkt ein Vibrationsreiz auf die Sehne eines Muskels ein, dann werden außer den Vater-Pacini-Sensoren überwiegend primäre Muskelspindelsensoren erregt. Probanden haben dann die Illusion einer entsprechenden Veränderung der Gelenkstellung.

Einen direkten Beleg bietet ein Selbstversuch des australischen Physiologen McCloskey, der eine Sehne an seiner großen Zehe durchtrennen und an einem Mechanostimulator befestigen ließ, der auf die Sehne schwache Dehnungsreize ausübte, von denen man weiß, dass sie überwiegend Muskelspindelafferenzen erregen. Im Blindversuch hatte er dann den Eindruck einer Zehenbewegung.

8.3   Temperatursinn

Der Temperatursinn der Haut hat zwei grundverschiedene Aufgaben: als Sinn informiert uns dieses System über die Temperatur von Gegenständen, die mit der Haut in Berührung kommen; ebenso wichtig sind Thermosensoren für die Kontrolle der Thermoregulation, v. a. für die Kontrolle der Hautdurchblutung (▶ Kap. 6.7).

Warm- und Kaltempfinden werden an unterschiedlichen Hautpunkten wahrgenommen. Daher unterscheidet man einen Warm- und Kaltsinn. Ein grundlegender Versuch lässt sich leicht nachvollziehen: Nimmt man einen stumpfen Bleistift mit einer Graphitmine (die gut Wärme leitet) oder einen kalten Metallgriffel und führt ihn unter leichtem Druck z. B. über die Haut des Handrückens, dann stößt man in unregelmäßigen Abständen auf Punkte, an denen dieser Reiz eine Kaltempfindung auslöst. Mit einem warmen Metallstab lassen sich entsprechende »Warmpunkte« in der Haut auffinden, die sich an anderen Hautstellen befinden als die Kaltpunkte.

An der Hand finden sich pro Quadratzentimeter nur 1–3 Kaltpunkte, die Warmpunkte sind noch etwas seltener. An der Haut des Rumpfes sind die Kalt- und Warmpunkte noch spärlicher. In der Mundregion dagegen liegen die Kalt- und Warmpunkte so dicht beieinander, dass sie eine einheitliche Sinnesfläche bilden. Wie für den Tastsinn die Hand das wichtigste Organ ist, so ist es für den

Temperatursinn die *periorale Region*. Wenn eine Mutter die Temperatur des Fläschchens für ihr Kleinkind überprüfen will, betastet sie es daher nicht, sondern sie drückt es an die Haut der Mund- oder Wangenregion.

Die Spärlichkeit der Warm- und Kaltpunkte in der Haut der übrigen Körperregionen deutet darauf hin, dass dort die Kalt- und Warmsensoren viel seltener sind als die Mechanosensoren. Entsprechend können wir kleinflächige Temperaturreize nicht so gut wahrnehmen wie großflächige, bei denen es zu einer ausreichenden räumlichen Summation der Impulse von Thermosensoren kommt. Wird ein kleinflächiger Warmreiz (etwa der Brennfleck einer Lupe, die die Sonnenstrahlen sammelt) unbemerkt z. B. auf die Haut des Rückens appliziert, nehmen wir ihn in der Regel erst dann wahr, wenn die lokale Hauttemperatur so weit angestiegen ist, dass Nozizeptoren erregt werden (ca. 45 °C).

Empfindlichkeit des Temperatursinnes für Temperaturänderungen

Auch diese Eigenschaft des Temperatursinnes wurde bereits im vorigen Jahrhundert mit einem einfachen Versuch nachgewiesen: Taucht man beide Hände in Schalen mit unterschiedlich temperiertem Wasser, z. B. die linke in eine Schale mit 27 °C, die rechte in eine Schale mit 37 °C, dann erscheint uns das Wasser zunächst links kühl und rechts warm. Bei längerem Eintauchen werden die Kalt- und Warmempfindungen langsam schwächer, auch wenn die Temperaturen konstant gehalten werden. Entfernt man nach einigen Minuten beide Hände aus ihren Wasserbädern und taucht sie gleichzeitig in ein Wasserbad mit einer mittleren Temperatur von 32 °C, dann erscheint dieses Bad der linken Hand (die aus einem kälteren Wasserbad kommt) als warm, der rechten Hand (die vorher in einem wärmeren Bad war) als kalt. Nach einigen Minuten gleichen sich diese Empfindungen aus, die Wasserbadtemperatur von 32 °C wird nun als neutral empfunden. Dieser *Dreischalenversuch* (Weber-Versuch) zeigt, dass der Temperatursinn eine ausgeprägte Differenzialquotientenempfindlichkeit besitzt ($dT/dt = v$; Geschwindigkeit, mit der sich die Temperatur ändert).

Wird die gesamte Handfläche sehr langsam auf eine Temperatur zwischen 20 und 40 °C adaptiert, dann kann man diese statische Temperatur etwa mit einer Genauigkeit von 1–3 °C schätzen. Sehr viel genauer können wir Temperaturänderungen erkennen, die mit einer Geschwindigkeit >0,1 °/s erfolgen. Die Wahrnehmungsschwelle liegt dann je nach Größe der gereizten Hautfläche und -region bei 0,1–0,3 °C.

Wie der Weber-Versuch zeigt, führt die Adaptation in einem mittleren Temperaturbereich nach einiger Zeit zu einem vollständigen Erlöschen der

Warm- oder Kaltempfindung *(Indifferenzbereich)*. Untersucht man die Temperaturempfindungen unbekleideter Menschen in der Klimakammer, dann liegt dieser Indifferenzbereich bei statischen Hauttemperaturen zwischen 33 und 35 °C.

Funktionelle Eigenschaften der Warm- und Kaltsensoren

Thermosensoren wurden im Tier- und Humanexperiment ähnlich untersucht wie die bereits beschriebenen Mechanosensoren. Die sensorischen Endigungen von Warm- und Kaltsensoren erscheinen lichtmikroskopisch als »freie« Endigungen dünner Nervenfasern.

Während die *Transduktionsprozesse* der Mechanosensoren noch nicht aufgeklärt sind, wurde in den letzten Jahren die Struktur von Membranmolekülen aufgeklärt, die an der Temperaturrezeption beteiligt sind. Ein wichtiges Rezeptormolekül für die Rezeption von Hitzereizen ist der *TRP-V1 Rezeptor*, der bei den Nozizeptoren besprochen wird (▶ Kapitel 9). Andere TRP-Rezeptoren können bei geringerer Erwärmung aktiviert werden, was ebenfalls zur Öffnung von Kationenkanälen führt und ein Sensorpotential hervorruft (▶ Kap. 7.1). Ein weiterer Rezeptor der TRP-Familie, der *TRP-M8 Rezeptor* wird durch Abkühlung erregt. Er ist mit grosser Wahrscheinlichkeit in den Terminalen von Kaltsensoren exprimiert und wird auch durch die alkoholische Substanz Menthol aktiviert, eine Substanz, die entsprechend subjektive Kaltempfindungen hervorruft.

Warm- und Kaltsensoren reagieren empfindlich auf Temperaturänderungen. Aber auch nach Adaptation an eine konstante Temperatur können Warm- und Kaltsensoren in Abhängigkeit von der Temperatur tonisch aktiv sein. Die entsprechenden *statischen Kennlinien* sind in ◪ Abbildung 8.9b dargestellt. Diese Kennlinien stellten die mittleren Entladungsfrequenzen von Warm- und Kaltsensoren in Abhängigkeit von der Hauttemperatur dar. Temperaturen, bei denen Kaltsensoren tonisch aktiviert sind, erzeugen eine dauerhafte Kaltempfindung und solche, bei denen die Warmsensoren stärker erregt werden, dauerhafte Warmempfindungen. In einem mittleren Temperaturbereich werden beide Sensortypen mäßig erregt. Dieser Temperaturbereich wird – wie oben beschrieben – als indifferent empfunden.

Bei Hauttemperaturen über 42 °C sinkt die Entladungsrate der Warmsensoren wieder ab, bei Temperaturen unter 20 °C die der Kaltsensoren. In diesen extremen Temperaturbereichen werden *Nozizeptoren* aktiviert, die die Empfindungen »schmerzhaft heiß« und »schmerzhaft kalt« vermitteln.

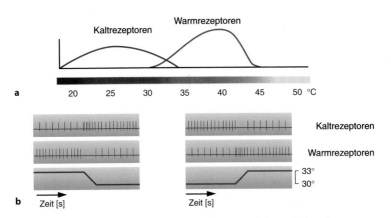

☐ Abb. 8.9. Darstellung der statischen Kennlinien und dynamischen Antworten von Warm- und Kaltsensoren (schematisch). Die statischen Kennlinien (**a**) werden nach Abklingen der anfänglichen dynamischen Maximalantworten gemessen. **b** Dynamische Antworten auf einen Reiz der *am Fuß der Abbildung* angegebenen Konfiguration

Da bei glockenförmigen Kennlinien (☐ Abb. 8.9a) eine bestimmte Entladungsrate in einer Population von Afferenzen jeweils zwei verschiedenen Temperaturbereichen entsprechen kann, muss das Nervensystem die Impulse aus beiden Sensorpopulationen verrechnen, um eine eindeutige statische Temperaturempfindung zu erzeugen.

Dieses Antwortverhalten ist in ☐ Abbildung 8.9b am Beispiel einer raschen Erwärmung um 2 °C dargestellt. Die Empfindungen »Abkühlung« und »Erwärmung« werden also jeweils vermutlich durch eine Zunahme der Entladungen in einer Sensorklasse und eine gleichzeitige Abnahme in der anderen Sensorklasse signalisiert.

Die PD-Charakteristik (☐ Abb. 8.9) der Warm- und Kaltsensoren erklärt sehr gut die unterschiedliche Empfindlichkeit des Temperatursinnes für statische Temperaturen und für Temperaturänderungen. Allerdings ist die Adaptationsgeschwindigkeit des Temperatursinnes sehr viel langsamer als die der betreffenden Sensoren. Wenn wir z. B. unsere Hand in warmes Wasser tauchen, dann nimmt die Warmempfindung innerhalb von 1–2 min kontinuierlich ab, während die Adaptation der Sensoren Zeitkonstanten von wenigen Sekunden hat. Offenbar ist für die Temperaturwahrnehmung nicht nur die Adaptationsgeschwindigkeit der Sensoren, sondern auch eine zusätzliche Adaptation an zentralen Synapsen wichtig.

> **Merke**
>
> Bei rascher Erwärmung der Haut werden die Warmsensoren überschießend erregt, die Entladungen in Kaltafferenzen verstummen. Eine rasche Abkühlung erzeugt das umgekehrte Antwortverhalten.

8.4   Viszerale Rezeption, Enterozeption

Viszerale Afferenzen erreichen das ZNS über Hirnnerven, z. B. den N. vagus, und über viszerale Spinalnerven, in denen sie zusammen mit sympathischen Efferenzen verlaufen, durch den Grenzstrang des Sympathikus ziehen und dann über Hinterwurzeln das Rückenmark erreichen. Die Zellkörper dieser Afferenzen liegen in den Spinalganglien. Die meisten viszeralen Afferenzen sind marklos (C-Fasern) oder gehören zu den dünnen markhaltigen Aδ-Fasern. Erregung der meisten Klassen von Afferenzen aus inneren Organen führt nicht zu bewussten Empfindungen, sondern dient ausschließlich reflektorischen Regelungen. Beispiele sind Chemosensoren der Leber, die u. a. den Glukosespiegel des Blutes registrieren. Andere Afferenzen tragen eher zu unbestimmten Gefühlen bei, als zu lokalisierten Empfindungen, z. B. Afferenzen aus dem Magen zum Sättigungsgefühl oder zu Übelkeit (❷ *Nausea*).

Herz-Kreislauf. Die Erregung der Barosensoren führt nicht zu bewussten Wahrnehmungen. Die Wahrnehmung des eigenen Herzschlags und der Arterienpulsation ist kutanen und propriozeptiven Mechanosensoren zuzuschreiben.

Atemwege. In den Atemwegen finden sich Irritationssensoren, deren Afferenzen bei Reizung durch Fremdkörper den Husten- und Niesreiz vermitteln.

Chemische Sinne. Die Erregung der Chemosensoren im Carotissinus wird wahrscheinlich nicht bewusst. Das Gefühl der Atemnot bei Hyperkapnie wird möglicherweise durch chemosensitive Hirnstammneurone vermittelt.

Eingeweidetrakt. Mechanosensoren in der Wand der Hohlorgane vermitteln z. B. Empfindungen der Magen-, Blasen- und Mastdarmfüllung und tragen zu Entleerungsreflexen bei. Sie werden durch Dehnung der Darmwand erregt; die Erregung wird durch Kontraktionen der glatten Darmwandmuskulatur verstärkt, was darauf hindeutet, dass viele sensorische Endigungen so angeordnet sind, dass die glatte Muskulatur Zug auf sie ausüben kann.

Harnwege. Obwohl in den Nierennerven viele nichtnozizeptive Afferenzen zu finden sind, gelangen nur Schmerzempfindungen aus Nierenbecken, -Kapsel und Harnleitern ins Bewusstsein, die anderen Nierenafferenzen haben ausschließlich regulatorische Funktionen. Sensoren in der Wand der Harnblase haben ähnlich wie die entsprechenden Sensoren im Magen-Darm-Trakt die Doppelfunktion, Miktionsreflexe und die Blasenfüllungsempfindung (Harndrang) zu vermitteln.

In der Regel sind viszerale Empfindungen schlecht lokalisierbar. Das hängt damit zusammen, dass aus diesem Bereich sehr viel weniger Afferenzen ins ZNS gelangen als aus der Haut.

Sensoren aus Hohlorganen, die Füllungsempfindungen vermitteln, lassen sich nur schwer von den *Nozizeptoren* abgrenzen, denen der krampfhafte Schmerz (❻*Kolik*) bei Dehnung dieser Organe zuzuschreiben ist. In beiden Fällen handelt es sich oft um dünne Afferenzen mit mechano- und chemozeptiven Sensoren (▶ Kap. 9.1). Möglicherweise sind verschiedene Funktionen überlappenden Populationen von Afferenzen zuzuschreiben. In anderen inneren Organen sind hingegen nur nozisensive Afferenzen nachweisbar (z. B. Koronarien).

8.5 Somatosensorische Systeme

Somatosensorische Bahnen

Nach ihrer Leitungsgeschwindigkeit lassen sich die afferenten Fasern der *Hautnerven* in Klassen einteilen:

- dicke markhaltige *Aβ*- (oder *II*-)*Afferenzen,*
- dünne markhaltige *Aδ*- (oder *III*-)*Afferenzen* und
- marklose *C*- (oder *IV*-)*Afferenzen* (❏ Abb. 8.10)

Aβ-Afferenzen sind Mechanosensoren zuzuordnen, häufig mit lichtmikroskopisch identifizierbaren Endkörperchen. Thermosensoren haben hingegen Aδ- und C-Afferenzen (im nächsten Kapitel wird gezeigt, dass bei weitem die meisten dünnen und langsam leitenden Afferenzen *Nozizeptoren* sind). Ähnlich ist das Faserspektrum in Muskelnerven (❏ Abb. 8.10b).

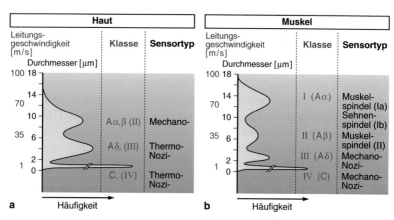

□ Abb. 8.10. Faserspektrum in Haut- und Muskelnerven. a,b Relative Häufigkeit von afferenten Nervenfasern verschiedener Durchmesser und Leitungsgeschwindigkeiten in Haut- und Muskelnerven (kompiliert nach verschiedenen Autoren). Die Population der marklosen Fasern stellt in den meisten Nerven fast die Hälfte aller Nervenfasern. Daher ist der betreffende Gipfel in den beiden Diagrammen *unterbrochen* gezeichnet

Die primären Afferenzen, deren Zellkörper in den Spinalganglien liegen, bilden die *primäre Neuronenpopulation* des somatosensorischen Systems. Die somatoviszeralen Afferenzen trennen sich im Rückenmark in zwei Bahnsysteme: in einem ziehen primäre Afferenzen zum Hirnstamm, das andere geht von Hinterhornneuronen aus

Die *dicken markhaltigen Afferenzen* der Mechanosensoren verzweigen sich in einen Ast, der in den Hintersträngen auf der gleichen Seite zum Hirn hinaufzieht, und in einen zweiten, der nach weiterer Aufzweigung synaptische Kontakte mit Neuronen des Rückenmarkhinterhorns aufnimmt. Die zuerst genannten Axone in den Hintersträngen bilden das *Hinterstrang-/lemniskale System.* Die Axone in den Hintersträngen enden an Neuronen der *Hinterstrangkerne* in der unteren Medulla oblongata *(sekundäre Neuronenpopulation).* Die von hier ausgehenden Axone kreuzen im *Lemniscus medialis* auf die gegenüberliegende Seite und enden im Projektionskern des Thalamus, dem *ventroposterolateralen* Kern (VPL) *(tertiäre Neuronenpopulation).* Die *quartäre Neuronenpopulation* dieser Bahn bilden dann die Neurone des somatosensorischen kortikalen Projektionsfeldes (SI) im *Gyrus postcentralis* der Hirnrinde (□ Abb. 7.3, 8.6 und 8.11).

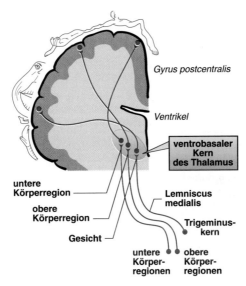

Abb. 8.11. **Darstellung der Projektionen der lemniskalen Bahn zum ventrobasalen Kern des Thalamus und zum somatosensorischen Kortex (S I)** (schematisch). Die Bahnen sind vom »2. Neuron« ab dargestellt. Diese Neuronen liegen für Innervation von Gesichts- und Kopfhaut im Trigeminuskern im Hirnstamm, für den übrigen Körper in den Hinterstrang- kernen. Über dem somatosensorischen Kortex ist in *Rot* der Homunculus nach Penfield eingezeichnet, um die somatotope Organisation anzudeuten. Auch der thalamische ventro- basale Komplex ist somatotop organisiert, wie in der Abbildung angedeutet: die Gesichts- projektionen finden sich medial/kaudal, die Projektionen aus den Beinen lateral/kranial

Auch die kinästhetische Information der Muskelspindelafferenzen wird in der Hinterstrang-/lemniskalen Bahn zu Thalamus und Kortex geleitet, und de- ren sensorische Information wird dort verarbeitet. Schädigungen des S I-Pro- jektionsfeldes führen auch zu Störungen der Kinästhesie.

Im Rückenmark und in den Hinterstrangkernen liegen die Afferenzen aus kaudalen Körperregionen medial, und die aus zunehmend kranialen Regionen lagern sich lateral an. Das Hinterstrangsystem dient der Übermittlung taktiler und propriozeptiver Informationen mit hoher zeitlicher und räumlicher Auflö- sung. Insbesondere die präzise Übermittlung der Informationen des Vibra- tionssinnes (Vater-Pacini- und Meissner-Afferenzen) wird durch die Hinter- stränge besorgt. Bei der neurologischen Untersuchung kann man daher die Funktionsfähigkeit dieses Systems mit Vibrationsreizen testen.

Für den Temperatursinn und für den Schmerz ist der anterolaterale/spinothalamische Trakt das bedeutendste System. Es ist weniger klar somatotop organisiert als die lemniskale Bahn. Die **dünnen afferenten Nervenfasern** bilden ebenfalls synaptische Kontakte an Neuronen des Rückenmarkhinterhorns, teilweise an den gleichen wie die dicken Afferenzen. Ein Teil der Hinterhornneurone projiziert Axone ins Hirn, z. B. in Kerngebiete des Hirnstammes und Kleinhirns. Man hat diese Projektionen, die z. T. auch nichtsensorische Funktionen haben, zusammenfassend als **extralemniskale Bahnen** bezeichnet. Für die somatoviszerale Sensorik am wichtigsten sind Projektionen, die auf die Gegenseite kreuzen und dort im **anterolateralen System** zum Hirn aufsteigen. Bei dieser **spinothalamischen Bahn** liegt also die sekundäre Neuronenpopulation in den Hinterhörnern des Rückenmarks. Ein Teil der Axone dieses Systems schließt sich im Hirnstamm den Fasern des Lemniscus medialis an und zieht mit diesen zum **Ventrobasalkern des Thalamus,** der somit auch für dieses System die tertiäre Neuronenpopulation darstellt. Diese Bahn wird auch **neospinothalamisch**

Klinik

Dissoziierte Empfindungsstörung. Die Trennung zwischen lemniskalem und spinothalamischem System im Rückenmark hat zur Folge, dass bei einer halbseitigen Läsion des Rückenmarks unterhalb der Läsionsstelle die Übertragung der Information aus mechanosensorischen Afferenzen der gleichen Körperseite gestört ist **(Hinterstrangbahn),** hingegen die Übertragung der Information aus thermo- und nozizeptiven Afferenzen der gegenüberliegenden Seite **(anterolaterales System).** Das führt unterhalb der Läsionsstelle ipsilateral zur Beeinträchtigung der Berührungsempfindung und Erhöhung der Raumschwelle, kontralateral zur Störung der Temperatur- und Schmerzempfindung. Diese dissoziierte Empfindungsstörung ist seit dem 19. Jahrhundert bekannt **(☻ Brown-Sequard).**

Merke

Das Hinterstrang-lemniskale System besteht überwiegend aus rasch leitenden, markhaltigen Nervenfasern, ist somatotop geordnet und dient der Übertragung mechanosensorischer und propriozeptiver Information. Das anterolaterale/spinothalamische System übermittelt durch überwiegend dünne markhaltige Fasern Informationen aus allen Arten von Hautsensoren.

genannt. Andere Fasern dieses System enden im Hirnstamm an verschiedenen Kernen (paläospinothalamische Bahn). Ihre Information erreicht die Hirnrinde nur über weitere Zwischenstationen in Kerngebieten des Hirnstammes.

Der somatosensorische Thalamus und Kortex

Die somatosensorischen thalamischen Projektionskerne, in denen die lemniskale und die neospinothalamische Bahn aus Spinalnerven und N. trigeminus enden (VPL und VPM), bezeichnet man zusammenfassend als ***Ventrobasalkern*** oder ***ventrobasalen Komplex (VB).***

Dieser Kern gehört zur lateralen Kerngruppe des Thalamus, die aus Kernen besteht, die sensorischen und motorischen Projektionsfeldern des Kortex vorgeschaltet sind. Abgesehen vom olfaktorischen System erreichen alle Sinnessysteme den Kortex über einen vorgeschalteten thalamischen Kern.

Die somatotope Organisation des Ventrobasalkerns ist in ◘ Abbildung 8.11 angedeutet. Wie im kortikalen Projektionsareal, erhält eine erheblich größere Neuronenpopulation afferenten Zustrom von Gesicht und Fingern als vom Rumpf; diese Neurone haben die kleinsten rezeptiven Felder.

Der Ventrobasalkern ist durch aufsteigende Axone mit den ipsilateralen Projektionsfeldern der Hinrinde verbunden, die als S I und S II bezeichnet werden. Erstgenanntes Feld liegt im Gyrus postcentralis und wird auch ***somatosensorischer Kortex*** genannt. Das S II-Areal liegt am Oberrand der Fissura lateralis Sylvii und ist wesentlich kleiner als die S I-Region, von der es auch Afferenzen erhält. Im Gegensatz zu S I erhält S II bilateralen Einstrom.

Die kortikalen Projektionsfelder (S1=somatosensorischer Kortex, V1 = Visueller Kortex, A1=Auditorischer Kortex etc) stellen die »Endstation« der Sinnesbahnen dar. Hier findet eine erste Verarbeitung der Sinnesinformationen statt. In Kapitel 7 wurden einige allgemeine Prinzipien der zentralen Verarbeitung von Sinnesinformationen vorgestellt, die auch für den somatosensorischen Kortex zutreffen. So haben viele kortikale Neurone rezeptive Felder, die eine ***Feld-Umfeld-Organisation*** aufweisen, wie sie uns auch aus dem visuellen System bekannt ist (► Kap. 10.6).

Merke

Der ventrobasale Komplex des Thalamus erhält afferenten Einstrom von der kontralateralen Körperhälfte; er zeigt eine »verzerrte« somatotope Organisation.

Grundprinzipien der Organisation

Grundprinzip 1. Die Kreuzung im Lemniscus medialis hat zur Folge, dass eine Hirnhälfte die Information aus der jeweils kontralateralen Körperhälfte verarbeitet.

Wir wissen nicht, warum sich entwicklungsgeschichtlich diese gekreuzte Informationsverarbeitung durchgesetzt hat, die ein gemeinsames Merkmal der großen Sinnesbahnen ist. Neben dieser gekreuzten Information über Bahnen, in denen die Information über wenige Stationen schnell den Kortex erreicht, gibt es auch bilaterale, *unspezifische Projektionen* über Kerne des Hirnstammes und des medialen Thalamus, die weniger somatotop geordnet sind. Diese Projektionen spielen u. a. eine Rolle bei der Aktivierung des Kortex (► Kap. 16.1).

Grundprinzip 2. Der größte Anteil des S I-Projektionsfeldes wird von Neuronenpopulationen eingenommen, die die wichtigsten Tastorgane repräsentieren (◘ Abb. 8.6 und 8.11).

Beim Menschen hat der für unsere Spezies charakteristische opponierbare Daumen die größte Repräsentation (◘ Abb. 8.11). Bei Affen, die in Bäumen leben, haben nicht nur die Finger, sondern auch die für das Greifen spezialisierten Zehen eine große Repräsentation.

Grundprinzip 3. Die afferente Information wird in modalitätsspezifischen Säulen verarbeitet.

In Kapitel 1 wird die Organisation der Großhirnrinde in 6 Schichten beschrieben. Neben dieser horizontalen Organisation gibt es eine vertikale Organisation in Kortexsäulen, die sich jeweils durch alle 6 Schichten des Kortex erstrecken. Jede Säule hat etwa einen Durchmesser von 0,3–0,5 mm und enthält mehrere tausend Zellkörper. Manche Säulen verarbeiten z. B. nur den afferenten Einstrom von rasch adaptierenden RA- und Haarfollikelsensoren, andere von langsam adaptierenden Sensoren. Wieder andere schließlich werden durch Dehnungssensoren in Sehnen und Muskeln aktiviert.

■■■ Von frontal nach okzipital lassen sich im somatosensorischen Kortex histologisch unterscheidbare Regionen erkennen, die verschiedene Reizmodalitäten verarbeiten. In der am weitesten frontal gelegenen Area 3 A (Einteilung nach Brodmann) (► Kap. 1) gibt es vorwiegend Säulen für die Verarbeitung von propriozeptivem Input. Entsprechend eng sind die Verbindungen zur präzentralen motorischen Area. Weiter posterior gibt es mehr und mehr Säulen, die auf langsam adaptierende Hautsensoren antworten. Noch weiter posterior solche für Tiefensensibilität. Am weitesten posterior gibt es schließlich Zellen, die komplexere Eigenschaften haben und z. B. nur auf bewegliche Reize antworten, die sich in einer bestimmten Richtung über die Haut bewegen. Dieser Region schließt sich dann der parietale Assoziationskortex an.

Grundprinzip 4. Die funktionelle Organisation des somatosensorischen Kortex hängt von intaktem afferentem Einstrom ab.

Wird ein Finger denerviert oder amputiert, dann verschwindet seine Repräsentation im somatosensorischen Kortex. Stattdessen breiten sich die Repräsentationen benachbarter Hautareale aus. In Experimenten an narkotisierten Versuchstieren konnte gezeigt werden, dass sich diese Reorganisation bei vorübergehender Unterbrechung des afferenten Einstroms nach einer peripheren Leitungsblockade mit einem Lokalanästhetikum teilweise schon in wenigen Stunden entwickeln kann. Wahrscheinlich werden dabei sonst unbenutzte »schlafende« Synapsen aktiviert. Daneben gibt es Langzeitveränderungen nach Amputationen, die sich über viele Wochen erstrecken und wohl der Neubildung von Synapsen zuzuschreiben sind.

■■■ Besonders gut eignet sich für die Untersuchung der kortikalen Plastizität das Schnurrhaarsystem von Maus, Ratte und anderen kleinen Nagetieren, das als wichtigstes taktiles System dieser Gattungen der Handregion der Primaten vergleichbar ist. Die Afferenzen eines Schnurrhaares sind jeweils in einer fässchenartigen Säule in der Hirnrinde repräsentiert (*Barrel Fields*). Das somatosensorische Areal der Hirnrinde stellt sich bei diesen Gattungen als eine Art Landkarte der Schnurrhaare dar. Entfernt man bei einer neugeborenen Maus eine Reihe Schnurrhaare, dann werden die Haarfollikelafferenzen dieser Schnurrhaare nicht mehr adäquat erregt, und die entsprechenden Fässchenfelder im Kortex verschwinden. Wie die entsprechenden Veränderungen im visuellen Kortex, treten auch diese strukturellen Veränderungen nur auf, wenn der Eingriff in einer vulnerablen Phase der neonatalen Entwicklung vorgenommen wurde.

Die wichtigste Folge einer Läsion im Gyrus postcentralis ist eine Störung der Formerkennung beim Betasten von Gegenständen, also eine ❸*taktile Agnosie* und eine Störung der ❸*Kinästhesie* (▶ Kap. 8.1 und 8.3). Die Temperatur- und Schmerzwahrnehmung ist hingegen nicht grundlegend gestört. Lediglich die Lokalisation entsprechender Reize wird ungenauer.

Posterior schließt sich an das Projektionsareal das *parietale Assoziationsareal* an, dessen Neurone somatosensorische, motorische und visuelle Informationen integrieren. Wenn dieses Assoziationsfeld ausfällt, dann kann es über die taktile Agnosie hinaus zu einem Verlust der Empfindung für die Form und die Ausdehnung des eigenen Körpers kommen. Der betreffende Mensch missachtet dann die gegenüberliegende Körperhälfte; er scheint zu vergessen, dass es sie gibt. Das erstreckt sich auch auf motorische Funktionen. Dieser komplexe sensorische Verlust wird ❺ *Amorphosynthesis* genannt.

Merke

Ausfall von S I bewirkt Störungen von Stereognosie und Kinästhetik, Ausfall des anschließenden parietalen Assoziationsfeldes zusätzlich Störungen der Wahrnehmung des eigenen Körpers.

Besonderheiten der zentralen Verarbeitung der Thermorezeption

Die Informationen aus Thermosensoren werden im somatosensorischen Projektionsfeld der Hirnrinde zusammen mit denen aus Mechanosensoren verarbeitet. Allerdings gibt es vergleichsweise wenige thermosensitive Kortexneurone, was das geringe räumliche Auflösungsvermögen des Warm- und Kaltsinnes erklären könnte. Die kortikale Verarbeitung des perioralen Temperatursinnes ist noch nicht ausreichend erforscht. Die Thermosensoren der Haut dienen der bewussten Wahrnehmung der Hauttemperatur und tragen wesentlich zur Thermoregulation bei.

Die Thermoregulation geht vom Hypothalamus aus. Sie ist, wie andere vom Hypothalamus gesteuerte Regelungen, die der *Homöostase* dienen, subjektiv mit *emotionalen Reaktionen* verbunden, die vom limbischen System gesteuert werden. *Abweichungen* der jeweils zu regelnden Größe vom *Sollwert* rufen in der Regel Unlustgefühle hervor. Sinnesreize, die eine Rückführung der zu regelnden Größe zum Sollwert signalisieren, hingegen Lustgefühle.

9 Nozizeption und Schmerz

H. O. Handwerker und H.-G. Schaible

  Einleitung

Schmerz spürt man, wenn man einen kräftigen Schlag erhält, aber auch wenn sich die Pulpa eines Zahnes entzündet hat. Bei der erstgenannten Schmerzart ist es der mechanische Reiz, der den Sinneseindruck Schmerz vermittelt. Im Fall der entzündeten Zahnpulpa und bei anderen Entzündungen sind Veränderungen des inneren Milieus die Hauptursache für Schmerzen. Man nennt sie daher ***pathologische Schmerzen***. Auch Schädigungen von Nervenfasern selbst können pathologische Schmerzen hervorrufen.

9.1 Nozizeption und Schmerz bei Reizeinwirkung

Die Einwirkung eines ***noxischen*** (gewebeschädigenden) Reizes auf gesundes Gewebe löst eine ***physiologische Schmerzantwort*** aus. Berührt die Hand versehentlich eine heiße Herdplatte, wird sie sofort reflektorisch zurückgezogen ***(somatomotorischer Fluchtreflex)***. Fast gleichzeitig wird eine brennende Schmerzempfindung ausgelöst. Für den gesunden Körper ist Schmerz ein Warnsignal, das die Gefahr einer Schädigung anzeigt. Daneben lösen noxische Reize auch vegetative, v. a. sympathische Reflexe aus, z. B. Vasokonstriktion in der Haut. Man nennt diese Reflexe ***nozizeptiv***. Sie sollen das Gewebe schützen.

Klinik

Angeborene Schmerzunempfindlichkeit. Bei Menschen mit sehr seltener angeborener Schmerzunempfindlichkeit fehlen auch nozizeptive Reflexe. Diese Menschen ziehen sich von Kindheit an Verbrennungen und Verletzungen zu, die nicht beachtet werden, schlecht verheilen und einen frühen Tod zur Folge haben. Ein Beispiel ist das ❸*CIPA-Syndrom*, ein genetischer Defekt, bei dem ein Rezeptor für den Nervenwachstumsfaktor NGF nicht ausgebildet wird. Letzterer wird für das Wachstum von Nozizeptoren benötigt.

Der Fluchtreflex wird spinal vermittelt. Dagegen ist der **Schmerz** eine bewusste Sinnesempfindung, die erst durch die Aktivierung der Grosshirnrinde entsteht. Bei einer kompletten Querschnittlähmung kommt es zwar zum Verlust der Schmerzempfindung, aber der nozizeptive Fluchtreflex bleibt auch in diesen Situationen erhalten.

Merke

Schmerz ist eine bewusste Sinnesempfindung. Nozizeption bezeichnet hingegen die Aktivität der peripheren/zentralnervösen Neuronengruppen, die zu Schmerz führen kann. Periphere und zentrale Neurone, die zur Schmerzentstehung beitragen, bilden das **nozizeptive System.**

9.2   Das periphere nozizeptive System

Struktur und Antworteigenschaften der Nozizeptoren

Nozizeptive Reflexe und Schmerzempfindungen werden durch Nozizeptoren vermittelt. Diese Nervenfasern werden durch Reize erregt, die Gewebe schädigen oder zu schädigen drohen. Die **sensorischen Endigungen** von Nozizeptoren sind dünne unmyelinisierte Faserendigungen ohne besondere Strukturmerkmale, die teilweise von Schwannzellen bedeckt sind (◘ Abb. 9.1 a). In den Endigungen werden noxische Reize in elektrische Generatorpotentiale umgewandelt *(Transduktion).* Die meisten Nozizeptoren besitzen C-Fasern (Leitung mit <2,5 m/s, meistens um 1 m/s), weniger Nozizeptoren besitzen $A\delta$-Fasern (Leitung mit 2,5–30 m/s). In $A\delta$-Fasern wird das Generatorpotential am ersten Schnürring in Aktionspotentiale umgewandelt *(Transformation),* bei den C-Fasern ist der Ort der Transformation bisher unbekannt.

◘ Abbildung 9.1 b zeigt einen Nozizeptor mit zwei **rezeptiven Feldern** (rosa Flächen) in der Haut. Im rezeptiven Feld ist der Nozizeptor durch noxische Reize erregbar, weil dort die sensorischen Endigungen liegen. ◘ Abb. 9.1 c zeigt Antworten eines polymodalen Nozizeptors (▶ u.) auf mechanische, thermische und chemische Reize, die auf sein rezeptives Feld appliziert werden. Im normalen Gewebe werden Nozizeptoren nur durch intensive physikalische Reize erregt. Man nennt sie daher auch **hochschwellige Rezeptoren** und stellt sie niederschwelligen Rezeptoren gegenüber, die durch nichtnoxische Reize

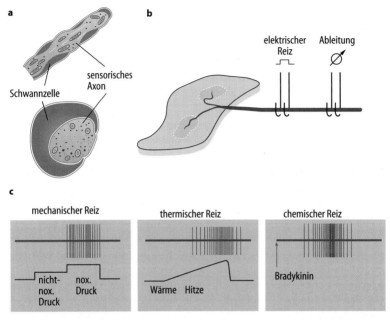

◻ Abb. 9.1. Nozizeptor. a Schematischer Längs- und Querschnitt der sensorischen Endigung einer nozizeptiven C-Faser. Das Axon ist von Schwannzellen bedeckt, aber in den Auftreibungen hat das Axon direkten Kontakt zur Umgebung. **b** Schematische Darstellung eines Nozizeptors mit zwei rezeptiven Feldern. Bei Reizung der rezeptiven Felder werden Aktionspotentiale ausgelöst, die am Axon abgegriffen werden können. Die elektrische Reizung des Axons dient der Bestimmung der Leitungsgeschwindigkeit. **c** Antworten eines Nozizeptors auf noxischen Druck, noxische Hitze und chemische Reizung mit Bradykinin

im physiologischen Bereich erregt werden (z. B. Berührungsrezeptoren, Wärme- und Kälterezeptoren).

Die meisten Nozizeptoren werden *polymodal* genannt, weil sowohl noxische mechanische Reize (z. B. starker Druck oder Quetschung) als auch noxische thermische (Temperatur >43 °C) und chemische Reize Aktionspotentiale auslösen (◻ Abb. 9.1 c). Manche Nozizeptoren antworten nur auf eine Modalität, z. B. Mechanonozizeptoren. Eine weitere Untergruppe der Nozizeptoren besteht aus sensorischen Nervenfasern, die unter normalen Bedingungen weder durch mechanische noch durch thermische Reize zu erregen sind. Sie werden *mechanoinsensitive Nozizeptoren* genannt.

Nozizeptoren in verschiedenen Organen und Geweben

Ausser dem Hirngewebe und dem Leberparenchym besitzen praktisch alle Körpergewebe Nozizeptoren. Die Haut ist dicht mit Nozizeptoren innerviert, die brennende, stechende oder bohrende *somatische Oberflächenschmerzen* auslösen. Punktförmige Schmerzreize können auf der Haut fast ebenso gut lokalisiert werden wie taktile Reize, auch dann, wenn durch einen Nervenblock alle markhaltigen Fasern ausgeschaltet sind.

Nozizeptoren in Muskeln, Sehnen, Gelenken und Periost werden z. B. bei Zerrungen am Bewegungsapparat, bei Torsionen von Gelenken oder bei einem Schlag auf Knochen erregt. Nozizeptoren im Skelettmuskel werden durch normale Muskelkontraktionen nicht aktiviert, dagegen bei Kontraktionen unter Ischämie und bei Entzündung. Die von Nozizeptoren im Bewegungsapparat vermittelten *somatischen Tiefenschmerzen* werden oft als ziehend, bohrend oder krampfartig empfunden und strahlen häufig in die Umgebung aus.

Nozizeptoren in inneren Organen finden sich z. B. in der Wand von Hohlorganen. Sie werden durch Wanddehnung und/oder durch kräftige Kontraktionen der glatten Wandmuskulatur aktiviert, v. a. wenn diese um einen soliden Körper, z. B. einen Gallengangsstein erfolgen. Auch in der Wand von Arteriolen und Venolen findet man zahlreiche Nozizeptoren. Viszerale Nozizeptoren lösen *viszerale Schmerzen* aus. Von Nozizeptoren innerviert sind auch die Hirnhäute.

Das *Jucken*, eine Empfindungsmodalität, die nur in der Haut und den Übergangsschleimhäuten vorkommt, wird wie Schmerz überwiegend durch C-Fasern vermittelt und ebenfalls der Nozizeption zugerechnet. Schmerzerzeugende Nozizeptoren hemmen im ZNS die Übermittlung der Impulse von »Juckafferenzen«. Daher kann Kratzen das Jucken lindern.

Transduktionsmechanismen in Nozizeptoren

Sensorische Nervenendigungen im Gewebe sind für Mikroelektrodenableitungen nicht zugänglich. Die vermuteten Transduktionsmechanismen sind jedoch auch am Zellkörper der Nozizeptoren in den Hinterwurzelganglien vorhanden. Diese dient daher als Modell für die sensorische Endigung. ◻ Abbildung 9.2 zeigt Ionenkanäle und Rezeptoren in Nozizeptoren.

Noxische *mechanische Reize* öffnen wahrscheinlich einen Kationenkanal in der Membran und depolarisieren dadurch die Endigung. Ein für die Aufnahme von noxischen *Hitzereizen* wichtiges Molekül ist der Vanilloid-1-Rezeptor (VR1). Er wird durch die Substanz Capsaicin aktiviert, die in Chilischoten ent-

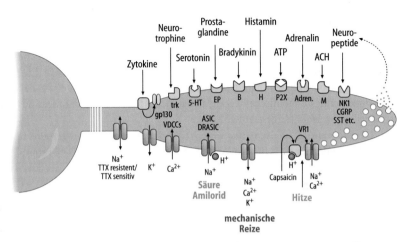

□ **Abb. 9.2. Ionenkanäle und Rezeptoren für Mediatoren in Nozizeptoren.** *Oben*: Darstellung der Rezeptoren für Mediatoren. *Unten*: Darstellung der vermuteten Ausstattung an Ionenkanälen. Die Kreise in der Endigung stellen mit Botenstoffen gefüllte Vesikel dar. Auf die Rezeptoren in der Endigung wirken Mediatoren, die aus verschiedenen Zellen freigesetzt werden. *Gp 130*: Glycoprotein 130 (Bestandteil von Rezeptoren für Zytokine); *Trk*: Tyrosinkinaserezeptor; *5-HT*: Serotoninrezeptor; *EP*: Prostaglandin E-Rezeptor; *B*: Bradykininrezeptor; *P2X*: Purinerger Rezeptor für ATP; *H*: Histaminrezeptor; *Adren*: adrenerger Rezeptor; *NK1*: Neurokinin 1-Rezeptor für Substanz P; *CGRP*: Calcitonin *gene-related* Peptide-Rezeptor; *SST*: Somatostatinrezeptor; *TTX*: Tetrodotoxin; *VR1*: Vanilloid 1-Rezeptor; *VDCCs* (*voltage-gated calcium channels*): spannungsgesteuerte Kalziumkanäle. Zu beachten: die meisten Endigungen besitzen nur einen Teil der dargestellten Rezeptoren

halten ist und den Brennschmerz beim Genuss verursacht. Bindung von Capsaicin an den VR1-Rezeptor öffnet den Kationenkanal und löst einen depolarisierenden Einwärtsstrom aus. Da der VR1-Rezeptor auch durch Hitzereize geöffnet wird, gilt er als eines der Hitzetransduktionsmoleküle. Bei sehr hoher Temperatur (>50°C) wird der VRL-1 Rezeptor aktiviert. Diese Rezeptormoleküle und auch die Rezeptormoleküle in Warm- und Kaltrezeptoren gehören zur »*Transient Receptor Potential-(TRP-)*«-Ionenkanalfamilie.

Die Oberseite der Nozizeptorendigung in □ Abb. 9.2 zeigt als Grundlage der *Chemosensibilität* Rezeptoren für Mediatoren (beachte: Nicht alle Nozizeptoren verfügen über alle dargestellten Rezeptoren). Über diese Rezeptoren aktivieren und/oder sensibilisieren Entzündungsmediatoren wie Bradykinin und Prostaglandine nozizeptive Endigungen (▶ Kap. 9.5). Viele dieser Rezeptoren sind an G-Proteine gekoppelt. Nach Bindung des Liganden werden *second messenger* gebildet, die zur Öffnung von Ionenkanälen beitragen. Bei niederen pH-Werten werden pH-sensitive Natriumkanäle geöffnet (ASIC, *acid sensing ion channel*, und DRASIC, = *dorsal root acid sensing ion channel*, ☐ Abb. 9.2). Entzündliche Exsudate haben häufig niedere pH-Werte (▶ Kap. 9.5). Der für den *Jucksinn* wichtigste chemische Reiz ist Histamin, das bei Hautschädigungen aus Mastzellen der Haut freigesetzt wird.

Tetrodotoxin-(TTX-)sensitive und TTX-resistente spannungsgesteuerte Natriumkanäle. Sie sind für die Weiterleitung des Aktionspotentials verantwortlich. Im Gegensatz zu anderen Nervenfasern enthalten Nozizeptoren überwiegend TTX-resistente Natriumkanäle.

Efferente Funktion von Nozizeptoren

Werden Nozizeptoren gereizt, kommt es im von ihnen innervierten Gewebe zu lokalen Änderungen der Durchblutung und der Gefäßpermeabilität. Man nennt diese Symptome wegen des neuronalen Ursprungs eine *neurogene Entzündung*. Sie entsteht durch Freisetzung der Neuropeptide Substanz P und calcitonin gene-related peptide (CGRP) aus den peripheren Endigungen. Neuropeptide beeinflussen auch Mast- und Immunzellen. Über diesen Weg kommuniziert das Nervensystem mit dem *Immunsystem*. Die neurogene Entzündung trägt zur Entstehung entzündlicher Gewebeveränderungen bei (▶ Kap. 9.5).

Merke

Nozizeptoren sind primär afferente Neurone mit unmyelinisierten sensorischen Nervenendendigungen und dünn myelinisierten oder unmyelinisierten Axonen (Aδ- oder C-Fasern). Sie sind hochschwellig und werden nur durch noxische Reize erregt. Die meisten Nozizeptoren sind polymodal mit Transduktionsmechanismen für noxische mechanische, thermische und chemische Reize. Nozizeptoren sind auch efferent und tragen durch die Freisetzung von Neuropeptiden zur Bildung einer neurogenen Entzündung bei.

9.3 Das zentralnervöse nozizeptive System

Spinale und trigeminale nozizeptive Neurone

Nozizeptoren aktivieren synaptisch sekundäre nozizeptive Neurone im Hinterhorn des Rückenmarkes (bzw. des Hirnstamms). Das rezeptive Feld eines Rückenmarkneurons ist größer als das rezeptive Feld eines Nozizeptors, weil viele Nozizeptoren auf eine Rückenmarkzelle konvergieren. Nozizeptive Rückenmarkzellen, die konvergenten Einstrom von Hautnozizeptoren erhalten, erzeugen den Oberflächenschmerz. Nozizeptoren aus dem Tiefengewebe (Gelenke, Muskulatur) enden synaptisch an Rückenmarkzellen, die zusätzlich Einstrom von Hautnozizeptoren erhalten. Andere Rückenmarkzellen werden nur durch Nozizeptoren des Tiefengewebes aktiviert; sie sind spezifisch für den somatischen Tiefenschmerz. Alle Rückenmarkzellen, die von viszeralen Nozizeptoren aktiviert werden, erhalten auch Eingang von der Haut und/oder dem Tiefengewebe.

Die starke Konvergenz von Nozizeptoren auf Rückenmarkneurone kann zur Folge haben, dass der Schmerz trotz eines fokalen Krankheitsprozesses diffus und ausgedehnt empfunden wird. Oft wird der Ort der Schmerzentstehung sogar falsch interpretiert. Man spricht hierbei von *übertragenen Schmerzen*. Besonders viszerale Schmerzen sind nur ungenau lokalisierbar. Sie können in Hautareale übertragen werden, die man *Head-Zonen* (nach dem Neurologen Head) nennt. Head-Zonen werden von Afferenzen aus demselben spinalen Segment innerviert (■ Abb. 9.3)

Nozizeptive spinale synaptische Übertragung

Der Transmitter in Nozizeptoren ist Glutamat, das postsynaptische *ionotrope N-Methyl-D-Aspartat- (NMDA-)* und *non-NMDA-Rezeptoren* (AMPA- und Kainatrezeptoren) und *metabotrope Glutamatrezeptoren* aktiviert (▶ Kap. 3). Bei noxischen Reizen werden non-NMDA- und NMDA-Rezeptoren geöffnet, denn die Freisetzung von Glutamat und Neuropeptiden (▶ u.) bei Reizung von Nozizeptoren bewirkt eine so starke Depolarisation des Rückenmarkneurons, dass der Magnesiumblock der NMDA-Rezeptoren aufgehoben wird. Werden mehrere starke noxische Reize schnell nacheinander appliziert, führt die Aktivierung der NMDA-Rezeptor-Kanäle bei jedem weiteren Reiz zu einer stärkeren Antwort der Rückenmarkzelle (Wind-up-Phänomen). Dies ist eine kurzdauernde Form zentraler Sensibilisierung (▶ Kap. 9.5). Einige Nozizeptoren setzen im Rückenmark wie in der Peripherie die Neuropeptide Substanz P und CGRP frei. Diese steigern über Rezeptoren an Rückenmarkzellen die zentrale

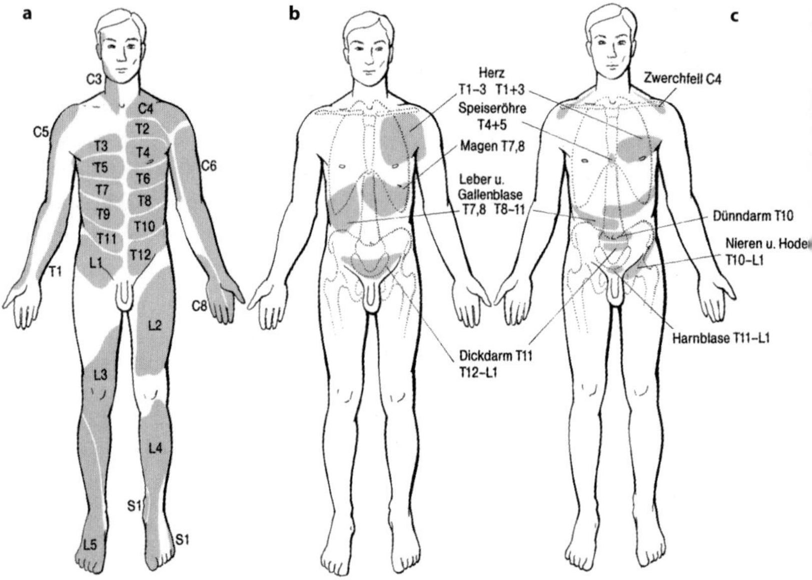

◻ Abb. 9.3. Dermatome (a) und Head-Zonen des Menschen für den Brust- und Bauchbereich (b, c). Angegeben sind die Spinalnerven, durch welche die viszeralen Afferenzen von den Organen in das Rückenmark eintreten

Sensibilisierung. Andererseits können spinale nozizeptive Neurone durch erregende Interneurone verstärkt aktiviert und durch inhibitorische Interneurone und deszendierende Neurone gehemmt werden (▶ Kap. 9.4).

Merke

Nozizeptive Neurone im Rückenmark und Trigeminuskern erhalten konvergenten nozizeptiven Eingang von einem oder mehreren Organen (eine wichtige Grundlage übertragener Schmerzen). Sie werden durch Glutamat über non-NMDA- und NMDA-Rezeptoren erregt und in ihrer synaptischen Übertragung durch Neuropeptide moduliert.

Aszendierende Bahnen und thalamokortikale Aktivierung

Aszendierende Axone spinaler und trigeminaler nozizeptiver Neurone projizieren zum Thalamus *(Tractus spinothalamicus)* und zum Hirnstamm *(Tractus spinoreticularis)*. Die Aktivierung des thalamokortikalen Systems führt zum bewussten Schmerz mit verschiedenen Dimensionen.

Zur besseren Charakterisierung von Schmerzen dient die Unterscheidung verschiedener Dimensionen des Schmerzerlebens. Neben der **sensorisch-diskriminativen** Schmerzdimension, d. h. der Wahrnehmung, wo im Körper ein Schmerz auftritt und wie stark er ist, rufen Schmerzen auch Angst und Unlustgefühle hervor *(affektive Schmerzdimension)*. Ferner können Schmerzen unterschiedlich bewertet werden, z. B. als harmlos oder bedrohlich *(kognitiv-evaluative Schmerzdimension)*. Hinzu kommt v. a. bei akuten Schmerzen eine **Aktivierungsreaktion** *(arousal reaction)*, die durch Projektionen in die Formatio reticularis des Hirnstammes und durch retikuläre Projektionen zur Hirnrinde (ARAS) vermittelt wird.

Für die Wahrnehmung der Reizintensität und die Lokalisation von Schmerzreizen *(sensorisch-diskriminative Schmerzdimension)* sind die Projektionen über den ventrobasalen Kern des Thalamus in die somatosensorischen kortikalen Projektionsfelder S I und S II wichtig. Die hieran beteiligten Bahnen und Areale werden als **laterales System** bezeichnet.

Die affektive Schmerzdimension wird durch das **mediale System** erzeugt. Zur emotionalen Komponente von Schmerz tragen v. a. Projektionen ins **limbische System** bei. Die **Insula** des Kortex wird für eine Interaktion zwischen sensorischen und limbischen Aktivitäten verantwortlich gemacht. Besonders der **Gyrus cinguli anterior** dient der Aufmerksamkeit und Antwortselektion bei noxischer Reizung. Der **präfrontale Kortex** ist in viele Aspekte von Affekt, Emotion und Gedächtnis eingebunden. Diese Kortexregion wird v. a. mit der kognitiv-evaluativen Dimension des Schmerzerlebens in Beziehung gebracht. Ganz allgemein wird auf der kortikalen Ebene die Aktivität des nozizeptiven Systems in Beziehung zu zahlreichen anderen neuronalen Funktionen gesetzt.

Merke

Durch die Aktivierung des thalamokortikalen nozizeptiven Systems wird eine bewusste Schmerzempfindung hervorgerufen. Das **laterale System** (Ventrobasalkomplex des Thalamus, Kortexareale S I und S II) erzeugt die sensorisch-diskriminative Dimension des Schmerzes. Das **mediale System** (posteriore und intralaminäre Thalamuskerne, Insula, Gyrus cinguli, Präfronaler Kortex) erzeugt die affektive und die kognitive-evaluative Schmerzdimension.

9.4   Endogene Schmerzhemmung

Endogene antinozeptive Systeme

Das Nervensystem ist dazu in der Lage, die Verarbeitung noxischer Reize aktiv zu dämpfen. Nozizeptive Rückenmarkzellen werden durch segmentale Neurone und durch vom Hirnstamm absteigende Bahnsysteme gehemmt. Die Reizung von Aβ-Fasern durch Reiben der Haut kann die Schmerzempfindung im gleichen Segment über segmentale hemmende Interneurone lindern. Auch die transkutane elektrische Reizung von Aβ-Fasern im Segment (TENS) ist schmerzlindernd. Schmerzhemmung wird auch durch Reizung von Nozizeptoren in anderen Körperregionen erzielt (z. B. auf die Knöchel beißen, um einen Schmerz an anderer Stelle zu unterdrücken). Diese als *Gegenirritation* bekannte Hemmung wird vorwiegend durch Hirnstammneurone vermittelt. Solche Mechanismen der Gegenirritation liegen wahrscheinlich auch der Akupunktur zugrunde.

Ausgangsneurone der Bahnen der deszendierenden Hemmung liegen im periaquäduktalen Grau (PAG) des Hirnstamms, in dem viele endorphinerge Neurone (siehe nächsten Abschnitt) zu finden sind, und in dem anliegenden serotonergen dorsalen Raphekern. PAG-Stimulation kann beim Versuchstier eine totale Analgesie erzeugen. Vom PAG und Nucleus raphe dorsalis projizieren Fasern zum Nucleus raphe magnus (NRM), und von hier steigen Fasern im dorsolateralen Funiculus zum Rückenmark ab, wo sie über Interneurone Rückenmarkzellen tonisch hemmen. Ein weiterer Ursprungskern der deszendierenden Schmerzhemmung ist der noradrenerge Locus coeruleus, der ebenfalls deszendierende Projektionen ins Rückenmark hinabschickt. PAG und Locus coeruleus erhalten ihrerseits Zuflüsse von weiten Bereichen des Gehirns.

Transmitter im endogenen antinozeptiven System

Endogene Opioide (Endorphine, Endomorphine, Enkephaline, Dynorphine) und andere inhibitorische Transmitter (z. B. GABA) vermitteln die Wirkung des endogenen antinozeptiven Systems. Opioide wirken an μ- (Endorphine, Endomorphine), δ- (Enkephaline) und κ-Rezeptoren (Dynorphin). Über die Aktivierung von Opioidrezeptoren auf nozizeptiven Endigungen hemmen Opioide die Freisetzung exzitatorischer Transmitter im Rückenmark, und über Opioidrezeptoren hyperpolarisieren sie postsynaptische Neurone. Die Opioidwirkung kann durch den Rezeptorantagonisten Naloxon aufgehoben werden. Therapeutisch eingesetzte Opioide (Morphin) wirken an μ-Rezeptoren. Im Gegensatz zu den endogenen Opioiden sind sie aber keine Peptide und werden daher nicht von lokalen Peptidasen inaktiviert. Viele exogene Opioide haben daher eine längerdauernde Wirkung als die körpereigenen Endorphine. Zum Rückenmarkhinterhorn absteigende schmerzhemmende Bahnen werden von *noradrenergen* und *serotonergen Neuronen* im Hirnstamm gebildet (► oben!).

Opioide hemmen im Hirnstamm auch Neurone, die der Atmungssteuerung dienen, und retikuläre Neurone, die für den Wachheitsgrad verantwortlich sind. Daraus ergeben sich *atemdepressorische* und *sedative Nebenwirkungen.* Durch Wirkung auf limbische Neurone erzeugen sie eine *Euphorie.* Bei Verwendung von Epiduralkathetern zur rückenmarknahen Opiatapplikation kann man Opioide lokal an spinalen Neuronen applizieren und die Nebenwirkungen vermindern.

Merke

Vom Hirnstamm absteigende Fasern vermitteln die *deszendierende Hemmung* von Rückenmarkneuronen. Ursprungskerne deszendierender Hemmung sind das periaquäduktale Grau (PAG), das den Nucleus raphe magnus (NRM) aktiviert, und der Locus coeruleus. Deszendierende Fasern und segmentale Interneurone bilden ein *endogenes antinozizeptives System.* Hierin sind endogene Opioide wirksam.

9.5 Klinisch bedeutsame Schmerzen

Schmerzen durch pathophysiologische Nozizeptorerregung

Die Erkrankung eines Organs, z. B. eine Entzündung, führt charakteristischerweise zu *Hyperalgesie* und *Ruheschmerzen.* Hyperalgesie ist eine gesteigerte Schmerzempfindung bei schmerzhafter Reizung mit Senkung der Schmerzschwelle, sodass normalerweise nicht schmerzhafte Reizintensitäten als schmerzhaft empfunden werden (z. B. Sonnenbrand). Eine *primäre Hyperalgesie* besteht am Ort der Schädigung, eine *sekundäre Hyperalgesie* im gesunden Gewebe um den Krankheitsherd herum.

Im Entzündungsgebiet kommt es zur Sensibilisierung von polymodalen Nozizeptoren, sodass sie bereits durch normalerweise nichtnoxische Reizintensitäten (Berührung, Wärme) erregt werden, und ihre Antworten auf noxische

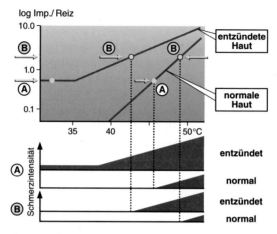

□ **Abb. 9.4. Reizantwortbeziehungen von Nozizeptoren für Hitzereize** in gesunder und entzündeter Haut und ihr Einfluss auf die Schmerzwahrnehmung. Mögliche Schmerzintensitäten sind im unteren Teil des Diagramms dargestellt, wobei im Fall Ⓐ von einer niedrigen zentralen Schwelle ausgegangen wird, in Ⓑ von einer hohen, wie sie z. B. unter zentralwirkenden Analgetika vorliegen können

Reize nehmen zu. Zusätzlich kommt es zur Sensibilisierung von stummen Nozizeptoren. Sie sind im normalen Gewebe wegen ihrer extrem hohen Erregungsschwelle durch mechanische und thermische Reize praktisch nicht aktivierbar. □ Abbildung 9.4 zeigt die *periphere Sensibilisierung* am Beispiel der Temperaturempfindlichkeit von Hautnozizeptoren. Sensibilisierte Nozizeptoren werden schon bei normaler Hauttemperatur »spontanaktiv«. Die Temperaturantwortkurve ist nach links verschoben. Die Folge sind Spontanschmerzen bei normaler Hauttemperatur und intensiverer Schmerz bei überschwelligen Temperaturreizen *(thermische Hyperalgesie)*. Ähnliche Kennlinienverschiebungen für mechanische Reize bewirken eine *mechanische Hyperalgesie*.

Sensibilisiert werden Nozizeptoren durch *Entzündungsmediatoren*. Dazu gehören Bradykinin (wird aus dem Blut freigesetzt), Serotonin (aus Thrombozyten) und Histamin (aus Mastzellen) und Prostaglandine, die ubiquitär unter Einfluss des Enzyms Zyklooxygenase aus der Arachidonsäure gebildet werden. Die Hemmung der Zyklooxygenase ist ein wichtiger Wirkmechanismus der »nichtsteroidalen antiinflammatorischen« Analgetika (*NSAIDs, non-steroidal antiinflammatory drugs*) zu denen z. B. Azetylsalizylsäure (Aspirin) gehört.

Schließlich erzeugen erregte Nozizeptoren eine neurogene Entzündung (▶ o.). Auch bei Kopfschmerzen und ischämisch bedingten Schmerzen sind Sensibilisierungsvorgänge beteiligt.

Bei Entzündung verändern sich auch die Eigenschaften der zentralen schmerzvermittelnden Neurone *(zentrale Sensibilisierung)*. Ein sensibilisiertes Rückenmarkneuron antwortet stärker auf Reize aus dem erkrankten *und* dem gesunden Gewebe. Dies erklärt, weshalb es in gesunden Arealen um den Entzündungsherd herum zur *sekundären Hyperalgesie* kommt. Sowohl präsynaptische Mechanismen (Freisetzung von Substanz P und CGRP aus sensibilisierten Nozizeptoren) als auch postsynaptische Mechanismen (vor allem die Aktivierung von NMDA-Rezeptoren) tragen zur spinalen Sensibilisierung bei.

> **Merke**
>
> **Schmerzen durch pathophysiologische Nozizeptorerregung** treten bei Entzündungen und Verletzungen im Gewebe auf, das Nervensystem selbst ist intakt. Neuronale Grundlagen der primären (am Ort der Erkrankung) und sekundären Hyperalgesie (im angrenzenden gesunden Gewebe) sind die periphere und zentrale Sensibilisierung.

Neuropathische (neuralgische) Schmerzen

Sie entstehen durch Schädigung von Nervenfasern, z. B. durch Druck einer Bandscheibe auf Hinterwurzeln, nach Nervdurchtrennung, bei Stoffwechselerkrankungen, nach Herpes zoster etc. Diese spontanen Schmerzen sind bohrend, brennend, einschießend, und sie werden in das Innervationsgebiet der betreffenden Nervenwurzel bzw. des betroffenen Nerven projiziert *(projizierter Schmerz)*. Zudem können eine Hyperalgesie und eine *Allodynie* (Auslösung von Schmerzempfindung durch Berührungsreize) bestehen, aber auch erhöhte Schwellen für mechanische, thermische und noxische Reize, wenn viele Afferenzen die Leitungsfähigkeit verloren haben.

Die Spontanschmerzen entstehen durch die Bildung von Aktionspotentialen an der geschädigten Stelle oder im Zellkörper der betroffenen Nervenfaser *(ektopische Erregungsbildung)*. Grundlagen dafür sind der vermehrte Einbau von Proteinen, die eine rhythmische Impulsbildung begünstigen (z. B. bestimmte Natriumkanäle), Depolarisation durch Entzündungsmediatoren an der verletzten Stelle, und Expression von adrenergen Rezeptoren, sodass der Sympathikus die Fasern aktivieren kann.

Klinik

⊕Trigeminusneuralgie. Sie kann nach Schädigung von Trigeminusfasern auftreten. Häufig wird der Nerv durch Druck der A. cerebelli superior oder A. basilaris auf den Nerven geschädigt. Die Schmerzen sind heftig, plötzlich einschießend und dauern nur wenige Sekunden. Sie werden häufig durch Kau- oder Sprechbewegungen ausgelöst. Behandelt wird mit Medikamenten, die die Erregbarkeit von Nervenzellen dämpfen. Wenn dies nicht erfolgreich ist, wird eine operative Behandlung erwogen, bei der zwischen die Arterie und den Nerven ein Polster gelegt wird.

Eine *Amputation* führt häufig zu *Phantomempfindungen* (deutliche Wahrnehmung des verlorenen Gliedes) und (seltener) zu ⊕*Phantomschmerzen.* Grundlage dafür sind eine ektope Erregungsbildung am Nervenstumpf und/oder eine kortikale Reorganisation. Letztere bezeichnet eine Veränderung der normalen Somatotopie, wobei Areale, die keinen sensorischen Eingang mehr besitzen, von anderen Eingängen »mitbenutzt« werden. Die daraus resultierende Aktivierung wird »fälschlicherweise« der nicht mehr vorhandenen Gliedmaße, also einem »Phantom« zugeordnet.

Merke

Neuropathische Schmerzen treten bei Schädigung oder Erkrankung von Nervenzellen/Nervenfasern auf. Neuronale Mechanismen sind *ektopische Entladungen* (Auslösung von Aktionspotentialen an der erkrankten Stelle oder im Hinterwurzelganglion), zentrale Sensibilisierung, *kortikale Reorganisation* (veränderte kortikale Somatotopie) bei Phantomschmerzen.

10 Sehen

U. Eysel

  Einleitung

Beim Sehen erfolgt eine schnelle, sehr empfindliche und hochauflösende dreidimensionale Wahrnehmung der Umwelt in einem Bereich zwischen wenigen Zentimetern und »unendlicher« Entfernung. Augenbewegungen erweitern das schnell erfassbare Blickfeld für das zielgerichtete Sehen. Licht wird in der Netzhaut in elektrische Signale umgesetzt, die Signale werden in der zentralen Sehbahn parallel weitergeleitet und verarbeitet. Eine genaue Kenntnis der visuellen und okulomotorischen Verschaltungen verhilft zu gezielten Diagnosen bei bestimmten, hirnorganischen Schädigungen.

10.1 Auge und dioptrischer Apparat

Sichtbares Licht und Abbildung auf der Netzhaut

Der spektrale Empfindlichkeitsbereich des Auges umfasst die Wellenlängen von 400–750 nm. Das entspricht dem Spektrum des sichtbaren Lichts von blau bis rot. Die angrenzenden kürzeren (ultraviolett = UV) und längeren (infrarot = IR) Wellenlängen sind unsichtbar.

Kornea, Kammerwasser, Linse und Glaskörper sind der ***dioptrische Apparat*** des Auges (◻ Abb. 10.1). Sie bilden ein optisches System, das Lichtstrahlen auf der Netzhaut scharf abbildet. Hierzu müssen die ***Größe des Auges*** und seine ***Gesamtbrechkraft*** genau aufeinander abgestimmt sein. Interindividuell bestehen jedoch erhebliche Schwankungen bei der Größe des Augapfels (Bulbus oculi); bereits eine Vergrößerung des Durchmessers um 0,1 mm führt zu einer merklichen Fehlsichtigkeit (▶ Refraktionsanomalien).

In Luft entspricht die ***Brechkraft (D)*** einer Linse dem Kehrwert ihrer ***Brennweite (f)***:

$$D = 1/f \ [dpt] \tag{10.1}$$

f = Brennweite in Metern, D = Brechkraft in Dioptrien.

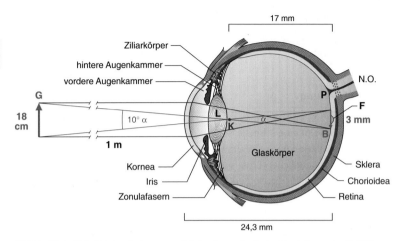

◘ Abb. 10.1. Schnitt durch das menschliche Auge. Einfache Darstellung der Abbildung. Die Schnittebene verläuft horizontal durch Fovea *(F)*, Papille *(P)* und den austretenden N. opticus *(N. O.)*. *G* Gegenstand, *B* Bild, *L* Linse, *K* Knotenpunkt. Maßangaben: Durchmesser des Auges und Abstand *K*-Netzhaut

Der dioptrische Apparat des Auges ist ein zusammengesetztes Linsensystem, bei dem mehrere brechende Medien hintereinander geschaltet sind (Luft, Kornea, Kammerwasser, Linse und Glaskörper). Es wird eine scharfe Abbildung von parallel einfallenden Strahlen im fernakkommodierten Auge bei einem mittleren Abstand von 24,3 mm zwischen Korneascheitel und Netzhaut erreicht. Die **Kornea** trägt mit 43 dpt den Hauptteil zur Gesamtbrechkraft bei. Isoliert betrachtet würde die **Linse** etwa 19,5 dpt beisteuern. Durch das zusätzlich beteiligte brechende Medium des Kammerwassers zwischen Kornea und Linse ist eine Korrektur um –3,7 dpt vorzunehmen (43 – 3,7 + 19,5 = 58,8 dpt). Für diese **Gesamtbrechkraft** von 58,8 dpt kann eine sinnvolle Vereinfachung auf ein einfaches Linsensystem vorgenommen werden, bei dem der für die Abbildung wichtige Knotenpunkt (K) im sog. »reduzierten Auge« 17 mm vor der Netzhaut liegt. ◘ Abbildung 10.1 zeigt die wichtigsten Maße und die Gesetzmäßigkeiten der umgekehrten, verkleinerten Abbildung im Auge. Ein Objekt von 18 cm Größe in 1 m Abstand betrachtet (entspricht 10° Sehwinkel) entwirft ein umgekehrtes Bild von 3 mm Größe auf der Netzhaut (Bildgrößenberechnung nach dem Strahlensatz: 180 mm/1000 mm = B/17 mm). 1 Sehwinkel entspricht dann 0,3 mm.

> **Merke**
>
> Sichtbares Licht sind elektromagnetische Wellen mit Wellenlängen von 400–750 nm. Der dioptrische Apparat entwirft ein umgekehrtes und verkleinertes Bild auf der Netzhaut. Die Kornea trägt zur Abbildung mit 43 dpt die Hauptbrechkraft bei, die Linse in Ruhe nur 19 dpt. 1° Sehwinkel entspricht einer Bildgröße von 0,3 mm.

Abbildungsfehler im Auge

Der dioptrische Apparat des Auges ist kein hochwertiges, korrigiertes Linsensystem, wie wir es in modernen Kameras finden. Verschiedene *optische Abbildungsfehler* führen zur unscharfen Abbildung, doch physiologische Korrekturmechanismen können diese biologischen Unzulänglichkeiten wieder ausgleichen: Randstrahlen werden stärker gebrochen als Strahlen in der Nähe der optischen Achse *(sphärische Aberration)*. Die Pupille kann die Randstrahlen ausblenden und die sphärische Aberration physiologisch vermindern. Kurzwelliges Licht wird stärker gebrochen als langwelliges *(chromatische Aberration)*. Eine physiologische Korrektur erfolgt hier durch die geringe Blauempfindlichkeit besonders im Bereich des schärfsten Sehens (siehe Farbensehen). Die Qualität der Abbildung wird auch durch Trübungen im Glaskörper und durch Beugung an den Rändern der Pupille beeinträchtigt. Laterale Hemmungsmechanismen bei der zentralen Weiterverarbeitung sorgen für eine neuronale Verschärfung der verschwommenen optischen Abbildung.

Wenn eine ungleiche Brechkraft des dioptrischen Apparats in unterschiedlichen Ebenen besteht (wenn z. B. Strahlen in der vertikalen Ebene mehr als in der horizontalen gebrochen werden), spricht man von ❷*Astigmatismus.* Ein physiologischer Astigmatismus liegt bei Brechkraftunterschieden bis 0,5 dpt vor. Häufiger ist dabei eine stärkere Brechung in der vertikalen Ebene (»Astigmatismus nach der Regel«). Treten durch Krümmungsanomalien der Hornhaut höhere Werte als 0,5 dpt auf, dann muss der Astigmatismus mit Zylinderlinsen korrigiert werden (◻ Abb. 10.2 c).

Refraktionsanomalien

Zum Zeitpunkt der Geburt ist der Bulbus für eine scharfe Abbildung bei gegebener Brechkraft des Auges zu kurz; das wird im Laufe der Entwicklung normalerweise durch Bulbuswachstum ausgeglichen. *Das Auge wächst, bis eine scharfe Fokussierung gewährleistet ist.* Neben Störungen des Wachstums in der

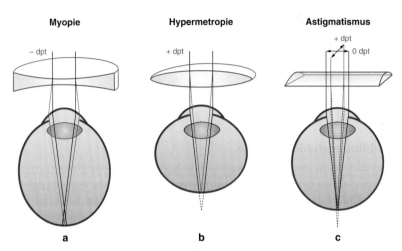

Myopie   **Hypermetropie**   **Astigmatismus**

a   **b**   **c**

◼ **Abb. 10.2. Refraktionsanomalien mit Korrekturlinsen** *(rot).* **a** Myopie (Kurzsichtigkeit, **b** Hypermetropie (Weitsichtigkeit), **c** Astigmatismus (Stabsichtigkeit) mit abweichender Brechkraft in einer Ebene. Strahlengänge ohne Korrektur *(schwarz)* mit Korrektur *(rot)*

Entwicklung, die zu Fehlsichtigkeiten führen, ist nicht auszuschließen, dass häufiges und extremes Nahsehen auch später noch einen Wachstumsreiz für eine Vergrößerung des Augapfels und damit die Grundlage für eine Kurzsichtigkeit darstellen kann, wenn das Objekt zu nah und das Auge für eine scharfe Abbildung relativ zu klein ist. Die ❸ *Kurzsichtigkeit (Myopie)* und die ❸ *Weitsichtigkeit (Hypermetropie)* sind häufige Abweichungen von der *Normalsichtigkeit (Emmetropie).* Hier ist die Abstimmung von Gesamtbrechkraft des Auges und Bulbuslänge nicht genau genug erfolgt.

Bei der *Kurzsichtigkeit* ist der Bulbus relativ zur Brechkraft des Auges zu lang. Bei Blick in die Ferne (parallel einfallende Strahlen) entsteht das Bild vor der Netzhaut und kann nur mithilfe von Zerstreuungslinsen auf der Netzhaut fokussiert werden (◼ Abb. 10.2 a). Der Myope sieht ohne Brille in der Ferne immer unscharf, kann dafür aber ohne Brille in der Nähe gut sehen. Die Anlage zur Myopie wird autosomal dominant vererbt, was die Häufigkeit von Brillenträgern innerhalb einer Familie erklärt.

Bei *Weitsichtigkeit* ist der Bulbus relativ zu kurz und eine scharfe Abbildung könnte erst hinter der Netzhaut erfolgen. Mit einer Sammellinse muss dieser Fehler korrigiert werden (◼ Abb. 10.2 b). Der Weitsichtige kann seine Fehlsichtigkeit auch ohne Brille beim Blick in die Ferne durch Nahakkommodation kompensieren; dies führt jedoch zu einer Fehlstellung der Augen (Konvergenz) und geht mit einem Verlust im Bereich der Naheinstellung einher.

Klinik

Linsentrübungen. ☻Linsentrübung (Katarakt) kann altersbedingt auftreten (Alterskatarakt, grauer Star). Nach Entfernen der Linse wird mit starken Sammellinsen (+13 dpt) korrigiert. Auch *Infrarotstrahlen* bedingen bei extremer Exposition Linsentrübungen (»Feuerstar« der Hochofenarbeiter, »Glasbläserstar«). Die *ultraviolette* Strahlung (Hochgebirge, Halogenlampen ohne Filter) wird ebenfalls von der Linse absorbiert und kann zu Katarakt, aber auch zu Verletzungen der Kornea (»Schneeblindheit«) oder degenerativen Schädigungen der Netzhaut führen.

Merke

Voraussetzung für eine gute Sehleistung ist die genaue Fokussierung der Lichtstrahlen auf der Netzhaut. Die scharfe Abbildung wird beeinträchtigt durch Abbildungsfehler des dioptrischen Apparates, falsch angepasste Bulbusgröße (bei Kurz- und Weitsichtigkeit) und Linsen- oder Glaskörpertrübungen.

Nah- und Fernakkommodation

Anders als beim Photoapparat, bei dem zur Fokussierung der Abstand zwischen Linse und Film geändert wird, erfolgt die Scharfeinstellung beim menschlichen Auge durch Änderung der Linsenbrechkraft (*Akkommodation*).

Das gesamte Ausmaß der Brechwertänderung bei der Scharfeinstellung wird *Akkommodationsbreite* (A) genannt und ergibt sich aus der Differenz der Brechkräfte bei Naheinstellung (D_n) und bei Ferneinstellung (D_f):

$$A \, [dpt] = D_n \, [dpt] - D_f \, [dpt] \qquad (10.2)$$

D_n = 1/Nahpunkt [m], D_f = 1/Fernpunkt [m].

Der in Dioptrien ausgedrückten Akkommodationsbreite steht der Begriff des *Akkommodationsbereichs* gegenüber, der sich aus dem Abstand zwischen

Fern- und Nahpunkt ergibt. Bei unkorrigierten Refraktionsanomalien ist dieser Bereich bei unveränderter Akkommodationsbreite verringert. Beispiel: Ein 20-Jähriger hat eine Akkommodationsbreite von 10 dpt. Ist er normalsichtig, erstreckt sich sein Akkommodationsbereich von 0,1 m (Nahpunkt $1/D_n$, $D_n = 10$ dpt) bis unendlich (Fernpunkt $1/D_f$, $D_f = 0$ dpt). Bei einer unkorrigierten Myopie von 2,5 dpt liegt der Nahpunkt bei 0,08 m ($D_n = 12,5$ dpt), der Fernpunkt jedoch bei 0,4 m ($D_f = 2,5$ dpt), der Akkommodationsbereich beträgt dann nur noch 32 cm.

Die *Brechkraftveränderung der Linse* erfolgt im Wechselspiel ihrer Eigenelastizität, derzufolge sie eine kugelige Gestalt und hohe Brechkraft annehmen möchte, und der Zugkraft der Zonulafasern am Linsenrand, wodurch die Linse flach gezogen wird und die Brechkraft abnimmt (◘ Abb. 10.3 a). Der Ziliarmuskel reguliert die Zugkraft der Zonulafasern. Bei Kontraktion (Parasympathikuserregung) lässt der Zug der Fasern am Linsenrand nach, bei Erschlaffung (Sympathikuserregung, Parasympathikushemmung) nimmt er zu.

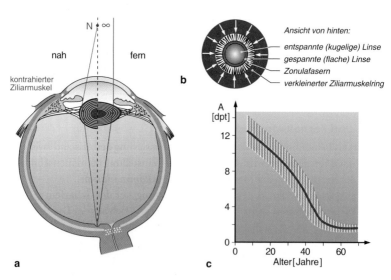

◘ **Abb. 10.3. Akkommodation und Akkommodationsbreite. a** Horizontalschnitt durch das Auge in Nahakkommodation *(rot)* und Fernakkommodation *(blau)*. *N* Nahpunkt, Fernpunkt im Unendlichen (∞). **b** Aufsicht auf Linse, Zonulafasern und Ziliarmuskel, **c** Altersabhängigkeit der Akkommodationsbreite. Die Streuung im Normalkollektiv ist durch den grauen Bereich wiedergegeben

Bei der Fernakkommodation wird der Ziliarmuskel völlig entspannt. Bei der Nahakkommodation kontrahiert er sich schließmuskelartig und der Zug der Zonulafasern am Linsenrand wird vermindert (◘ Abb. 10.3 b). Besonders die Krümmung der Linsenvorderfläche nimmt zu (kleinerer Krümmungsradius). Letztlich übertragen die Zonulafasern die Kraft des durch den Augeninnendruck formstabilen Bulbus von der Sklera auf die Linse. Eine Bulbusverletzung mit Verlust des Augeninnendrucks führt somit auch zu einer verstärkten Linsenkrümmung. Ohne Akkommodationsreiz (bei vollständiger Dunkelheit oder wenn das gesamte Gesichtsfeld mit einer unstrukturierten Fläche ausgefüllt ist) ist der Ziliarmuskel leicht kontrahiert. Das Auge eines Normalsichtigen ist dann auf Entfernungen zwischen 0,5 m und 2 m scharf eingestellt *(Nachtmyopie, Leerfeldmyopie)*.

Mit zunehmendem Alter verringert sich die Elastizität der Linse, und die Akkommodationsbreite nimmt ab (◘ Abb. 10.3 c). Hat ein 10-Jähriger noch eine Akkommodationsbreite um 14 dpt und einen Akkommodationsbereich von 7 cm bis unendlich, so kann ein etwa 50-Jähriger mit 2 dpt Akkommodationsbreite näher als 50 cm nicht mehr scharf sehen *(❸Alterssichtigkeit = Presbyopie)* und benötigt eine Lesebrille (Sammellinse).

Merke

Die Einstellung der Schärfe beim Nahsehen (Nahakkommodation) erfolgt durch verstärkte Linsenkrümmung nach parasympathisch innervierter Ziliarmuskelkontraktion.

Pupillenreaktionen

Die Iris ist die Blende des Auges, die Pupille ist die Blendenöffnung. Leuchtdichtezunahme führt zur Verkleinerung der Pupille. Der *Pupillenreflex* dauert etwa 0,5–1 s und ermöglicht einen ersten, schnellen Schutz vor Blendung. Die ins Auge eintretende Lichtmenge hängt linear von der Pupillenfläche ab ($L = \pi \cdot r^2$). Diese Fläche und damit die einfallende Lichtmenge verringert sich 25fach, wenn der Pupillendurchmesser von 7,5 auf 1,5 mm abnimmt.

Der Reflexbogen des Pupillenreflexes (◘ Abb. 10.4 a) verläuft von den Photorezeptoren der Netzhaut über N. opticus und Tractus opticus. Abzweigungen aus dem Tractus opticus erreichen das Reflexzentrum, die *prätektale Region* im Mittelhirn. Die von hier ausgehenden, parasympathischen Efferenzen bilden die pupillokonstriktorische Bahn über den Edinger-Westphal-Kern im Mittel-

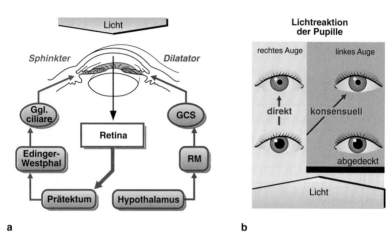

a   b

◨ **Abb. 10.4. Neuronale Kontrolle der Pupillenweite und Lichtreaktion der Pupille.**
a Parasympathischer Reflexbogen *(rot)*, sympathische Efferenzen *(blau). CGS* Ganglion cervicale superius, *RM* ziliospinales Zentrum (C8–Th1) im Rückenmark **b** Direkte und konsensuelle Lichtreaktion

hirn und das Ganglion ciliare, das lateral vom Sehnerven liegt, zum *M. constrictor pupillae.* Eine zweite, pupillomotorische Bahn ist die sympathische, dilatatorische Bahn vom Hypothalamus über das ziliospinale Zentrum des Rückenmarks und das Ganglion cervicale superius, das lateral vom Sehnerv liegt, zum *M. dilatator pupillae.* Die Lichtreaktion der Pupille wird von der parasympathischen Innervation bestimmt. Erregung dieser Fasern führt zur Pupillenverengung *(Miosis)*, ihre Hemmung zur Pupillenerweiterung *(Mydriasis)*. Die ebenfalls pupillenerweiternde Sympathikuserregung legt die maximale Pupillenweite fest, die bei Hemmung des Parasympathikus erreicht werden kann. Das wird bei einem klinischen Bild, dem Horner-Syndrom deutlich: Bei Blockade des Sympathikus im Ganglion cervicale superius ist die Pupille verengt, jedoch der Pupillenreflex kann durch Licht weiter ausgelöst werden.

◨ Abbildung 10.4 b zeigt die *direkte und konsensuelle Lichtreaktion.* Bei Beleuchtung nur eines Auges verengt sich nicht nur die beleuchtete Pupille *(direkte Lichtreaktion)*, sondern aufgrund gekreuzter Innervation auch die Pupille des anderen Auges *(konsensuelle Lichtreaktion)*. Bei der insgesamt parasympathisch gesteuerten Naheinstellungsreaktion verringert sich die Pupillenweite gekoppelt mit Nahakkommodation und Konvergenzreaktion. Dabei führt die geringere

Pupillenweite zu verbesserter Tiefenschärfe. Klinisch gibt die Pupillenreaktion Aufschluss über die Funktion der afferenten Leitung und über die Tiefe einer Narkose oder einer Bewusstlosigkeit (weite, starre Pupille im tiefsten Stadium).

Merke

Die Pupillenreaktion ist der schnellste Mechanismus zur Helligkeitsanpassung, durch sie kann bei Blendung der Lichteinfall in 1 s rund 25fach verringert werden.

Augeninnendruck und Tonometrie

Normale Augeninnendruckwerte liegen zwischen 10 und 20 mm Hg (1,33–2,66 kPa). Der Augeninnendruck entsteht durch kontinuierliche Kammerwasserabgabe aus den Epithelzellen des Ziliarkörpers in die hintere Augenkammer und Kammerwasserabfluss aus dem Winkel der vorderen Augenkammer durch das Trabekelwerk und den zirkulären Schlemm Kanal über 20–30 Abflusskanäle in den intra- und episkleralen Venenplexus. Ein konstanter Augeninnendruck besteht, wenn sich Produktion und Abfluss die Waage halten (etwa 2 mm³/min). Die Messung des Augeninnendrucks erfolgt mit dem *Tonometer*. Funktionsprinzip ist die Messung der Verformbarkeit des Bulbus oculi. Bei der *Applanationstonometrie* wird die Kraft gemessen, die nötig ist, um eine definierte Korneafläche abzuflachen, bei der *Impressionstonometrie* wird der Grad der Korneaeindellung bei Aufsetzen eines Stiftes mit definiertem Druck ermittelt.

Klinik

Glaukom. Ist der Augeninnendruck über die Normalwerte hinaus erhöht, besteht das Krankheitsbild des ✪ Glaukoms. Beim *Winkelblockglaukom* liegt eine Behinderung des Abflusses durch eine Verlegung des Kammerwinkels vor. Das kann zu *akuten Glaukomanfällen* führen, die aufgrund der Skleradehnung und der Ischämie des Ziliarkörpers äußerst schmerzhaft sind (Afferenz ist der N. trigeminus). Demgegenüber verläuft das *chronische Offenwinkelglaukom* (Glaucoma simplex) meist unbemerkt. Hier ist der Abflusswiderstand im Trabekelwerk andauernd erhöht und der N. opticus wird durch langzeitige Augeninnendruckerhöhung an seinem Austrittsort geschädigt. Es treten dabei Gesichtsfeldausfälle auf, die zuerst außerhalb der Fovea liegen und deshalb meist spät bemerkt werden.

> **Merke**
>
> Der Augeninnendruck beträgt normalerweise 10–20 mm Hg, er stabilisiert die Form des Auges und kann nichtinvasiv mit dem Tonometer gemessen werden.

Tränen

Die Tränendrüsen sezernieren in Ruhe pro Tag je Auge etwa 1 ml *Tränenflüssigkeit,* die mit dem Schleim aus den Becherzellen der Bindehaut vermischt einen dünnen Flüssigkeitsfilm ergibt, der von den Lidschlägen regelmäßig über die Kornea verteilt wird. Die Tränenflüssigkeit schmeckt salzig, sie ist leicht hyperton. Fremdkörper zwischen Augenlidern und Kornea lösen reflektorischen Tränenfluss aus. Der Reflexbogen verläuft mit Afferenzen des N. trigeminus zum pontinen Hirnstamm und von dort efferent mit präganglionären parasympathischen Fasern zum Ganglion pterygopalatinum, dessen postganglionäre Fasern die Tränensekretion an den Tränendrüsen auslösen. Verbindungen vom limbischen System zum pontinen Hirnstamm können emotionale Tränenausbrüche vermitteln.

> **Merke**
>
> Die Tränenflüssigkeit und der Schleim aus den Becherzellen der Bindehaut schützen Kornea und Konjunktiva vor dem Austrocknen.

10.2   Augenbewegungen

Funktion und Innervation der Augenmuskeln

Sechs Augenmuskeln ziehen als antagonistische Paare durch jede Orbita und setzen am Bulbus an. Durch sie können die Augen horizontal und vertikal bewegt sowie gerollt werden. Die Mm. recti laterales und mediales bewegen das Auge rein horizontal nach außen (Abduktion) und innen (Adduktion); die anderen Muskelpaare haben vorwiegend hebende oder senkende Wirkung, die je nach Stellung des Auges mit Komponenten von Abduktion, Adduktion oder Rollung kombiniert sind (◘ Abb. 10.5 a). Die *Innervation* der Muskeln erfolgt durch den *N. oculomotorius* (Mm. recti superiores, inferiores und mediales, M. obliquus inferior), *N. trochlearis* (M. obliquus superior) und *N. abducens*

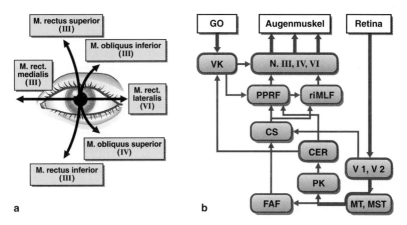

◨ **Abb. 10.5. Bewegungsrichtungen bei Zug der 6 Augenmuskeln am linken Auge (a) und Schema der neuronalen Kontrolle (b).** Steuerung von Sakkaden *(rot)* und Folgebewegungen *(blau)*. *GO* Gleichgewichtsorgan, *N.III, IV, VI* Nucleus oculomotorius, trochlearis, abducens, *VK* Vestibulariskern, *CS* Colliculi superiores, *CER* Cerebellum, *V 1, V 2* primäre, sekundäre Sehrinde, *FAF* frontales Augenfeld, *PK* pontine Kerne. Weitere Abkürzungen ▶ Text

(M. rectus lateralis). Die zugehörigen, paarigen motorischen Kerne des Okulomotorius liegen beidseits auf Höhe der Colliculi superiores im Mittelhirn, die Trochleariskerne auf Höhe der Colliculi inferiores ebenfalls im Mittelhirn und die Abducenskerne am Boden des 4. Ventrikels in der Medulla oblongata.

Augenbewegungsarten

Unterschiedliche Arten von Augenbewegungen werden von jeweils zugehörigen, neuronalen Kontrollsystemen generiert *(Sakkaden, Folgebewegungen, Vergenzbewegungen, optokinetische Antworten und vestibulookulärer Reflex).* Nach der Bewegungsrichtung unterscheidet man dabei horizontale, vertikale und torsionale Augenbewegungen (torsional oder auch zyklorotatorisch = Drehung um die anterioposteriore Achse).

Sakkaden sind sprungartige, konjugierte, bewusst oder unbewusst ausgelöste Augenbewegungen, die meist der Fixation dienen, jedoch auch ohne Fixationsreiz spontan 2- bis 3-mal pro Sekunde auftreten. Es handelt sich um »ballistische« Bewegungen, die nach Beginn kaum korrigiert werden können. Neben einem motorischen Anstoß ist eine Einstellung der Motorik auf das Halten der Endposition notwendig. Mit Amplituden von etwa 3 Winkelminuten (Mikrosakkaden) bis zu 90° dauern die Sakkaden 15–100 ms und erreichen Geschwindigkeiten von 600–700 °/s. Die Latenz zwischen visueller Auslösung und Sakkadenbeginn beträgt etwa 200 ms, bei Expresssakkaden mit zielgerichteter Aufmerksamkeit nur 70 ms. Während der Sakkade ist die Sehschärfe durch sakkadische Suppression sehr gering, die visuelle Wahrnehmung wird unterdrückt.

▪▪▪ Zur *Auslösung der Sakkade* dient letztlich eine Entladungssalve der Augenmuskelkerne (100–600 Hz), deren Rate die Geschwindigkeit und deren Dauer die Bewegungsdauer bestimmt. Antagonistische Muskeln werden zugleich gehemmt. Die *neuronale Kontrolle der Sakkaden* erfolgt über prämotorische, pontine Hirnstammzentren. Horizontale und vertikale Sakkaden werden primär in der parapontinen retikulären Formation (PPRF) generiert, horizontale direkt an die Augenmuskelkerne vermittelt, während vertikale Sakkaden unter Einbeziehung der rostralen Formatio reticularis des Mittelhirns (rostraler, interstitieller Kern des medialen, longitudinalen Fasciculus, riMLF) entstehen. Die *Vestibulariskerne* steuern Information über die Kopfbewegungen bei. Die *Colliculi superiores* koordinieren den visuellen Eingang mit den Augenbewegungen; sie wirken nicht direkt auf die Augenmuskelkerne, sondern durch Vermittlung von PPRF und riMLF. Die Colliculi superiores sind nur an Sakkaden – im Sinne des »visuellen Greifreflexes« – beteiligt. Neurone in den oberen Schichten verarbeiten die topographisch organisierte visuelle Information und vermitteln sie an Neurone in tiefen Schichten zur Vorbereitung von Amplitude und Richtung von Sakkaden. Area 8 im Frontalhirn *(frontales Augenfeld)* ist mit der Einleitung bewusster, gezielter Sakkaden befasst; Projektionen gehen zum Prätektum, den Colliculi superiores und in den Bereich der pontinen Sakkadensysteme. Das *Zerebellum* ist durch die Kodierung der richtigen Länge auch an der sakkadischen Kontrolle beteiligt (◻ Abb. 10.5 b).

Folgebewegungen sind bewusste, konjugierte Augenbewegungen, die ein kleines, bewegtes Ziel mit einer Genauigkeit von etwa 1° in der Fovea halten. Die Sehschärfe ist dabei sehr gut. Die Latenz zum Bewegungsbeginn ist mit 100–150 ms kürzer als bei den Sakkaden. Ziele können bis zu Geschwindigkeiten von 100 °/s getreu verfolgt werden; schnellere Objekte werden mit Hilfe zusätzlicher Sakkaden wieder eingefangen. An der *neuronalen Kontrolle der langsamen Folgebewegungen* sind Teile des parietotemporalen Assoziationskortex (besonders *MT* = mittlere temporale Region, *MST* = mediosuperiorer temporaler Kern) anterior vom primären visuellen Kortex beteiligt. Projektionen ziehen von hier über pontine Kerne zum Zerebellum und weiter zu den Vestibulariskernen (◻ Abb. 10.5 b).

Die binokulare Fixation bei Annäherung oder Entfernung von Objekten erfolgt durch Konvergenz oder Divergenz der Augen. Die Bewegungsrichtungen sind jeweils gegensinnig und damit nichtkonjugiert. *Vergenzbewegungen* haben eine relativ kurze Latenz von 150–200 ms, kleine Amplituden bis etwa 5° und sind mit einer Gesamtdauer von etwa 1 s relativ langsam.

Bewegte Bilder müssen auf der Netzhaut stabilisiert werden. Beim Betrachten einer bewegten Szene fixieren die Augen einen Punkt und führen eine Folgebewegung aus, um dann mit einer Sakkade in entgegengesetzter Richtung einen neuen Fixationspunkt einzustellen, der dann wieder kontinuierlich verfolgt wird. Diese Sequenz von Folgebewegungen und Sakkaden nennt man *optokinetischer Nystagmus* (OKN). Konventionsgemäß wird die Richtung des OKN nach der Sakkade festgelegt (OKN in Fahrtrichtung beim seitlichen Blick aus der Eisenbahn). Die neuronale Kontrolle schließt Strukturen des Sakkaden- und Folgebewegungssystems ein.

Zur Stabilisierung der Augen gegenüber Kopfbewegungen muss das vestibuläre System hinzugezogen werden. Längere, gleichgerichtete Bewegungen (oder Spülung des äußeren Gehörgangs mit warmem oder kaltem Wasser) reizen die Bogengangsorgane und führen zu einem *vestibulookulären Reflex* (VOR). Der VOR kompensiert normale Kopfbewegungen (im Frequenzbereich von 0.1–3 Hz) zu etwa 80–90%. An seiner neuronalen Kontrolle sind die Vestibulariskerne maßgeblich beteiligt.

Drehungen der Augen um die anterioposteriore Achse sind *torsionale (zyklorotatorische) Augenbewegungen* (Rotation eines Punktes in der oberen Augenhälfte temporalwärts = Etorsion bzw. nasalwärts = Intorsion) stabilisieren die Vertikale des Auges gegenüber entsprechenden Kopfdrehungen. Es handelt sich um langsame Augenbewegungen und schnelle Sakkaden mit einer Amplitude von maximal 15°. Reizung der Bogengänge und der Otolithenorgane (VOR) und schwächer auch optokinetische Reizung (OKN) lösen Torsionsbewegungen der Augen aus. Die beteiligten neuronalen Systeme entsprechen denen bei horizontalen und vertikalen Augenbewegungen: Die langsamen Phasen erfolgen maßgeblich über die Vestibulariskerne unter Einbeziehung des N. praepositus hypoglossi als Integrator, die schnellen Phasen über die bei den vertikalen Sakkaden bereits beschriebene Mittelhirnstruktur (riMLF) unter Mitwirkung des interstitiellen Nucleus von Cajal.

Merke

Die verschiedenen Arten von Augenbewegungen (Folgebewegungen, Sakkaden, Nystagmen, Torsionsbewegungen) und Fixationsperioden halten Objekte bei Eigen- und Fremdbewegungen in der Fovea, sie unterliegen spezifischen, neuronalen Kontrollsystemen.

Klinik

Fehlstellungen und Blicklähmungen. Jede Art von Augenbewegungen hat ihr eigenes, neuronales Kontrollsystem mit spezifischen Eingängen und einer gemeinsamen motorischen Endstrecke. Fehler in den Kontrollsystemen können zu Fehlstellungen der Augen *(❸Schielen)*, zu rhythmischen Spontanbewegungen *(❸Nystagmus)* oder ❸*Blicklähmungen* führen.

Durch die getrennten Kontrollsysteme für verschiedene Augenbewegungen bietet das okulomotorische System eine besondere Möglichkeit, ohne großen technischen Aufwand aus Fehlfunktionen auf die Lokalisation von Schäden im ZNS zu schließen. Muskuläre Fehlstellungen oder Fehlinnervationen führen zu ❸*Strabismus* (Schielen) und ❸*Diplopie* (Doppeltsehen). Bei Läsionen der PPRF (parapontine retikuläre Formation) können keine Augenbewegungen auf die zur Läsion ipsilaterale Seite erfolgen. Läsionen im Abducenskern oder im frontalen Augenfeld und den Colliculi superiores können ähnliche horizontale Blicklähmungen bedingen. Allerdings kann nach PPRF Läsion über den VOR (Vestibulokulärer Reflex) die ausgefallene Bewegung noch ausgelöst werden, nicht jedoch nach Abducenskernläsionen. Nur beidseitige riMLF-Läsionen (rostraler interstitieller Kern des medialen, longitudinalen Fasciculus) führen zur vertikalen Blicklähmung. Einseitige Läsionen im frontalen Augenfeld führen zu einer Lähmung für bewusste Bewegungen auf die gegenüberliegende Seite, nach beidseitigen Läsionen sind nach beiden Seiten alle bewussten, lateralen Blickwendungen ausgefallen. Läsionen im Hirnstamm nahe dem Nucleus praepositus hypoglossi und Läsionen in den Vestibulariskernen führen zu Spontannystagmus. Ausfälle im Flocculusbereich des Zerebellums erzeugen einen langsameren, zentripetalen Nystagmus, da die neue Position nach Sakkaden nicht festgehalten werden kann. Läsionen im Vermisbereich des Zerebellums führen zu einer sakkadischen Dysmetrie. Läsionen im parietotemporalen Kortex betreffen besonders ipsilateral gerichtete Folgebewegungen.

10.3   Augenhintergrund, Netzhaut und Signaltransduktion

Augenhintergrund

Zur *direkten Ophthalmoskopie* blickt der Untersucher mit dem *Augenspiegel* direkt und fernakkommodiert in das Patientenauge (◻ Abb. 10.6 a). Es ergibt

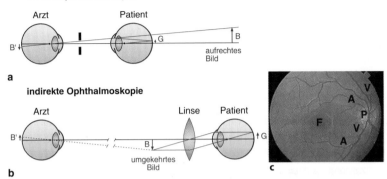

□ **Abb. 10.6. Direkte (a) und indirekte Ophthalmoskopie (b) zur Betrachtung des Augenhintergrundes (c). a** G Gegenstand, B′ Abbildung im Beobachterauge, B virtuelles, aufrechtes Bild. **b** Linse in Arbeitsentfernung vom Arztauge (ca. 50 cm), B reelles, umgekehrtes Bild. **c** Augenhintergrund eines rechten Auges, nasal = *rechts*, temporal = *links* (Ausschnitt von 30° – entspricht etwa dem Gesichtsfeld bei indirekter Ophthalmoskopie). *F* Fovea centralis umgeben von der Macula lutea (pigmentiert). *P* Papilla nervi optici, *A* Arterien *(hellrot)*. *V* Venen *(dunkelrot)* (Fotografie Prof. Foerster, Berlin)

sich ein etwa 16fach vergrößertes, aufrechtes Bild eines kleinen Fundusausschnittes. Bei der *indirekten Ophthalmoskopie* wird eine Lupe (+15 dpt) vor das Patientenauge gehalten; auf diese Weise entsteht ein etwa 4fach vergrößertes, umgekehrtes Bild eines größeren Ausschnitts des Augenhintergrundes (□ Abb. 10.6 b). In der nasalen Hälfte des Augenhintergrundes sieht man die blassgelbe Papilla nervi optici, den Austrittsort des Sehnervs und die Aus- und Eintrittspforte der A. und V. centralis retinae. Etwa 15° temporal von der Papille fällt ein gefäßfreier Bereich auf, der z. T. stärker pigmentiert ist (Macula lutea) und in dessen Mitte die Fovea centralis – der Ort des schärfsten Sehens – liegt (□ Abb. 10.6 c).

Das vielschichtige, neuronale Netzwerk der Retina misst vom Glaskörper zur Epithelschicht etwa 200 μm. An die außen liegende Chorioidea schließen das Pigmentepithel und die Photorezeptorzellen (Zapfen und Stäbchen) an. Es folgen von außen nach innen Horizontalzellen, Bipolarzellen, amakrine Zellen und Ganglienzellen. Die Axone der Ganglienzellen bilden den N. opticus. Die Müller-Zellen sind die Glia-Zellen der Netzhaut. Sie erstrecken sich durch alle retinalen Schichten. Das Licht trifft von innen auf die den Photorezeptoren abgewandte Seite der Netzhaut (□ Abb. 10.7 a).

■■■ **Blutversorgung.** Die Netzhautarterien, die von der A. centralis retinae ausgehen, versorgen die inneren zwei Drittel der Netzhaut. Das äußere Drittel wird durch Diffusion aus dem venösen Plexus der Chorioidea versorgt. Diese Versorgungsgebiete bedingen unterschiedliche Ausfälle der Netzhaut bei Zentralarterienverschluss oder Netzhautablösung. Bei Zentralarterienverschluss degenerieren die inneren Netzhautschichten bei erhaltener Photorezeptorschicht. Bei Netzhautablösung tritt eine Degeneration der nach außen zur Chorioidea weisenden Rezeptorschicht ein, während die inneren Schichten überleben.

Merke

Mit dem Augenspiegel kann man die Netzhaut, die Blutgefäße zur Versorgung der inneren Netzhautschichten sowie die *Fovea* und den Austrittsort des Sehnervs sehen. Die Netzhaut ist ein vielschichtiges Organ, in dem wir Photorezeptoren und 4 Klassen von Nervenzellen sowie Pigmentepithel und Gliazellen finden.

Struktur und Funktion der Photorezeptoren

Etwa 120 Mio. Stäbchen und 6 Mio. Zapfen befinden sich in jeder Netzhaut. Sie konvergieren auf 1 Mio. Ganglienzellen, von denen die Signale zentralwärts weitergeleitet werden. Die *Photorezeptoren* (*Stäbchen* und *Zapfen*) besitzen ein *Außenglied,* das über ein dünnes *Zilium* mit dem *Innenglied* verbunden ist. In der Fovea beträgt der Zapfendurchmesser etwa 2 μm, der Stäbchendurchmesser parafoveal rund 3 μm. 1000 Membranscheibchen liegen in den Stäbchenaußengliedern geldrollenförmig angeordnet. Bei den Zapfen sind die entsprechenden Strukturen Membraneinfaltungen im Außenglied (◨ Abb. 10.7 b).

In der Scheibchenmembran befindet sich das *Rhodopsin*, der *Sehfarbstoff* der Stäbchen. Rhodopsin besteht aus dem Glykoprotein Opsin und einer chromophoren Gruppe, dem 11-cis-Retinal, einem Aldehyd des Vitamins A_1. Das Rhodopsin hat ein Absorptionsmaximum für Licht mit Wellenlängen um 500 nm. In den Membraneinfaltungen der Zapfen findet man die Zapfensehfarbstoffe, die sich durch andere Glykoproteine und andere Absorptionsmaxima auszeichnen (◨ Abb. 10.18 a).

Die *Photorezeptoraußenglieder* unterliegen einer fortwährenden *Erneuerung*. Membranscheibchen werden an der Spitze der Photorezeptoren abgestoßen. Die Pigmentepithelzellen phagozytieren die abgestoßenen Membranscheiben. Beim Krankheitsbild der ➍ *Retinitis pigmentosa* degenerieren zuerst die Stäbchen, dann die Zapfen und das Pigmentepithel wird dünn und zeigt Pig-

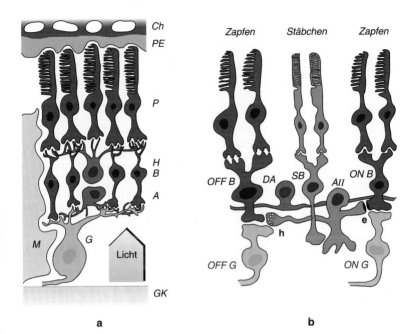

a

b

◨ **Abb. 10.7. Verschaltung der verschiedenen Neuronentypen der Netzhaut. a** Chorio-idea *(Ch)*, Pigmentepithel *(PE)*, Photorezeptoren *(P)*, Horizontalzelle *(H)*, Bipolarzellen *(B)*, Amakrinzelle *(A)*, Ganglienzelle *(G)*, Müller-Zelle *(M)*, Glaskörper *(GK)*. Der *Pfeil* gibt die Richtung des Lichteinfalls an. **b** Signalfluss der Zapfen *(rot)* und der Stäbchen *(grün)* zu den ON- und OFF-Ganglienzellen *(G)*. *B* Zapfenbipolare, *SB* Stäbchenbipolare, *AII* Stäbchenamakrine, *DA* dopaminerge Amakrine, *e* elektrische Synapse, *h* hemmende, chemische Synapse

mentablagerungen, die der Krankheit den Namen geben. Es handelt sich um eine Gruppe erblicher Netzhauterkrankungen mit komplexem, genetischem Hintergrund. Die bisher identifizierten Gene, die mit Retinitis pigmentosa assoziiert sind, sind in Photorezeptoren exprimiert. Sie kodieren entweder für Komponenten der Phototransduktionskaskade (Rhodopsin und Phosphodiesterase) oder sind am Metabolismus des Retinal beteiligt.

Im Dunkeln sind die Photorezeptoren durch einen ständig erhöhten Na^+-Ca^{2+}-Einstrom auf −30 mV depolarisiert (◨ Abb. 10.8 a). Bei der **Phototransduktion** werden Lichtquanten von der chromophoren Gruppe des Rhodopsins absorbiert; sie bewirken innerhalb weniger Pikosekunden die Stereoisomerisation des **Retinals** von der 11-cis- zur All-trans Form (◨ Abb. 10.9 a). Das Rho-

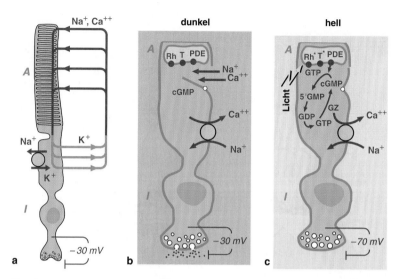

◼ Abb. 10.8. Anatomie eines Photorezeptors (Stäbchen) mit Na⁺/Ca²⁺-Dunkelstrom (a) und Signalkette der Phototransduktion (b, c). a Außensegment *(A)*, Innensegment *(I)* **b** Ruhezustand. *cGMP* zyklisches Guanosinmonophosphat *Rh* Rhodopsin, *T* Transducin (G-Protein), *PDE* Phosphodiesterase. **c** Signalkaskade bei Belichtung. *GDP* Guanosindiphosphat, *GTP* Guanosintriphosphat, *GZ* Guanylatzyklase. Am Rezeptorfuß sind jeweils Membranpotential und Transmitterfreisetzung angedeutet

dopsin zerfällt über mehrere, schnelle Zwischenprodukte (Prelumirhodopsin, Lumirhodopsin, Metarhodopsin I) im Millisekundenbereich zum Metarhodopsin II. Auf diese Konformationsänderung des Rhodopsins folgt eine Verminderung der Permeabilität der äußeren Stäbchenmembran für Natrium- und Kalziumionen. Das führt zu einer *Hyperpolarisation* der Photorezeptormembran unter Lichteinfluss auf bis zu –70 mV. Folge ist eine verminderte Transmitterausschüttung an den Synapsen der Photorezeptoren (◼ Abb. 10.8b).

Eine *intrazelluläre Signalkaskade* verknüpft Sehfarbstoffmoleküle und Rezeptormembran. Das zyklische Guanosinmonophosphat *(cGMP)* hält Natrium-Kalzium-Kanäle in der Membran der Außenglieder im Dunkeln offen *(Dunkelstrom),* was die Depolarisation in Ruhe erklärt (◼ Abb. 10.8b). Nach Belichtung induziert das aktivierte Rhodopsin (Metarhodopsin II) mit GTP die Aktivierung von *Transducin* (einem G-Protein aus der Scheibchenmembran), das eine Vielzahl von Phosphodiesterasemolekülen aktiviert (Verstärkungsprozess) und damit die Hydrolyse von cGMP zu 5'GMP einleitet. Die verminderte Konzentration von cGMP führt zur Schließung der Na^+- Ca^{2+}-Kanäle in der Photorezeptormembran und damit zur Hyperpolarisation unter Licht (■ Abb. 10.8c). Bei geschlossenen Na^+-Ca^{2+}-Kanälen verringert sich die Konzentration der Ca^{2+}-Ionen im Zytoplasma und über den Wegfall einer Ca^{2+}-Hemmung der Guanylatzyklase wird die Produktion von cGMP erhöht; es kommt wieder zur Öffnung der Na^+-Ca^{2+}-Kanäle, zur Depolarisation und zur Rückkehr zum Ruhezustand.

Ähnliche Vorgänge spielen sich ausgehend von den Scheibchen der Stäbchenaußensegmente und den Membraneinfaltungen der Zapfenaußensegmente ab, wobei 11-cis-Retinal in beiden Fällen als lichtabsorbierendes Molekül und Rhodopsin oder »*Zapfenopsin*« als Protein beteiligt sind. Im Vergleich zu den Stäbchen antworten die Zapfen schneller, jedoch mit geringerer Empfindlichkeit. Zerfall und Resynthese der Zapfenpigmente verlaufen schneller als bei Rhodopsin.

> **Merke**
>
> Stäbchen und Zapfen enthalten verschiedene Sehfarbstoffe, deren Anregung durch Licht unter Vermittlung intrazellulärer Überträgersysteme den visuellen Transduktionsvorgang einleitet. Die intrazelluläre Signalkaskade führt zur Hydrolyse des zyklischen Guanosinmonophosphats, das in Dunkelheit die Natrium-Kalzium-Kanäle offen hält. Daraufhin kommt es zur Hyperpolarisation der Photorezeptoren.

Dunkeladaptation

Nach einer sehr hellen Beleuchtung der Netzhaut dauert der vollständige Resyntheseprozess in Dunkelheit über 1 h (photochemischer Anteil der Dunkeladaptation). Dabei nimmt die Empfindlichkeit des Auges in den ersten 30 min um fast 6 Zehnerpotenzen zu. Das *photopische Sehen (Tagessehen)* der Zapfen geht am Ende der Zapfenadaptation nach etwa 8–10 min am Kohlrausch-Knick durch den schmalen Bereich des *mesopischen Sehens (Dämmerungssehen)*, in dem Zapfen und Stäbchen gemeinsam aktiv sind, in das *skotopische Sehen (Nachtsehen)* der Stäbchen über. Die langsamere Stäbchenadaptation trägt dann den etwas größeren Anteil zur Gesamtempfindlichkeitszunahme bei (■ Abb. 10.9b).

All-trans-Retinal und Opsin liegen nach dem Phototransduktionsprozess getrennt und inaktiv vor. Das All-trans-Retinal muss in die 11-cis-Form zu-

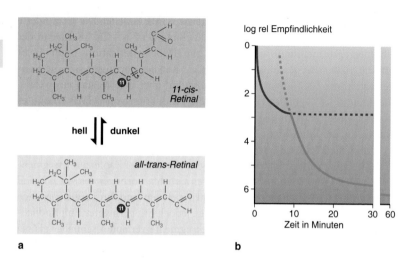

Abb. 10.9. Dunkeladaptation. a Strukturformeln des Retinals in 11-cis- und all-trans-Konfiguration mit Rotation um die 11-cis-Doppelbindung. **b** Dunkeladaptationskurven eines normalen (durchgezogen *rot* und *grün*), eines Nachtblinden *(rot)* und eines vollständig Farbenblinden (Stäbchenmonochromat, *grün*)

rückgeführt werden, um erneut für die Photoreaktion zur Verfügung zu stehen. Im Pigmentepithel der Netzhaut wird das All-trans-Retinal zu All-trans-Retinol (Vitamin A) reduziert, in die 11-cis-Form überführt und steht dann als Ester wieder zur Bildung von 11-cis-Retinal zur Verfügung. Bei der *photochemischen Adaptation* verschiebt starker Lichteinfall das Gleichgewicht weit auf die Seite des nicht lichtempfindlichen All-trans-Retinals, während längerer Aufenthalt im Dunkeln zu einem Überwiegen der 11-cis-Form und damit zu einer hohen Photosensibilität der Photorezeptoren führt (■ Abb. 10.9a).

Neben den photochemischen Vorgängen in Zapfen und Stäbchen tragen auch *neuronale Komponenten der Dunkeladaptation* wie die bereits beschriebene Pupillenreaktion und die Umschaltung vom Zapfen- auf das Stäbchensehen (siehe unterhalb) zur Adaptation an unterschiedliche Leuchtdichten bei. Eine weitere neuronale Komponente der Dunkeladaptation ist die Abnahme an lateraler Hemmung und Zunahme der erregenden Konvergenz im rezeptiven Feld, die sich in einer Vergrößerung der erregenden Feldzentren retinaler Zellen ausdrückt.

> ### Merke
>
> Die Menge an verfügbarem Sehfarbstoff bestimmt als photochemische Komponente maßgeblich die Lichtempfindlichkeit bei der Anpassung an unterschiedliche Leuchtdichten. Hinzu kommen verschiedene neuronale Mechanismen wie die schnelle Pupillenreaktion, die Umschaltung von Zapfen auf Stäbchen oder die Veränderung von erregender Konvergenz und lateraler Hemmung in den retinalen rezeptiven Feldern.

10.4 Neuronale Signalverarbeitung in der Netzhaut

Rezeptive Felder retinaler Zellen

Die Zapfen sind über die Bipolarzellen direkt mit den Ganglienzellen verbunden, deren Axone das erste Neuron der zentralen Sehbahn bilden (◌ Abb. 10.7 b). Die Stäbchen finden Anschluss an die Zapfenbipolarzellen über die stäbchenamakrinen Zellen (AII) und benutzen danach denselben Weg wie die Zapfensignale ins ZNS (◌ Abb. 10.7 b). Beim Sehen mit den Zapfen wird das Stäbchensystem gehemmt. Dies geschieht durch einen Typ dopaminerger, amakriner Zellen, die Erregung aus dem Zapfensystem erhalten und bei Tagessehen die Stäbchenamakrinen hemmen und damit die Fortleitung der Stäbchenantwort unterbrechen. Wird die Empfindlichkeit der Zapfen in der Dämmerung unterschritten, fällt diese Hemmung weg, und die Stäbchenantwort kommt zum Tragen. Die Horizontalzellen mit Synapsen an den Photorezeptorfüßen und die amakrinen Zellen mit Synapsen an den Bipolar- und Ganglienzellen bieten hauptsächlich Möglichkeiten zur lateralen Hemmung. Die *Signalverarbeitung* in der Netzhaut erfolgt mit postsynaptischen Potentialen. Erst die Ganglienzellen kodieren Erregung und Hemmung durch Zu- und Abnahme von Aktionspotentialfrequenzen (◌ Abb. 10.10).

Durch die Verschaltung der retinalen Zellen entstehen *rezeptive Felder*. Als rezeptives Feld wird derjenige Bereich der Netzhaut bezeichnet, von dem aus die Aktivität einer Zelle beeinflusst werden kann. Auf der Netzhaut entspricht das der Photorezeptorenfläche, die mit der Zelle verbunden ist. Die rezeptiven Felder der Ganglienzellen bestehen aus einem Zentrum und einem Umfeld.

Zwei getrennte Systeme für *Hell- und Dunkel-Wahrnehmung* mit On-Zentrum- und Off-Zentrum-Zellen entstehen im retinalen Netzwerk (◌ Abb. 10.10). Beim *photopischen Sehen* wird durch Lichtreize primär der durch den Dun-

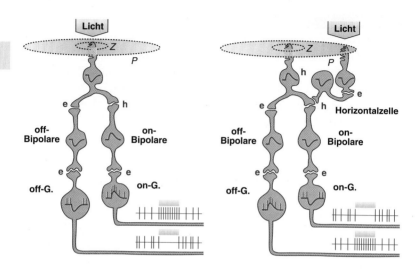

a   **b**

□ Abb. 10.10. On- und Off-Antworten (a) und das antagonistische, hemmende Umfeld retinaler rezeptiver Felder (b). Membranpotentialverläufe bei Lichteinwirkung *(rot)*. *h* hemmende, *e* erregende, chemische Synapsen. Anatomische Details zur synaptischen Verschaltung □ Abb. 10.7. **a** Signalfluss im Zapfensystem zu On- und Off-Zentrum-Ganglienzellen. **b** Reizung der Peripherie *(P)* wirkt über eine hemmende Horizontalzellsynapse depolarisierend auf den Photorezeptor im Zentrum (Signalumkehr im On- und Off-Kanal)

kelstrom ausgelöste, kontinuierliche Transmitterfluss an den Synapsen zwischen Zapfen und Bipolarzellen vermindert. Bei der *On-Zentrum-Bipolarzelle* ist dies eine hemmende Synapse, sodass aus der verringerten Hemmung eine Depolarisation der Bipolarzelle folgt, die zur Erregung der nachgeschalteten *On-Zentrum-Ganglienzelle* führt. Demgegenüber entsteht die Lichthemmung der *Off-Zentrum-Ganglienzellen* dadurch, dass in der Signalkette vom Photorezeptor zur Ganglienzelle nur erregende Synapsen vorliegen. Die Hyperpolarisation der Zapfen unter Lichteinfluss wird direkt als verminderte Erregung an die *Off-Zentrum Bipolarzellen* und von dort an die *Off-Zentrum-Ganglienzellen* weitergegeben (□ Abb. 10.10a).

Beim *skotopischen Sehen* entstehen On- und Off-Antworten auf andere Weise: Die Lichtantwort der Stäbchen führt über eine hemmende Synapse zur Depolarisation der *Stäbchenbipolarzellen*. Diese erregen Stäbchenamakrine, die ihrerseits On-Bipolare über eine elektrische Synapse erregen und Off-Bipolare über eine chemische Synapse hemmen und damit an den Ganglienzellen dieselben Lichtantworten wie das Zapfensystem auslösen (■ Abb. 10.7b).

Photorezeptoren innervieren über erregende Synapsen Horizontalzellen, die über hemmende Synapsen benachbarte Photorezeptoren beeinflussen (■ Abb. 10.10b). Durch diese *laterale Hemmung* entstehen an den Bipolarzellen und Ganglienzellen der Netzhaut *konzentrische, antagonistische rezeptive Felder,* die kontrastverstärkend wirken. Zunahme der Leuchtdichte im Zentrum einer On-Zentrum- Zelle führt zu einer erhöhten Impulsrate (On-Erregung), Abnahme zu einer verminderten Impulsrate (Off-Hemmung). Das antagonistische Umfeld verhält sich umgekehrt. Mehr Licht im Umfeld löst eine Hemmung aus, weniger eine Erregung. Off-Zentrum-Zellen zeigen spiegelbildliches Verhalten.

Einige psychophysische Beobachtungen lassen sich direkt durch die retinale Verschaltung erklären. Unbunte und farbige *Sukzessivkontraste* (Nachbilder nach längerer Fixation eines visuellen Reizes) beruhen auf lokaler, photochemischer und neuronaler Adaptation. Beim sofort erkennbaren *Simultankontrast* wird die Wahrnehmung einer Fläche durch laterale Hemmung aus der Umgebung beeinflusst.

> ### Merke
>
> Zapfen- und Stäbchensignale kommen als abgestufte, postsynaptische Potentiale auf unterschiedlichen Wegen zu den retinalen Ganglienzellen. Es gibt lichterregte (*ON*) und lichtgehemmte, dunkelerregte (*OFF*) Zellen. Laterale Hemmungsmechanismen zwischen benachbarten Netzhautzellen führen zu antagonistischen rezeptiven Feldern mit erregenden Zentren und hemmenden Umfeldern.

Die Sehschärfe

Die Sehschärfe *(Visus)* ist der Kehrwert des in Winkelminuten angegebenen räumlichen Auflösungsvermögens des Auges.

$$\text{Visus} = 1/\alpha \; (\text{Winkelminuten}^{-1}). \tag{10.3}$$

Wenn 2 unter einem Sehwinkel von 1 Winkelminute (1′) betrachtete Punkte (z. B. die Begrenzung der Lücke in einem Landolt-Ring) getrennt wahrgenom-

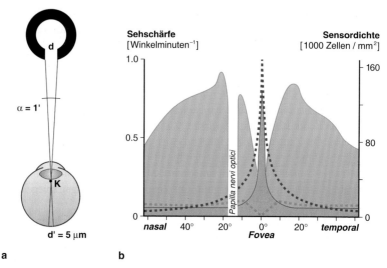

a   b

◨ **Abb. 10.11. Test der Sehschärfe (a) und ihre Abhängigkeit von der Rezeptordichte der Netzhaut (b). a** Landolt-Ring mit Lücke *d* und Abbildung *d′* auf der Netzhaut (Sehwinkel µ = 1′). *K* Knotenpunkt. **b** Photopische *(rot gestrichelt)* und skotopische Sehschärfe *(grün gestrichelt)* sowie Zapfen- *(rot)* und Stäbchendichte *(grün)*. Ausgespart der rezeptorfreie Bereich des blinden Flecks (Papilla nervi optici, 15 nasal)

men werden, beträgt der Visus 1 (◨ Abb. 10.11a). Demgegenüber ist die Sehschärfe für die Auflösung eines Kontursprungs (Noniussehschärfe) etwa 5- bis 10fach größer.

In der Fovea ist die Sehschärfe am größten. Sie nimmt zur Peripherie der Netzhaut hin ab und spiegelt so die räumliche Verteilung der Netzhautzellen wider (◨ Abb. 10.11b). Das Auflösungsvermögen der Netzhaut (1 Winkelminute = 1/60°) entspricht der Trennung von Punkten mit einem retinalen Abstand von d′ = 5 µm. Der minimale Zapfenreihenabstand beträgt in der Fovea 2,4–2,6 µm. Es können demnach 2 Punkte getrennt wahrgenommen werden, wenn sie 2 Zapfen erregen, zwischen denen ein weiterer Zapfen liegt. Bei Helladaptation bildet in der Fovea centralis ein Zapfen das rezeptive Feldzentrum einer Ganglienzelle. Zur Peripherie hin werden die rezeptiven Felder, die die funktionelle Grundlage der Sehschärfe darstellen, größer; es konvergieren immer mehr Rezeptoren auf das Feldzentrum, und zugleich nimmt die Rezeptordichte ab und der Rezeptorabstand zu; 4° extrafoveal hat sich der mittlere Zapfenabstand bereits vervierfacht. Dementsprechend nimmt die Sehschärfe zur Netzhautperipherie hin ab. Die Sehschärfe ist auch leuchtdichteabhängig; sie beträgt bei Dämmerungslicht nur noch etwa 0,1 (◘ Abb. 10.11b). Das beruht auf der zunehmenden räumlichen Summation im rezeptiven Feld bei Dunkeladaptation, wodurch die Empfindlichkeit zu-, die räumliche Auflösung aber abnimmt.

Die für das Tagessehen zuständigen Zapfen haben die größte Dichte in der Fovea centralis, während die beim Nachtsehen aktiven Stäbchen in der Fovea fehlen und statt dessen parafoveal (15–20° Sehwinkel außerhalb der Fovea) am dichtesten angeordnet sind. Deshalb ist die Fovea beim skotopischen Sehen »blind« (◘ Abb. 10.11b). Das ist der Grund, weshalb wir nachts schwache Sterne parafoveal sehen können, die jeweils verschwinden, sobald wir versuchen, sie zu fixieren.

> **Merke**
>
> Die Sehschärfe (Visus) korreliert mit der Rezeptordichte und der rezeptiven Feldgröße in der Netzhaut und ist von der Adaptation und vom retinalen Ort abhängig.

Elektroretinogramm und Elektrookulogramm

Der photorezeptorische Prozess und die Signalverarbeitung in der Retina bilden sich im *frühen Rezeptorpotential (early receptor potential = ERP)* und *Elektroretinogramm (ERG)* ab (◘ Abb. 10.12a). Das ERP hat 1 ms Latenz nach einem Lichtblitz, es beruht zu 70% auf der Zapfenantwort und ist das bioelektrische Äquivalent der primären Rezeptorprozesse. Das Elektroretinogramm wird auch als *spätes Rezeptorpotential (late receptor potential = LRP)* bezeichnet. Es umfasst die negative a-Welle nach 10 bis 15 ms (elektrische Aktivierung der Photorezeptoren), die positive b-Welle (Aktivität der nachgeschalteten Netzhautzellen) und die langsame c-Welle (Reaktion der Pigmentepithelzellen). Parallel zur b-Welle ändert sich auch das Membranpotential der retinalen Gliazellen. Die d-Welle ist die Antwort auf »Licht aus«.

Zwischen dem Pigmentepithel und den Rezeptoraußengliedern besteht eine Potentialdifferenz, das *korneoretinale Bestandspotential*, das zu einer relativen Positivität des vorderen Augenabschnitts gegenüber dem hinteren führt. Das *Elektrookulogramm* (EOG) entsteht als Folge dieses elektrischen Dipols und kann zur Darstellung von Augenbewegungen genutzt werden.

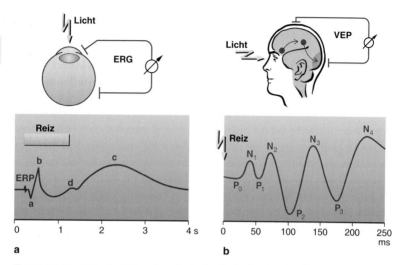

Abb. 10.12. Klinisch-elektrophysiologische Methoden im visuellen System. a *Oben* Ableitschema zum Elektroretinogramm (ERG). Im Zeitverlauf *(unten)* ist das frühe Rezeptorpotential *(»early receptor potential« = ERP)* und das photopische ERG mit den Wellen *a, b, d* (off) und *c* bei einem Ganzfeld-Lichtreiz von 1 s Dauer dargestellt. **b** *Oben* Ableitschema des visuell evozierten Potentials *(VEP). Unten* charakteristisches VEP mit positiven (P_n) und negativen (N_n) Wellen nach einem Lichtblitz

---

Klinik

Elektroretinogramm. Die Funktionen der Netzhaut können mit elektrophysiologischen Messverfahren objektiv erfasst werden. Mit Hilfe des **ERG** können Störungen der äußeren Netzhautschichten (a-Welle) von denen der inneren Schichten (b-Welle) differenziert werden. Bei Durchblutungsstörungen der inneren Schichten kann eine verminderte b-Welle bei normaler a-Welle gefunden werden. Intraokulär liegende Metallfremdkörper schädigen ebenfalls primär die inneren Netzhautschichten, führen sekundär aber zu einer Verminderung aller ERG-Komponenten. Bei erblichen, degenerativen Netzhauterkrankungen (z. B. ⊕ *Retinitis pigmentosa*) sind primär die äußeren Schichten betroffen und das gesamte ERG ist bereits vor dem Auftreten klinischer Symptome verändert. Das erlaubt die Voraussage einer möglicherweise bevorstehenden, klinischen Manifestation.

10.5   Die zentrale Sehbahn

Topographie und Perimetrie

Die heute übliche, hierarchische Benennung der visuellen Hirnrindenareale (V 1 bis V 5) und die Definition über ihre Lage (MT, IT, etc.) beruht auf einer Kombination von Zytoarchitektur, neueren, neuroanatomischen Verfahren zur Bestimmung von Projektionsgebieten und auf funktionellen Erkenntnissen. Diese Systematik deckt sich nur selten mit der älteren, zytoarchitektonischen Nomenklatur nach Brodmann (Areae 17, 18, 19, 20, 21). Die primäre Sehrinde V 1 entspricht Area 17; V 2, V 3, V 4 sind in Area 18, MT (mediotemporal = V 5) in Area 19 und IT (inferotemporal) in den Areae 20 und 21 lokalisiert. Das frontale Augenfeld liegt in Area 8.

Am Anfang der *Sehbahn* ziehen die Nervenfasern der retinalen Ganglienzellen im N. opticus zur *Sehnervenkreuzung (Chiasma opticum),* wo die nasalen Fasern kreuzen. Auf diese Weise ist hinter dem Chiasma opticum die rechte Gesichtsfeldhälfte in der linken Hemisphäre und die linke Gesichtsfeldhälfte in der rechten Hemisphäre repräsentiert. Nur der innerste Bereich des zentralen Gesichtsfeldes ist beidseitig vertreten. Hinter der Sehnervenkreuzung verlaufen die gekreuzten Fasern des kontralateralen und die ungekreuzten Fasern des ipsilateralen Auges gemeinsam im *Tractus opticus,* geben Abzweigungen zur prätektalen Region und zu den Colliculi superiores ab und erreichen das *Corpus geniculatum laterale (CGL).* In dieser im Thalamus gelegenen Schaltstation der Sehbahn erfolgt eine monosynaptische Übertragung von den Sehnervenfasern auf die genikulären Schaltzellen, deren Axone ohne weitere Verschaltung als *Radiatio optica* in die Eingangsschichten der *primären Sehrinde* (V 1) ziehen (◨ Abb. 10.13).

Die Projektion folgt bestimmten *Abbildungsregeln*: Benachbarte Orte der Netzhaut werden in CGL und Sehrinde benachbart abgebildet (retinotope Abbildung); die Größe der zentralen Projektion ist proportional der retinalen Ganglienzelldichte. Deshalb ist die Fovea centralis vergrößert, die Netzhautperipherie klein abgebildet. In der primären Sehrinde (V 1) projiziert die Fovea centralis auf den hinteren Okzipitalpol, die Peripherie des Gesichtsfeldes ist rostralwärts auf der medialen Seite der Hemisphären repräsentiert, die untere Gesichtsfeldhälfte liegt oberhalb und die obere Gesichtsfeldhälfte unterhalb der Fissura calcarina.

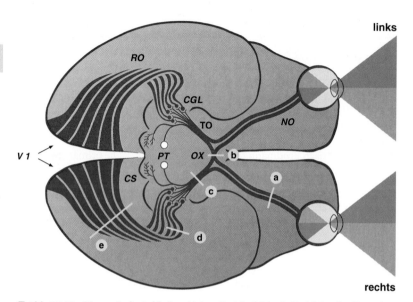

■ **Abb. 10.13. Die zentrale Sehbahn.** Linkes Gesichtsfeld mit Projektion in die rechte Hemisphere *blau*, rechtes Gesichtsfeld mit zentraler Projektion nach links *rot*. *NO* N. opticus, *OX* Chiasma opticum, *TO* Tractus opticus, *CGL* Corpus geniculatum laterale, *PT* Prätektum, *CS* Colliculi superiores, *V 1* Primäre Sehrinde. *a* bis *e* sind die Läsionsorte für die Gesichts-feldausfälle in ■ Abbildung 10.14b

---

Merke

Benachbarte Orte der Netzhaut bleiben auch im Gehirn benachbart, und der Bereich um die Fovea centralis wird dabei überproportional groß repräsentiert.

Bei der *Perimetrie* werden unter genauer Fixation die äußeren Grenzen des **monokularen Gesichtsfeldes** sowie Bereiche mit Gesichtsfeldausfällen (Skotome) bestimmt (■ Abb. 10.14a). Die **kinetische Perimetrie** verwendet dazu definierte Lichtreize, die langsam aus der Peripherie ins Zentrum des Gesichtsfeldes bewegt werden. Das Gesichtsfeld für unbunte Reize ist am größten, die Gesichtsfelder für verschiedene Farbenwahrnehmungen sind kleiner (das Gesichtsfeld für blau ist größer als das Gesichtsfeld für rot). Mit der **statischen**

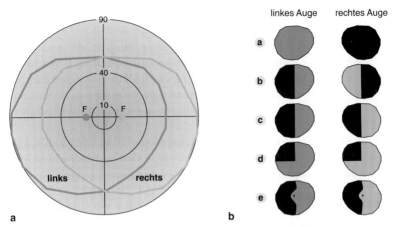

Abb. 10.14. Perimetrie (A) und Gesichtsfeldausfälle (B). a Gesichtsfeld des linken Auges *(hellgrün)* und des rechten Auges *(dunkelgrün)*. *F* blinder Fleck. Die Summe beider monokularer Gesichtsfelder ergibt das binokulare Gesichtsfeld. **b** Ausfälle im Gesichtsfeld des rechten und linken Auges nach Läsionen bei *a–e* in **Abbildung 10.13**. Die Skotome sind dunkel dargestellt

Perimetrie, bei der die Intensitätsschwelle für unbewegte, definierte Reize im Gesichtsfeld bestimmt wird, lässt sich die »Tiefe« eines Skotoms bestimmen.

Klinik ─────────────────────────────────

Skotome. Unter bestimmten Bedingungen findet man blinde Bereiche innerhalb der Grenzen der normalen monokularen Gesichtsfelder. Der *blinde Fleck* von 5° Durchmesser liegt als physiologisches Skotom 15° im temporalen Gesichtsfeld und entspricht dem rezeptorfreien Bereich der Papilla nervi optici in der nasalen Netzhauthälfte (**Abb. 10.11b und 10.14a**). Aus der Lage und Ausdehnung eines ⊖ Skotoms lässt sich der Ort einer Schädigung im Verlauf der Sehbahn ableiten (**Abb. 10.14b**). Monokulare Ausfälle liegen immer vor der Sehnervenkreuzung (Netzhaut oder N. opticus), bitemporale (in beiden Augen temporale) oder binasale Schäden liegen im Bereich der Sehnervenkreuzung, homonyme (im Gesichtsfeld gleichseitige) Ausfälle entstehen bei Schädigungen der Sehbahn hinter der Sehnervenkreuzung (Tractus opticus, Corpus geniculatum laterale, Sehstrahlung und Sehrinde).

Parallelverarbeitung visueller Signale

Bereits in der Retina nehmen **das magno- und parvozelluläre System** mit 2 unterschiedlichen Hauptganglienzellklassen ihren Ausgang: das großzellige (magnozelluläre) **M-System** und das kleinzellige (parvozelluläre) **P-System**.

Die phasischen, kontrast- und bewegungsempfindlichen M-Zellen mit großen Zellkörpern, großen Dendritenfeldern und großen rezeptiven Feldern machen 10% der Ganglienzellpopulation aus. Die tonischen, farbempfindlichen P-Zellen mit kleineren Zellkörpern, kleinen Dendritenfeldern und kleinen rezeptiven Feldern sind erheblich zahlreicher vertreten (80%). Die P-Zellen sind für eine hohe räumliche Auflösung, für die Formanalyse und das Farbensehen, die M-Zellen mehr für das Kontrast- und Bewegungssehen geeignet. M- und P-Zellen projizieren getrennt über den Thalamus zur primären Sehrinde (◨ Abb. 10.15). Eine heterogene Gruppe retinaler Zellen mit kleinen Zellkörpern, aber großen, verzweigten Dendritenfeldern (10%) enthält die Ursprungszellen des blauempfindlichen, **koniozellulären Systems (K-System)**, das ebenfalls über den Thalamus zur Sehrinde zieht. Andere Zellen dieser heterogenen Gruppe senden ihre Fasern ins Mittelhirn. Dazu gehören die tonischen Zellen

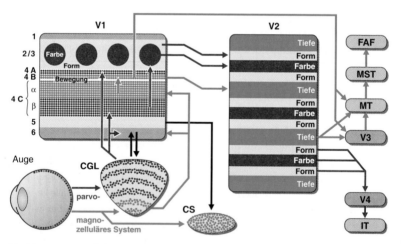

◨ **Abb. 10.15. Parallelverarbeitung im magnozellulären (grün) und parvozellulären System (rot).** α und β-Zellen der Netzhaut innervieren im 6 schichtigen Corpus geniculatum laterale getrennt entsprechende, magnozelluläre und parvozelluläre Schichten. Von dort Projektion zu spezifischen Substrukturen in V 1 und V 2 und weitere Spezialisierung in V 4 und IT (für Farbe und Form) sowie V 3, MT, MST und FAF (für Bewegung und Tiefe)

der Pupillenreflexbahn, die zum Tektum optikum projizieren und Zellen die zu den Colliculi superiores ziehen (▶ u.).

> **Merke**
>
> Detail-, Farb- und Bewegungsinformationen werden bereits in der Netzhaut von unterschiedlichen Zellklassen verarbeitet. Das farbenblinde, magnozelluläre System zeichnet sich durch hohe Kontrast- und Bewegungsempfindlichkeit aus, das farbempfindliche parvozelluläre System ist auf Detailanalyse spezialisiert.

Im Thalamus ist das dorsale *Corpus geniculatum laterale* (CGL) die beidseitig angelegte *Schaltstation* der Sehbahn zwischen Retina und visuellem Kortex. Die Abbildung ist hier streng retinotop in 6 im Wechsel von beiden Augen innervierten Schichten: Die großen Zellen in den magnozellulären, ventralen Schichten 1 und 2 werden von M-Zellen der Netzhaut innerviert (◩ Abb. 10.15). Die Zellen in den parvozellulären, Schichten 3 bis 6 erhalten ihre Eingänge vom P-System der Netzhaut. Die Zellklassen behalten die typischen Eigenschaften aus der Retina bei. Genikuläre, laterale Hemmung führt zu einem stärkeren Zentrum-Umfeld-Antagonismus und weiterer Kontrastverschärfung; modulatorische Eingänge aus dem Hirnstamm dienen einer verhaltensadäquaten Anpassung der visuellen Signalübertragung; Rückprojektionen vom visuellen Kortex ermöglichen eine selektive Beeinflussung der Übertragung aus bestimmten Gesichtsfeldregionen.

Ein Teil der Ganglienzellaxone zweigt nach der Sehnervenkreuzung zu den *Colliculi superiores* im Mittelhirn ab (◩ Abb. 10.13). Sie stammen von M-Zellen (◩ Abb. 10.15) und der heterogenen Gruppe kleiner Netzhautzellen, die nicht zum CGL projizieren. Große rezeptive Felder reagieren bevorzugt auf überraschende, bewegte Reize mit bestimmter Richtung; so sind die Colliculi superiores besonders zur Bewegungsanalyse geeignet. Eine retinotope Abbildung der kontralateralen Gesichtsfeldhälften wird hier somatosensorischen Signalen entsprechender topographischer Anordnung im Raum in vertikalen Säulen zugeordnet. Die Zellen der tiefen Schichten haben einen direkten Einfluss auf die Blickmotorik. Die Colliculi superiores sind ein Reflexzentrum, von dem aus visuell ausgelöste sakkadische Augenbewegungen (»visueller Greifreflex«) zur Zentrierung neuartiger Reize in den fovealen Bereich angesteuert werden.

Merke

Im Thalamus erfolgt eine getrennte Verschaltung des schnellen, *magnozellulären Systems* (Bewegung und Tiefe) und des langsameren, *kleinzelligen Systems* (Form und Farbe). Kollateralen des magnozellulären Systems und Axone der heterogenen Zellgruppe stellen den bewegungsempfindlichen Eingang zum Colliculus superius dar.

Im Okzipitallappen des Gehirns liegt der *primäre visuelle (striäre) Kortex* (V 1). Die Axone aus dem CGL enden in den kortikalen Schichten 4 und 6 (◘ Abb. 10.15). Die Neurone der Schichten 2 und 3 projizieren in andere visuelle Hirnrindenareale (z. B. V 2, V 3, V 4, MT). Zellen aus Schicht 5 projizieren zu den Colliculi superiores, die Pyramidenzellen der Schicht 6 besorgen die Rückkopplung zum CGL (◘ Abb. 10.15). In Schicht 1 findet man vorwiegend kortikokortikale Axone.

Die *rezeptiven Felder* der visuellen Kortexneurone unterscheiden sich durch besondere Spezifitäten von den Feldern ihrer subkortikalen Eingänge (◘ Abb. 10.16 a). Unter anderem zeichnen *Orientierungsspezifität* (Orientierung der Reize im Raum), *Richtungsspezifität* (Richtung der Reizbewegung) und *Längenspezifität* (Länge der Reize) visuell kortikale Neurone aus.

Bestimmte intrakortikale Verschaltungen, insbesondere *Hemmung* durch die 20% GABAergen, hemmenden Zellen des visuellen Kortex, erzeugen oder verschärfen die Antwortgenauigkeit. Starke Hemmung an den Enden der Längsachse des Feldes (Endhemmung) führt zu optimalen Antworten auf eine bestimmte Reizlänge. Hemmung bei Bewegung in eine Richtung führt zur Richtungsspezifität für die andere Richtung, und Hemmung durch andere Orientierungen hebt eine spezifisch von der Zelle bevorzugte Orientierung hervor. Die *einfachen Zellen* reagieren sehr empfindlich auf die genaue Lokalisation des Reizes in ihren kleinen rezeptiven Feldern. Demgegenüber besitzen die *komplexen Zellen* eine weitgehende Unabhängigkeit von der exakten Position der Reize im rezeptiven Feld (Ortsinvarianz). Die *hyperkomplexen Zellen* sind durch die Endhemmung charakterisiert.

Okulare Dominanzsäulen (etwa 500 μm breit), in denen jeweils das ipsilaterale oder das kontralaterale Auge bei der Innervation der Kortexzellen überwiegt, bilden ein Zebrafell-ähnliches Muster auf der Kortexoberfläche (◘ Abb. 10.16 b). Die Repräsentation der optimal beantworteten Orientierungen ist in feineren, vertikal durch die Schichten verlaufenden *Orientierungs-*

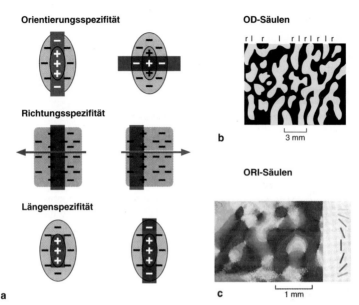

Orientierungsspezifität

OD-Säulen

Richtungsspezifität

b

ORI-Säulen

Längenspezifität

a

c

□ **Abb. 10.16. Spezifität kortikaler Zellen. (a)** okulare Dominanzsäulen **(b)** und Verteilung der Orientierungsspezifität auf der Oberfläche der primären Sehrinde **(c). a** Antwortspezifitäten am Beispiel einer einfachen Zelle. Erregende (+) und hemmende (–) Bereiche sind im rezeptiven Feld getrennt. Optimale Reize sind *rot*, nichtoptimale *blau* gezeichnet. **b** Okulare Dominanzsäulen. Rechtes *(re, grau)* und linkes Auge *(li, gelb)* innervieren alternierend Streifen von etwa 1 mm Breite in V 1. **c** Karte der Orientierungsspezifität (Abbildung von Bonhoeffer und Grinwald). Optische Ableitung intrinsischer Signale bei visueller Reizung mit verschiedenen Orientierungen (Farbkodierung dazu *rechts*)

säulen angeordnet, deren horizontale Ausdehnung im Mittel etwa 50 μm beträgt. Die Orientierungen sind dabei jeweils windmühlenflügelartig um Zentren angeordnet (□ Abb. 10.16 c). Die ***Richtungsspezifitäten*** sind weniger systematisch verteilt, treten jedoch auch gruppiert auf: einer Gruppe von Zellen mit gegebener, bevorzugter Bewegungsrichtung folgt eine Gruppe, die bei gleicher bevorzugter Orientierung mit der entgegengesetzten Bewegungsrichtung optimal erregt wird. Ein Teil des visuellen Kortex mit einer Oberfläche von etwa 1x1 mm, der sich über sämtliche Schichten in die Tiefe erstreckt, wird als Hyperkolumne definiert. Die ***Hyperkolumne*** ist ein kortikales Analysemodul, das sämtliche Orientierungen und Bewegungsrichtungen für einen Ort des Gesichtsfeldes von beiden Augen enthält. Benachbarte Hyperkolumnen repräsentieren benachbarte Orte des Gesichtsfeldes. So wird durch die verschiedenen, in den Hyperkolumnen vorhandenen Antwortspezifitäten die visuelle Welt zur Vorbereitung weiterer Analysen in Determinanten von Struktur und Bewegung zerlegt.

> **Merke**
>
> In der primären Sehrinde reagieren Nervenzellen spezifisch auf Orientierung, Richtung und Länge eines Reizes und sind in funktionellen Hyperkolumnen angeordnet.

Die *Parallelverarbeitung* parvo- und magnozellulärer Eingänge aus Retina und CGL wird in der primären Sehrinde (V 1) in den Eingangsschichten für das parvozelluläre (4Cβ und 4A) und das magnozelluläre System (4Cα) fortgesetzt. Farb-, Form- und Bewegungsreize werden auch in den nachgeordneten Schichten und nachfolgenden visuellen Kortexarealen in getrennten Strukturen repräsentiert (◧ Abb. 10.15).

Im weiteren Verlauf des parvozellulären Systems erfolgt in V 1 eine räumliche Trennung der Verarbeitung von *Farbe und Form*. In zylindrischen, regelmäßig angeordneten Substrukturen in den Schichten 2 und 3, die sich bei der Anfärbung des Mitochondrienenzyms *Cytochromoxidase* als besonders aktive Gebiete darstellen, sind Zellen ohne Orientierungs- und Richtungsspezifität zusammengefasst, die Farbinformationen unter räumlichen Aspekten verarbeiten. Parallel dazu erfolgt die Formanalyse durch die orientierungsspezifischen Zellen außerhalb der cytochromoxidasereichen Gebiete (◧ Abb. 10.15). Das *Farbsystem* projiziert aus den farbspezifischen Substrukturen von V 1 in schmale, cytochromoxidasereiche, streifenförmige Gebiete von V 2, in denen Farbe getrennt von Bewegung und Form repräsentiert ist. Im weiteren Verlauf werden farbspezifische Zellen insbesondere in V 4 beobachtet. Das Formsystem setzt sich in cytochromoxidasearme Gebiete von V 2 fort; die komplexeren Leistungen in der Verarbeitung von Formdetails werden dann an Einzelzellen im inferotemporalen Kortex (IT) gefunden (Spezifität z. B. für Gesichter oder Hände).

Das magnozelluläre System aus V 1 (Schicht 4 B) setzt sich sowohl direkt als auch über die breiten Cytochromoxidasestreifen in V 2 nach V 3 und in die weiter parietal gelegenen Gebiete *MT* (mediotemporaler Kortex) und *MST* (»medial superior temporal«) fort (◧ Abb. 10.15). Hier reagieren Zellen ausschließlich auf Bewegung und Tiefe im Raum. Diese Areale, die in das *frontale Augenfeld* weiterverschaltet sind, dienen der Analyse von Bewegungen und zur Steuerung der visuellen Aufmerksamkeit.

Klinik

Agnosien. Die parallele Verarbeitung im Sehsystem wird besonders bei Patienten mit Funktionsausfällen deutlich, die selektiv einen Aspekt der Wahrnehmung, nicht aber andere betreffen (☺ *Agnosien*). Die Selektivität des Ausfalls kann sehr spezifisch sein (z. B. isolierte Unfähigkeit der Gesichtererkennung- Prosopagnosie).

Merke

In speziellen Substrukturen der primären visuellen Hirnrinde (V1) erfolgt eine Parallelverarbeitung von Form, Farbe, Tiefe und Bewegung. Dann trennen sich die Verarbeitungswege in ein inferotemporales (IT) Farb-, Form- und Detailsystem (*Was* sehe ich?) und ein parietales Bewegungs- und Tiefensystem (*Wo* sehe ich etwas?).

Die *visuell evozierten, kortikalen Potentiale* (VEP) entstehen primär im striären Kortex und können mit einer differenten Elektrode vom Okzipitalpol abgeleitet werden (◻ Abb. 10.12 b). Als Reize werden Lichtblitze oder Schachbrettmusterwechsel verwendet. Das VEP zeigt Eintreffen und Weiterverarbeitung der visuellen Signale in der Hirnrinde. Ein typischer Potentialzeitverlauf beginnt nach etwa 25–30 ms mit einer negativen Welle (N_1), der die erste positive Welle (P_1) folgt. Nach einer weiteren negativen Welle (N_2) bei etwa 77 ms folgt die besonders auffällige positive Welle P_2 nach 95–98 ms. Die negative Welle N_3 erreicht ihren Gipfel nach 127–128 ms bei Normalpersonen.

Merke

Die Messung visuell evozierter Potentiale ermöglicht die objektive Prüfung von Funktionen der zentralen Sehbahn.

Klinik

Prüfung der zentralen Sehbahn. Die charakteristische Gipfellatenz P_2 oder »P_{100}« ist am besten reproduzierbar (90–120 ms). Signifikante *Latenzverlängerungen* treten z. B. bei Entzündungen des optischen Nervs auf (☻ Retrobulbärneuritis – oft als Symptom der multiplen Sklerose).

Durch Wahl der minimalen, effektiven Schachbrettmustergröße können objektive Visusbestimmungen mit musterevozierten Potentialen durchgeführt werden (Visusprüfung bei Kleinkindern oder zur Kontrolle von subjektiven Angaben in Begutachtungsfällen).

Tiefenwahrnehmung

Ein fixierter Gegenstand wird in beiden Augen in der Fovea abgebildet. Die beiden Foveae haben den gleichen Ortswert. Sie stellen *korrespondierende Netzhautstellen* dar (zu jedem Ort auf einer Netzhaut gibt es eine entsprechende Stelle auf der anderen Netzhaut). Der Fixationspunkt und eine Auswahl gleich weit entfernter Sehdinge werden jeweils auf korrespondierenden Netzhautstellen abgebildet. Die Summe dieser Sehdinge befindet sich auf einer geometrischen Figur im Raum, dem *Horopter.* Der Horopter verläuft durch den Fixationspunkt und die Knotenpunkte beider Augen (◘ Abb. 10.17a). Je nach Akkommodationsgrad hat der Horopter eine unterschiedliche Größe.

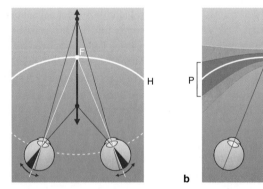

◘ **Abb. 10.17. Querdisparation und Bereiche der Tiefenwahrnehmung**. **a** Tiefenwahrnehmung durch Querdisparation (*rot:* Nasalverschiebung bei Lage hinter der Fixationsebene, *blau:* bei Lage vor der Fixationsebene). **b** *H* Horopter, *P* Panum-Fusionsareal *(grün)* und weiterer Bereich des binokularen Tiefensehens *(hellrot)*

Gegenstände, die sich vor oder hinter der Fixationsebene befinden, werden auf der Netzhaut seitlich von den korrespondierenden Netzhautstellen abgebildet. Aus diesen seitlichen Abweichungen *(Querdisparationen)* kann von kortikalen Zellen die Tiefe im Raum errechnet werden. Ein Gegenstand liegt im Vergleich zum Horopter näher zum Auge, wenn die horizontale Abweichung auf der Netzhaut nach temporal gerichtet ist; er liegt weiter entfernt, wenn die Querdisparation nach nasal gerichtet ist (◻ Abb. 10.17a). Bei der Tiefenwahrnehmung werden korrespondierende Netzhautstellen nicht streng als Punkte, sondern als Netzhautflächen einander zugeordnet. Im Bereich dieser *Panum-Fusionsareale* können 2 Punkte auf den verschiedenen Netzhäuten zu einem Sinneseindruck verschmolzen werden (Fusion) und zugleich funktionell als querdisparate Punkte dem verarbeitenden neuronalen System in der Hirnrinde als Grundlage zur Tiefenwahrnehmung dienen. *Doppeltsehen (Diplopie)* tritt auf, wenn die Abweichung zwischen den beiden Netzhäuten über das Fusionsareal hinaus geht (◻ Abb. 10.17b).

Bewegt sich ein Objekt in der Fixationsebene, dann erregt es korrespondierende Netzhautstellen in beiden Augen zugleich. Bewegt sich das Objekt vor oder hinter dem Horopter, treten charakteristische, *zeitliche Disparitäten* auf, die zur Tiefenwahrnehmung verrechnet werden können. Dafür gibt es in der primären Sehrinde Zellen, die optimal auf bestimmte räumliche Disparitäten reagieren und ebenso Zellen mit der Fähigkeit zur Analyse zeitlicher Disparitäten.

Klinik ──────────────────────

Entzündung des Sehnervs. Bei einer ✆Neuritis nervi optici können Entfernungstäuschungen beobachtet werden, die auf pathologischen, zeitlichen Disparitäten durch Störungen der Nervenleitung beruhen.

Es gibt fünf Hauptmechanismen der *monokularen Tiefenwahrnehmung*: (1) Wenn ein Gegenstand einen anderen verdeckt, können wir aus der *Verdeckung* schließen, dass dieser Gegenstand näher ist. (2) Parallele Linien, z. B. Eisenbahnschienen, laufen in der Ferne zusammen und gleich große Gegenstände erscheinen in größerer Entfernung kleiner (lineare und Größen-*Perspektive*). Aus dem Grad der Konvergenz oder Verkleinerung schließen wir auf die Entfernung. (3) Die *Verteilung von Licht und Schatten* erzeugt Tiefeneindrücke. Hierzu gehört auch die Interpretation stärker gesättigter Farben als näher. (4) Wenn wir die Größe eines Objekts (z. B. einer Person) kennen, können wir aus der *scheinbaren Objektgröße* die Entfernung abschätzen. (5) Wenn wir uns relativ zur Umwelt bewegen (Kopf oder Körperbewegungen), verschieben sich nahe Gegenstände schneller und stärker als ferne *(Bewegungsparallaxe)*. Bewegungsparallaxe und Verdeckung sind die wichtigsten unter diesen Mechanismen, weil sie nicht so sehr von der Erfahrung abhängen. Perspektive, scheinbare Objektgröße sowie Licht und Schatten können leicht zu Täuschungen führen.

Merke

Beim Sehen mit zwei Augen können wir insbesondere im Greifraum objektiv entscheiden, ob sich Dinge vor oder hinter der Fixationsebene befinden *(Tiefenwahrnehmung)*. Mit einem Auge können wir ebenfalls Tiefe wahrnehmen – z. B. durch Verdeckung, Perspektive oder Bewegungsparallaxe.

Beim Schielen *(Strabismus)* weicht eine der Sehachsen vom fixierten Punkt ab. Der zentrale Mechanismus der Fusion korrigiert Fehlstellungen der Sehachsen normalerweise durch entsprechende Innervation der Augenmuskeln. Fällt diese korrigierende Einstellung z. B. bei extremer Müdigkeit aus, tritt auch bei vielen Gesunden ein latentes Schielen auf; die Sehachsen deuten dabei leicht nach außen *(Exophorie)* oder innen *(Esophorie)*. Fusion und binokulare Fixation sind dann aufgehoben. Subjektiv tritt Doppeltsehen auf, objektiv kann Divergenz/Konvergenz der Augen beobachtet werden.

Klinik

Schielen und Schielamblyopie. Pathologische Ursache für akut auftretendes Schielen kann die Lähmung eines Augenmuskels sein. Während im ausgereiften Sehsystem des Erwachsenen beim ❷ Schielen Doppeltsehen auftritt, führt unbehandeltes Schielen während der Entwicklung des Sehsystems (vor dem 6. Lebensjahr) zur ❷ *Amblyopie.* Es entsteht ein *dominantes Auge,* das die Wahrnehmung des anderen Auges im Sinne einer irreversiblen, monokularen Sehschwäche unterdrückt (Suppression). Eine rechtzeitige Behandlung durch alternierende Exposition der Augen kann die Dominanz eines Auges verhindern; nach Behebung der Schielursache (Korrektur einer Hypermetropie, operative Korrektur an den Augenmuskeln) sowie nachfolgendem Fixationstraining kann eine normale Entwicklung der Sehleistungen erreicht werden.

> **Merke**
>
> Beim Schielen weichen die Augenachsen so voneinander ab, dass keine Fusion mehr möglich ist und Doppelbilder im Erwachsenenalter oder Suppression in der postnatalen Entwicklung auftreten.

Farbensehen

Der *Farbton* bestimmt die Benennung der Farbe (kirschrot, lindgrün). Etwa 200 Farbtöne können psychophysisch unterschieden werden. Die *Sättigung* gibt an, inwieweit der Farbton durch Beimischung von Graustufen »verdünnt« worden ist. Etwa 20 Sättigungsstufen können unterschieden werden. Farbton und Sättigung gemeinsam bestimmen die Farbart (blasses Olivgrün). Rund *500 Helligkeitsstufen* (Dunkelstufen bei Oberflächen) können unabhängig von der Farbe unterschieden werden. Dem achromatischen Sehen stehen nur diese 500 Stufen zur Verfügung. Das Farbensehen kann die 3 Qualitäten Farbton, Sättigung und Helligkeit multiplikativ nutzen und erhält damit rund 2 Millionen Unterscheidungsmöglichkeiten.

> **Merke**
>
> Differenzierung von Farbton, Sättigung und Helligkeit eröffnet für die Farbwahrnehmung eine millionenfache Vervielfachung der Unterscheidungsmöglichkeiten.

Die Unterscheidung von Licht verschiedener Wellenlängen wird primär durch die 3 *verschiedenen Photopigmente* der Zapfen mit Absorptionsmaxima im kurzwelligen (420 nm), mittelwelligen (535 nm) und langwelligen (565 nm) Bereich ermöglicht (■ Abb. 10.18 a). Damit folgen die peripheren Mechanismen des Farbensehens der **trichromatischen Theorie** von Young, Helmholtz und Maxwell aus dem 19. Jahrhundert. Diese **Dreifarbentheorie** geht davon aus, dass sich jede beliebige Farbe durch die additive Mischung von 3 monochromatischen Lichtern erzeugen lässt.

Eine unterschiedliche Gewichtung der verschiedenen Zapfenpigmente ergibt sich aus ihrer unterschiedlichen relativen Empfindlichkeit. Die mit ihren Maxima im grünen bis gelben Bereich angesiedelten mittel- und langwelligen Sensoren sind um etwa 1,5 Zehnerpotenzen empfindlicher als der im blauen angesiedelte kurzwellige Rezeptortyp. Der kurzwellige »Blauzapfen« fehlt im

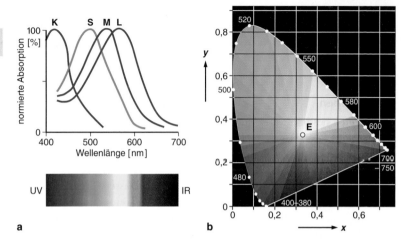

a   b

◨ **Abb. 10.18. Normierte Absorptionskurven der menschlichen Photopigmente (a) und Normfarbtafel (b). a** kurzwelliger Zapfen *(K)*, mittelwelliger Zapfen *(M)* und langwelliger Zapfen *(L)*; *S* Stäbchen. Beachte: der L-Zapfen hat sein Absorptionsmaximum im *gelben,* nicht im roten Bereich. **b** Normfarbtafel schematisch nach DIN 5033. Die Randkurve wird von den Spektralfarben gebildet. Additive Mischfarben liegen auf Geraden zwischen den Spektralfarben. Eine Farbart wird von einem Punkt $P_{x,y}$ dargestellt, ihre Sättigung nimmt mit dem Abstand vom Mittelpunkt des Weißbereichs (E) zu

zentralen Bereich der Fovea praktisch vollständig, sodass dort dichromatisches Farbensehen physiologisch ist.

Störungen der Farbwahrnehmung treten auf, wenn die Verrechnung der Erregung der verschiedenen Rezeptortypen nicht mehr möglich ist. Das geht am besten mit 3, ist eingeschränkt jedoch auch mit 2 Zapfensystemen möglich. Menschen, denen 1 Zapfenpigment fehlt, sind deshalb nicht vollständig farbenblind. Je nachdem, ob das langwellige, mittlere dem kurzwelligen Zapfenpigment fehlt, unterscheidet man *rotblinde (protanope), grünblinde (deuteranope) und blauviolettblinde (tritanope)* Menschen.

Vollständig farbenblind sind nur die *Stäbchenmonochromaten,* bei denen im typischen Falle alle Zapfenpigmente fehlen. Hier ist Sehen auch bei Tageslicht nur mit dem Stäbchensystem möglich. Diese Menschen leiden wegen der höheren Empfindlichkeit der Stäbchen unter Blendung. (In sehr seltenen Fällen fehlen auch 2 Zapfenmechanismen, sodass das monochromatische Sehen bei Tageslicht mit dem verbleibenden Zapfentyp erfolgt). Den Farbenblindheiten stehen die etwas häufigeren *Farbenschwächen* gegenüber, bei denen bei Anwesenheit aller 3 Farbpigmentsysteme eines schwächer ausgeprägt ist *(Protanomale sind rotschwach; Deuteranomale sind grünschwach, und Tritanomale sind blauviolettschwach).*

Klinik

Störungen des Farbsehens. Die gemeinsame Grundstruktur der verschiedenen Sehfarbstoffe von Stäbchen und Zapfen deutet daraufhin, dass sie von der gleichen Genfamilie kodiert werden. Die Gene für das Opsin der mittel- und langwelligen Zapfen befinden sich auf dem X-Chromosom, die Farbsehstörungen werden rezessiv-geschlechtsgebunden vererbt. Deshalb kommen ❸ *Störungen des Rot-Grün-Sehens* bei Männern (insgesamt 8%, davon Deuteranomalie 4,2%, Protanomalie 1,6%, Deuteranopie 1,5%, Protanopie 0,7%) 20fach häufiger vor als bei Frauen (insgesamt nur 0,4%). Die übrigen Farbensinnstörungen sind extrem selten: Tritanopie und Tritanomalie (1/100 000) und Stäbchenmonochromasie (1/1 Million).

Merke

Beim Farbensehen regt Licht verschiedener Wellenlängen 3 Zapfentypen an, doch auch mit nur 2 der 3 Zapfentypen ist noch eine eingeschränkte Farbwahrnehmung möglich.

Erst die neuronale Verarbeitung führt zum Farbensehen. Wenn Licht verschiedener Wellenlängen auf einen Netzhautort fällt, erfolgt in unserem Sehsystem eine *additive Farbmischung.* So entstehen z. B. die Farbempfindungen beim Farbfernsehen durch Mischung sehr dicht beieinander liegender roter, grüner und blauer Punkte. Die Grundregeln dieser physiologischen Farbmischung sind in der Normfarbtafel dargestellt (◘ Abb. 10.18 b). Die additive Mischung von *Komplementärfarben,* die an gegenüberliegenden Enden von Geraden durch den Weißpunkt liegen (Rot und Grün oder Gelb und Blau), kann Weiß ergeben. Das ist bei der rein physikalischen, *subtraktiven Farbmischung* nicht möglich: Malerfarben absorbieren wie Farbfilter Anteile des weißen Lichts. Die nach dieser Subtraktion verbliebenen Wellenlängen bestimmen dann die gesehene Farbe. Mischt man die Farben Gelb und Blau im Farbkasten, ergibt sich Grün, weil die blaue Farbe den langwelligen und die gelbe Farbe den kurzwelligen

Anteil des weißen Lichtes absorbiert und der mittlere Wellenlängenbereich des Grüns übrig bleibt.

Eine alternative Hypothese zur ***Dreifarbentheorie*** ist die ***Gegenfarbentheorie*** von Hering, nach der auch durch die 3 Gegenfarbenpaare, Rot-Grün, Blau-Gelb und Weiß-Schwarz alle Farbwahrnehmungen erklärt werden können. Tatsächlich findet man schon bei den Horizontalzellen der Netzhaut ***Gegenfarbenneurone*** für Rot und Grün sowie Gelb und Blau (▪ Abb. 10.19 a). Einfache Gegenfarbenneurone werden auch unter den retinalen Ganglienzellen (P-Zellen) und in den parvozellulären Schichten des CGL gefunden; sie sind jedoch nicht farbspezifisch, da ähnliche Antworten durch Farb- und Helligkeitsreize ausgelöst werden. Farbspezifisch sind erst die ***Doppelgegenfarbenneurone*** (▪ Abb. 10.19 b). Sie reagieren auf Farbkontrast zwischen Feldzentrum und Feldperipherie. Sie treten erstmals in den zytochrom-oxidasereichen »Blobs« der primären Sehrinde auf. Die ***Kries-Zonentheorie*** des Farbensehens vereint die unterschiedlichen Theorien des Farbensehens, indem sie die unterschiedliche Physiologie der peripheren, trichromatischen und der zentralen, gegenfarblich organisierten Mechanismen berücksichtigt.

Die Verrechnung in der Netzhaut und den farbspezifischen, höheren Sehrindenabschnitten trägt entscheidend zur Farbwahrnehmung bei. Farbemp-

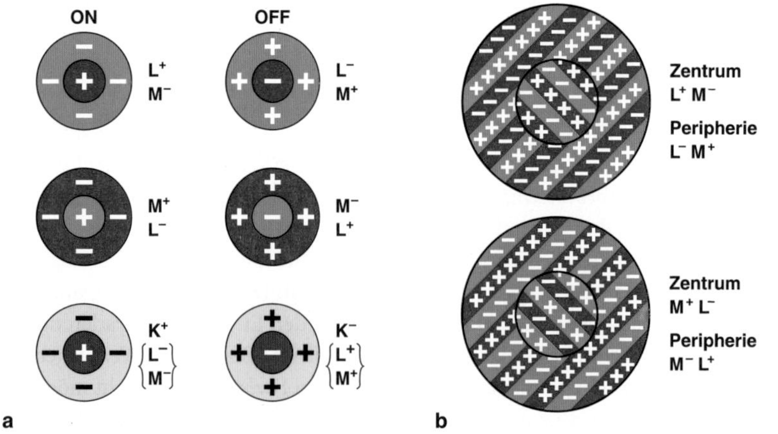

▪ **Abb. 10.19. Farbempfindliche rezeptive Felder. a** Gegenfarbenzellen für Rot-Grün, Grün-Rot und Blau-Gelb. **b** Farbspezifische Rot-Grün-Doppelgegenfarbenzellen. Die Beteiligung der Zapfentypen *(L, M, K)* an Erregung (+) und Hemmung (–) ist jeweils angegeben

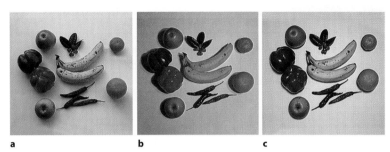

a   b   c

◩ **Abb. 10.20. Anschauliche Darstellung der Wellenlängenverschiebung bei unterschiedlichen Beleuchtungsverhältnissen.** Dasselbe Stillleben mit Tageslichtfarbfilm bei
a Tageslicht, **b** Glühlampenlicht, **c** Leuchtstoffröhrenlicht (universal weiß) aufgenommen.
Der Fotograf empfand den Hintergrund jeweils als weiß und sah die Farben der Früchte unter
den verschiedenen Bedingungen annähernd gleich wie bei Tageslicht (Farbkonstanz)

findungen werden immer aus dem Vergleich der Anteile kurzer, mittlerer und
langer Wellenlängen einer gesamten Szene ermittelt, wobei offenbar eine Ob-
jektkomponente und eine Beleuchtungskomponente differenziert werden kann.
Das wird deutlich, wenn man Farben bei Tages-, Glühlampen- oder Leuchtstoffröhrenlicht betrachtet *(Farbkonstanz)*: Der menschliche Betrachter sieht
annähernd die gleichen Farben, obwohl die von den farbigen Flächen reflektierten, wellenlängenabhängigen Energien physikalisch ganz andere Farbempfindungen auslösen müssten. Ein Farbfilm zeigt entsprechend unterschiedliche
Farben bei Tages- und Kunstlicht, da ihm die Korrekturmechanismen des Gehirns nicht zur Verfügung stehen (◩ Abb. 10.20). Eine Theorie des 20. Jahrhunderts geht davon aus, dass unsere Farbwahrnehmung auf gemeinsamen Leistungen von Retina und Kortex beruht *(Retinex*theorie). Danach werden die wahrgenommenen Farben im zentralen Sehsystem errechnet, indem die von einem
bestimmten Ort zum Auge reflektierten Wellenlängen jeweils in Relation zur
Umgebung im Gesichtsfeld gesetzt werden. In begrenzter Weise können auch
die farbkontrastempfindlichen Doppelgegenfarbenneurone einen Beitrag zur
Farbkonstanz leisten: Nimmt z. B. der langwellige Anteil des Lichts zu, so wird
beim Rot-Grün-Neuron die Rot*hemmung* der Peripherie ebenso stärker wie die
Rot*erregung* im Zentrum, sodass sich beide Veränderungen in der neuronalen
Verrechnung kompensieren können.

Merke

Der Farbsinn ist kein physikalisches Messsystem; Farbwahrnehmungen entstehen im Gehirn. Die komplexe Verrechnung der Wellenlängeninformation von den Photorezeptoren über den gesamten Bereich des Gesichtsfeldes ermöglicht die Farbkonstanz.

11 Hören

H. P. Zenner

  Einleitung

Die durch Schall vermittelte Sprache ist das wichtigste Kommunikationsmittel des Menschen. Schall gelangt durch den äußeren Gehörgang zum Trommelfell. Das Trommelfell führt zusammen mit den 3 Gehörknöchelchen eine Impedanzanpassung zwischen Luft und Flüssigkeit durch, die es dem Schallsignal erlaubt, in das flüssigkeitsgefüllte Innenohr einzutreten. Im Innenohr wird das Schallsignal entlang der Cochlea frequenzabhängig aufgespreizt und durch die äußeren Haarzellen verstärkt. Das verstärkte Schallsignal reizt innere Haarzellen, die es in ein Sensorpotential umwandeln. Das Sensorpotential führt zur Freisetzung afferenter Transmitter, die Nervenaktionspotentiale in den afferenten Fasern des Hörnervs auslösen. Es folgt eine Kette neuronaler Erregungen über den Hirnstamm und die Hörbahn bis zum auditorischen Kortex im Temporallappen.

11.1 Der Schall

Akustische und auditorische Grundbegriffe

Für das Ohr ist die Schallwelle der adäquate Reiz. Ihre physikalische Beschreibung heißt **Akustik.** Anatomische, biochemische und physiologische Vorgänge beim Hören werden hingegen als **auditorisch** oder **auditiv** bezeichnet.

Hörbare Schallwellen treten im täglichen Leben in der Regel als Druckschwankungen der Luft auf. Ihre Frequenz wird in Hertz (Hz) angegeben. Mit dem Begriff **Ton** ist eine Sinusschwingung gemeint, die nur aus einer einzigen Frequenz besteht. Töne sind im täglichen Leben eine Ausnahme. Allerdings werden sie vom Arzt häufig als Stimulus bei Hörprüfungen verwendet. Auch Musik setzt sich normalerweise nicht aus reinen Tönen, sondern aus Klängen zusammen. **Klänge** bestehen in der Regel aus einem Grundton mit mehreren Obertönen. Die Obertöne sind ein ganzzahliges Vielfaches der Frequenz des Grundtones. Die meisten Schallereignisse des täglichen Lebens sind keine Töne oder Klänge, sondern umfassen praktisch alle Frequenzen des Hörbereiches. Hierzu zählt auch die Sprache. Akustisch werden sie als **Geräusch** bezeichnet.

Die Stärke einer Schallwelle, die Amplitude, heißt **Schalldruck.** Jeder Druck, und damit auch der Schalldruck, wird in Pascal (1 Pa = 1 N/m) angegeben. Die Schallenergie, die pro Zeiteinheit durch eine Flächeneinheit (z. B. durch die Fläche des Trommelfells) hindurchtritt, heißt **Schallintensität** (auch: Schallleistungsdichte I, W/m²). Sie ist proportional dem Quadrat des Schalldrucks. Der Schallintensitätsumfang, den das Ohr empfinden kann, die **dynamische Breite des Ohres,** ist sehr groß. Sie reicht von 10^{16} W/cm² bis 10^4 W/cm², umfasst also 12 Zehnerpotenzen (die Angabe erfolgt hier praktischerweise pro Zentimeter, da das Trommelfell ca. 1 cm² Fläche besitzt). Geräusche an der Schmerzgrenze haben also eine 1 000 000 000 000-mal (=10^{12}=1 Billion) höhere Schallintensität als an der Hörschwelle. An der Hörschwelle führt die soeben wahrnehmbare Schallintensität von 10^{16} W/cm² im Innenohr zu Schwingungen von weniger als dem Durchmesser eines Wasserstoffatoms.

Die große dynamische Breite des menschlichen Ohres führt bei Angabe von Schallintensität und Schalldruck zu den o. g. umständlich großen Zahlen. Daher wird in der Medizin in der Regel der **Schalldruckpegel** angegeben. Seine Maßeinheit ist das **Dezibel (dB),** das praktisch anwendbare Zahlenwerte zwischen 0 und 120 dB ergibt. Der Begriff »Pegel« sagt aus, dass der zu benennende Schalldruck p_x zu einem einheitlich festgelegten Bezugsschalldruck p_0 (er ist in der Nähe der Hörschwelle und beträgt 2×10^{-5} Pa) in einem bestimmten logarithmischen Verhältnis steht. Mathematisch ist der Schalldruckpegel L (*level*) definiert als:

$$L = 20 \log p_x/p_0 (= 10 \log I_x/I_0). \tag{11.1}$$

Das bedeutet, dass sich hinter wenigen Dezibel eine Vervielfachung des tatsächlichen Schalldruckes verbirgt. Steigt der Schalldruckpegel um 20 dB, so hat sich der Schalldruck tatsächlich verzehnfacht (◘ Tabelle 11.1). Bei 80 dB sind bereits 4 Verzehnfachungsschritte (80/20=4) erreicht. Der Schalldruckpegel ist daher um 10^4, also um das zehntausendfache gesteigert. Hat ein Kranker einen Hörverlust von 80 dB, dann benötigt er zur Wahrnehmung eines Tones im Vergleich zum Gesunden einen zehntausendfach höheren Schalldruck. Um auszudrücken, dass das Dezibel den Schalldruckpegel meint (Pegel in dB kann man nämlich für beliebige Messgrößen angeben), wird ihm noch der Zusatz SPL (*sound pressure level*) hinzugefügt (◘ Abb. 11.1).

Tabelle 11.1. Dynamikbereich des Ohres. Die *linke Spalte* gibt an, um wie viel Mal der Schalldruck bei bestimmten Schallquellen stärker ist als an der Hörschwelle. Man erkennt, dass sich sehr hohe Zahlenwerte ergeben. Aus diesem Grund werden stattdessen in der Klinik die in der *rechten Spalte* angegebenen bequemeren Werte des Schalldruckpegels in dB verwendet

Zunahme des Schalldruckes	Schalldruckpegel (SPL) in dB	
1	Bezugsschalldruck	0
1,41	mittlere Hörschwelle bei 1000 Hz	3
10	ländliche Ruhe	20
100	leises Gespräch	40
1.000	normales Gespräch	60
10.000	lauter Straßenlärm	80
100.000	lauter Industrielärm	100
1.000.000	Schuss, Donner	120
10.000.000	Düsentriebwerk	140

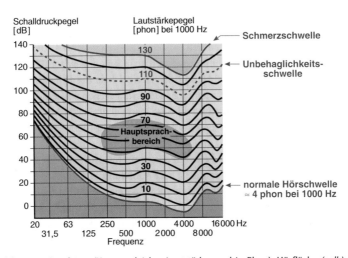

Abb. 11.1. Isophone (Kurven gleicher Lautstärkepegel in Phon). Hörfläche *(gelb)* und Hauptsprachbereich *(orange)*. Beachte, dass per definitionem Phon und Dezibel nur bei 1 kHz übereinstimmen

---

Merke

Schallwellen sind winzige Druckschwankungen der Luft, die vom Ohr wahrgenommen werden können. Schallparameter werden in Dezibel (dB) angegeben. Schalldruck wird frequenzabhängig als Lautstärke empfunden.

Tonaudiometrie

Ein wichtiges Verfahren zur Untersuchung des Gehörs ist die *Tonaudiometrie*. Hierzu wird ein Tonaudiometer verwendet, ein Gerät, das in der Regel digital reine Töne erzeugt. Der Untersuchte hört die Töne für jedes Ohr getrennt über einen Kopfhörer. Wird ein Ton mit einem bestimmten Schalldruck angeboten, so empfindet der Zuhörer diesen mit einer bestimmten subjektiven *Lautstärke* (◘ Abb. 11.1). Wird der Schalldruck erhöht, steigt die empfundene Lautstärke; bei Schalldruckabfall nimmt die Lautstärke ab. Wird bei unverändertem Schalldruck die Tonhöhe geändert, dann wird vom Zuhörer erwartungsgemäß auch eine andere subjektive Tonhöhe wahrgenommen. Gleichzeitig ändert sich aber auch immer die subjektiv empfundene Lautstärke, obwohl der physikalische Schalldruck unverändert bleibt. Die subjektive Lautstärke ist also frequenzabhängig. Bei gleichem Schalldruck werden Schallereignisse zwischen 2000 und 5000 Hz lauter wahrgenommen als höher- oder niederfrequentere Töne. Soll der Patient alle Tonhöhen gleich laut (»isophon«) hören, so muss der Schalldruck in Abhängigkeit von der Frequenz angepasst werden. Dadurch entstehen Kurven gleicher Lautstärkepegel (◘ Abb. 11.1). Sie verlaufen gekrümmt und werden in Sone angegeben (◘ Abb. 11.1). Isophone decken sich bei 1000 Hz mit der Dezibelskala des Schalldruckpegels. *Isophone Werte bei 1000 Hz* können auch in *Phon* angegeben werden. Bei 1000 Hz (nur dort!) stimmen Phonwerte und dB-SPL-Werte überein (◘ Abb. 11.1).

Der Mensch hört Frequenzen zwischen 20 und etwa 16000 Hz und empfindet Lautstärkepegel zwischen 4 und 130 phon. Die Frequenzen und Lautstärken der menschlichen Sprache sind ein Teil des gesamten Hörbereichs. Er wird als Hauptsprachbereich bezeichnet und ist in ◘ Abbildung 11.1 grafisch dargestellt. Wird bei einer Hörstörung der Hauptsprachbereich miterfasst, so hört der Kranke nicht nur leiser, sondern eine schwerwiegende Einschränkung des Sprachverständnisses ist die Folge.

Jede Frequenz wird vom Untersuchten erst ab einem bestimmten, beim Gesunden sehr niedrigen Schalldruckpegel wahrgenommen. Dieser Schalldruckpegel heißt *Hörschwelle.* Die Hörschwellen für alle Tonhöhen zusammen bilden also gleichzeitig die niedrigsten Isophone. Wie alle Isophone ist die Hörschwelle frequenzabhängig, verläuft also gekrümmt und ist zwischen 2000 und 5000 Hz am niedrigsten (◘ Abb. 11.1).

Klinik

Tonaudiogramm. Für den klinischen Alltag hat sich die Aufzeichnung der gekrümmten physikalischen Hörschwellenkurve (in dB SPL) als unpraktisch erwiesen. Zur Lösung des Problems hat man die beim Durchschnitt gesunder Jugendlicher messbare Hörschwelle für die wichtigsten Frequenzen bestimmt und ihr willkürlich den praktischen Pegelwert 0 dBHL *(hearing level)* gegeben. Dadurch wird die klinische Hörschwellenkurve eine übersichtliche Gerade. Diese Form der Darstellung wird als **Ton(schwellen)audiogramm** bezeichnet. Im Tonaudiogramm weicht die Messlinie eines Schwerhörigen im Vergleich zum Gesunden um einen bestimmten Betrag in Dezibel von der Normalhörschwelle nach unten ab. Verschließt man beispielsweise beide Gehörgänge mit dem Finger, so sinkt die Hörschwelle um etwa 20 dB ab. Dies wird als ein ❷ Hörverlust von 20 dB bezeichnet.

Merke

Die Hörschwelle des Ohres wird mit der Tonschwellenaudiometrie gemessen. Sie ist zwischen 2000 und 5000 Hz am niedrigsten.

11.2 Das Mittelohr

Luftleitung

Von den Kopfhörern des Audiometers wie auch im täglichen Leben erreicht der Schall das Trommelfell durch die Luft des äußeren Gehörganges. Man spricht von der *Luftleitung*. An das Trommelfell ist der Hammer angekoppelt (◘ Abb. 11.2). Er ist über den Amboss mit dem Steigbügel verbunden. Die Fußplatte des Steigbügels ist beweglich im Ringband des ovalen Fensters aufgehängt. Aufgabe der Gehörknöchelchen ist es, die niedrige *Impedanz* der Luft an die hohe Impedanz der Innenohrflüssigkeiten anzupassen. Sind die Gehörknöchelchen nämlich unterbrochen, wie dies bei chronischen Mittelohrentzündungen der Fall sein kann, dann muss der Luftschall direkt auf das ovale Fenster des Innenohres auftreffen, um gehört zu werden. Da Luft jedoch im Vergleich zum flüssigkeitsgefüllten Innenohr eine niedrigere Impedanz hat, kann die Schallwelle der Luft die

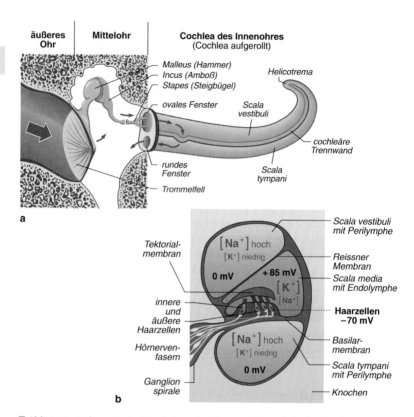

äußeres Ohr | Mittelohr | **Cochlea des Innenohres** (Cochlea aufgerollt)

Malleus (Hammer)
Incus (Amboß)
Stapes (Steigbügel)
Helicotrema
ovales Fenster
Scala vestibuli
cochleäre Trennwand
rundes Fenster
Scala tympani
Trommelfell

a

Tektorialmembran
$[Na^+]$ hoch
$[K^+]$ niedrig
0 mV   + 85 mV
$[K^+]$
$[Na^+]$
Scala vestibuli mit Perilymphe
Reissner Membran
Scala media mit Endolymphe
Haarzellen −70 mV
innere und äußere Haarzellen
Hörnervenfasern
$[Na^+]$ hoch
$[K^+]$ niedrig
0 mV
Basilarmembran
Scala tympani mit Perilymphe
Ganglion spirale
Knochen

b

◨ **Abb. 11.2. Schematische Darstellung des Ohres**. **a** Längsschnitt durch äußeren Gehörgang, Mittelohr und Cochlea. Die zweieinhalb Windungen der Cochlea sind in diesem Schema »entrollt«. Auslenkung der kochleären Trennwand nach unten aufgrund einer Einwärtsschwingung des Steigbügels. Gleichzeitig findet zum Ausgleich eine Auswärtsbewegung des runden Fensters statt. **b** Querschnitt durch die Cochlea. Die Scala media mit positivem endokochleärem Potential und zusätzlich auffällig hoher Kaliumkonzentration in der Endolymphe ist Teil der kochleären Trennwand, die unten von der Basilarmembran und oben von der Reissner-Membran begrenzt wird. Das apikale Ende der Haarzellen ragt in die Scala media hinein

Flüssigkeit im Innenohr kaum in Bewegung versetzen. Vielmehr werden rund 98% der Schallenergie reflektiert. Nur 2% können in das Innenohr eindringen und werden gehört. Man spricht von einer Schallleitungsschwerhörigkeit.

Beim Gesunden hingegen verhindern die Gehörknöchelchen, dass der Schall in so hohem Maße reflektiert wird. Beim Gesunden wird die Schallenergie im Mittelohr nämlich nicht durch Dichteschwankungen der Luft, sondern durch Schwingungen von Trommelfell und Gehörknöchelchen bis zum ovalen Fenster fortgeleitet. Dadurch werden 60% und nicht nur 2% (also 30-mal mehr) der Schallenergie an das Innenohr angekoppelt. Die Gehörknöchelchen erreichen diese *Impedanzanpassung* durch bestimmte statische und dynamische Eigenschaften:

- Die Fläche der Steigbügelfußplatte ist beträchtlich kleiner als das Trommelfell. Da Druck = Kraft/Fläche ist, wird durch die Gehörknöchelchen eine Druckerhöhung erreicht.
- Darüber hinaus wirken die Gehörknöchelchen als Hebel. Dies soll den erhöhten Druck an der Steigbügelfußplatte noch weiter verstärken.

Neben diesen beiden *statischen Mechanismen* besitzt das Mittelohr v. a. noch *dynamische Eigenschaften*, die im Wesentlichen jedoch noch unbekannt sind. Vermutlich sind sie für die Impedanzanpassung wichtiger als die beiden statischen Mechanismen.

Merke

Ohne das Mittelohr würde der Schall kaum in das Innenohr eindringen, sondern reflektiert werden. Die Gehörknöchelchenkette überträgt Schallwellen vom Trommelfell auf das ovale Fenster und bewirkt hierbei eine Impedanzwandlung.

11.3 Das Innenohr

Aufbau des Innenohrs

Im Innenohr können 2 Hauptteile unterschieden werden. Der Vestibularapparat (▶ Kap. 12.1) ist das Endorgan des Gleichgewichtssinnes, die Cochlea ist für die Hörwahrnehmung zuständig. Anatomisch gleicht die Cochlea einem Schneckenhaus, das aus zweieinhalb Windungen besteht. Für das Verständnis der

Funktion des Innenohres ist es einfacher, sich das Schneckenhaus entrollt, also in Form eines Schlauches vorzustellen. Dann fällt auf, dass längs der Cochlea eine kompliziert aufgebaute Trennwand (Schneckentrennwand, kochleäre Trennwand) verläuft, die den Schlauch in die sich oben befindliche Scala vestibuli und die unten befindliche Scala tympani aufteilt (◘ Abb. 11.2a). Die *koch-leäre Trennwand* ist die eigentliche Funktionseinheit der Cochlea. Die Scala vestibuli grenzt mit dem ovalen Fenster und der Fußplatte des Steigbügels an das Mittelohr, die Scala tympani stößt mit dem runden Fenster an das Mittelohr an. Das runde Fenster ist durch eine nachgiebige Membran verschlossen.

Dringt ein Schallsignal in das Ohr, so schwingt die *Steigbügelfußplatte* im nachgiebigen Ringband des ovalen Fensters im Wechsel in das Innenohr und wieder zurück in das Mittelohr. Dadurch dringt die Schallenergie über das ovale Fenster in die Perilymphe der Scala vestibuli ein. Zum einfacheren Verständnis soll zunächst die Einwärtsschwingung des Steigbügels betrachtet werden (◘ Abb. 11.2). Sie verdrängt die *Perilymphe* der Scala vestibuli ins Innere der Cochlea. Die Lymphflüssigkeit ist nämlich inkompressibel und weicht daher aus. Dadurch wird die leicht bewegliche kochleäre Trennwand nach unten gedrückt und gleichzeitig die Perilymphe der Scala tympani verdrängt, da auch diese inkompressibel ist. Die Flüssigkeit in der Scala tympani kann ausweichen, weil die elastische Membran des runden Fensters nachgibt. Sie kann nachgeben, weil sich im Mittelohr Luft befindet. Mit den Schwingungen des Schalls wird daher im Wechsel der Steigbügel nach innen, die kochleäre Trennwand nach unten und die Membran des runden Fensters nach außen sowie anschließend der Steigbügel nach außen, die kochleäre Trennwand nach oben und die Membran des runden Fensters nach innen bewegt. Die zahlreichen aufeinander folgenden Schallwellen führen damit zu ständigen *Auf- und Abwärtsbewegungen (Auf- und Abwärtsvibrationen)* der kochleären Trennwand.

Die kochleäre Trennwand ist anatomisch ein komplex aufgebautes Gebilde, wie man im Querschnitt bei starker mikroskopischer Vergrößerung beobachten kann (◘ Abb. 11.2b). Die Unterseite der Trennwand ist die Basilarmembran, auf der sich Stützzellen befinden. Die Stützzellen tragen die Hörsinneszellen. Diese besitzen an ihrem oberen Ende Sinneshärchen (Stereozilien), denen die Zellen ihren Namen – *Haarzellen* – verdanken. Beim Menschen findet man 3 Reihen außen gelegener Haarzellen, die als äußere Haarzellen bezeichnet werden; innen befindet sich eine Reihe innerer Haarzellen. Haarzellen, Stützzellen und Basilarmembran bilden zusammen das *Corti-Organ.* Die Haarzellen werden von einer vorwiegend aus Kollagen Typ II bestehenden, gelatinösen Masse, der

Tektorialmembran, überspannt. Die Tektorialmembran berührt die Spitzen der längsten Stereozilien der äußeren Haarzellen. Ansonsten befindet sich zwischen der Tektorialmembran und der Oberseite des Corti-Organs ein schmaler flüssigkeitsgefüllter Spalt. Diese Flüssigkeit, aber auch die Flüssigkeit oberhalb der Tektorialmembran hat eine wesentlich andere Zusammensetzung als die Perilymphe. Sie wird als *Endolymphe* bezeichnet. Die Endolymphe kann sich mit Perilymphe nicht vermischen, da sie zur Scala tympani durch die Oberseite des Corti-Organs getrennt ist. Nach oben (zur Scala vestibuli) befindet sich zur Abgrenzung eine weitere dünne Membran, die Reissner-Membran. Der Endolymphraum heißt auch Scala media.

Mikromechanische Vorgänge im Corti-Organ

Die mikromechanischen Vorgänge im Corti-Organ kann man sich leichter vorstellen, wenn man sich die Mikroanatomie genauer anschaut. Dabei fällt auf, dass das Corti-Organ einerseits und die Tektorialmembran andererseits unabhängig voneinander in der Schneckenmitte (am sog. Mediolus) befestigt sind (■ Abb. 11.3). Die Situation ist vergleichbar mit dem vorderen und hinteren Deckel eines Buches, die am Buchrücken befestigt sind. Hält man den Buchrücken fest und bewegt man den vorderen und den hinteren Buchdeckel nach oben (oder nach unten), so verschieben sich die beiden Buchdeckel gegeneinander. Es resultiert eine *Relativbewegung*. Eine gleichartige Relativbewegung entsteht zwischen Tektorialmembran und Corti-Organ, wenn die kochleäre Trennwand nach oben und unten schwingt. Weil die Spitzen der längsten Stereozilien der äußeren Haarzellen an der Tektorialmembran befestigt sind, werden ihre Sinneshärchen damit im Wechsel nach außen und nach innen ausgelenkt *(Deflektion).*

Tektorialmembran

Haarzellen

Basilarmembran

■ **Abb. 11.3.** **Deflektion der Stereozilien.** Abscherung der Stereozilien äußerer Haarzellen durch die Abwärts- und Aufwärtsbewegungen der kochleären Trennwand

Wie die Stereozilien der inneren Haarzellen ausgelenkt werden, ist nicht genau bekannt. Man nimmt an, dass die Deflektion der Stereozilien der äußeren Haarzellen zu einer Mitbewegung der Flüssigkeit in dem schmalen Raum zwischen Tektorialmembran und Corti-Organ führt; die Flüssigkeit nimmt dann die Stereozilien der inneren Haarzellen mit. Man spricht von einer **hydrodynamischen Kopplung.** Interessanterweise sind innere Haarzellen erheblich unempfindlicher als äußere Haarzellen. Dies spielt für das Frequenzunterscheidungsvermögen des Ohres eine wichtige Rolle und wird weiter unten besprochen.

Eine Haarzelle besitzt an ihrem oberen Ende ca. 80–100 Sinneshärchen. Sie sind in Reihen angeordnet. Je weiter innen eine Stereozilienreihe ist, umso kürzer sind die Stereozilien. Geht man also von der innersten Stereozilienreihe einer Haarzelle weiter nach außen, so folgt eine Reihe längerer Stereozilien, auf die eine Reihe erneut längerer Stereozilien folgt. Die Spitzen der jeweils niedrigeren Stereozilien sind mit den jeweils längeren Stereozilien durch eine fadenartige Struktur verknüpft, die als Spitzenverbindung *(tipp link)* bezeichnet wird.

Merke

Im Innenohr erzeugt das Schallsignal Schwingungen der kochleären Trennwand, in der sich die Haarsinneszellen des Ohres befinden. Die **Sinneshärchen der Haarzellen** werden durch **Verschiebebewegungen** in der kochleären Trennwand ausgelenkt. Die Auslenkung der Sinneshärchen leitet den Transduktionsprozess der Haarzelle ein.

Mechanoelektrische Transduktion

Nicht erregte innere Haarzellen besitzen ein Ruhemembranpotential von rund −40 mV und äußere Haarzellen ein Ruhemembranpotential von rund −70mV. Werden die Stereozilien einer Haarzelle deflektiert, ändert sich das Membranpotential. Diese Änderung heißt **Sensorpotential** (◘ Abb. 11.4). Mit der Entstehung des Sensorpotentials ist das ursprünglich mechanische Signal in ein elektrisches Signal umgewandelt (transduziert). Man spricht von **mechanoelektrischer Transduktion.**

Einen wichtigen Beitrag zur Entstehung des Sensorpotentials leistet die Scala media, in die die Stereozilien der Haarzellen hineinragen. Sie ist ein Extrazellulärraum, dessen Flüssigkeit eine im Körper einzigartige Ionenzusammensetzung besitzt (◨ Abb. 11.2): Die sich in der Scala media befindliche Endolymphe enthält eine extrem *hohe Konzentration von Kalium*, nämlich rund 140 mmol/l. Darüber hinaus ist die Scala media positiv geladen, sodass sie gegenüber den übrigen Extrazellulärräumen ein ständiges Bestandspotential von etwa +85 mV besitzt. Es heißt *endolymphatisches Potential (EP)*. Das EP und die hohe K$^+$-Konzentration der Endolymphe werden durch die Stria vascularis (SV) erzeugt.

Werden die Stereozilien in Richtung zum längsten Stereozilium deflektiert, löst dies die *Öffnung von Transduktionsionenkanälen* am oberen Ende der Haarzellen aus, das in die Endolymphe hineinragt. Die Ionenkanäle werden in der Nähe der Spitze der Stereozilien oder (weniger wahrscheinlich) nahe der Stereozilienbasis vermutet. Haben sich die Transduktionsionenkanäle als Folge der Zilienabscherung geöffnet, dann wird die ungewöhnlich hohe Potentialdifferenz zwischen Scala media (EP +85 mV) und dem Inneren der Sinneszelle (äußere Haarzelle –70 mV) wirksam, die bis zu 155 mV betragen kann. Als Folge fliessen bei Öffnung des Ionenkanals positive Ionen aus der Endolymphe in das Zytoplasma der Haarzelle. Aufgrund ihrer auffällig hohen Konzentration in der Endolymphe handelt es sich dabei überwiegend um Kaliumionen. Der *Einstrom der positiv geladenen Kaliumionen* (◨ Abb. 11.4) führt zu einer Änderung des Membranpotentials der Haarzelle. Das Potential wird etwas weniger negativ: Es entsteht eine Depolarisation und damit das Sensorpotential.

Entsprechend der Aufeinanderfolge von Auf- und Abbewegungen der kochleären Trennwand wird das Stereozilienbündel im Anschluss an die soeben dargestellte Deflektion zum nächsthöheren Stereozilium (Stimulationsrichtung oder -phase) in Gegenrichtung verlagert. Dies führt zum Verschluss zahlreicher Transduktionsionenkanäle, sodass der Einstrom von Kaliumionen gehemmt wird (Inhibitionsrichtung oder -phase). Eine weitere Depolarisation wird dadurch verhindert. Um außerdem zum ursprünglichen Membranpotential zurückkehren zu können, besitzen die Haarzellen darüber hinaus *Ionenkanäle in ihrer basolateralen Zellmembran* (◨ Abb. 11.4), die an die Perilymphe der Scala tympani grenzen. Es handelt sich um spezifische *Kaliumkanäle* (z. B. sog. KCNQ4-Kanäle), die Kaliumionen vom Zellinneren in die Perilymphe ausströmen lassen. Die Öffnung des Kaliumkanals in der basolateralen Zellmembran wird durch die Depolarisation der Zelle stimuliert und erlaubt durch K$^+$-Verlust die Repolarisation der Zelle.

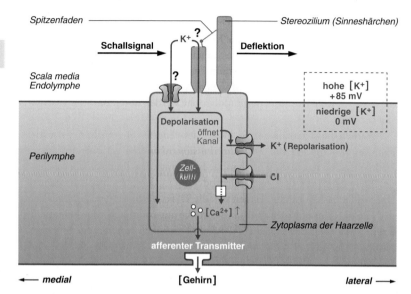

■ Abb. 11.4. Mechanoelektrische Transduktion. Das Schallsignal führt zu einer Deflektion des Haarbündels, wodurch sich apikale Ionenkanäle öffnen. Entsprechend der Davis-Batteriehypothese müssen diese Ionenkanäle als variable Widerstände wirken. Ionen strömen in die Zelle, wobei Kaliumionen die besten Kandidaten sind. Die Folge ist eine Depolarisation der Zelle. Die Depolarisation führt (in inneren Haarzellen) zur Freisetzung des afferenten Transmitters (vermutlich Glutamat), wodurch die afferenten Nervenfasern stimuliert werden. Gleichzeitig steigert die Depolarisation die Öffnungswahrscheinlichkeit von kaliumspezifischen Kanälen in der laterobasalen Zellwand. Sie erlauben die Repolarisation der Zelle. Gleichzeitig tragen Chloridkanäle in geringem Umfang zur Repolarisation bei. Die geschilderte Zunahme des Stromflusses durch die Zelle führt vorübergehend zu einer Negativierung der Scala media, während die Cortilymphe neben den Haarzellen vorübergehend etwas positiver wird (Mod. nach Zenner u. Gitter 1987a)

Merke

Werden die Stereozilien einer Haarzelle deflektiert, so entsteht ein **Sensorpotential** (mechanoelektrische Transduktion). Die sich in der Scala media befindliche Endolymphe enthält eine extrem hohe Kaliumkonzentration. Aus ihr fliessen bei Deflektion Kaliumionen in die Haarzellen ein und tragen damit zum Transduktionsprozess bei.

Transmitterfreisetzung aus inneren Haarzellen

Entsteht in inneren Haarzellen ein Sensorpotential, dann setzen diese an ihrem unteren Ende *afferente Transmitter* frei. An den basalen Enden der inneren Haarzellen befinden sich 90% der afferenten Synapsen des Hörnervs. An der Transmitterfreisetzung ist ein Anstieg der *intrazellulären freien Kalziumkonzentration* beteiligt, zu deren Kontrolle das Sensorpotential beiträgt. Bei dem wichtigsten afferenten Transmitter handelt es sich wahrscheinlich um *Glutamat*.

Freigesetzte Transmittermoleküle erreichen nach Diffusion durch den synaptischen Spalt ihre entsprechenden Rezeptoren in der Zellmembran der afferenten Hörnervenzelle. Die Bindung des afferenten Transmitters an die Rezeptoren löst in der Nervenzelle ein *Nervenaktionspotential* aus. Die hier geschilderte Weitergabe des transduzierten Signals an afferente Fasern des Hörnervs beschränkt sich im Wesentlichen auf die inneren Haarzellen. Äußere Haarzellen haben eine andere Funktion.

Die Freisetzung des Transmitters geschieht zeitlich hochpräzise zu einer Phase der Auslenkung der Stereozilien und damit zu einer Phase des Rezeptorpotentials. Werden die Stereozilien in Stimulationsrichtung ausgelenkt, so werden Transmittermoleküle freigesetzt. Eine Auslenkung der Stereozilien in Gegenrichtung hemmt die Transmitterfreisetzung. Die Höchstfrequenz der Transmitterfreisetzung ist beschränkt. Sie kann (abhängig von der untersuchten Spezies) bis etwa 5000mal pro Sekunde geschehen. Geht man davon aus, dass die Häufigkeit von Ante- und Retroflektion des Stereozilienbündels und damit der Freisetzungen des Transmitters die Frequenz des Schallsignals widerspiegelt, dann limitiert die Transmitterfreisetzung die lineare Übertragung von Frequenzen auf bis zu 5 kHz.

> **Merke**
>
> In inneren Haarzellen führt das Sensorpotential zur Freisetzung des afferenten Transmitters Glutamat. Die *Freisetzung des Transmitters* geschieht *zeitlich hochpräzise* zu einer *Phase der Auslenkung* der Stereozilien und damit zu einer Phase des Rezeptorpotentials. Sie kann (abhängig von der untersuchten Spezies) bis etwa 5000-mal pro Sekunde geschehen.

■■■ **Klinischer Promontoriumstest.** Es ist schwierig, Sensorpotentiale und Ionenkanäle an Haarzellen zu messen. Beim Menschen ist dies noch nicht gelungen, sondern nur bei Tieren. Hingegen können für klinische Untersuchungszwecke feine Elektroden durch das Trommelfell hindurchgeschoben werden und auf das Promontorium (die knöcherne Innenohrwandung zum Mittelohr) aufgesetzt werden. Die Elektrode befindet sich dadurch in der Nähe von Sensorzellen und Hörnerv. Wird der Patient anschließend beschallt, dann können Potentiale abgeleitet werden, die eine überraschende Eigenschaft besitzen, wenn man diese Potentiale über einen Verstärker einem Lautsprecher zuführt. Spricht man nämlich in das untersuchte Ohr hinein, so kann man am Lautsprecher das gesprochene Wort für Wort verstehen. Ohr und Potential verhalten sich also wie ein Mikrofon, sodass das Potential **Mikrofonpotential** *(CM, cochlear microphonics)* heißt. Die Mikrofonpotentiale entstehen an oder in der Nähe der Stereozilien der äußeren Haarzellen. Ihr Entstehungsmechanismus ist unbekannt. Reizt man das Ohr mit einem extrem kurzen Schallpuls (z. B. einem sog. Klick), dann kann mit der Promontoriumselektrode ein zusätzliches Potential, nämlich das **Summenaktionspotential** *(compound action potential, CAP)* des Hörnervs abgeleitet werden.

Klinik

Kochleäres Implantat. Promontorialableitungen werden klinisch durchgeführt, um bei Gehörlosen zu untersuchen, ob diese für ein elektronisches, kochleäres Implantat *(cochlear implant)* geeignet sind. Ein kochleäres Implantat besitzt eine oder mehrere Elektroden, die beim ❸ Gehörlosen in die Cochlea geschoben werden können, um den Hörnerv direkt zu erregen. Das Implantat ist mit einem Miniaturmikrofon sowie einem elektronischen Sprachprozessor verbunden. Dadurch können Höreindrücke erzeugt werden, sodass ein Teil der Betroffenen sogar telefonieren kann.

Frequenzunterscheidung

Das gesunde Ohr kann Tonhöhen erstaunlich gut unterscheiden, wenn es die Töne sukzessive hört. Bei 1000 Hz beträgt die Frequenzunterschiedsschwelle 0,3%, also 3 Hz. Ist die Frequenzunterschiedsschwelle beim Kranken verschlechtert, so kann er Sprache kaum noch verstehen.

Die hohe Frequenzselektivität des Ohres wird in der Cochlea durch einen eleganten Zwei-Schritt-Mechanismus erzeugt. Für die Beschreibung des ersten Schritts erhielt Georg von Békésy 1961 den Nobelpreis. Die Schwingungen eines Tones führen zu ständigen Auf- und Abwärtsbewegungen der kochleären Trennwand. Diese Bewegungen beginnen unmittelbar hinter dem Steigbügel, bleiben jedoch nicht auf diesen Ort beschränkt. Vielmehr bilden sie eine Welle aus, die anschließend in Richtung zur Cochleaspitze wandert (❏ Abb. 11.2). Die Welle wird daher als **Wanderwelle** bezeichnet. Man kann sie sich ungefähr so vorstellen: Wenn man ein Seil zwischen 2 Personen spannt und eine Person auf ihrer Seite mit der Handkante auf das gespannte Seil schlägt, wird man eine Welle sehen, die das Seil entlang wandert.

In der Cochlea hat die Wanderwelle allerdings eine wichtige zusätzliche Eigenschaft. Sie wandert nicht gleichförmig oder gar abnehmend von der Schneckenbasis bis zur Schneckenspitze. Vielmehr wird ihre Amplitude im Verlauf der Wanderung plötzlich drastisch verstärkt, um unmittelbar danach wieder scharf abzufallen. Bei niedrigen und mittleren Schalldruckpegeln ist diese Wanderwellenverstärkung besonders auffällig. Für das Verständnis der Frequenzselektivität ist es nun von grundlegender Bedeutung, dass dieses durch Verstärkung zustande kommende Wanderwellenmaximum für jede Tonhöhe an einem anderen Ort entlang der Cochlea produziert wird. Dabei gilt: *Je höher der Ton, desto näher am Steigbügel befindet sich der Ort des Wanderwellenmaximums.* Daher entsteht das Wanderwellenmaximum für hohe Töne an der Cochleabasis; je mehr die Tonhöhe abfällt, umso mehr nähert sich der Ort des Wanderwellenmaximums der Cochleaspitze. Für mittlere Töne findet man es damit in der mittleren Cochlea und für tiefe Töne in der Nähe der Cochleaspitze. Für jede Tonhöhe gibt es deshalb einen bestimmten charakteristischen Ort der Maximalauslenkung der Wanderwelle entlang der kochleären Trennwand. Die jeweilige Tonhöhe heißt charakteristische Frequenz (CF). Man kann dies vergleichen mit den Tasten eines Klaviers, die entlang der Klaviatur ebenfalls den Ort der Tonhöhe festlegen, mit den hohen Tönen am rechten Ende und sich dem linken Ende nähernd, je mehr die Tonhöhe abfällt. Beim Ohr spricht man daher vom *Ortsprinzip (Ortstheorie, Tonotopie) der Wanderwelle.* Die Folge ist, dass eine einzelne Frequenz nur an einem bestimmten Ort (nämlich dem Ort des Wanderwellenmaximums) einige wenige Haarzellen reizt. Unterschiedliche Tonhöhen reizen damit unterschiedliche Haarzellen entlang der kochleären Trennwand. Ein kompliziertes, aus mehreren Tonhöhen bestehendes Schallereignis wird dadurch längs der kochleären Trennwand aufgespreizt *(Frequenzdispersion).*

Wanderwellenverstärkung durch äußere Haarzellen. Um den zweiten Schritt der Frequenzselektivität zu verstehen muss man wissen, dass äußere Haarzellen beim Gesunden die Fähigkeit besitzen, sich mithilfe des Zellmembranproteins Prestin außerordentlich schnell zu verkürzen und zu verlängern. Dadurch erzeugen sie bei niedrigem und mittlerem Schalldruckpegel mechanische Energie, die zu einer fast 1 000fachen Verstärkung der Wanderwelle und damit zu einem extrem spitzen Wanderwellenmaximum führt. Durch die Tektorialmembran gesteuert wird die Energie der kochleären Trennwand von jeweils wenigen, für die jeweilige Frequenz entsprechend dem Ortsprinzip zuständigen äußeren Haarzellen mittels streng lokalisierter, aktiver Zellbewegungen (Haarzellmotilität) zugeführt. Dadurch kann die Endolymphbewegung unter der Tektorialmembran aktiv verstärkt und wenigen inneren Haarzellen zugeführt werden (◘ Abb. 11.5). Die Wanderwelle wird also in einem sehr eng umschriebenen Bereich der kochleären Trennwand verstärkt und zugespitzt *(kochleärer Verstärker)* und reizt dadurch ausschließlich die für eine spezifische Frequenz »zuständigen« inneren Haarzellen.

Neben der Wanderwelle kann das Innenohr zur Frequenzanalyse auch Zeitstrukturen des Schallsignales, z. B. periodisch wiederkehrende Schalldruckspitzen erkennen *(Periodizitätsanalyse)*. Eine Periodizitätsanalyse muss insbe-

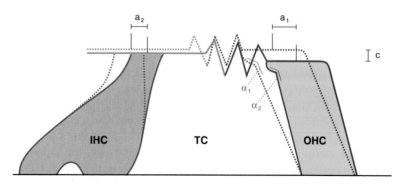

◘ Abb. 11.5. Haarzellen im Corti-Organ. Modell schneller, aktiver, radialer *(a₁)* und transversaler *(c)* Bewegungen äußerer Haarzellen im Corti-Organ. Als Folge ihrer schrägen anatomischen Position führt eine Verkürzung des äußeren Haarzellkörpers zu Bewegungen in 2 Richtungen *(gepunktet eingezeichnet)*: Neben der Verkürzung *(c)* gleitet die Kutikularplatte in der Ebene der Retikularmembran in einer radialen Scherbewegung *(a₁)* nach außen. Die Kombination von radialer und transversaler Bewegung ist nur möglich, wenn gleichzeitig eine Knickbewegung des Kutikularplattenwinkels von alpha 1 *(a₁)* nach alpha 2 *(a₂)* stattfindet. Die Bewegung der äußeren Haarzellen soll eine radiale Endolymphstörung erzeugen, die die Stereozilien der inneren Haarzellen deflektiert. Ebenfalls vorstellbar, jedoch nicht bewiesen, ist es, dass die Bewegung a₁ der äußeren Haarzellen, eine radiale Bewegung a₂ der inneren Haarzellen auslöst, die aus hydrodynamischen Gründen zu einer Deflektion der Stereozilien der inneren Haarzellen führt, indem die Trägheit der nicht angetriebenen Flüssigkeit des subtektorialen Raumes zur inneren Haarbündeldeflektion beiträgt (IHC innere Haarzelle; OHC äußere Haarzelle; TC Corti-Tunnel) (Nach Reuter u. Zenner 1990, mit freundlicher Genehmigung)

sondere oberhalb von etwa 5 kHz eine Rolle spielen, da sowohl die Freisetzung afferenter Transmitter als auch die Produktion von Nervenaktionspotentialen in den afferenten Nervenfasern höheren Frequenzen nicht mehr folgen kann.

> **Merke**
>
> Das große Frequenzunterscheidungsvermögen des Ohres geht auf Wanderwellen der kochleären Trennwand zurück. Das scharfe Wanderwellenmaximum wird durch äußere Haarzellen bei niedrigem/mittlerem Schalldruckpegel erzeugt.

Otoakustische Emissionen

Wird das Ohr mit einem nur wenige Millisekunden dauernden Geräusch, einem sog. Klick, gereizt, dann antwortet das Innenohr nach einer kurzen Pause mit einem vorübergehenden Geräusch. Der vom Innenohr produzierte Schall gelangt über das Mittelohr und das Trommelfell in den äußeren Gehörgang. Er kann dort mit hoch empfindlichen Mikrofonen gemessen werden. Man spricht von einer *transitorisch evozierbaren otoakustischen Emission (TEOAE)*. TEOAE sind bei fast allen gesunden Ohren auslösbar. Der Schalldruckpegel der TEOAE ist so niedrig, dass der Betroffene selbst seine eigenen TEOAE normalerweise nicht wahrnimmt. Die Messung von TEOAE ist eine Screeningmethode, um bei Neugeborenen (insbesondere nach Risikogeburten), Säuglingen und Kleinkindern das Hörvermögen objektiv zu untersuchen. Die Innenohre vieler Menschen produzieren darüber hinaus auch *spontane otoakustische Emissionen (SOAE)*, die mit extrem empfindlichen Mikrofonen als Daueremission im äußeren Gehörgang gemessen werden können.

Ursache der otoakustischen Emissionen sind vermutlich die bereits o. g. *schnellen Bewegungen äußerer Haarzellen*. Ihre Hauptaufgabe ist die Produktion von Schwingungen, um wie ein Motor die Wanderwelle zu verstärken. Dabei wird offenbar so viel Energie erzeugt, dass als Nebeneffekt ein Teil der Schwingungsenergie als Schall das Innenohr verlässt und über das Mittelohr an die Außenwelt abgegeben wird.

> **Merke**
>
> Das Innenohr erzeugt Geräusche, die als otoakustische Emissionen im Gehörgang gemessen werden.

11.4 Auditorische Signalverarbeitung im Zentralnervensystem

Neuronale Verarbeitung in der zentralen Hörbahn

Die Transmitterfreisetzung von inneren Haarzellen, die als Folge des Transduktionsprozesses auftritt, führt zu einer Kette neuronaler Erregungen über den Hörnerven, den Hirnstamm und die Hörbahn bis zum auditorischen Kortex im Temporallappen.

Die transduzierten Informationen des Schallsignals werden dadurch über mindestens 5–6 *hintereinander geschaltete Neurone bis zum auditorischen Kortex* weitergeleitet (◘ Abb. 11.6). Innerhalb der Neurone geschieht die Signalweiterleitung durch Nervenaktionspotentiale. Der Signaltransfer an den Synapsen wird über Transmitter vermittelt. Die Hörnervenfasern sind die ers-

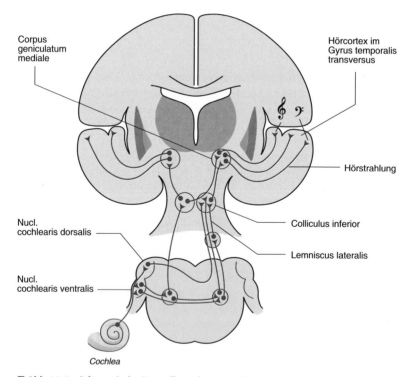

◘ **Abb. 11.6. Schematische Darstellung der zentralen Hörbahn**

ten Neurone. In ihnen wird der Schallreiz durch die Entladungsrate, die Zeitdauer der Aktivierung sowie durch ihren Anschluss an frequenzspezifische Haarzellen kodiert. Die höheren Neurone der Hörbahn hingegen sind zunehmend auf **komplexe Schallmuster** (z. B. Phoneme der Sprache) spezialisiert. Sie besitzen zusätzliche Interneurone und Kollaterale, wodurch eine ausgedehnte neuronale Vernetzung des zentralauditorischen Systems entsteht. Dadurch können sie beispielsweise den Nutzschall (z. B. die sprachliche Information) aus einem Gesamtschallreiz herausfiltern und selektiv für die kortikale Beurteilung weiterleiten. Auch für das **räumliche Hören** besitzt das Gehirn hochspezialisierte Neurone. Sie reagieren auf Laufzeitunterschiede und Intensitätsunterschiede zwischen der Reizung des rechten und linken Ohres.

Klinik

Klinische BERA-Untersuchung. Die im Verlauf neuronaler Erregungen zeitlich hintereinander ausgelösten (evozierten) Aktionspotentiale werden diagnostisch ausgenutzt. Man spricht von **akustisch evozierten Potentialen (AEP)** oder *brainstem evoked response audiometry (BERA)*. Die **BERA** ist eine bedeutende diagnostische Methode, um bei bestehender❷ Schallempfindungsschwerhörigkeit zwischen kochleärem (im Innenohr) oder retrokochleärem Schaden zu unterscheiden. Retrokochleäre Erkrankungen (»hinter der Cochlea«) schädigen am weitaus häufigsten den Hörnerv zwischen Innenohr und Hirnstamm. Ein wichtiges Beispiel ist das❷ Acusticusneurinom, ein Tumor, der von der Schwann-Scheide des N. statoacusticus ausgeht. Darüber hinaus kann die BERA als **objektive Untersuchungsmethode** verwendet werden, um das Hörvermögen bei Säuglingen und Kleinkindern sowie bei bewusstlosen Erwachsenen (Kopfverletzung, Koma) objektiv, also ohne Mitarbeit des Patienten, zu untersuchen.

Bei der BERA hört der Untersuchte Schallreize, die zu einer Veränderung der elektrischen Hirnaktivität führen. Das übliche Messverfahren der elektrischen Hirnaktivität, das Elektroenzephalogramm (▶ Kap. 15.2) kann jedoch nicht zur Auswertung verwendet werden, da die durch den Schall ausgelösten Hirnpotentialänderungen im Vergleich zu den übrigen EEG-Wellen viel zu klein sind. Wird die Schallstimulation jedoch vielfach wiederholt (z. B. 2000-mal), dann tritt die schallausgelöste Hirnpotentialänderung stets in einem definierten zeitlichen Abstand (im Millisekundenbereich) nach diesem Reiz auf. Die regelmäßige Wiederkehr dieser Antwort steht im Gegensatz zur Unregelmäßigkeit der übrigen Wellen des EEG, sodass es computerisierte, mathematische Verfahren erlauben, die elektrische Antwort auf den Schallstimulus im EEG wiederzufinden. Unter zahlreichen Potentialen werden zumeist die nach 2–12 ms auftretenden, schnellen Hörnerven- und Hirnstammpotentiale zur Diagnostik ausgenutzt. Ein wichtiges diagnostisches Kriterium sind beispielsweise Verspätungen (Latenzzeitverlängerungen) einzelner Potentiale, die auf eine Läsion an einem Ort vor der verzögerten Potentialentstehung schließen lassen.

Der Hörnerv

Der N. Cochlearis verlässt das Innenohr durch den inneren Gehörgang und zieht durch den Kleinhirnbrückenwinkel zum **Hirnstamm**. Seine afferenten Fasern teilen sich im Hirnstamm und ziehen zum **Nucleus Cochlearis ventralis** sowie zum **Nucleus Cochlearis dorsalis**. Dort werden sie jeweils zum 2. Neuron umgeschaltet. Neben einer großen Zahl afferenter Fasern besitzt der Hörnerv auch efferente Nervenfasern. Rund **90% der afferenten Nervenfasern** haben eine Synapse mit **nur einer einzigen Haarzelle,** und zwar einer **inneren Haarzelle**. Im Gegensatz dazu **enden rund 90% der efferenten Nervenfasern** exklusiv **an mehreren äußeren Haarzellen**.

Da jede Haarzelle nach der Ortstheorie für eine bestimmte Tonhöhe zuständig ist, wird die an eine bestimmte innere Haarzelle angeschlossene **afferente Nervenfaser** bevorzugt bei Beschallung des Ohres bei einer ganz bestimmten Frequenz optimal erregt. Diese Frequenz heißt – wie bei den Haarzellen – **charakteristische Frequenz** (CF, auch: Bestfrequenz). Weicht die Schallfrequenz von der Bestfrequenz ab, dann muss mit zunehmender Abweichung der Schalldruckpegel erhöht werden, um eine Erregung der afferenten Nervenfaser messen zu können. Da die Geräusche des täglichen Lebens aus mehreren Schallfrequenzen bestehen, werden die jeweils für die CF zuständigen Nervenfasern besonders stark erregt. Bis etwa 5 kHz wird auf diesem Weg die Information über die **Tonhöhe** über den Hörnerv an das ZNS weitergegeben.

Für höhere Frequenzen sowie partiell auch für Tonhöhen bis 5 kHz werden weitere Kodierungsmechanismen diskutiert. Am ehesten kommt wahrscheinlich das bei der Besprechung des Innenohres bereits erwähnte **Periodizitätsprinzip** infrage. Dabei wird angenommen, dass der Organismus die Zeitstruktur des Schallreizes, z. B. periodisch wiederkehrende Schalldruckspitzen, ausnutzen kann. Dafür spricht, dass ein Schallreiz eine Mindestdauer haben muss, damit die Tonhöhe codiert werden kann. Auch unterstützen klinische Erfahrungen mit den kochleären Implantaten, deren Elektroden bei Gehörlosen das Innenohr teilweise ersetzen und den Hörnerv elektrisch reizen, diese Auffassung. Es gibt nämlich Implantate, die nur eine Elektrode besitzen und daher bei alleiniger Gültigkeit des Ortsprinzipes eigentlich nur eine Frequenz übertragen dürften. Mittels elektronisch gesteuerter, periodischer Reize des Sprachprozesses kann der Patient jedoch mehrere Frequenzen empfinden, was ihm in Einzelfällen erlaubt, sogar zu telefonieren.

Die *Länge eines Schallreizes* wird durch die *Dauer der Aktivierung* der afferenten Nervenfasern verschlüsselt. Die Kodierung unterschiedlicher *Schalldruckpegel* gelingt durch die *Entladungsrate* der erregten Neurone. Mit Zunahme des Schalldruckpegels steigt die Entladungsrate. Allerdings kann eine einzelne Nervenfaser eine bestimmte höchste Entladungsrate nicht überschreiten. Nimmt der Schalldruckpegel trotzdem weiter zu, werden zunehmend Nachbarfasern mitaktiviert. Unterschreitet das Schallsignal eine bestimmte Zeitdauer, dann wird es als leiser empfunden, obwohl der Schalldruckpegel hoch sein kann. Aus diesem Grund kann die Hörgefährdung z. B. durch Diskothekenmusik unterschätzt werden.

Efferenzen steuern das Innenohr. Die efferenten Nervenfasern der Hörnerven enden zu 90% an den äußeren Haarzellen. Die Transmitter an den Synapsen zu den Haarzellen sind *Azetylcholin* und *Gamma-Aminobuttersäure (GABA)*. Die efferenten Fasern stammen überwiegend von der kontralateralen, im geringeren Maße von der ipsilateralen oberen Olive und werden daher als *olivokochleäres Bündel (OCB)* bezeichnet. Mithilfe der efferenten Fasern werden einige Funktionen der Cochlea vom Gegenohr oder vom ZNS gesteuert. Sie sind noch nicht in allen Einzelheiten bekannt. Eine Vorstellung ist, dass die Motilität der äußeren Haarzellen gesteuert wird; das soll dem Schutz vor Schallschäden, der Kontrolle der mechanischen Arbeitsbedingungen der Cochlea, der verbesserten Signaldetektion vor Hintergrundgeräuschen sowie der auditorischen Aufmerksamkeit dienen.

> **Merke**
>
> Nach der Transduktion und Transformation übertragen afferente Fasern des Hörnervs die Signale aus der Cochlea zum ZNS. Die efferenten Nervenfasern des Hörnervs stammen zumeist aus der Olive und steuern die äußeren Haarzellen.

Kreuzung zur Gegenseite und Verarbeitung in höheren Neuronen

Die zweiten afferenten Neurone, die vom ventralen Nucleus Cochlearis ausgehen, kodieren die Schallinformation in ähnlicher Weise wie die afferenten Hörnervenfasern. Ein Teil dieser zweiten Neurone zieht auf der gleichen Seite zur oberen Olive, ein Teil erreicht die obere Olive der kontralateralen Seite. Auch die afferenten Fasern, die vom dorsalen Nucleus Cochlearis ausgehen, kreuzen zur kontralateralen Seite, und zwar zum Nucleus lemniscus lateralis. Die afferenten Fasern der zweiten Neurone verlaufen damit zu einem kleineren Teil auf der ipsilateralen Seite, der *überwiegende Teil der Fasern kreuzt jedoch zur kontralateralen Seite*. Die Folge ist, dass jedes Innenohr mit der rechten und der linken Hörrinde verbunden ist. Dadurch können beispielsweise auf beide Ohren auftreffende Schallsignale (binaurale Schallsignale) ab den zweiten Neuronen miteinander verglichen werden. Die den zweiten Neuronen nachgeschalteten höheren Neurone verlaufen ebenfalls teilweise ipsilateral, teilweise kontralateral nach jeweils neuer Umschaltung zum *Colliculus inferior* und danach zum *Corpus geniculatum mediale*. Die sich daran anschließenden Afferenzen heißen Hörstrahlung (Radiatio acustica) und ziehen zur primären Hörrinde *(Heschl-Querwindung)* des *Temporallappens.*

Die Kodierung der Schallinformation im ersten und in Teilen des zweiten Neurons war sehr einfach. Von vielen Neuronen wird die Information lediglich von der Cochlea zum ZNS weitergegeben. Ab den *höheren Neuronen* hingegen wird die dem Schall innewohnende Information verarbeitet und für die Auswertung in der Hörrinde vorbereitet. Im Ergebnis *wird nur ein kleiner Teil der gesamten akustischen Information,* die auf die Ohren eindringt, *bis zur Hörrinde transferiert*. Dieser Teil der Schallinformation heißt *Nutzschall*. Der für den Menschen wichtigste Nutzschall ist die *Lautsprache*. Die übrige Schallinformation (Hintergrundgeräusche, Worte eines nichtinteressierenden Sprechers) wird im Verlauf der zentralen Schallinformationsverarbeitung weitgehend eliminiert.

Zurückzuführen ist diese *Filterung* auf die grundsätzliche Eigenschaft der Mehrzahl der höheren Neurone der Hörbahn, nicht auf reine Sinustöne, sondern auf bestimmte Eigenschaften eines *Schallmusters* zu reagieren. Da für den Menschen wichtige Muster Phoneme der Sprache sind, stören die meisten Hirnläsionen, die die höheren auditorischen Neurone oder die Hörbahn schädigen (z. B. bei einem apoplektischen Insult, Schlaganfall), selektiv die Sprachwahrnehmung. Hingegen können Tonfrequenzen in der Regel unverändert normal wahrgenommen werden.

Die Mechanismen der zentralen Schallinformationsverarbeitung sind in wesentlichen Einzelheiten noch unbekannt. Man weiß zwar, dass das Ortsprinzip von Cochlea und Hörnerv bis zum auditorischen Kortex besteht; allerdings kommen bei zahlreichen vom dorsalen Nucleus Cochlearis ausgehenden Neuronen kollaterale Verschaltungen hinzu, die z. T. exzitatorisch, z. T. inhibitorisch wirken (On-off-Neurone). Darunter gibt es Fasern, die bei bestimmten Frequenzen aktiviert, durch höhere oder tiefere Töne hingegen gehemmt werden. Andere Neurone werden durch eine Frequenzzunahme, wieder andere durch eine Frequenzabnahme (Frequenzmodulation) erregt. Dabei spielt zusätzlich der Grad der Modulation eine Rolle. Andere Zellen sind auf die Amplitudenänderung eines Tones spezialisiert.

Im *auditorischen Kortex* ist die Spezialisierung der Neurone auf bestimmte Eigenschaften eines Schallmusters sogar noch ausgeprägter. So gibt es Neurone, die auf den Beginn oder das Ende, auf eine mehrfache Wiederholung oder eine Mindestzeitdauer oder auf bestimmte Amplituden und Frequenzmodulationen eines Schallreizes reagieren. Offenbar erlaubt es diese bisher nur in Bruchstücken bekannte zunehmende Spezialisierung der Neurone, Muster innerhalb eines Schallreizes herauszuarbeiten und für die kortikale Beurteilung (Wahrnehmung) vorzubereiten. Es handelt sich also um *Informationsverarbeitung,* durch die beispielsweise *Nutzschall* von *Störschall* getrennt werden kann. Wie schon erwähnt, sind das gesprochene Wort oder Musik Nutzschallmuster, die wir trotz Umgebungsgeräusch (Störschall) wahrnehmen können. Dabei spielen sowohl Lernprozesse (der wahrzunehmende Nutzschall»Sprache« muss zuvor erlernt sein) als auch der Wille des Hörenden eine Rolle. Sprechen mehrere Menschen gleichzeitig, kann der gesunde Hörende durch seinen Willen beeinflussen, welchen Sprecher unter mehreren gleichzeitig Sprechenden er wahrnehmen (verstehen) möchte. Dadurch werden die Worte der übrigen Sprecher vom ZNS als Störschall behandelt und partiell weggefiltert.

Räumliches Hören

Mittels des Hörens kann man sich im Raum orientieren. Die *auditorische Raumorientierung* geschieht weitgehend im zentralen Hörsystem. Beispielsweise kann die Richtung einer Schallquelle allein durch das Hören geortet werden. Eine der physiologischen Grundlagen räumlichen Hörens sind auf

Raumorientierung hochspezialisierte Neurone. Voraussetzung ist allerdings, dass beide Ohren normal hören *(binaurales Hören)*. Die Ortung einer Schallquelle beruht in der Regel darauf, dass diese Schallquelle von einem Ohr weiter entfernt ist als vom anderen. Dadurch trifft der Schall am entfernteren Ohr leiser und später ein. Intensitätsunterschiede von nur 1 dB und Laufzeitunterschiede bis hinab zu $3 \cdot 10^5$ Sekunden können dabei vom auditorischen System sicher erkannt werden. Derartig geringe Schallverspätungen treten bei einer Abweichung der Schallquelle von 3° von der Mittellinie zur Seite auf. Die Intensitäts- und Laufzeitunterschiede werden auch von Stereoanlagen ausgenutzt, um die Wahrnehmung eines Raumeindruckes zu erzeugen.

Die *Laufzeit- oder Intensitätsdifferenz* ist v. a. dazu geeignet, Schallquellen rechts oder links vom Kopf zu orten. Die zusätzliche Entscheidung, ob sich die Schallquelle oben, unten, vorn oder hinten befindet, ist erheblich schwieriger und geschieht nicht mittels der Analyse von Laufzeit- und Intensitätsdifferenzen. Vielmehr spielt die *Form der Ohrmuschel* und des Gehörgangs hierfür eine Rolle. Jedes Schallsignal wird nämlich nach dem Auftreffen auf die Ohrmuschel durch Resonanzen etwas verändert (verzerrt) und trifft durch das Resonanzmuster verändert auf das Trommelfell auf. Ausmaß und Art des Resonanzmusters sind davon abhängig, unter welchem Winkel der Schall auf die Ohrmuschel auftrifft. Man spricht vom *richtungsbestimmenden Frequenzmuster*. Die Folge ist, dass z. B. ein bestimmtes Ausgangsschallmuster, das von vorn auf das Ohr auftrifft, sich bei Ankunft am Trommelfell in wenigen, aber charakteristischen Eigenschaften von dem am Trommelfell ankommenden Muster unterscheidet, das bei Auftreffen des Schallsignals von hinten auf das Ohr auftritt. Vermutlich werden beide Untermuster in Hörbahn und Kortex von unterschiedlichen hochspezialisierten Neuronen erkannt, was zur räumlichen Wahrnehmung beiträgt. Richtungsbestimmende Frequenzmuster gibt es nicht nur für »vorne« und »hinten«, sondern für alle Richtungen.

Möglicherweise tragen die richtungsbestimmenden Frequenzmuster aber auch zum Sprachverständnis bei Hintergrundlärm bei. Das mit einem Sprecher (aufgrund seiner räumlichen Lage zum Zuhörer) assoziierte richtungsbestimmende Frequenzmuster erlaubt es dem Zuhörer, den Antischall zu identifizieren, und Schallquellen mit anderen richtungsbestimmenden Frequenzmustern zu unterdrücken.

Merke

Jedes Ohr ist über Afferenzen mit beiden Hirnhälften verknüpft; die meisten Fasern kreuzen zur kontralateralen Seite. Die höheren Neurone sind häufig auf Schallmuster spezialisiert und reagieren nur, wenn ihnen dieses charakteristische Muster angeboten wird. *Räumliche Hörwahrnehmung* ist ein Beispiel für die Funktion dafür hochspezialisierter höherer Neurone.

12 Gleichgewicht

H. P. Zenner

 **Einleitung**

Die Gleichgewichtssinnesorgane des Menschen befinden sich im Innenohr. Sie erlauben dem Menschen den aufrechten Gang, indem sie Dreh-, (Winkel-) und Translationsbeschleunigungen messen. Störungen des Gleichgewichtssystems führen zu einem der häufigsten klinischen Leitsymptome – dem Schwindel

12.1 Die Gleichgewichtssinnesorgane

Aufgaben des Vestibularapparates

Die 5 wichtigsten Endorgane für den Raumorientierungs- und Bewegungssinn des Menschen befinden sich im Labyrinth des Innenohrs. Es sind die Vestibularorgane (Vestibularapparat). Der Gesunde ist sich der normalen Funktion der Vestibularorgane normalerweise nicht bewusst und bemerkt sie im täglichen Leben nicht. Funktionsstörungen hingegen werden z. T. sehr dramatisch wahrgenommen. Zumeist äußern sie sich als Schwindel oder Gangunsicherheit bis hin zur Unfähigkeit zu stehen. Die wichtigste Aufgabe der Vestibularorgane ist die Gewährleistung der Gleichgewichtsfunktion. Sie erlaubt uns Menschen den aufrechten Gang. Dazu finden sich in jedem Innenohr 3 Bogengangsorgane sowie 2 Maculaorgane (◘ Abb. 12.1). Diese 5 Organe einer jeden Seite sind hochspezialisierte Sinnesorgane, um Dreh-, (Winkel-) und Translationsbeschleunigungen zu messen.

Neben den Informationen der insgesamt 10 Vestibularorgane erreichen auch **optische** und **somatosensorische** Informationen das Gehirn, die es zusammen mit den vestibulären Informationen dem ZNS möglich machen, die Aktivität von Skelett- und Augenmuskulatur mittels Reflexen so zu steuern, dass sich der Körper im Gleichgewicht hält. Die wichtigsten dieser Reflexe sind die **vestibulospinalen Reflexe** sowie die **vestibulookulären Reflexe** (VOR). Sie gehen vom Vestibularapparat aus. Darüber hinaus kann die Lage des Körpers sowie von Körperteilen (z. B. Kopf und Extremitäten) wahrgenommen werden (Propriozeption, Tiefensensibiltät).

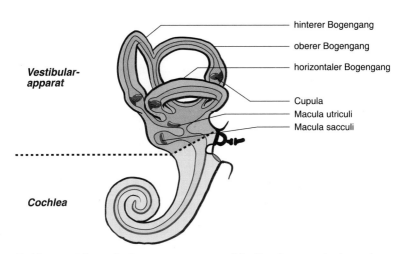

Vestibular-
apparat

hinterer Bogengang
oberer Bogengang
horizontaler Bogengang

Cupula
Macula utriculi
Macula sacculi

Cochlea

⬛ Abb. 12.1. Schema der Bogengangsorgane und der Maculaorgane des Innenohres.
Endolymphe *(rot)* und Perilymphe *(orange)* stehen mit Endolymphe und Perilymphe der
Cochlea in Verbindung

Die vom Gehirn wahrgenommene Diskrepanz wird als Schwindel empfunden. Als Folge werden die vestibulookulären und vestibulospinalen Reflexe nicht mehr adäquat ausgelöst, sodass die davon abhängigen motorischen Leistungen der Augen- und Skelettmuskulatur nicht mehr physiologisch koordiniert werden. Dies führt zu Gangabweichung und Fallneigung. Die Messung und Beurteilung der genannten Reflexe wird daher klinisch für Untersuchungszwecke ausgenutzt (z. B. **Romberg-Stehversuch** (⬛ Abb. 12.2), **Unterberger-Tretversuch**).

Merke

Der aufrechte Gang des Menschen wird ermöglicht durch die Gleichgewichtssinnesorgane. Störungen der Gleichgewichtsfunktion führen in den meisten Fällen zu Schwindel.

Aufbau des Vestibularapparates

Die 5 Organe (⬛ Abb. 12.1) des Vestibularapparates im Innenohr sind die 3 Bogengänge *(horizontaler, hinterer* und *oberer Bogengang)* sowie die 2 Maculaorgane *(Macula utriculi* und *Macula sacculi)*. In jedem dieser Sinnesorgane befinden sich Sinnesepithelien, deren Sinneszellen an ihrem oberen Ende Sin-

◘ Abb. 12.2. Stehversuch nach Romberg. Bei teilweisem oder vollständigem Ausfall eines Labyrinths ist eine Abweichung oder Fallneigung zur Seite des erkrankten Ohres erkennbar

Klinik

Leitsymptom Schwindel. Eines der häufigsten Leitsymptome in der ärztlichen Praxis ist der Schwindel. Er wird zumeist als *Fallneigung, Liftgefühl oder als Drehschwindel* bemerkt. Wichtige Beispiele klinischer Ursachen sind ✪ Labyrinthentzündungen oder ein ✪ Neurinom (Tumor) des Gleichgewichtsnervs, die zu einem teilweisen oder vollständigen Ausfalls des Labyrinths einer Seite führen können. Die Folge ist eine Reduktion oder ein kompletter Ausfall der Informationsübertragung (z. B. in Form adäquater Nervenaktionspotentiale des N. vestibularis) der betroffenen Seite. Dadurch stimmen die Informationen der erkrankten Seite, die das Gehirn erreichen, mit den Informationen der gesunden Seite sowie mit den okulären und somatosensorischen Informationen über Körperhaltung und Bewegung nicht mehr überein *(mismatch)*.

---

neshärchen (Stereozilien) besitzen. Die Sinneszellen heißen deshalb, wie in der Cochlea, Haarzellen. Die Stereozilien einer jeden Sinneszelle ragen in eine mukopolysacharidhaltige, gallertige, kissenartige Masse hinein. Diese Masse heißt in den 3 Bogengängen *Cupula.* In den beiden Maculaorganen finden sich in der gallertigen Masse zusätzlich zahlreiche kleine Kalziumkarbonatkristalle, die unter dem Elektronenmikroskop wie Steine *(Lithen)* aussehen. Diese Masse wird daher als *Otolithenmembran* bezeichnet.

Im Gegensatz zu den Haarzellen der Schnecke besitzen die Haarzellen des Vestibularorgangs ein zusätzliches, besonders langes Zilium. Es heißt **Kinocilium** und hat einen grundsätzlich anderen Bau als die Stereozilien. Die Aufgabe des Kinociliums ist im Einzelnen unbekannt. Für die Sensoreigenschaft der Haarzelle wird es nicht benötigt. **Die eigentliche Sensorstruktur** der vestibulären Haarzellen **sind die Stereozilien.**

Die Haarzellen besitzen keine eigenen Nervenfortsätze; sie sind also **sekundäre Sinneszellen.** An ihnen beginnen die afferenten Nervenfasern des N. vestibularis. Er ist ein Teil des N. vestibulocochlearis (VIII. Hirnnerv). Die afferenten Nervenfasern geben die Information über den Erregungszustand der Haarzellen an das Gehirn weiter.

> **Merke**
>
> Jedes Innenohr besitzt im Vestibularapparat 5 Organe: 2 Maculaorgane und 3 Bogengangsorgane.

Mechanoelektrische Transduktion und Transformation

Verschiebt man die Gallerte, in der sich die Sinneshärchen der Haarzellen befinden, so ändert sich das Membranpotential der Haarzelle. Die Membranpotentialänderung heißt **Sensorpotential.** Die Haarzelle hat damit den mechanischen Reiz der Stereozilienverschiebung in ein elektrisches Signal umgesetzt. Man spricht von der **mechanoelektrischen Transduktion.** Unser Wissen über die Transduktion verdanken wir Tierexperimenten. Untersuchungen am Menschen sind nicht möglich.

Das bei der mechanoelektrischen Transduktion entstehende Sensorpotential ist mit großer Wahrscheinlichkeit auf die **ungewöhnliche elektroanatomische Lokalisation** der Sinneszellen zurückzuführen. Ähnlich den Haarzellen der Cochlea ragt der obere Pol der vestibulären Haarzellen in den Endolymphraum, einen speziellen extrazellulären Flüssigkeitsraum. Der Endolymphraum ist mit Endolymphe, einer extrazellulären Flüssigkeit mit ungewöhnlich hoher Kalium- und sehr niedriger Natriumkonzentration gefüllt. Vestibuläre Haarzellen besitzen am **apikalen Ende Ionenkanäle,** die bereits bei der unstimulierten Haarzelle im Wechsel geöffnet und geschlossen werden. Es ist also eine gewisse Zahl von Ionenkanälen durchschnittlich geöffnet. Man spricht von der **Öffnungswahrscheinlichkeit** der Ionenkanäle. Die Folge ist, dass eine bestimmte Zahl von Kaliumionen aus der Endolymphe passiv durch die jeweils offenen

Ionenkanäle ohne Energieaufwand in die Haarzelle einströmen kann. Gleichzeitig verlassen andere Kaliumionen die Haarzelle durch *Kaliumionenkanäle in der lateralen Zellmembran.* Bei gleichmäßigem Ein- und Ausstrom von Kaliumionen stellt sich ein Ruhemembranpotential ein. Werden die Stereozilien vestibulärer Zellen in Richtung zum Kinocilium deflektiert *(Stimulationsrichtung),* steigt die Öffnungswahrscheinlichkeit der apikalen Ionenkanäle. Die Folge ist ein erhöhter Einstrom positiv geladener Kaliumionen, wodurch sich das Membranpotential ändert (Depolarisation) und definitionsgemäß das Sensorpotential entsteht. Werden die Stereozilien in Gegenrichtung bewegt *(Inhibitionsrichtung),* sinkt die Öffnungswahrscheinlichkeit der apikalen Ionenkanäle. Es strömen weniger positiv geladene Kaliumionen ein. Das Zellinnere wird etwas negativer. Auch dadurch entsteht eine Potentialänderung (Sensorpotential), deren Vorzeichen jedoch umgekehrt ist (Hyperpolarisation). Der hier dargestellte Ablauf des *Transduktionsprozesses,* bei dem Kalium das Leition ist, ist die heutige gängige Vorstellung. Es ist allerdings auch denkbar, dass Kalzium den Transduktionsstrom trägt. Die Haarzellen in den Macula- und Cupulaorganen (und auch in der Cochlea) besitzen denselben Grundmechanismus für die Transduktion. Trotzdem sind sie für verschiedene Aufgaben spezialisiert, was mit ihrer unterschiedlichen anatomischen Lokalisation zusammenhängt.

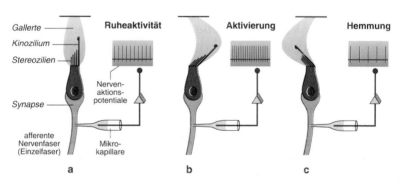

◻ **Abb. 12.3. Ruheaktivität, Aktivierung und Hemmung von Haarzelle und afferenter Nervenfaser in Abhängigkeit von der Auslenkungsrichtung. a** Ruhestellung: die Mikrokapillare in der afferenten Nervenfaser misst eine mittlere Zahl von Nervenaktionspotentialen. **b** Bei Auslenkung in Richtung zum Kinocilium (Stimulationsrichtung) nimmt die Zahl der Nervenaktionspotentiale zu. **c** In Gegenrichtung (Inhibitionsrichtung) nimmt die Aktivität ab

Transformation. Vestibuläre Haarzellen geben bereits in Ruhestellung ständig (noch unbekannte) afferente Transmitter an die afferenten Nervenfasern ab. Der Transmitter bindet innerhalb der Synapse an Rezeptoren der Afferenzen, wodurch die Information über die Ruhestellung humoral von der Haarzelle zur afferenten Nervenfaser weitergeleitet wird. Sticht man mit einer feinen Elektrode in den Nervus vestibularis ein (◘ Abb. 12.3), so kann man die ständige Transmitterfreisetzung als eine bestimmte Ruheaktivität messen. Eine Änderung des Ruhemembranpotentials vestibulärer Haarzellen (also das Sensorpotential) führt zur Änderung der Freisetzung der afferenten Transmitter: Die Deflektion der Stereozilien in Richtung Kinocilium führt zu einer Steigerung der Transmitterfreisetzung und damit zu einer messbaren Aktivitätserhöhung der afferenten Nervenfasern (◘ Abb. 12.3). Eine Abscherung der Sinneshärchen in Gegenrichtung (vom Kinocilium weg) reduziert hingegen die Freisetzung afferenter Transmittermoleküle und damit der Zahl der neuronalen Entladungen (◘ Abb. 12.3). Stereozilienbewegungen quer zu dieser Achse sind ohne Effekt.

Merke

Durch Deflektionen der Stereozilien werden die Haarzellen gereizt und erzeugen ein Sensorpotential. Hierdurch wird die Ausschüttung von Transmittern aus den Haarzellen modifiziert.

Translations-, Gravitations- und Drehbeschleunigung

Mithilfe der jeweils 2 Maculaorgane jedes Ohres können wir Translationsbeschleunigungen empfinden. *Translationsbeschleunigungen* sind wir beim Beschleunigen oder Bremsen (negative Beschleunigung) eines Autos oder Flugzeuges, beim Anfahren oder Bremsen eines Liftes, bei Auf- oder Abstieg eines Flugzeuges oder bei Sprüngen und Stürzen ausgesetzt. Die Beschleunigungsempfindung ist möglich, weil die Kalziumkarbonatkristalle der Otolithenmembran ein höheres spezifisches Gewicht besitzen als die sie umgebende Endolymphe. Die Folge ist, dass bei einer Translationsbeschleunigung des Körpers **die leicht verschiebbare Otolithenmembran um einen winzigen Betrag zurückbleibt**, vergleichbar einem beweglichen Gegenstand, der in einem beschleunigenden Fahrzeug nach hinten rutscht. Dadurch werden die mit der Otolithenmembran verbundenen *Stereozilien abgeschert* und die Haarzellen der Maculaorgane adäquat gereizt.

Mit den Maculaorganen kann der Mensch auch die Gravitationskraft (genauer *Gravitationsbeschleunigung*) der Erde empfinden. Stehen Kopf und Körper aufrecht, dann befindet sich die Macula sacculi ungefähr in senkrechter Stellung. Die Folge ist ein ständiger Zug der Schwerkraft an der Otolithenmembran, der die Haarzellen der Macula sacculi reizt. Ändert sich die Kopflage, dann ändert sich auch der Einfluss der Gravitationsbeschleunigung. Die Folge ist eine *Lageänderung der Otolithenmembran* und der *Abscherung der Stereozilien*. Gleichermaßen verhält es sich bei der Macula utriculi, wobei ihre anatomische Lage bei aufrechter Kopfhaltung nahezu waagerecht ist. Dementsprechend führt die Gravitationsbeschleunigung in dieser Lage zu keiner Deflektion der Sinneshärchen. Wird der Kopf jedoch aus der Senkrechten geführt, ist eine Zunahme der Abscherung ihrer Stereozilien die Folge. Für jede Stellung des Kopfes im Raum ergibt sich damit eine bestimmte Konstellation der Deflektion beider Maculaorgane im rechten und linken Innenohr. Die Folge ist jeweils ein bestimmtes Muster von Aktivitätssteigerungen und Hemmungen *(Erregungsmuster)* der zu den Haarzellen gehörigen afferenten Nervenfasern. Dieses Muster wird vom ZNS zur Beurteilung der Stellung des Kopfes im Raum ausgewertet.

Im täglichen Leben werden die Cupulaorgane in den Bogengängen durch Kopfdrehungen gereizt. Dabei ist es zunächst gleichgültig, ob sich der Kopf gegenüber dem Rumpf oder gemeinsam mit dem Rumpf dreht. Die Cupulaorgane sind hoch empfindlich. Bereits Drehbewegungen von nur 0,005 °/s reizen die Bogengangorgane stark überschwellig.

Die Fähigkeit der Bogengänge, Drehbeschleunigungen wahrzunehmen, ist auf ihren besonderen Bau zurückzuführen. Der für die Sinnesempfindung bedeutsame Teil jeden Bogenganges ist ein fast kreisförmig angeordneter geschlossener Kanal. Er ist mit Endolymphe gefüllt (◻ Abb. 12.4). An einer bestimmten Stelle, der *Ampulle,* ist der Kanal nicht durchgängig, da hier die sog. *Cupula* gemeinsam mit Haarzellen und Stützzellen eine Art *Sperrwand* bildet. Die Unterbrechung entsteht dadurch, dass die Cupula auf der Innenseite des Bogenganges mit der Wandung verwachsen ist und auf der Außenseite den Haarzellen so aufsitzt, dass die Sinneshärchen der Haarzellen in die Cupula hineinragen. Im Gegensatz zur Macula besitzt die Cupula keine Kalziumkarbonatkristalle und hat das gleiche spezifische Gewicht wie die Endolymphe. Translationsbeschleunigungen (vorwärts–rückwärts, rechts–links, auf–ab) haben daher keine Relativbewegungen zwischen Cupula, Zilien und Endolymphe zur Folge. Die Sinneszellen werden nicht stimuliert.

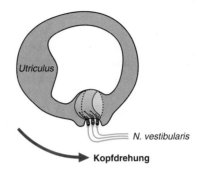

Abb. 12.4. Schema eines Bogenganges mit Cupula und Haarzellen. Wird der Kopf gedreht *(Pfeil)*, wird auch der Bogengang gedreht. Cupula und Endolymphe hingegen bleiben zurück. Dadurch werden die Stereozilien ausgelenkt

Hingegen reizen Drehbeschleunigungen die Haarzellen. Bei einer *Kopfdrehung* werden die kreisförmig angeordneten knöchernen Bogengänge mitgedreht, während die in ihr sich befindliche kreisförmig angeordnete Endolymphe gegenüber den knöchernen Bogengangswänden zurückbleibt. Die Cupula hingegen wird mit den knöchernen Bogengängen mitbewegt, da sie ja mit der knöchernen Kanalwand verwachsen ist. Dadurch »stößt« die Cupula gegen die zurückbleibende Endolymphe. Da die Cupula mit einer elastischen Membran vergleichbar ist, wird sie durch die zurückbleibende Endolymphe etwas ausgelenkt (■ Abb. 12.4). Die *Auslenkung der Cupula* schert die Sinneshärchen der Haarzellen aus, wodurch die Sinneszellen adäquat gereizt werden. Die Stimulation der Haarzellen führt zu einer Aktivitätsänderung der sie versorgenden afferenten Nervenfasern. Da in den horizontalen Bogengängen die Haarzellen so angeordnet sind, dass die Kinozilien zum Utriculus zeigen, führt eine Cupulabewegung in Richtung auf den Utriculus (utriculopetal) zur Aktivitätssteigerung, in Gegenrichtung zum Aktivitätsverlust. Beispielsweise führt eine Drehbewegung nach links beim linken horizontalen Bogengang zu einer Aktivierung (und damit rechts zu einer Hemmung). Interessanterweise ist bei den vertikalen Bogengängen die Orientierung der Haarzellen umgekehrt. Hier führt eine utriculofugale Cupulaauslenkung (vom Utriculus weg) zu einer Aktivierung der angeschlossenen Afferenzen.

Die 3 Bogengänge jedes Innenohres sind dreidimensional angeordnet, sodass für jede Raumrichtung gewissermaßen ein Bogengang »zuständig« ist. Jede beliebige Winkelbeschleunigung in diesen Raumdimensionen produziert dadurch ein *spezifisches Aktivitätsmuster,* das aus einer jeweiligen spezifischen Kombination von Aktivitätssteigerungen und Aktivitätshemmungen der jeweils zugehörigen afferenten Nervenfasern besteht. Diese Muster werden als

Information an das ZNS weitergegeben, dort ausgewertet und erlauben die Analyse der Drehbeschleunigung, die auf den Kopf einwirkt.

Interessanterweise kann man auch berücksichtigen, dass die aktiven Kopf- und Körperbewegungen, die ein Mensch im täglichen Leben mithilfe seiner Muskeln ausführt, aus anatomischen Gründen begrenzt sind. Die Folge ist, dass eine physiologische Drehbewegung im täglichen Leben je nach Geschwindigkeit der Bewegung nach Bruchteilen einer Sekunde oder nach wenigen Sekunden endet. Dabei erfordert eine hohe Endgeschwindigkeit einer Drehbewegung auch eine hohe Anfangsbeschleunigung. Aufgrund dieser engen Beziehung messen die Cupulaorgane bei physiologischen Kopfbewegungen zwar die Beschleunigung, gleichzeitig entspricht die Erregung der Cupulaorgane jedoch teilweise auch dem Verlauf der Drehgeschwindigkeit.

Vestibuläre Reflexe

Neben der bewussten Raumorientierung lösen die genannten makulären und kupulären Erregungsmuster wichtige *vestibulospinale Reflexe* aus. Ohne diese Reflexe könnte der Mensch den aufrechten Gang nicht erlernen. Vestibulospinale Reflexe steuern die *Rumpf- und Extremitätenmuskulatur* in einer Weise, dass der Körper während einer Translationsbeschleunigung (z. B. Übergang vom Stehen zum Laufen, Start beim 100-m-Lauf etc.) nicht stürzt. Man spricht von einer *Koordinationsfunktion.*

Darüber hinaus ist das Labyrinth auch reflektorisch mit den Augenmuskeln verbunden. Dadurch lösen die Haarzellen der Macula *vestibulookuläre Reflexe (VOR)* aus. Diese Reflexe erlauben dem Augapfel, etwa bei einer Drehbewegung des Kopfes (z. B. nach links), kompensatorische Gegenbewegungen (im Beispiel nach rechts). Die reflektorisch ausgelösten Augenbewegungen verhindern z. B., dass eine Kopfbewegung zu einer Verschiebung des Gesichtsfeldes auf der Retina führt. Das Blickfeld wird trotz der Bewegung des Kopfes nicht verschoben, sodass eine Sichtkontrolle der Umwelt sichergestellt ist.

■■■ Die Beteiligung der Maculaorgane an der Sichtkontrolle der Umwelt konnte durch Untersuchungen an Astronauten im Spacelab unter Bedingungen der Schwerelosigkeit näher untersucht werden. Im schwerelosen Zustand wirken die Dauerkräfte der Gravitation nicht mehr auf die Maculaorgane der Raumfahrer ein. Auf der Erde fanden die Astronauten auch nach mehrfachen Kopfbewegungen Dank des vestibulookulären Reflexes ein Ziel mit dem Auge präzise wieder. Im Weltall hingegen war dies mit einer Ungenauigkeit von 20% deutlich verschlechtert. Offenbar benötigen die Maculaorgane den ständigen Einfluss der Schwerkraft für die hohe Präzision der räumlichen Orientierung.

> **Merke**
>
> Die **Maculaorgane** sind unsere Sinnesorgane für Translationsbeschleunigungen und Gravitationsbeschleunigungen. Mit den **Cupulaorganen** in den Bogengängen können wir Drehbeschleunigungen (Winkelbeschleunigungen) empfinden/messen. Die Cupulaorgane erlauben auch eine ungefähre Abschätzung der Geschwindigkeit einer Kopfdrehung. Das Labyrinth löst reflektorische Muskelbewegungen von Augen und Körper aus.

12.2 Zentrales vestibuläres System

Aufgaben des zentralen vestibulären Systems

Die afferenten Nervenfasern des N. vestibularis leiten ihre Signale über **Kopfhaltung** und **Bewegung** an 4 verschiedene Kerne (Nucleus superior **Bechterew,** Nucleus inferior **Roller,** Nucleus medialis **Schwalbe** und Nucleus lateralis **Deiters**) weiter. In diesen Kernen wird die vestibuläre Information über die Kopforientierung durch Signale über die Stellung des Körpers im Raum ergänzt, die auf neuronalem Wege v. a. von Somatosensoren der Halsmuskeln und -gelenke **(Halssensoren)** stammen. Die Information aus dem Labyrinth allein reicht nämlich nicht aus, um das Gehirn eindeutig über die Kopf- und Körperlage im Raum zu informieren. Ursache ist die Beweglichkeit des Kopfes gegenüber dem Rumpf. Die Halssensoren übermitteln daher zusätzlich noch die **Haltung des Kopfes gegenüber dem Rumpf** (▶ Kap. 5), sodass das ZNS aus den Gesamtinformationen die **Gesamtkörperhaltung** berechnen kann. Dazu tragen noch zusätzliche somatosensorische Informationen von Sensoren weiterer Gelenke, wie etwa von Armen und Beinen, bei (▶ Kap. 5.2 und 8.5).

Die in den Vestibulariskernen gesammelte Information aus Labyrinthsensoren, Halssensoren und weiteren somatosensorischen Eingängen werden auf Nervenbahnen weitergegeben:

- Zum einen, um ständig **Muskelreflexe auszulösen, die** v. a. **das Gleichgewicht erhalten.** Auf diese Weise ist der aufrechte Gang des Menschen möglich. Zu den Muskelreflexen zählen aber auch die vestibulookulären Reflexe (siehe unten).
- Zum anderen werden Signale über neuronale Bahnen zur Großhirnrinde gesandt, die eine **bewusste Wahrnehmung der Körperhaltung** ermöglichen.

Diese bewusste Wahrnehmung kann einfach erprobt werden, indem man die Augen schließt und beliebige Kopf- und Körperhaltung einnimmt. Man wird feststellen, dass man in entsprechender Kopf- und Körperhaltung mithilfe des hier dargestellten Sinnessystems trotz geschlossener Augen diese Haltung empfinden und wahrnehmen kann.

Muskelreflexe

Die Muskelreflexe haben v. a. 3 Aufgaben:

- Die erste Form der Reflexe sind *Stehreflexe,* die es Mensch (und Tier) erlauben, den Tonus jedes einzelnen Muskels so zu steuern, dass man die jeweils gewünschte ruhige Körperhaltung (z. B. aufrechtes Stehen, gebeugte Haltung) zuverlässig einhalten kann. Da der Muskeltonus reflektorisch gesteuert wird, spricht man von *tonischen Reflexen*. Die Anteile der Labyrinthe an diesen Reflexen werden als tonische Labyrinthreflexe bezeichnet. Untersuchungen am Tier ergaben, dass durch Änderungen der Kopfhaltung ausgelöste tonische Labyrinthreflexe, vor allem der Maculaorgane, insbesondere einen stets gleichsinnigen Streckertonus aller 4 Gliedmaßen auslösen können.

- Die zweite Gruppe sind die *Stellreflexe.* Ereignen sie sich in der richtigen Reihenfolge, dann erlauben sie es dem Körper, sich etwa aus einer ungewöhnlichen Lage in die normale Körperstellung zu begeben. Dabei sind zahlreiche Stellreflexe wie eine Kette hintereinander geschaltet: Beispielsweise wird zunächst über Labyrinthstellreflexe die Kopfhaltung verändert, was über Halssensoren empfunden wird (weil sich die Haltung des Kopfes gegenüber dem Körper verändert hat): dieses wiederum bewirkt über Halsstellreflexe eine Normalstellung des Rumpfes. Stehreflexe und Stellreflexe werden auch als *statische Reflexe* zusammengefasst. Sie werden *durch eine Haltung ausgelöst*.

- Die dritte Gruppe von Reflexen sind *statokinetische Reflexe.* Sie werden nicht durch eine Haltung, sondern *durch eine Bewegung ausgelöst*. Sie erlauben z. B. beim Laufen und Springen, aber auch im Lift oder beim Autofahren, das Gleichgewicht zu halten und reflektorisch eine jeweils adäquate Körperstellung zu finden. So wird in einem Lift bei Beschleunigung nach unten ein erhöhter Extensorentonus, bei Beschleunigung nach oben ein erhöhter Flexorentonus ausgelöst. Besonders auffällig ist das Beispiel der Katze, die sich bei einem Sprung oder Sturz im freien Fall so dreht, dass sie stets in korrekter Körperstellung landet (▶ Kap. 5.9).

Zur Fortleitung dienen vor allem Bahnen zu Skelettmuskeln, Augenmuskeln und das Kleinhirn.

■■■ **Skelettmuskeln.** Es handelt sich um Verbindungen von Vestibulariskernen zu den Moto-neuronen des Halsrückenmarks, über die als Folge statischer und statokinetischer Reflexe kom-pensatorische Bewegungen der Halsmuskeln ausgelöst werden.

Auch die übrige Skelettmuskulatur von Rumpf und Extremitäten wird über Verbindungen von den Vestibulariskernen zu ihren jeweiligen Motoneuronen gesteuert. Hervorzuheben ist der Tractus vestibulospinalis, über den neben α-Motoneuronen insbesondere γ-Motoneuronen von Extensoren aktiviert werden. Wichtig sind außerdem Verbindungen zur Formatio reticularis, die über den Tractus reticulospinalis ebenfalls α- und γ-Motoneurone erreichen, in diesem Fall jedoch polysynaptisch. Auch diese Verbindungen dienen statischen und statokinetischen Reflexen.

■■■ **Kleinhirn.** Von den Vestibulariskernen (sekundäre Vestibularisfasern) als auch direkt vom Labyrinth (primäre Vestibularisfasern) verlaufen Afferenzen zu Lobulus, Uvula, Flocculus und Paraflocculus des Kleinhirns. Von dort aus gehen Efferenzen zurück zum Vestibulariskerngebiet. Die Fasern bilden damit einen hochpräzise abgestimmten Regelkreis für die motorischen Auf-gaben des Kleinhirns, nämlich die Steuerung der **Stützmotorik** für die Körperhaltung sowie die mit Steuerung richtungsgezielter motorischer Bewegungen *(Zielmotorik)*. Bei Ausfall des Klein-hirns kann der Regelkreis nicht mehr wirksam werden, sodass die kleinhirnbedingte Steuerung von Haltung und Zielmotorik entfällt. Die Folge sind Fallneigung und überschießende Bewe-gungen (z. B. breitbeinige Schrittbewegungen beim Laufen). Man spricht von der zerebellären Ataxie.

> **Merke**
>
> Im zentralen vestibulären System einlaufende Informationen erlauben die Muskelreflexe, die das Gleichgewicht erhalten: Die Muskelreflexe sind *stati-sche Steh- und Stellreflexe* sowie *statokinetische Reflexe*. Zur Fortleitung dienen v. a. Bahnen zu Skelettmuskeln, Augenmuskeln und Kleinhirn.

Nystagmus

Bei klinischen Gleichgewichtsfunktionsuntersuchungen spielen vestibulo-okuläre Reflexe eine besonders wichtige Rolle. Physiologisch lassen auch sie sich in statische und statokinetische Reflexe einteilen. Statische Reflexe lösen kom-pensatorische Augenbewegungen aus, damit sich bei Änderungen der Kopfhal-tung das Gesichtsfeld nicht ändert. Die Netzhautbilder bleiben dadurch gewis-sermaßen stehen. Dies kann besonders gut bei der Katze mit ihren senkrechten Pupillen beobachtet werden. Neigt sie den Kopf zu einer Seite, dann löst ein VOR eine Drehbewegung des Augapfels aus, die dazu führt, dass die Pupillen weiterhin senkrecht stehen (Gegenrotation). Die gleiche Gegenrotation wird auch beim Menschen reflektorisch ausgelöst, sie ist nur nicht so leicht für den Beobachter erkennbar.

Ein *statokinetischer* Muskelreflex ist der sog. *vestibuläre Nystagmus.* Er ist klinisch außerordentlich wichtig. Dabei handelt es sich um eine durch einen Bewegungsreiz vestibulär ausgelöste Augenbewegung. Dreht man beispielsweise den Kopf um 90° nach rechts, dann wird der Augapfel zunächst kompensatorisch nach links geführt, um möglichst das ursprüngliche Gesichtsfeld zu erhalten. Naturgemäß hat die kompensatorische Augenbewegung einen maximal möglichen Ausschlag. Bevor dieser erreicht wird, erfolgt eine ruckartige Rückbewegung; in unserem Beispiel zur rechten Seite, die die Drehbewegung des Kopfes überholt. Darauf folgt wieder eine langsame Bewegung nach links. Die Abfolge von langsamer und schneller Bewegung geschieht so lange, bis die Drehbewegung des Kopfes beendet ist. Die *schnelle Komponente dieser Augenbewegung* kann man viel *besser beobachten.* Sie heißt Nystagmus. In unserem Beispiel handelt es sich um einen Horizontalnystagmus, der v. a. durch die beiden horizontalen Bogengänge als vestibulärer Nystagmus ausgelöst wird. Sind die Augen geöffnet, dann löst die Verschiebung des Gesichtsfeldes einen zusätzlichen Reflex über das Auge aus, der als *optokinetischer Nystagmus* bezeichnet wird. Vestibulärer Nystagmus und optokinetischer Nystagmus wirken in unserem Beispiel synergistisch. Aber auch ohne visuellen Reiz (geschlossene Augen, im Dunkeln) wird ein Nystagmus bereits rein vestibulär ausgelöst.

Klinik

Untersuchung des Horizontalnystagmus. Bei Kranken, die an Schwindel leiden (ein sehr häufiges Symptom!), wird die reflektorische Auslösung des ❸ Horizontalnystagmus untersucht, indem der Betroffene auf einem Drehstuhl langsam beispielsweise 3 min gedreht wird. Danach wird der Drehstuhl plötzlich gestoppt. Dies führt zu einer Auslenkung der Cupula, die beim Gesunden einen Nystagmus (sog. *postrotatorischer Nystagmus*) in entgegengesetzter Richtung auslöst. Der Arzt beobachtet den Nystagmus, indem er entweder dem Patienten eine Brille mit Vergrößerungsgläsern (Frenzel-Brille) aufsetzt, oder indem er die Augenbewegungen elektronystagmographisch aufzeichnet.

Kalorischer Nystagmus. Unter physiologischen Bedingungen werden grundsätzlich immer rechtes und linkes Labyrinth gemeinsam gereizt. Für klinische Untersuchungen ist es jedoch möglich, rechtes und linkes Ohr auch getrennt zu stimulieren. Dazu wird das Labyrinth einer Seite unter die Körpertemperatur abgekühlt oder über die Körpertemperatur erwärmt (indem man 30° kaltes oder 42° warmes Wasser mit definiertem Volumen und in definierter Zeit in den äußeren Gehörgang einbringt). Man spricht von kalorischer Reizung (◘ Abb. 12.5). Die Folge der kalorischen Reizung ist ein Nystagmus *(kalorischer Nystagmus),* der bei Kaltreizung zur Gegenseite, bei Warmreizung zur selben Seite beobachtet werden kann. Während der Untersuchung ist der Kopf auf 30° nach hinten geneigt. Dadurch steht der horizontale Bogengang ungefähr senkrecht. Die im Labyrinth miterwärmte Endolymphe steigt (entgegen der Erdanziehungskraft, thermodynamische Strömung) dadurch nach oben und lenkt die Cupula auf der stimulierten Seite aus. Bei Abkühlung geschieht der Vorgang umgekehrt.

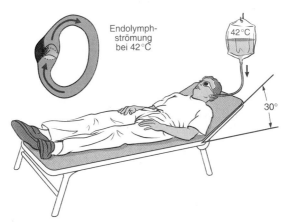

◘ **Abb. 12.5. Kalorische Labyrinthreizung.** 42 °C warmes Wasser wird in den äußeren Gehörgang gespült und führt zur Erwärmung des Labyrinths. Die Erwärmung führt zur Aufwärtsbewegung der Endolymphe im ungefähr senkrecht stehenden horizontalen Bogengang durch Thermokonvektion. Der Bogengang steht senkrecht, weil der Kopf um 30° von der Horizontalen angehoben ist. Die Thermokonvektionsströme führen zur Auslenkung von Cupula und Stereozilien und lösen einen Nystagmus zum selben Ohr aus. Bei Spülung mit 30 °C kaltem Wasser ist der Effekt gegenläufig. Neben der Thermokonvektion muss es allerdings mindestens noch einen weiteren Mechanismus der kalorischen Labyrinthreizung geben

▪▪▪ An der Auslösung des kalorischen Nystagmus muss allerdings noch ein weiterer Mechanismus mitbeteiligt sein, da die kalorische Reizung der Labyrinthe auch bei Astronauten in der Schwerelosigkeit gelingt. Da in der Schwerelosigkeit die Erdanziehungskraft wegfällt, ist dort eine thermodynamische Endolymphströmung nicht möglich. Der weitere Mechanismus ist noch unbekannt.

Klinik

Untersuchung des kalorischen Nystagmus. Die kalorische Prüfung ermöglicht es dem Arzt, bei einem Kranken, der beispielsweise an einem ❷*Labyrinthausfall* auf der rechten Seite leidet, diesen präzise zu diagnostizieren, da auf der betroffenen Seite kein kalorischer Nystagmus auslösbar ist.

Bewusste Wahrnehmung

Der bewussten Wahrnehmung der Körper- und Kopfhaltung dienen Bahnen, die von den Vestibulariskernen *über den Thalamus zur hinteren Zentralwindung der Hirnrinde* verlaufen. Weitere wichtige Bahnen sind Verbindungen zu Vestibulariskernen der *kontralateralen Seite,* sodass die Informationen aus beiden Innenohren miteinander verglichen werden können. Dieser Vergleich spielt bei zahlreichen Erkrankungen, die mit Schwindel einhergehen, eine sehr wichtige Rolle.

Befindet sich ein Gesunder in ruhiger Körperhaltung, dann führt der Vergleich der korrespondierenden Informationen vom rechten und linken Labyrinth dazu, dass weder Schwindel noch Nystagmus ausgelöst werden. Fällt ein Labyrinth (z. B. das rechte Labyrinth) akut aus, entsteht ein Mismatch, und ein auffälliger Nystagmus zur Gegenseite ist die Folge, in unserem Beispiel also nach links (sog. *Ausfallnystagmus*). Subjektiv erlebt der Patient schwersten Schwindel.

▪▪▪ Führen ungewöhnliche Reizkonstellationen dazu, dass den Hypothalamus ungewohnte Signalkonstellationen von den unterschiedlichen Sensoren erreichen, dann können Übelkeit, Erbrechen und Schwindel ausgelöst werden. Ungewohnten Reizmustern ist man bei komplexen dreidimensionalen Fahrzeugbewegungen (z. B. auf See, Schlingern des Schiffes) oder bei Diskrepanzen zwischen optischem Eindruck und vestibulären Empfindungen (Flugzeug: das Auge sieht den Innenraum in Ruhe, die Labyrinthe verspüren die Auf- und Abwärtsbeschleunigung des Flugzeuges) ausgesetzt. Man spricht von ❷*Bewegungskrankheiten (Kinetosen).* Säuglinge oder Patienten mit beidseitigem komplettem Labyrinthausfall leiden nicht an Kinetosen.

Merke

Bahnen zu den Augenmuskelkernen sind an statischen kompensatorischen Augenbewegungen und am statokinetischen Nystagmus beteiligt. Ein Nystagmus kann für klinische Untersuchungen auch kalorisch induziert werden. Bahnen zu Hypothalamus und Hirnrinde tragen zur bewussten *Wahrnehmung von Kopf- und Körperhaltung* bei.

13 Geschmack

H. Hatt

 Einleitung

Unter »*Geschmack*« eines Stoffes versteht man in einer ganzheitlichen Betrachtungsweise alle Empfindungen, die über orale Reize während der Nahrungsaufnahme entstehen. Neben dem klassischen Geschmackssinn sind verschiedene andere Sinnesorgane beteiligt, insbesondere oral- (z. B. pfefferscharf) und nasaltrigeminale (beißend, stechend) und olfaktorische Anteile, ferner mechano-, thermo- und nozizeptive Afferenzen. Dies bildet die Grundlage für die Verwendung des Wortes »schmecken« in der Alltagssprache (z. B. es schmeckt mir, der Feinschmecker usw.). Der Geschmackssinn soll hier aber eher im traditionell anatomistischen, physiologischen Ansatz beschrieben werden. Danach lässt sich der Geschmack auf 4 Grundqualitäten (süß, sauer, bitter und salzig) reduzieren. Der Geschmackssinn wird dadurch zu einem recht groben Sinnesinstrument, mit dem sich zwar eine saure Gurke von einer süßen Banane unterscheiden lässt, das aber niemals den nuancierten Essgenuss eines »Feinschmeckers« erlaubt.

13.1 Bau der Geschmacksorgane und ihre Verschaltung

Geschmackspapillen

In der Schleimhaut der Zungenoberfläche liegen kleine Erhebungen und Vertiefungen, die Geschmackspapillen (◼ Abb. 13.1a). Es lassen sich 3 verschiedene Typen von Papillen morphologisch unterscheiden: Über die ganze Oberfläche verstreut sind nur die 150–400 *Pilzpapillen* (Papillae fungiformes). Die 15–30 *Blätterpapillen* (P. foliatae) finden sich am hinteren Seitenrand der Zunge. Die großen *Wallpapillen* (P. vallatae), von denen der Mensch nur 7–12 besitzt, liegen in v-förmiger Anordnung an der Grenze zum Zungengrund und heben sich etwa 1 mm von der Oberfläche ab. Die kleinen *Fadenpapillen* (P. filiformes), die die übrige Zungenfläche bedecken, besitzen keine Geschmacksorgane.

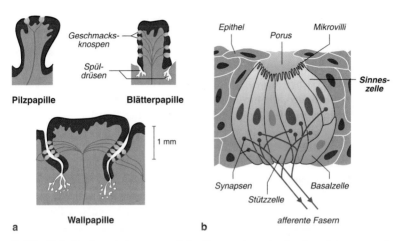

Pilzpapille   Blätterpapille

Wallpapille

a   b

▣ Abb. 13.1. Geschmacksknospen auf der Zunge. a Lage der Geschmacksknospen auf den 3 verschiedenen Typen von Geschmackspapillen. **b** Bau und Innervation einer Geschmacksknospe. Die 3 Zellelemente: Sinneszellen, Stützzellen und Basalzellen sind knospenartig angeordnet und gegenüber der Epitheloberfläche etwas versenkt, somit entsteht ein flüssigkeitsgefüllter Raum, in den die Mikrovilli der Sinneszelle ragen. Die Geschmackssinneszellen werden durch afferente Nervenfasern innerviert. Die Verbindung hat alle Eigenschaften einer chemischen Synapse. Einzelne afferente Fasern können mehrere Sinneszellen versorgen

Geschmacksknospen

In den Wänden und Gräben der Papillen findet man die Geschmacksknospen (▣ Abb. 13.1b), die eigentlichen Geschmacksorgane. Sie sind ca. 70 μm hoch und ca. 40 μm im Durchmesser. Wir haben etwa 2000 dieser Geschmacksknospen, wobei eine Wallpapille oft mehr als 100 Knospen enthält, eine Blätterpapille ca. 50, während die Pilzpapillen nur 3–4 haben. Mit zunehmendem Alter reduziert sich ihre Zahl. Jede Geschmacksknospe enthält wiederum 30–100 individuelle Zellen. Durch die »knospenartige« Anordnung der Zellen – vergleichbar den Schnitzen einer Nabelorange in mehreren Lagen – entsteht etwas unterhalb der Epitheloberfläche ein flüssigkeitsgefüllter Trichter (Porus).

Geschmackssinneszellen

Morphologisch lassen sich beim Menschen verschiedene Zelltypen in einer Geschmacksknospe unterscheiden: *Sinneszellen* sowie *Stütz-, Versorgungs-*

und *Basalzellen* (◘ Abb. 13.1b). Letztere ersetzen die abgestorbenen Sinneszellen, deren Lebensdauer nur etwa 1 Woche beträgt. Die Sinneszellen selbst sind lange, schlanke Zellen, die am apikalen Ende feine fingerförmige Fortsätze, die sog. *Mikrovilli* besitzen. Die Fortsätze dienen der Oberflächenvergrößerung. Es gilt heute als gesichert, dass sich in der Membran der Mikrovilli die molekularen Strukturen befinden, die für die Reizaufnahme verantwortlich sind: die *Geschmacksrezeptormoleküle*. Sie sind chemisch gesehen Proteine.

Afferente Innervation

Die Geschmackssinneszellen sind sog. *sekundäre Sinneszellen,* d. h. sie haben keinen eigenen Nervenfortsatz (Axon), sondern werden von einer zuführenden (afferenten) Nervenfaser von einem Hirnnerv über eine chemische Synapse innerviert; Wall- und Blätterpapillen werden überwiegend von Fasern des N. glossopharyngeus (IX. Hirnnerv), Pilzpapillen von der Chorda tympani (Ast des VII. Hirnnervs) versorgt. Zu den Sinneszellen in den seltenen Knospen des Gaumen-Rachen-Bereichs ziehen Fasern des N. vagus (X. Hirnnerv) und des N. trigeminus (V. Hirnnerv). Dabei verzweigt sich eine einzelne Nervenfaser häufig und kann mehrere Sinneszellen in einer Geschmacksknospe versorgen. Ebenso können Sinneszellen von mehreren Nervenfasern innerviert werden. Dieses Verschaltungsmuster bleibt trotz der wöchentlichen Zellerneuerung gewahrt. Die Vorgänge, die zu dieser Abstimmung führen, sind noch ungeklärt.

Klinik

Geschmacksstörungen bei zentralen Erkrankungen. Erhöhte Schwellenkonzentration für Geschmacksstoffe (➌Hypogeusie) oder Verlust des Geschmackssinnes (➌Ageusie) werden beim Menschen häufig bei Erkrankungen in der *Medulla oblugata*, des Hirnstammes und beim Acusticusneurinom frühzeitig beobachtet. Sie sind nach Tumorexzision meist vollständig reversibel. Eine Geschmacksblindheit, bei der nur eine Zungenhälfte betroffen ist, weist auf Schädigungen des *Nervus facialis* hin oder tritt nach Mittelohrverletzungen auf.

Zentrale Verbindungen

Gustatorische Bahnen. Alle von Geschmackssinneszellen wegführenden afferenten Fasern der 4 beteiligten Hirnnerven von beiden Seiten sammeln sich im *Tractus solitarius.* Sie endigen im *Nucleus tractus solitarii* in der Medulla oblongata. Die Zahl der 2. Neurone der Geschmacksbahn in diesem Kerngebiet ist sehr viel kleiner als die der Sinneszellen (Konvergenz!). Ihre Axone zweigen sich auf:

Ein Teil der Fasern vereinigt sich mit dem Lemniscus medialis und endet gemeinsam mit anderen Modalitäten (Schmerz, Temperatur, Berührung) in den spezifischen Relaiskernen des ventralen Thalamus. Von dort werden die Informationen zur Projektionsebene des Geschmacks am Fuß der hinteren Zentralwindung im lateralen Teil des Gyrus postzentralis geleitet.

Der andere Teil der Fasern projiziert unter Umgehung des Thalamus zum Hypothalamus, Amygdala und der Striata terminalis und trifft dort auf gemeinsame Projektionsgebiete mit olfaktorischen Eingängen. Diese Verbindungen sind besonders wesentlich für die starke emotionale Komponente, die Geschmacksempfindungen auslösen können.

> **Merke**
>
> Die Morphologie der Geschmacksorgane zeigt, dass es charakteristische Trägerstrukturen (Geschmacksknospen und Papillen) für die Sinneszellen gibt, die als sekundäre Sinneszellen Synapsen mit innervierenden Hirnnerven besitzen. Die Geschmacksfasern übertragen die Information zum **Nucleus tractus solitarii**, von wo sie zum Thalamus, Hypothalamus und zur Großhirnrinde weitergeleitet wird.

2.2 Geschmackswahrnehmung

Geschmacksqualitäten

Grundqualitäten. Es gibt beim Menschen 4 primäre Geschmacksempfindungen: *süß, sauer, salzig* und *bitter*. Innerhalb dieser Gruppen gibt es Abstufungen der Wirksamkeit und des Geschmackscharakters. Viele Geschmacksreize haben Mischqualität, die sich aus mehreren Grundqualitäten zusammensetzt, z. B. süß-sauer. In den letzten Jahren wurde zusätzlich noch eine Geschmacksempfindung gefunden für Glutamat (Natriumsalz der Aminosäure Glutamin), der »*Umami-Geschmack*«. Diskutiert wird noch die Existenz eines alkalischen und eines metallischen Geschmacks.

Topographie. Bisher glaubte man, dass eine Zuordnung bestimmter Areale auf der Zunge zu einer Geschmacksqualität möglich sei. So soll die Geschmacksqualität süß v. a. an der Zungenspitze, sauer und salzig am Rand und bitter am Zungenhintergrund wahrgenommen werden. Diese Befunde lassen sich durch neuere Forschungsdaten nicht bestätigen. Mit Ausnahme des Bittergeschmacks, der vorwiegend am Zungengrund wahrgenommen wird, sind alle anderen Qualitäten auf der gesamten Zungenoberfläche etwa gleich wirksam. Unterschiede liegen maximal im 10%-Bereich. Danach ist jede Papille empfindlich für mehrere, meist alle 4 Geschmacksqualitäten. Einzelne Sinneszellen innerhalb einer Papille können ein breites Spektrum an Spezifität haben, aber auch spezifisch für einzelne Qualitäten sein.

Qualitätsdiskriminierung

Elektrophysiologie an einzelnen Neuronen. Mit Mikroelektroden lassen sich die Antworten einzelner Neurone nach einem Stimulus auf allen Ebenen der Informationsverarbeitung als Änderungen von Aktionspotentialfrequenzen registrieren. Solche Registrierungen zeigen, dass ein Teil der Zellen von der Peripherie bis zum Kortex in der Regel *keine Qualitätsspezifität* haben. Sie antworten auf Reize verschiedener Qualität allerdings insofern abgestuft spezifisch, als bei Reizung mit einer bestimmten Konzentration die Frequenz der einzelnen Fasern ungleich stark zunimmt. Daraus ergeben sich von Zelle zu Zelle unterschiedliche *Reaktionsspektren* mit mehr oder weniger ausgeprägten Erregungsmaxima für die 4 Grundqualitäten, auch *Geschmacksprofile* genannt. ◨ Abbildung 13.2 zeigt, dass einzelne Zellen eine spezifische Rangordnung der Empfindlichkeit für die Grundqualitäten haben, also z. B. süß vor sauer, salzig und bitter. Andere Zellen haben andere Reihenfolgen. Die meisten Zellen haben bereits ein eingeengtes Spezifitätsspektrum bis hin zur Reaktion auf nur eine einzige Qualität (ca. 20% der Zellen).

Rezeptive Felder. Wie bereits erwähnt, innervieren einzelne Nervenfasern mehrere Sinneszellen auch in verschiedenen Geschmacksknospen, von denen angenommen werden muss, dass sie sich hinsichtlich ihrer Reaktionsspektren unterscheiden. Die afferenten Nervenfasern enthalten also die Information von zahlreichen Zellen, sogar von verschiedenen Knospen; daraus ergeben sich überlappende, größere Einzugsbereiche, die *rezeptive Felder* genannt werden.

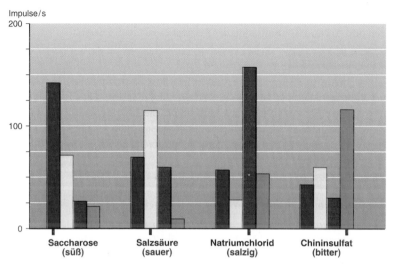

◻ Abb. 13.2. Reaktionsprofil einer Geschmacksnervenfaser. Das Antwortverhalten von 4 verschiedenen Geschmacksnervenfasern auf Zugabe von Reizstoffen aus den 4 Qualitäts-bereichen. Die Registrierungen stammen aus der Chorda tympani einer Ratte. Es wurden alle Nervenimpulse gezählt, die durch einen Reizstoff in mittlerer Konzentration ausgelöst wur-den. Man beachte die unterschiedliche Empfindlichkeit der verschiedenen Chorda-tympani-Fasern auf die verschiedenen Geschmacksqualitäten. Das Reaktionsmuster einer einzelnen Nervenfaser wird als Geschmacksprofil bezeichnet

Kodierung. Diese Daten zeigen, dass die Aktivität einer einzelnen Faser teilwei-se keine eindeutige Information über Qualität und Konzentration einer Reiz-substanz enthält, sondern dass diese erst durch einen Vergleich der Erregungs-muster mehrerer Fasern ermittelt werden muss. Die Kodierung erfolgt so, dass sich charakteristische Erregungsmuster über einer größeren Zahl von gleichzei-tig, aber unterschiedlich reagierenden Neuronen ausbilden. Ähnlich wie die einzelnen Sinneszellen, enthalten auch die Nervenfasern Antwortmuster mit einer bestimmten Reihenfolge der Empfindlichkeit für die 4 Grundqualitäten. *Jede Faser verschlüsselt also Geschmacksreize nach einem eigenen individuel-len Code.* Im ZNS entstehen integrierte Geschmackseindrücke vermutlich da-durch, dass ein aus den unterschiedlichen Signalen zahlreicher Fasern zusam-mengesetztes Erregungsmuster *(across fiber pattern)* dechiffriert wird und da-durch integrierte Geschmackseindrücke entstehen. Unser Gehirn ist in der

Lage, diesen verschlüsselten Code über *Mustererkennungsprozesse* zu analysieren und Art und Konzentration des Reizstoffes zu identifizieren.

> **Merke**
>
> Beim Geschmack lassen sich *4 primäre Geschmacksempfindungen* (süß, sauer, salzig und bitter) aufgrund subjektiver und objektiver Parameter unterscheiden. Sie sind nahezu gleichmäßig über die Zungenoberfläche verteilt. Das charakteristische Erregungsmuster einer einzelnen Nervenfaser wird als Geschmacksprofil bezeichnet. Zentrale Mustererkennungsprozesse tragen zur Analyse bei.

Molekulare Mechanismen der Geschmackserkennung

Transduktion. Die Umsetzung eines chemischen Reizes (Geschmacksstoffe) in eine elektrische Antwort der Sinneszelle, die Transduktion, beginnt mit der Wechselwirkung zwischen Reizmolekül und speziellen Membranmolekülen, den Rezeptorproteinen. Dies bewirkt eine Permeabilitätsänderung der Membran, eine Zelldepolarisation und Entstehung von Aktionspotentialen, die wiederum eine Transmitterfreisetzung und Erregung der innervierenden Nervenfaser (Aktionspotentiale) hervorrufen.

Rezeptoren: Mithilfe der Patch-Clamp-Technik war es möglich, herauszufinden:
- ob die Reizstoffe der 4 Geschmacksqualitäten unterschiedliche, spezifische Rezeptoren aktivieren;
- ob es verschiedene Transduktionsmechanismen gibt und
- welche Voraussetzungen hinsichtlich der molekularen Struktur einer wirksamen Reizsubstanz erfüllt sein müssen.

Mithilfe von *molekularbiologischen Strategien* ist es vor kurzem gelungen, eine große Genfamilie zu identifizieren und isolieren, die für Rezeptorproteine des Süß- und Bittergeschmacks kodieren.

Sauer. Dass Essigsäure oder Zitronensäure sauer schmecken, ist für jedermann selbstverständlich. Was haben diese Substanzen aber gemeinsam, um diesen Geschmack hervorzurufen? In der Chemie ist die Säure als eine Substanz definiert, die Wasserstoffionen (H^+-Ionen, Protonen) freisetzt oder erzeugt. Diese

Ionen sind es auch, durch die der Sauergeschmack ausgelöst wird (< pH 3.5); *die Intensität des Sauergeschmacks nimmt mit der H⁺-Ionenkonzentration zu.* So schmecken vollständig dissoziierte Säuren stärker sauer als äquimolare Lösungen schwach dissoziierter Säuren, mit einigen Ausnahmen (z. B. der Essigsäure); es spielt nämlich auch die Länge der Kohlenstoffkette eine Rolle. Neutralisation mit Lauge hebt den Sauergeschmack auf.

In der Membran der Mikrovilli konnten mehrere spezielle Rezeptorkanalproteine nachgewiesen werden, die unter Ruhebedingungen v. a. für K^+-, in geringerem Maße auch für Na^+-Ionen permeabel sind. Saure Valenzen wirken an diesem Kanal blockierend, sodass der Ausstrom von K^+-Ionen aus der Zelle verhindert wird. Dadurch wird das Membranpotential positiver, die Zelle depolarisiert (◘ Abb. 13.3).

Salzig. Alle Stoffe mit salzigem Geschmack sind kristalline, wasserlösliche Salze, die in Lösungen in Kationen und Anionen dissoziieren. Typisches Beispiel ist das Kochsalz (Na^+- und Cl^--Ionen). Sowohl Kationen als auch Anionen tragen zur Intensität des Salzgeschmacks bei. Es lässt sich eine Rangordnung für den Grad der »Salzigkeit« aufstellen:

Kationen: $NH_4 > K > Ca > Na > Li > Mg$.
Anionen: $SO_4 > Cl > Br > I > HCO_3 > NO_3$.

Salzig schmeckende Stoffe können häufig zusätzlich Empfindungen für andere Qualitäten auslösen. So hat z. B. in niedrigen Konzentrationen Natriumbicarbonat einen salzig-süßen, Magnesiumsulfat einen salzig-bitteren Geschmack. Bleisalze schmecken auch in hohen Konzentrationen süß. Selbst reines Kochsalz schmeckt in niedriger Konzentration schwach süß. Die *absolute Schwelle,* die zur Auslösung der Empfindung »salzig« nötig ist, liegt für Kochsalz bei einigen Gramm/Liter. Beim Salzgeschmack ist der *Transduktionsmechanismus* relativ einfach: Es existiert kein spezifischer Salz-Rezeptor, sondern nur Ionenkanäle in der Membran, die unspezifisch für Kationen (v. a. Na^+) permeabel sind. Eine Erhöhung der Na^+-Konzentration in der Umgebung der Sinneszelle durch Essen von salzhaltiger Kost führt zu einem erhöhten Einstrom von Na^+-Ionen in die Zelle; sie wird depolarisiert. Einer dieser Kanäle kann durch Amilorid, einen bekannten Hemmstoff der Na^+-Kanäle in Nierenepithelzellen, blockiert werden. Im basolateralen Bereich der Sinneszelle ist eine hohe Dichte an Pumpen (Na^+-K^+-ATPasen), die die eingeflossenen Kationen wieder aus der Zelle transportieren und damit die Zelle wieder erregbar machen (◘ Abb. 13.3).

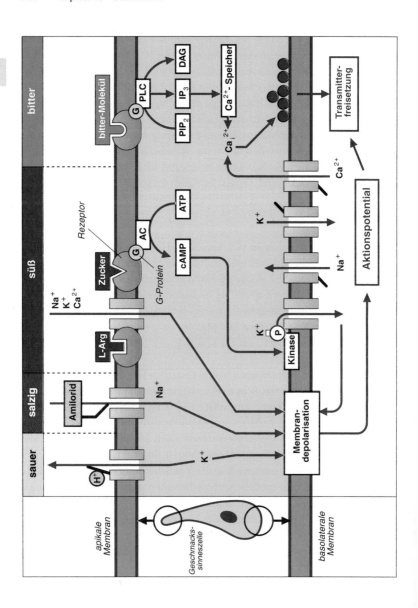

◄ ◙ **Abb. 13.3. Molekulare Transduktionsprozesse.** Diagramm der verschiedenen Transduktionsmechanismen für die 4 Geschmacksqualitäten. Reizstoffe aus den einzelnen Geschmacksqualitätsklassen lösen am Rezeptorprotein der Sinneszellmembran unterschiedliche intrazelluläre Transduktionskaskaden aus, die zur Zelldepolarisation führen; dadurch wird Überträgerstoff freigesetzt. Dieser bewirkt an der afferenten Nervenfaser die Entstehung eines Aktionspotentials. Detail der molekularen Mechanismen ► Text

Die Wirksamkeit der Anionen beruht auf deren Permeabilität bzw. ihrem Transport durch parazelluläre Spalten und *gap junctions*. Durch die dabei entstehenden transepithelialen Potentiale und die elektrische Kopplung zwischen den Zellen werden die Antworten der Sinneszellen beeinflusst.

Bitter. Substanzen, die einen Bittergeschmack hervorrufen, besitzen variable molekulare Strukturen, die gemeinsame Grundstrukturen nur schwer erkennen lassen. Auf alle Fälle muss eine polare Gruppe sowie in definiertem Abstand eine größere hydrophobe Gruppe am Molekül sein. Nur solche Moleküle können mit einem Bitterrezeptor wechselwirken. Die Schwelle für Bittersubstanzen ist die geringste aller Geschmacksqualitäten. Bereits 0,005 g Chininsulfat in 1 l Wasser schmecken bitter. Das ist biologisch sinnvoll, denn pflanzliche Bitterstoffe, wie z. B. Strychnin, Chinin oder Nikotin, sind oft von hoher Toxizität. Es gibt spezifische Rezeptorproteine, die Bindungsareale für Bitterstoffe haben. Vor kurzem wurden auch für den Menschen etwa 30 Mitglieder dieser Familie aus dem Genom identifiziert. Kontakt des Rezeptors mit einem Bitterstoff setzt eine intrazelluläre Signalverstärkungskaskade in Gang, die zur Erhöhung der Konzentration von PLC und IP_3 führt und an deren Ende der Anstieg von Ca^{2+} in der Zelle steht. Der Ca^{2+}-Anstieg bewirkt dann eine erhöhte Freisetzung von Überträgerstoff (◙ Abb. 13.3).

Süß. Die größte Variabilität findet man in der Struktur der Moleküle, die Süßgeschmack auslösen. Trotzdem lassen sich auch hier einige strukturelle Gemeinsamkeiten erkennen: Um süß zu schmecken, muss ein Molekül 2 polare Substituenten haben, eine protonenabgebende und eine protonenaufnehmende Gruppe (nukleophile/elektrophile Gruppe). Zusätzliche hydrophobe Kontakte durch z. B. eine unpolare Gruppe sind nicht essenziell für Süßgeschmack, aber sie erhöhen die Intensität eines Reizmoleküls. Daneben spielen Größenverhältnisse der Substituenten und ihre räumliche Anordnung eine wichtige Rolle. Man geht heute davon aus, dass es nur wenige *Typen von Rezeptorproteinen* gibt, an die mit unterschiedlicher Affinität Süßmoleküle binden können. Künstliche Süßstoffe, oft durch Zufall gefunden, konnten durch kleine molekulare Veränderungen inzwischen systematisch weiterentwickelt werden und haben Wirksamkeiten, die 100- bis 1000-mal höher liegen als gewöhnlicher Zucker (Glukose). Die Schwelle für Glukose liegt bei 0,2 g/l.

Auch für den Süßgeschmack ist inzwischen eine Rezeptorproteinfamilie nachgewiesen worden, die beim Menschen aus nur vier Genen besteht. Kommt es zur Wechselwirkung eines Süßmoleküls mit dem Rezeptor, wird über ein spezielles G-Protein (analog dem Transducin beim Sehprozess) das Enzym Adenylatzyklase aktiviert, das zu einer Erhöhung der cAMP-Konzentration der Zelle führt. cAMP depolarisiert dann die Zelle durch Aktivierung einer Kinase, die eine bestimmte Klasse von K^+-Kanälen mittels Phosphorylierung oder direkt schließt (◘ Abb. 13.3).

Adaptation

In diesem Zustand ist die Reizschwelle erhöht. Bereits nach 8 s stellt sich bei einer 5%igen Kochsalzlösung Adaptation ein. Sauer und salzig adaptieren allerdings nicht vollständig, im Gegensatz zu süß und bitter. Anschließend bedarf es einer *Erholungszeit*, bis die ursprüngliche Empfindlichkeit wiedererlangt ist. Bei Kochsalz z. B. nur einige Sekunden, bei bestimmten Bitterstoffen kann sie mehrere Stunden betragen. Sie ist abhängig von der Reizsubstanz und der Konzentration. Die Adaptation einer Geschmacksqualität beeinflusst auch die Empfindlichkeit für die anderen. So wird sauer viel saurer empfunden, wenn der Süßgeschmack adaptiert ist und umgekehrt. Wird die Zunge auf süß adaptiert und nachfolgend mit destilliertem Wasser gespült, so schmeckt dieses schwach sauer. Ein Phänomen, das am besten vielleicht mit den »*negativen Nachbildern*« bei der Optik verglichen werden kann. Das Verhältnis der beiden anderen Qualitäten bitter und salzig scheint komplexer zu sein.

> ### Merke
>
> Für jede der 4 (5) Geschmacksqualitäten konnten in den letzten Jahren spezifische Rezeptorproteine und daran gekoppelte Verstärkungsmechanismen nachgewiesen werden. Adaptation kann bereits auf peripherer Sinneszellebene erfolgen, aber auch zentral bedingt sein.

Biologische Bedeutung

Gustofazialer Reflex. Gerade beim Geschmackssinn spielt die Lust bzw. Unlust, die die verschiedenen Geschmacksreize bei uns auslösen, eine wichtige Rolle. Sie drückt sich gut sichtbar in der Mimik aus. Jeder weiß, was es bedeutet, wenn jemand »sauer schaut« oder eine »bittere Miene« macht. Die mimischen Referenzmuster dafür sind genetisch determiniert und bereits unmittelbar nach der Geburt beim Neugeborenen auszulösen. Man bezeichnet diese Reaktionen auch als »gustofaziale Reflexe«. Geschmacksknospen werden im Übrigen bereits beim 8 Wochen alten menschlichen Embryo von 20 mm Länge gefunden.

Aufgaben. Die beiden wichtigen biologischen Aufgaben des Geschmackssinnes sind:

- *Prüfung von Nahrung* auf unverdauliche oder giftige Stoffe und
- reflektorische Steuerung der *Sekretion von Verdauungssäften.*

Für viele wurde der Bittergeschmack schon zum Lebensretter, denn Strychnin oder nikotinhaltige Pflanzen sind ebenso ungenießbar für uns wie z. B. der giftige Bitterröhrling, der dem leckeren Maronenpilz zum Verwechseln ähnlich sieht.

In starken Verdünnungen können Bitterstoffe zu wohlschmeckenden und verdauungsfördernden Getränken (Magenbitter) werden. Sie regen reflektorisch die Sekretion von Speichel und Magensaft an und stimulieren die Freisetzung von Enzymen aus der Bauchspeicheldrüse. Schließlich ist der Geschmackssinn auch am Brechreiz beteiligt.

Merke

Auch wenn es »bitter schmeckt«, kann es die Verdauung fördern – durch die Freisetzung von Enzymen der Bauchspeicheldrüse. Andere Bitterstoffe sind toxisch und der Geschmackssinn warnt uns davor.

14 Geruch

H. Hatt

❭ ❭ Einleitung

Der Mensch kann Tausende verschiedener Duftstoffe unterscheiden und manche Düfte noch in extremer Verdünnung wahrnehmen. Dennoch galt lange Zeit der Geruch als ein »verlorener Sinn« und zählt zu den »niederen« Sinnen bei uns Menschen. Aber gerade in der heutigen Zeit, in der wir visuell und akustisch völlig überreizt sind, tritt der Geruch mehr in den Vordergrund. Wir haben erkannt, dass er auf vielen Ebenen in unser Leben eingreift, meist ohne uns bewusst zu werden. Gerade seine Bedeutung für vegetative und hormonelle Steuerungsprozesse, Sympathie und Antipathie, ist heute unbestritten. Ich »kann ihn nicht riechen« oder »der stinkt mir gewaltig« ist eine alte Weisheit, die durch neuere Forschungsergebnisse auf physiologischer Ebene erklärt werden kann.

14.1   Bau der Geruchsorgane

Lage und Aufbau des Riechepithels

Riechschleimhaut. Die olfaktorische Region (Riechepithel) beschränkt sich auf einen kleinen ca. 2×5 cm^2 großen Bereich auf der Obersten der 3 Conchen in unserer Nase. Es lassen sich 3 Zelltypen unterscheiden.

- die eigentlichen *Riechsinneszellen,*
- *Stützzellen* und
- *Basalzellen* (◪ Abb. 14.1).

Letztere stellen undifferenzierte Riechzellen dar. Der Mensch besitzt ca. 20 Mio. Riechzellen, die nur eine durchschnittliche Lebensdauer von 1 Monat haben und danach durch Ausdifferenzierung von Basalzellen erneuert werden. Es ist eines der seltenen Beispiele für Nervenzellen im adulten Nervensystem, die noch zu regelmäßiger mitotischer Teilung fähig sind. Die Riechsinneszellen sind *primäre Sinneszellen,* die am apikalen Ende durch zahlreiche in den Schleim ragende dünne Sinneshaare (Zilien) mit der Außenwelt verbunden sind und am anderen Ende über ihren langen, dünnen Nervenfortsatz (Axon)

14.1 · Bau der Geruchsorgane

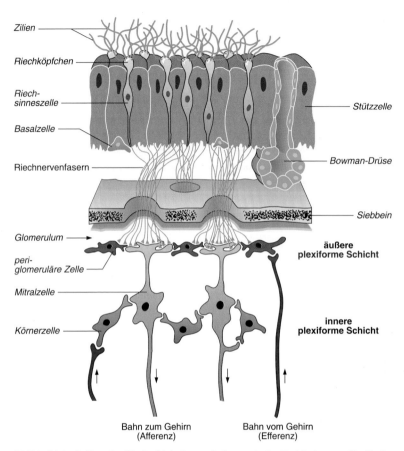

Zilien
Riechköpfchen
Riech-
sinneszelle
Basalzelle
Riechnervenfasern

Stützzelle
Bowman-Drüse
Siebbein

Glomerulum
peri-
glomeruläre Zelle
Mitralzelle
Körnerzelle

äußere
plexiforme Schicht

innere
plexiforme Schicht

Bahn zum Gehirn
(Afferenz)
Bahn vom Gehirn
(Efferenz)

◻ Abb. 14.1. Aufbau der Riechschleimhaut mit den zentralen Verbindungen. Die Riechschleimhaut setzt sich aus den Riechsinneszellen, Stützzellen, Basalzellen und Drüsenzellen
zusammen. Am apikalen dendritischen Ende der Riechsinneszellen ragen die ziliären Fortsätze in den Schleim. Jede Riechsinneszelle sendet einen Nervenfortsatz zu den Mitralzellen im
Riechkolben. Die periglomerulären Zellen stellen meist inhibitorische Verbindungen zwischen den Mitralzellen her. Daneben findet man noch die ebenfalls inhibitorisch wirkenden
Körnerzellen, die dendrodendritische Kontakte ausbilden. Der Erregungseingang steht auch
zusätzlich unter Kontrolle efferenter Fasern von anderen Gehirnregionen

direkten Zugang zum Gehirn haben. Zu Tausenden gebündelt (Fila olfactoria), laufen die Axone der Riechzellen durch die Siebbeinplatte, um zusammen als **N. olfactorius** direkt zum Bulbus olfactorius zu ziehen, der als vorgelagerter Hirnteil zu betrachten ist.

Klinik

Störung des Geruchssinnes. Meist sind virale Infekte oder traumatische Ereignisse für teilweisen (partiellen) oder vollständigen (kompletten) Verlust des Geruchssinnes (**②Anosmie)** verantwortlich. Häufig kommt es nach einigen Monaten zu einer vollständigen Regeneration. Eine Senkung der Riechschwelle kann bei vielen neurodegenerativen Erkrankungen Erstsymptom sein.

Zentrale Verschaltungen

Bulbus olfactorius. Zwischen den Rezeptoren und der Hirnrinde liegt nur eine synaptische Schaltstelle, an den Ästen der Hauptdendriten der Mitralzellen des Riechkolbens (Bulbus olfactorius) in den sog. *Glomeruli*. Hierbei kommt es zu einer deutlichen Reduktion der Duftinformationskanäle: etwa 1 000 Axone einzelner Riechzellen projizieren auf eine einzige Mitralzelle *(Konvergenz)*. Die ◻ Abbildung 14.1 zeigt außerdem, dass die zellulären Elemente des Bulbus in Schichten angeordnet sind: Auf die Schicht der Glomeruli folgt die Schicht der *Mitralzellen* (äußere plexiforme Schicht) und schließlich die Schicht der *Körnerzellen* (innere plexiforme Schicht). Zusätzlich gibt es synaptische Eingänge von Riechzellaxonen auf *periglomeruläre Zellen.* Die komplizierten Verbindungen der Zellen im Bulbus untereinander sind im Einzelnen nicht bekannt. Die wesentlichen Merkmale der Informationsverarbeitung in diesem neuronalen Netzwerk sind:

- die starke Konvergenz,
- ausgeprägte Hemmechanismen und
- eine efferente Kontrolle der einlaufenden Erregung.

Kortikale Projektionen. Die etwa 20 000 Axone der Mitralzellen formen den Tractus olfactorius. Ein Hauptast kreuzt in der vorderen Kommissur zum Bulbus der anderen Hirnseite, die anderen Fasern ziehen zu den olfaktorischen *Projektionsfeldern* in zahlreichen Gebieten des Paleokortex, die zusammen als *Riechhirn* bezeichnet werden. Dazu gehören das Tuberculum olfactorium, die Area praepiriformis, der Corpus amygdaloideum sowie die Regio entorhinalis. Die Verarbeitung endet aber nicht hier, sondern die Duftinformation wird zum einen zum *Neokortex* geleitet und endet dort in einer entwicklungsgeschichtlich sehr alten Hirnregion, dem Kortex praepiriformis. Zum anderen gehen Bahnen direkt zum *limbischen System* (Mandelkern, Hippocampus) und weiter zu vegetativen Kernen des *Hypothalamus* und der *Formatio reticularis.*

Merke

Riechzellen sind primäre Sinneszellen, die sich zeitlebens aus Basalzellen erneuern können und direkt in die sog. Glomeruli des *Bulbus olfactorius* projizieren. Von dort leiten Mitralzellen die Information direkt in das Limbische System und den Hypothalamus und anschließend zum Neokortex.

14.2 Geruchswahrnehmung

Geruchsqualitäten

Duftklassen. Man geht von etwa 10 000 unterscheidbaren Düften aus. Noch heute hat ein bereits 1952 von Amoore vorgeschlagenes Schema von 7 typischen Geruchsklassen Gültigkeit: blumig, ätherisch, moschusartig, campherartig, schweißig, faulig, minzig. Für jede dieser Duftklassen existieren typische, charakteristische Leitdüfte, wie z. B. Geraniol für blumig oder Butylmercaptan für faulig (◻ Tabelle 14.1).

◻ **Tabelle 14.1. Klassifikation der Primärgerüche** (nach Amoore, Johnston und Rubin)

Primärgeruch	Chemische Substanz	Trivialsubstanz
campherartig	Campher	Mottenpulver
moschusartig	ω-Hydroxypentadecansäurelacton	Angelikawurzelöl
blumig	Phenylethyl-methyl-ethyl-carbinol	Rose
minzig	Menthon	Pfefferminzbonbon
ätherisch	Ethylen-dichlorid	Fleckenwasser
schweißig	Buttersäure	Schweiß
faulig	Butylmercaptan	faule Eier

Eine weitere Besonderheit des Riechsystems besteht in der einmaligen Korrelation zwischen Qualität und Konzentration: mit ansteigender Duftstoffkonzentration ändert sich häufig nicht nur die Empfindungsintensität, sondern auch die Qualität, z. B. riecht Ionon in niedrigen Konzentrationen nach Veilchen, in hohen nach Holz.

Kreuzadaptation. Sie stellt eine andere Möglichkeiten der Klassifikationen dar: Wir alle wissen, dass wir nach einer gewissen Zeit Duft (z. B. Zigarettenrauch) im Raum nicht mehr wahrnehmen. Das Riechsystem ist adaptiert. Ob dieser Mechanismus peripher (Rezeptorebene) und/oder zentral (Mitralzellen, Kortex) bedingt ist, ist noch unbekannt. Die Adaptation beschränkt sich aber auf eine bestimmte, reproduzierbare Gruppe von Düften, all die anderen Düfte sind davon nicht betroffen. Ist man auf Zigarettenduft adaptiert, kann man Kaffeeduft trotzdem noch wahrnehmen. Auf diese Weise gelang es, 10 verschiedene Duftklassen zu unterscheiden, die sich nur teilweise mit denen von Amoore decken.

Anosmien. Ein mehr klinischer Ansatz verwendet die beim Menschen angeborenen Geruchsblindheiten, die sog. ❷ *partiellen Anosmien*. So können z. B. 2% der Bevölkerung keinen Schweißgeruch (Buttersäure und verwandte Substanzen) oder 33% kein Campher (Cineol) riechen. Diesen Menschen scheinen die Rezeptormoleküle für die Erkennung dieser Düfte zu fehlen. Bisher sind 7 verschiedene Typen von Anosmien beschrieben (❑ Tabelle 14.2). All diese Ansätze weisen auf die Existenz von ca. 10 möglichen Duftklassen hin. Molekularbiologische oder elektrophysiologische Daten konnten bisher keine klaren Anhaltspunkte für solche Klassifizierungen liefern.

❑ Tabelle 14.2. Anosmien beim Menschen

Vorkommen	Hauptduftkomponente	Häufigkeit in Prozent [%] Bevölkerung
Urin	Androstenon	40
Malz	Isobutanal	36
Campher	1,8-Cineol	33
Sperma	1-Pyrrolin	20
Moschus	Pentadecanolid	7
Fisch	Trimethylamin	7
Schweiß	Isovaleriansäure	2

Neurophysiologie des olfaktorischen Systems

Aktionspotentialfrequenzen. Sowohl auf dem Niveau einzelner Sinneszellen als auch zentraler Neurone gelang es, die Reaktion (Aktionspotentialfrequenzänderung) auf einen Duftreiz zu registrieren. Aktionspotentialfrequenzen (Spitzen- wie Plateaufrequenz) nehmen mit steigender Reizkonzentration zu. Anschließend ist meist ein starkes Adaptationsverhalten innerhalb von Sekunden zu sehen.

Zentrale Neurone (Mitralzellen) zeigen eine *Qualitätsspezifität*, wenn auch mit häufig sehr breitem Spektrum. So konnte an einzelnen Zellen und ganzen Neuronengruppen ein charakteristisches Erregungsprofil durch einen bestimmten Duft ausgelöst werden. Oft findet man sehr komplizierte Reaktionsprofile, die auf einen ausgeprägten Signal- und Mustererkennungsmechanismus mit Kontrastverstärkung, Störfiltern und komplexen Regelmechanismen hinweisen.

Elektroolfaktogramm. Sehr früh schon gab es Summenableitungen von größeren Arealen der Riechschleimhaut, das sog. Elektroolfaktogramm (EOLG). Es ist technisch dem EEG und ähnlichen Verfahren gleichzusetzen. Im EOLG zeigt sich stets ein linearer Anstieg der Amplitude nach Zugabe eines wirksamen Duftstoffes mit zunehmender Reizintensität. Gleiche Konzentrationen molekular ähnlicher Stoffe können jedoch große Unterschiede in der EOLG-Amplitude haben.

> **Merke**
>
> Mit Hilfe von elektrophysiologischen und psychophysiologischen Methoden lassen sich *Geruchsqualitäten* gegeneinander abgrenzen, wenn auch oft mit überlappenden Spektren. Hierzu tragen auch Erkenntnisse aus Kreuzadaptationsexperimenten und bekannten Anosmien bei. Geruchsqualitäten können peripher und zentral voneinander unterschieden werden, der Abgrenzung haftet etwas Willkürliches an.

Wirkung von Duftstoffen auf molekularer Ebene

Rezeptorprotein. Die Transduktion beginnt (◨ Abb. 14.2a) mit dem Kontakt eines Duftstoffmoleküls mit spezifischen Rezeptorproteinen in der Zilienmembran. Von einigen dieser Proteine wurde inzwischen die Aminosäuresequenz aufgeklärt. Es hat sich gezeigt, dass es eine mehrere hundert Mitglieder

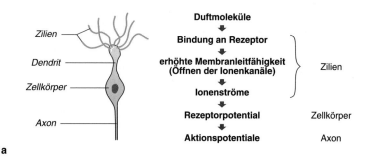

a

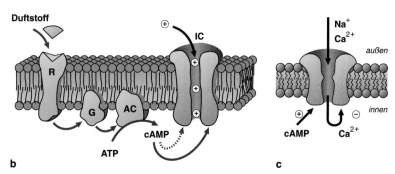

b   c

Abb. 14.2. Transduktion eines Duftreizes in eine elektrische Zellantwort. a Darstellung der Schritte, die von der Bindung des Duftmoleküls an das Rezeptorprotein bis zum Auftreten der Aktionspotentiale am Nervenfortsatz reichen. **b** Intrazellulärer Verstärkungsmechanismus. Die über ein G-Protein vermittelte Aktivierung der Adenylatcyklase *(AC)* erhöht die cAMP Konzentration in der Zelle. *cAMP* kann dann direkt ein Öffnen eines unspezifischen Kationenkanals *(IC)* in der Riechzellmembran bewirken. Der Einstrom von Kationen durch diesen Kanal in die Zelle ruft die Zelldepolarisation (Rezeptorpotential) hervor. **c** Der unspezifische Kationenkanal besitzt auf der zytosolischen Seite Bindungsstellen für Ca^{2+}-Calmodulin, deren Besetzung eine »Blockierung« des Kanals bewirkt

umfassende *Genfamilie* für solche Rezeptorproteine gibt, die in ihrer molekularen Struktur untereinander sehr ähnlich sind. In einer bestimmten Region, vermutlich im Bindungsareal für die Duftmoleküle, weisen sie aber eine hohe Variabilität auf. Die Rezeptorproteine antworten spezifisch auf eine chemisch genau definierte Klasse von Duftstoffen. Oft führen schon kleine strukturelle Änderungen an Duftmolekülen zum vollständigen Verlust der Rezeptorreaktion.

Inzwischen wissen wir, dass jede Riechsinneszelle nur einen Typ von Rezeptorprotein exprimiert. Das Expressionsmuster der verschiedenen Rezeptorproteine (beim Menschen vermutlich ca. 350) ist genetisch fixiert. Alle Sinneszellen, die das gleiche Rezeptorprotein besitzen, projizieren mit ihren Neuriten in ein- und denselben Glomerulus.

Signalverstärkung. Kommt es zur Wechselwirkung eines Duftmoleküls mit dem spezifischen, passenden Rezeptorprotein, so wird ein intrazellulärer Signalverstärkungsmechanismus *(second messenger cascade)* in Gang gesetzt: Ein spezifisches G_{olf} Protein aktiviert das Enzym Adenylatcyclase, das wiederum erhöht die Konzentration von *cAMP* in der Zelle. cAMP-Moleküle können nun direkt (ohne Phosphorylierung) unspezifische Kationenkanäle in der Membran öffnen (❏ Abb. 14.2b). Die Aktivierung eines einzigen Rezeptorproteins durch ein Duftmolekül kann Tausende solcher cAMP-Moleküle freisetzen. Dies erklärt die ungewöhnlich niederen Schwellenwerte für bestimmte Duftstoffe. Dieser Transduktionsweg wird u. a. von Blumen und Fruchtdüften benutzt.

Ob es eine Klasse von Duftstoffen gibt, die die *IP3 vermittelte Second-Messenger-Kaskade* als primären Signalweg benutzt, ist für Säugetiere bisher nicht eindeutig bewiesen, nach den vorliegenden wissenschaftlichen Daten sogar eher unwahrscheinlich.

cAMP-aktivierter Ionenkanal. Inzwischen wurde auch die Sequenz der Aminosäuren dieses Kanalproteins bestimmt. Es zeigten sich starke Homologien zu bestimmten Enzymen, Ca^{2+}-Kanälen und v. a. zu einem Kanalprotein, das in Sehzellen für die Transduktion verantwortlich ist. Es wird spekuliert, dass das einströmende Kalzium durch Öffnen eines kalziumaktivierten Chlorid-Kanals eine zusätzliche Signalverstärkung hervorruft. Es konnte außerdem eine funktional wichtige Ca^{2+}/Calmodulin-Empfindlichkeit dieses Kanals gezeigt werden. Je weniger Ca^{2+}-Ionen sich auf der Innenseite der Membran befinden, desto höher ist die Öffnungswahrscheinlichkeit des Kanals. Da Ca^{2+}-Ionen durch den Kanal fließen können, wird sich kurze Zeit nach Kanalöffnung die Ca^{2+}-Konzentration in der Zelle erhöhen und dadurch den Kanal blockieren (❏ Abb. 14.2c). Der Kanal schaltet sich selbst ab. Ein Prozess, der *Adaptation* auf molekularer Ebene erklären kann.

> **Merke**
>
> An der Umsetzung eines Duftreizes in eine elektrische Zellantwort ist neben dem Rezeptorprotein eine Signalverstärkungskaskade beteiligt, an deren Ende die Öffnung eines Kationenkanals steht. Inzwischen kennt man beim Menschen alle 350 Gene für Riechrezeptorproteine und die ersten hierfür identifizierten molekularen rezeptiven Felder.

Subjektive Riechphysiologie

Geruchsschwellen. Bei niedrigen Duftkonzentrationen kann gerade eben wahrgenommen werden, dass etwas riecht, aber der Duft nicht identifiziert werden. Erst mit höherer Konzentration kann ein Duftstoff spezifisch benannt werden; entsprechend unterscheidet man zwischen *Wahrnehmungs-* und *Erkennungsschwelle.* Sie unterscheiden sich etwa um den Faktor 10. Für manche Stoffe ist die menschliche Nase besonders empfindlich; so liegt die Erkennungsschwelle z. B. für das nach Fäkalien stinkende Skatol bei 10^7 Molekül/cm^3 Luft. Wie viele Moleküle davon tatsächlich am Rezeptor ankommen, ist nur abzuschätzen. Man geht aber davon aus, dass nur etwa 10 Duftmoleküle eine Sinneszelle treffen müssen, um eine so starke Aktionspotentialantwort auszulösen, dass die Substanz erkannt wird.

Daneben gibt es noch die sog. *Unterschiedsschwelle,* die den Konzentrationsunterschied angibt, der vorhanden sein muss, um 2 Proben des gleichen Duftstoffes in unterschiedlicher Intensität zu empfinden. Hierzu müssen 2 Reize sich mindestens um 25% in der Konzentration unterscheiden. Dies ist um den Faktor 100 höher als z. B. beim Hören.

Physiologische Faktoren. Bei Hunger sinkt die Schwelle für bestimmte Duftstoffe und bei Sattheit steigt sie signifikant. Ebenso verschlechtert sich das Riechvermögen mit höherem Alter, bei Rauchern und unter bestimmten hormonellen Einflüssen, z. B. während der Schwangerschaft oder der Menstruation.

Rationalskala der Empfindungsstärke. Die Beziehung zwischen Reizkonzentration und Empfindungsintensität entspricht – wie bei allen anderen Sinnesorganen – der *Stevens-Potenzfunktion*:

$$R = C\,(I - I_0)^n. \tag{14.1}$$

R = Intensität der Duftempfindung; I = Konzentration des Duftes; I_0 = Wahrnehmungsschwelle; C = Konstante.

In der log-log-Darstellung ergibt sich eine lineare Abhängigkeit mit der Steigung n zwischen Duftkonzentration und *Empfindungsintensität*. Die verschiedenen Duftstoffe haben recht unterschiedliche Exponenten von 0,1–0,8, in seltenen Fällen auch über 1.

Adaptation. Auch beim Riechen tritt unter konstant andauernder Reizung Adaptation ein. Sie hängt von der Art des Duftstoffes und der Reizkonzentration ab, ebenso die Erholungszeit nach einem Reiz. Die Adaptationszeiten liegen meist im Minutenbereich, während die Erholungszeiten nach stärkeren Reizen sogar Stunden dauern können.

> **Merke**
>
> Mit psychophysischen Methoden werden die Leistungen des Geruchssinns quantifiziert und die die Geruchswahrnehmung beeinflussenden Faktoren bestimmt.

Erregung von Trigeminusfasern

Der N. trigeminus versorgt auch Nase und Mundhöhle. Seine freien Nervenendigungen liegen u. a. in der Riechschleimhaut. Sie reagieren auf nozizeptive Reize, aber auch auf verschiedene Duftstoffe, allerdings erst in sehr hohen Konzentrationen. Empfindungen wie *stechend, beißend* (Salzsäure, Ammoniak, Chlor) sind typisch für das *nasal-trigeminale* System, *brennend* und *scharf* (Piperidin, Capsaicin) für das *oral-trigeminale* System.

Selbst bei relativ schwachen Duftreizen (z. B. Amylazetat, Eukalyptus) reagiert neben dem olfaktorischen auch das trigeminale System, allerdings mit längerer Latenzzeit und wenig ausgeprägter Adaptation. Auch nach vollständiger Durchtrennung des N. olfactorius bleibt deshalb ein reduziertes Riechvermögen erhalten.

Biologische Bedeutung

Eigengeruch. Bei jedem Menschen ist der »Eigengeruch« genetisch determiniert. Er basiert auf der immunologischen Selbst-Fremd-Erkennung und ist mit dem *Haupthistokompatibilitätskomplex (MHC)* gekoppelt. Je näher verwandt Menschen miteinander sind, desto ähnlicher ist der Eigengeruch. Dies ist die Basis für den Familiengeruch. Eineiige Zwillinge können auch von speziell trainierten Tieren nicht mehr am Geruch unterschieden werden. Hat allerdings einer der beiden eine Organtransplantation erhalten, gelingt die Unterscheidung. Experimentelle Befunde zeigen, dass MHC-assoziierte Gerüche in der Lage sind, *Partnerwahlverhalten, Inzestschranke* oder die *Fehlgeburtenrate* zu beeinflussen.

Kommunikation. In der weitgehend sprachlosen Welt der Tiere stellt der Geruchssinn das wichtigste Kommunikationsmittel dar. Auch bei uns Menschen spielt er in vielen Bereichen des individuellen und sozialen Lebens eine wichtige Rolle, wenn auch meist unbewusst.

Hier sind v. a. die *Pheromone* zu nennen. Das sind Düfte, die von einem Lebewesen abgegeben werden und bei einem anderen Lebewesen derselben Art eine Wirkung hervorrufen. Sie können z. B. auf den Hormonhaushalt einwirken, wie man aus Tierversuchen seit langem weiß, inzwischen aber auch für den Menschen gezeigt hat. So kann z. B. Androstenon, ein Duft aus dem Achselschweiß des Mannes, den Zyklus der Frau zeitlich synchronisieren. Dies wird bereits in der Medizin als Therapie verwendet. Dieser Duft wird im Übrigen von Frauen nur während der Zeit des Eisprunges etwas angenehmer beurteilt, sonst eher als unangenehm empfunden (eine natürliche Art der Steigerung der Geburtenrate!). Vom Duft weiblichen Achselschweißes und Vaginalsekrets weiß man inzwischen, dass er bei Männern im Schlaf die Herz- und Atemfrequenz verändert und sogar hochsignifikant Einfluss auf die Trauminhalte (sie werden inhaltlich positiver!) hat. Der direkte Zugang der Riechbahn zum limbischen System und zum Hypothalamus, die neben dem Gefühlsleben auch vegetative und hormonelle Funktionen kontrollieren, ist dafür verantwortlich.

Am Nasenboden wird beim Menschen jederseits neben dem Septum eine schlauchförmige ca. 1 cm lange Einstülpung, die an der lateralen Fläche mikrovilläres, an der medialen Fläche ziliäres Epithel trägt, gefunden. Bis heute ist unklar, ob dieses sog. Vomeronasal-Organ beim Menschen funktional ist und für die chemische Kommunikation zwischen einzelnen Individuen durch Pheromone eine wichtige Rolle spielt. Molekularbiologische Untersuchungen haben bisher keine funktionalen Gene für Rezeptorproteine dieses Organsystems gezeigt. Es gibt Hinweise, dass die Wirksubstanzen strukturelle Ähnlichkeit mit Sexualhormonen haben. Bei Tieren steht diese, auch als *Jakobsonsches Organ* bezeichnete Struktur mit dem Canalis incisivus in Verbindung und wird vom Riechnerven versorgt. Die Duftinformation wird in einen spezifischen Teil des Bulbus olfactorius, den *accessorischen Bulbus* projiziert.

Selbst auf *zellulärer Ebene der Kommunikation* ist »Duftwirkung« bekannt, ohne die kein Leben möglich wäre. Das winzige Spermium würde nie mit der ebenso winzigen Eizelle im Eileiter zusammentreffen, wenn diese nicht einen »Duft« aussenden würde, für den das Spermium Rezeptoren besitzt. Die beteiligten Rezeptoren und Kanalproteine sowie deren Reaktionskaskade scheinen große Ähnlichkeit mit den entsprechenden Strukturen bei Riechzellen zu haben.

Merke

Neben dem olfaktorischen Epithel sind in unserer Nase auch freie Nervenendigungen des *Nervus trigeminus* in der Lage, Duftstoffe wahrzunehmen, wenn auch erst in höherer Konzentration. Das bei Tieren für die Erkennung von Pheromonen wichtige Vomeronasalorgan (VNO) findet man auch beim Menschen, jedoch ohne Funktion. Neben Riechsinneszellen geben neue wissenschaftliche Daten Hinweise auf das Vorkommen und die Bedeutung von ektopischen olfaktorischen Rezeptoren in z.B. Spermien und Hodengewebe.

III Integrative Leistungen des Nervensystems

15 Untersuchung der Hirnaktivität des Menschen – 353
N. Birbaumer und R. F. Schmidt

16 Wachen, Aufmerksamkeit und Schlafen – 374
N. Birbaumer, R. F. Schmidt

17 Lernen und Gedächtnis – 402
N. Birbaumer und R. F. Schmidt

18 Motivation und Emotion – 424
N. Birbaumer und R. F. Schmidt

19 Kognitive Funktionen und Denken – 449
N. Birbaumer und R. F. Schmidt

15 Untersuchung der Hirnaktivität des Menschen

N. Birbaumer, R. F. Schmidt

 Einleitung

Elektrische Spannungs- und magnetische Feldänderungen des Kortex sind Ausdruck des Aktivitätszustandes der kortikalen Nervennetze. Ihre Aufzeichnung mithilfe des Elektroenzephalogramms und des Magnetoenzephalogramms stellt einen wichtigen Zugang zur Klärung der Beziehungen zwischen sensorischen, motorischen und kognitiven Prozessen und deren neuronalen Grundlagen dar. Durch das Erfassen von regionalen Stoffwechselveränderungen mithilfe von fMRI (functional magnetic resonance imaging) und PET (Positronen-Emissions-Tomographie) konnten enge Zusammenhänge zwischen gesunden und krankhaften Veränderungen der Hirnaktivität und Verhalten hergestellt werden. Die Beeinflussung der regionalen Hirnaktivität durch transkranielle Magnetstimulation und durch Gleichspannungsstimulation erlaubt kausale Rückschlüsse auf die Funktion menschlicher Hirnregionen.

15.1 Kortikale Neurone

Ruhe- und Aktionspotentiale

Die verschiedenen Schichten des Kortex enthalten eine große Anzahl unterschiedlichster Neurone, v. a. **Pyramidenzellen.** Das **Ruhepotential** von Pyramidenzellen liegt bei –50 bis –80 mV, und die Amplitude ihrer **Aktionspotentiale** liegt bei 60–100 mV (bei einer Dauer von 0,5 bis 2 ms). Die Aktionspotentiale starten am Axonhügel der Zellen und breiten sich von dort sowohl nach peripher als auch über das Soma und die proximalen Dendriten aus. Es fehlen bei dem Aktionspotential ausgeprägte Nachpotentiale, sodass die Pyramidenzellen mit Frequenzen bis zu 100 Hz entladen können.

Synaptische Potentiale

Verglichen mit den motoneuronalen (■ Abb. 3.11) sind die kortikalen postsynaptischen Potentiale durchweg länger. *Erregende* postsynaptische Potentiale haben oft eine Anstiegszeit von mehreren Millisekunden und eine Abfallzeit von 10–30 ms, während *hemmende* postsynaptische Potentiale meist noch länger, nämlich 70–150 ms dauern. An apikalen Dendriten wurden EPSP registriert, die mehrere Sekunden andauerten.

Hemmende postsynaptische Potentiale sind im spontan aktiven Kortex *seltener* als *erregende* und dann von kleinerer Amplitude. Deswegen besteht ohne subkortikalen »dämpfenden« (hemmenden) Zufluss im Kortex eine Übererregbarkeit mit der Gefahr epileptischer Aktivität. Dagegen können nach Aktivierung aufsteigender sensorischer Bahnen häufig große und lang dauernde hemmende postsynaptische Potentiale entweder isoliert oder im Anschluss an erregende synaptische Potentiale registriert werden. Diese hemmenden postsynaptischen Potentiale *verhindern Erregungsausbreitung* zu benachbarten Zellgruppen und hängen wahrscheinlich mit Konturenverschärfung und Aufmerksamkeitsfokussierung zusammen (▶ Kap. 10.4 und 16.1).

Die Pyramidenzellen benutzen als Transmitter *Glutamat.* Einige der erregenden Kortexneurone enthalten Neuropeptide (CCK, VIP), die hemmenden machen von *GABA* und *Glyzin* als Transmitter Gebrauch. Viele der afferenten Fasern benutzen die Monoamine *Noradrenalin* und *Dopamin*, andere *Azetylcholin* (▶ Kap. 1.2 und 16.2).

> **Merke**
>
> Die erregenden Überträgersubstanzen der kortikalen Neurone sind vor allem Glutamat, Monoamine und Azetylcholin, die hemmenden GABA und Glyzin. Die Ruhe- und Aktionspotentiale kortikaler Neurone entsprechen denen anderer Neurone im Nervensystem.

15.2 Das Elektroenzephalogramm, EEG, und das Magnetoenzephalogramm, MEG

Ableitung und Definition des EEG

Legt man auf die Kopfhaut einer menschlichen Schädeldecke eine knopfförmige Elektrode, so lassen sich zwischen dieser Elektrode und einer entfernten,

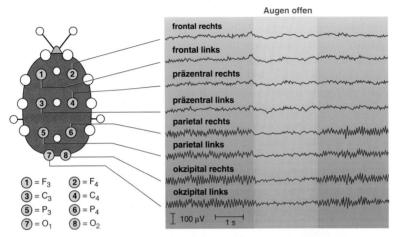

$\textcircled{1} = F_3$ $\textcircled{2} = F_4$
$\textcircled{3} = C_3$ $\textcircled{4} = C_4$
$\textcircled{5} = P_3$ $\textcircled{6} = P_4$
$\textcircled{7} = O_1$ $\textcircled{8} = O_2$

◻ Abb. 15.1. Normales Elektroenzephalogramm (EEG) des ruhenden, wachen Menschen. Gleichzeitige, achtkanalige, unipolare Ableitung von den *links* in der Skizze angegebenen Orten auf der Schädeldecke (Kopfhaut). An jedem Ohrläppchen war eine weitere Elektrode angebracht, die zusammengeschaltet als indifferente Elektrode diente. Öffnen der Augen blockierte den α-Rhythmus (Mod. nach Richard Jung)

indifferenten Elektrode (etwa am Ohrläppchen) kontinuierliche elektrische Potentialschwankungen ableiten, die als *Elektroenzephalogramm (EEG)* bezeichnet werden (◻ Abb. 15.1). Ihre Frequenzen liegen zwischen 1–80 Hz und ihre Amplituden in der Größenordnung von wenigen bis mehreren hundert Mikrovolt (μV).

Die elektrische Hirnaktivität beim Menschen wurde erstmals von dem Jenaer Nervenarzt Hans Berger registriert, der zwischen 1929 und 1938 die Grundlagen für die klinischen und experimentellen Anwendungen dieser Methode legte. Erfolgt die Ableitung direkt von der Hirnoberfläche (im Tierexperiment oder bei einem neurochirurgischen Eingriff), so erhält man das *Elektrokortikogramm (ECoG),* dessen Potentialschwankungen sich durch etwas größere Amplituden und bessere Frequenzwiedergabe auszeichnen. Auch von tieferen Hirnstrukturen können über operativ eingeführte Elektroden analoge Potentialschwankungen abgeleitet werden.

Magnetoenzephalographie (MEG)

Jede Bewegung elektrischer Ladungen ruft ein Magnetfeld hervor. Das Gehirn generiert daher auch schwache magnetische Felder (Flussdichte weniger als der zehnmillionste Teil des Erdmagnetfeldes), die mit hoch empfindlichen Detektoren (heliumgekühlten **SQUIDs:** *superconducting quantum interference devices*) nachgewiesen werden können (◘ Abb. 15.2).

Der **Vorteil** dieses aufwendigen Verfahrens gegenüber dem EEG liegt in seiner wesentlich **besseren räumlichen Auflösung** der Entstehungsorte kortika-

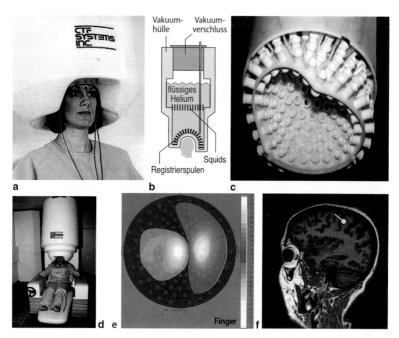

◘ **Abb. 15.2. Magnetenzephalographie (MEG).** Das Beispiel zeigt ein Ganzkortex-MEG-System mit 150 Aufnahmekanälen. **a** MEG-Aufnehmer (dewar). **b** Querschnitt durch den dewar. Die Registrierspulen und die Squids schwimmen in flüssigem Helium, da die Squids nur in extrem tiefen Temperaturen ihre Aufnahmefähigkeit entwickeln. **c** Registrierspule. **d** Typische Versuchssituation. **e** Abgeleitete Magnetfelder nach Darbietung eines taktilen Reizes am Finger der linken Hand. Jede einzelne Linie stellt das Magnetfeld in einer der Registrierspulen 80 ms nach Darbietung des taktilen Reizes dar. **f** Lokalisation des Ursprungs des Magnetfeldes im Gyrus postcentralis *(gelber Dipol)*

ler Aktivität. Da mit SQUIDs aus biophysikalischen Gründen nur horizontal zur Schädeldecke gelegene elektrische Quellen erfasst werden können und das EEG meist aus den vertikalen kortikalen Säulen entspringt, lassen sich durch die **Kombination beider Messverfahren** die Aktivitätsquellen im Kortex mit hoher Genauigkeit (bis zu 2 mm) lokalisieren. Elektromagnetische Quellen im Kortex bestehen aus einer Gruppe benachbarter Zellen, die synchron, also gleichzeitig erregt oder gehemmt werden. Die synchrone Aktivität bewirkt deren Summation, sodass sich die Quelle aus dem »Rauschen« der übrigen Zellaktivitäten heraushebt (◻ Abb. 15.2).

Merke

Die kollektive elektrische Tätigkeit (Summenaktivität) der Kortexneurone kann mithilfe von Elektroden auf der Kopfhaut oder direkt am Gehirn registriert werden. Mit der **Magnetoenzephalographie (MEG)** können die durch Hirnaktivität hervorgerufenen magnetischen Felder erfasst werden.

Das EEG bei unterschiedlicher Hirnaktivität

Bei dem in der Klinik am meisten abgeleiteten **Ruhe-EEG** (Patient wach, liegend oder sitzend, entspannt, Augen geschlossen, links und rechts) (◻ Abb. 15.1) herrschen langsame EEG-Wellen vor. Beim **Öffnen der Augen** (◻ Abb. 15.1) verschwinden die großen und langsamen Wellen schlagartig zugunsten von hochfrequenteren Wellen kleinerer Amplitude. Nach **Schließen der Augen** setzt der langsame Rhythmus wieder ein. Dieser langsame Rhythmus, der bei gesunden Erwachsenen im wachen, aber unaufmerksamen Zustand (geschlossene Augen) vorherrscht und besonders über dem Okzipitalhirn deutlich ausgeprägt ist, hat eine Frequenz von 8–13 Hz (durchschnittlich 10 Hz). Die Wellen werden **α-Wellen** (Alphawellen) genannt. Wenn an mehreren Ableitpunkten EEG-Wellen in etwa gleicher Frequenz und Amplitude auftreten, bezeichnen wir dies als **synchronisiertes EEG**.

Das Verschwinden der α-Wellen beim Öffnen der Augen oder auch bei anderen Sinnesreizen und bei geistiger Tätigkeit nennt man **α-Blockade** oder Berger-Effekt (◻ Abb. 15.1). An ihre Stelle treten hochfrequente **β-Wellen** (Betawellen, 15–30 Hz, durchschnittlich 20 Hz) (◻ Abb. 15.3) mit kleinerer Amplitude. Das EEG wird auch unregelmäßiger und die Messungen von den einzelnen Ableiteorten weisen große Unterschiede in Amplitude, Frequenz und Phasenlage auf: es ist ein **desynchronisiertes EEG**, d. h. die Zellen unter der

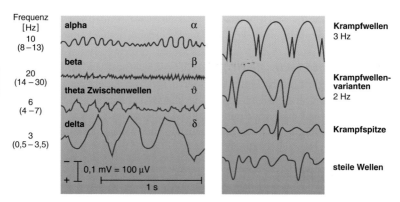

Abb. 15.3. Hauptformen des EEG. *Links:* die verschiedenen Wellenarten, die bei Gesunden vorkommen können. Besprechung im Text. *Rechts:* Beispiele von Krampfpotentialen, wie sie v. a. bei Epilepsie abgeleitet werden. Die charakteristische Abfolge spitzer und langsamer Krampfwellen wird als Spike-and-Wave-Komplex bezeichnet (Mod. nach Richard Jung)

Ableitelektrode entladen ungeordnet und ihre Aktivität kann sich nicht zu synchronisierten Wellen summieren.

■■■ Wie links in ◩ Abbildung 15.3 zu sehen, zeigen die beiden anderen wichtigen Grundformen des EEG langsame Wellen großer Amplitude, nämlich die ϑ-*Wellen* (Thetawellen, 4–7 Hz) und die δ-*Wellen* (Deltawellen, 0,5–3,5 Hz). Letztere kommen beim Erwachsenen im Wachzustand normalerweise nicht vor. Sie werden aber im Schlaf (◩ Abb. 16.5) und bei pathologischen Zuständen beobachtet (▶ Kap. 16.2). Wellen über 30 Hz bezeichnet man als γ-*Wellen* (Gammawellen), die bei Lern- und Aufmerksamkeitsprozessen auftreten. Gammawellen sind auf ◩ Abb. 15.3 nicht abgebildet, da sie extrem kleine Amplituden (wenige Millionstel Volt) aufweisen.

Merke

Das EEG spiegelt in den Frequenzen und Amplituden seiner Wellen den allgemeinen Aktivitätszustand der Hirnrinde wider.

Klinik

Klinische Anwendungen des EEG. Die Aufzeichnung der elektrischen Aktivität des Gehirns wird im klinischen Bereich v. a. zur Lokalisation und Diagnose von ❷ *Anfallsleiden* (epileptische *spikes* und *waves*) (◼ Abb. 15.3), zur Bestimmung des ❷ *zerebralen Todes* (isoelektrisches EEG ohne jegliche Schwankungen), zur Abschätzung von ❷ *Vergiftungen* auf die Hirntätigkeit (ϑ-Wellen), in der Anästhesie zur Abschätzung der ❷ *Narkosetiefe* (Verlangsamung bis in δ-Bereich), in der Pharmakologie zur Untersuchung von *Pharmakawirkungen* und in der Neurologie zur Abschätzung von *zerebralen Störungen* nach Durchblutungsproblemen verwendet. Als Beispiele für pathologisch veränderte EEG-Wellen sind rechts in ◼ Abbildung 15.3 Krampfpotentiale abgebildet, wie sie v. a. bei epileptischen Anfällen vorkommen. Bei einem solchen epileptischen Anfall gehen die typischen klinischen Phänomene (Krämpfe, Bewusstseinsstörungen etc.) mit charakteristischen steilen Potentialschwankungen hoher Amplitude im EEG einher. Dies zeigt, dass die kortikalen Neurone zu dieser Zeit eine hochsynchrone Aktivität aufweisen, die unter physiologischen Bedingungen nicht vorkommt.

Das EEG in der Psychophysiologie

In der psychophysiologischen Forschung sind die Registrierungen der elektrischen, magnetischen und metabolischen Aktivitäten des Gehirns wichtige methodische Zugänge zur Erforschung der Zusammenhänge zwischen Hirn und Verhalten beim Menschen. Da die informationsverarbeitenden Prozesse im Gehirn sehr rasch ablaufen (in Millisekunden), erfordert ihre Messung eine Zeitauflösung, die bildgebende Verfahren nicht aufweisen. In ◼ Abbildung 15.5 sieht man, dass die erste Aktivitätswelle aus einem Sinnesorgan nach Darbietung eines Reizes bereits nach 10–20 ms im primären Projektionsareal des Großhirns im EEG oder MEG sichtbar wird. Einflüsse der Aufmerksamkeit bilden sich bereits ab 60 ms nach Reizdarbietung ab (▶ Kap. 16.1). Der *Nachteil elektro- und magnetoenzephalographischer Methoden* besteht darin, dass sie ihre präzise Zeitstruktur mit relativer örtlicher Ungenauigkeit über den anatomischen Ursprung einer bestimmten Spannungsschwankung erkaufen müssen. Diese örtliche Ungenauigkeit hängt damit zusammen, dass sich elektrische Spannungs- und Stromänderungen im gut leitenden Hirngewebe fast ungehindert ausbreiten und es daher schwer ist, den Ursprung dieser Ausbreitung aufzufinden. Unentbehrlich ist das EEG bei der Bestimmung der verschiedenen

Schlafstadien geworden (▶ Kap. 16.2). Es ist damit das wichtigste methodische Instrument der Schlafforschung.

Merke

EEG und MEG weisen eine *präzise Zeitauflösung* im Millisekundenbereich auf. Ihre *räumliche Auflösung* ist allerdings *schlecht*, da sich die elektromagnetische Aktivität weit im Gehirn verteilt. Das EEG ist in der klinischen Diagnose ebenso unentbehrlich wie in der psychophysiologischen Verhaltensforschung.

Entstehungsmechanismus von EEG und MEG

Welche Vorgänge in der Hirnrinde sind für die Entstehung der EEG- und MEG-Wellen verantwortlich? Sind es die fortgeleiteten Aktionspotentiale der kortikalen Neurone oder sind es v. a. lokale, langsame Potentialschwankungen? Im Tierexperiment wurde diese Frage durch Ableitung des EEG mit gleichzeitiger intra- und extrazellulärer Ableitung von einzelnen kortikalen Neuronen beantwortet. Es stellte sich heraus, dass sich im EEG im Wesentlichen *erregende synaptische Potentiale (EPSP) der Pyramidenzellen* widerspiegeln. Eine geringere Rolle spielen hemmende synaptische Potentiale (IPSP) der Pyramidenzellen, da bei ihnen die extrazellulären Ströme wesentlich kleiner als bei den EPSP sind. Keine oder nur sehr geringe Beiträge zum EEG (und damit auch zum MEG) liefern unter normalen Umständen die Aktionspotentiale der Neurone, da sie zu ungeordnet auftreten und zu rasch wieder abklingen, um sich zu hohen Potentialschwankungen zu summieren.

◨ Abbildung 15.4 gibt schematisch die anatomischen und elektrischen Verhältnisse wieder, wie sie bei der Registrierung spontaner und evozierter elektroenzephalographischer Potentiale und magnetoenzephalographischer Felder herrschen. In Kapitel 1 wurde bereits dargestellt, dass die oberste Schicht des Kortex, die den EEG-Elektroden und magnetischen Sensoren am nächsten liegt, aus den apikalen Dendriten der Pyramidenzellen bestehen (Schicht I). In ◨ Abbildung 1.6 sieht man, dass an den apikalen Dendriten afferente Fasern aus anderen Kortexarealen (intrakortikale Fasern), Fasern aus den homologen Arealen der gegenüberliegenden Hemisphäre (Kommissurenfasern) und Fasern aus unspezifischen Thalamusregionen (▶ Kap. 16) ankommen. Wenn nun simultan Aktionspotentiale an vielen benachbarten apikalen Dendriten einlaufen und die Synapsen erregen, entstehen an den postsynaptischen Membranen der

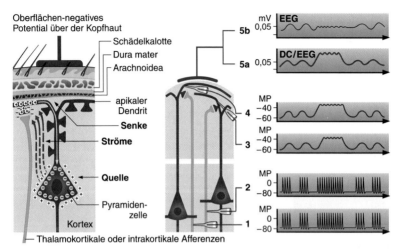

Oberflächen-negatives
Potential über der Kopfhaut

— Schädelkalotte
— Dura mater
— Arachnoidea

— apikaler Dendrit
— **Senke**
— **Ströme**
— **Quelle**
— Pyramiden-zelle
Kortex

— Thalamokortikale oder intrakortikale Afferenzen

□ **Abb. 15.4. Entstehung von hirnelektrischen Vorgängen, wie sie im EEG und MEG abgeleitet werden.** *Links* an einer einzelnen kortikalen Pyramidenzelle vergrößert dargestellt, *rechts* ein kleiner Zellverband. In der *linken* Darstellung ist die Entstehung eines oberflächlich-negativen Feldpotentials gezeigt, wie man es bei langsamen Hirnpotentialen und ereigniskorrelierten Potentialen (EKP) sehen kann: Eine thalamokortikale Afferenz endet an einem Ast eines apikalen Dendriten und depolarisiert diesen (mehr negative Ionen (*gelb*) außen). Der Strom fließt intrazellulär im Dendriten zum Zellkörper und außen wieder zurück. Die Stelle des Stromeintritts wird Senke (*sink*) genannt, des Austritts Quelle (*source, unten*), die Potentialverteilung bildet einen kortikalen Dipol. Rechts dasselbe an zwei afferenten Fasern (*grün*) und zwei Pyramidenzellen gezeigt. Die exzitatorischen Synapsen zweier afferenter Fasern (grün) enden am oberflächlichen Dendritenbaum (*lila*). Die Aktivität dieser afferenten Fasern wird durch zwei intrazelluläre Elektroden 1 und 2 registriert. Die Membranpotentiale (MP) der dendritischen Elemente werden durch die Elektroden 3 und 4 registriert. Das Feldpotential an der kortikalen Oberfläche wird von Elektrode 5 aufgefangen. Synchrone Gruppen von Aktionspotentialen in den afferenten Fasern (1,2) generieren Wellenformen von EPSPs in den Dendriten (3,4) und entsprechende Feldpotentiale in den EEG- und DC-Ableitungen (*oben rechts* 5 a und 5 b). Tonische Aktivität in den afferenten Fasern (*Mitte rechts*) resultiert in einem anhaltenden EPSP mit kleinen Fluktuationen. Während dieser Periode weist das EEG nur eine Reduktion der Amplitude auf, während die DC/EEG-Ableitung (5 a) auch die Depolarisation der neuronalen Elemente wiedergibt. (Aus Birbaumer & Schmidt (1999) mit freundlicher Genehmigung)

apikalen Dendriten summierte exzitatorische postsynaptische Potentiale (EPSPs), die im EEG als negative Feldpotentiale sichtbar werden. Lässt die Erregbarkeit simultan nach oder dominiert Hemmung, so verschiebt sich das Potential in elektrisch positive Richtung (□ Abb. 15.4).

Rhythmische hirnelektrische Aktivitäten wie der α-Rhythmus, entstehen durch hemmende Zellen im Thalamus oder Kortex, die zwischen die erregenden Zellen geschaltet sind und diese nach einer synchronen Erregungssalve rückwirkend mit einer zeitlichen Verzögerung kurz hemmen. Schnelle synchrone rhythmische Entladungen wie die Gammawellen (30–100 Hz) können in Kortexzellen selbst durch intrazelluläres An- und Abschwellen von Erregungsvorgängen entstehen.

Merke

EEG und MEG entstehen in der Hirnrinde überwiegend durch summierte extrazelluläre erregende synaptische Ströme an den apikalen Dendriten der Pyramidenzellen.

15.3 Ereigniskorrelierte Hirnpotentiale (EKP)

Entstehungsmechanismus der EKP

Diejenigen Potentialschwankungen im EEG, die sich im ZNS als Antwort auf eine Reizung von Sensoren, von peripheren Nerven, von sensorischen Bahnen oder Kernen registrieren lassen, werden als **evozierte** oder *ereigniskorrelierte* Potentiale (EP bzw. EKP) bezeichnet. Diese Potentialschwankungen sind von sehr viel kleinerer Amplitude als das Spontan-EEG, das diese Potentiale als »Rauschen« überlagert. Sie sind mit freiem Auge meist nicht sichtbar und müssen deswegen mit Summationstechniken (Mittelungstechniken) sichtbar gemacht werden. Dies bedeutet, dass die elektrische und magnetische Hirnaktivität nach wiederholten identischen Reizen aufsummiert werden muss, um sich aus dem Hintergrundsrauschen der elektrischen und magnetischen Aktivität herauszuheben.

Nach Reizung peripherer Nerven oder Sensoren können nach kurzer Verzögerung (etwa 10 bis 50 ms, je nach Sinnessystem und Reiz) *somatosensorisch evozierte Potentiale, (SEP)* abgeleitet werden (□ Abb. 15.5). Die ersten Potentialänderungen werden *primär evozierte Potentiale* (□ Abb. 15.5b) genannt.

Diese sind nur in einem streng umschriebenen Kortexbereich zu finden, nämlich dem kortikalen Projektionsfeld des peripheren Reizpunktes (bei Reizung eines Hautnerven also das somatotopisch zugehörige Areal des Gyrus postcentralis). Die anschließende, deutlich längere Antwort wird **sekundär evoziertes Potential** genannt (□ Abb. 15.5c). Dieses Potential wird in einem ausgedehnten Kortexgebiet gefunden.

Zunächst werden vom Gehirn die physikalischen Eigenheiten des Reizes, vor allem seine Intensität in den primären Projektionsarealen analysiert (deswegen »primäre« EKP-Komponente), danach werden diese Reizcharakteristiken mit gespeicherten Sinnesreizen in den sekundären assoziativen Hirnarealen verglichen. Diese Vergleichs- und Einordnungsprozesse erfordern mehr Zeit

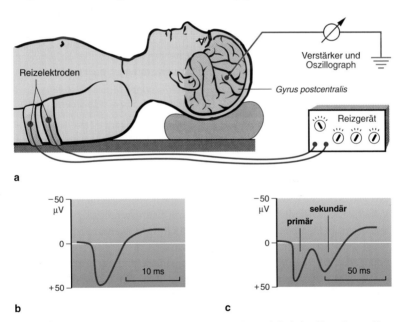

□ **Abb. 15.5. Auslösung und Ableitung evozierter Potentiale beim Menschen. a** Versuchsanordnung. Statt der hier gewählten elektrischen Hautreizung können auch andere Reize (mechanische, thermische) gegeben werden. Die Ableitung erfolgt durch eine EEG-Elektrode auf der Haut der Schädeldecke. **b** Primäre (exogene) somatosensorische Potentialkomponente nach elektrischer Hautreizung. Die Komponenten bis 20 ms sind subkortikal, die erste kortikale Antwort erfolgt um 20 ms. **c** Sekundäre (endogene) somatosensorische Potentiale nach taktiler Hautreizung (Zeitauflösung 0–500 ms)

und erstrecken sich je nach Komplexität des Reizes über ausgedehntere Hirnregionen.

Klinik

Klinische Anwendung der EKP. Zu diagnostischen Zwecken werden evozierte Potentiale v. a. auch durch **Schall- und Lichtreize** ausgelöst. Jedes dieser akustisch evozierten Potentiale (AEP) bzw. visuell evozierten Potentiale (VEP) besteht aus einer Serie von Wellen, die in den verschiedenen Umschaltstellen der Hör- bzw. Sehbahn generiert werden. Sie können daher zur Überprüfung der Funktion dieser Bahnen eingesetzt werden, z. B. das AEP bei Kindern zur Objektivierung und Verlaufskontrolle bestimmter **Formen von ❸ Schwerhörigkeit**. Auch bei ❸ **demyelinisierenden Erkrankungen**, z. B. bei multipler Sklerose, werden EKP v. a. VEP zur Verlaufskontrolle eingesetzt. Der Abbau der Myelinscheide der Axone führt zu einer Verlangsamung der Erregungsleitung, wodurch sich die Latenzen der verschiedenen Komponenten des VEP verlängern. Bei Bewusstseinsstörungen oder bei Menschen ohne Kommunikationsmöglichkeit (z. B. Neugeborene, Gelähmte) können mit evozierten Potentialen die vorhandenen bzw. verbliebenen kognitiven Kapazitäten abgeschätzt werden.

Komplexe Prozesse der Verarbeitung von Information und die Planung von Verhalten bilden sich in sehr viel späteren Komponenten der EKP ab (Latenzen >60 ms). Jene Potentialanteile, die nicht mehr überwiegend von den physikalischen Reizeigenheiten, sondern v. a. von den psychologisch-subjektiven abhängen, bezeichnen wir als *endogene EKP* (im Gegensatz zu den frühen *exogenen* Komponenten). In den ◻ Abbildungen 16.1 und 16.2 sind typische endogene EKP zu sehen. Endogene Komponenten sind nur spät und in weit ausgedehnten Hirnarealen zu finden, da sie den Zugriff der neuronalen Erregung auf viele, verteilte Informationsquellen widerspiegeln.

Merke

Als ereigniskorrelierte Hirnpotentiale (EKP) werden alle elektrokortikalen Potentiale und magnetischen Felder bezeichnet, die vor, während und nach einem sensorischen, motorischen oder psychologischen Ereignis im EEG und MEG messbar sind.

Langsame Hirnpotentiale

Registriert man das EEG mit Gleichspannungsverstärkern, so kann normalerweise zwischen der kortikalen Oberfläche und der darunter liegenden weißen Substanz eine länger anhaltende Gleichspannungsdifferenz von mehreren Millivolt (Oberfläche negativ) abgeleitet werden. Dieses **kortikale Gleichspannungs-** oder **Bestandspotential** wird beim Übergang in den Schlaf positiver, während umgekehrt Weckreaktionen mit einer Negativierung der Oberfläche einhergehen. Davon muss man die **langsamen Hirnpotentiale (LP)** unterscheiden, die als lokale langsame Potentialverschiebungen von der Schädeloberfläche registriert werden können und aus den apikalen Dendriten stammen.

■■■ **Negativierung** tritt auf, wenn durch neue komplexe Situationen oder psychische Bedingungen zusätzliche Anforderungen an das Gehirn gestellt werden. Die Negativierung spiegelt **die vermehrte synaptische Erregung** der oberflächlichen Dendriten der Pyramidenzellen wider (Abb. 15.4). Damit wird die Auslösung von Aktionspotentialen in den Pyramidenzellen erleichtert. Negativierung der oberen Kortexschicht ist somit der elektrophysiologische Ausdruck einer **Mobilisierung** des betreffenden Areals. Auf langsame Hirnpotentiale wird ausführlich in Kapitel 16 eingegangen. Wie für die endogenen Komponenten der EKP gilt auch für sie, dass ihre biophysikalischen Grundlagen sich von anderen hirnelektrischen und -magnetischen Phänomenen, wie in ■ Abbildung 15.4 dargestellt, nur in Ausdehnung und Dauer unterscheiden.

> ### Merke
>
> Kortikale Gleichspannungspotentiale und langsame Hirnpotentiale (LP) verändern sich mit dem lokalen Aktivitätszustand der Hirnrinde: Negativierung bedeutet Mobilisierung.

15.4 Magnetische und elektrische Reizung des menschlichen Gehirns

Transkranielle Magnetstimulation (TMS)

Ein nahe der Kopfhaut angelegte Spule erzeugt einen starken magnetischen Puls von wenigen Millisekunden Dauer mit einer Intensität von 1–2 Tesla, der bis in eine Tiefe von 3 cm und in einem Umkreis von einigen Quadratmillimetern das Gehirn depolarisiert (■ Abb. 15.6). Über dem motorischen Kortex kann man damit je nach dem anatomischen Ort der Reizung eine Muskelzuckung in der Körperperipherie auslösen oder über den Assoziationsarealen die kortikale Informationsverarbeitung unterbrechen. Repetitive TMS von 10-20 Hz erregt das Gehirn, langsame 1 Hz-Reizung hemmt es.

□ Abb. 15.6. Ablauf transkranieller Magnetstimulation (TMS). Ein elektrischer Strom von bis zu 8000 A wird erzeugt und in einer kreis- oder achterförmigen Spule entladen, die einen Magnetpuls von bis zu 2 T erzeugt. Der Puls hat eine Anstiegszeit von ca. 200 µs und dauert 1 ms. Das Magnetfeld bewirkt ein elektrisches Feld, welches die neuronale Aktivität oder Ruhepotentiale beeinflusst

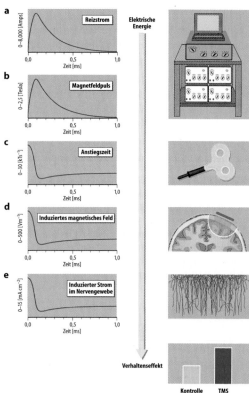

TMS ist in der neurologischen Diagnostik z. B. bei Funktionsstörungen der motorischen Bahnen und in der Untersuchung von Lern- und Reorganisationsprozessen unentbehrlich geworden.

Transkranielle Gleichstromreizung (tDCS)

Ein schwacher Gleichstrom (DC, *direct current*) von 0,2 bis 1 mA durchdringt die Schädeldecke. Unter der positiv polarisierten Elektrode (Anode) wird eine bis zu Minuten anhaltende erhöhte Erregbarkeit des Nervengewebes evoziert, unter der Kathode entsteht eine Hemmung. tDCS erzeugt somit ein der natürlichen Gleichspannung des Gehirns ähnliches Feld in den oberen Kortexschichten, welche die Tätigkeit der stimulierten Hirnregionen und damit Verhalten über einen längeren Zeitraum beeinflusst.

TMS und tDCS sind nichtinvasive Methoden, die keinen Eingriff in das Gehirn erfordern. Die einzige Kontraindikation ist ihre Anwendung bei Epilepsie-gefährdeten Personen, da erregende Stimulation einen epileptischen Anfall auslösen kann.

15.5 Bildgebende Verfahren zur Messung von Hirnstoffwechsel und Hirndurchblutung

Sauerstoffverbrauch des Gehirns in Ruhe

Von den rund 250 ml Sauerstoff, die ein ruhender Mensch pro Minute verbraucht, nimmt das Gehirn – gemessen an seinem Gewicht – einen unverhältnismäßig *hohen Anteil von 20%,* also 50 ml, für den Stoffwechsel seiner Neurone und Gliazellen in Anspruch. Den höchsten Bedarf hat dabei die *Großhirnrinde,* die etwa 8 ml Sauerstoff pro 100 g Gewebe pro Minute verbraucht, während in der darunter liegenden weißen Substanz nur ein Verbrauch von etwa 1 ml O_2/100 g/min gemessen wurde. Der hohe O_2-Bedarf der Großhirnrinde spiegelt sich auch darin wider, dass eine Unterbrechung des O_2-Transportes, also der Blutzirkulation (z. B. durch Herzstillstand oder eine starke Strangulation des Halses), bereits nach 8–12 s eine Bewusstlosigkeit auslöst. Nach weiteren 8–12 min ist das Gehirn bereits irreversibel geschädigt (diese Zeiten sind bei Atemstillstand, z. B. beim Tauchen, erheblich verlängert, da der O_2-Vorrat des zirkulierenden Blutes ausgenützt werden kann).

O_2-Verbrauch und Durchblutung des Gehirns bei vermehrter neuronaler Aktivität

Die Hirnrinde hat aber nicht nur einen ständig hohen Grundbedarf an Sauerstoff (und Glukose!), sondern jede zusätzliche Aktivität in einer bestimmten Hirnregion führt dort innerhalb von Sekunden zu einem erhöhten O_2-Verbrauch und einem entsprechend vermehrten Anfall von Metaboliten. Diese sauren Stoffwechselprodukte wiederum *erweitern die lokalen Arteriolen,* was eine *Erhöhung der lokalen Durchblutung* zur Folge hat.

> **Merke**
>
> Das ruhende Gehirn hat eine hohe Stoffwechselrate, die sich bei lokaler Zunahme der Neuronenaktivität weiter steigert.

Positronen-Emissions-Tomographie (PET)

Die PET-Technologie basiert auf dem raschen *radioaktiven Zerfall von Positronen in Radioisotopen.* Die positiv geladenen Teilchen werden vom Atomkern eines instabilen Radioisotops abgestoßen: Zum Beispiel hat der Kern des am meisten benutzten ^{15}O 8 Protonen und 7 Neutronen (der normale Sauerstoff der Luft ^{16}O hat 8 Protonen und 8 Neutronen). Nach wenigen Millimetern im Hirngewebe wird das Proton von der negativen Ladung eines Elektrons angezogen, sie treffen aufeinander, kollidieren und verschmelzen (◘ Abb. 15.7). Die Verschmelzung (Annihilation) setzt mit hoher Energie zwei Annihilationsphotonen frei, die in entgegengesetzter Richtung den Kopf mit Lichtgeschwindigkeit verlassen. Multiple Photone bilden die Gammastrahlung, die nun den Kopf verlässt und von zwei gegenüberliegenden Strahlungsdetektoren registriert wird. Die beiden Detektoren geben nur dann ein Signal, wenn sie gleichzeitig getroffen werden: Dies wird *Koinzidenzschaltung* genannt. Die Zahl der

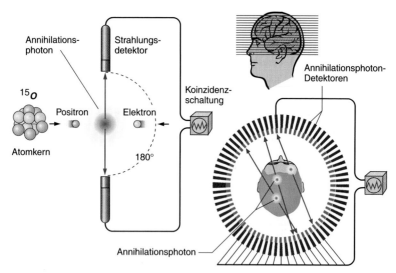

◘ **Abb. 15.7. Die Positronen-Emissionstomographie (PET).** *Links:* PET-Prinzip: Ein Positron und ein Elektron kollidieren im Hirngewebe und verschmelzen (Annihilation). Die Annihilationsphotonen werden von einem Strahlungsdetektor außerhalb des Kopfes *(rechts)* aufgezeichnet. *Oben:* verschiedene horizontale Schichten, die simultan mit der Koinzidenzschaltung erfasst werden können (Erläuterung siehe Text)

simultanen Kollisionen wird gezählt und die Zählungen in ein **Bild des Blut-flusses** (viel ^{15}O) für eine Minute nach der Injektion übersetzt.

■■■ Eine **PET-Kamera** besteht aus vielen Strahlungsdetektoren, die in Form eine Ringes um den Kopf der Versuchsperson angebracht sind (Abb. 15.7). Jeder Detektor ist in Koinzidenz mit vielen anderen gegenüber liegenden Detektoren geschaltet, wodurch die Genauigkeit und Auflösung der Zahl messbarer Hirnschichten weiter erhöht wird. Verschiedene Radioisotope, nicht nur von Sauerstoff, sondern auch von Wasser, Fluor, Kohlenstoff, Stickstoff, L-DOPA und vielen anderen Transmittern können injiziert und deren Aktivitätsverteilung im Gehirn studiert werden. Denn dort, wo die meisten Moleküle der jeweiligen Substanz vorhanden sind, werden die Gamma-Strahlen entstehen. Das örtliche Auflösungsvermögen von PET liegt bei 4–8 Millimeter, die zeitliche Auflösung bei etwa einer Sekunde. Da die benötigten Isotope eine kurze Halbwertszeit haben, muss ein Zyklotron in unmittelbarer Nähe liegen. Dadurch wird PET zur teuersten neurowissenschaftlichen Methodik.

◨ Abbildung 15.8 zeigt ein typisches Beispiel aus einer PET-Untersuchung, die ergab, dass verschiedene Sprachen unterschiedliche Hirnsysteme benutzen. Untersucht wurden Italiener und Engländer, die vergleichbare Wörter in ihrer jeweiligen Muttersprache, der Fremdsprache und vergleichbare Nichtwörter (gleichklingende Worte ohne Bedeutung, z. B. Karl, Garl) lasen.

■■■ Im obersten Teil sind jene Hirnregionen sichtbar, die bei beiden Sprachen gemeinsam aktiviert werden, die zweite Reihe zeigt den Unterschied zwischen Wörtern und Nichtwörtern in beiden Sprachgruppen, die dritte Reihe das Gehirn der Engländer, während sie Nichtwörter lesen, die unterste Reihe die Italiener, welche immer dieselbe Region (Planum temporale) aktivieren, egal ob sie Wörter oder Nichtwörter lesen. Da die englische Sprache keine konsistenten Beziehungen zwischen der Aussprache einzelner Buchstaben und der ganzen Wörter hat, also mehr Transformationen von Orthografie zu Semantik notwendig sind, werden mehr Hirnareale intensiver in Anspruch genommen und – wie man auf ◨ Abbildung 15.8 (dritte Reihe) sieht – vor allem die untere frontale Windung und die untere hintere temporale Windung der linken Hemisphäre; bei Italienern, welche diese Transformationen (von Schrift zur Aussprache) nicht notwendig haben, wird dagegen nur das linke hintere Planum temporale aktiviert.

Funktionelle Magnetresonanztomographie (fMRI)

Die **Magnetresonanztomographie (MRT)** benutzt die seit 1946 bekannte Erscheinung der kernmagnetischen Resonanz *(nuclear magnetic resonance, NMR)*, um Dichte und Relaxationszeiten magnetisch erregter Wasserstoffkerne (Protonen) im menschlichen Körper zu erfassen. Beide Parameter – Dichte und Relaxationszeiten – können als Funktion des Ortes mittels bildgebender Systeme dargestellt werden.

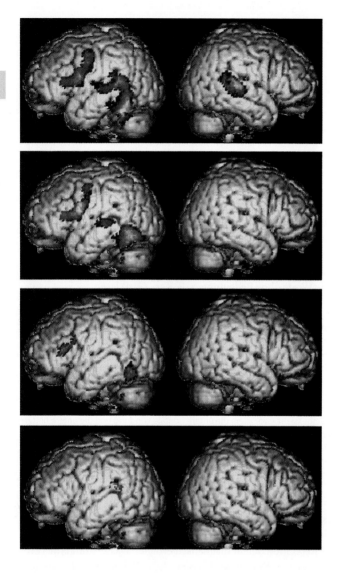

◄ **◻ Abb. 15.8. Mit PET gemessene Aktivierung der linken und rechten Hirnhemisphäre.**
Aktivierung beim Lesen italienischer und englischer Wörter durch Italiener und Engländer.
Oben Regionen, die in beiden Sprachen und beiden Gruppen gemeinsam aktiviert werden
(inferiorer frontaler und prämotorischer Kortex, superiorer, medialer und inferiorer Gyrus
temporalis *links* und superiorer Gyrus temporalis *rechts*), *in der zweiten Reihe* beide Sprachen
Wörter minus Nichtwörter, also der Effekt von Semantik: dieselben Regionen, aber nur *links*,
in der dritten Reihe die Aktivierung der Engländer, in der vierten die der Italiener (siehe Text;
aus Paulesu et al. 2000 mit freundlicher Genehmigung)

NMR basiert auf dem Grundprinzip des Drehimpulses *(spin)* geladener
Teilchen, wobei Wasserstoff (H$^+$) das größte magnetische Moment aufweist
(◻ Abb. 15.9). Legt man nun ein starkes externes magnetisches Feld an, so führt
die Abweichung von der bevorzugten Ausrichtung der Felder zur Präzession
(Auslenkung) um die Feldachse. (Die Winkelgeschwindigkeit der Kernpräzes-
sion ist dabei proportional zur Feldstärke.)

■ ■ ■ Bei der *gepulsten Kernresonanz* stört man die Ausrichtung der Protonen durch einen
Hochfrequenzimpuls, dessen Frequenz mit derjenigen der Kernpräzession übereinstimmt. Das
Abklingen des Prozesses, also die Relaxationszeiten, hängen auch von der Moleküldichte ab (so
dreht sich ja auch ein Kreisel im Wasser anders als in der Luft). Sorgt man dafür, dass das Grund-
feld über das Messvolumen stark variiert, in einem Punkt jedoch ein Extrem annimmt, so kann
man den Kernresonanzempfänger auf die Präzessionsfrequenz des Extrems abstimmen und
erhält nur Kernresonanzsignale, die von der Umgebung des »empfindlichen Punktes« herrüh-
ren. In der Praxis wird dann aus tausenden räumlichen Punkten ein Bild aufgebaut. Die Auflösung des Bildes ist durch thermisches Rauschen und die Dämpfung durch die Leitfähigkeit des
menschlichen Körpers begrenzt. Da die Zeit für einzelne Projektionen wenige Sekunden oder
nur Sekundenbruchteile beträgt, können – in Abhängigkeit der Relaxationszeiten – auch schnelle Veränderungen in der Gehirnaktivität sichtbar gemacht werden *(functional MRT – fMRT)*. Me-
dizinische Risiken der MRT bei Feldstärken unter 4 Tesla sind nicht bekannt. Allerdings könnten
solche aus der Induktion – vor allem schnell veränderlicher – Ströme durch die angelegten
Felder erwachsen.

Merke

Mit PET wird die lokale Hirnaktivität spezifischer metabolischer Prozesse erfasst. Die fMRT erlaubt eine zeitlich präzise Erfassung lokaler Durchblutungs-
änderungen nach neuronalen Aktivitätsänderungen.

Beobachtung psychischer Prozesse mit bildgebenden Verfahren

Die Messung der regionalen Hirndurchblutung mit der Positronemissionstomographie (PET) ist ein erstes eindrucksvolles Beispiel für die zunehmenden

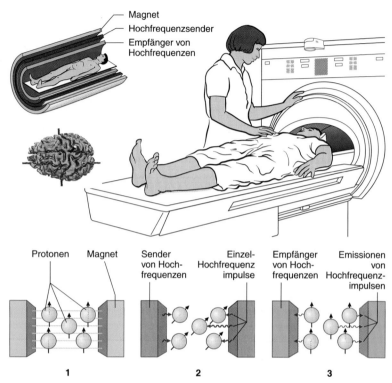

□ Abb. 15.9. Schematische Darstellung der Magnetresonanztechnik. Der Patient ist von Elektromagneten umgeben, die kurze, aber starke magnetische Feldimpulse (1–4 Tesla) erzeugen. Die Feldimpulse führen zur Auslenkung der Wasserstoffatome, die besonders in gut durchblutetem Gewebe vorhanden sind. Diese Kerne der H^+-Atome (Protonen) sind normalerweise in alle Richtungen ausgerichtet, das Magnetfeld lenkt sie in parallele Richtungen *(1)*. Starke Hochfrequenzradioimpulse treffen auf die Protonen *(2)*. In wenigen Sekunden kehren die Protonen in die Ausgangslage zurück und geben dabei schwache hochfrequente Radiowellen ab, die von einem sensitiven Empfänger registriert werden *(3)*. (Aus Birbaumer & Schmidt, 1999, mit freundlicher Genehmigung)

Möglichkeiten, nicht nur über die elektromagnetischen Phänomene (EEG, EKP, MEG) sondern auch mit bildgebenden Verfahren, wie Röntgencomputertomographie (CT), Positronemissionstomographie (PET) und funktioneller Kernspintomographie (fMRI) das lebende Gehirn bei seiner Tätigkeit zu beobachten. Die bisherigen Ergebnisse bestätigen die oben geschilderten Befunde, dass nämlich jede spezielle Hirntätigkeit – sei sie rezeptiv (sensorisch), motorisch oder bestehe sie aus bestimmten Formen des Denkens und Fühlens – infolge der erhöhten oder erniedrigten Neuronenaktivität und des damit verstärkten Stoffwechsels der Neurone zu lokalen Gefäßerweiterungen oder -verengungen und damit zur verstärkten Durchblutung führt. Spezifische Verhaltensänderungen lassen sich daher mit spezifischen *Verteilungsmustern* regionaler Mehrdurchblutung und regionaler Minderdurchblutung charakterisieren.

Ohne ständige, bei erhöhter Aktivität sofort verstärkte Energiezufuhr können Neurone nicht tätig sein. Dies gilt für alle Neurone, also auch für solche, deren Tätigkeit unauflösbar mit dem Er- und Durchleben psychischer (geistiger, seelischer) Prozesse verknüpft ist. Gestützt wird diese Feststellung durch Befunde an bewusstlosen, komatösen oder hochgradig dementen Patienten, bei denen der Ausfall sensorischer, motorischer und geistiger Leistungen immer von entsprechenden Abnahmen der Gesamt- und der jeweiligen Regionaldurchblutung eindrucksvoll begleitet war.

Der Schluss liegt nahe: Es zeigt sich eine enge Verknüpfung zwischen psychischer und neuronaler Tätigkeit: Alle bewussten und unbewussten geistigen Leistungen unseres Gehirns können nur erbracht werden, wenn die für diese Leistungen zuständigen Neuronennetzwerke betriebsbereit sind. Diese Feststellung lässt zunächst die Frage völlig offen, ob und in welcher Form »*Geist*« *und Neuronenaktivität* miteinander verknüpft sind. Diese Frage kann auch zum gegenwärtigen Zeitpunkt experimentell nicht vollständig beantwortet werden. Soviel muss man aber aus den eben geschilderten Versuchen zur Kenntnis nehmen: Messbare, d. h. durch Handlungen oder Mitteilungen der Versuchsperson erfahrbare psychische Leistungen eines Menschen sind immer von bestimmten, sehr spezifischen neuronalen Aktivitäten begleitet und treten ohne diese nicht auf.

Merke

Die Arbeitsweise des menschlichen Gehirns beim Denken, Fühlen und Handeln kann mit bildgebenden Verfahren beobachtet werden.

16 Wachen, Aufmerksamkeit und Schlafen

N. Birbaumer, R. F. Schmidt

 **Einleitung**

Verschiedene Wachheitsgrade werden von lokalen Änderungen neuronaler Erregbarkeit erzeugt, die von der Funktionstüchtigkeit eines ausgedehnten kortikosubkortikalen Aufmerksamkeitssystems abhängig sind. Tonische, länger anhaltende Wachheit wird von retikulär-mesenzephalen Hirnstrukturen aufrechterhalten. Diese wiederum unterliegen dem Einfluss mehrerer rhythmusgebender endogener Oszillatoren, welche die Abfolge Wachen-Schlafen-Träumen und viele andere rhythmische Körpervorgänge bestimmen. Langsamer-Wellen-Schlaf (»Tiefschlaf«, slow-wave-sleep) wie auch REM-Schlaf (»aktiver Traumschlaf«, rapid-eye-movement) haben wichtige regulatorische Funktionen für Stoffwechsel und psychische Funktionen.

16.1 Psychophysiologie von Bewusstsein und Aufmerksamkeit

Das Bewusstseinsproblem

Bisher ist es nicht gelungen, eine allgemein akzeptierte Definition von Bewusstsein zu finden. Übereinstimmung besteht darin, dass bewusste Vorgänge dann entstehen, wenn neue und potentiell vital bedeutsame Situationen auftreten, die Vergleiche mit gespeicherten Informationen benötigen. Übereinstimmung besteht auch darin, dass die meisten Hirnvorgänge, die der Informationsverarbeitung zugrunde liegen, nichtbewusst (implizit, automatisch) ablaufen und dass nur im Falle neuer, intensiver oder vital wichtiger Reize »explizites« Bewusstsein entsteht. Man unterscheidet häufig einfaches *Wachbewusstsein,* wo ich mir einfacher Reize meiner Umgebung bewusst bin, von *Wissensbewusstsein,* wo ich die Bedeutung von Reizen erfasse und *Selbstbewusstsein,* wo ich mir selbst aufgrund meiner biographisch-historischen Erfahrungen bewusst bin. Darüber hinaus gibt es natürlich visuelles, akustisches, taktiles Bewusstsein und räumliches (Wo?- und Was?-Bewusstsein), semantisches und verbales Bewusstsein.

Merke

Die meisten neurophysiologischen Vorgänge im Gehirn sind nichtbewusst. Explizit bewusste Vorgänge entstehen nur nach intensiven und vital bedeutsamen Reizen.

Neuronale Grundlagen von Bewusstsein

Die neurophysiologischen Vorgänge, die im Neokortex und den damit eng verbundenen subkortikalen Systemen, wie limbisches System und Basalganglien, bewusstem Erleben zugrunde liegen, sind an allen Stellen des Großhirns gleich. Sie bestehen aus oszillierenden synaptischen Potentialen, welche über viele Zellen synchronisiert und summiert werden (▶ Kap. 2.6). Die Intensität und der Inhalt des bewussten Erlebens hängen jedoch auch vom Ort, also der topographischen Verteilung dieser Erregungskonstellationen im Neokortex ab. Beispielsweise bedeutet eine Erregung im somatosensorischen Kortex eine Tastempfindung, im visuellen Kortex einen Seheindruck. Damit eine neuronale Erregungskonstellation bewusst wird, muss die Erregbarkeit eines oder mehrerer neuronaler Ensembles

- über eine bestimmte Erregungsschwelle ansteigen (Schwellenregulation) und
- eine minimale räumliche Ausdehnung am Kortex überschreiten, d. h. viele benachbarte Zellen müssen gleichzeitig erregt sein.

Die spezifische Erregungsform, die bewusstem Erleben und Aufmerksamkeit zugrunde liegt, besteht in der *synchronen Depolarisation der apikalen Dendriten* (▶ Kap. 1.3) des Neokortex (▶ Kap. 15.1). Die Verteilung der Erregbarkeit (Aufmerksamkeitsressourcen) wird von einem ausgedehnten kortiko-subkortikalen System realisiert, dem *limitierten Kapazitätskontrollsystem* (*limited capacity control system, LCCS*).

Das *LCCS besteht aus*
- parietalem und präfrontalem assoziativen Kortex,
- Basalganglien,
- retikulärem und medialem Thalamus,
- basalem Vorderhirn und
- mesenzephaler Retikulärformation.

Jede dieser Strukturen erfüllt schwerpunktmäßig unterschiedliche Aufgaben in der Steuerung der Aufmerksamkeit.

> **Merke**
>
> Bewusstes Erleben entsteht bei synchroner Aktivierung kortikaler Areale über eine bestimmte Schwelle. Diese lokalen Aktivierungen werden von einem limitierten Kapazitätskontrollsystem gesteuert.

Automatisierte und kontrollierte Aufmerksamkeit

Wir unterscheiden *automatisierte* (generelle) und *kontrollierte* (selektive) Aufmerksamkeit, die kontinuierlich ineinander übergehen. *Bewusstes Erleben* tritt *nur bei kontrollierter* Aufmerksamkeit auf und erfordert erhöhte neuronale Energie (Ressourcen), um die Erregungsschwellen der beteiligten Ensembles (▶ Kap. 1) zu senken. Kontrollierte Aufmerksamkeit wird in *neuen, komplexen, nicht eindeutigen* oder *vital bedeutsamen* Situationen ausgelöst.

Kontrollierte (selektive) *Aufmerksamkeit* ist erforderlich für:

- das Setzen von Prioritäten zwischen konkurrierenden und kooperierenden Zielen zur Kontrolle von Handlung,
- das Aufgeben *(disengagement)* alter oder irrelevanter Ziele,
- die Selektion von sensorischen Informationsquellen zur Kontrolle der Handlungsparameter (sensorische und motorische Selektion),
- die selektive Präparation und Mobilisierung von Effektoren *(tuning)*, z. B. motorische Bereitschaft.

Dabei sind Teile des *präfrontalen Kortex* hauptverantwortlich für die Zielsetzung und den Aufbau einer Zielhierarchie, der *parietale Kortex* für das Aufgeben irrelevanter Ziele und Analyse und Vergleich der neu angekommenen Reize, Teile der *Basalganglien*, v. a. das Striatum, für die Auswahl von Reaktionen, die zu positiven Konsequenzen führen, der *retikuläre Thalamus* für die Selektion der sensorischen und motorischen Analysatoren; die *mesenzephale Retikulärformation* und das *basale Vorderhirn* dienen als Energielieferanten für den Kortex (Weckfunktion).

> **Merke**
>
> Bewusstes Erleben ist an kontrollierte Aufmerksamkeit gebunden, die vital wichtige Ereignisse auswählt und irrelevante blockiert.

Bewusstseinssysteme

Die Aktivierung hinreichend großer kortikaler Regionen über die notwendige Erregungsschwelle führt zu psychisch unterschiedlich erlebten Bewusstseins- und Aufmerksamkeitsphänomenen, z. B. führt erhöhte Erregung im somatosensorischen Kortex zu einer Körperempfindung.

Die am weitesten ausgedehnten »*Bewusstseinssysteme*« sind die rechte und linke Hirnhälften (▶ Kap. 19.3), die u. a. syntaktisch-verbales (links) und räumlich-gestalthaftes (rechts) Erleben erzeugen. Die posterioren primären und sekundären Projektionsareale und ihre Ausläufer (▶ Kap. 8.5, 9.3 und 10.5) sind für die Wahrnehmung, die motorischen und prämotorischen frontalen Anteile für Planung und Ausführung von Willenshandlungen (▶ Kap. 5.5) und die Assoziationsareale für die verschiedenen kognitiven Leistungen (▶ Kap. 18) und deren Verbindungen mit dem limbischen System und dem Hypothalamus für Gefühle und Triebe (▶ Kap. 17.2) verantwortlich.

Die Zuordnung kontrollierter Aufmerksamkeit zu einem oder mehreren kortikalen Arealen (Modulen) lässt sich beim Menschen an der Verteilung langsamer Hirnpotentiale, ereigniskorrelierter Hirnpotentiale (EKP) (▶ Kap. 15) und magnetisch evozierter Felder beobachten.

Langsame Hirnpotentiale und Bewusstsein

Langsame Hirnpotentiale sind Gleichspannungsverschiebungen des EEG (▶ Kap. 15.2) in elektrisch negative oder elektrisch positive Richtung. Im Magnetenzephalogramm (MEG) werden sie als im rechten Winkel zu den elektrischen Spannungsgradienten stehende Magnetfelder registriert. Sie entstehen in den apikalen Dendriten von Schicht I als Antwort auf unspezifische thalamokortikale und kortikokortikale Afferenzen. Neurophysiologisch handelt es sich dabei im Wesentlichen um synchronisierte Depolarisationen, also um ultralange erregende postsynaptische Potentiale (EPSP), die zu *Negativierungen* des EEG führen; *Positivierung* des EEG wird von einem Rückgang des Depolarisationsniveaus an der Kortexoberfläche verursacht. *Negativierung bedeutet somit Mobilisation* des entsprechenden kortikalen Ensembles, während Positivierung aus biophysikalischen Gründen eher mit Hemmung des

Ensembles oder mit Aktivität in den tieferen Schichten des Kortex einhergeht (▶ Kap. 15.3).

■■■ Unter einem *neuronalen Ensemble* (*cell assembly*) verstehen wir eine Gruppe von exzitatorisch miteinander verbundener Neurone, die eine Sinneswahrnehmung, eine Bewegung, einen Gedanken oder ein Gefühl repräsentieren. Neuronale Ensembles entstehen dadurch, dass vorerst unverbundene, einzelne Repräsentationen **assoziativ** miteinander verbunden werden: Durch gleichzeitige Darbietung zweier Reize werden zwei benachbarte Zellgruppen simultan erregt und das Mehr an Erregung führt dazu, dass über ihre Synapsen diese Zellgruppen miteinander verbunden bleiben, sodass beim nächsten Auftreten auch nur des einen Reizes das gesamte Ensemble »gezündet« wird (▶ Kap. 1 und Kap. 17): z. B. erkennen wir ein Gesicht noch nicht, wenn nur ein Teil der Nase und ein Auge erscheinen und der Rest im Schatten liegt; mit zusätzlichem Sichtbarwerden des Mundes erkennen wir dann das ganze Gesicht. Die in einem neuronalen Ensemble kreisende Erregung zwischen den einzelnen Subkomponenten des Ensembles führt zu oszillatorischer Aktivität im EEG und MEG im Gamma-Frequenzbereich (30-100 Hz) (▶ Kap. 15.2).

◨ Abbildung 16.1 zeigt die Verteilung langsamer Hirnpotentiale bei zwei unterschiedlichen Aufmerksamkeitsaufgaben. Rechenaufgaben führen zu einem Anstieg der Aufmerksamkeitsmobilisierung (Negativierung) links-temporal, visuell-räumliche Aufgaben zu einer Negativierung rechts-temporal, die allgemeine Mobilisierung des Gesamtsystems *vor* Darbietung der Aufgabe lässt sich an den zentralen Ableitungen ablesen. Während in Erwartung der Aufgabe das beteiligte Hirnareal mobilisiert (negativiert) wird, führt die aktuelle Informationsverarbeitung und Speicherung der Aufgabe zu kortikaler Positivierung: Wir sprechen daher von *kortikaler Potentialität (Negativierung)* und *kortikaler Verarbeitung (Positivierung)* als zwei verschiedenen Zuständen der Erregungsschwellen der Zellensembles.

Im Zustand der Informationsverarbeitung sind v. a. die Ausgangsseite der kortikalen Pyramidenzellen (Schicht IV) (▶ Kap. 1.3 und Kap. 15.1) aktiv, weshalb sich der kortikale Dipol (▶ Abb. 15.4) mit seiner erregenden Negativität in die Tiefe verschiebt und an der Kortexoberfläche das Potential relativ positiv wird.

Merke

Negative langsame Hirnpotentiale zeigen eine elektrokortikale Mobilisierung und Depolarisation der neuronalen Ensembles für Aufmerksamkeitsvorgänge an. Die aktuelle Verarbeitung von Information geht mit kortikaler Positivierung und Gamma-Band-Aktivität einher.

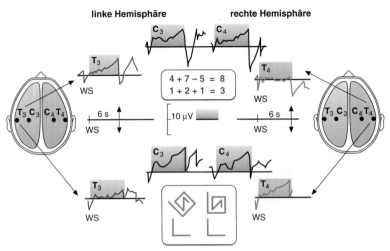

linke Hemisphäre   **rechte Hemisphäre**

$$4 + 7 - 5 = 8$$
$$1 + 2 + 1 = 3$$

Abb. 16.1. Langsame Potentiale (LP) gemittelt über verschiedenen Hirnregionen (T_3 temporal *links*, T_4 temporal *rechts*). *Oben:* arithmetische Aufgaben. *Unten:* Erkennen von verdrehten Figuren. Die Aufgaben wurden nach einem 6 s dauernden Vorintervall dargeboten *(WS)*. Vor der Darbietung der Aufgaben bildet sich eine antizipatorische Negativierung aus, bei Darbietung der Aufgaben kommt es zu einer Positivierung. Signifikante Unterschiede treten nur in den temporalen Ableitungen auf: bei Rechenaufgaben negativiert die linke Hemisphäre stärker als die rechte (T_3 versus T_4 *oben*), bei Gestaltaufgaben negativiert die rechte Hemisphäre stärker als die linke (T_4 gegen T_3 *unten*) (Mod. nach Birbaumer et al. 1981)

Evozierte Potentiale und Bewusstsein

Änderungen der Aufmerksamkeitszu- oder abwendung gehen sehr früh nach Ankommen der Reize von kortikalen Arealen aus (***Top-down-Aufmerksamkeit***) oder werden von der physikalischen Intensität der Reize angestoßen (***Bottom-up-Aufmerksamkeit***). Abbildung 16.2 zeigt einen typischen Top-down-Aufmerksamkeitseffekt. Die Person betrachtet einmal das linke visuelle Feld (mit 2 Zeichen), das andere Mal das rechte visuelle Feld. Der erste Effekt der Aufmerksamkeit tritt bei der sog. P1-Komponente des ereigniskorrelierten Potentials auf, also um 100 ms (P bedeutet elektrisch positiv). Die Stärke des Effektes hängt von der Menge der Information ab, die ***unterdrückt***, gehemmt werden muss. Die kurz darauf folgende N1-Komponente (negativ, 100–140 ms nach Reiz) steigt mit der ***subjektiven Verstärkung*** des beachteten Reizes im

a Aufmerksamkeit nach links   **Aufmerksamkeit nach rechts**

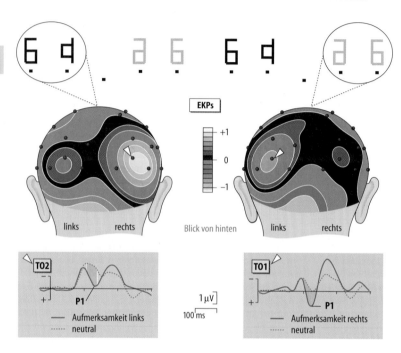

b Aufmerksamkeit links subtrahiert von Aufmerksamkeit rechts

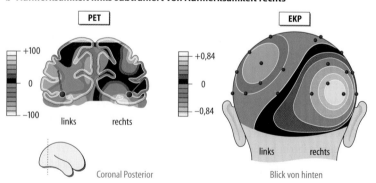

◄ **▣ Abb. 16.2. Ereigniskorrelierte Potentiale (EKP) und Hirndurchblutung (PET) bei visueller Aufmerksamkeit. a** EKPs bei Konzentration auf linkes Gesichtsfeld (*linker Teil* der Abbildung) und rechtes Gesichtsfeld (*rechts*). Isokonturlinien der maximalen Spannungsverteilung (mehr *rot* und *gelb*) der P1-Komponente, die darunter als summiertes Potential im Zeitverlauf eingezeichnet ist. Man erkennt die maximale Amplitude der P1 kontralateral zum externen Aufmerksamkeitsfokus in den extrastriatalen okzipitalen Hirnregionen (*weißer Pfeil*). **b** *Links* PET und *rechts* EKP, jeweils die Blutflussdaten (PET, *li*) und die EKPs (*re*) bei Aufmerksamkeit nach *links* subtrahiert von Aufmerksamkeit nach *rechts*. Man sieht, dass sich PET und EKP-Lokalisation überlappen (Aus Heinze et al. 1994)

Fokus der Aufmerksamkeit (Spotlight-Funktion). Wie man in ▣ Abbildung 16.2b links unten bei der PET-Registrierung sieht, ist der Ort *(site)* der Aufmerksamkeitsmodulation der sekundäre visuelle Kortex und nicht der primäre sensorische Kortex. Der Ursprung *(source)* des dahinter stehenden Prozesses, welcher das Spotlight in den Fokus der Aufmerksamkeit im sekundären assoziativen Kortex bewegt, ist natürlich auch der primäre sensorische Kortex und die oben beschriebenen subkortikalen Regionen.

Die kortikale Regelung von Aufmerksamkeit garantiert, dass **jeder** Reiz, auch wenn er nicht bewusst wahrgenommen wird, **vor** Zuteilung von Aufmerksamkeitsressourcen vom Neokortex analysiert wird und die Erregungskonstellationen bekannter, unwichtiger Reize auf kortikaler Ebene in ihrer Weiterverarbeitung gehemmt werden. Offensichtlich findet eine Hemmung unbedeutender Afferenzen auf peripherem Niveau, z. B. auf Ebene der ersten Umschaltstationen, entweder nicht oder nur nach praktisch vollständiger kortikaler Verarbeitung statt.

> **Merke**
>
> Die kortikale Regelung der Aufmerksamkeit findet sehr früh, 70-100 ms nach einem Reiz, in den primären und sekundären Projektionsarealen statt. Sie besteht in einer selektiven Erhöhung der Hirnpotentiale auf relevante Reize in diesen Regionen.

Vorbewusste und bewusste Reizanalyse

Wie oben bereits ausgeführt, wird ein Reiz vorerst im primären Projektionsareal (z. B. okzipitalen Kortex, Area V1) auf seine Gestaltkomponenten (z. B. Winkel, Konturen) analysiert. Diese **primäre Reizanalyse** erfolgt rasch (<100 ms) und ist **nicht bewusst.** Man spricht oft von impliziter, online oder automatischer

Verarbeitung im sensorischen Gedächtnis. Diese Einzelkomponenten werden dann zu einer einheitlichen Gestalt zusammengebunden *(binding)* (▶ Kap. 17). Danach erfolgen Vergleiche mit ähnlichen gespeicherten Mustern in den assoziativen Kortexarealen, die selbst nichtbewusst sind. Der Informationsabgleich zwischen primären Projektionsarealen und den Assoziationsarealen wird als Wiedereintritts-Weg *(reentrant path)* bezeichnet und ist, wie ◻ Abb. 16.3 zeigt, für die Bewusstwerdung eines Reizes notwendig. Erst das ***Resultat der Vergleichsprozesse wird bewusst***, vermutlich nur, wenn eine »Nachfrage« im präfrontalen Kortex ergeben hat, dass der Reiz für zukünftige Planung und Handlungen bedeutsam ist.

◻ Abbildung 16.3 illustriert den ***Ablauf der Bewusstwerdung*** an einem Patienten mit einem Tumor im linken assoziativen parietalen Kortex mit erhaltenem primären taktilen Projektionsareal des postzentralen Gyrus. Der Patient erlebt Tastreize auf der rechten Hand nicht mehr bewusst, kann aber auf schmerzhafte Reize durchaus mit Wegziehen der rechten Hand reflektorisch reagieren, ohne den Schmerz zu erleben. Darunter sind die ereigniskorrelierten magnetischen Felder (MEG) (▶ Kap. 15.2) auf einen Tastreiz der rechten und linken Hand abgebildet. Man erkennt, dass die späten (>100 ms) magnetischen Feldkomponenten im Assoziationskortex auf der »unbewussten« Hemisphäre fehlen, aber der Reiz durchaus im primären Projektionsareal ankommt.

Merke

Ereigniskorrelierte Potentiale (EKP) und magnetische Felder geben den Ablauf der ***Aufmerksamkeitsprozesse*** zeitgetreu wider. Danach entsteht Bewusstsein erst nach Abgleich der Information zwischen primären Projektionsarealen und den Assoziationsfeldern, welche den Vergleich mit gespeicherter Information ermöglichen.

Das aufsteigende retikuläre Aktivierungssystem (ARAS)

Bereits in den 30er-Jahren des vorigen Jahrhunderts war dem belgischen Neurophysiologen Bremer aufgefallen, dass nach ***Abtrennung des Hirnstamms vom Zwischenhirn*** *(cerveau isolé)* das Tier trotz intakter sensorischer Afferenzen in einen ***komaähnlichen Tiefschlaf*** verfiel, aus dem es nicht mehr zu wecken war.

Eine ***Durchtrennung der Medulla oblongata*** *(enzephale isolé)*, bei der ein Großteil der sensorischen Afferenzen zum Gehirn ebenfalls mit zerstört wurde,

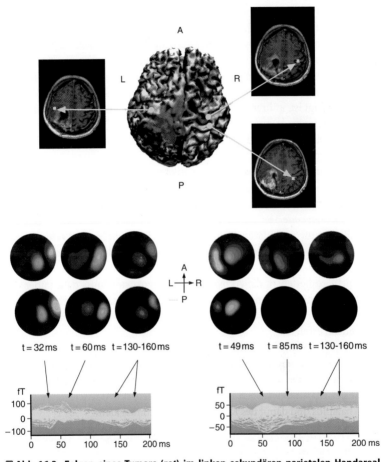

◻ Abb. 16.3. Folgen eines Tumors (*rot*) im linken sekundären parietalen Handareal (*oben*). Das primäre, postzentrale Handareal ist verschoben, aber intakt *(gelber Punkt)*. *Unten:* Magnetische Felder nach Darbietung eines taktilen Reizes auf der rechten und linken Hand. *Rot* symbolisiert Austritt, *Blau* Eintritt des magnetischen Feldes, die Quelle der Erregung (Dipol) liegt dazwischen. Auf der läsionierten Seite *(rechter Teil)* ist zwar das frühe Feld (70–100 ms nach Reiz) erhalten, aber das späte (> 100 ms) nicht. Der Patient spürt nichts bewusst. *A* Anterior, *P* Posterior, *L* Links, *R* Rechts

hatte **keinen Effekt** auf den **Schlaf-Wach-Rhythmus** des Tieres. Dies bedeutet, dass ein von den spezifischen sensorischen Afferenzen unabhängiges, medial im Hirnstamm liegendes System oder Systeme für den Weckeffekt verantwortlich sein müssen.

Untersuchungen von Moruzzi und Magoun (1949) zeigten, dass die **Retikulärformation des Mittelhirns** entscheidend am Zustandekommen der Wachzustände beteiligt ist, während die spezifischen sensorischen Afferenzen und motorischen Efferenzen nur Kollateralen (Seitenäste) an die Retikulärformation abgeben, selbst aber für das Zustandekommen des Schlaf-Wach-Rhythmus nicht notwendig sind.

◨ Abbildung 16.4 zeigt schematisch die Lage der mesenzephalen Retikulärformation in Beziehung zu den spezifischen aufsteigenden Bahnen. Die cholinergen, glutamatergen und adrenergen Zellen der Formatio retikularis (RF) haben **aufsteigende Verbindungen** zu fast allen subkortikalen Hirnbereichen, vor allem zum retikulären Thalamus. Die **deszendierende Verbindungen** enden an den spinalen Motoneuronen und halten dort deren tonische Aktivierung im Wachzustand aufrecht. Direkte Verbindungen zum Neokortex scheinen nicht zu bestehen, die Aktivierung des Neokortex muss daher über den Thalamus und das cholinerg-GABAerg innervierte basale Vorderhirn mit der Substantia innominata (ventrales Striatum, N. basalis und zentromediale Amygdala) erfolgen.

Als **dienzephale Fortsetzung** des retikulären Aktivierungssystems kann der **Nucleus reticularis des Thalamus** betrachtet werden, der Verbindungen zu fast allen Regionen des Thalamus aufweist und somit sowohl auf einzelne lokale Kerne des Thalamus wie auch auf das Gesamtsystem des Aktivierungszustandes des Thalamus und damit des Kortex Einfluss nehmen kann.

■ ■ ■ Die Eigenheit des Nucleus reticularis thalami, lokale Aktivierungen bzw. Hemmungen einzelner thalamischer Kerne zu erzielen, wird mit der **selektiven Aufmerksamkeitsfunktion** (gating) in Zusammenhang gebracht, seine Fähigkeit, tonisch-unspezifisch die thalamischen Kerne zu »wecken«, mit seiner **allgemeinen Aktivierungsfunktion.** Der Aktivitätszustand des Nucleus reticularis thalami und damit auch der übrigen Kerne des Thalamus, die von diesem beeinflusst werden, hängt nicht nur vom Aktivitätszustand der **spezifischen** Afferenzen und Efferenzen ab, sodass sich die »Unspezifität« der mesenzephalen Retikulärformation auch im Thalamus fortsetzt.

Innerhalb der mesenzephalen Retikulärformation liegen lokale, abgrenzbare Kerngruppen (z. B. Nucleus coeruleus), die unterschiedliche Funktionen im Rahmen der Wachheits- und Aufmerksamkeitssteuerung erfüllen (▶ unten).

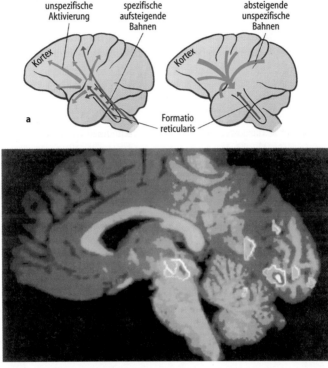

unspezifische
Aktivierung

spezifische
aufsteigende
Bahnen

absteigende
unspezifische
Bahnen

Kortex

Kortex

a

Formatio
reticularis

b

◻ **Abb. 16.4. Das aufsteigende retikuläre Aktivierungssystem, ARAS. a** *Links:* Stark schematisierte Darstellung des aufsteigenden retikulären Aktivierungssystems im Affengehirn, ohne Berücksichtigung der genauen Verbindungen zwischen Hypothalamus, Thalamus und limbischem Kortex. Angedeutet die multisynaptischen retikulären Neurone und Kollateralen aus den spezifischen Bahnen *(blau). Rechts:* Stimulation vieler kortikaler Areale führt zu Potentialen in der Formatio, was eine kortikoretikuläre Verbindung und eine funktionelle Kontrolle der Aufmerksamkeitssteuerung nahelegt. **b** Erhöhter Blutfluss in der mesenzephalen Retikulärformation *(FR)*, gemessen mit PET bei 10 Personen (gemittelt) während einer visuellen Aufmerksamkeitsaufgabe. Neben der Aktivierung in der FR auch Aktivierungen *(rot, weiß, gelb)* in visuellen Arealen *(rechts)* (Aus Kinomura et al. 1996)

Insofern handelt es sich um kein einzelnes unspezifisches Aktivierungssystem, sondern um eine *heterogene Gruppe von Kerngebieten* mit unterschiedlichen Aufgaben. Trotzdem führt Zerstörung der mesenzephalen Retikulärformation zum Koma.

Merke

Aufsteigende retikuläre Aktivierungssysteme (ARAS) stellen die anatomisch-physiologische Basis des Wachbewusstseins dar. Die Hauptbestandteile des ARAS liegen in der mesenzephalen Retikulärformation und im basalen Vorderhirn.

EEG, kortikaler Aktivitätszustand und Bewusstsein

Die in Kapitel 15 dargestellten EEG-MEG-Frequenzen von Delta- bis Gammawellen sind ein Abbild des Aktivitätszustandes des kortikothalamischen Systems. Stimulation der mesenzephalen Retikulärformation erregt die rhythmusgebenden Zellen des Thalamus, die daraufhin ihre Feuerrate erhöhen. Dies bewirkt im kortikalen EEG eine Amplitudenreduktion des Spontan-EEGs mit entsprechender Frequenzerhöhung (Wechsel zu Betawellen, Desynchronisation).

Während des *REM-Schlafes* (»Träumen«) und *angespannten Wachzustands* treten hochfrequente synchrone Gamma-Wellen (30 bis 100 Hz) auf, die von oszillatorisch entladenden Zell-Ensembles des basalen Vorderhirns mit ineinander verwobenen cholinerg-exzitatorischen und GABAerg-inhibitorischen Fasern zum Kortex erzeugt werden. Diese basokortikalen Projektionen binden durch ihre hochfrequenten synchronen Entladungen getrennt aktive Areale kohärent zusammen und stellen die *neuronale Grundlage der Assoziations- und Gestaltbildung* und Übertragung dieser kohärenten Information ins Langzeitgedächtnis dar. Diese Zellensembles sind die anatomische Grundlage unseres subjektiven Erlebens.

Gleichzeitig mit dieser oszillatorischen Aktivität bewirkt ein tonischer Weckreiz über die Retikulärformation und den retikulären Thalamus, dass die unspezifischen thalamokortikalen Afferenzen die apikalen Dendriten der kortikalen Pyramidenzellen (Schicht I und II) anhaltend depolarisieren. Diese den eigentlichen Stimulationszeitpunkt überdauernden *Anstiege des kortikalen Depolarisationsniveaus* beruhen auf der neurochemischen Wirkung sowohl cholinerger wie auch aspartaterger und glutamaterger Synapsen an den apikalen Dendriten. Im kortikalen EEG werden dann anhaltende Negativierungen (langsame Hirnpotentiale) registriert, die das Depolarisationsniveau und damit die *Schwellensenkung der kortikalen Zell-Ensembles* widerspiegeln.

> **Merke**
>
> Erregung der unspezifischen Aktivierungssysteme begünstigt die Entstehung von synchron feuernden Zellensembles (im Gamma-Rhythmus), die für die assoziative Bindung von Wahrnehmungsinhalten und die Entstehung von Bedeutung verantwortlich sind.

Kortikale und subkortikale Aufmerksamkeitssteuerung

Da ein Großteil der kortikalen Zellen *erregend* ist, würde das kortikale Gewebe *nach Aktivierung in Übererregung* verfallen, ein »Einfall würde leicht in einen Anfall übergehen« (V. Braitenberg) (▶ Kap. 1). Deshalb wird bei Ansteigen des Erregungsniveaus in kortikalen Modulen über das Striatum der Basalganglien der *Thalamus rückwirkend gehemmt:* Aus allen Regionen des Neokortex gelangen erregende glutamaterge Fasern ins Striatum, die dann über Pallidum und Substantia nigra über GABAerge Verbindungen den ventrolateralen und retikulären Thalamus hemmen. Von dort wird die Erregungsweitergabe an den Kortex blockiert. Damit wird das *Erregungsniveau* kortikaler Module *auf ein mittleres Niveau* geregelt und gleichzeitig eine »Bündelung« der Erregung nur auf den stärksten Aktivierungsfluss durch laterale Hemmung erreicht. Es besteht für die meisten kognitiven Leistungen daher eine umgekehrte U-Funktion zwischen Aktivierung und Leistung. *Optimale Leistung* wird bei *mittlerer* Aktivierung erzielt.

Wer bestimmt nun, was ausgewählt wird? Thalamus und Striatum verfügen selbst nicht über die Information, was für den Organismus wichtig, d. h. verstärkend oder bestrafend ist. Diese Information erhalten sie primär über den präfrontalen und orbitofrontalen Kortex, der selbst wieder von allen posterioren kortikalen Arealen über die gespeicherten und aktuellen Umweltsituationen und aus dem limbischen System (▶ Kap. 17) über den Verstärkerwert (»Unlust-Lust«) des signalisierten Ereignisses informiert wird. *Cholinerg-GABAerge Fasern* aus dem *präfrontalen* Kortex *modulieren* somit die *striatalen* und *thalamischen Selektionsmechanismen* der retikulär-thalamischen Neurone. Die retikulären Neurone verlieren daduch ihren hemmenden Einfluss auf die einzelnen Thalamuskerne und erhöhen damit deren Durchlässigkeit für wichtige Information: Die »Tore« des Thalamus öffnen sich und lassen die Information in den Kortex ein.

Klinik

Eingeschlossen-Sein (😊 Locked-in-Syndrom), Koma und vegetativer Zustand. Es ist sehr schwer zu unterscheiden, ob ein Patient, z. B. nach einem schweren Unfall oder Schlaganfall noch **bewusstes Erleben** hat. Häufig liegt eine motorische Lähmung aller Efferenzen vor, auch der Sprache und der Augen, obwohl der/die Patient(in) noch bei Bewusstsein ist. Diesen Zustand nennt man *locked-in*.

Beim 😊 *Koma* herrscht meist langsame EEG/MEG-Aktivität (Theta – Delta) vor, und es erfolgen keine Modulationen der evozierten Potentiale auf bedeutsame Reize. Wach-Schlaf-Rhythmus ist nicht mehr erkennbar und Präfrontal- und Parietalkortex sind nicht mehr aktiv.

Im 😊 *vegetativen Zustand* sind noch einzelne kortikale Module so intakt, dass eine Aufmerksamkeitsänderung in den ereigniskorrelierten Hirnpotentialen erfolgen kann. Der Schlaf-Wach-Rhythmus ist erhalten und Präfrontal- und Parietalkortex oder Thalamus sind nicht vollständig zerstört.

Merke

Ein kortikothalamisches System und die Basalganglien mit dem basalen Vorderhirn und dem frontalen Orbitalkortex bilden ein weit verteiltes Netzwerk zur Steuerung von Aufmerksamkeit und Orientierung. Der Präfrontalkortex entscheidet über die Bedeutung und der retikuläre Thalamus erhöht oder erniedrigt die Durchlässigkeit des Thalamus für die ankommende Information.

Modulierende Aufgaben der monoaminergen und cholinergen Systeme des Hirnstamms

🔲 Abbildung 16.5 illustriert wichtige monaminerge und cholinerge Systeme des Hirnstamms, die unspezifisch in den Neokortex, aber spezifisch zu anderen subkortikalen Regionen und ins Rückenmark projizieren. »*Unspezifisch*« bedeutet, dass die Aktivierung oder Hemmung der kortikalen Ziel-

🔲 **Abb. 16.5. Monoaminerge Neuronenverbände im Gehirn. a** noradrenerge, **b** dopami- ▶ nerge, **c** serotonerge. *Gelb* hervorgehoben: Anteile des cholinergen basalen Vorderhirns. Man beachte die diffuse Verteilung von noradrenergen und serotonergen Neuronenverbänden im Vergleich zu den mehr lokalisierten Projektionen des dopaminergen Systems. Die Diagramme basieren auf Befunden aus Tierversuchen (Mod. nach Krug 1979; aus Hierholzer u. Schmidt 1991)

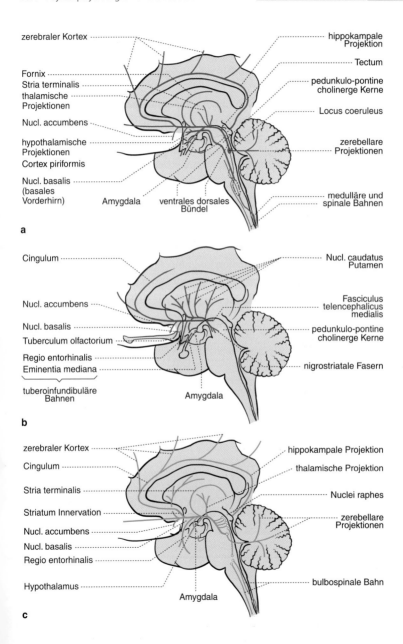

zerebraler Kortex

Fornix
Stria terminalis
thalamische
Projektionen

Nucl. accumbens

hypothalamische
Projektionen
Cortex piriformis

Nucl. basalis
(basales
Vorderhirn)

Amygdala

ventrales dorsales
Bündel

hippokampale
Projektion

Tectum

pedunkulo-pontine
cholinerge Kerne

Locus coeruleus

zerebellare
Projektionen

medulläre und
spinale Bahnen

a

Cingulum

Nucl. accumbens

Nucl. basalis
Tuberculum olfactorium

Regio entorhinalis
Eminentia mediana

tuberoinfundibuläre
Bahnen

Amygdala

Nucl. caudatus
Putamen

Fasciculus
telencephalicus
medialis

pedunkulo-pontine
cholinerge Kerne

nigrostriatale Fasern

b

zerebraler Kortex

Cingulum

Stria terminalis

Striatum Innervation

Nucl. accumbens

Nucl. basalis
Regio entorhinalis

Hypothalamus

Amygdala

hippokampale Projektion

thalamische Projektion

Nuclei raphes

zerebellare
Projektionen

bulbospinale Bahn

c

systeme nicht topographisch spezifisch, sondern über mehrere, unterschiedliche Funktionen steuernde Zellensembles (z. B. visuell und akustisch) erfolgt. Cholinerge Kerngruppen befinden sich in mehreren Regionen des Hirnstamms.

Alle drei Systeme (das mesolimbische *dopaminerge,* das aus dem Nucleus coeruleus stammende *noradrenerge* und das im Nucleus raphé entspringende *serotonerge* System) scheinen an der Steuerung und Modulation einer Vielzahl von unterschiedlichen Verhaltensweisen beteiligt zu sein. Auch opioide Zell- und Fasersysteme greifen in die subkortikale Erregungssteuerung, v. a. bei schmerz- und stresshafter Reizung, ein (▶ Kap. 9.4).

Noradrenerge Neurone des *Nucleus coeruleus* feuern nur im *Wachzustand,* nach Reizung der aufsteigenden Fasern erhöht sich im Wachzustand das »Signal-Rausch-Verhältnis« kortikaler Zellen: Aktive Zellen erhöhen ihre Feuerrate oder behalten sie bei, benachbarte Zellen werden gehemmt. Dies könnte eine Hervorhebung wichtiger Information und Einprägung erleichtern.

Die Wirkung *serotonerger* Afferenzen auf den Kortex ist unklar. Nur die aktivierende Wirkung *cholinerger* Fasern, v. a. aus Hirnstamm und dem Nucleus basalis aus dem basalen Vorderhirn, scheint gesichert zu sein. *Dopaminerge* Afferenzen sind mehr mit motivationalen Effekten verbunden: Verlust oder Störung des mesolimbischen Dopaminsystems führt zu *Anhedonie* mit mangelnder Erwartung von zukünftiger Belohnung (Lustverlust und Antriebslosigkeit) (▶ Kap. 18.3).

Auf die Rolle der in ◘ Abbildung 16.5 dargestellten monoaminergen Systeme für Motivation, Emotion und Denken gehen wir in den Kap. 18 und 19 ein.

> **Merke**
>
> Monoaminerge und cholinerge Systeme des Hirnstamms modulieren die Tätigkeit vieler Hirnregionen und des Rückenmarks. Während Noradrenalin *aufmerksame Zuwendung* steuert, erhöht Dopamin v. a. die *Belohnungserwartung*. Die cholinergen Systeme ermöglichen Wachheit und assoziative Bindung von Zellensembles.

16.2 Die physiologische Architektur des Schlafes

Heterogenität von Wachen und Schlafen

Bereits in der indopersischen Kultur wie sie in den »Upanischaden« 2000 v. Chr. niedergelegt ist, unterschied man zwischen drei elementaren Bewusstseinszuständen: Wachen, Träumen und traumloser (Tief-)Schlaf. Die moderne Neurowissenschaft hat diese Unterscheidung nachhaltig bestätigt.

Schlafen und Wachen sind aktive endogene Rhythmen, die im ZNS erzeugt werden und von Umgebungs- und Lernfaktoren moduliert werden können. Innerhalb des Schlafes lassen sich mehrere endogene zyklische **phasische** (kurzzeitige) und **tonische** (länger anhaltende) Phänomene unterscheiden. Wie der Wachzustand ist also auch Schlaf nicht einheitlich, sondern ein aus mehreren heterogenen physiologischen Prozessen bestehender Zustand. Manche dieser physiologischen Vorgänge werden von bewussten Vorgängen begleitet (Träume, Gefühle), im Vordergrund des Interesses steht aber die Bedeutung der einzelnen Schlafphänomene für die physiologischen Homöostasen des ZNS. Daraus ergibt sich dann ihre psychologische Bedeutung.

◘ Abbildung 16.6 zeigt den **Verlauf des menschlichen EEG** (▶ Kap. 15.2) vom **Wachen** bis zum **Tiefschlaf** (Stadium 3 und 4) und zum **REM-Schlaf** *(rapid eye movement)*. Den **Tiefschlaf** bezeichnet man auch als Langsame-Wellen-Schlaf *(slow-wave-sleep, SWS)*, da er von hochamplitudigen (>100 µV) ϑ-(Theta-) und δ-(Delta-)Wellen dominiert wird. Dem **REM-Schlaf** mit schneller und niederamplitudiger β- und γ-Aktivität werden alle übrigen Schlafstadien auch als **NREM-Schlaf** (Nicht-REM-Schlaf) gegenübergestellt.

Die in ◘ Abbildung 16.6 sichtbaren β-Spindeln werden von dem K-Komplex eingeleitet: Die thalamokortikalen Erregungsschleifen beginnen damit den gehemmten Zyklus des Tiefschlafs. Eine anfänglich starke Depolarisation der hemmenden retikulären Thalamusneurone spiegelt sich im K-Komplex wider und die Spindeln sind die darauf folgenden langsamen retikulär-thalamischen Oszillationen, die zum Kortex weitergeleitet werden.

Die charakteristischen oszillatorischen Entladungseigenschaften von thalamokortikalen kreisförmig geschlossenen Faser-Zell-Systemen sind für die verschiedenen EEG-MEG-Frequenzen von Delta bis Gamma verantwortlich. Überwiegen von GABAergen hemmenden Zwischenneuronen im retikulären Thalamus führt zu der langsamen Delta-Theta-Aktivität und Spindeln, während mit steigender Depolarisation und Erregung die thalamo-kortikalen Oszillatoren zunehmend schneller feuern.

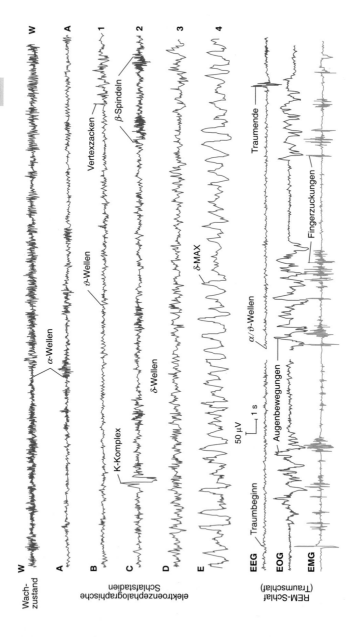

◄ ◘ **Abb. 16.6. Einteilung der Schlafstadien beim Menschen aufgrund des EEG.** In den ersten 6 Ableitungen sind *links* die Schlafstadien nach Loomis et al. (1936), *rechts* die nach Kleitman et al. (1963) angegeben. *Stadium W:* Entspanntes Wachsein. *Stadium A:* Übergang vom Wachsein zum Einschlafen. Dieses Stadium wird von vielen Autoren dem Stadium W zugerechnet. *Stadium B bzw. 1:* Einschlafstadium und leichtester Schlaf. Die am Ende der Ableitung auftretenden Vertexzacken werden auch als »physiologisches Einschlafmoment« bezeichnet. *Stadium C bzw. 2:* Leichter Schlaf. *Stadium D bzw. 3:* Mittlerer Schlaf. *Stadium E bzw. 4:* Tiefschlaf. In den nächsten 3 Ableitungen sind das (EEG, *rot*), das Elektrookulogramm (EOG, *blau*) und das Elektromyogramm eines Zeigefingers (EMG, *grün*) während des REM-Schlafes (Traumschlafes) aufgezeichnet. Die REM-Phasen stehen typischerweise am Ende jeder Schlafperiode. Sie können keinem der »klassischen« Schlafstadien zugeordnet werden, sondern stellen ein eigenständiges Stadium dar. Erläuterungen siehe Text (Mod. nach Jovanovic 1991)

> **Merke**
>
> REM-Schlaf, NREM-Schlaf und Wachen sind physiologisch und psychologisch verschiedene Phänomene. Sie werden von endogenen Rhythmusgebern im Gehirn gesteuert.

REM-Schlaf und der Basic Rest-Activity-Cycle (BRAC)

Der REM-Schlaf wird auch als *Traumschlaf* oder, wegen seiner schnellen und niederamplitudigen β- und γ-Aktivität, als *paradoxer Schlaf* bezeichnet. Es treten dabei sekundenlange Gruppen von 1–4 Hz schnellen Augenbewegungen *(rapid eye movements, REM)* auf. In dieser Zeit wird aktiv-handelnd und emotional geträumt, während in den übrigen Schlafphasen eher abstrakt gedanklich geträumt wird.

◘ Abbildung 16.7 zeigt die zyklische Natur der REM-Phasen: Sie treten im Durchschnitt alle 90 Minuten auf, wobei ihre Dauer im Laufe der Nacht von ca. 5–10 min bis auf 20 min zunimmt. Ein kompletter NREM-REM-Zyklus wird als *basic rest activity cycle* (Grund-Ruhe-Aktivitäts-Zyklus) (BRAC) bezeichnet, da er sich in den Tag hinein fortzusetzen scheint. Mit zunehmender Stoffwechselrate sinkt die Dauer des BRAC. Physiologisch und psychologisch weisen die REM-Phasen, wie ◘ Abb. 16.7 zeigt, Ähnlichkeit zum Wachzustand auf. Trotzdem bestehen einige fundamentale Unterschiede, die auch das psychologisch kaum mit Wacherleben vergleichbare »Träumen« erklären.

Ein wichtiger Unterschied besteht in der *tonischen Hemmung der spinalen Motoneurone* während REM-Phasen, was zu vollständiger *Paralyse* der quer-

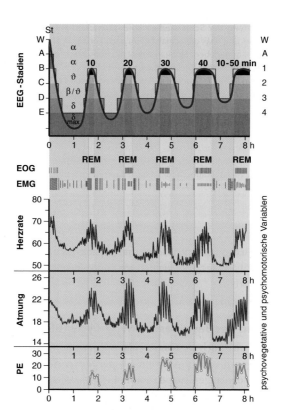

◘ Abb. 16.7. Verlauf verschiedener physiologischer Maße in einer Nacht. *Von oben nach unten*: EEG-Stadien, EOG (Elektrookulogramm) mit schnellen Augenbewegungen (REM), EMG (Elektromyogramm), Herzrate, Atmung und Peniserektion (PE) (Mod. nach Jovanovic 1971; aus Birbaumer u. Schmidt 1999)

gestreiften Muskulatur führt. Die spinale Hemmung geht von Kernen in der medialen Medulla oblongata aus (N. subcoeruleus und N. magnocellularis). In den ◘ Abbildungen 16.6 und 16.7 ist die tonische Muskelatonie von phasischen Muskelzuckungen überlagert. Bei Läsion dieser medullären Kerne tritt bei Säugetieren und Menschen ***REM-Schlaf ohne Atonie*** auf; die Tiere bzw. Menschen agieren motorisch entsprechend dem Trauminhalt (z. B. »fängt« die Katze eine nicht existierende Maus).

REM und SWS und die wenig erforschten Zwischenstadien 1 und 2 verteilen sich unterschiedlich in Ontogenie und Phylogenie. Das *Neugeborene* verbringt einen erheblichen Teil des Tages im REM-Schlaf, der dann rasch mit der Hirnentwicklung bis um das 14. Lebensjahr von 50% auf ca. 20% absinkt und danach konstant bleibt. Der *SWS-Schlaf* nimmt dagegen ab dem 14. Lebensjahr zugunsten des Wachens kontinuierlich ab. Den Wechsel von REM und SWS konnte man eindeutig bisher nur bei Vögeln und Säugern identifizieren.

Merke

Der REM-Schlaf geht mit aktiv motorischen und emotionalen Träumen bei vollständiger Muskelparalyse einher. Der *Tiefschlaf* nimmt im Verlauf des Lebens kontinuierlich ab. REM-Schlaf und Nicht-REM-Schlaf wechseln sich alle 90 min im *Basic-Rest-Activity*-Zyklus ab, der sich auch in den Tag hinein fortsetzt.

Zirkadiane Periodik und Schlaf-Wach-Rhythmus

Der *zirkadiane Rhythmus* (zirka = ungefähr und dies = Tag) von Schlafen und Wachen und viele damit einhergehende Rhythmen physiologischer und psychologischer Funktionen werden von *endogenen Oszillatoren* (inneren Uhren) im Zentralnervensystem (ZNS) gesteuert. Diese inneren Uhren bestehen aus Neuronen, deren Membranstruktur durch *molekulargenetische Kaskaden* die Ionenverteilung und damit ihre Entladungsraten rhythmisch anordnet. Der *Grundrhythmus* der endogenen Oszillatoren (beim Menschen meist ca. 24 h) wird von externen und internen Reizen, die *Zeitgeber* genannt werden, mitgenommen *(entrained)*, d. h. auf die 24 h-Periodik der Außenwelt synchronisiert. So führt diese Hell-Dunkel-Periodik von Tag und Nacht dazu, dass der endogene Oszillator für Wachen und Schlafen *auf 24 h synchronisiert* wird (beim Menschen wirken *Licht* und *soziale Umgebung* als stärkste Zeitgeber). Vor allem Licht stößt die Expression von Genen an, welche die Akkumulation von Transmittern und Membranrezeptoren während des Tages verursachen; diese werden dann durch Schlaf wieder abgebaut usw.

Der *zentrale Wach-Schlaf-Oszillator* im ZNS der meisten Säuger einschließlich des Menschen ist der *Nucleus suprachiasmaticus* des Hypothalamus, der direkt über dem Chiasma opticum liegt und über Kollateralen des Tractus opticus Licht-Dunkel-Information aus spezialisierten Ganglienzellen der Retina, die **Melanopsin** enthalten, erhält. Der Nucleus suprachiasmaticus steuert anscheinend keine physiologische Funktion unmittelbar, sondern »zwingt« anderen Hirnstrukturen, wie z. B. dem cholinergen basalen Vorderhirn (◻ Abb. 16.5 und 16.8, N. basalis) seinen endogenen Rhythmus über die *gepulste Freisetzung von Hormonen* und über *rhythmische Entladungen seiner Neurone* und deren Axone auf. Wird der Nucleus suprachiasmaticus zerstört, so schlafen, wachen und träumen die Tiere weiter, aber in chaotischer, nichtrhythmischer Abfolge.

Neben dem Nucleus suprachiasmaticus existieren noch einige andere Uhren (z. B. eine für die Körpertemperatur), die ein komplexes Netzwerk einander überlagernder Rhythmen bilden (z. B. der BRAC). Generell gilt, dass für Wachen und die verschiedenen Schlafstadien mehrere subkortikale Hirnstrukturen und deren Neuromodulatoren (Transmitter und Hormone) verantwortlich sind, die gleichzeitig auch an anderen Funktionen beteiligt sind. Es müssen viele solcher Strukturen und Substanzen zusammenarbeiten, damit Schlaf und Wachen entstehen und rhythmisch aufeinander folgen können. Als Beispiel sei an den oben vorgestellten BRAC erinnert.

Merke

Die Abfolge der verschiedenen Schlafstadien und des Wachens sind das Ergebnis *zirkadianer* und *homöostatischer Aktivität* subkortikaler Kerngebiete, v. a. des Nucleus suprachiasmaticus (NSC) dessen Zellen von molekulargenetischen rhythmischen Kaskaden in Oszillation gebracht werden. Der NSC zwingt seinen Rhythmus dann anderen passiven neuronalen Elementen auf.

Natur des Langsamen-Wellen-Schlafs (SWS) und des REM-Schlafs

Der SWS hat weniger rhythmischen, sondern mehr *homöostatischen* Charakter. Er hängt stark von der vorausgegangenen Aktivität (Müdigkeit), Nahrungsaufnahme, Hirntemperatur und anderen Faktoren ab. Man nimmt deswegen die Akkumulation einer oder mehrerer »*Schlafsubstanzen*« während des Wachens als Ursache des Beginns von SWS an. Trotzdem scheint auch SWS von einem 12- bis 13- Stunden-Oszillator gesteuert zu werden, was z. B. bedeutet, dass wir nachmittags um ca 14–16 Uhr, also ca. 12–13 h nach dem Einschlafen, nochmals müde werden (Siesta in den südlichen Ländern). Zytokine, Prostaglandine und Adenosin sind nur einige der bisher identifizierten Stoffwechselprodukte, welche in den Zellsystemen, die für SWS verantwortlich sind, akkumulieren.

■■■ Das basale Vorderhirn mit dem Nucleus praeopticus des anterioren Hypothalamus ist eine Struktur, deren elektrische Reizung oder Erwärmung zu SWS führt. Diese dem Hypothalamus zugehörenden Neurone des basalen Vorderhirns dürfen nicht mit den eng benachbarten cholinergen Zellanhäufungen des N. basalis verwechselt werden, die für REM-Schlaf und Wachen notwendig sind. SWS wird aber offensichtlich auch durch periphere Peptide, wie z. B. Muramylpeptide angestoßen, die in subkortikalen Gliazellen und der Glia des basalen Vorderhirns die Produktion von Interleukin 1 stimulieren, ein Peptid, das mit der Immunabwehr befasst ist. Fieber nach Infektionen und der Anstieg der Körper- und Hirntemperatur sind daher potente Reize für SWS.

In den ersten drei Schlafstadien mit niedriger Körpertemperatur und viel SWS regeneriert sich das Immunsystem und es wird Wachstumshormon ausgeschüttet, während gegen Ende der Nacht die Körpertemperatur steigt und das Stresshormon Kortisol ausgeschüttet wird. In dieser Zeit dominiert REM-Schlaf.

Wachen, SWS und REM-Schlaf sind fundamental unterschiedliche neurochemische und elektrophysiologische Zustände des Gehirns. *Wachbewusstsein* und *Nicht-REM-Stadien* haben gemeinsam ihren »*aminergen Antrieb*«: die subkortikale Produktion von *Noradrenalin* im N. coeruleus und von *Serotonin* im N. raphé ist hoch, während REM durch völlige Unterdrückung der beiden aminergen Transmitter und ihrer Produktionsstätten ausgezeichnet ist. Im *REM-Schlaf* besteht dagegen eine *Hyperaktivität mesenzephal-retikulärer* und basaler *cholinerger* Strukturen, die das thalamo-kortikale System exzessiv aktivieren. ◻ Abbildung 16.8 zeigt diese gegenläufigen Rhythmen.

Die verschiedenen physiologischen (REM, PGO) und subjektiven Phänomene (Lähmung, Halluzinationen, Verlust selbst-reflexiven Bewusstseins)

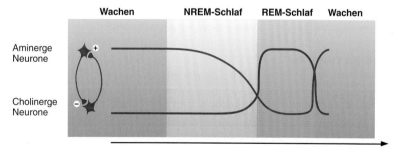

◻ **Abb. 16.8. Gegenseitige Hemmung cholinerger und aminerger Neurone während Wachen, Nicht-REM-Schlaf und REM-Schlaf** (nach Hobson, 1999 mit freundlicher Genehmigung).

können der Aktivierung unterschiedlicher subkortikaler Kerne und kortikaler Areale zugeschrieben werden, die auf ◧ Abb. 16.8 zusammengefasst sind.

Unter *PGO* (**p**onto**g**enikulo**o**kzipitale Aktivität) verstehen wir in Gruppen von hohen Aktionspotentialen auftretende Entladungen, die in der peribrachialen Region der Brücke (daher Pons) entspringen und zum Thalamus und parietookzipitalen Kortex projizieren. Sie erregen relativ ungeordnet Zell-Ensembles des visuellen parieto-okzipitalen Kortex und die Amygdala (▶ Kap. 18). Dadurch werden die dort gespeicherten Gedächtnisinhalte und Erinnerungen aufgerufen. Die Erregung der Amygdala führt zu Furcht- und Angstträumen. Kortikal sind die primären Projektionsareale beim Träumen meist gehemmt wie auch der dorsolaterale Frontalkortex mit dem Arbeitsgedächtnis. Dadurch verlieren die Träume oft ihre zeitliche Geordnetheit.

Merke

Die Abfolge von REM- und NREM-Schlaf hängt von aminergen (NREM) und cholinergen (REM) Zellgruppen des Stammhirns ab, die sich gegenseitig hemmen. Der SWS hängt von der Akkumulation von Schlafsubstanzen (v. a. Adenosin) während des Tages ab.

Klinik

Schlafstörungen. *Ein- und Durchschlafstörungen* (☻ *Insomnia*)

- Idiopathische Insomnia: gestörtes Schlafprofil durch psychologische Probleme oder Alter.
- Drogen-Insomnia: Schlafstörungen durch Einnahme von Schlafmitteln, anderen Pharmaka und Alkohol.
- Insomnia bei Verhaltensstörungen, vor allem Depression.

☻ *Hypersomnien*

- Narkolepsie: plötzliche REM-Episoden während Wachens, auf Störung des Orexin-Stoffwechsels im Hypothalamus zurückzuführen.
- Somnambulismus (Schlafwandeln) und Bettnässen: treten nur in NREM-Phasen auf, wache Motorik bei schlafendem Gehirn.
- Schlaf-Apnoe: Aussetzen von Atmungsphasen, Schnarchen, oft mit Rauchen und Fettsucht gepaart. Behinderung der Atemwege.

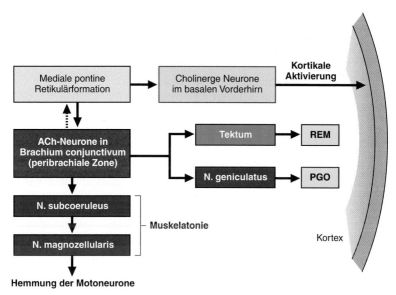

□ Abb. 16.9. Übersicht über einige Hirnstrukturen, die für REM-Schlaf verantwortlich sind (Nach Carlson, 1998)

16.3 Die Bedeutung von Schlaf und Traum

Mentale Prozesse (»Träume«) im Schlaf und ihre Deutung

Die eigenartige und oft Ich-fremde psychologische Qualität von Träumen hat die Menschen aller Kulturen und Epochen fasziniert und zu – meist religiösen – Spekulationen veranlasst. Der letzte »Ausläufer« dieser religiös-spekulativ gefärbten Vorstellungen ist die psychoanalytische »*Traumtheorie*« S. Freuds. Erst durch die Entdeckungen der psychophysiologischen Traumforschung seit 1953 wurden viele der Träume vom Träumen *ausgeträumt.*

Zunächst wurde klar, dass Säuger dieselbe Schlafstruktur wie der Mensch aufweisen. *Träumen* ist also keine spezifisch menschliche Eigenschaft, sondern vielmehr ein *universeller regulatorischer Prozess,* da man davon ausgehen kann, dass identische neurophysiologische Phänomene auch identische mentale Begleiterscheinungen produzieren. Kaltblütler weisen ebenfalls Phasen von Ruhe und Aktivität auf, zeigen aber nicht die charakteristischen Abfolgen von

NREM- und REM-Schlaf. Dies legt die Vermutung nahe, dass die *NREM-REM-Abfolge* mit *Temperaturregulation* und *Stoffwechselrate* zu tun hat.

Mentale Prozesse sind während der gesamten Schlafzeit vorhanden, in NREM-Phasen sind sie aber abstrakt, gedankenartig. Die aktiven, halluzinatorischen, Ich-fremden Traumphänomene, die wir eigentlich meinen, wenn wir von Träumen reden, sind während der phasischen REM-Aktivitäten gegen Ende der Nacht am stärksten. Sie sind *während der ersten Nachthälfte* eher Erinnerungen an Ereignisse des vergangenen Tages (deklaratives Gedächtnis) (▶ Kap. 17.2) und werden *gegen Morgen* zunehmend emotionaler (prozedurales Gedächtnis) (▶ Kap. 17.2). Wunscherfüllungen, wie sie die psychoanalytische Traumtheorie als zentrale Funktion des Traumes behauptet, kommen selten vor.

Wenn man – wie oben schon erwähnt – im Tierversuch diejenigen Kerne zerstört, die für die REM-Muskelatonie verantwortlich sind, »agieren« die Tiere ihre Träume aus. Dies zeigt, dass die aus der Retikulärformation entspringenden phasischen Entladungen in Thalamus und Großhirn (PGO) die Wahrnehmungsphänomene des Träumens »produzieren«. Aber auch die Vorderhirnstrukturen können Träume und Schlaf ohne die subkortikalen Einflüsse aufrechterhalten. Vor allem Regionen des Hypothalamus, Thalamus und des Striatums haben schlaffördernde Wirkung.

> **Merke**
>
> Mentale Ereignisse (»Träumen«) treten in allen Schlafstadien auf. Die ersten Stunden nach dem Einschlafen sind sie abstrakt-gedankenartig, gegen Morgen werden sie aktiv, lebendig und emotional. *Kortikale* und *subkortikale Kerne* sind für Traumerleben verantwortlich.

Aufgaben der verschiedenen Schlafphasen

Die *Bedeutung* der Schlafphasen blieb bis heute unklar. Klar ist nur, dass beide (REM und NREM) überlebenswichtig sind. *Totale Schlafdeprivation* über längere Zeit führt zum Tod bei Mensch und Tier.

Beim Menschen sind die ersten SWS-REM-Phasen offensichtlich essentiell: Sie werden daher *Kernschlaf* genannt. Dagegen führt Deprivation der letzten 3 Schlafstunden kaum zu merkbaren Störungen *(Optionalschlaf)*. Die psychischen und gesundheitlichen Auswirkungen auch langer Schlaflosigkeit (z. B. 10 Tage und Nächte) beim Menschen sind relativ gering. Nach 3–4 Nächten treten bei einigen Personen Wahrnehmungsverzerrungen und ein leichtes Nachlassen von Vigilanz (Daueraufmerksamkeit) auf. Nach nur wenigen Stunden Erholungsschlaf, in dem zuerst SWS nachgeholt wird, tritt völlige Erholung ein.

Während des SWS sind Stoffwechsel und Durchblutung des Gehirns reduziert, das Immunsystem dagegen aktiviert, restaurative Funktionen dominieren; dagegen steigt während des REM-Schlafs die Hirndurchblutung über die des Wachzustandes. Mentale und körperliche Aktivitäten, welche die Hirntemperatur erhöhen, steigern auch den nachfolgenden SWS. Die **restaurative Funktion des SWS** für das Gehirn scheint also mit der Regulation der Hirn- und/oder Körpertemperatur zu tun haben.

REM-Schlaf dagegen scheint für die Speicherung v.a. emotionaler Gedächtnisinhalte und für prozedural-implizites Lernen wichtig zu sein: Lernen erhöht die REM-Schlafdauer; REM-Schlaf geht mit einem Anstieg der neuronalen RNS- und DNS-Synthese einher, die für das Langzeitgedächtnis essentiell ist (▶ Kap. 17). Vor der Geburt und kurz danach, wo REM am häufigsten ist, könnte »Träumen« bei noch nicht ausreichenden externen Sinneseindrücken diese durch interne ersetzen und damit das Auswachsen von Synapsen begünstigen. Hinter diesen Phänomenen der kortikalen Plastizität stehen aber Stoffwechselfunktionen, die REM-Schlaf erzeugen, wobei aber unklar ist, welche dies sind: Temperaturregulation und/oder Stoffwechselrate.

Merke

NREM-Schlaf und REM-Schlaf haben zentrale regulatorische physiologische und psychophysiologische Funktionen. Die ersten SWS-REM-Schlaf-Zyklen sind beim Menschen essentiell **(Kernschlaf)**, Entzug der späteren Schlafzyklen hat wenig Konsequenzen **(Optionalschlaf).**

17 Lernen und Gedächtnis

N. Birbaumer und R. F. Schmidt

❯ ❯ **Einleitung**

Der neuronalen Plastizität und dem Lernen liegen elektrochemische Vorgänge an den Nervenzellen, insbesondere den Spines der Dendriten zugrunde. Gleichzeitige Aktivierung prä- und postsynaptischer Elemente ist die Voraussetzung zur Bildung assoziativer Verknüpfungen (Hebb-Regel). Beim Menschen wird bewusstes deklaratives von prozeduralem Gedächtnis (Lernen von Fertigkeiten) unterschieden. Die Lernvorgänge und die Speicherung dieser beiden Gedächtnisformen geschehen in unterschiedlichen Hirnsystemen, deren Zerstörung zum Verlust des jeweiligen Lernmechanismus führt. Auf zellulärer Ebene kommt es zu verstärkter Ausschüttung der Überträgersubstanzen von am Lernen beteiligten Neuronen. Für Kurzzeitgedächtnis und Gedächtniskonsolidierung wird Langzeitpotenzierung am NMDA-Rezeptorkomplex, für die Langzeitspeicherung eine Anregung der Proteinsynthese verantwortlich gemacht. Diese molekularen Prozesse führen auf makroskopischer Ebene zu Größen- und Formveränderungen kortikaler und subkortikaler Repräsentationen und »Karten« (maps).

17.1 Neuronale Entwicklung und Plastizität

Lernen und seine Voraussetzungen

Alle Lernprozesse sind Ausdruck der Plastizität des Nervensystems, aber nicht jeder plastische Prozess bedeutet Lernen. Unter *Lernen* verstehen wir den *Erwerb eines neuen Verhaltens oder Wissens,* das bisher im Verhaltensrepertoire des Organismus nicht vorkam. Damit wird Lernen von *Reifung* unterschieden, bei der genetisch programmierte Wachstumsprozesse zu Veränderungen des zentralen Nervensystems (ZNS) führen, die als unspezifische Voraussetzung für Lernen fungieren. Der Übergang zwischen plastischen Veränderungen, die der Reifung zugrundeliegen, und plastischen Veränderungen, welche Lernen zugrunde liegen, ist allerdings fließend.

Die *Voraussetzung für Lernvorgänge* aller Art ist nicht nur in der genetischen Steuerung der Reifung synaptischer Verbindungen zu sehen, sondern in der Ausbildung *spezifischer synaptischer* Verbindungen unter dem Einfluss *früher Umweltauseinandersetzung*. Neuronale Wachstumsvorgänge (▸ Kap. 1.2) stellen die Grobverbindungen im Nervensystem her (z. B. Verbindung von Retina und Corpus geniculatum laterale des Thalamus); die Entwicklung von geordneten Verhaltensweisen und Wahrnehmungen hängt aber von der frühen, adäquaten Stimulation des jeweiligen neuronalen Systems in einer kritischen Entwicklungsperiode ab. Dies zeigen Experimente, bei denen zu unterschiedlichen Zeitpunkten vor oder nach der Geburt sensorische Kanäle oder motorische Aktivitäten selektiv depriviert, d. h. von jedem äußeren Einfluss isoliert werden.

Erfolgt die ❸*Deprivation in einer kritischen Periode,* so bilden sich die synaptischen Verbindungen für eine bestimmte Funktion nicht aus, und das zugehörige Verhalten kann auch später nicht mehr erlernt werden. Werden z. B. junge Affen von ihrer sozialen Umgebung isoliert, so kommt es zu dauerhafter und irreparabler *Störung des gesamten Sozialverhaltens.* Die Tiere können auch einfache instinktive Reaktionen, wie Sexual- und Paarungsverhalten, zu einem späteren Zeitpunkt nicht mehr erlernen. Auch beim Menschen wurden immer wieder anekdotisch Beispiele solcher dauerhafter Störungen nach Isolation *(Kaspar Hauser-Befunde)* berichtet.

Aus dem Studium der *selektiven Deprivation* einzelner Wahrnehmungsfunktionen, v. a. des visuellen Systems, konnte man die wesentlichen der am Lernen beteiligten neuronalen Prozesse isolieren. Beispielsweise führt die *Schließung eines Auges* unmittelbar nach der Geburt zu einer ❸*Atrophie der okularen Dominanzsäulen* im visuellen Kortex des deprivierten Auges. Dabei zeigt sich ein fundamentales Prinzip neuronaler Plastizität, das auch Lernen zugrundeliegt und das nach seinem Entdecker, dem kanadischen Psychologen Donald Hebb als *Hebb-Regel* bezeichnet wird: Wenn ein Axon des Neurons A das Neuron B erregt und wiederholt oder anhaltend das Feuern, d. h. die überschwellige Erregung von Neuron B bewirkt, so wird die Effizienz von Neuron A für die Erregung von Neuron B durch einen Wachstumsprozess oder eine Stoffwechseländerung in beiden oder einem der beiden Neurone erhöht.

Beispielsweise ist für die Ausbildung der *Segregation der okularen Dominanzsäulen* (▸ Kap. 10) die *simultane Aktivierung* prä- und postsynaptischer Elemente im visuellen Kortex aus *beiden* Augen notwendig. Zeitlich simultane Aktivierung von präsynaptischen und postsynaptischen Elementen führt also zu einer funktionellen und anatomischen Stärkung der Verbindung zwischen prä- und postsynaptischem Element.

> **Merke** ▌
>
> Frühe Stimulation und Deprivation in kritischen Wachstumsperioden führen zu dauerhaften plastischen Veränderungen des Gehirns. Den meisten neuroplastischen Veränderungen liegt auf zellulärer Ebene ein assoziativer Vorgang zugrunde, den man als Hebb-Regel bezeichnet.

■ ■ ■ **Apoptose beim Lernen.** Durch simultanes Feuern wird nicht nur die Stärke der Verbindung der kooperierenden Synapsen erhöht, sondern gleichzeitig die Aktivität inaktiver benachbarter Verbindungen geschwächt. Durch die simultan aktiven Synapsen wird aktivitätsabhängig der Nervenwachstumsfaktor (NGF) von den benachbarten, inaktiven Verbindungen »abgezogen«. Bei Nichtvorhandensein des Nervenwachstumsfaktors oder eines ähnlichen, auf den postsynaptischen Zellen aktivierten Wachstumsfaktors sterben die benachbarten nichtaktiven Zellen ab. Wenn die synchrone Aktivierung präsynaptischer und postsynaptischer Elemente eine gewisse Depolarisationsintensität überschritten hat, so wird eine Verstärkung des Ca^{2+}-Einstroms in die Zelle ermöglicht, wodurch dann über eine Reihe von intrazellulären Zwischenprozessen, die unten beschrieben werden, eine Absenkung der Depolarisationsschwelle für das Feuern des Neurons erreicht wird. Der Abbruch alter, störender Verbindungen durch Absterben oder Funktionslosigkeit nicht benützter Zellen ist somit für die Entwicklung neuer Verhaltensweisen mindestens genau so wichtig wie der Aufbau neuer neuronaler Verbindungen.

Kompensatorische Plastizität und neuronale Reorganisation

Abbruch oder Zerstörung einer Verhaltensleistung oder einer Hirnregion hat stets – vor allem im Kortex – adaptive oder nichtadaptive Konsequenzen: Beispielsweise wachsen nach früher Erblindung oder Ertaubung *taktile* Verbindungen in die parietookzipitale Region, welche von einer Sehregion zu einer Tast- oder Hörregion wird. Damit gehen sowohl Verbesserung der taktilen Leistungsfähigkeit wie auch pathologische Veränderungen (z. B. Phantomschmerzen nach einer Amputation) einher. Solchen plastischen Anpassungsvorgängen können Absterben bestehender, die Demaskierung vorher »stiller« oder gehemmter Verbindungen, das Aussprossen neuer Synapsen *(sprouting)* und andere synaptische Veränderungen zugrunde liegen.

> **Merke** ▌.
>
> Lernen im Zentralnervensystem wird durch Verstärkung häufig benutzter synaptischer Verbindungen und Absterben (Apoptose) nicht benutzter Verbindungen erreicht (*pruning*, Zuschneiden).

Veränderung kortikaler Strukturen durch Lernen

Vergleichsuntersuchungen nach Art der ◨ Abbildung 17.1, bei denen Tiere in unterschiedlichen Altersstufen einerseits angereicherten, stimulierenden Umgebungen *(enriched environmental conditions)* und andererseits verarmten, eintönigen Umgebungen *(impoverished environmental conditions)* ausgesetzt wurden, zeigten, dass **Lernen** und **Erfahrung** zu einer Vielzahl spezifischer und unspezifischer **makroskopisch-anatomischer, histologischer** und **molekularer** Änderungen führen.

■ ■ ■ Tiere, die in einer stimulierenden Umgebung aufwachsen, haben **dickere** und **schwerere Kortizes,** eine erhöhte Anzahl dendritischer Fortsätze und dendritischer Spines (▶ Kap. 1), **erhöhte Transmittersyntheseraten,** v. a. des Azetylcholins, Verdickungen der postsynaptischen (subsynaptischen) Membranen, Vergrößerungen von Zellkörpern und Zellkernen sowie **Zunahme** der Anzahl und der Aktivität von **Gliazellen.** In einzelnen Hirnregionen, v. a. im Hippokam-

◨ **Abb. 17.1. Beispiele für stimulierende und weniger stimulierende Umgebung. a** Standardkolonie mit drei Ratten pro Käfig. **b** Reizarme Umgebung mit einer isolierten Ratte. **c** Stimulierende Umgebung mit 10–12 Ratten pro Käfig und einer Reihe von Spielmöglichkeiten (Mod. nach Rosenzweig u. Leiman 1982; aus Birbaumer u. Schmidt, 2006)

pus und Kortex, können sich auch beim adulten Organismus noch Glia- und Nervenzellen vermehren *(Neurogenese)*. Wenn man die Tiere zusätzlich zu ihrem normalen Verhalten noch in spezifischen Lernaufgaben trainiert, so kommt es zu einem vermehrten Auswachsen von Verzweigungen der apikalen und basalen Dendriten der beteiligten kortikalen und hippokampalen Pyramidenzellen. Dieses Wachstum geht mit einer *Vergrößerung der dendritischen Spines* einher.

Solche Untersuchungen machen wahrscheinlich, dass die dendritischen Synapsen und Spines ein wesentlicher Ort des Lernens sind, während es sich bei den übrigen Veränderungen um unspezifische Korrelate neuronaler Plastizität und verbesserter Stoffwechselbedingungen handelt. Die Untersuchung der histologischen Struktur der kortikalen Dendriten zeigte, dass viele Verbindungen zwischen präsynaptischem und postsynaptischem Neuron bereits vor der eigentlichen Lernbedingung bestehen, sodass durch Lernen v. a. *»stumme«* und gehemmte synaptische Verbindungen *»geweckt«, demaskiert* und seltener neue Verbindungen hergestellt werden. Diese physiologischen und histologischen Änderungen sind *ortsspezifisch*, d. h. sie finden dort statt, wo der Lernprozess vermutet werden kann, nämlich in der Umgebung der aktiven sensomotorischen Verbindungen (z. B. lässt sich das Erlernen visuellen Kontrastes oder von Bewegungssehen in den entsprechenden Veränderungen im okzipitalen Kortex ablesen). Alle genannten Lern- und Umbauprozesse sind zwar in den Anfangsphasen der Lebensentwicklung besonders effizient, bleiben aber im gesunden Organismus bis zum Tod erhalten.

Merke

Anregende Umgebung und zielgerichtete geistig-körperliche Aktivität führen zu spezifischen Wachstumsprozessen in den beteiligten Nervenzellen und ihren Ausläufern, v. a. den Spines (synaptische Kontaktstellen) der apikalen Dendriten.

Veränderungen kortikaler Karten durch Lernen

Auf anatomischer Ebene lassen sich aktivitätsabhängige Änderungen auch an den *Modifikationen somatotopischer, tonotoper und visueller Karten* (▶ Kap. 5.2, 7.4 und 8.8) im Gehirn ablesen. Wenn z. B. ein Tier eine bestimmte Bewegung über einen längeren Zeitraum übt, so lässt sich eine Erweiterung des »geübten« motorischen und somatotopischen Areals auf die benachbarten nachweisen. Es können dann Zellantworten, z. B. von der postzentralen Handregion, über früher inaktiven Hirnarealen abgeleitet werden. Diese funktionell-topographischen Karten sind von Individuum zu Individuum verschieden, je nach der bevorzugten Aktivität des Sinnessystems oder des jeweiligen motorischen Outputs. Die erworbene Individualität eines Organismus (in Abgrenzung von der genetischen) ist somit in unterschiedlichen topographischen (ortssensitiven) und zeitsensitiven Hirnkarten repräsentiert.

Bei der Modifikation solcher topographischen (ortssensitiven) oder zeitsensitiven Hirnkarten (z. B. im akustischen System) zeigt sich wieder, dass das *Prinzip der Hebb-Regel Gültigkeit* hat: Die Ausweitung einer topographischen Repräsentation durch Lernen wird durch *gleichzeitige Aktivierung* einzelner Zellen von zwei benachbarten Fasern aus benachbarten Haut- oder Handregionen, z. B. bei sensomotorischen Aufgaben, bewirkt. Es ist also nicht nur der rein quantitative Anstieg der Aktivität, der für die anatomischen Veränderungen verantwortlich ist, sondern die durch *synchrone Aktivität* ausgelösten Veränderungen. Deshalb ist z. B. Musizieren für das Gehirn besonders fruchtbar, da *gleichzeitig auditorische* (Musik hören), *motorische* (spielen), *analytisch-verbale* (Noten lesen und erinnern), *taktile* (Instrument spüren) und *visuelle* (Noten lesen) *Erregungen* in die Temporal- und Parietalregion einlaufen und zu deutlichen Wachstumsvorgängen führen.

> **Merke**
>
> Lernen führt zu aktivitätsabhängiger Modifikation kortikosubkortikaler Repräsentationen, die als kortikale Karten *(maps)* bezeichnet werden. Die Entwicklung solcher *ortssensitiver Hirnkarten* hängt wiederum von der Synchronizität (Gleichzeitigkeit) der ankommenden Impulse ab (Hebb-Regel).

17.2 Neuropsychologie des Gedächtnisses – Gedächtnissysteme

Gedächtnisformen

Wir haben uns bisher mit einfachen Assoziationen und dem *Kurzzeitgedächtnis* sowie mit der Speicherung einfacher Assoziationen über einen längeren Zeitraum im *Langzeitgedächtnis* beschäftigt. Die Fähigkeit, kurzzeitig oder langzeitig Assoziationen zwischen Reizen und zwischen Reizen und Reaktionen herzustellen, scheint eine universelle Eigenheit v. a. kortikaler Neurone zu sein. Bei höheren Säugern und speziell beim Menschen finden wir aber auch andere

Arten des Behaltens, die nicht auf der Basis einfacher Reiz-Reaktionsverbindungen allein erklärbar sind.

Auf ◘ Abbildung 17.2 sind zwei Gedächtnissysteme unterschieden, die in der Psychologie traditionellerweise auf der einen Seite vom *Behaviorismus* studiert wurden (prozedurales, implizites oder nichtdeklaratives Lernen), auf der anderen Seite von der *Denkpsychologie* erforscht wurden (deklaratives oder explizites Lernen). Im menschlichen Gehirn sind offensichtlich beide Gedächtnisarten in verschiedenen Hirnregionen realisiert.

- Unter *deklarativem (explizitem) Gedächtnis* verstehen wir die bewusste Wiedergabe von Fakten und Ereignissen (episodisches Gedächtnis).
- Unter *prozeduralem (implizitem, nichtdeklarativem) Gedächtnis* verstehen wir mehrere Lernmechanismen, z. B. nichtassoziatives Lernen (Habituation, Gewöhnung und Sensibilisierung), klassische Konditionierung (Pawlowianisches Lernen), *priming* (Effekte von Erwartungen) und das Er-

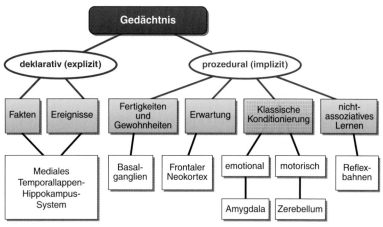

◘ **Abb. 17.2. Klassifikation des Langzeitgedächtnisses.** Deklaratives (explizites) Gedächtnis ist für die bewusste Wiedergabe von Fakten und Ereignissen verantwortlich. Prozedurales (implizites oder nichtdeklaratives) Gedächtnis ist für die Wiedergabe von Fertigkeiten, Gewohnheiten, Bewegungsfolgen und Regeln sowie klassische Konditionierung verantwortlich. Prozedurales Lernen erfolgt im Allgemeinen nicht bewusst, es besteht daher kein direkter Zugriff zum Gedächtnisinhalt. Unter den verschiedenen Gedächtnisarten sind die wichtigsten Hirnstrukturen angegeben, welche diesen Gedächtniskategorien zugrunde liegen. Sie werden in diesem Kapitel und in Kapitel 18 besprochen (Nach Squire & Zola-Morgan, 1991 mit freundlicher Genehmigung)

lernen von Fertigkeiten und Gewohnheiten (*skill-* oder *habit*-Lernen). Im Falle des prozeduralen Lernens kann die Erfahrung das Verhalten **ohne** Mitwirkung des Bewusstseins und **ohne** bewussten Zugriff auf einen bestimmten Gedächtnisinhalt verändern.

> **Merke**
>
> Wir unterscheiden explizit-deklaratives Gedächtnis vom implizit-prozeduralen Gedächtnis. Explizites Gedächtnis benötigt bewussten Zugriff auf die Erfahrung, implizites nicht. Beiden liegen unterschiedliche Hirnregionen und -verbindungen zugrunde.

─ **Klinik** ───────────────

🔵 **Anterograde Amnesie.** Der Patient R.B. von Zola Squire erlitt während einer Operation am offenen Herzen einen Sauerstoffmangel im Gehirn. Nach der Operation konnte er sich an alles bis zur Operation erinnern, aber danach nichts neu lernen. Selbst wenn er eine Person mehrfach am Tag traf, wusste er wenige Minuten später nichts mehr davon. Er lernte aber eine Vielzahl von neuen Fertigkeiten wie Bäume stutzen und Ballspiele. Er konnte diese mit Übung zunehmend besser, erinnerte aber nicht, dass und wann (Episode) er geübt hatte. Nach seinem Tod fand man eine kleine Läsion im sog. CA1-Feld des Hippokampus.

Amnesieformen

Der Ausgangspunkt für die systematische Klassifikation des Gedächtnisses auf neurobiologischer Basis war ein Einzelfall, der Patient H. M., der nach einer beidseitigen Entfernung der Hippokampi und der darüberliegenden Kortexschichten (die Operation wurde zur Linderung schwerster epileptischer Anfälle durchgeführt) eine schwere *anterograde Amnesie* erlitt, die auch 30 Jahre nach der Operation unverändert geblieben ist.

▬ Unter *anterograder Amnesie* verstehen wir die Tatsache, dass eine Person nach einer Hirnschädigung (Unfall, Schlaganfall, Operation, psychischer Schock etc.) keine **neue** Information behalten (lernen) und wiedergeben kann.

▬ Unter *retrograder Amnesie* verstehen wir die Tatsache, dass eine Person Ereignisse **vor** einer Hirnschädigung nicht erinnern kann.

Der Patient H. M. und viele der nach ihm untersuchten Patienten mit Amnesien scheinen keinerlei neue Informationen und Ereignisse nach der Zerstörung des Hippokampus aufnehmen zu können. Bei genauer testpsychologischer Untersuchung ergab sich aber, dass bei diesen Patienten das *nichtdeklarative (implizite) Lernen erhalten* bleibt. Dagegen zeigten systematische Studien von Patienten mit Läsionen des Hippokampus und Läsionsstudien an Affen, dass deklaratives Lernen von der Intaktheit des Hippokampus, des entorhinalen Kortex und der darüberliegenden perirhinalen und parahippokampalen Kortizes abhängt (◘ Abb. 17.3).

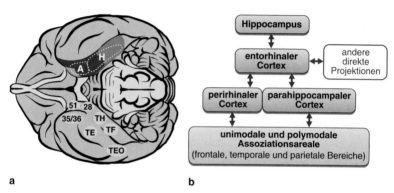

a   b

◘ **Abb. 17.3. Kortikale Strukturen für Lernen und Gedächtnis. a** Ventrale Ansicht des Affengehirns mit den verschiedenen Läsionsorten, die im Tiermodell zur Amnesie führten. Amygdala *(A)* und Hippokampus *(H)* sind *punktiert* eingezeichnet und die benachbarten kortikalen Regionen in Farbe. Angegeben sind der perirhinale Kortex (Area 35 und 36), der periamygdaloide Kortex (Area 51), der entorhinale Kortex (Area 28) und der parahippokampale Kortex (Areale TH und TF). Schematischer Aufbau des Gedächtnissystems des medialen Temporallappens. Der entorhinale Kortex projiziert in den Hippokampus, wobei zwei Drittel der kortikalen Afferenzen in den entorhinalen Kortex aus den benachbarten perirhinalen und parahippokampalen Kortizes entspringen. Diese wiederum erhalten Projektionen von unimodalen und polymodalen kortikalen Arealen im frontalen, temporalen und parietalen Bereich. Der entorhinale Kortex erhält darüber hinaus direkte Afferenzen vom orbitalen Frontalkortex, dem Gyrus cinguli, dem insulären Kortex und dem oberen Temporallappen. Alle diese Projektionen sind reziprok (Nach Squire & Zola-Morgan 1991 mit freundlicher Genehmigung)

> **Merke**
>
> Deklaratives Behalten, also Ereignisse und Fakten, die man anderen erzählen kann, sind an die Intaktheit des Hippokampus und der mit ihm verbundenen temporalen Hirnstrukturen gebunden.

Rolle des medialen Temporallappensystems beim deklarativen Lernen

◘ Abbildung 17.3 gibt eine Übersicht über das mediale Temporallappensystem, das *deklarativem* Lernen zugrundeliegt. Der Hippokampus erhält über den entorhinalen Kortex Informationen aus allen Assoziationsfeldern des Neokortex sowie aus Teilen des limbischen Systems, vor allem dem Gyrus cinguli und dem orbitofrontalen Kortex sowie aus verschiedenen Regionen des Temporalkortex. Alle diese Verbindungen sind reziprok, d. h. der Hippokampus hat auch efferente Verbindungen zu den Assoziationskortizes, in denen die eigentlichen Langzeitveränderungen im Rahmen der Gedächtnisspeicherung stattfinden.

Was ist nun die Funktion dieses Systems, das Voraussetzung für die Langzeit-Konsolidierung von Gedächtnismaterial ist, ohne selbst dieses Material in seinen Zellsystemen zu enthalten? Das mediale Temporallappensystem muss offensichtlich während der Darbietung oder Wiederholung des Gedächtnismaterials aktiv sein, damit sich *zwischen den verschiedenen Reizen,* die während der Einprägung präsent sind, *assoziative Verbindungen ausbilden* können. Der Hippokampus und der darüberliegende entorhinale Kortex müssen die verschiedenen Repräsentationen der *gesamten Umgebung,* die während des Lernens präsent sind, zeitlich wie örtlich miteinander verketten.

Die *Herstellung eines solchen Kontextes* ist v. a. dann notwendig, wenn neue Situationen und neues Lernmaterial eingeprägt werden müssen, da in einer solchen Situation *neue Wahrnehmungen* und *neue Gedanken,* die bisher nicht assoziativ miteinander verbunden waren, *miteinander verbunden* werden müssen. Sobald diese neuen Inhalte assoziativ verkettet sind, genügt zu einem späteren Zeitpunkt ein kleiner Ausschnitt oder ein *Einzelaspekt* dieser Situation, um die *Gesamtsituation* zu reproduzieren.

Das *hippokampale System verbindet* also die kortikalen Repräsentationen einer bestimmten Situation miteinander, sodass sie die *Gesamtheit des Gedächtnisinhaltes* bilden. Fällt dieses System aus, so erscheint uns jede Situation neu, völlig unabhängig davon, wie oft wir sie schon gesehen oder erlebt haben, da sie zu keiner der gleichzeitig vorliegenden Aspekte dieser Situation irgendeine Beziehung hat. In der Gedächtnispsychologie wird diese Art des Lernens daher auch als ***Beziehungslernen*** bezeichnet.

Merke

Der Hippokampus verbindet auch entfernt voneinander liegende kortikale Areale, welche den Kontext einer einprägenden Situation bilden, ***assoziativ*** miteinander. Dadurch kann später die gesamte Situation von einem einzelnen Teilelement rekonstruiert und erinnert werden.

Rolle subkortikaler Hirnstrukturen beim impliziten Lernen

Wie in ◻ Abbildung 17.2 sichtbar, lassen sich verschiedene Arten ***impliziten*** Lernens unterscheiden. Für jeden dieser Lernvorgänge konnten unterschiedliche Hirnsysteme als strukturelle Voraussetzung identifiziert werden. Dabei existieren zwischen verschiedenen Arten von Lebewesen große Unterschiede in der neuroanatomischen Basis der aufgeführten Lernmechanismen. Im Allgemeinen spielen ***kortikale*** Prozesse in der Steuerung prozeduralen Lernens ***eine geringere Rolle*** als beim deklarativen Lernen, wenngleich beim Menschen für den Erwerb und das Behalten von motorischen Fertigkeiten motorische und präfrontale kortikale Areale unerlässlich sind. Die Tatsache aber, dass die meisten der prozeduralen Lernvorgänge der bewussten Erinnerung schwer zugänglich sind, im allgemeinen reflexhaft ablaufen und keinen aktiven, bewussten Suchprozess benötigen, zeigt bereits, dass ***primär subkortikale Regionen*** für die Steuerung prozeduralen Lernens ***verantwortlich*** sind.

▪▪▪ Beim Menschen konnte gezeigt werden, dass einfache ***klassische Lidschlagkonditionierung*** und sog. *priming* nicht mehr möglich sind, wenn ✪ ***Läsionen im Vermis*** des Kleinhirns vorliegen. Bei der klassischen Konditionierung des Lidschlagreflexes wird ein neutraler Ton (CS) mit einem Luftstoß auf das Auge (US) gepaart, sodass nach wenigen Darbietungen der CS alleine die unkonditionierte Reaktion (UR) des Lidschlusses auslöst.

Bei Patienten mit Kleinhirnläsionen bleiben aber die deklarativen Gedächtnismechanismen unbeeinflusst, d. h. diese Personen können Fakten, Episoden und Daten (»gewusst was«) weiter erwerben. Was fehlt, ist das Speichern des ***zeitlichen Ablaufs*** von gezielten Bewegungsfolgen (»Fertigkeiten«). Der Erwerb und die Wiedergabe von komplizierten Verhaltensregeln und Fertigkeiten sind beim Menschen auch an die Funktionstüchtigkeit der Basalganglien gebunden. Für einzelne prozedurale Lernvorgänge konnten alle beteiligten Hirnstrukturen und die in ihnen ablaufenden Prozesse identifiziert werden. Dazu gehört z. B.

▬ die klassische Konditionierung des Nickhautreflexes des Auges beim Kaninchen oder
▬ konditionierte emotionale Reaktionen auf unangenehme Reize bei der Ratte (▶ Kap. 18.3).

Dabei zeigt sich allgemein, dass der Lernprozess dort stattfindet, wo sich die beiden sensorischen Informationen, die assoziativ miteinander verknüpft werden, treffen. Wenn also z. B. der konditionale Reiz in einem Ton besteht und der unkonditionale Reiz in einem aversiven taktilen Reiz, so findet die assoziative Verkettung bei der Ratte im medialen Abschnitt des Nucleus geniculatum mediale statt, in dem die beiden Informationskanäle konvergieren. Der »Klebstoff«, welcher die beiden Informationen verbindet, kommt aber aus jenen Hirnregionen, welche die emotional positive (Belohnung) oder negative (Furcht) Reizbedeutung analysieren. Im Falle der klassischen Furchtkonditionierung ist dies die Amygdala, bei Belohnung das vordere Striatum (▶ Kap. 5.2 und Kap. 18.3).

> **Merke**
>
> Prozedurales (implizites) Lernen ist von der Funktionstüchtigkeit motorischer Systeme, der Basalganglien und des Zerebellums abhängig.

17.3 Zelluläre und molekulare Mechanismen

Nichtassoziatives und assoziatives Lernen in einfachen Lebewesen

Das Studium von nichtassoziativem (z. B. Gewöhnung und Sensibilisierung) (◻ Abb. 17.2) und assoziativem Lernen in verschiedenen einfachen Lebewesen mit überschaubarer neuronaler Komplexität erbrachte erstaunlich ähnliche makro- und mikromolekulare Änderungen durch Lernprozesse. Dabei wurden v. a. die kalifornische Meerschnecke *Aplysia* mit etwa 20 000 Neuronen, eine andere Meerschnecke, *Hermissenda crassicornis,* und die gemeine Fruchtfliege *Drosophila melanogasta* bevorzugt untersucht.

Diese Tiere zeigen sowohl *nichtassoziatives Lernen* wie *Habituation* und *Sensibilisierung* sowie die beiden Formen von *assoziativem Lernen,* nämlich *klassisches Konditionieren,* bei dem Lernen durch gleichzeitige Darbietung von zwei Reizen erfolgt, und *instrumentelles Lernen* durch Darbietung eines Belohnungs- oder Bestrafungsreizes nach einer Reaktion.

Merke

Auch Insekten und wirbellose Tiere mit nur wenigen Nervenzellen lernen nicht-assoziativ (Habituation und Sensitivierung) sowie über assoziative klassische und instrumentelle Konditionierung.

Gedächtnisformen: sensorisches, Kurzzeit- und Langzeitgedächtnis

Wie beim Lernen zeigt sich auch beim Gedächtnis schon in einfachen Lebewesen der fundamentale Unterschied zwischen *sensorischem Gedächtnis* (Speicherung für Millisekunden bis Sekunden), *Kurzzeitgedächtnis* (Sekunden bis Minuten) und *Langzeitgedächtnis* (Minuten bis Jahre), der in der Psychologie schon vor jeder neurowissenschaftlichen Analyse des Gedächtnisses immer wieder gefunden wurde.

Sensorisches Gedächtnis bezeichnet die Tatsache, dass wir mehr wahrnehmen als wir uns merken. Im visuellen System spricht man von *ikonischem,* im akustischen von *echoischem* Gedächtnis, beide sind dem bewussten Zugriff nicht zugänglich. Besonders eindrücklich lässt sich die Existenz des sensorischen Gedächtnis an *Savants* untersuchen, Personen die exzessive Gedächtnisleistungen vollbringen: Z. B. ein *eidetisches* Gedächtnis. Dabei merken sich manche Menschen bis zu hundert kurz dargebotene Bilder oder Symbole, während die Mehrheit nur 7 ± 2 Bilder oder Symbole reproduzieren kann.

Die *Einprägung* im Langzeitgedächtnis läuft im Allgemeinen über das Kurzzeitgedächtnis; umgekehrt benötigt die *Wiedergabe* aus dem Langzeitgedächtnis das Kurzzeit- bzw. Arbeitsgedächtnis (▶ Kap. 16). Während das sensorische Gedächtnis vermutlich durch elektrische Prozesse an den Synapsen repräsentiert ist, treten beim Kurzzeitgedächtnis bereits Veränderungen der Membranstruktur und Transmitterausschüttung über mehrere Minuten bis Stunden auf; beim Langzeitgedächtnis kommt es zu einer Veränderung der Arbeitsweise des genetischen Apparats der beteiligten Nervenzellen.

▪▪▪ Dem *Ausmaß ihrer Flüchtigkeit* entspricht bei diesen drei Gedächtnismechanismen das *Ausmaß der Störbarkeit.* Während Kurzzeitgedächtnis und Konsolidierung (Einprägungsphase) durch interferierende Reize sehr leicht störbar sind, ist das Langzeitgedächtnis auch nach massiven Eingriffen ins ZNS (z. B. elektrokonvulsiver Schock) weiterhin intakt. Die genetische Natur des Langzeitgedächtnisses schützt es vor Alterungsprozessen eher als die sehr viel leichter störbaren dynamischen elektrochemischen Vorgänge des Kurzzeitgedächtnisses.

Klinik

Altern und Kurzzeitgedächtnis. Die Abbildung zeigt die Hirndurchblutung junger und alter Leute (>65 J.) Menschen in verschiedenen kortikalen Regionen beim Einprägen und Wiedererkennen von neuen Gesichtern. Man erkennt, dass die Hirnaktivierung (und Leistung) dorsofrontal und temporal deutlich geringer ist. Damit geht auch ein gewisser Zellverlust im Hippokampus und Kortex einher. Bei der ✪ *Alzheimer Erkrankung* mit völligem Gedächtnisverlust wird zuerst der Hippokampus und das cholinerge basale Vorderhirn und danach der Kortex zerstört. Ein wichtiges molekulares Kennzeichen des Gedächtnisverlustes im Alter ist der Verlust von NMDA-Rezeptoren an den kortikalen und hippokampalen Synapsen (▶ Kap. 3).

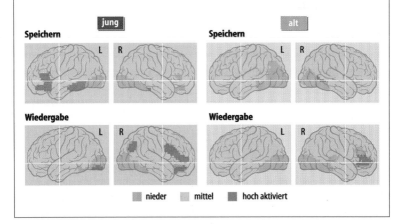

Merke

Wir unterscheiden das flüchtige sensorische Gedächtnis, Kurzzeitgedächtnis und Langzeitgedächtnis. Mit zunehmender Dauer der Einspeicherung muss das physiologische Substrat weniger störbar, v. a. durch Alterungsprozesse sein.

Zelluläre und molekulare Veränderungen beim Lernen

Die Untersuchungen an den drei genannten einfachen Lebewesen zeigten, dass *Kurzzeitgedächtnis* und *klassische Konditionierung* als gemeinsame Endstrecke eine *verstärkte Ausschüttung des Transmitters* aus den Synapsen der am Lernen beteiligten sensorischen Neurone aufweisen. ◧ Abbildung 17.4a zeigt den Mechanismus der klassischen Konditionierung auf zellulärer Ebene, ◧ Abbildung 17.4b auf molekularer Ebene. Daraus ist ersichtlich, dass die wiederholte Aktivierung der sensorischen Synapse, welche die Erregung des konditionalen Stimulus (CS, z. B. Berührung) weiterleitet, simultan mit dem unkonditionalen Stimulus (US, z. B. einem elektrischen Schlag auf den Schwanz des Tieres), eine Verstärkung der Transmitterantwort des sensorischen Neurons auf den CS allein bewirkt. Die Darbietung des CS allein löst nach mehreren Paarungen schließlich die ursprüngliche unkonditionierte Reaktion (UR), eine Kiemenkontraktion nun als konditionierte Reaktion (CR) aus (◧ Abb. 17.2a). Reize, die zeitlich nicht mit dem unkonditionalen Reiz gepaart sind, bewirken keine Verstärkung der Antwort der sensorischen Synapse.

Die Paarung von CS und US löst eine *Kaskade von extra- und intrazellulären Prozessen* an der prä- und postsynaptischen Membran aus, wie sie an der axoaxonischen Synapse in ◧ Abbildung 17.4b dargestellt ist. Zunächst aktiviert der Neurotransmitter *Serotonin* (5-Hydroxytryptamin, 5-HT, oder auch ein anderer Transmitter), der von dem unkonditionalen Stimulus freigesetzt wird, einen Rezeptor in der postsynaptischen Membran, der die *Adenylatzyklase* aktiviert und die Konzentration von zyklischem AMP (cAMP) an der postsynaptischen Membran erhöht. Das *cAMP* aktiviert eine von der cAMP-Aktivität abhängige Proteinkinase. Diese *Proteinkinase* löst nun die Phosphorylierung mehrerer Proteine aus, die alle zu einem entscheidenden Endresultat, nämlich dem **verstärkten** *Einstrom von Ca^{2+}-Ionen* und der Verlagerung der Transmitter-Vesikel an die Membran führen. Die erhöhte Ca^{2+}-Konzentration in den Endknöpfen bewirkt dann eine *erhöhte Ausschüttung des Transmitters* (an der axosomatischen Synapse) (◧ Abb. 17.4a und ▶ Kap. 2).

Im einzelnen ist der Ablauf so, dass zunächst die Proteinkinase ein K^+-Kanalprotein phosphoryliert, was zur *Schließung des Kaliumkanals* führt, sodass die Repolarisation der depolarisierten Zelle für einige Zeit verhindert wird. Diese Verbreiterung der Aktionspotentialdauer führt dann zu erhöhtem Einstrom von Ca^{2+}-Ionen. Das erhöhte intrazelluläre Kalzium scheint seinerseits die *Sensibilität der Adenylatzyklase für neuerliche Serotoninbindung* am Rezeptor zu erhöhen. Wenn nun nach der erstmaligen Paarung eine neuerliche Stimulation mit dem konditionalen Reiz erfolgt, ist das sensorische Neuron vorerregt und antwortet in einer gegenüber der ersten Reizung verstärkten Art und Weise, auch wenn der unkonditionale Stimulus nicht mehr dargeboten wird. Eine *Assoziation* wurde somit auf zellulärer Ebene gebildet. Bei den ge-

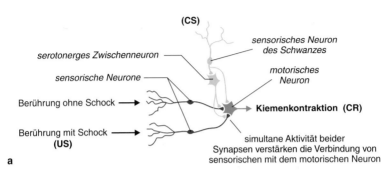

a

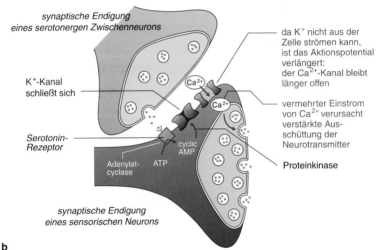

b

◘ **Abb. 17.4. Zelluläre und molekulare Mechanismen des Lernens. a** Diagramm der neuronalen Verbindungen, die für klassische Konditionierung einer Abwehrreaktion bei Aplysia verantwortlich sind. Weitere Erläuterung siehe Text (*CS*, konditionierter Reiz; *US* unkonditionierter Reiz; *CR*, konditionierte Reaktion). **b** Molekulare Mechanismen, die für das Erlernen einfacher Verhaltensweisen bei Aplysia verantwortlich sein könnten. Ausschüttung von Serotonin (5-HT) durch ein Interneuron verursacht die Schließung von Kaliumkanälen in den Synapsen des sensorischen Neurons und bewirkt damit eine Verlängerung des Aktionspotentials, verstärkten Ca^{2+}-Einstrom und verstärkte Ausschüttung des Transmitters aus der präsynaptischen Endigung des sensorischen Neurons (Weitere Erläuterungen ▶ Text. Mod. nach Carlson 1991, mit freundlicher Genehmigung)

nannten Tieren halten diese Effekte etwa 1–2 h nach dem Training an, verschwinden allerdings danach. Setzt man die CS-US-Paarungen über Stunden fort, so bewirkt die verlängerte Phosphorylierung die Aktivierung von regulierenden Proteinen im Zellkern durch die Proteinkinase. Erhöhte Transkription von RNS und Synthese spezifischer Proteine ist die Folge. Damit wird der Übergang ins Langzeitgedächtnis ermöglicht.

Merke

Assoziatives Lernen in einfachen Lebewesen lässt sich auf molekularer Ebene durch Erhöhung des Einstroms von Ca^{2+} in die Zelle erklären, was zu verstärkter Ausschüttung des Transmitters und erhöhter Depolarisation an der postsynaptischen Membran führt.

Gedächtnisbildung durch Langzeitpotenzierung

Wie wir im Abschnitt 17.2 gesehen haben, ist zur Überführung der Information vom Kurzzeitgedächtnis in das Langzeitgedächtnis, also für den Prozess der *Konsolidierung,* die Intaktheit des Hippokampus notwendig. Seine beidseitige Zerstörung führt zu fast völliger *anterograder Amnesie,* d. h. der betroffene Patient kann neue Information nur über einen kurzen Zeitraum behalten. Er bleibt sozusagen in der Gegenwart des Läsionszeitpunktes stehen. Nun zeigt der Hippokampus und in gewissem Ausmaß auch der Neocortex bei den meisten Säugetieren eine elektrophysiologische Eigenschaft, die erklären könnte, wie Information in eine länger anhaltende Form übergeführt wird. Dieses Phänomen wird *Langzeitpotenzierung (long term potentiation, LTP)* genannt (▶ Kap. 3, ◘ Abb. 3.12, Abb. 17.5).

Unter Langzeitpotenzierung versteht man die Tatsache, dass die *Amplitude* und *Dauer* exzitatorischer postsynaptischer Potentiale (EPSP) über Stunden, Tage und Wochen *erhöht* werden kann, wenn die afferenten Axone durch elektrische Reizung repetitiv (tetanisch, z. B. hundert elektrische Reize innerhalb einer Sekunde, ▶ unten) aktiviert werden (◘ Abb. 17.5). Die stärksten Effekte der Langzeitpotenzierung lassen sich durch Reizung im natürlichen Rhythmus der hippokampalen Afferenzen erzielen. Der natürliche Rhythmus des Hippokampus während Explorationsverhalten des Tieres, wenn also zu lernende Information aufgenommen wird, ist der hippokampale *Theta (ϑ-Rhythmus,* 4–8 Hz). Er entsteht vor allem im Septum und transportiert die Informationseinheiten in rhythmischer Form in den Hippokampus, vermutlich um gleichartige

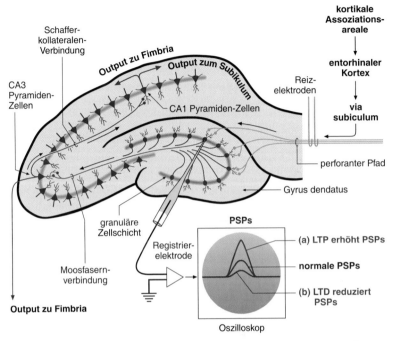

■ **Abb. 17.5. Versuchsanordnung zur Langzeitpotenzierung im Hippokampus der Rat-te.** Man reizt die Axone des Tractus perforans, welcher die Information vom entorhinalen Kortex transportiert. Die Körnerzellen (Granulärzellenschicht) führen zu den Pyramidenzel-len der CA3-Schicht und erregen die Pyramidenzellen der CA1-Schicht. Von dort geht die Information zum sog. Subikulum und Kortex. Rechts die Reizelektroden, unten Registrierung der EPSPs. Wenn man langsam reizt, kommt es zu Langzeitdepression (LTD) mit reduziertem PSP

»Klumpen« von Information durch oszillatorische Wiederholung für den Hip-pokampus »verdaubar« zu machen. Mit Stimulierung in diesem Rhythmus lässt sich das Phänomen der *assoziativen Langzeitpotenzierung* v. a. in der CA1-Region des Hippokampus besonders gut zeigen. Unter assoziativer Langzeitpo-tenzierung verstehen wir, dass bei simultaner Reizung des Neurons mit einem schwachen konditionalen Reiz (CS) und mit einer starken exzitatorischen Rei-zung (US) auch das EPSP auf den schwachen Reiz erhöht und verlängert wird. Der starke unkonditionale Stimulus besteht dabei i. a. aus 100 Hz tetanischer Reizung für etwa 1 s.

> **Merke**
>
> Langzeitpotenzierung (LTP) in Hippokampus und Kortex stellt eine Grundlage für länger anhaltende Gedächtnisaktivität und Einprägung dar.

Neuronale Vorgänge der LTP

Die biochemischen und molekularen Vorgänge während assoziativer Langzeit-potenzierung entsprechen nun in ihrem Endresultat dem, was wir über die molekulare Basis des Kurzzeitgedächtnisses kennen gelernt haben (▶ Kap. 3): *Erhöhung des Ca²⁺-Einstroms,* diesmal allerdings über einen längeren Zeit-raum. Im Säugetiergehirn, v.a. im Hippokampus und im Kortex, ist daran nicht mehr das Serotonin beteiligt, sondern der Transmitter *Glutamat,* der an ver-schiedene Glutamatrezeptoren bindet, von denen besonders einer eine kritische Rolle beim Lernen spielt, nämlich der *NMDA-Rezeptor* (N-Methyl-D-Aspar-tatrezeptor). Wird die postsynaptische Membran durch ausreichend intensive EPSP erregt, so wird der durch Mg^{2+}-Ionen blockierte NMDA-Kanal durchläs-sig. Daraufhin strömen Na^+- und Ca^{2+}-Ionen in das Zellinnere des dendriti-schen Fortsatzes (Spines) und aktivieren dort Ca^{2+}-abhängige Kinasen, die wie-derum zum fortgesetzten Einstrom von Ca^{2+} und zu einer Reihe von *Formver-änderungen der dendritischen* Spines führen. ◨ Abbildung 17.6 zeigt die Formveränderungen eines dendritischen Spines nach LTP.

Die Entblockierung des durch Mg^{2+} verschlossenen NMDA-Kanals ist nur möglich, wenn »starke« *Synapsen am selben Dendriten zur selben Zeit aktiv* sind. Die *Aufrechterhaltung der Ausschüttung* des Transmitters aus der präsy-naptischen Endigung, auch wenn diese nicht mehr aktiviert wird, geschieht offensichtlich über einen *retrograden messenger,* dessen Synthese in der post-synaptischen Zelle angeregt wird und der dann über eine Reihe von Zwischen-schritten ins präsynaptische Neuron diffundiert und dort den geschilderten Prozess aufrechterhält. Als Kandidat für die Stimulierung der NMDA-Rezepto-ren wird zum jetzigen Zeitpunkt v. a. *Stickoxid (NO)* angesehen, ein kurzlebiges hochreaktives Gas, das leicht durch die neuronalen Membranen gelangen kann und in Sekundenbruchteilen wieder abgebaut wird.

■■■ Der *Glutamat-NMDA-Mechanismus* in der CA1-Region des Hippokampus, im Kortex und in Teilen der Basalganglien scheint allerdings nur für mittlere Erregungsstärken zu funktionie-ren, da extreme Ausschüttung von Glutamat, z. B. bei epileptischen Anfällen, bei Anoxie, bei Hypoglykämie und anderen Traumen innerhalb weniger Minuten zu Zerstörung der Neurone durch das Glutamat führt. Ein solches Überangebot an Glutamat wird auch bei ✪ Huntington-

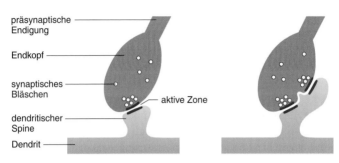

präsynaptische Endigung

Endkopf

synaptisches Bläschen

aktive Zone

dendritischer Spine

Dendrit

Vor Langzeitpotenzierung (LTP)   **Nach Langzeitpotenzierung**

■ **Abb. 17.6. Strukturänderungen der Synapsen an dendritischen Spines nach Langzeit-Potenzierung (LTP).** Dendritische Spines sind Ausstülpungen der postsynaptischen (subsynaptischen) Membranabschnitte von Dendriten, deren Größe durch die präsynaptische Aktivität bestimmt wird

Chorea, einem vererbten neurologischen Leiden, das Degeneration der Basalganglien und des Frontalkortex bewirkt, angenommen.

Ein erheblicher Teil der einlaufenden Fasern in den Hippokampus scheint mit Noradrenalin als Transmitter zu übertragen. Durch die Gabe von **Noradrenalin** lässt sich Langzeitpotenzierung erheblich verbessern und verlängern, die Gabe von Propranolol, einem noradrenergen β-Rezeptorenblocker, verhindert die Entwicklung von Langzeitpotenzierung. Dies könnte auch erklären, warum Langzeitgabe von β-Blockern zur Behandlung der essentiellen Hypertonie mit Gedächtnisausfällen einhergehen kann.

Merke

Langzeitpotenzierung am NMDA-Rezeptorkomplex stellt ein brauchbares Modell für Gedächtniskonsolidierung im Säugetierhirn dar, sie funktioniert nur, wenn zeitlich oder örtlich die Synapse im Sinne einer Hebbschen assoziativen Verbindung aktiviert wird.

Proteinbiosynthese bei der Gedächtniskonsolidierung

Genau wie für die Entwicklung des Kurzzeitgedächtnisses unterschiedliche makro- und mikromolekulare Prozesse existieren, wird es auch für die Langzeitspeicherung mehrere Mechanismen und Substanzen geben, die zu einer dauerhaften und gegenüber neuen Einflüssen resistenten Änderung der Struktur prä- und postsynaptischer Elemente, v. a. der dendritischen Spines führen. Wie in den vorausgegangenen Abschnitten bereits besprochen, **ändert sich** *durch Lernen* im Gehirn die morphologische *Struktur der exzitatorischen Synapsen,* die mit dendritischen Spines Kontakt haben. Es wachsen nicht nur neue Spines aus, sondern auch die am Lernen beteiligten Spines reduzieren ihren elektrischen Widerstand durch Änderung ihrer Geometrie, z. B. wird der »Nacken« des Spines breiter und kürzer und gleichzeitig die Ausdehnung der postsynaptischen Membran und ihrer kontraktilen Elemente größer. Während LTP eher für die Konsolidierung von Gedächtnisinhalten und »Festhalten« im Arbeitsgedächtnis in Frage kommt, wird Langzeitbewahrung der Information mit den morphologischen und genetischen Änderungen an den Synapsen einhergehen.

Eine *Unterbrechung der Proteinbiosynthese* (z. B. durch hohe Dosen von Antibiotika) kurz nach oder während des Trainings führt zu dauerhafter *Störung der Konsolidierung* und somit zur Hemmung des Langzeitgedächtnisses. Die kurzfristige Einprägung (das Kurzzeitgedächtnis) wird dagegen durch eine Hemmung der Proteinbiosynthese nach dem Lerntraining nicht beeinträchtigt.

In diesem Zusammenhang ist bereits früh klar geworden, dass *Umgebungsveränderungen* allgemein zu einer *Veränderung der Genexpression* auch im Zentralnervensystem des erwachsenen Tieres führen können. Die bereits mehrfach genannten Proteinkinasen (◘ Abb. 17.4) dringen nach lang anhaltenden LTP in den Zellkern und aktivieren dort sogenannte CREBs (cAMP-responsive Bindungselemente), welche die Transkription von »*immediate-early genes*« wie c-fos oder c-jun auslösen. Diese wiederum transkribieren Effektorgene, welche die dauerhaften strukturellen Änderungen an der Membran (z. B. mehr Ca^{2+}-sensitive Rezeptoren) bewirken.

Bei allen vorausgegangenen Überlegungen zu den zellulären Mechanismen des Gedächtnisses darf nicht vergessen werden, dass die Individualität und der Inhalt eines Gedächtnis nicht in einer einzelnen Zelle oder Synapse niedergelegt sein kann, sondern dass *Gedächtnisinhalte* immer *in neuronalen Netzen* oder *Ensembles* ihre Entsprechung haben und nicht auf molekulare Kaskaden reduzierbar sind. *Neuronale Ensembles (assemblies)* sind Gruppen von Neuronen, die exzitatorisch stark miteinander verbunden sind. Sie kommen durch Assoziationsbildung nach der Hebbschen Regel zustande. Man geht davon aus, dass jedem seelischen Inhalt, Gedanken, Wahrnehmung, Gefühl eine Gruppe solcher Ensembles zugrunde liegen.

Merke

Langzeitgedächtnis wird durch Anregung der Proteinbiosynthese mit Änderung von Transkription und Transformation vom Zellkern zur Zellmembran bewirkt. Im Laufe der Gedächtniskonsolidierung bei lang anhaltender LTP werden *Effektorgene exprimiert*, die dauerhafte Veränderungen an der Zellmembran herbeiführen.

18 Motivation und Emotion

N. Birbaumer und R. F. Schmidt

❯ ❯ Einleitung

Mit Ausnahme einiger Reflexe auf Rückenmarkniveau und mancher viszeraler Reflexe ist jedes Verhalten motiviert, d. h. es hängt nicht in allen Parametern nur von Reiz, Reizort oder genetischen Vorbedingungen ab, sondern variiert in Abhängigkeit von Zuständen innerhalb des Organismus. Motivation bedeutet also, dass als Ursache für das Auftreten eines bestimmten Verhaltens auch körperinterne Erregungsschwellen auf das jeweilige Verhalten wirken. Beispielsweise beeinflusst der Blutzuckerspiegel die Wahrscheinlichkeit für das Auftreten von appetitivem Suchverhalten nach bestimmten Nahrungsmitteln.

Unter einem Trieb verstehen wir jene psychobiologischen Prozesse, die zur bevorzugten Auswahl einer Gruppe abgrenzbarer Verhaltensweisen (z. B. Nahrungsaufnahme) bei Ausgrenzung anderer Verhaltenskategorien (z. B. sexuelles Verhalten und Fortpflanzung) führen. Temperaturerhaltung, Hunger, Durst, Schlaf und Aufzuchtreaktionen sind homöostatisch, Sexualität, »Explorationstrieb«, Bindungsbedürfnis und die Emotionen sind nichthomöostatisch organisiert. Homöostatische Triebe weisen im Gegensatz zu nichthomöostatischen Trieben Soll-Werte der körperinternen Homöostaten auf. Bei Abweichungen von diesen Soll-Werten kommt es zu einer stereotypen Sequenz von Verhaltensweisen bis zur Wiederherstellung des Soll-Wertes. Die Triebstärke homöostatischer Triebe ist weniger abhängig von Lern- und Umgebungseinflüssen als die nichthomöostatischer Triebe.

18.1 Homöostatische Triebe: Durst und Hunger

Physiologische Wege der Durstentstehung

Unter **Durst** verstehen wir einen spezifischen, zentralen Triebzustand, der das Bedürfnis erzeugt, Wasser zu suchen und zu konsumieren. **Trinken** und **Durststillung** sind extrem variable Verhaltensweisen, die sowohl aus angeborenen wie gelernten Mechanismen zur Beseitigung des Wassermangels und zur Herstellung des positiven Befriedigungsgefühls bei Durststillung bestehen. Bereits bei Wasserverlust von 0,5% des Körpergewichts tritt Durst auf.

◘ Abbildung 18.1 fasst die physiologischen Wege der Durstentstehung zusammen:

— **Osmosensoren** in der Umgebung des vorderen Hypothalamus und den sog. zirkumventrikulären Organen des 3. Ventrikels bestehen aus Neuronen, die auf **Erhöhung der intrazellulären Salzkonzentration** über eine Reihe von Zwischenschritten Durst und Wassersuche auslösen. Stimulation z. B. der medialen präoptischen Region des Hypothalamus mit Wasserinjektionen führt zur Beendigung des Trinkens nach vorausgegangener Injektion von hypertoner Salzlösung, Zerstörung der Region zu ⊕ **Adipsie** (Verlust von Trinkverhalten). Der von zentralen Osmosensoren ausgelöste Durst wird **osmotischer Durst** genannt.

— **Hypovolämischer Durst** wird durch 2 unterschiedliche Prozesse ausgelöst:
1. Bei Verlust extrazellulärer Flüssigkeit (z. B. bei Blutverlust, Erbrechen, Durchfall) mit Abnahme des Blutvolumens melden die **Barosensoren**

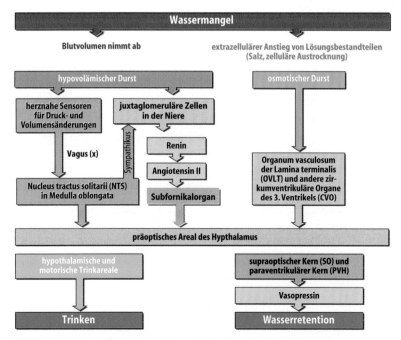

◘ Abb. 18.1. Hypovolämischer und osmotischer Durst bei Wassermangel

der herznahen Gefäße den Abfall des venösen Gefäßdrucks an den
Nucleus tractus solitarius (NTS) der Medulla und von dort an den
Hypothalamus, von wo aus die Freisetzung von *antidiuretischem Hormon ADH* (Vasopressin) aus dem Hypophysenhinterlappen ausgelöst
wird. ADH erhöht die Rückresorption von Wasser in den Nierentubuli
und hält die Salzkonzentration stabil. Dieser Mechanismus verhindert
Wasserverlust und verursacht auch Durst.

2. Bei reduziertem arteriellem Druck und reduziertem Blutfluss (Hypo-
volämie) in den Nieren und erhöhtem Sympathikustonus aus dem NTS
wird *Renin* in die Nierenvenen ausgeschüttet und anschließend über
eine Reihe von Zwischenschritten *Angiotensin II* im Gefäßsystem
gebildet. Angiotensin II bindet an Sensoren im Subfornikalorgan in
der Wand des 3. Ventrikels; dieses wiederum stimuliert den Nucleus
medianus praeopticus des Hypothalamus, der Trinkverhalten einleitet.

Merke

Trinkverhalten wird durch Aktivierung des präoptischen Kerns im Hypothalamus nach intrazellulärem Wasserverlust (osmotischer Durst) oder Blutvolu-
menverlust (hypovolämischer Durst) ausgelöst.

Antizipatorische Sättigung, primäres und sekundäres Trinken

Wie alle homöostatischen Triebe besitzen die Durstsysteme einen *antizipato-
rischen Sättigungsmechanismus,* der das Trinken lange vor Erreichen des Soll-
Wertes im Gewebe beendet. Die Stabilisierung des Sollwertes (*resorptive* Durststillung) benötigt ca. 20–40 min; i. a. trinkt ein Tier aber nicht länger als 3–4 min
(*präresorptive* Durststillung), je nach aufgenommener Flüssigkeitsmenge.

■■■ Sensoren für Geschmack und Konsistenz im Zungen-Rachenraum wie im Magen, im Duodenum und der Leber informieren das Hirn über den N. vagus grob über die aufgenommene
Wassermenge und hemmen den Trinkakt über Verbindungen zu motorischen Systemen. Als
Notfallsystem funktioniert dabei das atriale natriuretische Peptid (ANP) des Herzens, das bei
extremem Ansteigen des Blutvolumens die Salzausscheidung beschleunigt und die Ausschüttung von antidiuretischem Hormon und Renin hemmt.

Trinken als Folge von Durst nennen wir *primäres Trinken;* Trinken ohne offen-
sichtliche Notwendigkeit der Wasserzufuhr heißt *sekundäres Trinken.* Letzte-
res ist beim Menschen normalerweise die übliche Form der Flüssigkeitszufuhr,

d. h. i. Allg. nehmen wir schon im Voraus (z. B. bei der Mahlzeit) das physiologischerweise benötigte Wasser auf, wobei durch vorangegangenes Lernen der Bedarf sehr präzise abgeschätzt wird.

Sekundäres Trinken wird vom Geschmack der Flüssigkeit stark beeinflusst, Zucker z. B. erhöht die Aufnahme. Die Geschmacksabschätzung nach ihrer emotionalen Valenz (gut – schlecht) erfolgt im *Orbitofrontalkortex*.

Merke

Präresorptive Sättigung und sekundäres Trinken sorgen dafür, dass auch ohne Austrocknung oder Druckabfall die Flüssigkeitsbalance in engen Grenzen konstant gehalten wird.

Hunger, Nahrungsaufnahme und Sättigung

◨ Abbildung 18.2 fasst die wichtigsten Mechanismen und anatomischen Verbindungen zusammen, welche die Menge der aufgenommenen Nahrung bestimmen. Während der Fastenperiode (»Hunger«) sinken das Insulin- und das Leptinniveau im Hypothalamus. Leptin ist ein Hormon, das aus dem Fettgewebe ausgeschüttet wird; sowohl bei langfristiger Entleerung der Fettspeicher wie auch kurzfristig sinkt es bei Nahrungsdeprivation ab. Deswegen sprechen wir von reduzierten *Adipositassignalen* bei Hunger.

Während Leptin/Insulin der präzisen, aber langsamen *Langzeitregulation* dienen, sind die homöostatischen Glukose- und andere Sättigungssignale aus Leber und Magen-Darm-Trakt in den NTS schnell, aber unpräzise: sie dienen der *Kurzzeitregulation*.

Niedriges Insulin und *Leptin* lösen Nahrungsaufnahme, Energiekonservierung und Hemmung der katabolen – Gewichtsverlust verursachenden – Hirnregionen aus. *Anstiege von Leptin* und *Insulin* bewirken über den Nucleus arcuatus des Hypothalamus Hemmung der anabolen – Nahrungsaufnahme aktivierenden – Hirnregionen.

Die *anabolen* Regionen des N. arcuatus bestehen aus Neuronen die u. a. das Neuropeptid Y (NPY) als Transmitter enthalten. Injektionen von NPY in den lateralen Hypothalamus (LH) und das präfornikuläre Areal (PFA) lösen exzessive Nahrungsaufnahme aus. Die *katabolen* Regionen des N. arcuatus dagegen, welche von Leptin und Insulin stimuliert werden, enthalten Proopiomelanocortin-Neurone (POMC-Neurone), deren Reizung die Nahrungsaufnahme unterdrückt.

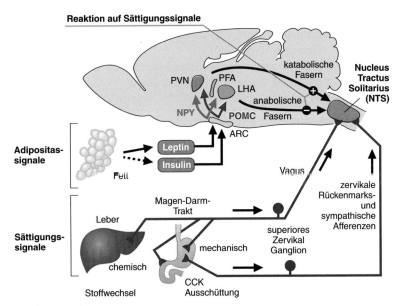

□ Abb. 18.2. Wege der Sättigungssignale. Neuroanatomische Verbindungen, über die Sättigungssignale aus der Leber und dem Darm (gastrointestinaler Trakt, *GT*) sowie Fettsättigung anzeigende Adipositassignale aus Pankreas und Fettgewebe mit den zentralnervösen Steuerstrukturen des autonomen Nervensystems (Nucleus tractus solitarius, NTS) zusammenwirken, um die Menge und Zusammensetzung der aufgenommenen Nahrung zu bestimmen. Erläuterungen siehe Text. Abkürzungen: *ARC*, Nucleus arcuatus des Hypothalamus; *CCK*, Cholezystokinin; *NPY*; Neuropeptid *Y*; *PVN*, paraventrikuläre Kerne des Hypothalamus, *LH*, lateraler Hypothalamus; *PFA*, peri- und subfornikuläres Organ; *POMC*, Pro-opiomelanokortin; *SNS*, sympathisches Nervensystem (Mod. nach Schwartz et al., 2000, mit freundlicher Genehmigung)

Alle diese Kerne projizieren auf Kerne des autonomen Nervensystems, v. a. den Nucleus tractus solitarii (NTS), die Information über die aufgenommene Nahrung aus der Leber (v. a. Glukose) und dem gastrointestinalen Trakt (Mundraum, Duodenum und Magen) erhalten. Diese Signale heißen daher *Sättigungssignale.* Besonders potent ist dabei *Cholezystokinin* (CCK), ein Peptidhormon des Duodenums, das über verschiedene Zwischenschritte Sättigung bewirkt. Die efferenten Verbindungen aus dem NTS beenden über Aktivierung des ventromedialen Hypothalamus (VMH) die Nahrungsaufnahme. Läsion des VMH führt zu Überessen und Fettsucht (❸Adipositas). In der □ Abbildung 18.2

sind die katabolen, die Nahrungsaufnahme hemmenden Verbindungen vom VMH und dem N. arcuatus (+) und die die Nahrungsaufnahme stimulierenden Verbindungen (−) zum NTS als Pfeile symbolisiert. Die Summe aus Aktivierung und Hemmung dieser Zuflüsse bestimmt dann als gemeinsame Endstrecke über motorische Kerne der Basalganglien das Essverhalten.

Auf ◘ Abbildung 18.2 fehlen jene Mechanismen und Neurotransmittersysteme, welche an der Nahrungssuche und den psychologischen Einflüssen (Lernen, Wahrnehmung, Befriedigung) von Hunger und Sättigung beteiligt sind. Wie auch bei den anderen emotionalen Reaktionen sind dafür die noradrenergen, dopaminergen und serotonergen Systeme in Hirnstamm und limbischem System von Bedeutung.

Anblick, Geruch, Vorstellung und Erwartung wohlschmeckender und schön zubereiteter Nahrung kann die beschriebenen homöostatischen Sättigungsprozesse außer Kraft setzen. Solche *gelernten Anreizeffekte (incentives)* werden über das *mesolimbische Dopaminsystem* gesteuert. Andererseits wirkt extreme Aktivierung der Dopaminrezeptoren in anderen als den mesolimbischen subkortikalen Regionen (z. B. durch Amphetamine oder Opiate) appetithemmend, wie man klinisch bei abgemagerten Drogenabhängigen drastisch beobachten kann. Die Kohlenhydrataufnahme wird durch Aktivierung von Serotoninrezeptoren (5-HT-Rezeptoren) in PVN und VMH gehemmt. Der Serotoninagonist Fenfluramin hemmt daher den Kohlenhydratappetit.

Merke

Sowohl *glukostatische* (Insulin) wie *lipostatische* (Leptin) Einflüsse regeln gemeinsam mit monoaminergen (Dopamin, Noradrenalin, Serotonin) Effekten in einem hochkomplexen Zusammenspiel zwischen Umweltreizen und Lernprozessen die Nahrungsaufnahme. Eine Reihe von klinischen Konsequenzen hat sich bereits für die Behandlung von Fettsucht (Obesitas) und Magersucht (Anorexie) ergeben.

Essstörungen beim Menschen

Die häufigsten Essstörungen beim Menschen sind Überessen mit *Fettsucht* (Obesitas), *Essensverweigerung* (Anorexia nervosa) und *Essattacken* nach freiwilligen Perioden des Fastens (Bulimia nervosa).

■■■ 😊 **Anorexie und** 😊 **Bulimie.** Essensverweigerung (Anorexie) und periodische Esssucht (Bulimie) sind überdurchschnittlich bei Mädchen oder jüngeren Frauen der Mittel- und Oberschicht anzutreffen. Ihre Entstehung ist primär kulturell-psychologisch durch die Angst vor Übergewicht und Verlust des Schlankheitsideals bedingt. Beide Störungen werden stets *von einer Diät ausgelöst.* Die biologischen Folgen exzessiven Fastens haben mit den psychologischen Ursachen der Störung wenig zu tun, stellen aber die eigentliche Gefährdung dar und halten den Teufelskreis *(cycling)* aus Fasten und Erfolgserlebnis (schlank bleiben) aufrecht: Ein Großteil der endokrinen Systeme, v. a. das Hypophysen-Nebennierenrinden-System und die Steuerung der Sexual- und Reproduktionsfunktionen, ist für die Dauer des Fastens gestört. Die psychischen und organischen Folgen dieser Störungen erleichtern das Beibehalten einer strengen Fastenregel. Vereinzelt wurde auch Verlust von Hirnsubstanz beobachtet, was mit den negativen Langzeitfolgen (psychische Störungen, dauerhafte Gewichtsprobleme) bei etwa 30% der Patienten in Zusammenhang steht.

■■■ 😊 **Obesitas.** Anders ist die Situation bei der Obesitas. Biologisch-hereditäre Faktoren der Stoffwechselrate spielen dabei eine große Rolle, aber auch hier wird durch häufige Diäten und Fasten der langfristige Gewichtsanstieg erhöht und damit das Problem verschlimmert. Natürlich überschreitet bei übergewichtigen Personen die Energieaufnahme die verbrauchte Energie, aber Übergewichtige nehmen i. a. wenig mehr Kalorien als Normalgewichtige auf. Der Großteil unserer Stoffwechselenergie wird in Wärme abgegeben. Untersuchungen an getrennt aufgewachsenen eineiigen Zwillingen und Adoptierten zeigen, dass die Stoffwechselrate und Wärmeabgabe in Ruhe wie auch die Energieabgabe bei Bewegung und die Vorlieben für die Zusammensetzung der Nahrung (Anteile an Kohlenhydraten, Proteinen und Fetten) einen genetischen Anteil von 50–80% aufweisen. Dicke Personen sind daher häufig effizientere »Verbraucher«, die ihre überschüssigen Kalorien im Langzeitfettreservoir ablegen, weil sie weniger Wärme abgeben können. In der Regulation der *Thermogenese* ist (im Tierversuch) der paraventrikuläre Kern (siehe oben) zentral beteiligt. Seine »Fähigkeit«, die Temperatur des Fettgewebes und damit die Wärmeabgabe zu steuern, scheint stark von genetischen Faktoren abhängig zu sein.

Bei stark übergewichtigen Personen liegen daher häufig genetisch bedingte Mängel der Empfindlichkeit von Leptinrezeptoren oder von synaptischen Schaltstellen im melanokortikotropen Anteil des Hypothalamus vor, wodurch die Sättigung verzögert, der Energieverbrauch verringert oder die Nahrungsaufnahme erhöht wird.

Obwohl Appetitzügler wie Sibutramin (5-HT-Wiederaufnahmehemmer) oder die Fettaufnahme blockierende Medikamente wie Orlistat (Xenical) langjährig eingenommen leichte Gewichtsreduktion bewirken, sind lernpsychologische Einflüsse wie Selbstkontrolle, Stimmung und Gewohnheit sowie die zunehmende Inaktivität, die leichte Verfügbarkeit zucker- und fettreicher Nahrung *(Fast-Food)* und der Mangel an alternativen Belohnungsreizen die entscheidende Ursache für die wachsende »Verfettung« v. a. ärmerer Bevölkerungsschichten.

--- Klinik ---

Übergewicht und Fettsucht als medizinisches und gesundheitspolitisches Problem. Übergewicht und Fettsucht sind ein Ausdruck für die Fehlregulation von Energiehaushalt, Hunger und Sattheit. Beide können durch den Körpermasseindex *(Body-Mass-Index, BMI)* quantitativ bestimmt werden. (Körpergewicht in kg geteilt durch die Körpergröße in Metern zum Quadrat [kg/m^2]). Der BMI ist proportional zur Menge des Fettgewebes. Nach epidemiologischen Untersuchungen der Weltgesundheitsorganisation (WHO) gilt folgende Beziehung zwischen der Maßzahl des BMI und der Einstufung des Körpergewichtes als normal oder krankhaft:

BMI	WHO	populäre Beschreibung
<18.5	Untergewicht	dünn
18.5–24.9	Normalgewicht	gesund, normal
25–29.9	Grad 1 Übergew.	Übergewicht
30–39.8	Grad 2 Übergew.	Fettsucht
>40	Grad 3 Übergew.	krankhafte Fettsucht

Der BMI ist hoch korreliert mit der Häufigkeit des Auftretens bestimmter Erkrankungen, wie z. B. Erkrankungen des kardiovaskulären Systems *(⊕Bluthochdruck, ⊕Koronarerkrankungen), ⊕Diabetes Typ 2, ⊕Gelenk- und Wirbelsäulenerkrankungen.* Die Prävalenz (Häufigkeit) des Auftretens von Fettsucht (BMI >30) in den industrialisierten westlichen Ländern betrug im Jahre 2000 etwa 15–20% und wird voraussichtlich im Jahre 2025 auf 30–40% der erwachsenen Bevölkerung ansteigen. Wenn keine gesundheitspolitischen und therapeutischen Maßnahmen getroffen werden, wird diese vorhergesagte Entwicklung die finanziellen Möglichkeiten jedes solidarisch organisierten Gesundheitssystems völlig erschöpfen. Ein wichtiger Weg, diesem Trend Einhalt zu gebieten, besteht darin, die Erkenntnisse über die neuronalen, neuroendokrinen, molekularen, psychobiologischen und sozialen Mechanismen der Regulation von Energiehaushalt, Hunger und Sattheit in präventive und therapeutische Maßnahmen umzusetzen.

> **Merke**
>
> Übergewicht wird weltweit als eine der gesundheitlichen Hauptgefahren ein-
> gestuft. *Essstörungen* gehen von Essensverweigerung bis Esssucht; sie haben
> sowohl biologische als auch psychologische Ursachen, wobei häufige Diäten
> *(Cycling)* die Hauptursache von Anorexie und Bulimie sind und auch das Über-
> gewicht verschlimmern.

18.2 Nichthomöostatische Triebe: Reproduktion und Sexualverhalten

Prä- und postnatale sexuelle Differenzierung

Unabhängig von den Geschlechtschromosomen entwickelt sich der Fetus in
den ersten Schwangerschaftswochen bisexuell, d. h. geschlechtsindifferent. Bei
Vorhandensein eines XY-Chromosoms werden ab der 6.–7. Woche ***Testes-
wachstum*** und ***Androgenproduktion*** und somit Maskulinisierung des Körpers
und Gehirns eingeleitet. Ohne Androgene bleibt der sich entwickelnde Organismus weiblich (Eva-Prinzip). Am Y-Chromosom befindet sich das sog. *Sry-
Gen* (von *sex-determining region of the Y-chromosome*), welches die Entwicklung des Hodens steuert. Für die Entwicklung der Eierstöcke ist das DAX-1-Gen
am X-Chromosom zuständig. Androgene, vor allem ***Testosteron,*** haben in der
Zeit vor und kurz nach der Geburt den entscheidenden ***organisierenden Effekt***
für die Hirnentwicklung, in der Pubertät und danach einen primär ***aktivierenden Effekt*** auf Sexualverhalten.

Bei der Entwicklung des Fetus unterscheiden wir zwischen Defeminisierung und Maskulinisierung des Verhaltens:

- ***Defeminisierung*** bedeutet die Hemmung der Entwicklung jener neuronalen Strukturen, die weibliches Sexualverhalten steuern, durch Androgene.
- ***Maskulinisierung*** des Verhaltens bedeutet die Anregung der Entwicklung
jener neuronalen Strukturen durch Androgene, die männliches Sexualverhalten steuern.

Defeminisierung und Maskulinisierung des Gehirns und Körpers finden zu
unterschiedlichen Zeiten der prä- und postnatalen Entwicklung statt. Man kann
daher das Geschlecht eines Menschen (Mann oder Frau) unterschiedlich defi-
nieren, nämlich nach dem

- genetischen Geschlecht
- Gehirngeschlecht (verweiblichtes oder vermännlichtes Gehirn)
- äußeren Geschlecht (primäre oder sekundäre Geschlechtsorgane).

Alle drei Geschlechtsdefinitionen können unabhängig voneinander auftreten, z. B. kann ein genetischer Mann (XY) durch gestörte Androgenproduktion zu einer körperlichen Frau mit einem weiblichen Gehirn werden (sexuelle Orientierung auf Männer, Androgeninsensitivität).

Merke

Die prä- und postnatale Differenzierung von Sexualorganen und Gehirn wird v. a. durch die Androgenproduktion bestimmt, welche die Defeminisierung von Gehirn und Körper einleitet.

■ ■ ■ Weibliche und männliche Homosexualität. ❸Androgenisierung des sich entwickelnden weiblichen Gehirns führt zur Defeminisierung der weiblichen Partnerwahl, d. h. die Wahrscheinlichkeit für die Wahl eines männlichen Partners sinkt. Androgenisierung des weiblichen Fetus kann noch relativ spät in der Schwangerschaft erfolgen, z. B. durch pathologischen Anstieg der von der Nebenniere produzierten Androgene. Dies bedeutet, dass trotz eines weiblichen Körpers Spielverhalten vor der Pubertät und Partnerwahl nach der Pubertät vom vermännlichten Gehirn auf Frauen gerichtet wird, was als ❸*Lesbismus* bezeichnet wird.

Homosexuelle Orientierung beim Mann ist weniger eindeutig auf Androgeneinflüsse zurückzuführen, wahrscheinlich ist reduzierte Defeminisierung und reduzierte Maskulinisierung als Ursache anzusehen. Reduzierte Maskulinisierung könnte z. B. durch starke psychische Belastung der Mutter während der Schwangerschaft bedingt sein; oder organische Gründe können in den mittleren oder letzten Schwangerschaftsmonaten zu geringem Testosteronniveau in bestimmten Hirnteilen führen. Das Testosteronniveau erwachsener männlicher Homosexueller ist von dem von Bi- oder Heterosexuellen nicht zu unterscheiden.

Für die *primäre Homosexualität* bei Frau und Mann, die bereits vor der Pubertät ausschließlich auf das eigene (sichtbare) Geschlecht gerichtet ist, auch wenn die Möglichkeit andersgeschlechtliche Partner zu wählen vorhanden ist, spielen Erziehungs- und psychologische Einflüsse vermutlich keine oder nur eine geringe Rolle.

Merke

Primäre und sekundäre Homosexualität (und sexuelle Orientierung generell) bei Mann und Frau werden pränatal durch veränderte Defeminisierung und/ oder Maskulinisierung des Gehirns festgelegt.

Sexualreflexe und Sexualverhalten

Die reflexhaften Anteile der männlichen und weiblichen sexuellen Reaktionen, wie Erektion, Ejakulation und orgasmische Vaginal- und Beckenkontraktionen, können vom sakralen Rückenmark und den entsprechenden sympathischen Anteilen allein ausgelöst werden. Neurone in diesen Spinalregionen sind reich an Rezeptoren, die Androgene und Östrogene binden (▶ Kap. 6.4). Diese *autonomen spinalen Reflexe,* die von darüber liegenden Strukturen des Zwischenhirns moduliert werden, stellen das periphere Ende der sexuellen Reflexhierarchie dar.

- Bei männlichen Säugetieren ist die *mediale präoptische Region* (MPOA) rostral des Hypothalamus für *koordiniertes Kopulationsverhalten* verantwortlich. Innerhalb der medialen präoptischen Region (◘ Abb. 18.3) ist vor allem der sexuell dimorphe Nukleus (SDN) reich an Testosteron und Testeronrezeptoren. Er ist bei männlichen Tieren bis um das Doppelte größer als bei weiblichen. Über seine präzise Lage im menschlichen Gehirn besteht Unklarheit. Diese Kerne sind allerdings nicht für die »Lust« auf sexuelles Verhalten oder die sexuelle Orientierung verantwortlich, denn Tiere mit Zerstörung des SDN masturbieren und nähern sich weiblichen Tieren »in sexueller Absicht« an, können aber die vorhandenen Umweltreize nicht mit ihren motorischen Programmen zu einem geordneten Reaktionszyklus koordinieren.

- Das weibliche Pendant zur MPOA ist der *ventromediale Kern des Hypothalamus* und seine Verbindung zum zentralen Grau des Mittelhirns. Diese Kerne sind reich an Östradiol-Progesteron und *steuern die Koordination der Körperposition* (Lordose bei der Ratte), die dem Männchen Intromission ermöglicht. Beim weiblichen Tier sind diese Regionen größer und im Vergleich zum Männchen mehr als doppelt so reich an weiblichen Sexualhormonen.

Sexuelles Verhalten hat aber nicht nur reproduktive Bedeutung, sondern verstärkt und festigt *soziale Bindung und Zusammenhalt.* Die Hypophysenhormone Oxytozin, Vasopressin und Prolactin, die auch in verschiedenen Regionen des limbischen Systems und des Hypothalamus synthetisiert werden, müssen in einzelnen Hirnregionen vorhanden sein, damit soziale Interaktionen belohnend wirken und dauerhaft werden. Oxytozin aus dem Hypophysenhinterlappen löst Geburtswehen aus. Oxytozin aus der axonalen extrazellulären Flüssigkeit des supraoptischen Kerns des Hypothalamus begünstigt mütterli-

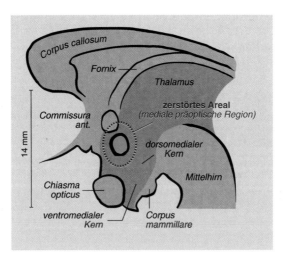

■ **Abb. 18.3. Hypothalamus und Kopulationsverhalten.** Sagittale Ansicht der Region des Hypothalamus beim Rhesusaffen, deren Zerstörung (*strichlierte rote und dick umrandete Region, blau*) zu Störung kopulatorischer Reaktionen führt. Dieser Kern ist auch für die Maskulinisierung verantwortlich und beim männlichen Geschlecht vergrößert

ches Zuwendungsverhalten und in Kombination mit Androgenen reproduktives Verhalten, in Kombination mit Opioiden körperliche Annäherung und Bindungsverhalten.

Merke ■

Während die Sexualreflexe (Vasodilatation mit Erektion und Vaginalsekretion und Orgasmus) vom sakralen Rückenmark gesteuert werden können, ist sexuelle Anziehung, Empfindung und soziale Bindung von zentralnervösen Regionen und der Gegenwart von Oxytozin, Vasopressin und Prolaktin abhängig.

18.3   Annäherung: Freude, positive Verstärkung und Sucht

Verhaltensebenen der Gefühle (Emotionen)

Emotionen sind ebenso wie Triebe Ursachen (psychische Kräfte) für das Auftreten eines bestimmten Verhaltens; sie weisen aber keine festen körperlichen Erregungsschwellen wie homöostatische Triebe auf. *Gefühle* (Emotionen) sind Reaktionsmuster auf körperinterne und auf externe Reize, die beim Menschen auf *3 Reaktionsebenen* ablaufen:

1. der physiologisch-humoralen Ebene (z. B. Herzrate, Oxytozin),
2. der motorisch-verhaltensmäßigen (z. B. Flucht und Gesichtsausdruck) und
3. der subjektiven-psychologischen Ebene (z. B. Angstgefühl).

Die drei Reaktionsebenen hängen meist nur locker miteinander zusammen, sodass sie zur Definition und Beschreibung eines Gefühls stets mit möglichst vielen Messgrößen vertreten sein sollten.

Gefühle werden stets auf der Dimension *angenehm – unangenehm* (Annäherung – Vermeidung) und der Dimension *erregend – desaktivierend* erlebt und klassifiziert. Emotionen und Motivationen sind nur graduell voneinander abgrenzbar.

Es soll hier nur beispielhaft die neuronale Organisation eines Basisgefühls, nämlich das der *Freude* und der sie oft auslösenden positiven Verstärkung besprochen werden. Unter einem *Basisgefühl* verstehen wir ein *in allen Kulturen* in gleicher Form auftretende Gefühlsäußerung. Die neuronale Steuerung der übrigen Basisgefühle Aggression, Furcht-Angst (▶ Kap. 18.4), Trauer und Interesse-Exploration kann aus relevanten Lehrbüchern (z. B. Birbaumer & Schmidt 2006) entnommen werden.

> **Merke**
>
> Gefühle laufen auf den drei Reaktionsebenen physiologisch, motorisch und subjektiv ab und werden auf den Dimensionen Annäherung-Vermeidung *(angenehm-aversiv)* und Aktivierung *(erregend-beruhigend)* gemessen und erlebt.

Positive Verstärkung

Unter positiver Verstärkung verstehen wir die Tatsache, dass bestimmte Reize (z. B. Futter), wenn sie unmittelbar nach einer Verhaltensweise (z. B. Hebeldruck auf Lichtsignal) auftreten, das Wiederauftreten dieser Verhaltensweise begünstigen. Diese Reize werden *positive* Verstärker genannt. *Negative Verstärker* (»Strafreize«, z. B. schmerzhafte Elektrostimulation) sind dagegen Reize, die die Unterdrückung von Verhaltensweisen bewirken.

Die *Funktion positiver Verstärkung* besteht in der Festigung der neuronalen Verbindung zwischen jenen sensorischen neuronalen Strukturen, die einen bestimmten Reiz »erkennen« (z. B. das Lichtsignal einer Skinner-Box) und den motorischen neuronalen Strukturen, die ein bestimmtes Verhalten (z. B. Hebeldruck) kontrollieren. Bei antriebsbedingtem Verhalten (z. B. Partnersuche) ohne äußeren Auslöser lenken positive Verstärkung und Belohnung das zunächst ungerichtete Antriebsverhalten (Suchen) auf jene motorischen Reaktionen, die unmittelbar von der Belohnung (Partner) gefolgt werden. Verstärkungssysteme *verbessern* somit die *synaptische Verbindung* zwischen einem auslösenden Reiz und den darauf folgenden Reaktionen, oder aber sie verstärken die Verbindung zwischen einer Reaktionssequenz und deren Konsequenz beim instrumentellen Lernen (▶ Kap. 17.2). Neurochemisch betrachtet wirken die Transmitter (oft Dopamin), welche durch die Belohnung aktiviert werden, wie ein Klebstoff zwischen den synaptischen Verbindungen.

Positive Verstärkung kann von den spezifischen Triebsystemen (z. B. Wasser oder Glukose) getrennt und unabhängig angeregt werden, z. B. Freude an Begegnung, Bindung oder an Drogen und andere Substanzen. Das subkortikale System, das erst in seinen Umrissen erkennbar ist, wurde von seinem Entdecker J. Olds *positives Verstärkungssystem* genannt. Tiere und Menschen, denen man, wie auf ◘ Abb. 18.4 dargestellt, die Möglichkeit einräumt, Teile dieses Systems elektrisch oder chemisch (pharmakologisch) selbst zu reizen, tun dies bis zur völligen Erschöpfung. Eine solche *intrakranielle Selbstreizung (ICSS)* wird zwar durch vorhandene Triebzustände (z. B. Hunger) verstärkt, ist aber davon nicht abhängig.

> **Merke**
>
> Belohnungssysteme im Hirnstamm und im limbischen System sind für Gefühle der Freude/positive Verstärkung verantwortlich. Diese *positiven Verstärkungssysteme* verbessern die Verbindungen zwischen Reiz- und Reaktionsrepräsentationen im Gehirn beim Lernen.

◨ **Abb. 18.4. Anordnung von OLDS zur intrakraniellen Selbstreizung.** Das Tier löst durch Drücken des Hebels einen kurzen Stromstoß in das eigene Gehirn aus

Neuronale Grundlagen der positiven Verstärkung

Bei Ratten, aber vermutlich auch bei den meisten höheren Säugern, sind vor allem *dopaminerge Fasern des medialen Vorderhirnbündels (MVHB)*, eines weit gestreuten subkortikalen Fasersystems, das vom Tegmentum des Mittelhirns ins Vorderhirn zieht, für positive Verstärkung und Anreizmotivation verantwortlich. Viele dieser dopaminergen Faserzüge enden im *Nucleus accumbens*, (einem Teil des ventralen Striatums der Basalganglien) und in *präfrontalen* Kortexregionen. Fasern, die bei elektrischer oder chemischer Reizung positive Verstärkung bewirken, sind schnell leitende myelinisierte Axone. Fasern, die Triebreize wie Hunger und Durst und deren Befriedigung übermitteln, leiten dagegen langsam und sind wenig myelinisiert. Als chemische Reize für intrakranielle Selbststimulation sind Dopaminagonisten wie *Amphetamin* und *Kokain* besonders wirksam.

Hauptbestandteile positiver Verstärkersysteme

Die ◨ Abbildung 18.5 zeigt die bei der Ratte gefundenen Hauptbestandteile des positiven Verstärkersystems: Ein vom lateralen Hypothalamus durch das MVMB in das ventrale Tegmentum ziehendes deszendierendes Faserbündel verbindet sich im Tegmentum mit dem *aszendierenden Dopaminsystem*, das im Nucleus accumbens und im Präfrontalkortex endet. Der Nucleus accumbens ist Teil des mesolimbischen (mesokortikalen) Systems und liegt in enger Nachbarschaft zum Hypothalamus und Septum und dem anterioren Striatum (▶ Kap. 5). Auch beim Menschen sind diese Regionen zur Selbststimulation besonders wirksam.

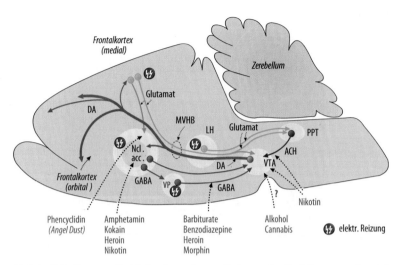

Abb. 18.5. Das mesolimbische dopaminerge System, seine Beziehung zum Frontalkortex und die Angriffspunkte suchterzeugender Substanzen. Dopaminerge Neurone *(DA)* des ventralen tegmentalen Areals im Mesenzephalon *(VTA)* projizieren zum Nucleus accumbens *(Ncl. acc.)* und zum Frontalkortex. Der Ncl. accumbens projiziert mit GABAergen Neuronen direkt oder über das ventrale Pallidum *(VP)* zum VTA. Glutamaterge Neurone im medialen Frontalkortex projizieren zum Ncl. acc. und direkt oder indirekt (über den lateralen Hypothalamus *[LH]* oder das präpedunkuläre pontine Tegmentum *[PPT]*) durch das mediale Vorderhirnbündel *(MVHB)* zum VTA. Die Angriffspunkte der Wirkung Sucht-erzeugender Substanzen sind am unteren Rand aufgeführt. Orte intrakranieller elektrischer Selbstreizung, die zur positiven Verstärkung führen, sind durch rot hinterlegte ⚡ angezeigt. (Nach Wise 2002)

Dopaminantagonisten, wie z. B. Neuroleptika, hemmen die positive Verstärkung und führen zu ⊖ *Anhedonie* (»Lustlosigkeit«). Ihre therapeutische Wirkung bei Psychosen ist vermutlich auf diesen generell dämpfenden Effekt zurückzuführen. *Opiate, Sedativa, Alkohol, Cannabis* und *Nikotin* stimulieren *indirekt* ebenfalls das dopaminerge Tegmentum, worauf ihr süchtig machender Effekt beruhen könnte.

Allerdings verfügen die meisten Drogen über ihr eigenes, *spezifisches Verstärkersystem* (z. B. Cannabis primär in Kortex und Hippocampus, Benzodiazepine in Amygdala). Dopaminsysteme werden aber von den spezifischen Verstärkersystemen mitaktiviert und sind für den *Anreizwert* aller Reize verantwortlich, welche assoziativ mit der Substanzeinnahme verbunden waren. Sie

relativer Effekt

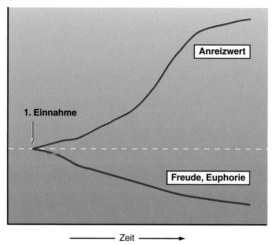

□ Abb. 18.6. Verlauf von Anreiz (Incentive) und Befriedigung nach wiederholter Drogeneinnahme. Während das Verlangen exponentiell steigt, nimmt die Befriedigung langsam ab (Mod. nach Robinson, Berridge aus Birbaumer, Schmidt 2006)

erzeugen also mehr das Verlangen nach dem Reiz und weniger die Freude, das Möchten der Substanz oder Reaktion (z. B. Zuneigung).

□ Abbildung 18.6 symbolisiert den unverhältnismäßig raschen Anstieg von Verlangen nach wiederholter Einnahme einer positiv verstärkenden Substanz *(oben)* bei langsamem Absinken des Genusses. Während das Dopaminsystem den Verlauf des Anreizes bestimmt, wird positive Verstärkung, also Freude, von anderen neuronalen Strukturen und Mechanismen gesteuert.

Merke

Das mesolimbische Dopaminsystem steuert den positiven Anreizwert jener Situationen und Substanzen, welche mit der positiven Verstärkung in der Vergangenheit assoziativ verbunden wurden.

Suchtentstehung im Verstärkersystem

Die natürlichen Reize (S) für positive Verstärkung sind stets zeitlich eng verbundene (vom Reizhintergrund abgehobene) Kontingenzen von Umweltreizen.

Kontingenzen sind die in zeitlicher und örtlicher Nachbarschaft auftretende Abfolge von *Reizen* (S), einer *Reaktion des Organismus* (R) und der darauf folgenden Verstärkung, der *Konsequenz* (K): z. B. Ansicht des Partners (S), Berühren (R) und positive Konsequenz (K). Diese S-R-K-Verbindung (Kontingenz) stellt eine Einheit dar und Verstärkungssysteme halten diese drei Elemente wie Kitt/Klebstoff zusammen.

Erfolgt die Stimulation des Verstärkungssystems nicht mehr durch natürliche Reize und Kontingenzen, sondern werden die Synapsen und ihre Rezeptoren direkt (chemisch) durch Dopaminagonisten oder andere, endogen vorhandene Substanzen gereizt, so kann – wenn die zeitlichen Abstände zwischen den direkten Reizungen eng sind – Sucht entstehen. Sucht ist daher *biologisch nicht verschieden* von anderem positiv motivierten Verhalten wie Freude, Bindung, Appetit etc. Alle süchtig machenden Substanzen wie Amphetamine, Kokain, Opiate (z. B. Heroin), Alkohol, Barbiturate und Nikotin scheinen das mesolimbische Verstärkungssystem anzuregen. Diese Gemeinsamkeit erklärt auch die *Kreuztoleranz* zwischen süchtig machenden Substanzen: die Einnahme einer Substanz kann die Sucht auf eine zweite und dritte auslösen.

> **Merke**
>
> Substanzen und andere Reize, welche ein subkortikales Verstärkersystem oder das Dopaminsystem direkt, ohne die Filterwirkung von Sinnesorganen anregen, haben ein Suchtpotential.

Unterschiede zwischen Süchten und Motivationen

Süchte werden von natürlichen Motivationen häufig dadurch unterschieden, dass bei Wegfall der Einnahme der Substanz starke *psychische und/oder körperliche Aversion* (»Entzug«) entsteht und dass einige der Substanzen zu *Toleranz* führen, d. h. die zugeführte Menge gesteigert werden muss, um die positiven Effekte zu erzielen.

Ob nun die Entzugserscheinungen durch Hypersensitivität der Synapsen der postsynaptischen Zellen oder einen anderen Vorgang der *Neuroadaptation* (z. B. rapider Anstieg des intrazellulären cAMP bei Entzug) bewirkt werden, ist unklar. Eindeutig ist allerdings, dass Suchtverhalten unauflöslich mit den Situationen, in denen die Substanz eingenommen wird, durch Konditionierung verbunden ist (*Kontingenz*- oder *Cue-Abhängigkeit* genannt).

Rückfälle treten selten in Entzugssituationen auf (Ausnahme Alkohol), sondern sind in der Mehrzahl der Fälle Folge des positiven Anreizwertes der Hinweisreize (z. B. Treffen eines Freundes, mit dem früher konsumiert wurde).

Um Süchte wieder *zum Verschwinden* zu bringen (Extinktion), müssen dieselben Situationen ohne Einnahme der Substanz häufig dargeboten werden, damit die neuronalen Verbindungen zwischen Hinweisreizen und Verlangen oder zwischen den Abstinenz auslösenden Reizen und den Konsequenzen (Aversionen) »gelockert« werden.

> **Merke**
>
> Toleranz und Entzugserscheinungen sind selten Ursache für die Wiederaufnahme des Suchtverhaltens, sondern der (dopaminerge) positive Anreizwert der mit der Substanzeinnahme assoziierten Situation.

18.4 Vermeidung: Angst und Soziopathie

Unterschied zwischen Furcht und Angst

Während **Furcht** auf ein spezifisches, identifizierbares Objekt gerichtete Reaktionstendenz zur Flucht darstellt, verstehen wir unter **Angst** eine ungerichtete antizipatorische Reaktionstendenz, nach Wahrnehmung von Gefahr diese zu vermeiden oder zu fliehen.

Während **Furcht** die zur gerichteten Flucht notwendigen sensomotorischen Einheiten und vegetativ-körperinternen Systeme kurzfristig aktiviert, treten bei Angst anhaltende sensomotorische und vegetativ-hormonelle Aktivierungen in vielen neurovegetativen Systemen auf, welche den Organismus in einen unspezifischen Bereitschaftszustand versetzen. Bleibt dieser Zustand lange bestehen oder ist er von hoher Intensität, so kommt es zu Störungen der beteiligten neuronalen, hormonellen und intestinalen Systeme (❻»Stresskrankheiten«).

Zwei-Prozess-Theorie der Angstentstehung

Zwei Stadien der Angstentstehung müssen unterschieden werden. Eine erste *klassische* Konditionierungsphase und eine zweite *instrumentell-operante* Phase, die auch als Bewältigungsphase bezeichnet wird.

In der klassischen Konditionierung erlangen neutrale Reize über assoziative Verbindungen die Fähigkeit, die unkonditionierten (meist angeborenen) Furcht-

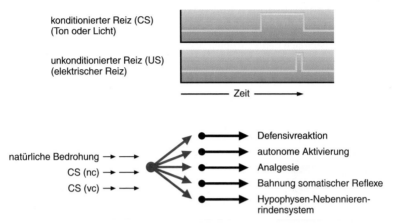

konstierter Reiz (CS)
(Ton oder Licht)

unkonditionierter Reiz (US)
(elektrischer Reiz)

——— Zeit ———▶

natürliche Bedrohung →——
CS (nc) →——
CS (vc) →——

Defensivreaktion
autonome Aktivierung
Analgesie
Bahnung somatischer Reflexe
Hypophysen-Nebennieren-
rindensystem

**◘ Abb. 18.7. Furchtkonditionierung durch zeitliche Paarung eines neutralen konditio-
nierten Reizes (CS) mit einem nozizeptiven unkonditionierten Reiz (US).** Nach der Konditionierung (*nc*) erwirbt der CS die Fähigkeit, Hirnsysteme zu aktivieren, die Defensivreak-
tionen steuern, wie natürliche Gefahren. Furchtkonditionierung ist Reizkonditionierung,
nicht Reaktionslernen, bei der neue Reize Kontrolle über angeborene fest verdrahtete Netzwerke erlangen (Nach LeDoux aus Birbaumer, Schmidt 2006)

reaktionen auszulösen (◘ Abb. 18.7). Es entwickelt sich eine konditionierte
emotionale Reaktion (CER, *conditioned emotional response*). Dies konstituiert
die erste Phase der Angstentstehung. Besteht nun die Möglichkeit, nach Erscheinen der CS (konditionaler Reiz, z. B. Lichtsignal kündigt Schock an) auf
einen diskriminativen Reiz (S^D), das Auftreten des US (unkonditionaler Reiz,
z. B. Schock) zu vermeiden, so verstärkt die dadurch erzielte Beseitigung der
unangenehmen CER und später das Auftreten des Sicherheitssignals S^D (»jetzt
kann ich fliehen«) allein die instrumentelle Vermeidungs- oder Fluchtreaktion
(zweite Phase bzw. Prozess) (▶ Kap. 17).

Unkonditionierte Reize (US) verlieren rasch ihre Wirkung, wenn sie nicht
überraschend sind und die Festigkeit der Konditionierung hängt stark davon
ab, wie gut der CS den US voraussagt und weniger davon, wie eng er zeitlich an
den US assoziiert ist. Üblicherweise sind aber CS-US Verbindungen unter einer
Sekunde optimal.

Phobien, Panikstörungen und posttraumatische Belastungsstörungen (PTSD)

Diese entstehen nach den Prinzipien der Zwei-Prozess-Theorie. Bei manchen dieser Störungen genügt eine einzige Paarung zwischen CS und US, z. B. wenn der US ein massiv belastendes Ereignis ist (Unfall, Vergewaltigung, Folter), um eine dauerhafte Vermeidungsstörung zu erzeugen. Zur Behandlung müssen die Angst auslösenden CS so lange dargeboten werden, bis die physiologische, subjektive und motorische Vermeidungstendenz gelöscht ist (Extinktion und Reaktionsverhinderung).

> **Merke**
>
> **Angst- und Furchtreaktionen** werden durch **klassische Konditionierung** erlernt und über instrumentelles Vermeidungsverhalten aufrechterhalten. Klinisch-psychologische und psychiatrische Störungen wie ❸ Phobien, ❸ PTSD (*posttraumatic stress disorder*) und ❸ Panik entstehen nach diesen Lernprinzipien und werden durch Löschung **(Extinktion)** durch wiederholte Konfrontation mit den angstauslösenden Reizen beseitigt.

Amygdala und Furchtkonditionierung

Klassische Furchtkonditionierung auf einen Ton oder Licht als CS ist auch ohne auditorischen oder visuellen Kortex möglich. Dies bedeutet, dass die Erregungskonstellation des CS bereits auf der Ebene des auditorischen Thalamus oder anderer subkortikaler Zentren ausreicht, um Konditionierung zu erreichen. In ◻ Abbildung 18.8a ist dieser Sachverhalt symbolisiert: die grobe neuronale Erregungskonstellation der Schlange gelangt in den Thalamus und von dort in die Amygdala. Diese erregt die Körperperipherie. Die peripheren Reaktionen (Herzschlag, Muskelspannung usw.) werden in den oberen parietalen Kortex gemeldet (»viszerale Wahrnehmung«) und von dort in die Präfrontalregionen. Dort erfolgt die Analyse der viszeralen Empfindungen als Bedrohung, auch wenn der Reiz im sensorischen Kortex gar nicht wahrgenommen wurde.

Die **Zerstörung der Amygdala** eliminiert allerdings die CER (konditionierte emotionale Reaktionen) vollständig. Das bedeutet, dass die Erregungskonstellation des CS vom Thalamus direkt in den basolateralen Kern der Amygdala gelangen kann und dort assoziativ mit dem US verknüpft wird. Der Reiz ist zwar nicht in allen Einzelheiten im Thalamus repräsentiert, aber die wesentlichen Grobumrisse reichen aus, um die Assoziationen herzustellen. Die langsamen kortikoamygdaloiden Verbindungen konvergieren in der lateralen Amygdala mit den thalamoamygdaloiden, und bilden die abschließende Assoziation von kortikal evaluiertem Reiz mit all seinen sensorischen Qualitäten. Wenn differenzielle Konditionierung zwischen zwei Reizen, z. B. einem CS⁺ (Ton 1) und einem CS⁻ (Ton 2) erforderlich ist, reicht die thalamo-amygdaloide Verbindung nicht mehr aus, dann muss vom Neokortex die Information in den lateralen Kern gelangen, um eine Konditionierung zu erreichen (■ Abb. 18.8b). Soll die Konditionierung in einem bestimmten *Reiz-Kontext* erfolgen (z. B. ein bestimmter Raum), so ist die Projektion vom Hippokampus über das Subikulum zusätzlich erforderlich.

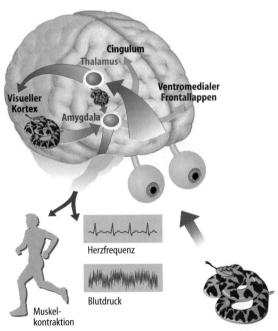

■ **Abb. 18.8a. Konditionierte emotionale Furchtreaktion und Amygdala.** Der Fluchtreiz wird schnell und stereotyp über die thalamo-amygdalären Verbindungen und langsamer über die kortikalen Verbindungen zur Amygdala erzeugt. Die sensorische Information vom Thalamus zur Amygdala ist schemenhaft und auf den biologischen Sachverhalt reduziert (z. B. grobe Konturen einer Schlange in der Mitte der Abb.), die vom Kortex ist präzise. Exekutive Funktionen werden über das Cingulum und den Frontallappen aktiviert

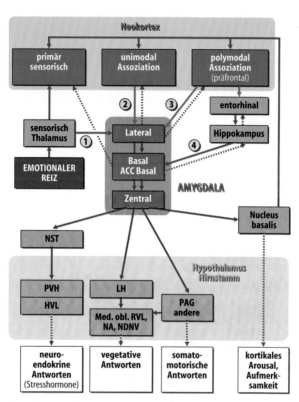

◘ **Abb. 18.8b.** Schematische Darstellung der in *a* gezeigten Vorgänge. Der laterale Kern der Amygdala erhält Informationen aus den sensorischen Kernen des Thalamus (*1*), Neokortex (*2*) und höheren Assoziationskortizes (*3*) und der basale Kern vom Hippokampus (*4*). Bei einfachen Hinweisreizen, die keine Diskrimination erfordern, kann die Konditionierung schon über *1* erfolgen. *2*, *3* und *4* sind notwendig, wenn das Ereignis von anderen Ereignissen genau diskriminiert und Bewertungen und Erwartungen erfolgen. Die Amydala projiziert zu vielen kortikalen Arealen und zum Hippokampus zurück. Die somatomotorischen, endokrinen und vegetativen Reaktionen während der Furchtkonditionierung werden über den zentralen Kern der Amygdala und die entsprechenden Kerngebiete im Hypothalamus und Hirnstamm ausgelöst und der parietale Kortex erhält eine Rückmeldung darüber (»Interoception«). Die Weckreaktion des Kortex wird über den zentralen Kern der Amygdala und den Nucleus basalis vermittelt (► Text)

Der *zentrale Kern der Amygdala* bildet die *Ausgabeeinheit* der konditionierten Reaktionen (◘ Abb. 18.8b). Wird er zerstört, so fehlen manche motorische, autonome und endokrine konditionierte Reaktionen, während die kortikal-motorischen (z. B. Willkürbewegungen) erhalten bleiben. Der laterale Kern enthält CS- und US-Information und bildet somit den Ort der CS-US-Konvergenz: die Zellen reagieren sowohl auf den CS wie US.

Merke

In der Amygdala erfolgt die assoziative Verknüpfung zwischen Furchtreizen und den Furchtreaktionen. Diese Verknüpfung kann mit oder ohne Beteiligung der Kortexareale erfolgen. Die Rückmeldung der Furchtreaktion aus Körperinnerem und Muskel ist für die Entstehung der bewussten Furchtempfindung wichtig.

Der präfrontale und orbitofrontale Kortex

Für die *Extinktion* einer Furchtreaktion ist der Kortex notwendig. Bei Läsion des Kortex wird die Extinktion verzögert oder findet nicht statt, nicht nur, wenn die primäre Projektionszone, sondern vor allem wenn der *mediale präfrontale Kortex* ausfällt, der enge Verbindungen zur Amygdala unterhält.

Der *orbitofrontale Kortex* erhält seine Projektionen aus dem mediodorsalen Kern des Thalamus, der selbst vom olfaktorischen und gustatorischen Temporalkortex (Insula), der Amygdala und dem inferioren Temporalkortex versorgt wird. Hier konvergieren die Afferenzen der Insula und die dopaminergen Eingänge, die für positive Anreize verantwortlich sind. Der orbitofrontale Kortex projiziert zum G. cinguli, Temporalkortex, entorhinalem Kortex und dem Hypothalamus.

Zerstörung des orbitalen Frontalkortex führt beim Menschen zu einem *pseudopsychopathischen* Zustandsbild, mit mangelnder Fähigkeit zum Verstärkeraufschub und der Unfähigkeit aus Nichtbelohnung zu lernen. Unter *Verstärkeraufschub* verstehen wir die *Fähigkeit zur Selbstkontrolle:* wir können auf einen verlockenden, unmittelbar vorhandenen positiven Verstärker zugunsten eines zeitlich in der Ferne liegenden »höheren Zieles« verzichten. Das letztgenannte Defizit äußert sich darin, dass bei Änderung der Verstärkungskontingenz keine konsistente Änderung des Verhaltens erfolgt. Die Patienten setzen ihre Tätigkeit fort, auch wenn sie zu keiner Belohnung in der Zukunft führt und sie vermeiden zukünftige Strafe nicht mehr.

Teile der Amygdala stellen somit ein Abwehrsystem dar, das den Aufbau der Furcht steuert. Für die *instrumentelle Aufrechterhaltung* der Furcht durch Vermeidungsreaktionen ist dieses System nicht notwendig, dann wird das *septohippokampale System* aktiv, das die Erwartung von Sicherheitssignalen und selektive motorische Vermeidungsreaktionen steuert.

> **Merke**
>
> Der mediale Präfrontalkortex und der Orbitofrontalkortes sind für Selbstkontrolle und Sozialisation (Erlernen und Verlernen von Furcht auf soziale Reize) notwendig.

Soziopathie und soziale Phobie

Die neuronalen Strukturen und Verbindungen, die erlernte Furcht und passives Vermeiden steuern, sind beim Menschen denen anderer Säugetiere durchaus vergleichbar. Personen mit exzessiver sozialer Angst ❸(soziale Phobie) zeigen bereits vor jeder Konditionierung eine ausgeprägte Erhöhung der kortikosubkortikalen Aktivität im Furchtsystem, Gesunde haben dagegen beim Lernen von Angst in einer klassischen Konditionierungssituation Aktivitätsanstieg in der Amygdala, anteriorem Cingulum, anteriorer Insel und Orbitofrontalkortex. Kriminelle ❸Soziopathen, die emotional kalt und angstfrei reagieren und immer wieder auffällig werden, zeigen keinerlei Aktivitätsanstieg in diesen Regionen. Mangelnde antizipatorische Angst vor einem aversiven unkonditionierten Reiz (US) bedingt ein Defizit der Sozialisation bei diesen Personen mit Neigung zu wiederholten antisozialen Akten.

> **Merke**
>
> Soziopathisches und exzessiv häufiges kriminelles Verhalten mit mangelnder Antizipation von Furcht und Strafe ist auch auf mangelnde Aktivierung der Furchtareale im Kortex (orbitofrontal, parietal) und in der Amygdala zurückzuführen.

19 Kognitive Funktionen und Denken

N. Birbaumer und R. F. Schmidt

  Einleitung

Unter kognitiven Funktionen verstehen wir alle bewussten und nicht bewussten Vorgänge, die bei der Verarbeitung von organismusexterner oder -interner Information ablaufen, z. B. Verschlüsselung (Kodierung), Vergleich mit gespeicherter Information, Verteilung der Information, Problemlösung und Entschlüsselung und sprachlich-begriffliche Äußerung. Als *psychische Funktionen* grenzen wir Denken, Gedächtnis und Wahrnehmung von den Trieben und Gefühlen als psychische Kräfte ab.

Unterschiedliche Regionen des Neokortex sind auf die Durchführung verschiedener Denkprozesse spezialisiert. Die linke Hemisphäre ist z. B. für regelhafte, hochfrequente zeitliche Abläufe zuständig, daher auch für die syntaktischen Anteile der Sprache. Für die Planungs- und Selbstkontrollfähigkeit des Menschen spielt der präfrontale Kortex eine bedeutsame Rolle, während die posterioren Anteile des Kortex mit den dort einlaufenden sensorischen Systemen verbunden sind und Objekterkennen und Kategorisierung steuern.

19.1 Zerebrale Asymmetrie

Zerebrale Lateralisation und Kooperation

Denken und Sprache sind weitgehend an die Intaktheit der beiden Großhirnhälften gebunden, wenngleich – wie wir in den Kap. 16 bis 18 dargestellt haben – subkortikale motivationale und emotionale Prozesse unauflösbar mit kortikalen Prozessen verbunden sind. Obwohl der Neokortex die geringste Spezialisierung für psychische Funktionen und, abgesehen von den primär sensorischen und motorischen Rindenfeldern (▶ Kap. 1, 5, 8–11), keine »fest verdrahteten« Verbindungen zu Organsystemen außerhalb des Gehirns aufweist, ist doch eine gewisse *Groblokalisation dynamischer Knotenpunkte* für einzelne Funktionen erkennbar. Die Analyse dieser dynamischen Knotenpunkte ist nicht nur von theoretischem Interesse, sondern für die Diagnose und Rehabilitation von Hirnschäden und geistigen Störungen von praktisch-klinischer Bedeutung.

Aus Untersuchungen von Menschen mit einseitigen Hirnläsionen, von Patienten mit durchtrenntem Corpus callosum (❸split brain) und aus psychophysiologischen Experimenten ergibt sich als erste Groblokalisation, dass eine Reihe von Verhaltensleistungen bevorzugt von einer der beiden Hirnhemisphären produziert wird. ◻ Tabelle 19.1 gibt eine Übersicht über die *zerebrale Lateralisation bei Rechtshändern.* Dieses Muster von lateralisierten Funktionen findet sich in dieser Form bei keinem Tier, wenngleich einzelne Funktionen auch bei Tieren lateralisiert sind (z. B. der Gesang männlicher Vögel in der linken Hemisphäre).

Die auf ◻ Tabelle 19.1 angeführten Unterschiede sind absolut gesehen nicht groß, sondern nur *relativ als »Übergewicht« einer Seite* zu sehen; die inter- und

◻ **Tabelle 19.1. Zusammenfassung der Daten zur zerebralen Lateralisation**

Funktion	Linke Hemisphäre	Rechte Hemisphäre
Visuelles System	Buchstaben, Wörter	Komplexe geometrische Muster, Gesichter
	Prototypisch	Exemplarisch
	Kategorische Repräsentation	Koordinaten-Repräsentation
Auditorisches System	sprachbezogene Laute	nichtsprachbezogene externe Geräusche, Musik
	Höherfrequente Töne	Niederfrequente Töne
Somatosensorisches System	Erkennen von taktilen Zeitmustern	taktiles Wiedererkennen von komplexen taktilen »Gestalten«, Schmerz
Bewegung	komplexe Willkürbewegung	Bewegungen im Raum
Gedächtnis	verbales Gedächtnis	nonverbales Gedächtnis
Sprache	Sprechen, Lesen, Schreiben, Rechnen	Prosodie, Melodie
Denkstil	Kausal	Analog
Räumliche Prozesse		Geometrie, Richtungssinn, mentale Rotation von Formen
	Lokale Information	Globale Information
Emotion	neutral-positiv	negativ-depressiv

intraindividuellen Variationen sind dagegen erheblich. Beispielsweise zeigen *passive Musikgenießer* beim Anhören von Musik einen relativ lokalisierten Aktivitätsanstieg im rechten frontotemporalen Kortex, während *professionelle Musiker* oder Komponisten bilaterale, weitgestreute hirnelektrische Veränderungen mit geringerer Konzentration auf einzelne Areale zeigen.

Beim aktuellen Spielen eines Instruments weisen professionelle Musiker eine deutliche Fokussierung der Hirnaktivität in den kontralateralen primären Projektionsfeldern auf (Folge langer Übung und Automatisierung), zeigen aber zusätzlich Aktivierungen im auditorischen Kortex (auch *ohne* Töne) und in präfrontalen Regionen (Arbeitsgedächtnis, Antizipation und Planung). Zwischen der Hirnaktivität während der Vorstellung von Musik und deren realer Ausführung ist bei Professionellen kein Unterschied, wohl aber bei Amateuren.

Bevorzugte Denkstrategien der Hemisphären

Wie jede Person spezifische Begabungen aufweist, so scheinen auch die beiden Hemisphären *bevorzugte Begabungen für bestimmte Denkstrategien (preferred cognitive modes)* zu besitzen. ◘ Abbildung 19.1 illustriert an einem einfachen Experiment, worin diese bevorzugten Denkstrategien bestehen: Während die rechte Hemisphäre in Analogien, also in Ähnlichkeitsbeziehungen denkt und »gestalthaft« das Ganze einer räumlichen oder visuellen Struktur zu erfassen sucht, ist die Informationsverarbeitung der linken auf die kausalen Inferenzen, Ursache-Wirkungs-Beziehungen und das Ausgleichen logischer Widersprüche konzentriert. Man spricht auch von *analoger* (rechts) versus *sequentieller* (links) Informationsverarbeitung.

Eine andere, aber ähnliche Unterscheidung der Verarbeitungsstile zwischen rechter und linker Hemisphäre betrifft die relativen Frequenzen von visuellen und akustischen Reizen: Lokale Details und hochfrequente Reize werden bevorzugt links, globale Einheiten und niederfrequente Reize rechts analysiert. Auch die *Beurteilung von Koordinaten* (der Gegenstand A ist näher als der Gegenstand B) und *Kategorien* (der Gegenstand A ist verschieden von Gegenstand B) zeigt klare hemisphärische Differenzen: Nach Läsion der rechten Hemisphäre können Raumkoordinaten, nach Läsion der linken Hirnhälfte Kategorien nicht mehr erkannt werden.

Angesichts der Tatsache, dass praktisch alle in ◘ Tabelle 19.1 gezeigten Funktionen von der jeweils gegenüberliegenden Hemisphäre übernommen werden können (je früher in der Entwicklung die Schädigung, um so rascher und vollkommener wird übernommen), erhebt sich die Frage, wie diese Late-

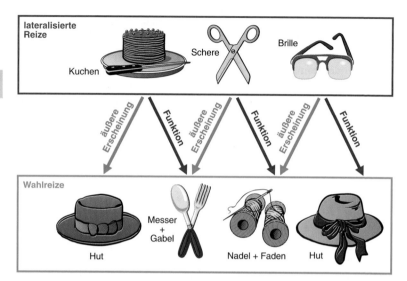

■ **Abb. 19.1. Informationsverarbeitung der rechten und linken Hemisphäre bei** *Split-Brain-***Patienten.** Die Figuren der oberen Reihe werden lateralisiert einer der beiden Hemisphären dargeboten, d. h. das Objekt wird entweder nur in das linke Gesichtsfeld (rechte Hemisphäre) oder das rechte Gesichtsfeld (linke Hemisphäre) projiziert. Der Patient wird instruiert, aus den Wahlreizen der unteren Zeile jene herauszusuchen, die am besten zu dem Reiz der oberen Objekte passen. Die rechte Hemisphäre wählt nach äußerer Erscheinung (grüne Pfeile), die linke nach Funktion (lila Pfeile) (Mod. nach Levy u. Trevarthen 1976; aus Birbaumer, Schmidt 1999)

ralisierungen – einschließlich der von der Mehrheit bevorzugten rechten Hand für komplexe Bewegungen – phylogenetisch entstehen konnten und wie sie ontogenetisch im Laufe der intrauterinen Entwicklung und den ersten Lebensjahren erworben werden. Der heutige Kenntnisstand dazu wird nachfolgend erläutert.

Merke

Die beiden Hemisphären des Neokortex verarbeiten unterschiedliche Informationen, die **rechte** mehr *global-analog*, die **linke** mehr *lokal-sequentiell*. Übung kann die Hemisphärenlateralisaton verändern. Für Verhalten und Denken ist die Zusammenarbeit der rechten und linken Hemisphäre unerlässlich.

Ursprünge zerebraler Asymmetrie

Eine der populärsten Hypothesen über den Ursprung der Hirnlateralisierung besteht darin, dass der bevorzugte *Gebrauch der rechten Hand* entweder *Ursache oder Folge* der Hirnlateralisierung ist. Allerdings ist Lateralisierung von *Sprachdominanz* in der *linken* Hemisphäre meist, aber *nicht immer* mit Rechtshändigkeit korreliert und es hat sich gezeigt, dass Sprachdominanz *rechts* (kommt nur bei wenigen Personen vor) nicht mit Linkshändigkeit verbunden sein muss.

Es besteht aber Übereinstimmung darüber, dass die bei ca. 75% der Bevölkerung anzutreffende *Bevorzugung der rechten Hand* mit dem *aufrechten Gang* des Menschen zu tun hat, wie dies schon Darwin behauptet hat. Während die Vierbeinigkeit Symmetrie der Bewegung und damit Hemisphärensymmetrie verlangt, können die Hände bei aufrechtem Gang unabhängig voneinander benutzt werden. Damit wurde Werkzeuggebrauch erst möglich.

Gesten und willentliche Aktionen können deswegen nur von einer Hemisphäre allein realisiert werden, weil bei beidseitigen willentlichen Impulsen Konflikte zwischen gegensätzlichen Willensakten auftreten würden, wie dies auch nach *split brain* der Fall ist. Warum aber gerade von der linken? Die Präferenz für die rechte Körperseite ist bei der Geburt bereits vorhanden. Dabei entwickelt sich eine stabile rechte Handpräferenz zeitlich später als die überlegene Fähigkeit der rechten Hemisphäre für die Verarbeitung visuell-räumlicher Aufgaben. Die Lateralisierung der visuell-räumlichen Funktionen in der rechten Hemisphäre könnte durch die bevorzugte Aktivierung der fetalen linken Vestibulärorgane und damit der rechten Hemisphäre (► Kap. 12.2) während der Schwangerschaft entstehen.

■ ■ ■ Biomechanische und bioakustische Überlegungen zeigen nämlich, dass durch die übliche Lage des Fetus mit der *rechten* Körper- und Gesichtsseite *nach außen*, einerseits der *linke Utrikulus* (der bevorzugt in die rechte Hemisphäre projiziert) (► Kap. 12.2), andererseits das *rechte Ohr* (projiziert primär in die linke Hemisphäre) durch das Gehen bzw. Sprechen der Mutter *bevorzugt gereizt* werden. Unter dem Einfluss akustischer Reizung in der Sprachfrequenz entwickelt sich in den letzten Schwangerschaftsmonaten die dominante Verbindung rechtes Ohr – linke Hemisphäre mit verstärkter anatomischer Ausprägung der linken Hemisphäre für die Sprachregionen. (Gegen diese Hypothese spricht allerdings, dass auch Taubgeborene die auf Gesten basierende Zeichensprache links lateralisiert haben und dass bei Affen und manchen Vögeln nach Läsion der linken Hemisphäre auch deren innerartliche Kommunikation beeinträchtigt ist.)

Diese Hypothese der bevorzugten Reizung von linkem Vestibulärorgan und rechtem Ohr während der Schwangerschaft versucht eine Reihe von Unterschieden in der Lateralisierung zu erklären, z. B. die Tatsache, dass **Frauen in verbaler Flüssigkeit** leicht **überlegen** sind, weil ihre Sprachlateralisation weniger ausgeprägt ist, während **Männer räumlich-geometrische Aufgaben besser** lösen.

Die verstärkte motorische Aktivität des **männlichen** Fetus könnte zu einer weniger ausgeprägten Handlateralisierung (es gibt mehr männliche Linkshänder) führen. Das mehr nach außen gerichtete Ohr des männlichen Fetus (verursacht durch eine größere linke Gesichtsseite) bewirkt eine verstärkte Linkslateralisierung der Sprache bei zwei Drittel der Männer.

Die geringere Lateralisierung der **Frauen** für Sprache erhöht den interhemisphärischen Informationsaustausch, was sich auch in einem dickeren posterioren Corpus callosum bei Frauen niederschlägt. Die etwas bessere Sprachleistung der Frauen und die leicht erhöhte räumliche (vestibuläre) Fähigkeit der Männer könnten mit der geringeren Lateralisierung des jeweiligen Geschlechts für diese beiden Funktionen zusammenhängen. Die weniger ausgeprägte Lateralisierung ermöglicht verbesserten und rascheren Informationsaustausch wahrscheinlich durch verringerte kontralaterale Hemmung der jeweils gegenüberliegenden Hemisphäre.

> **Merke**
>
> Die Ursprünge zerebraler Asymmetrie sind unbekannt, die Lateralität von Händigkeit, Sprache und visuell-räumlichen Funktionen könnten aber weitgehend unabhängig voneinander sein. Bevorzugte Reizung einer Gesichtshälfte des Fetus in utero könnte für frühe Hirnlateralisation verantwortlich sein.

19.2   Neuronale Grundlagen von Kommunikation und Sprache

Sprache bei Tieren

Bei sozial lebenden Tieren haben sich z. T. hochdifferenzierte Kommunikationsformen entwickelt, die bei Menschenaffen schließlich in ein Repertoire von 30–40 Lautäußerungen **(Vokalisationen)** münden, die eine Vielzahl von emotionalen und kognitiven Bedeutungen haben können (von Gefühlsäußerungen bis Richtungsanzeigen für Beute oder Feind). Obwohl der vokale Apparat bei Menschenaffen, Vögeln und Delphinen **kein Sprechen** zulässt, sind diese Tierarten in der Lage, bis zu 200 Worte einer »künstlichen« (nichtverbalen) Sprache wie z. B. der Taubstummenzeichensprache oder einer reinen Symbolsprache zu erwerben und auch spontan zu nutzen.

Das **Sprachverständnis** dieser Tiere geht weit über die aktive expressive Sprachäußerungsfähigkeit hinaus. Allerdings bleiben auch Menschenaffen, Meeresaffen und Vögel auf einer beschränkten Menge von benutzbaren Zeitworten, Hauptworten und Eigenschaftsworten stehen und lernen nur selten, syntaktisch-grammatikalische Regeln spontan zu nutzen.

> **Merke**
>
> Kommunikation im Tierreich zeigt eine große Vielfalt und Komplexität bis hin zu sprachlichen Leistungen. Allerdings werden nur rudimentäre syntaktische Strukturen gelernt.

Sprachentwicklung beim Menschen

Wann in der evolutionären Entwicklung des Menschen und warum menschliche Sprache entstand, ist unklar. Die meisten Theorien favorisieren eine eher **junge Entstehungsgeschichte**: Der niedrig gelegene Kehlkopf und der relativ große Schlund als anatomische Voraussetzung für Sprechen scheinen frühestens vor 100 000 Jahren entstanden zu sein, ähnlich wie schriftliche Äußerungen späteren Ursprungs sind (frühestens 10 000 Jahre) und auch der moderne **Homo sapiens** erst um 50 000–100 000 Jahre vor unserer Zeitrechnung auftrat. Die neuronalen Voraussetzungen für Sprachentwicklung sind aber nicht für den Menschen spezifisch, wie die Sprachversuche an Tieren zeigen. Somit müssten die neuronalen Voraussetzungen für Sprache (z. B. die Broca-Hirnregion) früh in der Evolution entstanden sein.

■ ■ ■ In jedem Fall scheinen sich die Sprachen der Erde aus einer einzigen gemeinsamen Sprache mit einer universellen Grammatik entwickelt zu haben. Paläontologen und Linguisten führen die Sprachstehung auf die Verselbständigung der Gestik zurück. Für effektives Jagen und Sammeln reichte die gestisch-mimische Kommunikation nicht mehr aus. Für eine **Gestiktheorie der Sprache** spricht u. a., dass die Steuerung der Gestik dieselben Hirnstrukturen wie Sprechen benützt und nach Läsion der linken Hemisphäre z. B. auch die Zeichensprache bei Taubstummen ausfällt, die auf Gestik beruht. Andere Theorien bringen die Entstehung von Sprache in Phylogenese und Ontogenese mit dem **Werkzeuggebrauch** in Verbindung. Dafür spricht die enge zeitliche Koppelung von Sprachentwicklung und Werkzeuggebrauch in der Entwicklung des Kindes. Im Alter von 2–4 Jahren kommt es zu einem Wachstumsschub der linken Hemisphäre, der eng mit dem Erwerb komplizierten Werkzeuggebrauchs und der Sprachentwicklung einhergeht. Dasselbe könnte in der Phylogenese geschehen sein: Das »Vokabular« eines Schim-

pansen bleibt auf dem Niveau eines 2–3-jährigen Kindes stehen, wie auch sein Werkzeuggebrauch.

> **Merke**
>
> Sprache hat sich vermutlich aus der Notwendigkeit von Zeichenkommunika-
> tion mit Gestik parallel zum Werkzeuggebrauch spät in der Evolution ent-
> wickelt.

Sprachregionen

Wir haben bereits oben einige Hypothesen ausgeführt, warum sich *expressive
Sprache und Syntax* bevorzugt in der linken Hirnhemisphäre »eingenistet«
haben, während *Sprachverständnis* auch rechtshemisphärisch möglich ist, wie
auch die Sprachmelodie *(Prosodie)* rechtshemisphärischen Ursprungs ist. Eine
allgemeine Ursache für die regionale Spezialisierung, so auch für die Sprachproduktion, liegt darin, dass die extrem hohe Geschwindigkeit der Sprachproduktion (10–30 Phoneme/s) eine Zusammenarbeit der Hemisphären wegen der
Laufzeiten bei der Informationsübertragung ausschließt, denn diese benötigt
über das Corpus callosum 10–30 Millisekunden. Bei Stotterern und bei der
Dyslexie (Lese-Rechtschreibschwäche) findet man entsprechend auch häufiger
eine bilaterale Sprachrepräsentation und ein Mangel in der linken hinteren
Temporalregion.

Klinik

⊕ **Dyslexie (Lese-Rechtschreibstörung).** Lese- und Rechtschreibstörun-
gen bei normaler Intelligenz haben sowohl *genetische* wie *soziale Ursachen* (Armut, exzessives Fernsehen). Sie treten in Sprachen wie Deutsch und
Italienisch, wo die Sprachlaute und Aussprachen den Buchstaben entsprechen, selten, im Englischen und Französischen dementsprechend häufiger
auf. Der linke, hintere, untere *Temporallappen* wird bei diesen Kindern beim
Lesen nicht ausreichend durchblutet. Training der Laut- und Buchstabenun-
terscheidung kann zu deutlichen Besserungen führen.

■■■ Obwohl die *Linkslateralisation* für Sprache schon vor der Geburt vorhanden ist, können
Kinder mit ausgedehnten Läsionen oder Verlust der linken Hemisphäre Sprache erwerben. Während und nach der Pubertät geht diese Plastizität allerdings verloren, wie auch dann neue Sprachen mühsamer erlernt werden. Bei einigen erwachsenen Patienten mit durchtrenntem Corpus

Callosum hat sich noch nach 10 Jahren eine Verbesserung der rechten Hemisphäre für Sprachverständnis und einfache Sprachproduktion gezeigt. Auch die Tatsache rechtshemisphärischer Sprachlateralisation bei manchen Linkshändern und die spiegelbildliche Lateralisation bei Zwillingen sprechen gegen eine genetisch fest vorgegebene Bevorzugung der linken Hemisphäre für Sprache.

Blutungen oder andere Läsionen der linken Hirnhemisphäre einschließlich des linken Thalamus und des Nucleus caudatus führen zu charakteristischen Störungen der Sprache (❸ *Aphasien)* sowie des Lesens (❸ *Alexien und* ❸ *Dyslexien)* und des Schreibens (❸ *Agraphien).* Aus der Lokalisation dieser Störungen können wichtige Rückschlüsse auf die an der Sprache beteiligten Kortexareale gezogen werden.

◻ Abbildung 19.2 zeigt die hauptsächlich an *Sprachproduktion* (frontal) und *Sprachverständnis (*temporoparietal) beteiligten Hirnregionen und eine wichtige Verbindung zwischen ihnen, den *Fasciculus arcuatus.* ◻ Abbildung 19.3 gibt die bei Sprachaufgaben typischen Aktivierungen des Gehirns wieder. Entsprechend ihren Entdeckern im 19. Jahrhundert wird das frontale Sprachgebiet *Broca-Areal* und das temporoparietale *Wernicke-Areal* genannt. Obwohl das Schema von ◻ Abbildung 19.2 eine grobe Vereinfachung darstellt

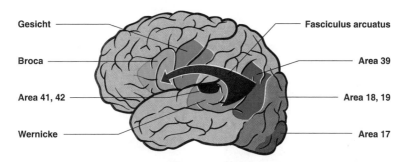

◻ **Abb. 19.2. Geschwinds Modell der an Sprache beteiligten Hirnregionen.** Es fehlen die subkortikalen Verbindungen (Mod. nach Kolb u. Whishaw 1996, aus Birbaumer, Schmidt 1999)

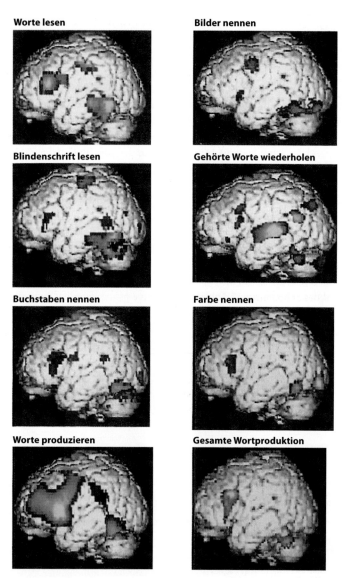

Worte lesen

Bilder nennen

Blindenschrift lesen

Gehörte Worte wiederholen

Buchstaben nennen

Farbe nennen

Worte produzieren

Gesamte Wortproduktion

◘ **Abb. 19.3. Hirndurchblutungen und Sprache.** Hämodynamisch mit PET gemessene Aktivierungen bei verschiedenen Sprachaufgaben. Nur die linke Hemisphäre ist dargestellt (Nach Cabeza u. Kingstone 2001)

(z. B. benötigt Lesen den »Umweg« über das Wernicke-Areal nicht), erklärt es doch die wichtigsten Symptome der Aphasien:

- ❸ **Broca-Aphasie:** expressiv, motorisch; Schädigung mehr links-frontal und Inselregion. Hierbei wird kaum gesprochen, nur »Schlüsselwörter«; die Patienten strengen sich dabei stark an. Artikulation und Prosodie (Sprachmelodie) sind schlecht, das Sprachverständnis ist weniger beeinträchtigt.
- ❸ **Wernicke-Aphasie:** rezeptiv, sensorisch; Schädigung mehr posterior, im Gyrus temporalis superior, G. angularis und G. supramarginalis, weniger lateralisiert. Die Patienten sprechen flüssig, weisen viele phonematische und semantische Paraphasien (z. B. »Spille« statt »Spinne«) und Neologismen (Neubildungen) auf. Sprachverständnis und Kommunikation sind stark gestört.
- ❸ **Leitungsaphasie:** Schädigung der Verbindungen zwischen posterioren und links-frontalen Hirnregionen. Kommunikation über Sprache ist möglich, der Patient kann aber nicht wiederholen und nachsprechen.
- ❸ **Subkortikale Aphasie:** Schädigung im Thalamus oder Basalganglien. Nach anfänglichem Mutismus (Stummheit) entstehen Paraphasien, die verschwinden, wenn Gesprochenes nur wiederholt werden soll. Geringe Sprachproduktion, gutes Verständnis und meist rasche Erholung kennzeichnen subkortikale Aphasien.

Merke

Aus Sprachstörungen können wir auf die Organisation und Produktion von Sprache im Gehirn schließen. Während syntaktische Prozesse links frontal ablaufen, sind semantische Analyse und Produktion v. a. im linken unteren Parietal- und Temporallappen angesiedelt.

19.3 Die präfrontalen Assoziationsareale des Neokortex: exekutive Funktionen

Funktionen des präfrontalen Kortex

◘ Abbildung 19.4 gibt die wichtigsten Assoziationsareale des Neokortex wieder. Unter *Assoziationsarealen* verstehen wir Rindenfelder, die keine eindeutigen sensorischen, sensiblen oder motorischen Funktionen aufweisen, sondern das *Zusammenwirken* zwischen den einzelnen Sinnessystemen und den motorischen Arealen *integrieren* (»assoziieren«). Nachdem in Kapitel 18 die limbischen Regionen und ihre Rolle bei der Gefühlsproduktion und in Kapitel 17 die

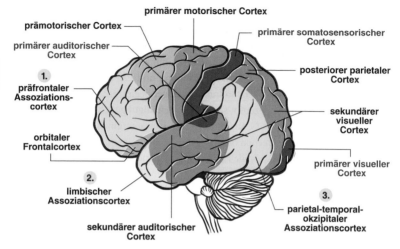

□ Abb. 19.4. Kortexareale. Schematische Darstellung der lateralen Oberfläche des menschlichen Gehirns mit primären und sekundären sensorischen und motorischen Arealen sowie den drei Assoziationskortizes

Gedächtnisfunktion des midtemporalen Kortex dargestellt wurden, werden nun beispielhaft die frontalen Areale mit den visuellen Assoziationskortizes und deren Funktionen erläutert. Die visuellen Assoziationskortizes (»Wo«- und »Was«-System) werden deshalb hervorgehoben, weil sie die »Hauptlieferanten« für die exekutiven Funktionen des Präfrontalkortex darstellen.

Der *präfrontale Kortex* ist beim Menschen ungleich größer als im Vergleich zur phylogenetischen Entwicklung anderer Hirnstrukturen zu erwarten wäre. Die Hirnevolution scheint hier einen besonderen Sprung gemacht zu haben. Aus diesem Grund wurde der präfrontale Kortex, den man grob in einen superioren und inferioren *dorsolateralen, orbitalen* und *ventral-medialen* Frontalkortex einteilen kann, schon im 19. Jahrhundert mit »spezifisch menschlichen« Eigenschaften in Verbindung gebracht. Bei genauer Analyse lassen sich allerdings auch hier die Verhaltensfunktionen auf einige elementare Eigenheiten zurückführen, die in verschiedenen präfrontalen Regionen lokalisiert sind. □ Tabelle 19.2 gibt dazu eine zusammenfassende Übersicht anhand von Funktionsausfällen nach Läsionen des Frontallappens, wobei die rein motorischen und sprachlichen Funktionen des prämotorischen und supplementären Rindenfeldes (▶ Kap. 5.5) weggelassen sind.

◻ Tabelle 19.2. Funktionsausfälle bei Läsionen des Frontallappens

Symptom	Läsionsort
Denkstörung	
Reduzierte Spontaneität	orbitofrontal
Störungen von Denkstrategien	dorsolateral
Gelernte Reizkontrolle von Verhalten	
geringe Reaktionshemmung	Areale 8, 9, 13
Risikofreude und Regelverletzung	orbitofrontal
Gestörtes assoziatives Lernen	dorsolateral
Zeitgedächtnis	
Störung des verzögerten Reaktionslernens (*delayed response learning*)	dorsolateral
Schlechte Zeit- und Reihenfolgeschätzung	dorsolateral
Gestörte Raumorientierung	dorsolateral
Gestörtes Sexualverhalten	orbitofrontal
Sozialverhalten	
Empathie	medioventral
Antizipation von sozialer Belohnung und Strafe	orbitofrontal
Gestörte Geruchsunterscheidung	orbitofrontal

Merke

Die dorsolateralen Präfrontalregionen sind für die zielorientierte Planung des Verhaltens und für das Arbeitsgedächtnis zuständig. Selbstkontrolle und Antizipation zukünftiger Konsequenzen von Verhalten benötigen den Orbitofrontalkortex, emphatisches Verhalten (»sich in andere hineinversetzen«) den medial-ventralen Präfrontalkortex.

Verbindungen des präfrontalen Kortex

Zum Verständnis der Ursachen dieser Ausfälle und der Funktionen des Frontallappens ist die genaue *Kenntnis der anatomischen Verbindungen* notwendig. Während der orbitofrontale Frontallappen primär von limbischen Afferenzen aus der Amygdala und dem Zingulum sowie den emotionalen Rindenregionen versorgt wird, erhält der dorsolaterale Teil Afferenzen vom parietalen und temporalen Kortex, Hippocampus sowie vom medialen Thalamus und den motorischen und sensorischen Regionen. Die Tatsache, dass all diese Verbindungen reziprok sind, gibt einen ersten Eindruck von der z. Z. kaum zu verstehenden Komplexität der Aufgaben dieser Systeme. Bei höheren Säugern scheint ein Teil der subkortikalen Afferenzen in den Frontalkortex dopaminerg zu übertragen und somit die Endstrecke (oder Ursprungsstrecke) des dopaminergen Verstärkersystems zu bilden (▶ Kap. 18.3).

Verhaltenskontrolle durch den präfrontalen Kortex

Die multisensorische Konvergenz im dorsolateralen Frontalkortex hängt anscheinend mit einer seiner zentralen Funktionen, der Ausbildung von konsistenten Erwartungen durch *Hinauszögern von Verstärkern* (▶ Kap. 18.3) zusammen. Menschen und höhere Säuger müssen nicht sofort eine Belohnung erhalten, sondern können diese zugunsten langfristiger Ziele verzögern. Voraussetzung dafür ist die Möglichkeit, Wahrnehmungsinhalte zu behalten, auch wenn sie nicht mehr gegenwärtig sind und gleichzeitig motorisches Ausführen von gelernten Reaktionen zu unterbinden. Während die Funktion des dorsolateralen Arbeitsgedächtnisses (unmittelbares Behalten) darin besteht, kurz vorher Erlebtes »am Leben zu halten«, prüft der orbitofrontale Kortex die emotionalen und motivationalen Konsequenzen der Reize und geplanten Reaktionen. Bei bilateraler Läsion des Frontalkortex fällt v. a. die *Irregularität des Verhaltens* auf, ferner das *Fehlen langfristiger Verhaltenspläne* sowie die Unfähigkeit, *Selbstkontrolle* durch Aufschieben unmittelbarer Verstärkungen zu erzielen.

Um *Selbstkontrolle* zu erzielen, muss der Zusammenhang zwischen dem eigenen motorischen Verhalten (prämotorisch) und den daraus folgenden Konsequenzen (limbisch dopaminerg) als mentale Vorstellung des Arbeitsgedächtnisses in den entsprechenden Rindengebieten (parietal) aufrechterhalten und das motorische Verhalten und der Einfluss ablenkender Reize gehemmt werden. Diese Integrationsleistung geht nach präfrontaler Läsion ohne Einschränkung der sonstigen intellektuellen Leistungsfähigkeit verloren, was oft zu einem »pseudopsychopathischen« Zustandsbild führt; die Patienten beachten scheinbar die Regeln und Sitten sozialen Zusammenlebens nicht mehr konsistent. Das unmittelbar Präsente erhält absolute Kontrolle über das Verhalten. Da *Erwartungen* wesentlich an der Steuerung der *selektiven Aufmerksamkeit* beteiligt sind, ist auch diese nach Läsion oder Dysfunktion erheblich beeinträchtigt, wenn auch nicht völlig aufgehoben (▶ Kap. 17.2). Einige Symptome der *Schizo-*

phrenien sind aus einer präfrontalen Unterfunktion bei gleichzeitigem Anstieg der Variabilität frontaler Hirnaktivität zu erklären.

Klinik

Schizophrenie als genetisch bedingte Entwicklungsstörung.

Symptome. ☺ Schizophrenien sind eine Gruppe von Denk- und Verhaltensstörungen, die durch eine erstmalige Manifestation nach der Pubertät, extrem *lose Assoziationen* (manchmal produktiv-kreativ), mangelhafte *selektive Aufmerksamkeit*, Wahnideen und akustische Halluzinationen gekennzeichnet sind.

Ursachen und Pathogenese. Es besteht eine polygenetische Verursachung, deren Manifestation von familiären und psychischen Umweltbelastungen und dem Alter abhängt. Bereits prä- und perinatal kommt es zu veränderter Genexpression, deren Proteine entscheidende Bedeutung für die Entwicklung von präfrontalen und vermutlich auch mediotemporalen Hirnarealen haben. Die veränderte Genexpression führt im Laufe der Entwicklung bis etwa zum 20. Lebensjahr zu einer kumulativen Anhäufung von Hirndefekten, die allerdings nur dann zum »Ausbruch« der Erkrankung führen, wenn starke externe Belastungen (»Stress«) oder Anwachsen der Komplexität der Umwelt (z. B. Urbanisierung, »Überschwemmung« mit Information) auftreten. Eine Vielzahl von histologischen Veränderungen und Änderungen der Kollektivität von Nerven- und Gliazellen im Präfrontalkortex, Thalamus und im mediotemporalen Hippokampus-System wurden bei Schizophreniepatienten gefunden, von denen aber keine ausreicht, die Schwere, die Art und den Verlauf der Erkrankung zu erklären.

Einige Symptome der Schizophrenien werden aus einer präfrontal-temporalen Unterfunktion bei gleichzeitigem Anstieg der Variabilität frontaler Hirnaktivität erklärt.

Merke

Das *dorsolaterale Präfrontalkortex* ist aufgrund seiner Verbindungen zu parietal-sensorischen Strukturen und zum Gedächtnissystem mit kognitiven Funktionen und Arbeitsgedächtnis befasst. Der *Orbitofrontalkortex* und der *mediale Präfrontalkortex* dagegen sind anatomisch mehr mit limbischen (emotionalen) Strukturen verbunden und daher für angepasstes Sozialverhalten bedeutsam.

Ventrales »Was«- und dorsales »Wo«-System

In den parietalen und temporalen Assoziationskortizes konvergieren die benachbarten sensorischen Rindenareale sowie links die Sprachregionen. Die Resultate somatosensorischer (taktil, propriozeptiv, nozizeptiv), optischer und akustischer Analysen sowie Zuflüsse aus den vestibulären Afferenzen werden hier verarbeitet und an die Präfrontalregionen weitergeleitet. Dementsprechend vielfältig sind die neuropsychologischen Ausfälle nach Läsionen der rechten oder linken parietalen und temporalen Regionen.

Den Okzipitalpol (▶ Kap. 10.5) verlassen zwei große Fasersysteme (fasciculi): Der inferiore ventrale in die untere Temporalwindung und der superiore dorsale in verschiedene Regionen des hinteren Parietallappens (◻ Abb. 19.5). In einer zunehmend komplexen Hierarchie von Verschaltungen werden die visuellen Repräsentationen ventral mehr auf ihre Bedeutung und dorsal primär auf ihre Lage im Raum analysiert. Im auditorischen System ist die Situation analog: Die superioren Zell-Faser-Züge analysieren die Lokalisation der Töne, die inferioren ihren Bedeutungszusammenhang.

Innerhalb der beiden Systeme (»Was« und »Wo«) herrscht eine gewisse Funktionsspezialisierung, was sich auch in klar trennbaren Ausfällen nach Läsionen zeigt (z. B. für Objekterkennen und -benennen, ◻ Abb. 19.5): ❸ *perzeptive Agnosie* und ❹ *assoziative Agnosie* bezeichnen die Unfähigkeit, Gegenstände zu erkennen (perzeptiv, mehr in der rechten Hemisphäre) oder das Wissen um die Gegenstände adäquat zu nutzen (assoziativ, mehr in linker

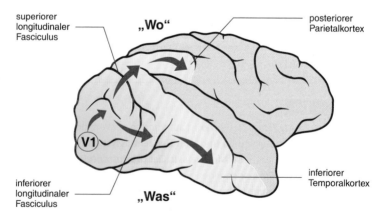

◻ **Abb. 19.5. Das »Was«-»Wo«-System für visuelle Objekterkennung**

Hemisphäre). Bei Blutungen oder Tumoren in der rechten posterioren »Was«-Region kommt es zur ❷*Prosopagnosie*, bei der isoliert Gesichter nicht mehr erkannt werden (in der Gegend des sog. Gyrus fusiformis im basolateralen Temporallappen). Lebende Objekte (z. B. Tiere) werden nach medioinferiotemporalen Läsionen schwerer erkannt als Gegenstände und Werkzeuge, Agnosien für lebende Objekte treten eher nach mehr anterioren temporalen Läsionen, für unbelebte Objekte mehr temporookzipital auf. ❷*Alexien* sind ein typisches Beispiel für assoziative Agnosien: Nach Läsion des linken Gyrus angularis im posterioren unteren Parietallappen werden die Buchstaben erkannt, aber die Worte nicht mehr verstanden (Wortagnosie). Bei den assoziativen Agnosien geht also die Kenntnis der *funktionellen Bedeutung* des Wahrnehmungsinhaltes verloren, weshalb assoziative Agnosien meist die linke temporoparietale Region betreffen.

Merke

Der parietale und temporale Assoziationskortex ist mit der Steuerung *höherer Wahrnehmungsleistungen* befasst: Erkennen und Kategorisieren. Sowohl im visuellen wie akustischen System gibt es einen dorsalen »Wo«-Pfad und einen ventralen »Was«-Pfad. Beide enden im Präfrontalkortex, der »Wo«-Pfad dorsolateral, der »Was«-Pfad medial und orbitofrontal

A   Anhang

A1   Quellenverzeichnis   – 467

A2   Weiterführende Literatur   – 473

A3   Sachverzeichnis   – 485

A1   Quellenverzeichnis

Kapitel 1: Allgemeine Neuroanatomie
V. Braitenberg, A. Schüz

◼ Abb. 1.2, ◼ Abb. 1.6
Braitenberg V (1977) Künstliche Wesen. Vieweg, Braunschweig Wiesbaden

Kapitel 2: Innerneurale Homöostase
J. Dudel

◼ Abb. 2.1
Schmidt RF, Thews G, Lang F (Hrsg) (2000) Physiologie des Menschen. 28. Aufl., Springer-Verlag Heidelberg
◼ Abb. 2.2, ◼ Abb. 2.3, ◼ Abb. 2.6, ◼ Abb. 2.7, ◼ Abb. 2.9, ◼ Abb. 2.10, ◼ Abb. 2.11
Dudel J In: Schmidt RF, Thews G, Lang F (Hrsg) (2000) Physiologie des Menschen. 28. Aufl., Springer-Verlag Heidelberg
◼ Abb. 2.5
Berridge MJ (1985) The molecular basis of communication within the cell. Sci Am 253: 124-134
◼ Abb. 2.8 (b)
Hille (1984) Ionic channels in excitable membranes. Sinauer, Sunderland
Dudel J In: Schmidt RF, Thews G, Lang F (Hrsg) (2000) Physiologie des Menschen. 28. Aufl., Springer-Verlag Heidelberg

Kapitel 3: Synaptische Übertragung
J. Dudel

◼ Abb. 3.1, ◼ Abb. 3.2,
Schmidt RF, Thews G, Lang F (Hrsg) (2000) Physiologie des Menschen. 28. Aufl., Springer-Verlag Heidelberg
◼ Abb. 3.6
Nicholls JG, Martin AR, Wallace BG (1992) From neuron to brain, 3rd edn. Sinauer, Sunderland
◼ Abb. 3.7
Franke C et al (1991) Kinetic constants of the acetylcholine (ACh) receptor reaction deducted from the rise in open probability after Stepps in ACh concentration. J Physiol 507: 25-40
◼ Abb. 3.8
Llinás RR (1982) Calcium in synaptic transmission. Sci Am 10: 38 - 48
◼ Abb. 3.9
Schmidt RF, Thews G, Lang F (Hrsg) (2000) Physiologie des Menschen. 28. Aufl., Springer-Verlag Heidelberg

◨ Abb. 3.11

Schmidt RF, Thews G, Lang F (Hrsg) (2000) Physiologie des Menschen. 28. Aufl., Springer-Verlag Heidelberg

Kapitel 4: Muskelphysiologie
R. Rüdel, H. Brinkmeier

◨ Abb. 4.1

Bloom W, Fawcett DW (1986) A textbook of histology, 11th edn., Saunders, Philadelphia

◨ Abb. 4.2

Rüdel R (1985) Muskelphysiologie. In: Keidel W-D (Hrsg) Kurzgefasstes Lehrbuch der Physiologie. Thieme, Stuttgart

◨ Abb. 4.8, ◨ Abb. 4.9

Carlson FD, Wilkie DR (1971) Muscle physiology. Prentice-Hall, Englewood Cliffs

Kapitel 5: Motorisches System
M. Illert, J. P. Kuhtz-Buschbeck

◨ Abb. 5.2

Jeannerod M, Arbib MA, Rizzolatti G, Sakata H (1995) Grasping objects: the cortical mechanism of visuomotor transformation. Trends in Neurosciences 18:314–320

◨ Abb. 5.3

Binkofski F, Buccino G, Posse S, Seitz RJ, Rizzolatti G, Freund HJ (1999) A fronto-parietal circuit for object manipulation in man: evidence from an fMRI-study. European Journal of Neuroscience 11:3276–3286

◨ Abb. 5.4

Phillips CG, Porter R (1977) Corticospinal neurones. Their role in movement. Academic Press, London

◨ Abb 5.6

Matthews PBC (1992) Mammalian muscle receptors and their central actions. Arnold, London

◨ Abb. 5.8

Taylor A, Davey MR (1968) Behaviour of jaw muscle stretch receptor during active and passive movements in the cat. Nature 220:301–302

◨ Abb. 5.9, ◨ Abb. 5.13

Illert M (1999) Motorik – Bewegung und Haltung. In: Physiologie (Hrsg) Deetjen P, Speckmann E-J. Urban & Schwarzenberg, München

◨ Abb. 5.10

Albin RL, Young AB, Penney JB (1989) The Functional Anatomy of Basal Ganglia Disorders. TINS 12:366–375

◼ Abb. 5.11

Ghez C, Thach WT (2000) The Cerebellum. In: Principles of Neural Science (Hrsg) Kandel ER, Schwartz JH, Jessell TM. Elsevier, New York,

◼ Abb. 5.12

Schmidt RF (1987) Motorische Systeme. In: Grundriss der Neurophysiologie (Hrsg) Schmidt RF. Springer-Verlag Heidelberg

Kapitel 6: Vegetatives Nervensystem
W. Jänig

◼ Abb. 6.3

Netter (1972) The Ciba Collection of Medical Illustration, Vol 1 Nervous System, CIBA

◼ Abb. 6.5

E. Bülbring (1962) Physiol. Rev. 42, Suppl.2: 160

◼ Abb. 6.8

Hirst GDS, J. Physiol. 273, 263–274, 1977

Campbell et al. (1989) J. Physiol. 415: 57–68

◼ Abb. 6.12

de Groat WC, Brain Res., 87, 201–213, 1975

◼ Abb. 6.13

Masters WH und Johnson VE (1970) Die sexuelle Reaktion. Rowohlt, Reinbek

◼ Abb. 6.16

Loewy AD, Spyer KM (Hrsg) (1990) Central regulation of autonomic functions. Oxford University Press, New York

◼ Abb. 6.17

Ruch T und Patton H (1965) Physiology and Biophysics. Saunders Company, Philadelphia London

Rushmer RF (1972) Structure and Function of the Cardiovascular System. Saunders Company, Philadelphia London

◼ Abb. 6.18

Brobeck JR (1979) Best & Taylor's Physiological Basis of Medical Praxis. 10th edn. The Williams & Wilkins Company, Baltimore

Kapitel 7: Allgemeine Sinnesphysiologie
H. O. Handwerker

◼ Abb. 7.4,◼ Abb. 7.5

Handwerker HO (1999) Einführung in die Pathophysiologie des Schmerzes. Springer-Verlag Heidelberg

◼ Abb. 7.6

Stevens SS (1975) Psychophysics. John Wiley, New York London Sydney Toronto

Kapitel 8: Somatosensorik
H. O. Handwerker

◼ Abb. 8.1
Handwerker HO (1995) Allgemeine Sinnesphysiologie. In: Schmidt RF, Thews G (Hrsg) Physiologie des Menschen. 26. Aufl., Springer-Verlag Heidelberg
◼ Abb. 8.3
Zimmermann M (1978) Mechanoreceptors of the glabrous skin and tactile acuity. In: Porter R (ed) Studies in neurophysiology presented to A.K.McIntry. Cambridge University Press, Cambridge
◼ Abb. 8.4
Kandel ER, Schwartz JH, Jessell TM (Hrsg) (2000) Principles of neural science, 4th edn., McGraw-Hill, New York London Montreal Sydney Tokyo
◼ Abb. 8.5, ◼ Abb. 8.7
Vallbo AB, Johansson RS (1984) Properties of cutaneous mechanoreceptors in the human hand related to touch sensation. Hum Neurosci 12: 513

Kapitel 11: Hören
H. P. Zenner

◼ Abb. 11.4
Zenner HP, Gitter AH (1987) Die Schallverarbeitung des Ohres. Physik Uns Zeit 18:97–105
◼ Abb. 11.5
Zenner HP (1995) Hören. Thieme, Stuttgart

Kapitel 14: Geruch
H. Hatt

◼ Tabelle 14.1
Amoore E (1952, 1970) Molecular basis of odor. Charles C. Thomas, Springfield

Kapitel 15: Untersuchung der Hirnaktivität des Menschen
N. Birbaumer, R. F. Schmidt

◼ Abb. 15.4, ◼ Abb. 15.10
Birbaumer N, Schmidt RF (2006) Biologische Psychologie, 6. Aufl., Springer-Verlag Heidelberg
◼ Abb. 15.6
Birbaumer N, Schmidt RF (2006) Biologische Psychologie, 6. Aufl., Springer-Verlag Heidelberg
◼ Abb. 15.9
Birbaumer N, Schmidt RF (2006) Biologische Psychologie, 6. Aufl., Springer-Verlag Heidelberg

Kapitel 16: Wachen, Aufmerksamkeit und Schlafen
N. Birbaumer, R. F. Schmidt

◨ Abb. 16.1
Birbaumer N, Schmidt RF (2006) Biologische Psychologie, 6. Aufl., Springer-Verlag Heidelberg
◨ Abb. 16.3
Kinomura S, Larrson S, Gulyás B, Roland PE (1996) Activation by attention of the human reticular formation and thalamic intralaminar nuclei. Science 271: 512-515
◨ Abb. 16.5
Jovanovic UJ (1971) Methodik und Theorie der Hypnose. Fischer, Stuttgart
◨ Abb. 16.6
Birbaumer N, Schmidt RF (2006) Biologische Psychologie, 6. Aufl., Springer-Verlag Heidelberg
◨ Abb. 16.7
Birbaumer N, Schmidt RF (2006) Biologische Psychologie, 6. Aufl., Springer-Verlag Heidelberg
◨ Abb.16.8
Carlson, NR (1998), Physiology of Behaviour. 6th ed. Allyn & Bacon, Needham Heights

Kapitel 17: Lernen und Gedächtnis
N. Birbaumer, R. F. Schmidt

◨ Abb. 17.1
Birbaumer N, Schmidt RF (2006) Biologische Psychologie, 6. Aufl., Springer-Verlag Heidelberg

Kapitel 18: Motivation und Emotion
N. Birbaumer, R. F. Schmidt

◨ Abb. 18.2
Schwartz MW, Woods S, Porte D, Seeley R, Baskin D (2000) Central nervous system control of food intake. Nature 404:661–670
◨ Abb. 18.5
Wise (2002) Neuron 36: 229
◨ Abb. 18.6
Birbaumer N, Schmidt RF (2006) Biologische Psychologie, 6. Aufl., Springer-Verlag Heidelberg
◨ Abb. 18.7
Birbaumer N, Schmidt RF (2006) Biologische Psychologie, 6. Aufl., Springer-Verlag Heidelberg
◨ Abb. 18.8
Birbaumer N, Schmidt RF (2006) Biologische Psychologie, 6. Aufl., Springer-Verlag Heidelberg

Kapitel 19: Kognitive Funktionen und Denken
N. Birbaumer, R. F. Schmidt

◼ Abb. 19.1
Birbaumer N, Schmidt RF (2006) Biologische Psychologie, 6. Aufl., Springer-Verlag Heidelberg
◼ Abb. 19.2
Birbaumer N, Schmidt RF (2006) Biologische Psychologie, 6. Aufl., Springer-Verlag Heidelberg
◼ Abb. 19.3
Nach Kolb & Whishaw (1990) In: Birbaumer N, Schmidt RF (1996) Biologische Psychologie.
3. Aufl. Springer-Verlag Heidelberg

A2 Weiterführende Literatur

Kapitel 1: Allgemeine Neuroanatomie

ABELES M (1991) Corticonics. Neural circuits of the cerebral cortex. Cambridge Univ Press, New York London

ANGEVINE JB JR, COTMAN CW (1981) Principles of neuroanatomy. Oxford Univ Press, New York Oxford

BRAAK H (1980) Studies of brain function, vol 4: Architectonics of the human telencephalic cortex. Springer, Berlin Heidelberg New York Tokyo

BRAITENBERG V (1973) Gehirngespinste. Neuroanatomie für kybernetisch Interessierte. Springer, Berlin Heidelberg New York

BRAITENBERG V (1986) Künstliche Wesen. Vieweg, Braunschweig Wiesbaden

BRAITENBERG V, SCHÜZ A (1998) Cortex: Statistics and Geometry of Neuronal Connectivity. Springer, Berlin Heidelberg New York Tokyo

BRODAL A (1981) Neurological anatomy. Oxford Univ Press, New York Oxford

CREUTZFELDT OD (1983) Cortex cerebri. Leistung, strukturelle und funktionelle Organisation der Großhirnrinde. Springer, Berlin Heidelberg New York

FIRBAS W, GRUBER H, MAYR R (1995) Neuroanatomie. Maudrich, Wien

FORSSMANN WG, HEYM C (1985) Neuroanatomie. Springer, Berlin Heidelberg New York

HILLMAN H, JARMAN D (1991) Atlas of the cellular structure of the human nervous system. Academic Press, London San Diego New York

KUFFLER SW, NICHOLLS JG, MARTIN AR (2000) From neuron to brain. Sinauer, Sunderland/MA

Leonhardt H (1990) Histologie, Zytologie und Mikroanatomie des Menschen. Thieme, Stuttgart

NIEUWENHUYS R, VOOGD J, VAN HUIZEN C (1991) Das Zentralnervensystem des Menschen. Springer, Berlin Heidelberg New York Tokyo

PALM G (1982) Neural assemblies. An alternative approach to artificial intelligence. Springer, Berlin Heidelberg New York

PETERS A, JONES EG (1984) Cerebral Cortex, vol 1: Cellular components of the cerebral cortex. Plenum Press, New York London

PETERS A, PALAY SL, DE WEBSTER HF (1991) The fine structure of the nervous system. Oxford Univ Press, New York Oxford

WHITE EL (1989) Cortical circuits. Birkhäuser, Boston Basel Berlin

ZILLES K, REHKÄMPER G (1998) Funktionelle Neuroanatomie. Springer, Berlin Heidelberg New York

Kapitel 2: Innerneurale Homöostase und Kommunikation, Erregung

ALBERTS B, BRAY D, LEWIS J, RAFF M, ROBERTS K, WATSON JD (1994) Molecular biology of the cell. Garland, New York London

ALDRICH RW (1986) Voltage dependent gating of sodium channels: towards an integrating approach. Trends Neurosci 9: 82–86

DUDEL J, MENZEL R, SCHMIDT RF (Hrsg.) (2001) Neurowissenschaft, 2. Aufl. Springer, Berlin Heidelberg New York Tokyo

HAMILL OP, MARTY A, NEHER E, SAKMANN B, SIGWORTH FJ (1981) Improved patch clamp techniques for high resolution current recording from cells and cell-free membrane patches. Pflügers Arch 391: 85–100

HILLE B (2001) Ionic channels of excitable membranes. 3rd ed. Sinauer, Sunderland, Mass.

KANDEL ER, SCHWARTZ JH, JESSELL TM (Hrsg.) (2000) Principles of neural science, 4th ed. Elsevier

NICHOLLS JG, MARTIN AR, WALLACE BC (2000). From neuron to brain, 4th ed. Sinauer, Sunderland, Mass.

NOBLE D (1966) Applications of Hodgkin-Huxley equations to excitable tissues. Physiol Rev 46: 1

SCHMIDT RF, LANG F, THEWS G (Hrsg.) (2005) Physiologie des Menschen, 29. Aufl. Springer, Berlin Heidelberg New York Tokyo

SIGWORTH FJ, NEHER E (1980) Single Na^+ channel currents observed In: cultured red muscle cells. Nature (Lond) 287: 447–449

Kapitel 3: Synaptische Übertragung

DUDEL J, FRANKE C, HATT H (1990) Rapid activation, desensitization, and resensitization of synaptic channels of crayfish muscle after glutamate pulses. Biophys J 57: 533–545

DUDEL J, MENZEL R, SCHMIDT RF (2001) Neurowissenschaft. 2. Aufl. Springer, Berlin Heidelberg New York Tokyo

FRANKE C, HATT H, DUDEL J (1991) Kinetic constants of the acetylcholine (ACh) receptor reaction deduced from the rise in open probably after steps in ACh concentration. Biophys J 60: 1008–1016

HILLE B (2001) Ionic channels of exitable membranes. 3rd ed. Sinauer, Sunderland, Mass.

IMOTO K, BUSCH C, SAKMANN B et al. (1988) Rings of negatively charged amino acids determine the acetylcholine receptor channel conductance. Nature 335: 645–648

JAHN R, SÜDHOF TC (1999) Membrane fusion and exocytosis. Annu Rev Biochem 68: 863–911

MAKOWSKI L, CASPAR DLD, PHILLIPS WC, GOODENOOGH DA (1977) Gap junction structures. II. Analysis of the X-ray diffraction data. J Cell Biol 84: 629–645

NICHOLLS JG, MARTIN AR, WALLACE BC (2000) From neuron to brain, 4th edn. Sinauer, Sunderland, Mass.

PARNAS H, SEGEL L, DUDEL J, PARNAS I (2000) Autoreceptors, membrane potential and the regulation of transmitter release. Trends Neurosci 23: 60–68

SCHMIDT RF, LANG F, THEWS G (Hrsg) (2005) Physiologie des Menschen, 29. Aufl. Springer, Berlin Heidelberg New York Tokyo

VERDORN TA, BURNASHEV N, MONYER H et al. (1991) Structural determinants of ion flow through recombinant glutamate receptor channels. Science 252: 1715–1718

VINCENT SR, HOPE BT (1992) Neurons that say NO. Trends Neurosci 15: 108–113

Kapitel 4: Muskelphysiologie

BAGSHAW C (1992) Muscle contraction, 2nd edn. Kluwer Academic Publishers Group

BEECH DJ (1997) Actions of neurotransmitters and other messengers on Ca^{2+} channels and K^+ channels in smooth muscle cells. Pharmacol Ther 73:91–119

BLOOM W, FAWCETT DW (1986) A textbook of histology, 11th edn. Saunders, Philadelphia

CARLSON FD, WILKIE DR (1971) Muscle physiology. Prentice-Hall, Englewood Cliffs

FORD LE (2000) Muscle physiology and cardiac function. Cooper Publishing Group, Traverse City, MI

PEACHEY LD, ADRIAN RH, GEIGER SR (1983) Skeletal muscle. Handbook of physiology, vol. 10. American Physiological Society, Bethseda

RÜDEL R (1994) Muskelphysiologie. In: Keidel W-D (Hrsg) Kurzgefasstes Lehrbuch der Physiologie. Thieme, Stuttgart

RÜEGG JC (1992) Calcium in muscle contraction. Springer, Berlin Heidelberg New York

SOMLYO AP, SOMLYO AV (2000) Signal transduction by G-proteins, rho-kinase and protein phosphatase to smooth muscle and non-muscle myosin II. J Physiol (Lond) 522: 177–185

SQUIRE JM (1990) Molecular mechanisms in muscular contraction. Macmillan Press, Houndmills London

THEWS G, VAUPEL P (2005) Vegetative Physiologie, 5. Aufl., Springer, Berlin Heidelberg New York Tokyo

Kapitel 5: Motorische Systeme

ALBIN RL, YOUNG AB, PENNEY JB (1989) The Functional Anatomy of Basal Ganglia Disorders. TINS, 12: 366–375

BALDISSERA F, HULTBORN H, ILLERT M (1981) Integration in spinal neuronal systems. In Handbook of Physiology, Section I, The Nervous System, Vol 2, Motor Control, Part 1, S.509–595 (Hrsg. V. B. Brooks). Bethesda: Amer Physiol Soc

BINKOFSKI F, BUCCINO G, POSSE S, SEITZ RJ, RIZZOLATTI G, FREUND HJ (1999) A fronto-parietal circuit for object manipulation in man: evidence from an fMRI-study. European Journal of Neuroscience 11: 3276–3286

BROOKS VB (Hrsg.) (1981) Handbook of Physiology, Section I, The Nervous System, Vol 2, Parts 1 and 2: Motor Control. Bethesda: Amer Physiol Soc

BROOKS VB (1986) The Neural Basis of Motor Control. Oxford: Oxford University Press

FREUND HJ (1987) Abnormalities of motor behavior after cortical lesions in humans. In Handbook of Physiology, Section I, The Nervous System, Vol 5, Higher functions of the brain; Part 2, S.763–810 (Hrsg. V. B. Brooks). Bethesda: Amer Physiol Soc

GHEZ C, FAHN S (1985) The Cerebellum. In Principles of Neural Science (Hrsg. E. R. Kandel, J. H. Schwartz) S. 502–521. New York: Elsevier

GRILLNER S, STEIN PSG, STUART DG, FORSSBERG H, HERMAN RM (Hrsg.) (1986) Neurobiology of Vertebrate Locomotion. Hampshire: MacMillan Press

HUMPHREY DR, FREUND H-J (Hrsg.) (1991) Motor Control: Concepts and Issues. Chichester: Wiley & Sons

ILLERT M Motorik – Bewegung und Haltung (1999). In Physiologie (Hrsg. P. Deetjen, E.-J. Speckmann) S. 164–209. München: Urban & Schwarzenberg

JEANNEROD M, ARBIB MA, RIZZOLATTI G, SAKATA H (1995) Grasping objects: the cortical mechanism of visuomotor transformation. Trends in Neurosciences 18: 314–320

KANDEL ER, SCHWARTZ JH, JESSEL TM (Hrsg.) (2000) Principles of Neural Science. Elsevier

MATTHEWS PBC (1972) Mammalian Muscle Receptors and their Central Actions. London: Arnold

PHILLIPS CG, PORTER R (1977) Corticospinal Neurones. Their Role in Movement. London: Academic Press

SCHMIDT RF (1987) Motorische Systeme In Grundriß der Neurophysiologie (Hrsg. R. F. Schmidt) Springer, Berlin Heidelberg New York Tokyo S. 157–205.

SCHOMBURG ED (1990) Spinal Sensorimotor Systems and Their Supraspinal Control. Neuroscience Research 7: 265–340

SEITZ RJ, ROLAND PE, BOHM C, GREITZ T, STONE-ELANDER S (1991) Somatosensory discrimination of shape: tactile exploration and cerebral activation. European Journal of Neuroscience 3: 481–492

TAYLOR A, DAVEY MR (1968) Behaviour of Jaw Muscle Stretch Receptor During Active and Passive Movements in the Cat. Nature, 220: 301–302

Kapitel 6: Vegetatives Nervensystem

BRODAL A (1981) Neurological anatomy in relation to clinical medicine, Oxford University Press, New York Oxford

CANNON WB (1980) The wisdom of the body, 3rd ed. Norton, New York

FURNESS JB, COSTA M (1987) The enteric nervous system. Churchill Livingstone

GREGER R, WINDHORST U (Hrsg) (1996) Comprehensive human physiology – from cellular mechanisms to integration, Springer-Verlag, Heidelberg New York

HIRST GDS, BRAMICH NJ, EDWARDS FR, KLEMM M (1992) Transmission of autonomic neuroeffector junctions. Trends in Neurosciences 15: 40–46

JÄNIG W (1995) Ganglionic transmission in vivo. In Burnstock G (Hrsg) The Autonomic Nervous System, Vol. 5 Autonomic Ganglia (hrsg von EM McLachlan), Harwood Academic Publishers, Chur, Schweiz, pp. 349–395

JÄNIG W (1996) Regulation of the lower urinary tract. Kapitel 81 in: Greger R, Windhorst U (Hrsg) Comprehensive human physiology – from cellular mechanisms to integration, Springer-Verlag, Heidelberg New York, pp 1611–1624

JÄNIG W (1996) Behavioral and neurovegetative components of reproductive functions. Kapitel 118 in: Greger R, Windhorst U (Hrsg) Comprehensive human physiology – from cellular mechanisms to integration, Springer-Verlag, Heidelberg New York, pp 2253–2263

JÄNIG W, HÄBLER H-J (1999) Organization of the autonomic nervous system: Structure and function. In Handbook of Clinical Neurology Vol. 74 (30) (hrsg von Vinken PJ, Bruyn GW), The Autonomic Nervous System, Part I: Normal Functions (hrsg von Appenzeller O), Kapitel 1. Elsevier Science B. V., Amsterdam, pp 1–52

Jänig W, McLachlan EM (1999) Neurobiology of the autonomic nervous system. In Mathias CJ, Bannister R (Hrsg) Autonomic failure. Oxford University Press, Oxford, 4. Auflage, pp 3–15

Loewy AD, Spyer KM (Hrsg) (2005) Central regulation of autonomic functions. Oxford University Press, New York Oxford

Maggi CA (Hrsg) (1993) Nervous Control of the Urogenital System. Bd. 2 The Autonomic Nervous System (hrsg von G Burnstock), Harwood Academic Publishers, Chur, Schweiz

Masters WH, Johson VE (1984) Die sexuelle Reaktion. Rowohlt, Reinbeck bei Hamburg (rororo TB, Nr 8032/8033)

Mathias CJ, Bannister R (Hrsg) (2003) Autonomic failure, Oxford University Press, New York Oxford

Schmidt RF, Lang F, Thews G (Hrsg) (2005) Physiologie des Menschen; 29. Aufl., Springer-Verlag, Heidelberg Berlin

Kapitel 7: Allgemeine Sinnesphysiologie

Churchland PS (1989) Neurophilosophy. Toward unified science of the mind-brain. The MIT Press, Cambridge Massachusetts

Gauer OH, Kramer K, Jung R (Hrsg) (1972) Physiologie des Menschen, Bd 11: Somatische Sensibilität, Geruch und Geschmack. Urban & Schwarzenberg, München Berlin Wien

Gescheider GA (1997) Psychophysics, method, theory and application, 3rd ed. Erlbaum, Hillsdale New Jersey London

Gybels J, Handwerker HO, van Hees J (1979) A comparison between the discharges of human nociceptive nerve fibers and the subject's ratings of his sensations. J Physiol 292: 193–206

Handwerker HO (ed) (1983) Nerve fiber discharges and sensations. Hum Neurobiol 3: 1–58

Handwerker HO (2005) Allgemeine Sinnesphysiologie. In Schmidt RF, Lang F, Thews G (Hrsg) Physiologie des Menschen, 29. Aufl. Springer, Berlin Heidelberg New York Tokyo

Hensel H (1966) Allgemeine Sinnesphysiologie, Hautsinne, Geschmack, Geruch. Springer, Berlin Heidelberg New York

Loewenstein WR (ed) (1971) Principles of receptor physiology. Handbook of sensory physiology, vol 1. Springer, Berlin Heidelberg New York

Rowe M, Willis WD jr (eds) (1985) Development, Organization, and Processing in Somatosensory Pathways. Alan R Liss, New York

Stevens SS (1975) Psychophysics. John Wiley, New York London Sydney Toronto

Kapitel 8: Somatosensorik

Gauer OH, Kramer K, Jung R (Hrsg) (1972) Physiologie des Menschen, Bd 11: Somatische Sensibilität, Geruch und Geschmack. Urban & Schwarzenberg, München Berlin Wien

Hensel H (1966) Allgemeine Sinnesphysiologie. Hautsinne, Geschmack, Geruch. Springer, Berlin Heidelberg New York

Iggo A (ed) (1973) Somatosensory system. Handbook of Sensory Physiology, vol. II. Springer, Berlin Heidelberg New York

KENSHALO DR (ed) (1979) Sensory Functions of the Skin of Humans, Plenum Press, New York London

ROWE M, WILLIS WD jr (eds) (1985) Development, Organization, and Processing in Somatosensory Pathways. Alan R Liss, New York

SCHMIDT RF, LANG F, THEWS G (Hrsg) (2005) Physiologie des Menschen, 29. Aufl. Springer, Berlin Heidelberg New York

WILLIS WD JR, COGGESHALL RE (eds) (2003) Sensory mechanisms of the spinal cord, 3rd ed. Plenum Press, New York London

ZIMMERMANN M (2005) Das somatoviscerale sensorische System. In: Schmidt RF, Lang F, Thews G (Hrsg) Physiologie des Menschen, 29. Aufl. Springer, Berlin Heidelberg New York Tokyo

Kapitel 9: Nozizeption und Schmerz

BASBAUM AI, JESSELL TM (1999) The perception of pain. In: E.R. Kandel, J.H. Schwartz and T.M. Jessell (eds.) Principles of Neural Science, 4th ed., pp. 472-91.

BIRBAUMER N, SCHMIDT RF (2002) Biologische Psychologie, 5. Auflage. Springer. Heidelberg.

HANDWERKER HO (1999) Einführung in die Pathophysiologie des Schmerzes. Springer Berlin Heidelberg New York Tokyo

SCHAIBLE H-G, SCHMIDT RF (2000) Pathophysiologie von Nozizeption und Schmerz. In Fölsch, U.R., Kochsiek, K., Schmidt, R.F., Pathophysiologie. Springer, 55-68.

SCHAIBLE, H.-G., SCHMIDT, RF (2005) Nozizeption und Schmerz. In Schmidt, R.F., Lang, F., Thews, G., Physiologie des Menschen. 29. Auflage. Springer Berlin Heidelberg New York Tokyo.

Kapitel 10: Sehen

BÜTTNER-ENNEVER J (ed) (1988) Neuroanatomy of the oculomotor system. Elsevier, Amsterdam New York Oxford

CARPENTER MB, SUTIN J (1983) Human Neuroanatomy. Williams & Wilkins, Baltimore

HIERHOLZER K, SCHMIDT RF (Hrsg.) (1991) Pathophysiologie des Menschen. VCH, Weinheim, Basel Cambridge New York

JONES EG (1985) The thalamus. Plenum Press, New York London

KANDEL ER, SCHWARTZ JH, JESSELL TM (eds) (2000) Principles of neural science. Elsevier, New York Amsterdam

KUFFLER SW, NICHOLS JG, MARTIN RG (2000) From neuron to brain: A cellular approach to the function of the nervous system, 3rd ed. Sinauer, Sunderland

LEYDHECKER W, GREHN F (1993) Augenheilkunde, 25. Aufl. Springer, Berlin Heidelberg New York Tokyo

MARR D (1982) Vision. Freeman, New York

MILLER NR (1985) Walsh & Hoyt clinical neuro-ophthalmology. Williams & Wilkins, Baltimore

OGLE KN (1961) Optics: An Introduction for ophthalmologists. Thomas, Springfield

ORBAN GA (1984) Neuronal operations In: the visual cortex. Springer, Berlin Heidelberg New York

RODIECK RW (1973) The vertebrate retina: Principles of structure and function. Freeman, San Francisco

SCHMIDT RF, LANG F, THEWS G (Hrsg) (2005) Physiologie des Menschen, 29. Aufl. Springer, Berlin Heidelberg New York Tokyo

SHEPHERD GM (ed) (2003) The synaptic organization of the brain, 5th ed. Oxford Univ Press, New York Oxford

VANESSEN DC (1985) Functional organization of primate visual cortex. In: Peters A, Jones EG (eds) Cerebral cortex, Vol 3: Visual Cortex, pp 259–329, Plenum Press, New York

Kapitel 11: Hören

BLAUERT J (1997) Räumliches Hören. Hirzel, Stuttgart

BLAUERT J (1997) Spatial hearing: The psychophysics of human sound localization. MIT, Cambridge, Mass.

EVANS EF (1974) Neuronal processes for the detection of acoustic patterns and for sound localization. In: Schmidt FO, Worden FG (eds) Neurosciences, third study program. MIT Press, New York, p 131

KEIDEL WD, NEFF WD (eds) (1974–1976) Handbook of sensory physiology, vol V: 1/1974, 2/1975, 3/1976. Springer, Berlin Heidelberg New York

KLINKE R (1986) Neurotransmission in the inner ear. In: Flock A, Wersäll J (eds) Cellular mechanisms in hearing. Elsevier, Amsterdam, pp 235–244

KLINKE R (2005) Gleichgewichtssinn, Hören, Sprechen. In: Schmidt RF, Lang F, Thews G (Hrsg) Physiologie des Menschen, 29. Aufl. Springer, Berlin Heidelberg New York Tokyo

KLINKE R, HARTMANN R (Hrsg) (1983) Hearing-physiological bases and psychophysics. Springer, Berlin Heidelberg New York

ZENNER HP (1999) Physiologische und biochemische Grundlagen des normalen und gestörten Gehörs. In: Naumann HH, Helms J, Haberhold C, Kastenbauer ER (Hrsg) Otorhinolaryngologie in Klinik und Praxis, Bd 1. Thieme, Stuttgart, S 1

ZENNER HP, GITTER AH (1987) Die Schallverarbeitung des Ohres. Physik Uns Zeit 18: 97–105

ZENNER HP (1994) Hören. Thieme, Stuttgart

Kapitel 12: Gleichgewicht

BRODAL A (1981) Neurological anatomy, Oxford Univ Press, New York 470–495

COREY DP, HUDSPETH AJ (1979) Ionic basis of the receptor potential in a vertebrate hair cell. Nature (London) 281: 675–677

FLOCK A (1965) Transducing mechanisms in the lateral line canal organ receptors. Cold Spring Harb Symp Quant Biol 30: 133–145

IURATO S (1967) Submicroscopic structure of the inner ear. Pergamon, Oxford

KLINKE R (2005) Physiologie des Gleichgewichtssinnes, des Hörens und des Sprechens. In: Schmidt RF, Lang F, Thews G (Hrsg) Physiologie des Menschen. Springer, Berlin Heidelberg New York Tokyo, S. 300–327

SPOENDLIN H (1966) Ultrastructure of the vestibular sense organ. In: Wolfson RJ (ed) The vestibular system and its diseases. Univ Pensylvania Press, Philadelphia, pp 39–68

WERSÄLL J, FLOCK A (1965) Functional anatomy of the vestibular and lateral line organs. In: Neff W (ed) Contributions of sensory physiology. Academic Press, New York, pp 39–61

Kapitel 13: Geschmack

ADLER E, HOON MA, MUELLER KL, CHANDRASHEKAR J, RYBA NJP, ZUKER CS (2000) A novel family of mammalian taste receptors. Cell, Vol. 100: 693–702

AVENET P, KINNAMON SC (1991) Cellular basis of taste reception. Curr Opin Neurobiol 1: 198–203

BROWN EL, DEFFENBACHER K (1979) Perception and the Senses. Oxford Univ Press, pp 3–520

BURDACH KJ (1988) Geschmack und Geruch. Huber, Bern S. 9–165

FAURION A (1987) Physiology of the sweet taste. In: Skrandies W, LeMagnen J, Faurion A (eds) Progress in sensory physiology, vol 8. Springer-Verlag Berlin Heidelberg.

HATT H (1990) In: Maelicke A (Hrsg) Vom Reiz der Sinne. VCH, Weinheim, S. 93–126

HATT H (1991) Geruch und Geschmack. In: Hierholzer K, Schmidt RF (Hrsg) Pathophysiologie des Menschen. VCH, Weinheim, S. 1–9

HENSEL H (1966) Allgemeine Sinnesphysiologie: In: Trendenburg W, Schütz E (Hrsg) Hautsinne, Geschmack, Geruch. Springer, Berlin Heidelberg New York, S. 3–339

NAKAMURA K, NORGREN R (1991) Gustatory responses of neurons in the nucleus of the solitary tract of behaving rats. J Neurophysiol 66/4 143–149

ROGER SD (1989) The cell biology of vertebrate taste receptors. Ann Rev Neurosci 12: 329–353

LINDEMANN B (1996) Taste reception. Physiol Rev 76 (3): 719–766

Kapitel 14: Geruch

AMOORE JE (1970, 1952) Molecular basis of odor. Charles C. Thomas, Springfield

AXEL R (1995) The molecular logic of smell. Scientific American 10: 130–137

BARGMANN C I (1997) Olfactory receptors, vomeronasal receptors, and the organization of olfactory information. Cell 90: 585–587

BOECKH J (1972) Geruch In: Gauer OH, Kramer K, Jung R (Hrsg) Somatische Sensibilität, Geruch und Geschmack. Ed. Urban & Schwarzenberg, München, S. 172–203

BURDACH KJ (1988) Geschmack und Geruch. Huber, Bern, S. 9–165

BUCK L, AXEL R (1991) A novel multigene family may encode odorant receptors: A molecular basis for odor recognition. Cell Press 65: 175–187

HATT H (1990) Molekulare Mechanismen der Geruchswahrnehmung. Neurologie Psychiatrie 4: 865–872

HATT H (1990) Physiologie des Riechens und Schmeckens. In: Maelicke A (Hrsg) Vom Reiz der Sinne. VCH Weinheim, S 93–126

HATT H (1991) Geruch und Geschmack. In: Hierholzer K, Schmidt RF (Hrsg) Pathophysiologie des Menschen. VCH, Weinheim S 1–9

HATT H (1996) Molecular mechanisms of olfactory processing in the mammalian olfactory epithelium. ORL 58: 183–194

HENSEL H (1966) Physiologie des Geruchssinnes. In: Trendenburg W, Schütz E (Hrsg) Allgemeine Sinnesphysiologie: Hautsinne, Geschmack, Geruch. Springer, Berlin Heidelberg New York, S. 265–397

Hummel T, Gollisch R, Wildt G, Kobal C (1991). Changes in olfactory perception during the menstrual cycle. Experientia 47, Birkhäuser, Basel.

Kobal G, Hummel T (1991) Human electro-olfactograms and brain responses to olfactory stimulation. In: Laing DG, Doty RL, Breipohl W (eds) The human sense of smell. Springer, Berlin Heidelberg New York Tokyo, pp 713–715

Lancet D (1986) Vertebrate olfactory reception. Ann Rev Neurosci 9: 329–355

Lee K-H, Wells RG, Reed RR (1987) Isolation of an olfactory cDNA: Similarity to retinol-binding protein suggests a role in olfaction. Am Assoc Adv Sci 235: 1053–1056

Ohloff G (1990) Riechstoffe und Geruchssinn. Springer, Berlin Heidelberg New York Tokyo, S. 1–221

Thuerauf N, Gjuric M, Kobal G, Hatt H (1996) Cyclic nucleotide-gated channels in identified human olfactory receptor neurons. Europ J of Neurosci 8: 2080–2089

Wetzel Ch, Oles M, Wellerdieck Ch, Kuczkowiak M, Gisselmann G, Hatt H (1999) Specificity and Sensitivity of a Human Olfactory Receptor Functionally Expressed in Human Embryonic Kidney 293 Cells and *Xenopus Laevis* Oocytes J of Neuroscience 19(17): 7425–7433

Zufall F, Hatt H (1991) Dual activation of a sex pheromonedependent ion channel from insect olfactory dendrites by protein kinase C activators and cyclic GMP. Proc Natl Acad Sci USA 88: 8520–8524

Kapitel 15: Allgemeine Physiologie der Großhirnrinde

Birbaumer N, Schmidt RF (1999) Biologische Psychologie, 4. Aufl., Springer, Berlin, Heidelberg, New York.

Birbaumer N, Schmidt RF (2005) Allgemeine Physiologie der Großhirnrinde. In: Schmidt RF, Lang F, Thews G (Hrsg.), Physiologie des Menschen. 29. Aufl., Springer, Berlin, Heidelberg, New York.

Creutzfeld OD (1983) Cortex cerebri, Leistung, strukturelle und funktionelle Organisation der Hirnrinde. Springer, Berlin Heidelberg New York

Ingvar DM, Lassen N (1977) Cerebral function metabolism and circulation. Acta Neurol Scand 55, Suppl 64

Kandel ER, Schwartz JH, Jessek TM (Eds.) (2000) Principles of neural science, 4th ed. Elsevier

Lutzenberger W, Elbert T, Rockstroh B & Birbaumer N (1985) Das EEG. Springer, Heidelberg New York

Paulesu E, McCrory E, Fazio F et al (2000) A cultural effect on brain function. Nature Neuro-science 3, 91–96

Popper K, Eccles JC (1977) The self and its brain. Springer, Berlin Heidelberg New York; deutsche Ausgabe: Das Ich und sein Gehirn. Piper, München 1980

Posner M & Raichle M (1997) Images of the mind. Freeman, San Francisco

Rockstroh B, Elbert T, Birbaumer N & Lutzenberger W (1989) Slow Brain Potentials and Behavior, 2. Aufl., Urban & Schwarzenberg, Baltimore

Roland PE (2003) Brain Activation. Wiley, New York

Schmidt RF (2001) Physiologie kompakt. 4. Aufl., Springer, Berlin Heidelberg New York

Schmidt RF, Lang F, Thews G (Hrsg) (2005) Physiologie des Menschen. 29. Aufl. Springer, Berlin Heidelberg New York

TOGA A & MAZZIOTTA J (Ed) (2000). Brain mapping: The systems. Academic Press, San Diego

ZILLES K, REHKÄMPER G (1998) Funktionelle Neuroanatomie. Lehrbuch und Atlas. 3. Aufl. Springer, Berlin Heidelberg New York

Kapitel 16: Wachen, Aufmerksamkeit und Schlafen

BIRBAUMER N, SCHMIDT RF (1999) Biologische Psychologie. 4. Aufl. Springer, Berlin Heidelberg New York Tokyo

BIRBAUMER N, SCHMIDT RF (2005) Wachen, Aufmerksamkeit und Schlafen. In: Schmidt RF, Lang F, Thews G (Hrsg) Physiologie des Menschen. 29. Aufl. Springer, Berlin Heidelberg New York

ELLMAN SI, ANTROBUS ISV (eds) (1991) The mind in sleep. Wiley, New York

GAZZANIGA M, IVRY R, MANGUN G (2002) Cognitive neuroscience. W W Norton, New York

HIERHOLZER K, SCHMIDT RF (1991). Pathophysiologie. Verlag Chemie, Weinheim

HOBSON AJ (2001) Consciousness. Scientific American Library, New York

JASPER HH, DESCARRIES L, CASTELLUCCI VF, ROSSIGNOL S (eds) (1998) Consciousness: At the frontiers of neuroscience. Lippincott-Raven, Philadelphia

MCCARLEY RW (1990) Brainstem cholinergic systems and models of REM sleep production. In: Montplaisier J, Godbout R (eds) Sleep and biological rhythms. Oxford Univ Press, Oxford, pp. 131–147

MONTPLAISIR J, GODBOUT R (eds) (1990) Sleep and biological rhythms. Oxford Univ Press, Oxford

SCHMIDT RF (2001) Physiologie kompakt. 4. Aufl. Springer, Berlin Heidelberg New York Tokyo

MOORE RY (1990) The circadian system and sleep-wake behavior. In: Montplaisir J, Godbout R (eds) Sleep and biological rhythms. Oxford Univ Press, Oxford, pp. 3–10

MORUZZI G, MAGOUN HW (1949) Brainstem reticular formation and activation of the EEG. Electroenc Clin Neurophysiol 1: 455–473

Kapitel 17: Lernen und Gedächtnis

ABELES M (1991) Corticonics. Neural circuits of the cerebral cortex. Cambridge Univ Press, Cambridge

BIRBAUMER N, SCHMIDT RF (1999) Biologische Psychologie, 4. Aufl. Springer, Berlin Heidelberg New York

BIRBAUMER N, SCHMIDT RF (2005) Lernen und Gedächtnis. In: Schmidt RF, Lang F, Thews G (Hrsg) Physiologie des Menschen. 29. Aufl. Springer, Berlin Heidelberg New York Tokyo

BRAITENBERG V, SCHÜZ A (1991) Anatomy of the cortex. Springer, Berlin Heidelberg New York Tokyo, 2 nd ed: Cortex: Statistics and Geometry (1998)

CARLSON NR (2003) Physiology of Behavior. 8th ed. Allyn & Bycon, Boston

DAUM I, SCHUGENS M, ACKERMANN H, LUTZENBERGER W, DICHGANS J, BIRBAUMER N (1993) Classical conditioning after cerebellar lesions in humans. Behavioral Neuroscience 107: 748–756

DUDAY Y (1989) The neurobiology of memory. Oxford Univ Press, Oxford

FUSTER JM (1999) Memory in the cerebral cortex. MIT Press, Cambridge, Mass.

KANDEL ER, SCHWARTZ JH, JESSELL TM (eds) (2000) Principles of neural science, 4th ed., Elsevier

MCGAUGH JL, WEINBERGER NM, LYNCH G (1992) Brain organization and memory. Oxford Univ Press, New York

ROSENZWEIG MR, LEIMAN AL (1996) Biological psychology. Sinauer, Sunderland, Mass

SCHACTER DL, TULVING E (eds) (1994) Memory systems. MIT Press, Cambridge, Mass.

SCHMIDT RF (2001) Physiologie kompakt. 4. Aufl. Springer, Berlin Heidelberg New York Tokyo

SCHMIDT RF, LANG F, THEWS G (Hrsg) (2005) Physiologie des Menschen. 29. Aufl. Springer, Berlin Heidelberg New York

SQUIRE LR, ZOLA-MORGAN S (1991) The medial temporal lobe memory system. Science 253: 1380–1384

ZIGMOND MJ, BLOOM F, LAUDIS S, ROBERTS J, SQUIRE L (eds.) (2000) Fundamental neuroscience. Academic Press, New York

Kapitel 18: Motivation und Emotion

BECKER SB, BREEDLOVE SM, CREWS D (Eds) (2002) Behavioral Endocrinology. MIT Press, Cambridge, Mass.

BIRBAUMER N, JÄNIG W (2005) Motivation und Emotion. In: Schmidt RF, Lang F, Thews G (Hrsg) Physiologie des Menschen. 29. Aufl. Springer, Berlin Heidelberg New York Tokyo

BIRBAUMER N, SCHMIDT RF (1999) Biologische Psychologie, 4. Aufl., Springer, Berlin Heidelberg New York Tokio

CARLSON, N (2003) Physiology of Behavior. 8th ed. Allyn& Bycon, Boston.

GALLUSCIO, E H (1990) Biological Psychology, New York: Macmillan.

MASTERS, W H & JOHNSON, E. The Human Sexual Response. Boston: Little Brown, 1966.

RAMSAY, D J & BOOTH, D. A. (Eds) Thirst. Springer-Verlag, London 1991.

RODIN, J, SCHANK, D, & STRIEGEL-MOORE, R. Psychological features of obesity. Medical Clinics of North America, 1989, 73, 47–66.

SCHMIDT RF (2001) Physiologie kompakt. 4. Aufl. Springer, Berlin Heidelberg New York Tokyo

SCHMIDT RF, LANG F, THEWS G (Hrsg) (2005) Physiologie des Menschen. 29. Aufl. Springer, Berlin Heidelberg New York Tokyo

SCHWARTZ MW, WOODS S, PORTE D, SEELEY R, BASKIN D (2000) Central nervous system control of food intake. Nature 404, 661–670

SOLOMON, R (1980) The opponent-process theory of acquired motivation. Am. Psychologist 35, 691–712.

WISE, R (1988, 97) The neurobiology of craving. J of Abnormal Psychology 118–132

Kapitel 19: Kognitive Funktionen und Denken

BIRBAUMER N, SCHMIDT RF (1999) Biologische Psychologie, 4. Aufl. Springer, Berlin Heidelberg New York Tokyo

BIRBAUMER N, SCHMIDT RF (2005) Kognitive Funktionen und Denken. In: Schmidt RF, Lang F, Thews G (Hrsg) Physiologie des Menschen, 29. Aufl. Springer, Berlin Heidelberg New York

CORBALLIS MC (1993) The lopsided ape. Oxford Univ Press, Oxford

GAZZANIGA MS (ed) (2000) The new cognitive neurosciences. MIT Press, Cambridge, Mass.

GAZZANIGA MS, IVRY RB, MANGUN G (eds) (1998) Cognitive Neuroscience. Norton, New York

KOLB B, WHISHAW IQ (1996) Human Neuropsychology, 4 th edn. Freeman, New York

LURIA AR (1970) Die höheren kortikalen Funktionen des Menschen und ihre Störungen bei örtlichen Hirnschädigungen. VEB Dt. Verlag der Wissenschaften, Berlin

PREVIC FH (1991) A general theory concerning the prenatal origins of cerebral lateralization. Psychol Rev 98: 299–334

SCHMIDT RF (2001) Physiologie kompakt. 4. Aufl. Springer, Berlin Heidelberg New York Tokyo

SCHMIDT RF, LANG F, THEWS G (Hrsg) (2005) Physiologie des Menschen, 29. Aufl. Springer, Berlin Heidelberg New York

TOGA AW, MAZZIOTTA J (Eds) (2000) Brain Mapping. Ac Press, San Diego

ZIGMOND M, BLOOM F, LAUDIS S, ROBERTS J, SQUIRE L (Eds) (2000) Fundamental Neuroscience. Academic Press, San Diego

Sachverzeichnis

(❷ verweist auf wichtige pathophysiologische und klinische Begriffe mit im Text)

A

A-Afferenz 221
A-Axon 205
A-Bande 66, 68
Aberration
– chromatische 245
– sphärische 245
Acetylcholin ▶ Azetylcholin
ACTH 179
Adaptation, photochemische 261
Adenohypophyse 173
Adenosinmonophosphat, zyklisches
 23
Adenosintriphosphat ▶ ATP
Adenylatzyklase 23, 91
– klassische Konditionierung 416
ADH ▶ Vasopressin
Adipositas 428 ❷, 429, 430 ❷, 431 ❷
Adipositassignal 427, 428
Adipsie 425 ❷
Adiuretin ▶ Vasopressin
Adrenalin 47, 48, 91
– Formel 149
– Nebennierenmark 149
– Wirkung **148**, 149
Adrenalinrezeptor 91
adrenocorticotropes Hormon 179
Adrenozeptoren 147, **148**
α-Adrenozeptoren 148

β-Adrenozeptoren 148
Afferenz
– ▶ Nervenfaser
– primäre 190
– sakrale viszerale 142
– sensorische 107
– somatosensorische 193
– somatoviszerale 173, 222
– thorakolumbale viszerale 142
– vagale 142
– viszerale **220**
Ib-Afferenz 115
Agnosie 277 ❷
– assoziative 464 ❷
– perzeptive 464 ❷
– taktile 203, 213 ❷, 227 ❷
Agraphie 102 ❷
A-Kinase 23
Akkommodation **247–249**
Akkommodationsbereich 247
Akkommodationsbreite 247, 248
Aktin 20, 66, **70**, 75
– glatte Muskulatur 143
Aktionspotential 6, **27**, 34, 43, 44, 299
– Ableitung 204, 205
– Auslösung 29
– Fortleitung **35–40**
– Fortleitungsgeschwindigkeit 38
– Muskelfaser 72
– Netzhaut 263
– postsynaptisches 56

Aktionspotential
- präsynaptisches 56
- Pyramidenzellen 353
- Serie 41
- Steigerung 68
- Transformation 230
- Zeitablauf 36, 38
Aktivierungsreaktion 237
Aktivität, pontogenikulookzipitale 398
Aktomyosin 75, 89
Akustik 287
akustisch evoziertes Potential 305, 362🟢
Alexie 457🟢, 465🟢
Alles-oder-Nichts-Gesetz 6
Allodynie 241
All-trans-Retinal 258, 259, 261
Alterssichtigkeit 249🟢
Alzheimer-Erkrankung 415🟢
Amakrinzelle 259, 263
Amblyopie 280🟢
γ-Aminobuttersäure 47
Amnesie **409, 410**
- anterograde 409, 409🟢, 418
- retrograde 409
Amorphosynthesis 228🟢
AMPA-Rezeptoren 62, 235
Amphetamin, intrakranielle Selbststimulation 438
Ampulle 318
Amputation 227
- Phantomschmerz 242🟢
Amygdala 447
- Furchtkonditionierung 444
Analgetika, Wirkungsmechanismus 240, 241
Anfall, epileptischer 42🟢

Anfallsleiden 359🟢
Angiotensin II 426
Angst **442**
- soziale 448🟢
Angstentstehung, Zwei-Prozess-Theorie 442
Anhedonie 390, 439🟢
Anorexia nervosa 429, 430🟢
Anosmie 342🟢, 344
- partielle 344🟢
ANP 426
Anreizeffekt, gelernter 429
Anreizwert 439
Antagonist 114
- Erregung 115
anterolaterales System 224
antidiuretisches Hormon ▶ Vasopressin
antinozizeptives System 238
Antischwerkraftreflex 111
Aphasie 457🟢
- subkortikale 459🟢
Apoptose, Lernen 404
Applanationstonometrie 251
Apraxie
- gliedkinetische 102🟢
- ideomotorische 102🟢
Arachidonsäure 26
Arbeitsmuskulatur 108, 110
Assemblies 422
Assoziationsbildung, neuronale Grundlage 386
Assoziationsfeld
- limbisches 460
- parietales 212, 213, 227
- - Ausfall 228
- parietal-temporal-okzipitales 460, 465

– präfrontales   459, 460
Astereognosie   203
Astigmatismus   245🟢, **246**
Astroglia   7
Asymmetrie, zerebrale   449–454
Asynergie   125🟢
Athetose   121🟢
Atmung
– Anpassungsreaktion   171
– neuronale Regulation   170
ATP   18
– Muskelarbeit   84, 85
– Transmittereigenschaft   151
– Vesikel   153
atriales natriuretisches Peptid   426
Atropin, Wirkung   147
Aufmerksamkeit   **196, 376**
– automatisierte   376
– kontrollierte   376
– selektive   376, 384
– – mangelnde   463
– – Steuerung   462
Aufmerksamkeitssteuerung   **387**
– kortikale   387
– subkortikale   387
aufsteigendes retikuläres Aktivierungs-
   system   **382, 384, 385**
Auge   **243–252**
– Abbildungsfehler   245
– Aufbau   244
– Bulbuslänge   245, 246
– dominantes   280
– Empfindlichkeitsbereich   243
– Gesamtbrechkraft   243, 244
– Größe   243
Augenbewegungen   **252–256**
– Folgebewegungen   254

– gestörte   125🟢
– kompensatorische   324
– Sakkaden   253
– torsionale   255
– Vergenzbewegungen   254
– zyklorotatorische   255
Augenfehlstellungen   256🟢
Augenfeld, frontales   254
– Läsion   256🟢
Augenhintergrund   256, 257
Augeninnendruck   251
Augenmotorik, Kontrolle   119
Augenmuskeln   **252, 253**
Augenspiegel   256
Ausfallnystagmus   326
Autonomie, myogene   146
Aversion
– körperliche   441
– psychische   441
Axon
– Leitungsgeschwindigkeit   204, 205
– sensorisches   108
Axonhügel   6, 59
Axonterminale   184
Azetylcholin   **45**, 48, 51, 53, 55
– glatte Muskulatur   91
– Haarzellen   307
– kortikale Neurone   354
– synaptische Übertragung   147
– Wirkung   144, **147**
Acetylcholinesterase   49
Acetylcholin-Rezeptor   47, 49, 54

B

Babinski-Zeichen 112🔴
Bahn
– extralemniskale 224
– neospinothalamische 224
– spinothalamische 224
Bahnung, synaptische 57, 58
Barosensor 220, 425, 426
Basalganglien 117–120
– Aufgaben 376
– Ausgangskerne 119
– Erkrankungen 121🔴
– Projektionswege 119, 120
– Verschaltung 118
Basalzellen, Riechschleimhaut 340
Basilarmembran 294
Basisgefühl 436
Becher-Zellen 252
Behaviorismus 408
BERA-Untersuchung 305🔴
Bereitschaftspotential 100
Berührungsschwelle 197
Bestandspotential
– korneoretinales 267
– kortikales 365
Beugereflex 110, **116, 117**
Bewegung
– ▶ Lokomotion
– ballistische 95
– Feinabstimmung 120
– Imagination 100
– Planung 100
Bewegungsdurchführung 95, 124
Bewegungskrankheiten 326🔴
Bewegungsparallaxe 280

Bewegungsprogrammierung 124
Bewegungsstörungen 326
– hyperkinetische 121🔴
– hypokinetische 121🔴
Bewusstsein **374, 375**
– langsames Hirnpotential 377, 378
– neuronale Grundlagen 375
– Psychophysiologie 374–390
Bewusstseinssysteme 377
Bewusstwerdung 382
Beziehungslernen 412
Bindung, soziale 434
Bipolarzelle 257, 259
– Off-Zentrum 264
– On-Zentrum 264
– Stäbchen 264
Bitterempfindung 331, **337**
Blase ▶ Harnblase
Blätterpapille 328
Blauviolettblindheit 282
Blauviolettschwäche 283, 283🔴
Blicklähmung 256🔴
Blickmotorik 273
blinder Fleck 271🔴
α-Blocker 148
β-Blocker 148, 148🔴
Blutdruck
– pulsatile Schwankung 167
– Regulation **166–170**
Blutfluss, Regulation 170–172
Bluthochdruck 431🔴
Blutzuckerspiegel, Regulation 220
Body-Mass-Index 431
Bogengang 312, **313**
– Aufbau 319
– Drehbeschleunigung 318
– hinterer 313

– horizontaler 313
– Kopfdrehung 319
– oberer 313
– Reizung 255
Botenstoffe
– ▶ Überträgerstoffe
– ▶ Transmitter
Bottom-up-Aufmerksamkeit 379
Bradykinese 121🟢
Bradykinin 233
– Nozizeptoren 240
Brechkraft 243, 244
– Linse 248
Brennweite 243
Broca-Aphasie 459🟢
Broca-Areal 457
– Schädigung 102
Brodman-Gliederung 269
Brown-Sequard-Syndrom 224🟢
Brücke, vordere 160
Bulbus
– accessorius 350
– olfactorius 342, 350
Bulimia nervosa 429, 430🟢

C

C-Afferenz 221
Calmodulin 347
– glatte Muskulatur 93
cAMP **23**, 25, 91
– klassische Konditionierung 416
Cannabis, Suchtentstehung 439
Capsula interna 105🟢
Capsula-interna-Syndrom 105🟢

C-Axon 205
C-Faser 220
– nozizeptive 231
cGMP 49
Chemosensibilität 233
Chemosensor
– Carotissinus 220
– Harnwege 221
– Leber 220
Chiasma opticum 269
Chloridkanal 72
Chloridpermeabilität 47
Choleratoxin 24🟢
Cholezystokinin, Sättigungsgefühl 428
Cholinesterasehemmer 50🟢
Chorda tympani 330
Chorea Huntington 121🟢
CIPA-Syndrom 229🟢
C-Kinase 26
Cochlea 292, 293
– Funktion 293, 294
Colliculus
– inferior 308
– superior 119, 254, 273
Corpus
– callosum 457
– geniculatum laterale 269, 273
– – mediale 308
– striatum 117, 118
Corticotropin 179
Corti-Organ **294, 295**, 302
– Mikromechanik 295
Cue-Abhängigkeit 441
Cupula 314, 318 319
– Auslenkung 319
Curare 49, 50, 50🟢
Cytochromoxidase 276

D

Dämmerungssehen   261
Darmnervensystem   134, **139**
Darmstillstand, postoperativer   157
Dauerdepolarisation   41, 42
Defeminisierung   432
Degenerationsmethode   9
Dehnungsreflex, monosynaptischer   156
Dekussation   3
Demyelinisierung   40🔴
Dendrit   5, 6
– apikaler, synchrone Depolarisation   375
– Dornfortsatz   62
Denkkategorie   451
Denkpsychologie   408
Denkstörungen   461
Denkstrategie   451
Depolarisation   **29**, 31, 32, 35, 51
– langdauernde   41, 42
– Membranpotential   144
– Nervenendigung   43
– präsynaptische   56
– primär afferente   193
– am Sensor   187
– synchrone, apikale Dendriten   375
Deprivation
– Schlaf   400, 401
– selektive   403
– soziale   403🔴
Dermatom   157🔴, 236
Desensitisierung   53
Deuteranomalie   283, 283🔴
Deuteroanopie   282, 283🔴

Dezerebrierungsstarre   128
Dezibel   288
Diabetes mellitus, Typ 2   431🔴
Diacylglycerol   24, **26**
di-Chlor-Isoproterenol   149
Differenzlimen   **198**
Diffusionspotential   **15**
Dioptrie   243
dioptrischer Apparat   243–252
Diplopie   256🔴, 279
Diskrimination, räumliche   209, 210
Dominanzsäule, okulare   274
– Atrophie   403🔴
– Segregation   403
Dopamin   47, 48
– Basalganglien   119
– Belohnungserwartung   390
Dopaminagonisten   438
Dopaminantagonisten   439
Dopaminmangel   121
Dopaminrezeptoren   429
Dopaminsystem
– aszendierendes   438
– mesolimbisches   438, 439
Doppelgegenfarbenneurone   284
Doppelpulsbahnung   57
Doppeltsehen   256🔴, 279
Drehbeschleunigung   318
Drehschwindel   314🔴
Dreifarbentheorie   281, 284
Dreischalenversuch   217
Drogen-Insomnie   398🔴
Drüsen, endokrine   177, 178
Duchenne-Muskeldystrophie   71🔴
Duftklassen   343
Duftreiz
– Adaptation   349

– Signalverstärkung 347
– Transduktion 345, 346
Duftstoffe, Wirkung 345, 346
Dunkeladaptation **261, 262**
Dunkelstrom 260
Dunkelwahrnehmung 263
Durchschlafstörungen 398🔵
Durst **424–427**
– hypovolämischer 425
– osmotischer 425
Durstempfindung 180
Durststillung 424
– resorptive 426
Dynein 20
Dynorphin 238
Dysarthrie 125🔵
Dysdiadochokinemetrie 125🔵
Dyslexie 456🔵
Dysmetrie, sakkadische 256🔵
Dystonie 121🔵
Dystrophin 71
– Ausfall 71🔵

E

EEG ► Elektroenzephalographie
Effektor 6, 41
Efferenz
– kortikale 103
– parasympathische, Erektion 162
– – Vasodilatation 163
Efferenzkopie 124
Eigengeruch 349
Eigenreflex 107
Einprägung, Gedächtnis 414

Einschlafstörungen 398🔵
Ejakulation 162
Ekterozeption 203
Elektroenzephalographie 305,
354–362
– α-Wellen 357
– β-Wellen 357
– γ-Wellen 358
– δ-Wellen 358
– Definition 355
– desynchronisiertes 357
– Entstehungsmechanismus 360–362
– Hauptformen 358
– klinische Anwendung 359🔵
– normales 355
– in der Psychophysiologie 359
– Ruhe 357
– Tiefschlaf 391
– unterschiedliche Hirnaktivität
357–359
– Wachzustand 391
Elektrokortikographie **355**
Elektromyographie 67
Elektrookulographie **267**
Elektroretinographie **267, 268**, 268🔵
Emission
– otoakustische 303
– Samen 162
Emmetropie **246**
Emotion **436–448**
– Definition 436
– limbisches System 377
Empfindung **196**
Empfindungsintensität 349
Empfindungsstärke 199, 201, 348
– subjektive Einschätzung 202
– Unterscheidbarkeit 202

Empfindungsstörung, dissoziierte
224🔵

endolymphatisches Potential   297

Endolymphe   295, 297, 318

– Erwärmung   325

– Kaliumionen   315

Endomorphin   238

Endorphin   238

Endplatte   43–45

– Aufbau   52

Endplattenpotential   43–46, 50

Endplattenstrom   44

Endstrecke, motorische   135, **139**

Enkephaline   47, 48, 238

Ensemble, neuronales   378, 422

Enterozeption   203, **220, 221**

Entscheidungstheorie, sensorische
198

Entschlussphase   95

Entzug   441

Entzündung

– neurogene   **234**, 241

– Nozizeptoren   239

Entzündungsmediatoren   233, **240**

Epilepsie   42🔵

EPSP ▶ Potential, erregendes postsynaptisches

Erektion   162

Erholungswärme   86

Erleben

– bewusstes   376, 388🔵

– räumlich-gestalthaftes   377

– syntaktisch-verbales   377

Erregung

– Definition   27

– synaptische, vermehrte   365

– Zeitverlauf   41

Erregungsbildung, ektopische   241

Erregungsleitung

– ▶ Aktionspotential, Fortleitung

– beschleunigte   40

– saltatorische   38, **39, 40**

Esophorie   280

Essattacke   429

Essensverweigerung   429

Essstörungen   **429–431**

Euphorie   239

Eva-Prinzip   432

Exafferenz   95

Exophorie   280

Exozytose   51, 53

Expresssakkade   254

Exspiration   170

Extinktion, Furchtreaktion   444, 447

F

Fadenpapille   328

F-Aktin   69

Fallneigung   314🔵

Färbemethoden, neuroanatomische
7, 8

Farbenblindheit   282, 283🔵

Farbenschwäche   283, 283🔵

Farbkonstanz   285

Farbmischung   283

Farbwahrnehmung   276, **281–286**

– Störung   282, 283🔵

– Unterscheidungsmöglichkeiten   281

Fasciculus arcuatus   457

Ia-Faser   111, 113114

Fassen   98, 99

Fasten 427

Fast-Food 430

Fazialisparese, zentrale 105

Fechners psychophysische Beziehung 199

Fehlsichtigkeit 243

Feinmotorik, Störung 105

Feld-Umfeld-Organisation 225

Fernakkommodation 247–249

Fettsucht 428 , 429, 430 , 431

Filamente

– dicke **69**, 74

– dünne **69**, 74

– gleitende 71

– Lagebeziehung 81

– Überlappung 84

Flexorreflexafferenz 108, 110

Fluchtreflex 230

– somatomotorischer 229

Flüssigkeitsvolumen, extrazelluläres, Regulation 170, 181

Folgebewegungen, Auge 254

Follikel-stimulierendes Hormon 179

Formatio reticularis 127, 193

– Geruchssinn 343

Formsehen 276

Fovea centralis 257

– Sehschärfe 266

Fremdreflex 107, 116

Frequenz, charakteristische 306

Frequenzdispersion 301

Frequenzmuster, richtungs- bestimmendes 310

Frequenzunterscheidung 300

Fressattacke 429

Freude 436

Frontalkortex ► Kortex, frontaler

FSH 179

Furcht **442**

– instrumentelle Aufrechterhaltung 448

– Konditionierung 442–445

G

GABA 47

– Barorezeptor 169, 170

– Basalganglien 119

– Haarzellen 307

– kortikale Neurone 354

G-Aktin 70

Gamma-Aminobuttersäure ► GABA

Gang, aufrechter 312, 453

Gangataxie 125

Ganglien

– parasympathische 141

– prävertebrale 141

– sympathische, Impulsübertragung 140

– vegetative 134, **140, 141**, 147

– – Verteilungsfunktion 141

– vertebrale 136

Ganglienzelle

– Off-Zentrum 264

– On-Zentrum 264

Ganglion

– cervicale superius 250

– coeliacum 136

– mesentericum superius et inferius 136

– pterygoplatinum 252

– striatum 136

Gap junction   88, 143

Gedächtnis   **407, 408**

– ▶ Lernen

– deklaratives   408

– echoisches   414

– eidetisches   414

– explizites   408

– ikonisches   414

– implizites   408

– kortikale Strukturen   410

– Neuropsychologie   407, 408

– prozedurales   408

– sensorisches   414

Gedächtnisformen   407, 408

Gedächtniskonsolidierung   **418**, 421, 422

Gefäßmuskulatur   144

Gefühl ▶ Emotion

Gegenfarbenneurone   284

Gegenfarbentheorie   284

Gegenirritation   238

Gehirn

– Sauerstoffverbrauch bei vermehrter neuronaler Aktivität   367

– Sauerstoffverbrauch in Ruhe   367

Gehörgang   310

Gehörknöchelchen   293

Gehörlosigkeit   300❸

gelber Fleck   257

Generatorpotential

– Nozizeptoren   230

– Transformation   230

Genexpression   22

Genitalorgane, Innervierung   162–165

Genitalreflex   161–165

– bei der Frau   163, 164

– beim Mann   162

Geräusch   287

Geruch   340–351

– Klassifikation   343

Geruchsreiz

– Adaptation   349

– Transduktion   345, 346

Geruchsschwelle   348

Geruchssinn

– Kreuzadaptation   344

– Störungen   461

– Unterschiedsschwelle   348

– Verlust   342❸

Geruchssinneszellen   340–342

– Aktionspotential   345

Geruchswahrnehmung   **343**

Geschlechtsverkehr

– Reaktionszyklen   **161**, 164, 165

– Koordination   434

Geschmack   328–339

– Definition   328

Geschmacksbahn   331

Geschmackserkennung   334

Geschmacksknospen   329

Geschmacksorgan

– afferente Innervation   330

– Aufbau   328–331

– gustatorische Bahnen   330, 331

– rezeptives Feld   332

Geschmackspapillen   328, 320

Geschmacksprofil   332

Geschmacksqualitäten   **331, 332**

– Diskriminierung   332

– Topographie   332

Geschmacksreiz

– Adaptation   338

– Erholungszeit   338

– Kodierung   333

– Transduktion 334, 336
Geschmackssinneszellen 329, 330
– Reaktionsprofil 333
Geschmacksstörungen 330🟢
Geschmackswahrnehmung 331–339
Gesichtsfeld
– monokulares 270
– zentrales 269
Gestaltbildung, neuronale Grundlage 386
Gestalten 3
Gestaltwahrnehmung 203
Glaskörper 243, 259
Glaukom 251🟢
Glaukomanfall, akuter 251🟢
Gleichgewicht **313–327**
– Stabilisierung 121
Gleichgewichtssinn 293
Gleichgewichtsstörung 125🟢
Gleichspannungspotential, kortikales 365
Gleichstromreizung, transkranielle 366, 367
Gliazelle **7**, 257
Globus pallidus 117, 119
Glutamat 47, 48
– Barorezeptor 170
– Langzeitpotenzierung 420
– Nozizeptoren 235
– Pyramidenzellen 354
Glutamatrezeptor 62
– metabotroper 235
Glykolyse, anaerobe 85
Glyzin 47, 48
– kortikale Neurone 354
Golgi-Färbung 8
Golgi-Sehnenorgan 108, 110, **115**

– Reflexsystem 115
Golgi-Zelle 122
G-Protein 23, 24🟢, 47
graue Substanz 9
Gravitationsbeschleunigung 318
Greifen 98, 99
– zielgerichtetes 98
Grenzstrang 136
Grenzstrangganglien 141
Griffkraft 98
Großhirnrinde ► Kortex
Grünblindheit 282, 283🟢
Grünschwäche 283, 283🟢
Guanosinmonophosphat, zyklisches 49
– Dunkelstrom 260
Guanosintriphosphat 23
Guanylatzyklase 261
Gyrus
– cinguli 237
– – anterior 237
– postcentralis 222
– – Läsion 227🟢

H

Haarfollikelsensor 213
Haarzellen 294, **296**
– äußere 294, **296**, 301–303, 306
– innere 294, **296**, 299, 302, 306
– Ruheaktivität 316
– Sensorpotential 296, 315
– Transduktion 296–298, 316
– Transmitter 307
– Transmitterfreisetzung 299

Haarzellen
- vestibuläre 315
- - Transduktion 316
- - Transformation 317
Habituation **196**, 413
Halssensor 321
Haltereflex 126, 127
Händigkeit 450
Handlungsantrieb 95
Handmotorik 98–102
Harnblase, Kontinenzfunktion 160
Harnblasenentleerung 160🖝
- neuronale Regulation **159–161**
- willkürliche Steuerung 160
Harnblasenentleerungszentrum 160
Haupthistokompatibilitätskomplex 349
Hautdurchblutung 174
- Erniedrigung 176
Hautnerven
- Faserspektrum 221, 222
- Leitungsgeschwindigkeit 221
Hautnozizeptor 235, 240
Hautsensibilität 203
Hautsensor 221–315
- ▶ Mechanosensor
- langsam adaptierender 226
Hautvasokonstriktorneuron 140, 176
Head-Zone 235, 236
Hebb-Regel 403, 407
Hellwahrnehmung 263
Hemiballismus 121🖝
Hemmung
- autogene 115
- laterale **194, 195**, 265
- präsynaptische **61**, 193
- rekurrente 115

- reziproke 114
- synaptische 46, 193
Herzflimmern 42🖝
Herzmuskel 89
Herzrhythmus 42
Herzrhythmusstörungen 42🖝
Herzschlag, Wahrnehmung 220
Herzzeitvolumen 169, 171
Heschl-Querwindung 308
Hinterstrangbahn 224
Hinterstrangkern 222
Hinterstrangsystem 222, 223
Hippocampus **11**, 61, 418–421
Hirnaktivität, Untersuchung **353–373**
Hirnanhangsdrüse ▶ Hypophyse
Hirndurchblutung, bei visueller Aufmerksamkeit 380
Hirnpotential ▶ Potential
Hirnrindenfelder
- motorische 101–103
- sensomotorische 96, 97
Hirnstamm **127, 128**, 174
- mediale Bahnen 127
Hirnstammneuron, chemosensitive 220
Hirntod 359🖝
Histamin
- Juckreiz 234
- Nozizeptoren 240
Hitzereiz 240
- noxischer 232
Homöostase, innerneurale 14–22
Homosexualität
- männliche 433🖝
- primäre 433
- sekundäre 433
- weibliche 433🖝

Hörbahn
– Filterung 308
– zentrale 304
Hören **287–311**
– binaurales 310
– Frequenzbereich 290
– räumliches 305, **309, 310**
Horizontalnystagmus 324, 324
Horizontalzelle 257, 259
Hormone, Muskelkontraktion 144
Hörnerv **306, 307**, 309
Hornhaut, Krümmungsanomalien 245
Horopter 278
Hörschwelle 197, **290**
Hunger 427–429
Hyperalgesie **239, 240**
– mechanische 240
– primäre 239
– sekundäre 239, 241
– thermische 240
Hyperkolumne 275
Hypermetropie **246**, 246
Hyperpolarisation 35, 42
Hypersomnie 398
Hypertonie 431
Hypokinese 121
Hypophyse 173
Hypophysenhinterlappen 173
Hypophysenvorderlappen 173
– endokrine Drüsen 177
– Hormone **179**
– Osmolalitätsregulation 180
hypothalamohypophysäres System
177–179
Hypothalamus **172–181**
– Anatomie 173
– endokrine Drüsen 177

– Geruchssinn 343
– Homöostase 172
– hormonale efferente Ausgänge
174
– Kopulationsverhalten 434, 435
– Nahrungsaufnahme 427, 428
– neuronale Ausgänge 174
H-Zone 66, 69, 71

I

I-Bande 66, 69
Imagination, Handbewegung 100
Impedanz 291
– Anpassung 293
Implantat, kochleäres 300
Impressionstonometrie 251
Impulsserie 41, 42
Informationsverarbeitung
– analoge 451
– kortikale 378
– sequentielle 451
inhibitorisches postsynaptisches
Potential 114
Initialwärme 86
Innenohr 293–303
– Aufbau 293–295
– Bogengangorgane 312, 313
– Maculaorgan 313, 314
γ-Innervation 112, 113
Inositolphosphat 24, 25
Inositoltriphosphat 91
Insektizide 50
Insomnie, idiopathische 398
Inspiration 170

Insulin 427
Intensitätsdifferenz 310
Intentionstremor 125
Interneuron **61**, 107, 114, 194
Internodien 39
Ionenkanäle
– Haarzellen 315
– Nozizeptoren 233
Ionenkonzentration
– extrazelluläre 15, 18
– intrazelluläre 15, 20
Ionomycin 25
IP$_3$ 91
Irritationssensor, Atemwege 220
Isophone 289, 290
Isoproterenol 148, 149

J

Jakobsonsches Organ 350
Jucken 232
– Histamin 234

K

Kainatrezeptoren 235
Kaliumionen
– Ausstrom 33
– Einstrom **56–58**, 297
– – Langzeitpotenzierung 420
– Endolymphe 297, 315
– Gleichgewichtspotential 16
– Haarzellen 315, 316

Kaliumkanal 17, 23, 30, **33, 34**, 72
– Öffnung 150
– Schließung 416
– Transduktion 347
Kaliumpermeabilität 17, 47
Kälteempfindung 175, 216
– Indifferenzbereich 218
Kaltsensor 175, 217, 233
– Kennlinie 218, 219
– Transduktion 218
Kalziumdesensibilisierung 93
Kalziumfreisetzung 73, 74
Kalziumhomöostase, glatte Muskulatur 92
Kalziumkonzentration
– intrazelluläre 23, 58, 62, 143
Kalziumpumpe 74
Kammerwasser 243
Kampfstoffe, chemische 50
Kanalmoleküle 15
Kapazitätskontrollsystem, limitiertes **375**
Kardiomotoraxon 153
Kaspar-Hauser-Syndrom 403
Katecholamine 148, 149
Keimdrüsenhormone 177
Kennlinie 206, 218, 219
Kern 11
Kernkettenfaser 108
Kernsackfaser 109
Kernschlaf 400
Kerntemperatur 174
– Regulation 175
Kinästhesie 215, 227
Kinesin 20
Kinetosen 326
Kinocilium 315, 316

Klang 287
Kleinhirn **120–125**
- Funktion 120
- funktionelle Gliederung 122, 123
- Projektionswege 122
- sakkadische Kontrolle 254
Kleinhirnrinde 12, 13
Kleinhirnschädigung 125🟢
Kletterfaser 13, 122
Klitoris 163
α-γ-Koaktivierung 113, 114
kochleäre Trennwand 294, 300, 302
kochleärer Verstärker 302
kochleäres Implantat 300🟢
Koffein, Wirkung 24🟢, 25
Kokain, intrakranielle Selbststimulation 438
Kolik 221🟢
Kollaterale 5, 6
Koma 388🟢
Kommunikation, neuronale Grundlagen **454–459**
Komplementärfarbe 283
Konditionierung
- Furcht 443
- klassische **413, 415, 416**, 443, 444
koniozelluläres System 272
Konnexon 43
Kontingenz 441
Kontingenzabhängigkeit 441
Kontraktion ▶ Muskelkontraktion
Kontraktur 72🟢
Kontrastwahrnehmung 265
Koordination
- beidhändige Bewegung 101, 102🟢
- visuomotorische 98

Kopfdrehung 319, 320
Kopfhaltung
- bewusste Wahrnehmung 326
- Steuerung 321
Kopulation, Koordination 434
Korbzelle 122
Kornea 243, 244
Körnerschicht 13
Körnerzelle 122, 342
Koronarerkrankungen 431🟢
Körperhaltung
- bewusste Wahrnehmung 321, **326**
- posturale Reaktion 126
- Stabilisierung 121, **125, 126**
- Steuerung 321
- vorausschauende Korrektur 126
Körpertemperatur, Regelung 170, **174–176**
Kortex 12, 118
- Areale 460
- auditorischer 304, 308
- deszendierende Bahnen 103–106
- inferotemporaler 276
- Insula 237
- medialer präfrontaler 447
- mediotemporaler 276
- motorischer 96–103
- – reziproke Verbindung 96
- orbitofrontaler 447
- – Geschmacksabschätzung 427
- – Lernen 411
- Organisation **226, 227**
- parietaler, Aufgaben 376
- parietotemporaler, Läsion 256🟢
- posterior-parietaler 98, 460
- – Funktion 102

Kortex
- präfrontaler   119, 237, 447, **459, 460**
- – Aufmerksamkeit   376
- – dorsolateraler   460
- – Funktionen   459
- – Läsionen   461
- – Verbindungen   461, 462
- – Verhaltenskontrolle   461
- prämotorischer   **96**, 98, 460
- – Funktion   101
- primärer motorischer   **96**, 98, 101, 460
- – visueller   460
- sekundärer visueller   460
- somatosensorischer   190, 223, **225**, 460
- – Organisation   226, 227
- visueller   227, 274, 460
- – Hemmung   274
Kortexsäule   226
Kraftsinn   215
kraniosakrales System   134
Kreatinkinase   85
Kreislauf, Anpassungsreaktion   171
Kreislaufregulation, neuronale   167
Kreuzmark   159
Kreuztoleranz   441
Kries-Zonentheorie   284
Kurzsichtigkeit   **246**, 246●
Kurzzeitgedächtnis   407, 414
- im Alter   415

L

Labyrinthausfall   326●
Labyrinthentzündung   314●

Labyrinthreflex   127
Labyrinthreizung, kalorische   325
Lähmung, spastische   105●
Landolt-Ring   265
Längensensor   108
Langzeitdepression   61, 64
Langzeitgedächtnis   407, **408**, 414
Langzeitpotenzierung   61–63, **418–421**
- assoziative   419
- neuronale Vorgänge   420
Lastkompensationsreflex   114
laterales System   237
Lateralisation, zerebrale   449–451
- Geschlechtsunterschiede   454
Lautsprache   308
Lautstärke, subjektive   290
Leerfeldmyopie   249
Leistung, kognitive   377
Leitungsaphasie   459●
Leitungsgeschwindigkeit, Axon   204, 205
Lemniscus medialis   222, 226, 331
lemniskales System   222, 223
Leptin   427
Lernen   **402–423**
- ▶ Gedächtnis
- Apoptose   404
- assoziatives   413
- Definition   402
- deklaratives   411
- Erfahrung   405
- implizites   410, 412
- instrumentelles   413
- kortikale Strukturen   410
- molekulare Veränderungen   415–417
- motorisches   121
- nichtassoziatives   413

– Veränderung kortikaler Strukturen 405, 406
– Voraussetzungen 402
– zelluläre Veränderungen 415–417
Lernvorgang 62, 64
Lesbismus 433🟢
Lese-Rechtschreibstörung 456🟢
Leukotriene 26
Lichtreaktion 250
– direkte 250
– konsensuelle 250
Lidschlagkonditionierung 412
Liftgefühl 314🟢
limbisches System **173, 174**, 343
– Emotionen 377
– Projektionen 237
Linkshändigkeit 453
Linse 243
– Brechkraft 248
Linsentrübung 247🟢
Lipiddoppelschicht 14
Locked-in-Syndrom 388🟢
Lokalanästhetika, Blockade der Nervenfunktion 33🟢
Lokomotion 111, **128, 129**
– Koordination 128
Lokomotionsgenerator, spinaler 128, 129
Luftleitung 291

M

Mach-Band 194
Macula
– lutea 257
– sacculi 313
– utriculi 313
Maculaorgan 313, 314
Magnetenzephalographie **356, 357**
Magnetresonanztomographie 369, 372
– funktionelle **369, 371**
Magnetstimulation, transkranielle **365, 366**
magnozelluläres System 272
Manschette, orgastische 164, 165
Markscheide 6, 7
Maskulinisierung 432
Mechanonozizeptor 231
Mechanosensor 182, 184, 204
– A-Afferenz 221
– Blasenwand 160
– Eindrucktiefe 213
– Endkörperchen 221
– Hohlorgane 220, 221
– Kodierungseigenschaft 206
– kutaner 220
– Mundhöhle 215
– propriozeptiver 220
– Transduktionsprozess 218, 219
– Typen **208, 210**
Mechanozeption 213
mediales System 237
Mediatoren
– ▶ Überträgerstoffe
– ▶ Transmitter
Medulla oblongata 67
– Durchtrennung 382
– Erkrankung 330🟢
MEG ▶ Magnetenzephalographie
Meissner-Afferenz 223
Meissner-Zellkomplex **208**

Melanopsin, Schlaf-Wach-Rhythmus
 395
Membrandepolarisation, Skelettmuskel
 72
Membranfleckklemme 30
Membranhyperpolarisation 186
Membrankanal, postsynaptischer 53
Membranlängskonstante 36
Membranpermeabilität 47
– Veränderung 184
Membranpotential 23, 27, 36
– Ableitung 152
– Änderung in Sensoren 184
– Depolarisation 144
– glatte Muskulatur 88
Membranruhepotential 16, 19
Membranstrom 37
Membranwiderstand 46
Merkel-Zellen **207, 208**
Mikrofonpotential 300
Mikroglia 7
Mikroneurographie 204, 205
Miktionsreflex 221
Miosis 250
Mitralzellen, Riechkolben 342
Mittelohr 291–293
M-Linie 69
Moosfaser 13, 122, 123
Morbus Parkinson 121🅔
Morphin, Wirkung 238
Motivation **424–448**
Motoneuron 61, 67, 68, **107**
– homonymes 115
– synaptische Aktivierung 110
– spinales, tonische Hemmung 393
α-Motoneuron 110
γ-Motoneuron 108, 109, 112

Motorik **94–130**
– Komponenten 94–96
– Lernen 103, 121, 123
– sensorische Rückmeldung 95
– Steuerung 107
Motorische Einheit 67
Müller-Zelle 257, 259
Multi unit **90**, 145
Multiple Sklerose 40, 40🅔, 362🅔
Mundhöhle, Mechanosensor 215
Musculus
– constrictor pupillae 250
– dilatator pupillae 250
– obliquus inferior 252, 253
– rectus inferior 252, 253
– – lateralis 253
– – medialis 252, 253
– – superior 252, 253
Muskel
– ▶ Skelettmuskulatur
– Dehnung 88
– Dehnungsverhalten **79, 80**, 146
– elektromechanische Kopplung
 72–77, 89, 144
– Energiequelle 84, 85
– Energieumsatz **84–87**
– Erholungswärme 86
– Ermüdung 86
– Geschwindigkeits-Last-Beziehung
 82, 83
– glatter **87–93, 143–146**
– – Aufbau 87, 88, 90
– – Dehnung 87, 88
– – hormonale Steuerung 91, 144
– – Innervierung 143
– – Kontraktion **143, 144**
– – Kraftentwicklung 146

– – Membranpotential 88
– – Multi-Unit-Typ **90**, 145
– – myogene Aktivität 144
– – neuronale Steuerung 90, 91
– – parasympathische Innervierung 93
– – Single-Unit-Typ 88, 143
– – sympathische Innervierung 93
– Kraft-Längen-Beziehung 79
– Längenmessung 108, 114
– Längensollwert 113
– langsamer 78, 79
– pharmakomechanische Kopplung 144
– Physiologie 65–93
– Ruhewärmeproduktion 86
– schneller 78, 79
– Transmitter 89
– Verkürzungsgeschwindigkeit 83, 89
– Wärmeproduktion 174
– Wirkungsgrad 85, 86
– Zittern 174
Muskeldehnung 71
Muskeldehnungsreflex 110–112, 112🔴
Muskeldystrophie Duchenne 71🔴
Muskelfaser
– Aktionspotential 72
– Aufbau 73
– Feinstruktur 69–72
– langsame 78, 79
– rote 79
– schnelle 78, 79
– weiße 79
– zylindrische 65, 66
Muskelkontraktion 67, 68, 76, **77–84**, 88, 143, 144

– direkte Reizung 77, 86
– Formen 77–84
– Geschwindigkeit 78, 79
– hormonell ausgelöste 144
– indirekte Reizung 77, 86
– Initialwärme 86
– isometrische 77
– isotone 77
– Kraft 68, 116, 146
– Querbrückentheorie 81
– repetitive Reizung 78
– spontane 144
– Zeitverlauf 145
– zentralnervöse Regelung 67, 68
Muskelkraft, Steigerung 78
Muskelnerven, Faserspektrum 222
Muskelproteine **70, 71**
– ▶ Aktin
– ▶ Myosin
– ▶ Titin
Muskelreflex
– Gleichgewichterhalt 321, **322**
Muskelspannung 110
Muskelspindel 67, **108, 109**, 110
– heteronyme Verschaltung 110
– homonyme Verschaltung 110
Muskelspindelafferenz 110, 111
Muskelsteifigkeit 72🔴
Muskelvasodilatatorneuron 140
Muskelvasokonstriktorneuron 139, 140
Myasthenie 50🔴
Mydriasis 250
Myelinscheide 6
Myoblasten 65
Myofibrille 66, 68–70
– Feinstruktur 69

Myoglobin 71
Myopie 246, 246☉
Myosin 20, 66, 69, **70**, 77
– glatte Muskulatur 87, 143
Myosin-Aktin-Komplex 23
Myosin-leichte-Ketten-Kinase 93
Myosin-leichte-Ketten-Phosphatase
93
Myotonie 72☉

N

Na⁺- K⁺-Pumpe **18, 19**
Nachbild 265
Nachtmyopie 249
Nackenreflex 127
Nahakkommodation 247–249
Nahrungsaufnahme, Regulation 427,
428
Narkolepsie 398☉
Narkosetiefe, Messung 359☉
Natriumeinstrom 29, 38
Natriumgleichgewichtspotential
19
Natriumgradient 19
Natriumkanal 17, 29, **31, 32**, 36, 72
– Öffnung 234
– TTX-resistenter 234
– TTX-sensitiver 234
Natriumpermeabilität 17
Nausea 220☉
Nebennierenmark **149**
– Hormone 149, 177
Negativierung 365, 377
Neglekt 102☉

Nervenaktionspotential ► Aktions-
potential
Nervenendigung
– Depolarisation 43
– präsynaptische 43, 61, 63
Nervenfaser **3, 4**
– ► Afferenz
– afferente 194
– – Endkörperchen 208, 209
– – Funktionsprinzip 184
– – Leitungsgeschwindigkeit 221
– – rezeptives Feld 204
– – afferente 224
– Durchmesser 38
– Klassifikation 39
– markhaltige 40, 221
– marklose 221
– parasympathische 137
– somatosensorische 221
– sympathische 137
Nervengewebe 5–9
Nervensystem **2–4**
– autonomes 132
– peripheres **6**
– – Neurone 6
– Schmerzhemmung 238, 239
– somatisches 132
– vegetatives **132–182**
– – Aufbau 134–138
– – Effektororgane 134
– – peripheres 134–138
– – zentralnervöse Regulation
132
– zentrales **6**
– – auditorische Signalverarbeitung
304–311
– – Neurone 6

Nervenwachstumsfaktor-Rezeptor-
  defekt 229❸
Nervenzelle ▶ Neuron
Nervus
– abducens 252
– acusticus **306, 307**, 309
– facialis, Schädigung 330❸
– glossopharyngeus 330
– oculomotorius 252
– olfactorius 342
– opticus 249, 257
– – Entzündung 278❸, 279❸
– pudendus 163
– supraopticus 180
– trigeminus 330
– – Erregung 349
– trochlearis 252
– vagus 137, 330
– vestibularis 321
Netzhaut **257–261**
– Aktionspotential 263
– Auflösungsvermögen 266
– Blutversorgung 258
– koniozelluläres System 272
– magnozelluläres System 272, 276
– neuronale Signalverarbeitung
  263–268
– Neurone 259
– parvozelluläres System 272
– Signalverarbeitung, parallele
  272–278
Neugeborene, REM-Schlaf 395
Neurinom 314❸
Neuritis nervi optici 279❸
Neuroadaptation 441
Neuroanatomie 2–13
Neuroanatomie, Färbemethoden 7, 8

Neurogenese 406
Neuroleptika, Anhedonie 439
neuronales Ensemble 378
neuronales Netz 193, 194
Neuron **5, 6**
– aminerges, Wachzustand 397
– Anordnung 10, 11
– cholinerges 388–390
– – Wachzustand 397
– kortikales **353, 354**
– – Transmitter 354
– monoaminerges 388–390
– Netzwerk 10, 11
– noradrenerges 151, 238
– nozizeptives
– – spinales 235
– – trigeminales 235
– postganglionäres **134**, 137, 139
– präganglionäres **135**, 137, 139
– quartäres 222
– sekundäres 193, 222
– serotonerges 238, 390
– somatosensorisches System 222
– tertiäres 222
– zentrales, Divergenz 191
– – Konvergenz 191, 235
– ZNS 6
Neuropeptid Y 154
– Nahrungsaufnahme 427
Neuropeptide
– Entzündung 234
– Nozizeptoren 235
Neurotransmitter ▶ Transmitter
Nexus 143, 152
Nicht-REM-Schlaf 391, 397
Nikotin, Suchtentstehung 439
Nissl-Färbung 7, 8

NMDA-Rezeptor   62, 420
– ionotroper   235
Noniussehschärfe   266
Non-NMDA-Rezeptor   235
Noradrenalin   47, 48, 91, **149**
– aufmerksame Zuwendung   390
– Formel   149
– kortikale Neurone   354
– Nebennierenmark   149
– synaptische Übertragung   147
– Vesikel   153
– Wachzustand   397
– Wirkung   144, **148**, 149
Normalsichtigkeit   **246**
Nozizeption   **229–242**
nozizeptives System
– peripheres   **230–234**
– zentralnervöses   **235–237**
Nozizeptor   **231**, 239, 240
– Aufbau   231
– Chemosensibilität   233
– Entzündungsmediatoren   240
– efferente Funktion   234, 235
– extreme Temperatur   218, 233
– hochschwelliger   230
– Hohlorgane   221
– Ionenkanal   233
– mechanoinsensitiver   231
– pathophysiologische Erregung   239, 240
– periphere Sensibilisierung   240
– polymodaler   231, 239
– Reiz-Antwort-Beziehung   240
– sensorische Endigung   230
– Skelettmuskel   232
– Substanz P   235
– Transduktion   230, **232, 233**

– Transmitter   235
– viszeraler   232
– zentrale Sensibilisierung   241
NREM-Schlaf   391, 397
Nucleus
– accumbens   438
– arcuatus   429
– caudatus   117
– cochlearis   306, 308
– coeruleus   390
– dentatus   122
– fastigii   122, 124
– interpositus   122
– paraventricularis   180
– praeopticus   397
– praepositus hypoglossi   256
– raphé   390, 397
– subthalamicus   117
– suprachiasmaticus   395
– tractus solitarii   330, 426, 428
– ventralis   119
Nutzschall   308, 309
Nystagmus   125❸, 256❸, **323, 324**, 324❸
– kalorischer   **325**, 326❸
– optokinetischer   255, 324
– postrotatorischer   324❸
– statokinetischer   324
– vestibulärer   324

O

Oberflächenschmerz, somatischer   232
Obesitas (Fettsucht)   429, 430❸
Offenwinkelglaukom   251❸

Ohr
- ▶ Hören
- Anatomie 292
- Dynamikbereich 288, 289
- Frequenzselektivität 300
Ohrmuschel 310
Oligodendroglia-Zelle 7
olivokochleäres Bündel 307
Ophthalmoskopie
- direkte 256, 257
- indirekte 257
Opiate, Suchtentstehung 439
Opioide
- endogene **238**
- Wirkung 238
Opioidrezeptor 238
Opsin 258, 261
Optionalschlaf 400
optokinetische Reizung 255
Orbitofrontalkortex ▶ Kortex,
    orbitofrontaler
Orexin, Stoffwechselstörung 398🔵
Organdurchblutung, während Arbeit
    171
Organellen 20, 23
Orgasmus **161**, 162
Orientierungssäule 274, 275
Osmolalität 180
- Regulation **180, 181**
Osmosensor 425
Östrogene 434
Oszillator, endogener 395
Otolithenmembran 314
- Lageänderung 317, 318
Otolithenorgan, Reizung 255
Oxytozin, soziale Bindung 434

P

Panik 444🔵
Panum-Fusionsareal 278, 279
Papillae
- nervi optici 257, 271
- filiformes 328
- foliatae 328
- fungiformes 328
- vallatae 328
Parallelfaser 122
Paralyse 72🔵
- periodische 72🔵
Parasympathikus 134, 135
- Aktivierung 138
- Aufbau 136
- Erfolgsorgane **138**, 141
- Innervationsgebiet 136
- peripherer 137
- sakraler 159
- Wirkung **138**, 141
Parese
- periphere 112🔵
- zentrale 112🔵
Parkinson-Krankheit 121🔵
parvozelluläres System 272
Patch 29
PD-Sensor 186
Perilymphe 294, 295
Perimetrie 270
- kinetische 270
- statische 270, 271
Periodik, zirkadiane **395, 396**
Periodizitätsanalyse 302, 306
Pertussis-Toxin 24🔵, 25
PET ▶ Positronenemissionstomographie

PGO 398

Phantomschmerz, Amputation 242☻

Pheromone 350

Phobie 444☻

– soziale 448, 448☻

Phon 290

Phorbolester 25, 26

Phosphatidylinositol 24

Photopigmente 281, 282

Photorezeptor 257, **258–261**

– Anatomie 260

– Aufbau 258

– Dichte 266

– Hyperpolarisation 260

Phototransduktion 259, 260

Pilomotorneuron 140

Pilzpapille 328

Plasmamembran 16

Plastizität, kortikale **102, 103**, 227, 404

Pontozerebellum ▶ Zerebrozerebellum

Positivierung, EEG 377

Positronenemissionstomographie
  368–370

Postinspiration 170

Potential

– akustisch evoziertes 305, 362☻

– elektrotonisches **35**, 36

– endolymphatisches 297

– ereigniskorreliertes **360–365**, 380

– erregendes postsynaptisches **46,
  56–62**, 188

– – oszillierendes 375

– – Pyramidenzellen 354

– evoziertes, Bewusstsein 379, 381

– inhibitorisches postsynaptisches
  114

– – synaptisches 46

– langsames **365, 377–379**

– – Bewusstsein 377, 378

– primär evoziertes 360

– sekundär evoziertes 361

– somatosensorisch evoziertes **360**

– synaptisches, Pyramidenzellen 360

– – Summation 59, 60

– visuell evoziertes 362☻

– – kortikales 277

Präfrontalkortex ▶ Kortex, präfrontaler

Presbyopie 249☻

Pressorezeptoren 167

Pressorezeptorreflex 167–169

P_{2X}-Rezeptoren 151

Programmierungsphase 95

Projektion

– kortikospinale 102

– kortikostriatale 118

– monosynaptische 106

– thalamokortikale 97

Projektionsareal

– kortikales **190, 191**, 222

– sensorisches 190, 193

– somatosensorisches 210, 211, 213

– – kortikales 222

Projektionskern, sensorischer
  thalamischer 190

Projektionssäule, kortikale 191

Prolaktin 179

– soziale Bindung 434

Proopiomelanocortin 427, 428

– Nahrungsaufnahme 427

Propriozeption 126, 203, **215**

Prosodie 456

Prosopagnosie 277☻, 465☻

Prostaglandine 26, 233

– Nozizeptoren 240

Protanomalie 283, 283🔴
Protanopie 282, 283🔴
psychometrische Funktion 197, 198
Psychophysik 195, 196
– direkte 201
Pupillenreaktion **249, 250**
Pupillenreflex **249**, 273
– Reflexbogen 249
Pupillenverengung 250
Pupillenweite, neuronale Kontrolle 250
Purkinje-Zelle 13, 122, 123
Putamen 117
Pyramide, medulläre 103, 105
Pyramidenbahn **103, 104**
Pyramidenzelle 61–63
– Aktionspotential 353
– Glutamat 354
– Ruhepotential 353
– synaptisches Potential 354, 360

Q

Quantenstrom 51
Querbrückenzyklus **74–76**
Querdisparation 278, 279
Querschnittlähmung 158🔴, 160🔴
Querschnittshyperreflexie 117

R

Radiatio optica 269
Ranvier-Schnürring 6, 39

RA-Sensor 206–208, 212
Raumorientierung 309, 310, 312
– gestörte 461
Raumschwelle, simultane 211
Raumvorstellung 203
Reafferenz 95
Reafferenzprinzipip 124
Reaktion, konditionierte emotionale 443
Rechtshändigkeit 450, 453
Reflex **107**
– gustofazialer 339
– intestinointestinaler 157
– kutiviszeraler 157
– nozizeptiver 229
– – fehlender 229🔴
– spinaler vegetativer 156–158
– – autonomer 434
– statischer 322, 323
– statokinetischer 322, 323
– vestibulärer **320**
– vestibulookulärer 253, **255**, 256, 312
– vestibulospinaler 312, **320**
– viszerokutaner 157
– viszerosomatischer 157
Reflexantwort 107
Reflexbogen
– monosynaptischer 107
– spinaler vegetativer 156–158
Reflexweg 107, 108
Refraktärphase 27, 28
Refraktionsanomalien **245–247**
Region
– supplementär-motorische 96, 101
– zinguläre motorische 96

Reiz **196**
- adäquater 183
- Anreizwert 439
- Definition 27
- diskriminativer 443
- inadäquater 183
- konditionierter 443
- Kontingenz 441
- negative Verstärkung 437
- noxischer 229
- – mechanischer 232
- – Transduktion 230
- positive Verstärkung 437
- unkonditionierter 443
- visueller
- – Längenspezifität 274
- – Orientierungsspezifität 274
- – Richtungsspezifität 274, 275
Reizanalyse
- vorbewusste 381, 382
- bewusste 382
- primäre 381
Reizänderung, Geschwindigkeit 185, 186
Reizantwort
- dynamische 186
- phasische 186
- statische 186
- tonische 186
Reizdauer 197
Reizfrequenz, Reizschwelle 214
Reizschwelle 197, 198
- Abhängigkeit von der Reizfrequenz 214
Reizstärke 199, 201
- Kodierung 184, 185
- kritische 197

Releasing-Hormone 177, 178
- inhibitorische 177, 178
REM-Schlaf **393–395**
- ohne Atonie 394
- Aufgaben 401
- Dauer 401
- Definition 391
- Hirnaktivität 386
- Langzeitgedächtnis 401
- Neugeborene 395
- verantwortliche Hirnstrukturen 399
Renin **426**
Renshaw-System 114
Repolarisation **33**
Retikulärformation
- mesenzephale, Aufgaben 376
- parapontine 256
Retikulum, sarkoplasmatisches 68, **73**, **74**
Retina ▶ Netzhaut
Retinal 258, 259, 261
11-cis-Retinal 258, 259, 261
Retinextheorie 285
Retinitis pgimentosa 258❸, 268❸
Retrobulbärneuritis 278❸
Rezeption, viszerale **220, 221**
rezeptives Feld **204, 205**, 209, 230
- antagonistisches 265
- farbempfindliches 284
- Geschmacksorgan 332
- primäres 209, **210, 211**
- retinale Zellen 263–265
- sekundäres 210
- tertiäres 210
- visuelle Kortexneurone 274
Rezeptor
- G-Protein gekoppelter 23, 47, 234

– hochschwelliger 230
– extrasynaptischer 154
– muskarinerger 147
– nikotinerger 147
– subsynaptischer 154
α-Rezeptor 91
β-Rezeptor 91
Rezeptorpotential 184, 185
– Adaptation **186**, 187, 206
– frühes 267
– spätes 267
Rhodopsin **258**, 259
– Konformationsänderung 260
Rhythmus, zirkadianer **395**
Riechepithel 340, 341
Riechhirn 342
Riechschleimhaut 340
– Aufbau 340, 341
Riechsinneszellen 340–342
– Aktionspotential 345
Riesenaxon 40
Rigor 121✪
– mortis 70
Rindenfelder ▶ Hirnrindenfelder
Romberg-Stehversuch 313, 314
Rotblindheit 282, 283✪
Rot-Grün-Blindheit 283✪
Rotschwäche 283
Rückenmark **107–117**, 124, 174
– deszendierende Bahnen 104,
  105
Rückenmarkhinterhorn 224
– nozizeptive Neurone 235
Rückenmarkneurone 235
Ruffini-Kolben **208**, 216
Ruhedehnungskurve 79, 80
Ruhe-EEG 357

Ruhepotential **26, 27**
– Muskelfaser 72
– negatives 34
– Pyramidenzellen 353
Ruheschmerz 239
Ruhetremor 121✪

S

Sakkade
– Auslösung **253, 254**
– neuronale Kontrolle 254
– vertikale 255
Sakralmark 162, 163
Salzigempfindung 331, **335**
Samenemission 162
Sarkolemma 68, 73
Sarkomer 66, 68, 89
– Länge 82
– Muskeldehnung 71
Sarkoplasma 68
sarkoplasmatisches Retikulum 68, **73,
  74**
SA-Sensor 206, 208
Sättigung, antizipatorische 426
Sättigungssignal 427, 428
Sauerempfindung 331, **334, 335**
Scala tympani 295, 297
Schalentemperatur 174
Schall 287
Schalldruck 288
Schalldruckpegel 288, 307
Schallempfindungsschwerhörigkeit
  305✪
Schallintensität 288

Schallmuster 308
– komplexes 305
Schallreiz, Länge 307
Schielamblyopie 280🌀
Schielen 256🌀, 280, 280🌀
Schilddrüsenhormone 177
Schizophrenie 462, 463, 463🌀
Schlaf **391–401**
– Bedeutung 399–401
– mentale Prozesse 400
– paradoxer 393
– Physiologie 391–399
Schlaf-Apnoe 398🌀
Schlafdeprivation 400, 401
Schlafstadien 391, 392, **400, 401**
– Aufgaben 400, 401
Schlafstörungen 398🌀
Schlaf-Wach-Rhythmus **395, 396**
Schlafwandeln 398🌀
Schlaganfall 105🌀
– Bewegungskoordination 103
Schlagvolumen 169
Schmerz
– affektive Dimension 237
– kognitiv-evaluative Dimension 237
– neuropathischer **241, 242**
– pathologischer 229
– projizierter 241
– sensorisch-diskriminative Dimension 237
– somatischer 232
– übertragener 235
– viszeraler 232
– – Lokalisation 235
Schmerzantwort, physiologische 229
Schmerzempfindung, Störung 224🌀

Schmerzhemmung, endogene 238, 239
Schmerzunempfindlichkeit, angeborene 229🌀
Schreibbewegungen 102
Schrittmacherzelle 153
Schweiß
– Produktion 175
– Verdunstung 175
Schwelle 44
– Definition 27
Schwellenpotential 72
Schwerelosigkeit 326
Schwerhörigkeit 305🌀, 362🌀
Schwindel 314🌀
Schwitzen 174
Sedativa, Suchtentstehung 439
Sehbahn, zentrale **269–278**
– Prüfung 278🌀
Sehen **243–286**
– mesopisches 261
– photopisches 261, 263
– skotopisches 264
Sehnenreflex 111
Sehnensensor, Golgi-Typ 216
Sehnerv ▶ Nervus opticus
Sehnervenkreuzung 269
Sehrinde, primäre 269
Sehschärfe **265–267**
– Definition 265
Selbstbewusstsein 374
Selbst-Fremd-Erkennung 349
Selbstkontrolle 447, **462**
Selbstreizung, intrakranielle **437**, 438
Semipermeabilität **17**
Sense body 87
Sensibilisierung 413

Sensibilität, somatoviszerale 203
Sensor **108–110, 182–189**
- Adaptation an den Reiz **186**, 206
- chemischer Reiz 182
- Funktionsprinzip 184
- Haarfollikel 213
- Kennlinie 206, 218, 219
- langsam adaptierender 186, **206**, 226
- mechanische Deformation 182, 206
- Photonen 182, 183
- Schwellenkurve 212
- Tastsinn 206, 207
- Temperatur 182, **216, 218, 219**
- Typen 209
sensorische Entscheidungstheorie 198
Sensorkennlinie 185
Sensorpotential 184, 296, 299
- Haarzellen 315
- Transformation 187
septohippokampales System 448
Serotonin 47, 48
- klassische Konditionierung 416
- Wachzustand 297
Serotoninrezeptoren, Aktivierung 429
Sexualreflex 434
Sexualverhalten **434, 435**
- gestörtes 461
sexuelle Differenzierung
- postnatale 432, 433
- pränatale 432, 433
Signal-Entdeckungs-Theorie 198
Signalübertragung, chemische 150
Signalverarbeitung, auditorische 304–311
Silberfärbung 7, 8

Simultankontrast 265
Single unit 88, 143
Sinnesbahn
- funktionelle Organisation 189, 190
- gekreuzte Informationsverarbeitung 226
Sinneserregung, Verarbeitung **192–195**
Sinnesmodalität 183
Sinnesschwelle 197, 198
- Messung 197, 198
Sinus venosus 153
Skelettmuskulatur **65–72**, 89
- Aufbau 66, 68, 69
- Erregung **72**, 76
- Funktion 65, 67
- Membrandepolarisation 72
- Nozizeptor 232
- Querstreifung 68
- Ruhepotential 72
- Störungen der Erregbarkeit 72🔓
Skotom 271🔓
Soma 5
Somatosensorik **203–228**
somatosensorisches System 190, 192, **221–224**
Somatostatin 48, 154
somatoviszerale Sensibilität 203
somatoviszerales System 191
Somnambulismus 398🔓
Sozialverhalten, gestörtes 403, 461
Soziopathie 448, 448🔓
Spastik 112🔓
Spike 88
Spinalganglien 6, 220
Spinozerebellum 122–124
Split-Brain-Patienten 452, 453

Sprachdominanz 453, 457
Sprache
– beteiligte Hirnregionen 455
– expressive 456
– Gestiktheorie 455
– Hirndurchblutung 457
– Linkslateralisation 456
– bei Tieren 454, 455
Sprachentwicklung 455, 456
Sprachproduktion 457
Sprachregionen 456, 457
Sprachstörungen 459
Sprachverständnis 455–457
SQUID 356
Sry-Gen 432
Stäbchen 182, 183, **258–261**
– Bipolarzelle 264
– Dichte 266
– Monochromasie 282, 283❸
Standataxie 125❸
Stehen, aufrechtes 322
Stehreflex 322
Steigbügel 294, 301
Steigbügelfußplatte 293, **294**
Stellreflex 126, 322
Stereognosie 203
Stereozilien 294, 315
– Deflektion **295, 296**, 297, 317
Sternzelle 122
Stevens-Potenzfunktion 200, 201, 348
Stickstoffmonoxid **48**, 63
– glatte Muskulatur 91
– Stimulierung der NMDA-Rezeptoren 420
Stickstoffmonoxid-Synthase 63
Stofftransport
– ▶ Transport

– intrazellulärer 20
Stoffwechsel, Erhöhung 176
Störschall 309
Strabismus 256❸, 280, 280❸
Streckreflex, gekreuzter 116
Stützmotorik 323
Stützzellen, Riechschleimhaut 340
Substantia nigra 117, 119, 120
Substanz P 48
– Basalganglien 119
– Entzündung 234
– Nozizeptor 235, 241
Substanz
– graue 9
– weiße 9
Suchtentstehung 439, **440–442**
Sudomotoneuron 140, 176
Sukzessivkontrast 265
Summation
– repetitive Reizung 78
– synaptische Potenziale 59, 60
Summenstrom 29, 31, 33
supplementär-motorische Region 96, 101
Süßempfindung 331, **337**
SWS-Schlaf 391, 395, **396, 397**, 401
Sympathikus 134, 135
– Aktivierung 138
– Aufbau 136
– Effektororgane 137, **138**, 141
– Innervationsgebiet 136
– peripherer 135
– Wirkung **138**, 141
Synapse 6, 41, 42, **43–64**
– chemische 43
– elektrische 43
– Endplatte 43–45

– neuroeffektorische 151
– schlafende 227
synaptische Bahnung 57, 58
synaptische Hemmung 46
synaptische Übertragung, ▶ Übertragung, synaptische
synaptischer Spalt 44
Synergist 114
Syntax 456
Synzytien, funktionelle **143**, 150

T

Tagessehen 261, 267
Tasten 98, 99
Tastmotorik 204
Tastsinn **203–215**
– Erkennen von Gegenständen 212,
  213
– Sensoren 206, 207
Taubheit 300😊
Temperatursensor 182, **216, 218, 219**
Temperatursinn **216–219**
– Empfindlichkeit für Temperatur-
  änderungen 217
– periorale Region 217
– Störung 224😊
Temporallappensystem, mediales,
  deklaratives Lernen 411
Testosteron **432**, 434
Testosteronrezeptoren 434
Tetanus 78
Tetrodotoxin 33😊
thalamokortikales System 173, 174,
  237

Thalamus
– posteriorer Kern 237
– Projektionskern 190
– retikulärer, Aufgaben 376
– somatosensorischer 225
– somatotope Organisation 225
– Ventrobasalkern 223, 224, **225**, 237
– ventrolateraler 118
Thalamuskerne 119, 121, 223–225, 237
Theophyllin 25
Thermogenese 174
– Regulation 430
– zitterfreie 174
Thermokonvektion 325
Thermoregulation
– emotionale Reaktion 228
– Sollwert 228
Thermorezeption, Informations-
  verarbeitung 228
Thermosensor 182, **216–219**, 233
– C-Afferenz 221
– funktionelle Eigenschaften 218, 219
– Kennlinie 218, 219
thorakolumbales System 134, 164
Thorakolumbalmark 164
Thromboxane 26
Thyreoidea-stimulierendes Hormon
  179
Tiefenschmerz, somatischer 232
Tiefensensibilität **215, 216**
Tiefenwahrnehmung **278–280**
– binokulares 278
– monokulare 279
Tiefschlaf
– Definition 391
– Elektroenzephalographie 391
– komaähnlicher 382

Titin **70**
Titinfilament 70
Tod, zerebraler 359🌐
Ton 287
Tonaudiometrie **290**, 291🌐
Tonhöhe 306
Tonometrie **251**
Tonotopie 190, 301
Top-down-Aufmerksamkeit 379
Torfunktion 32
Totenstarre 70
Toxine 24🌐
Tracer-Methode 8
Tractus 3
– opticus 249, 269
– solitarius 330
– spinoreticularis 236, 237
– spinothalamicus 236
Trakt
– kortikonukleärer 103
– kortikospinaler 104–106, 129
– retikulospinaler 104, 106, 129
– rubrospinaler 104, 105, 129
– tektospinaler 104, 106
– vestibulospinaler 104, 129
Traktneuron 107
Tränenfluss, reflektorischer 252
Tränenflüssigkeit 252
Transducin 260
Transduktion 184
– Duftreiz 345, 346
– Geschmacksreiz 334, 336
– Haarzellen **296–298**, 316
– Kaltsensor 218
– Mechanosensor 218, 219
– Nozizeptor 230, **232, 233**
– Warmsensor 218

Transduktionsionenkanal 297
Transformation
– Aktionspotential 230
– Generatorpotential 230
– Sensorpotential 187
– vestibulärer Reiz 317
transkranielle Gleichstromreizung 366, 367
transkranielle Magnetstimulation **365, 366**
Translationsbeschleunigung 317
Transmitter, Neurotransmitter
– Haarzellen 299, 307, 317
– intrazelluläre 22
– klassische Konditionierung 416
– Muskulatur 89
– Nozizeptoren 235
– Peptide 155
Transport
– axonaler 21
– retrograder 21
transversales tubuläres System 73
Traum **399**
Traumschlaf 393
Traumtheorie nach Freud 399
Trieb
– Definition 424
– homöostatischer 424–431
– nichthomöostatischer 432–435
Trigeminusneuralgie 242🌐
Trinken 424
– primäres 426
– sekundäres 426
Tritanomalie 283, 283🌐
Tritanopie 282, 283🌐
Tropomyosin 74, 75, 77

Troponin **74, 75**, 77
TRP-Rezeptor 218, 233
TSH 179

U

Übelkeit 220
Übergewicht 431
Überträgerstoffe
– ▶ Transmitter
– glatte Muskulatur 91
– synaptische 44, 45, **47–50**
– – Abbau 49
– – Agonisten 49
– – Antagonisten 49
– – Ausschüttung 53
– – Freisetzung 61
– – Vesikel 51, 52, 153
Übertragung
– muskarinerge 147
– neuroeffektorische 150–155
– nikotinerge 147
– synaptische 43–64
– – cholinerge 147
– – im peripheren vegetativen
    Nervensystem 147–155
– – nozizeptive spinale 235
– thalamokortikale 120
Umami-Geschmack 331
Unterberger-Tretversuch 313
Unterschiedsschwelle 348

V

Varikosität 150, 152
vasoaktives intestinales Peptid
    154
Vasokonstriktion 158
Vasopressin 180, **426**
– soziale Bindung
Vater-Pacini-Afferenz 213, 214,
    223
Vater-Pacini-Körperchen **187–189**,
    207–209, 213, 214
vegetativer Zustand 388
vegetatives Nervensystem ▶ Nerven-
    system, vegetatives
Ventrobasalkern 223, 224, **225**,
    237
ventrobasaler Komplex 225
ventroposterolateraler Kern 222
Verdauung, Regelung 170
Vergenzbewegungen, Auge 254
Vergiftung, Messung der Hirnaktivität
    359
Verhalten 2, 3
Verhaltenskontrolle 461
Vermis 124
– Läsion 412
Verstärkersystem
– drogenspezifisches 439
– positives 437–441
– – Bestandteile 438, 439
Verstärkung
– negative 437
– positive 437
– – neuronale Grundlage 438
Verzögerung, synaptische 57

Vesikel 20
– synaptische **51, 52,** 153
Vestibularapparat 293, **312**
– Aufbau 313–315
Vestibulariskern 254, 321
Vestibularorgan 126
Vestibularsinn 312
Vestibulozerebellum 122–124
Vibrationsempfindung **213, 214**
VIP (vasoaktives intestinales Peptid) 154
Visus ▶ Sehschärfe
Vitamin A₁ 258
Vokalisation 454

– funktionelle Eigenschaften 218, 219
– Kennlinie 218, 219
– Transduktion 218
Weber-Gesetz 198, 199
Weber-Quotient 199
Weber-Versuch 217
weiße Substanz 9
Weitsichtigkeit **246,** 246😊
Wernicke-Aphasie 459😊
Wernicke-Areal 457
Wiedergabe, Gedächtnisinhalte 414
Willenshandlung 377
Windmühlenbewegung 102😊
Winkelblockglaukom 251😊
Wissensbewusstsein 374

W

Wachbewusstsein 374, 397
Wach-Schlaf-Oszillator, zentraler 395
Wachstumshormon 179
Wachzustand
– angespannter 386
– Elektroenzephalographie 391
– noradrenerge Neurone 390
Wahrnehmung, subjekte 196
Wahrnehmungspsychologie **195–202**
Wallpapille 328
Wanderwelle 300, 301
Wärmeabgabe 174, 176
Wärmeempfindung 175, 216
– Indifferenzbereich 218
Wärmeproduktion 174
Warmneuron 175
Warmreiz 217
Warmsensor 217, 233

Z

Zäpfchen 182, 183
Zapfen 257, **258–261**
– Abstand 266
– Opsin 261
– Photopigmente 261, 281
– Signalverarbeitung 263
Zeitgeber 395
Zeitgedächtnis, Störungen 461
Zelle
– kortikale 274, 275
– postsynaptische 43, 44
– sensorische 41
Zellmembran, Aufbau **14, 15**
zentrales vestibuläres System 321–327
Zerebellum ▶ Kleinhirn
Zerebrozerebellum 122–124

Zielmotorik 323
– Koordination 120
zinguläre motorische Region 96
Zitratzyklus 85
ZNS
– Informationsdifferenzierung 204
– Tastmotorik 204
Z-Scheibe 69, 87
Zunge, Geschmacksknospen 329
Zweipunktschwelle 211
Zwischenhirn 173
Zyklooxygenase 240

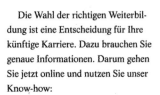